Python编程 从新手到高手

DEAD SIMPLE PYTHON

IDIOMATIC PYTHON FOR THE IMPATIENT PROGRAMMER

[美] 贾森 · C. 麦克唐纳（Jason C. McDonald）◎ 著　　周琦 李者璈 ◎ 译

人 民 邮 电 出 版 社
北 京

图书在版编目（CIP）数据

Python 编程从新手到高手 /（美）贾森·C. 麦克唐纳（Jason C. McDonald）著；周琦，李者璈译. -- 北京：人民邮电出版社，2025. -- ISBN 978-7-115-65974-3

Ⅰ. TP312.8

中国国家版本馆 CIP 数据核字第 2025FR3406 号

◆ 著　　　[美] 贾森·C. 麦克唐纳（Jason C. McDonald）
译　　　周　琦　李者璈
责任编辑　龚昕岳
责任印制　王　郁　焦志炜

◆ 人民邮电出版社出版发行　　北京市丰台区成寿寺路 11 号
邮编　100164　　电子邮件　315@ptpress.com.cn
网址　https://www.ptpress.com.cn
三河市君旺印务有限公司印刷

◆ 开本：800×1000　1/16
印张：34.75　　　　2025 年 7 月第 1 版
字数：487 千字　　　2025 年 7 月河北第 1 次印刷

著作权合同登记号　图字：01-2023-0215 号

定价：119.80 元

读者服务热线：(010) 81055410　印装质量热线：(010) 81055316

反盗版热线：(010) 81055315

内容提要

本书全面细致地介绍了 Python 的各个功能、逻辑和惯用模式，以便读者快速编写出专业、地道、实用的 Python 程序，从 Python 新手成长为高手。

本书共 5 个部分。第一部分“Python 环境”讲解 Python 的哲学、开发环境、基本语法、项目结构和代码导入等内容，为读者编写规范的 Python 代码奠定坚实的基础。第二部分“基本结构”讲解 Python 的变量、数据类型、函数、类、对象、错误和异常等。第三部分“数据和流程”讲解操作数据和控制执行流程的许多独特方法，包括集合、迭代、生成器、推导式、文本输入/输出、上下文管理、二进制和序列化等。第四部分“高级概念”探索 Python 的高级策略，如继承、混入、元类、抽象基类、自省、泛型、异步、并发、线程和并行等。第五部分“超越代码”讲解项目的打包、分发、调试、日志、测试和剖析等环节，并概述 Python 开发的方向。

本书适合想要学习编写专业 Python 程序的读者阅读，既可作为零基础入门 Python 的教材，也可作为程序员案头常备的 Python 工具书。本书尤其适合已掌握其他编程语言的开发者用来学习 Python，可以帮助这些开发者不受其他编程语言的影响来学习地道的 Python 编程方法。

推荐序

“Python 超简单？真的吗？”

这是我首次听说本书时的反应。Python 从整体上来说当然是很棒的编程语言，比其他大多数编程语言更容易理解，但编程世界中很多（其实是大多数）东西可以说和“超简单”毫无关系。

不过 Jason（本书作者）随后解释了书名中使用“超简单”[①]的初衷。本书并不是一本只简单罗列一些术语介绍的“傻瓜书”，更确切地说，本书的设计目标是让读者阅读完后会说：“起初这个主题似乎很难理解，但是经过书里的解释，这个主题对我来说变得非常简单了。”在学习以及教授通用编程和 Python 30 多年后，我不得不说，这实在是任何形式的教学的终极目标：即便是针对棘手主题的讨论，也要把概念讲解得非常清晰。

但这并不是本书唯一的亮点。

本书中的大量示例同样令人印象深刻。书中几乎涵盖想要编写实用的 Python 代码所需要的所有内容，包括变量、数据结构和循环等基础知识，以及并发和并行等高级内容。当我阅读本书时，每章都以其完备和丰富的细节给我留下了深刻印象。

那么，本书真的让 Python 的所有知识看起来都非常简单吗？经过多年的教学和写作，我知道我并不能代替其他任何人来回答这一问题，但我可以肯定地说：本书中的示例设计精巧，引人入胜，对概念的解释清晰易懂。这确实是一本出类拔萃的好书。

内奥米 • 塞德（Naomi Ceder）
Python 软件基金会董事会主席

---

① 译者注：本书英文原书名为“Dead Simple Python”，即“Python 超简单”。

关于作者

贾森·C. 麦克唐纳（Jason C. McDonald）拥有十余年软件工程经验，曾作为开发者或管理者在多家公司工作，经历过各种类型的项目，并多次在员工培训、技术会议和大学中进行软件开发、管理和职业发展等主题的演讲和教学。他还是 Ubuntu 社区、开放源码倡议和 Python 软件基金会的成员，以及 DEV 社区的版主。

关于技术审校

史蒂文·宾格勒（Steven Bingler）是一位软件工程师，来自马萨诸塞州波士顿市，拥有电气工程硕士学位。他还是一名经验丰富的技术审校人员，业余时间喜欢骑自行车、攀岩，以及寻找新餐馆。

丹尼斯·波贝德里亚（Denis Pobedrya）在 Libera 在线聊天室中为人所熟知的 ID 是 deniska。他熟悉 Python 数据结构的各种小众知识，自称“万事通”。他从事过很多工作，目前从事市场服务相关的 Python 后端开发工作。

瑞安·帕洛（Ryan Palo）从机械工程师转行成为软件开发者，现在为 Flashpoint 编写 Python 代码。他拥有计算机科学（智能系统）硕士学位，喜欢分享与物理、数学、写作和代码相关的内容，他的主要输出渠道是他的博客“assert_not magic?”。他喜欢和妻子、女儿、猫、狗、各种各样的 Linux 设备，以及大约 8 把尤克里里一起待在家里。

丹尼尔·福斯特（Daniel Foerster）出于友谊和热情承担了本书的技术审校工作。他很庆幸自己能在十几岁就遇见 Python——至今为止最契合他的编程语言。在从事了多年 Python 相关的开发工作以及团队内外的编程教学工作之后，现在他将事业重心转向了教育领域。

西蒙·德夫列热（Simon de Vlieger）在一些圈子里为人所熟知的 ID 是 supakeen，他是 Python 社区的核心成员。作为高级程序员，他对 Python、C 语言和其他实验性语言感兴趣，并对软件安全具有浓厚兴趣，同时也对 AVR 以及其他微型嵌入式芯片非常熟悉。当前他受雇于红帽公司（Red Hat 公司，知名 Linux 技术公司），致力于以合理且可复用的方式构建 Linux。

致谢

有这样一个说法："养育一个孩子需要一个村庄。"同样，写一本书也需要一个"村庄"。而本书的写作涉及了多个"村庄"!

Python 社区成员，尤其是来自 Libera 在线聊天室#python 频道的朋友们，他们从我第一次使用 Python 实现"Hello, world!"程序以来就一直在支持我，并为我提供信息和挑战。我大部分的 Python 知识可以追溯到那个聊天室里的朋友们，感谢他们在我写作本书的整个过程中提供的所有反馈和建议。

我非常感谢 Forem 和 DEV 社区对我的文章，尤其是构成本书框架的系列文章的热情对待。特别感谢 DEV 联合创始人 Ben Halpern 和 Jess Lee 以及社区经理 Michael Tharrington 对我的鼓励和对我的文章的推广。如果不是因为我有幸获得了知名度和积极的反馈，我永远不会考虑写这本书。

特别感谢本书严谨的技术审校团队成员 Steven Bingler、Denis Pobedrya（网名 deniska）、Ryan Palo、Daniel Foerster（网名 pydsigner）和 Simon de Vlieger（网名 supakeen）。此外，Andrew Svetlov 让我对不断变化的异步格局有了深刻的了解；Python Packaging Authority 团队的 Bernát Gábor 帮助我确保本书关于封装的内容足够吸引人；Kyle Altendorf（网名 altendky）教会了我基于 src 的项目结构的价值，并对本书面向对象编程的内容提供了反馈；James Gerity（网名 SnoopJ）帮助我消除了关于多继承的内容中的歧义；Gil Gonçalves、grym 和 TheAssassin 进行了额外的技术审校。我无法一一列举所有为本书提建议的人。一切尽在不言中。

特别感谢本书的编辑，他的热情使我有信心编写本书。

感谢我在 Python 社区、Ubuntu 社区、MousePaw Media、Canonical 及其他社区的所有朋友，尤其是 Naomi Ceder、Richard Schneiderman（网名 johnjohn101）、James Beecham、Laís Carvalho、Cheuk Ting Ho、Sangarshanan Veera、Raquel Dou、David Bush、John Chittum、Pat Viafore、Éric St-Jean、Chloé Smith、Jess Jang、Scott Taylor、Wilfrantz Dede、Anna Dunster、Tianlin Fu、Gerar Almonte、LinStatSDR 和 leaftype。每当收到你们对本书进展的询问，我都感受到了莫大的鼓舞！

最后，当然也是最重要的，我要感谢我的亲人和朋友，感谢他们无尽的支持。我的母亲 Anne McDonald 提供了宝贵的编辑和创意反馈，她教会了我关于写作的知识，并且从我出生起就一直在鼓励我实现梦想。感谢我最好的朋友 Daniel

Harrington，我们就像是互相约定并分别写出了《指环王》和《纳尼亚传奇》的 Tolkien 和 Lewis。非常感谢我的朋友 Jaime López（网名 Tacoder）。感谢 Bojan Miletić，他和我一样，也是 *The Bug Hunters Café* 的主持人之一，感谢他的无限热情和支持。对我亲爱的阿姨且自称我头号粉丝的 Jane McArthur，以及和我一起“制造麻烦”的搭档 Chris “Fox” Frasier 深表爱意和感激——我非常想念他们。

前　　言

Python 这门语言很独特。作为一名软件开发者，我沉迷于其特殊性。编写良好的 Python 程序能令人感受到一种艺术美。我喜欢探寻对于一个问题最“Pythonic”（具有 Python 特质精神的）解决方案，然后回顾并思考是否有其他方案能获得相同效果。

遗憾的是，多年以前，我习惯于从已掌握的其他编程语言的角度来看待 Python，从而陷入困境。那时，我虽然可以读、写 Python 代码，但无法形成那些“显而易见”的惯用编程模式。就像只能通过查阅词典来生硬地说外语一样——我虽然能编写出 Python 代码，但是无法真正基于 Python 来思考问题，我其实错失了这门语言的本质内涵。

直到我开始真正理解 Python——用它来思考，我才发现这门语言的独特之处。解决方案变得显而易见。设计方案变成一种乐趣，而不是一个谜团。

当一位新程序员开始尝试使用 Python 时，他几乎没有先入为主的偏见，因为没有其他编程语言作为“母语”来干扰他对 Python 的探索。但是对于将 Python 作为第二甚至第三语言的老程序员，思想上的转变在某些方面要艰难得多——他们不仅必须学习新知识，而且在很多方面必须忘掉旧知识（这尤其困难）。

本书正是这一艰难旅程的最佳指南。

本书为谁而写？

本书适合想要学习编写专业 Python 程序的读者阅读，无论是零编程基础的读者，还是已掌握其他编程语言的开发者。本书特别关注如何以“Pythonic”方式来完成任务，可以帮助读者不受其他编程语言的影响来学习地道的 Python 编程方法。

如果你是一位中级 Python 开发者，一样能发现本书很有用。尽管我使用 Python 很多年了，但是对其中的一些主题，我直到最近才突然感到豁然开朗。本书包含了对这些主题的解释。

“简单”到底是什么意思？

本书的所有主题，乍一看可能都不简单。读者可能也会怀疑，这么厚的书，怎么可能“简单”？

我为本书起名为“Python 超简单”[①]，其实是想描述读者阅读完本书后的体验，而不是读

---

① 译者注：本书英文原书名为“Dead Simple Python”，即“Python 超简单”。

之前的期待。我们应该认识到，任何值得学习的主题，在初次接触时，都会令人感觉不可逾越。同样，任何概念如果值得向一名软件开发者阐述，都必须具备足够的深度，以致丧失“简单”这种先验性标签。

本书的目标是让读者在阅读完每章后，无论这章的主题最初看起来多么复杂，都能不禁感叹：这些内容其实是显而易见的，实际上“超简单”！此时，读者就可以像使用母语一般自然地使用 Python 进行思考。

为了帮助读者达到这种理解程度，本书通常从各主题的最基础、最明确的形式开始：先确立一个基点，再一层层叠加，最终形成惯用模式。本书希望通过这种方式，让读者精确又舒适地理解 Python 每个功能的由来以及惯用模式。

书中包含什么内容？

本书共 5 个部分。和其他面向初学者的图书不同，本书假定读者想尽快开始编写代码，且编写出的代码能达到产品级质量（而不是特别简单的示例代码）。本书需要读者事先完成一些初步工作，这样可以确保读者更容易地将新知识应用到实际项目中，并获得反馈。

第一部分“Python 环境”（第 1～4 章）让读者首先掌握 Python 的基础知识，包括 Python 的哲学、开发环境、基本语法、项目结构和代码导入。这将为读者编写产品级代码奠定坚实的基础。

第二部分“基本结构”（第 5～8 章）探索 Python 的变量、数据类型、函数、类、对象、错误和异常等基本结构，并讲解如何充分利用它们。

第三部分“数据和流程”（第 9～12 章）介绍操作数据和控制执行流程的许多独特方法，包括集合、迭代、生成器、推导式、文本输入/输出、上下文管理、二进制和序列化等。

第四部分“高级概念”（第 13～17 章）揭示各种可以令读者编写出更强大的代码的高级策略，包含继承、混入、元类、抽象基类、自省、泛型、异步、并发、线程和并行等。这些正是以往多数课程和图书中略过的各种“可怕”主题。

第五部分“超越代码”（第 18～21 章）讲解实际项目的打包、分发、调试、日志、测试和剖析等内容，并介绍各种值得探索的 Python 应用方向。

书中不包含什么内容？

本书不会过多重复编程的基本概念，例如（从一个与编程语言种类无关的角度来看）什么是变量和函数，以及类和对象之间的区别是什么等。本书仅简要定义一些必要概念，即那些在编程世界中并不普遍存在的概念。

本书并不想对 Python 相关主题进行详尽无遗的讨论，而是更多关注原因和方法，以帮助读者构建坚实的基础。本书鼓励读者通过额外查阅资料来拓展理解，如通过查阅官方文档了解库函数等概念。对于标准库中很多流行的功能，比如随机数和日期/时间操作等，本书在示例中调用时仅稍作解释。

为了控制本书的探讨范畴，本书不会涉及太多第三方工具和库。虽然我经常被要求讨论

Python 中默认工具的各种流行替代方案，但由于这些替代方案总是会像季节更替般从“流行”快速变得“失宠”，因此我建议使用默认方案。当然，有零星意外，但仅限于那种在 Python 生态中无所不在，甚至让标准库黯然失色的第三方工具。

一般来说，如果某个第三方工具特别值得关注，本书会向读者推荐其官方网站和官方文档。

如何阅读本书？

本书的目标是成为一本实操手册，建议读者从头按顺序阅读各章。无论是 Python 新手，还是已经尝试过一段时间却感觉没有掌握要领的 Python 用户，都可以从本书中填补许多从未意识到的知识空白。

当然，如果想立即理解某个特定主题，可以直接跳到对应章节开始探索。多数章节其实是独立编撰而成的，但本书始终默认读者已经阅读并理解了前置章节的所有内容。

关于词汇

几乎所有 Python 图书或在线文章都从其他编程语言借用词汇，比如元素、变量等。虽然通常认为这样能有效将 Python 概念和读者现有知识关联起来，但我认为这种词汇借用最终将适得其反。如果基于其他语言来理解 Python，是无法写出清晰、符合 Python 惯用模式的代码的。更重要的是，如果读者习惯使用不规范的词汇，就会发现官方文档难以阅读。

因此，本书坚持使用官方词汇。已出版图书中坚持这一立场的非常少，本书很自豪能成为其中之一。毕竟，想成为当地人，就必须学会使用当地语言。

理论概述

如果基于读者已掌握的语言，那么读者的理论库中总是可能存在一些盲区。比如，Haskell 开发者可能不熟悉面向对象编程，C++程序员可能不熟悉函数式编程。

为了消除这些隔阂，本书偶尔会提供理论概述，简要阐述与某些编程范式、模式相关的基本理论和最佳实践。所以，如果读者已经懂得某个特定概念，可以跳过对应的理论概述，直接学习 Python 领域的特定内容。

主观或客观？

其实，从一本技术书中彻底清除个人观点几乎是不可能的，尤其是像本书这样专注于探讨惯用法的书。不过，我认为自己已经尽了最大努力来保持客观。

本书不是我的个人作品，而是从 Python 社区提炼出的集体智慧的结晶。本书经历了两年的激烈辩论，以及研究、实践，我自身的开发习惯也发生了巨大变化。开始创作本书时的我和现在的我，可以认为完全不是同一个 Python 开发者了。

即便如此，任何一本书也不可能让所有人满意。有时，我不得不在正文中特别提到从未达成满意结论的辩论。即使那些我认为已经圆满解决的主题，也可能引发另一些 Python 开发者的强烈负面反应。事实上，其中有些争论也激起过我自身的强烈反应，直到我真正理解了它们。

所以我建议大家以开放的心态阅读本书，即使你自认为早已相当熟悉编程和 Python。我在本书中尽力解释了所有建议背后的理由，也同样鼓励读者在采纳任何建议时能以相同的认真程度进行思考。

示例

本书中的大部分示例代码是我仔细构建而成的，以便展示对应主题是如何实现的。在大多数情况下，我会故意复杂化示例，以强调其他教程经常忽略的问题和意外。对于复杂化的示例，我会指出来，但同时，我也可能会简化或绕开与当前主题无关的部分。

因此，本书中的示例代码通常比其他教程中的示例代码更长，章节篇幅看起来也更长。不用因页数太多而感到气馁，一章一章地学习就好。

除非另行说明，书中所有示例都可运行，或者以可预见的方式运行失败。所有代码始终遵守 Python 风格约定。强烈建议读者亲手输入每个示例的代码并运行[①]。

我努力对 Python 代码段进行了标注，并将其保存为可运行的示例。我给出了文件名，并对代码段进行编号（:1、:2，以此类推）。当代码被修改时，为代码编号追加字母，比如 2b 意味着是对代码段 2a 的改进，而修改的部分将被加粗。

项目

有人问过我，为什么没在书中提供一个完整的综合项目？答案很简单：本书假定读者已有自己想开发的 Python 项目，所以本书不会提供另外一个项目来分散读者的注意力，而是专注于展示可以直接用于读者项目的各种工具或方法。

如果读者还没有自己的项目，这正是开始的好时机，开始构建你人生中的第一个项目吧！想想你希望得到哪个问题的解决方案（或更好的解决方案），然后开始构建相应的项目。从问题的一小部分开始就好。创建第一个项目并无魔法，只需让其成为你真正会使用的工具即可。别用“完美”来要求你的第一次尝试。技术社区中有过断言：“你总是会抛弃第一个。”所以一开始不用害怕哪儿构建错了！本书专注于为你提供通向成功的工具。

当然，如果开发一个项目对你而言尚有难度，那么可以先认真完成本书中给出的各项示例。

任何情况下，都强烈建议你创建一个自己的“靶场”[②]项目，在一个安全环境中开始尝试 Python，这样就不用担心你的破坏性行为会对其他环境造成损害。本书将在第 2 章和第 3 章介绍 Python 代码的运行，并在第 4 章介绍 Python 项目的结构。在第 18 章讨论实际项目的打包和分发时，将重新讨论 Python 项目的结构。

---

① 译者注：但不要只是简单地输入，看到正确输出就觉得大功告成了，这只是探索的开始，只有仔细推敲每行代码，并最终理解其含义，才能有收获。

② 译者注：“靶场”指的是虚拟环境。Python 早已融入所有操作系统，千万不要轻易用 sudo 等类似指令对系统本身的 Python 环境进行变更，使用合理的 Python 虚拟运行时可将私人项目和系统环境隔离。个人推荐使用 Miniconda 来构建 Python 虚拟环境。

阅读本书的准备工作

- 读者应已掌握编程的基本要点。本书教授的是 Python 而不是编程[①]。
- 读者应有可操作的计算机，能运行 Python 3.7 或更高版本。如果还没安装 Python，不用担心，第 2 章将进行介绍。
- 读者应了解如何在计算机上使用命令行及相关基础命令，尤其是相对路径和绝对路径，以及导航文件系统。如果还不知道这些，建议先学习一下再来阅读本书。
- 读者应该有稳定的互联网连接（即便不够快），以支持文档查阅和偶尔进行包的下载。当然，书中示例已尽可能设计成没有互联网也可以工作。

现在，去准备一杯你最爱喝的饮料，拿好笔记本和笔，在计算机前坐稳，让我们开始吧！

① 译者注：更准确地讲，本书教授的是 Python 的工程实践方法。

资源与支持

资源获取

本书提供如下资源：

- 本书源代码；
- 本书学习思维导图；
- 程序员面试手册电子书；
- 异步社区 7 天 VIP 会员。

要获得以上资源，您可以扫描下方二维码，根据指引领取。

勘误

作译者和编辑尽最大努力来确保书中内容的准确性，但难免会存在疏漏。欢迎您将发现的问题反馈给我们，帮助我们提升图书的质量。

当您发现错误时，请登录异步社区（https://www.epubit.com），按书名搜索，进入本书页面，单击“发表勘误”，输入您发现的错误信息，然后单击“提交勘误”按钮即可（见下页图）。本书的作译者和编辑会对您提交的错误信息进行审核，确认并接受后，您将获赠异步社区的 100 积分。积分可用于在异步社区兑换优惠券、样书或奖品。

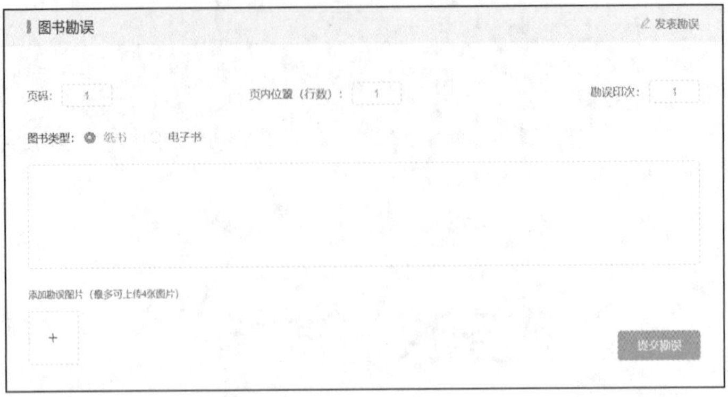

与我们联系

我们的联系邮箱是 contact@epubit.com.cn。

如果您对本书有任何疑问或建议，请您发邮件给我们，并请在邮件标题中注明本书书名，以便我们更高效地做出反馈。

如果您有兴趣出版图书、录制教学视频，或者参与图书翻译、技术审校等工作，可以发邮件给我们；有意出版图书的作者也可以到异步社区在线投稿（直接访问 www.epubit.com/selfpublish/submission 即可）。

如果您所在的学校、培训机构或企业，想批量购买本书或异步社区出版的其他图书，也可以发邮件给我们。

如果您在网上发现有针对异步社区出品图书的各种形式的盗版行为，包括对图书全部或部分内容的非授权传播，请您将怀疑有侵权行为的链接通过邮件发送给我们。您的这一举动是对作译者权益的保护，也是我们持续为您提供有价值的内容的动力之源。

关于异步社区和异步图书

“异步社区”是由人民邮电出版社创办的 IT 专业图书社区，于 2015 年 8 月上线运营，致力于优质内容的出版和分享，为读者提供高品质的学习内容，为作译者提供专业的出版服务，实现作译者与读者的在线交流互动，以及传统出版与数字出版的融合发展。

“异步图书”是异步社区策划出版的精品 IT 图书的品牌，依托于人民邮电出版社在计算机图书领域 30 余年的发展与积淀。异步图书面向 IT 行业及各行业使用 IT 的用户。

目　　录

第一部分　Python 环境

第二部分 基本结构

第三部分 数据和流程

第四部分 高级概念

Part 1

第一部分

Python 环境

本部分内容

第 1 章

Python的哲学

我一直秉持这样一个观点：最好的学习 Python 的路径并不是从语言本身开始，而是从 Python 的哲学开始。要写出好的 Python 代码，必须先理解 Python 是什么。这就是本章的重点。

1.1 到底什么是 Python?

Python 是由荷兰程序员 Guido van Rossum 创造的一门编程语言，于 1991 年发布。Python 这个名字并不是指蟒蛇，而是指电视节目 *Monty Python's Flying Circus*（这一点本身就能告诉你很多关于这门语言的思想）。这个项目最初是一个业余项目，但现在已经成为最受欢迎的计算机语言之一。

从技术角度来看，Python 是一门高级的通用编程语言，它支持过程式编程、面向对象编程和函数式编程等编程范式。

Python 爱好者总是喜欢强调它的可读性和简洁性，这让人们在初次接触 Python 时有一种“魔法”的感觉。这也导致出现了一些对新手来说并不是很有用的建议：“Python 很简单，它就是伪代码！”

这并不是完全正确的。不要让 Python 的自然可读性欺骗了你：Python 确实很独特，受到了很多其他语言的影响，但它往往和其他语言没有太多相似之处。要真正掌握它，你必须从它本身开始，而不是用它和其他语言进行深入比较。这正是本书要做的事情。

最重要的是，Python 是一种信念。这种信念由一群不同背景的极客构筑，他们之所以能够这么做，只是因为他们对于构建一门优秀的编程语言有着大胆的想法。当你真正理解 Python 时，它就会改变你的整个视角。你是这个信念的一部分，这个信念已经有了自己的生命。

正如 Guido van Rossum 在他著名的“国王节演讲”（King's Day Speech，详见附录 C）中所说的那样：

> 我认为最重要的想法是，Python 是在互联网上开发的，完全开放，由一群志愿者（但并非业余人士！）开发，他们对这门语言充满了激情和主人翁精神。

1.2 破除误解：Python 不是什么

人们对 Python 有很多的误解，其中一些误解导致人们在某些应用场景下想方设法避免使用

Python，甚至完全不使用 Python。

1.2.1 误解 1：Python 仅仅是一种脚本语言

在我看来，“脚本语言”是讨论编程语言时最令人讨厌的术语之一。它暗示着这门语言不适合编写“真正”的软件（见误解 5）。

Python 是一门图灵完备的语言，这意味着你可以用 Python 实现任何其他编程语言，然后就可以执行用那种语言编写的任何程序。

换句话说，任何其他编程语言能做的事情，Python 都能做到。这是否容易，乃至于是否可行，取决于你想要做什么。

1.2.2 误解 2：Python 很慢

通常来说，人们很容易认为，像 Python 这样更高级的或解释型编程语言比 C 语言这样更低级的或编译型编程语言慢。事实上，这取决于语言的实现方式和使用方式。在本书中，我们将介绍几个与提升 Python 代码性能相关的概念。

Python 解释器的默认实现 CPython 是用 C 语言写的，在执行效率上的确会比原生机器码低。然而，有各种各样的库、技术以及其他 Python 解释器的实现（包括 PyPy），它们的整体性能都要好得多（参见第 21 章），甚至接近原生机器码的执行效率。

综上所述，你应该弄明白性能是如何影响你的项目的。在大多数情况下，Python 的性能已经足够好，可以作为应用开发、数据分析、科学计算、游戏开发、Web 开发等领域的首选语言。CPython 的性能缺陷通常只会在你面对一些特定的、对性能要求极高的场景时才会成为问题。即使如此，也有办法解决这些问题。对大多数项目来说，Python 的基本性能已经足够了。

1.2.3 误解 3：Python 不能被编译

Python 是一门“解释型语言”，这意味着代码在运行时由语言的解释器读取、解释和执行。运行 Python 项目的最终用户通常需要安装 Python 解释器。

与之对应的是所谓的“汇编型语言”，比如 C 语言、C++和 FORTRAN。在这些语言中，编译的最终结果是机器码，可以直接在任何兼容的计算机上执行，而不需要安装其他程序（或者将其与代码捆绑在一起）。

有关“编译型语言”这个术语的争议非常多，这就是为什么我喜欢使用“解释型语言”和“汇编型语言”两个术语来区分它们。实际上相关的争论可以说是个无底洞。

很多开发者认为 Python 代码不能编译成机器码，这似乎是显而易见的结论。事实上，Python 代码可以编译成机器码，尽管这种情况很少见。

如果你想尝试一下这条路径，那么这里有几个选项。在 UNIX 系统中，内置的 Freeze 工具可将 Python 字节码转换为 C 语言数组，然后将这些 C 语言代码汇编为机器码。但是这并不会产生真正的汇编 Python 代码，因为 Python 解释器仍然需要在幕后被调用。Freeze 只能在 UNIX 系统中工作。cx_Freeze 工具以及 Windows 系统中的 py2exe 所做的事，与 Freeze 类似。

想要真正地将 Python 代码编译为机器码，你必须使用中间语言。Nuitka 可以用于将 Python 代码转换为 C 语言或 C++代码，然后将其汇编为机器码。你也可以使用 VOC 将 Python 代码转换为 Java 代码。Cython 则允许将特殊形式的 Python 代码转换为 C 语言代码，尽管它主要面向用 C 语言编写 Python 扩展。

1.2.4　误解 4：Python 在后台编译

Python 解释器会将原始代码编译为稍后执行所需的字节码。解释器包含一个虚拟机，它会像 CPU 执行机器码一样执行 Python 字节码。有时，出于性能上的考虑，解释器会提前将代码转换为字节码，并生成包含字节码的 .pyc 文件。虽然这在某种意义上是"编译"，但将代码编译为字节码与将代码编译为机器码之间存在一个关键区别：字节码仍然需要通过解释器执行，而机器码可以直接执行，不需要额外的程序。（从技术上讲，"编译"为机器码称为汇编，尽管这种区别往往被忽略或忽视。）

在实践中，大多数 Python 项目以源代码或 Python 字节码的形式分发，这些代码在安装于用户计算机上的 Python 解释器中运行。有时，以标准的可执行文件的方式进行分发更为可取，例如在终端用户计算机上安装或在闭源项目中安装。对于这些情况，Python 社区提供了 PyInstaller 和 cx_Freeze 等工具。这些工具不会编译代码，而是将 Python 源代码或字节码与解释器捆绑在一起，以便独立执行（请参阅第 18 章）。

1.2.5　误解 5：Python 不适合大型项目

我经常听一些开发者说："如果能将整个项目都放在一个文件中，那么 Python 就很有用。"这种"吐槽"通常基于这样的误解：具有多个文件的 Python 项目结构令人头大[①]。这确实是趋势，但只是因为很少有开发者知道如何正确地构建 Python 项目。

实际上，Python 项目的结构比 C++和 Java 项目的结构要简单得多。一旦开发者理解了包、模块和导入系统（请参阅第 4 章）的概念，就可以轻松处理多个代码文件。

这个误解的存在还有另外一个原因：Python 是动态类型的，而不像 Java 或 C++那样是静态类型的，一些人认为这使得重构变得更加困难。实际上，如果开发者知道如何使用 Python 的类型系统，而不是与之抗争，这就不是问题（请参阅第 5 章）。

1.3　Python 2 vs Python 3

过去很多年里，Python 存在两个主要版本。从 2001 年开始，Python 2 是标准版本，这意味着大多数关于 Python 的图书和文章都是为这个版本写的。Python 2 的最后一个版本是 Python 2.7。

现在的主线版本是 Python 3，开发时称为 Python 3000 或 Py3k。从 2008 年年末发布 Python 3 到 2019 年，我们处于 Python 2 和 Python 3 两个主要版本之间：许多现有的代码和包都是用 Python 2 编写的，而 Python 3 则被越来越多地推荐用于不需要支持 Python 旧版本的新项目。许多技术

① 译者注：Python 擅长把大项目变成多个简单的"小项目"，所以看起来"没有大项目"。

和工具都存在兼容 Python 2 和 Python 3 的代码，这有助于当时许多项目的过渡。

但最近几年，尤其是 Python 3.5 发布后，我们开始完全摆脱 Python 2。大多数主要的库支持 Python 3，而对 Python 旧版本的支持则变得不那么重要。

2020 年 1 月 1 日，Python 2 正式停止维护，Python 3 成为标准版本。Python 4 目前仍然只是一个模糊的传闻，所以可以肯定的是，Python 3 将会在未来几年一直存在。

遗憾的是，许多软件开发团队将代码从 Python 2 迁移到 Python 3 的速度很慢（有时是不可避免的），这使许多项目陷入了困境。如果你在专业领域使用 Python，那么你很有可能需要协助将一些代码迁移到 Python 3。Python 的标准库包含一个名为 2to3 的工具，它可以帮助你自动化这个过程。将代码通过这个工具运行是很好的第一步，但是你仍然需要手动更新代码以使用 Python 3 提供的一些新模式和工具。

1.4 定义“Pythonic”代码

作为一个 Python 开发者，你可能无数次地听到关于 Pythonic 代码的讨论，究竟什么是 Pythonic 代码呢？通常来说，能较好利用语言本身功能的惯用代码被认为是 Pythonic 代码。

遗憾的是，这非常容易被过度演绎。因此，Python 中最佳实践的话题在社区中经常引发激烈的争论。不要因此而惊慌。通过经常与我们自己的习惯和标准进行斗争，我们将不断改进它们和我们自己的理解。

我们在 Python 中讨论最佳实践的倾向源于我们的哲学，即“只有一种方法可以做到这一点”（There’s Only One Way To Do It，TOOWTDI），这句话是 PythonLabs 在 2000 年提出的，作为对 Perl 社区的格言“有多种方法可以做到这一点”（There’s More Than One Way To Do It，TMTOWTDI）的一种讽刺性回应。尽管这些社区之间存在历史性对抗，但这些哲学并不严格相反。

Python 开发者们很有理由相信，对于任何特定问题，都有单一的、可量化的“最佳”解决方案。我们的任务是找出这个解决方案，但我们也知道我们往往会远远落后于目标。通过进行持续的讨论、争论和实验，我们不断改进我们的方法，以追求理论上的最佳解决方案。

同样，Perl 社区明白很难一次性地给出最佳解决方案，因此他们强调实验而不是遵守严格的标准，以努力发现更好的解决方案。

最终，我们所有人的目标都是一致的：定义出最好的解决方案。只不过我们各自有着不同的重点。

在本书中，我将重点介绍已广泛接受的编写代码的 Pythonic 方法。但我不认为自己是最终的权威，Python 社区的同行们始终有很多东西可以添加到这些讨论中，我将会持续不停地从他们那里学习新的东西！

1.5 Python 之禅

1999 年，Python 官方邮件列表上开始了一场关于编写一些通用化的指导原则的讨论。Tim

Peters 是社区的一位突出成员，他玩笑式地以类似于诗歌的方式提出了 19 条原则作为大纲，并留下了第 20 个位置请 Guido van Rossum 来完成（但他从未完成过）。

其余的社区成员很快就把这个总结视为对 Python 哲学的一个很好的概述，最终将其整体作为 Python 之禅（The Zen of Python）。整个文本则作为 PEP 20 由 Python 官方发布。

这些原则如下[①]。

优雅好过丑陋。
显式好过隐式。
简单好过复合。
复合好过复杂。
扁平好过嵌套。
稀疏好过密集。
可读性很重要。
即使要为了实用性而牺牲纯粹性，
特例也并不特殊到足以破坏规则。
不应悄悄放过错误，
除非确定需要这样。
面对太多可能，不要尝试猜测。
应该有一种（且最好只有一种）明显的方式来做到这一点。
虽然这并不容易，毕竟你不是那位荷兰人[②]。
虽然一直不做总是要好过匆忙去做，
但是现在就做还是要好过永远不做。
若实现方案很难解释，那它肯定不是个好方案；
若实现方案很好解释，那它有可能是个好方案。
命名空间是个绝妙想法——我们应该多使用它！

这些原则是开放的，可以解释为不同的意思，有些人甚至认为 Tim Peters 在写 Python 之禅时是在开玩笑。但是在这个过程中，我学到了一个很重要的道理，那就是对 Python 开发者而言，“开玩笑”和“认真”之间的界限是非常细微的。

在任何情况下，Python 之禅都是讨论 Python 最佳实践的好地方，许多开发者（包括我自己）经常会回到这里。在本书中，我也会经常提到它。

1.6　文档、PEP 和你

本书的目的是成为你学习 Python 的起点，而不是终点。一旦你熟悉了 Python，你就可以转

① 译者注：从 2005 年开始，Python 中国社区翻译迭代了十多版 Python 之禅，目前这个版本的主要贡献者是《编写高质量代码：改善 Python 程序的 91 个建议》的作者赖勇浩。

② 译者注：“那位荷兰人”指的是 Python 的创造者 Guido van Rossum，他是荷兰人。

到 Python 官方文档，了解更多关于特定功能或工具的知识。

Python 中的任何新功能都是从 Python 增强提案（Python Enhancement Proposal，PEP）开始的。每个 PEP 都有唯一的编号，并已发布到官方 PEP 索引中。一旦提出了 PEP，它就会被考虑、讨论，最终被接受或拒绝。

一个 PEP 被接受后，它就是文档的一部分，因为它们是定义 Python 功能的最具凝聚力和权威性的描述。此外，还有几个元 PEP（Meta-PEP）和信息 PEP（Informational PEP），它们为 Python 社区和语言提供了支撑。

因此，如果你有任何关于 Python 的问题，官方文档和 PEP 索引应该是你首先要去的地方。在本书中，我也会经常提到它们。

1.7 社区中谁说了算？

为了理解语言是如何演变的，以及为什么会演变，了解谁在掌控很重要。当一个 PEP 被提出时，谁来决定它是被接受还是被拒绝？

Python 是一个归属于非营利性组织——Python 软件基金会的开源项目。与许多其他流行的语言不同，Python 和任何营利性组织之间没有正式的关联。

作为一个开源项目，Python 受到活跃而充满活力的社区的支持。核心团队由一群维护语言和让社区运行得更加顺畅的可信的志愿者构成。

Python 的创造者 Guido van Rossum 过去是“仁慈的终身独裁者”（Benevolent Dictator for Life，BDFL），他对所有 PEP 进行最终决策，并监督 Python 的持续发展。2018 年，他决定不再担任这个角色。

在他退休后，PEP 13 被创建，以建立新的治理系统。现在，Python 语言由核心团队选举出的 5 人领导小组来管理。每次 Python 的新版本发布时，都会选出新的领导小组。

1.8 Python 社区

Python 社区（Python Community）庞大且多样化，由来自世界各地的人构成，他们都因对这种独特的语言的热爱而团结在一起。自从我多年前作为一个完全的新手偶然发现这个社区以来，我从中获得了无法估量的帮助、指导和灵感。我也很荣幸能够为他人提供同样的帮助。如果没有 Python 社区朋友们的不断反馈，本书就不会面世！

Python 社区由核心团队主持，依据 Python 行为准则来管理。简而言之，Python 社区强调开放、体贴和尊重的行为，总结如下。

> 总的来说，我们彼此尊重。我们之所以为这个社区做出贡献，是因为我们想要做出自己的贡献，而不是有人强迫我们。如果我们记住这一点，这些准则就会自然而然地出现。

我强烈推荐任何使用 Python 的开发者加入这个活跃的社区。参与其中的最好方法之一是通过 Libera 在线聊天室的#python 频道。你可以在 Python 官网的 Community 页面找到进入

Libera 在线聊天室的指南。

如果你对 Python 有任何问题(包括在阅读本书时),我建议你到 Libera 在线聊天室的#python 频道寻求帮助。你很有可能在那里遇到我和本书大部分的技术审校团队成员。

在第 21 章，我将从多个方面讨论 Python 社区。

1.9 对“明显的方式”的追求

Python 的口号“只有一种方式”，一开始可能会让人感到困惑。解决任何一个问题都有很多种可能的方法，Python 爱好者们是对自己的想法太着迷了吗?

幸运的是，不是这样的。这个口号意味着更加鼓舞人心的东西，这也是每一个 Python 开发者都应该理解的。

一些观点来自 Python 之禅，其中包括如下两个相当神秘的句子。

> 应该有一种(且最好只有一种)明显的方式来做到这一点。
> 虽然这并不容易，毕竟你不是那位荷兰人。

Tim Peters 当然是在调侃 Python 的创造者 Guido van Rossum——他是荷兰人。作为 Python 的创造者，Guido 可以很容易地找到解决 Python 问题的“明显的方式”，尤其是在早期。

“明显的方式”(obvious way)是 Python 的一个术语，用于描述“最佳解决方案”——良好的实践、干净的风格和合理的效率的结合，使得代码即使对于学习 Python 的新手也是易于理解的。

问题的细节通常会影响这种“明显的方式”:一种情况可能需要循环，另一种可能需要递归，还有一种可能需要列表推导式。与通常意义上的“明显”相反，解决方案通常并不简单。最佳解决方案只有在你知道它之后才会显而易见，而怎么到达这一点是最棘手的。

然而，对“明显的方式”的追求是 Python 社区的一个定义性特征，它对本书产生了深远的影响。书中的很多见解都是在我和我的 Python 爱好者同行之间进行的激烈辩论中产生的。因此，我从那些常常与我争论技术细节的同行中挑选出了我的技术审校团队成员，而且他们经常彼此对立。

任何最终被认为是解决问题的“正确方式”的方案通常都是因为其技术优势才被接受的，而不是因为 Python 开发者之间的一些类似的偏见，这些开发者是我曾经有幸合作的最严格的人。这种逻辑的方法溢出到了我们每一次的对话中(这导致一些非常惊人和具有启发性的学术辩论)。

新的情况会不断出现。在任何 Python 开发者的职业生涯中，编码永远不会变得真正“简单”。每个项目中都会出现需要仔细考虑的情况，而且通常还会有争论。开发者必须尝试以对他们来说最明显的方式解决问题，然后将解决方案提交给同行进行评审。

在我看来，本书中的方法在很多情况下都是最明显的，大多数得到了我的同行们的支持，但我敢肯定的是，我在 Python 方面差了 Guido van Rossum 很多。如果你发现自己在 Python 社区中争论技术，那么请不要把本书举在任何人的面前，作为你的解决方案最好的证据!找到明显的解决方案的技能是不可教的，只能通过实践来学习。

1.10　本章小结

尽管多年来有许多关于 Python 的传言，但 Python 是一种多功能且技术上可靠的语言，几乎可以处理你抛出的任何问题。无论你是编写自动化脚本、处理大型数据集、构建本地用户应用程序、实现机器学习，还是制作 Web 应用程序和应用程序接口（Application Program Interface，API），Python 都是一个可靠的选择。最重要的是，Python 有一个活跃、多样化和能提供帮助的社区。

成功的关键是编写 Python 代码，以充分利用 Python 的优点和功能。目标不仅仅是编写能工作的代码，而是编写优雅的代码。本书接下来的部分将教你如何做到这一点。

第 2 章 Python开发环境

你的开发环境是影响你使用一门语言时的工作效率的主要因素。你不应该满足于一个简单的默认 shell，而应该为任何一个生产级别的项目准备一个开发环境。

一个好的 Python 开发环境通常包括语言解释器、pip 包管理器、虚拟环境、一个面向 Python 的代码编辑器，以及一个或多个静态分析器来检查你的代码是否有错误和问题。我将在本章介绍 Python 开发环境的各个组成部分。我也将介绍 Python 中常见的风格约定，以及最常见的 Python 集成开发环境（Integrated Development Environment，IDE）。

2.1 安装 Python

在你开始其余的工作之前，你必须安装 Python 本身，以及一些必要的工具。正如你从第 1 章中所了解的，Python 是一门解释型语言，所以你需要安装它的解释器。你还必须安装 pip，即 Python 包管理器，这样你就可以安装额外的 Python 工具和库。安装的具体步骤取决于你的平台，这里介绍在主要的平台上安装 Python 的步骤。

在本书中，我使用的是 Python 3.9。你在阅读本书时只需使用 Python 3 的最新稳定版本，所有的指令应该都是一样的。你只需要在命令行中运行命令时显式地替换版本号。

这是一个简短的安装指南。完整的官方指南包括更多情况和高级选项，请参见 Python 文档的“Python 安装和使用”部分。

2.1.1 在 Windows 系统中安装 Python

在 Windows 系统中，Python 通常不会默认安装，所以你需要自行从 Python 官网下载并运行安装程序。在安装 Python 的过程中，确保你勾选了 Install the launcher for all users 和 Add Python to PATH 选项[①]。

同时，使用者也可以通过 Windows 应用商店来安装 Python。但是到目前为止，这种安装方式仍然被官方认为是不稳定的。我建议你下载官方安装程序。

① 译者注：这是为了确保你能将 Python 命令添加至环境变量中，以便你在终端使用 Python。

2.1.2 在 macOS 系统中安装 Python

在 macOS 系统中，你可以使用 MacPorts 或 Homebrew 来安装 Python 和 pip。

请使用下面的命令来利用 MacPorts 安装 Python 和 pip，将 38 替换为你想要下载的版本即可（去掉版本号中的小数点）：

```
sudo port install python38 py38-pip
sudo port select --set python python38
sudo port select --set pip py38-pip
```

或者，你也可以使用下面的命令来一步安装 Python 和 pip：

```
brew install python
```

请只使用上面两种方法中的一种①。

2.1.3 在 Linux 系统中安装 Python

如果你正在运行 Linux 操作系统，那么很可能已经默认安装好了 Python（Python 3）②，但是你所需要的其余工具可能没有在发行版中默认安装。（以防万一，我会告诉你如何安装 Python。）

在 Ubuntu、Debian 或相关 Linux 发行版中安装 Python 和 pip，请运行下面的命令③：

```
sudo apt install python3 python3-pip python3-venv
```

在 Fedora、RHEL 或 CentOS 中，你可以运行下面的命令：

```
sudo dnf python3 python3-pip
```

在 Arch Linux 中，运行下面的命令：

```
sudo pacman -S python python-pip
```

对于其余 Linux 发行版，你需要自行搜索 Python 3 和 pip 的安装方法。

2.1.4 通过源代码构建 Python

如果你正在使用类 UNIX 系统，而且你的系统中的 Python 3 版本过旧或者缺少包管理器，那么你可以通过源代码构建 Python。这是我通常安装最新版 Python 的方式。

1. 安装构建依赖项

在 macOS 系统中，安装 Python 的构建依赖项有一些相对复杂的考虑因素。你应该查阅 Python 官方文档。

在大多数 Linux 系统中，你需要确保你已经安装了 Python 所依赖的几个库的开发文件。这些库的安装方式取决于你的系统，更具体地说，取决于你使用的包管理器。

如果你正在使用诸如 Ubuntu、Pop!_OS、Debian 或 Linux Mint 等基于 APT 包管理器的 Linux

---

① 译者注：同时使用两种方法可能导致冲突，推荐使用第二种。

② 译者注：Linux 各发行版所默认安装的 Python 3 版本可能有所不同，具体请运行 `python3 --version` 来查看。

③ 译者注：低版本的 Debian 或者 Ubuntu 中可能不存在 apt 工具，可以将 apt 替换成 apt-get。

发行版，那么你应该在软件源或软件更新设置中勾选“启用源代码”选项，或者确保你的 sources.list 文件中包含了源代码。（具体方法取决于你的系统，这个主题超出了本书的讨论范围。）

然后，运行下面的命令：

```
sudo apt-get update
sudo apt-get build-dep python3.9
```

如果你收到“Unable to find a source package for python3.9”的错误信息，请将 9 改为较小（或较大）的数字，直到找到一个可用的数字为止。Python 3 的依赖关系在次要版本[①]之间并没有太大的变化[②]。

如果你使用的是诸如 Fedora、RHEL 或 CentOS 等基于 DNF 包管理器的 Linux 发行版，运行下面的命令：

```
sudo dnf install dnf-plugins-core
sudo dnf builddep python3
```

如果你使用的是旧版本的基于 yum 包管理器的 Fedora 或 RHEL，运行下面的命令：

```
sudo yum install yum-utils
sudo yum-builddep python3
```

如果你使用的是 SUSE Linux，则需要一个一个地安装依赖项，包括所需的库。表 2-1 列出了这些依赖项。如果你使用的是其他基于 UNIX 的系统，这个列表会很有用，尽管你可能需要更改包的名称或通过源代码构建依赖项。

表 2-1　在 SUSE Linux 系统中安装的 Python 3.9 的依赖项

automake	intltool	netcfg
fdupes	libbz2-devel	openssl-devel
gcc	libexpat-devel	pkgconfig
gcc-c++	libffi-devel	readline-devel
gcc-fortran	libnsl-devel	sqlite-devel
gdbm-devel	lzma-devel	xz
gettext-tools	make	zlib-devel
gmp-devel	ncurses-devel	

2. 下载和构建 Python

你可以从 Python 官网下载以压缩文件（.tgz）形式发布的 Python 源代码。我通常喜欢将这个压缩文件移动到专用目录中，尤其是当我同时拥有多个版本的 Python 时。在该目录中，使用命令 tar -xzvf Python-3.x.x.tgz 解压缩这个文件[③]，并将 Python-3.x.x.tgz 替换为你下载的压缩文件的名称。

① 译者注：次要版本是语义化版本号中的概念，指的是版本号的第二位，例如 3.9.0 中的 9、3.10.0 中的 10 等。

② 译者注：请根据你所使用的 Linux 发行版来确定其自带的 Python 的版本号。

③ 译者注：tar -xzvf 是解压缩 .tgz 文件的命令。

接下来，在解压好的目录中，运行下面的命令，请确保每条命令运行成功后再运行下一条命令：

```
./configure --enable-optimizations
make
make altinstall
```

上面的命令将为通用场景配置 Python，确保它不会在当前环境中遇到任何错误，然后将其与任何现有的 Python 一起安装。

陷阱警告： 如果已经安装了其他版本的Python，则应该使用make altinstall命令安装新的Python。否则，已有的Python版本可能会被覆盖或隐藏，从而导致系统出现问题。如果你非常确定这是在当前系统中安装的第一个Python，那么你可以使用make install命令。

一旦安装完成，你就可以使用 Python 了。

2.2 认识 Python 解释器

现在，你已经安装好了 Python 解释器，你可以运行 Python 脚本和项目了。

2.2.1 交互式会话

解释器的**交互式会话**允许你实时输入和运行代码，并查看结果。你可以使用下面的命令在命令行中启动交互式会话：

```
python3
```

陷阱警告： 你应该养成使用python2或python3命令的习惯，而不是使用python命令，因为后者可能会引用错误的版本（即使在今天，许多系统中仍然预装了Python 2）。你可以使用 --version标志来检查这3个命令中的任何一个命令调用的确切版本，例如运行命令python3 --version。

虽然上面的命令在 Windows 系统中也可以正常工作，但 Python 文档建议在 Windows 系统中使用下面的替代命令：

```
py.exe -3
```

为了保持跨系统的一致性，我将在后文中使用 python3 作为启动命令。

启动交互式会话后，你应该会看到类似下面这样的内容：

```
Python 3.10.2 (default)
Type "help", "copyright", "credits" or "license" for more information.
>
```

在提示符 > 后输入任何可运行的 Python 代码，按 Enter 键，解释器将立即运行它。你甚至可以输入多行语句，例如条件语句，解释器将在运行代码之前知道更多的行是预期的。当解释器正在等待用户输入后续内容时，你将看到提示符“...”。完成输入后按 Enter 键，解释器将运行整个代码块：

```
> spam = True
> if spam:
...     print("Spam, spam, spam, spam...")
...
Spam, spam, spam, spam...
```

如果想要退出交互式会话，请运行下面的命令：

```
> exit()
```

交互式会话对于在 Python 中测试东西非常有用，但除此之外没有什么其他用途。你应该知道它的存在，但我不会在本书中大量使用它。请使用一个合适的代码编辑器。

2.2.2 运行 Python 文件

你可以在文本或代码编辑器中编写脚本和程序。我将在 2.11 节介绍几个代码编辑器和 IDE，与此同时，你也可以使用自己喜欢的文本编辑器来编写代码。

Python 代码将被写入 .py 文件。要运行 Python 文件（例如 myfile.py），你可以在命令行（而不是解释器）中使用下面的命令：

```
python3 myfile.py
```

2.3 包和虚拟环境

一个**包**指的是一组代码，这与大多数其他编程语言中的库类似。Python 以“内置电池”①而闻名，因为大多数事情可以通过简单的 import 语句来完成。但是，如果你需要做一些超出基本功能的事情，例如创建一个漂亮的用户界面，则通常需要安装一个包。

幸运的是，安装大多数第三方库很容易。库的作者已经将他们的库打包，这些包可以使用我们之前安装的易用的 pip 包管理工具来安装。稍后我会介绍这个工具。

使用多个第三方包需要一些技巧。一些包需要先安装其他包，某些包与其他包存在冲突。你还可以安装特定版本的包，具体取决于你需要什么。因为某些应用程序和操作系统组件依赖于某些 Python 包，所以我们需要构建虚拟环境②。

一个**虚拟环境**是一个沙盒，你可以在其中安装特定项目所需的 Python 包，从而避免这些包与其他项目（或系统）的包发生冲突的风险。为每个项目创建不同的沙盒，并且只在其中安装需要的包，一切都井井有条。这实际上从未改变 Python 包在系统中的安装情况，因此可以避免破坏与项目无关的重要内容。

你甚至可以创建与特定项目无关的虚拟环境。例如，我有一个专用的虚拟环境，用于在 Python 3.10 中运行随机代码文件，其中包含一组用于查找问题的工具。

① 译者注：“内置电池”是指 Python 自带的标准库，包括大多数常用的功能，例如文件操作、网络操作、数据库操作等。
② 译者注：如果直接在系统自带的 Python 环境中安装第三方包，则可能导致系统中的其他应用程序无法正常运行。

2.3.1 创建一个虚拟环境

每个虚拟环境都位于专用目录中。通常，相应文件夹命名为 env 或 venv。

对于每个项目，我通常会在项目文件夹内创建一个专用的虚拟环境。Python 提供了一个名为 venv 的工具来实现这一点。

如果你选择使用包含诸如 Git 的版本控制系统（Version Control System，VCS）来对你的代码进行版本控制，那么稍后我将介绍一个额外的设置步骤。

请执行以下命令，在命令行中创建名为 venv 的虚拟环境，该虚拟环境位于当前工作目录中：

```
python3 -m ❶ venv ❷ venv
```

上面命令中的❶venv 是创建虚拟环境的命令，❷venv 是虚拟环境的路径。在这种情况下，venv 只是一个相对路径，它在当前工作目录中创建了一个 venv 目录。但是你也可以使用绝对路径，并随意命名。例如，你可以在 UNIX 系统的 /opt 目录中创建一个名为 myvirtualenv 的虚拟环境，如下所示：

```
python3 -m venv /opt/myvirtualenv
```

请注意，我在这里指定了 python3，尽管我也可以使用任何 Python 版本来运行它，例如通过命令 python3.9 -m venv venv。

如果你使用的是 Python 3.3 之前的版本，请确保安装了系统的 virtualenv 包，然后运行以下命令：

```
virtualenv -p python3 venv
```

现在，如果你查看工作目录，你会注意到 venv 目录已经创建好了。

2.3.2 激活虚拟环境

为了使用虚拟环境，你需要激活它。

在类 UNIX 系统中，运行以下命令：

```
$ source venv/bin/activate
```

在 Windows 系统中，运行以下命令：

```
> venv\Scripts\activate.bat
```

或者，如果你在 Windows 系统中使用 PowerShell，则运行以下命令：

```
> venv\Scripts\activate.ps1
```

一些 PowerShell 用户必须首先运行命令 set-executionpolicy RemoteSigned，以便在 Windows PowerShell 上使用虚拟环境。如果你遇到问题，请尝试使用这个命令。

就像魔法一样，你现在正在使用你的虚拟环境！你应该能在命令行提示符的开头（而不是末尾）看到 venv，这表示你正在使用名为 venv 的虚拟环境。

陷阱警告： 如果你同时打开了多个shell（通常是终端窗口），你应该意识到虚拟环境只对你明确激活的那个shell有效！在shell中查找venv标记以确保你正在使用虚拟环境。

当你处在虚拟环境中时，你仍然可以访问系统中虚拟环境之外的所有文件，但是你的环境路径将被虚拟环境覆盖。实际上，你在虚拟环境中安装的任何包都只能在虚拟环境中使用，并且除非你显式指定包的引入路径，否则在虚拟环境中无法访问系统范围的包。

如果你想要在虚拟环境中也能使用系统范围的包，你可以利用一个特殊的标志来实现，这个标志必须在你第一次创建虚拟环境时设置，且不能在创建虚拟环境之后更改。命令如下：

```
python3 -m venv --system-site-packages venv
```

2.3.3 退出虚拟环境

为了退出虚拟环境回到系统环境，你需要运行一个简单的命令。

已经准备好了吗，UNIX 用户？只需运行以下这个命令：

```
$ deactivate
```

就这么简单。Windows PowerShell 用户也是如此。

不过在 Windows 命令行上，命令就稍微有点复杂了：

```
> venv\Scripts\deactivate.bat
```

但还是比较简单的。记住，就像激活虚拟环境时所做的一样，如果你给虚拟环境起了一个别名，你就必须相应地改变那一行中的 venv。

2.4 pip 介绍

我们大多数人对 Python 的包系统有很高的期望。Python 的包管理器是 pip，它通常使包的安装变得轻而易举，特别是在虚拟环境中。

2.4.1 系统范围的包

请记住，在进行任何 Python 开发工作时，你都应该在虚拟环境中工作。这将确保你始终使用正确的包来工作，而不会搞乱系统中其他程序的包。如果你确定自己想在系统范围的 Python 环境中安装包，你也可以使用 pip 来做。首先，确保你不在虚拟环境中工作，然后使用如下命令：

```
python3 -m pip command
```

将上面命令中的 command 替换为对应的 pip 命令，稍后我将详细介绍。

2.4.2 安装包

为了安装一个包，需要运行命令 pip install package。例如，要在激活的虚拟环境中安装 PySide6，你可以使用下面的命令：

```
pip install PySide6
```

如果你想安装特定版本的包，可以在包名的后面加上两个等号（==），然后跟上想要的版本号（不要有空格）：

```
pip install PySide6==6.1.2
```

顺带一提，你还可以使用运算符 >= 来表示“至少这个版本或更高版本”，这叫作需求规范。命令如下所示：

```
pip install PySide6>=6.1.2
```

上面这行命令将安装最新版本的 PySide6，它至少是 6.1.2 版本。如果你既想安装最新版本的包，又想确保至少安装最低版本的包（你可能并未安装），这就非常有用了。如果无法安装满足要求的包，pip 将显示一个错误消息。

如果你在使用类 UNIX 系统，你可能需要使用命令 pip install "PySide6>=6.1.2"，因为 > 在 shell 中有另外的含义。

2.4.3 requirements.txt

你可以通过配置 requirements.txt 文件为你的项目开发节省更多的时间。这个文件列出了你的项目所需要的包。在创建一个虚拟环境时，通过这个文件，你和其他用户可以使用一个命令安装所有需要的包。

在创建这个文件时，将一个包的名称和版本（如果需要的话）写在同一行。例如，我的一个项目有一个 requirements.txt 文件，如清单 2-1 所示。

清单 2-1 requirements.txt

```
PySide2>=5.11.1
appdirs
```

现在，任何人都可以使用下面的命令一次性安装所有这些包：

```
pip install -r requirements.txt
```

我将在第 18 章再次介绍 requirements.txt，那时我会介绍打包和分发。

2.4.4 更新包

你也可以使用 pip 更新已安装的包。例如，要将 PySide6 更新到最新版本，可以运行下面的命令：

```
pip install --upgrade PySide6
```

如果你有一个 requirements.txt 文件，你也可以一次性升级所有需要的包：

```
pip install --upgrade -r requirements.txt
```

2.4.5 卸载包

你可以使用下面的命令卸载包：

```
pip uninstall package
```

将命令中的 package 替换成对应的包名即可。

这里有个小问题。安装一个包时，它所依赖的包也会被安装，我们称之为依赖项。卸载一个包时，它的依赖项不会被卸载，所以你可能需要手动卸载它们。这可能会变得棘手，因为多个包可能共享依赖项，所以你可能会破坏另一个包。

在这里，虚拟环境的优势就体现出来了。一旦你陷入这种困境，你可以删除虚拟环境，再创建一个新的虚拟环境，然后只安装所需要的包即可。

2.4.6 搜索包

好了，现在你可以安装、升级和卸载包。你怎么知道 pip 有哪些包可用呢？

有两种方法可以找到答案。第一种是使用 pip 自身来进行搜索。假设你想要一个用于网络爬虫的包，运行下面的命令：

```
pip search web scraping
```

上面的命令会给你一大堆结果，当你忘记包的名称时，它会很有用[①]。

如果你想要获取更多的信息，可参考 PyPI 官网提供的官方 Python 包索引。

2.4.7 一个关于 pip 的警告

除非你是相关领域的专家，否则不要在类 UNIX 系统中使用 sudo pip！它会对你的系统安装做很多坏事——这些事情是你的系统包管理器无法纠正的——如果你决定使用它，你可能会在以后使用系统时感到后悔。

通常，当你认为需要使用 sudo pip 时，实际上应该使用命令 python3 -m pip 或 pip install –user 把包安装到本地用户目录中。大多数其他问题可以通过虚拟环境来解决。

陷阱警告：除非你是一个专家，完全理解你在做什么以及如何在出现问题后回滚操作，否则不要使用sudo pip！

2.5 虚拟环境和 Git

与虚拟环境和版本控制系统（如 Git）一起工作可能会很棘手。虚拟环境目录中的内容是你用 pip 安装的实际包，这会使你的版本控制系统中充斥着大量不必要的文件，而且你也不能从一台计算机复制虚拟环境文件夹到另一台计算机，并寄希望于它能正常工作[②]。

因此，你不想在版本控制系统中跟踪这些文件。有以下两种解决方案：

1. 在你的仓库之外创建虚拟环境；
2. 不要将虚拟环境目录纳入版本控制系统的控制范围内。

以上两种解决方案各有优点，具体使用哪一种则取决于你的项目、环境和特定需求。

---

① 译者注：经过一系列安全事件后，pip 禁用了 search 指令，但是你可以安装 pip-search 包，通过 pip_search 指令来进行搜索。

② 译者注：Python 受限于各平台不一致的 API/ABI，不能保证二进制文件在被直接复制到另一个平台之后仍能正常工作。

如果你使用的是 Git，创建或编辑一个名为 .gitignore 的文件，将其放在你的仓库的根目录下，并在其中添加清单 2-2 所示的这一行。

清单 2-2 .gitignore 文件

```
venv/
```

如果你使用的是其他的虚拟环境名称，修改这一行以匹配。如果你使用的是其他的版本控制系统，比如 Subversion 或 Mercurial，请查看对应的文档以了解如何忽略类似 venv 的目录。

通常，每个克隆[①]你的仓库的开发者都会构建自己的虚拟环境，并且可能会使用你提供的 requirements.txt 文件。

即便你计划将你的虚拟环境放在仓库之外，使用 .gitignore 文件也是个好主意，这样可以提供一些额外的保障。最佳的版本控制实践是手动选择要提交的文件，但是错误不可避免。因为 venv 是虚拟环境目录的最常见的名称之一，所以将它添加到 .gitignore 文件中至少可以防止一些意外的提交。如果你的团队有其他标准的虚拟环境名称，你也可以考虑将它们添加进去。

2.5.1 shebang

许多用户及开发者可能会运行你的代码，但是如果你的 Python 文件的第一行不正确，这一切都会很快崩溃。

shebang 是 Python 文件顶部的一个特殊命令，通过它你可以直接执行 Python 文件，如清单 2-3 所示。

清单 2-3 hello_world.py

```
❶ #!/usr/bin/env python3

print("Hello, world!")
```

shebang（又称 hashbang，在代码中的形式为 #!）❶提供了 Python 解释器的路径。虽然它是可选的，但我强烈建议你在代码中包含它，因为这意味着你可以将文件标记为可执行并直接执行，如下所示：

```
./hello_world.py
```

这非常有用，但是正如我之前提到的，你必须小心使用 shebang。shebang 告诉计算机在哪里找到要使用的确切的 Python 解释器，所以错误的 shebang 可以跳出虚拟环境的限制，甚至指向一个没有安装的解释器版本。

你可能已经在实践中看到过清单 2-4 所示的 shebang。

清单 2-4 shebang.py:1a

```
#!/usr/bin/python
```

这行代码完全不正确，因为它强制计算机使用特定的系统范围内的 Python 副本。再次强调，

① 译者注：这里的“克隆”（原文为 clone）指的是从远程仓库中将代码复制到本地的操作。

这完全忽略了虚拟环境的目的。

探究笔记： 你可能想知道#!/usr/bin/python在Windows系统中是怎么成为一个有效的路径的。它确实是有效的，这要归功于PEP 397中概述的一些技巧（但你仍然应该避免使用它）。

对于任何只能运行在 Python 3 中的 Python 文件，你应该始终使用清单 2-5 所示的 shebang。

清单 2-5　shebang.py:1b

```
#!/usr/bin/env python3
```

如果你有一个脚本既可以在 Python 2 中运行，也可以在 Python 3 中运行，那么请使用清单 2-6 所示的 shebang。

清单 2-6　shebang.py:1c

```
#!/usr/bin/env python
```

关于 shebang 以及如何处理它们的规则，PEP 394（针对类 UNIX 系统）和 PEP 397（针对 Windows 系统）中有正式的说明。无论你使用的是哪个操作系统，了解 UNIX 和 Windows 系统中 shebang 的含义都是很好的。

2.5.2　文件编码

自 Python 3.1 开始，所有的 Python 文件都使用 UTF-8 编码，以允许解释器使用 Unicode 中的所有字符（在该版本之前，Python 使用的默认编码系统是旧的 ASCII 编码）。

如果你需要使用一个不同的编码系统，而不是默认的 UTF-8 编码，你需要告诉 Python 解释器。

比如，要在 Python 文件中使用 Latin-1 编码，你需要将以下这行代码放在文件的顶部，紧跟在 shebang 之后。为了使其正常工作，它必须在第一行或第二行——这就是解释器查找此信息的地方：

```
# -*- coding: latin-1 -*-
```

如果你想使用其他编码系统，用相应的名称替换 latin-1 即可。如果你指定了 Python 无法识别的编码，它将抛出一个错误。上面的这种方式是指定编码的常规方式，此外还有其他两种形式。你可以使用下面这种形式：

```
# coding: latin-1
```

或者使用下面这种更长但更易于理解的形式：

```
# This Python file uses the following encoding: latin-1
```

不管你使用哪种形式，都必须与此处介绍的命令完全相同（除了将 latin-1 替换为你想要的其他编码的名称）。因此，首选第一种或第二种形式。

请参阅 PEP 263，以了解更多信息。

大多数时候，你还是可以使用默认的 UTF-8 编码；如果你需要使用其他的编码系统，相信你现在已经知道如何通知解释器了。

2.6 一些额外的关于虚拟环境的小贴士

当你习惯了使用虚拟环境和 pip 后，你会学会用一些额外的技巧和工具来简化整个过程。以下是一些比较流行的技巧。

2.6.1 在不激活虚拟环境的情况下使用虚拟环境

你可以在不激活虚拟环境的情况下使用虚拟环境的二进制文件。例如，你可以执行 venv/bin/python 来运行虚拟环境自己的 Python 实例，或者执行 venv/bin/pip 来运行虚拟环境自己的 pip 实例。这样做的效果与激活虚拟环境后的效果相同。

例如，假设我的虚拟环境是 venv，我可以在终端这样做：

```
venv/bin/pip install pylint
venv/bin/python

> import pylint
```

完美运行！但是 import pylint 命令仍然不会在系统范围内的 Python 交互式 shell 中工作（当然，除非你在系统中安装了它）。

2.6.2 一些替代品

在本书中，我将使用 pip 和 venv，因为它们是现代 Python 的默认工具。但是还有一些其他的解决方案值得一看。

2.6.2.1 Pipenv

有不少 Python 开发人员都在使用 Pipenv，它将 pip 和 venv 结合在一起而成为一个整体的工具，具有许多额外的功能。

由于工作流程有很大的不同，因此我不会在这里介绍 Pipenv。如果你对它感兴趣，我建议你阅读其出色的官方文档。你可以在那里找到全面的设置和使用说明，以及对 Pipenv 所提供的优势的更详细解释。

2.6.2.2 pip-tools

有许多的 pip 任务可以通过 pip-tools 简化，包括自动更新、编写 requirements.txt 的辅助工具等。

如果你使用 pip-tools，你应该只在虚拟环境中安装它。它专为此用例而设计。

更多的信息可以参考 PyPI 官网的 pip-tools 7.3.0 部分。

2.6.2.3 poetry

一些 Python 开发者非常讨厌整个 pip 工作流程。其中一个开发者创建了 poetry 作为替代的包管理器。我不会在本书中使用它，因为它的行为非常不同，但我不应该不提及它。

你可以在 poetry 网站上找到更多信息，如下载方式（创建者不建议使用 pip 安装它）及官方文档。

2.7 认识 PEP 8

许多语言的代码风格完全由相应社区决定，而 Python 却有一个官方的代码风格指南，发布为 PEP 8。尽管该指南中的约定主要用于标准库代码，但许多 Python 开发人员选择将其作为规则遵守。

这并不意味着 PEP 8 具有强制性：如果你有一个合适的理由在项目中使用不同的代码风格，那没有什么问题，不过你应该确保项目中代码风格的一致性。

PEP 8 本身从一开始就明确了这一点，如下所示。

> 本指南是关于一致性的。与本指南保持一致很重要，项目内的一致性更重要，一个模块或函数内的一致性最重要。
>
> 你要知道什么时候应该不一致——有时候，本指南的建议是不适用的。当你不确定的时候，请相信你自己的判断。看看其他的例子，以决定什么样的代码风格是最好的。另外，不要害怕提出疑惑！

在实践中，你可能会发现很少有理由违背 PEP 8。它并不是包罗成象的，但它提供了足够的空间，同时明确了什么代码风格是好的，以及什么代码风格是坏的。

2.7.1 行宽限制的历史债务

PEP 8 推荐的行宽限制为 79 或 80 个字符，但这个话题有很多争议。一些 Python 开发者遵守这个规则，而另一些则更喜欢每行限制为 100 或 120 个字符。该怎么办呢？

最常见的关于行宽限制的论点是，现代显示器更宽、分辨率更高，79 或 80 个字符的限制是历史遗留问题。是吗？绝对不是！坚持使用常见的行宽限制有多个原因，例如：

- 视力障碍者，他们必须使用更大的字体或放大的界面；
- 查看文件中的不同提交之间的差异；
- 编辑器分屏，同时显示多个文件；
- 垂直显示器；
- 笔记本计算机显示器上的并排窗口，编辑器只有通常空间的一半；
- 使用老式显示器的人，他们无法升级到 1080p 大屏幕；
- 在移动设备上查看代码。

在这些情况下，79 或 80 个字符的行宽限制背后的原因变得显而易见：每行的水平空间根本不够显示 120 个或更多的字符。软文本换行（即截断的行的后半部分显示在下一行，没有行号）确实解决了一些问题。但是它可能很难阅读，许多被迫经常依赖它的人会证实这一点。

当然，这并不意味着你必须严格遵守 79 或 80 个字符的最大限制。也有例外情况。首先，可读性和一致性是目标。许多开发人员接受 80/100 规则：在大多数情况下尽量遵守 80 个字符的“软”限制；而将 100 个字符作为“硬”限制，以应对 80 个字符的限制会对可读性产生负面影响的情况。

2.7.2 制表符还是空格

关于使用空格还是制表符的争论，许多程序员之间的友谊因此而受到考验。大多数程序员对这个话题有着强烈的共情。

PEP 8 推荐使用空格而不是制表符，但从技术上讲，两者都可以使用。重要的是，永远不要混合使用两者。使用空格或制表符，然后在整个项目中坚持使用。

如果使用空格，那么就会有关于使用多少个空格的争论。PEP 8 也回答了这个问题：每个缩进级别使用 4 个空格。任何少于这个数量的空格都会对代码可读性产生负面影响，特别是对于视力障碍者或某些特定的阅读障碍者。

顺带一提，大多数代码编辑器能在你按下 Tab 键时自动输入 4 个空格，因此输入时不需要重复按空格键。

2.8 代码质量控制：静态分析工具

在任何开发者的工具箱中，最有用的工具之一是一个可靠的、可以读取你的代码并查找潜在错误的静态分析器。如果你之前没有使用过类似的工具，那么现在可以去体验一下。其中一种通用类型的静态分析器称为 linter，它可以检查代码中存在的常见错误、潜在隐患，以及代码风格的不一致性。在 Python 社区中，最受欢迎的两个 linter 是 Pylint 和 PyFlakes。

Python 在社区中有非常多的静态分析器，包括静态类型检查器（如 Mypy）和复杂度分析器（如 mccabe）。

接下来将介绍如何安装部分工具，以及如何使用它们。建议只安装上述两个 linter 之一，并安装其余的静态分析器。

2.8.1 Pylint

Pylint 可能是 Python 中最通用的静态分析器。它在默认情况下工作得很好，允许你自定义想要查找和忽略的内容。

你可以使用 pip 安装 Pylint 包，建议在虚拟环境中安装这个包。安装完成后，你可以向 Pylint 传递你想要分析的文件的名称，如下所示：

```
pylint filetocheck.py
```

你也可以分析整个包或模块（我将在第 4 章介绍模块和包）。例如，如果你想让 Pylint 分析当前工作目录中名为 myawesomeproject 的包，可以运行以下命令：

```
pylint myawesomeproject
```

Pylint 将会扫描文件并在命令行中显示警告和建议。然后，你可以编辑文件并进行必要的更改。

比如，考虑清单 2-7 所示的 Python 文件。

清单 2-7　cooking.py:1a

```
def cooking():
    ham = True
    print(eggs)
    return order
```

在系统命令行中运行 linter，如下所示：

```
pylint cooking.py
```

Pylint 提供以下反馈：

```
************* Module cooking
cooking.py:1:0: C0111: Missing module docstring (missing-docstring)
cooking.py:1:0: C0111: Missing function docstring (missing-docstring)
cooking.py:3:10: E0602: Undefined variable 'eggs' (undefined-variable)
cooking.py:4:11: E0602: Undefined variable 'order' (undefined-variable)
cooking.py:2:4: W0612: Unused variable 'ham' (unused-variable)
-----------------------------------------------------------------------------------
Your code has been rated at -22.50/10
```

linter 发现了代码中的 5 个错误：模块和函数都缺少 docstring（请参阅第 3 章）；试图使用变量 eggs 和 order，但它们都不存在；为变量 ham 分配了一个值，但从未在任何地方使用过该值。

如果 Pylint 对你认为应该保留的代码行感到不满意，你可以告诉静态分析器忽略它并继续。你可以使用特殊的注释来做到这一点，注释可以在行内或块的顶部，如清单 2-8 所示。

清单 2-8　cooking.py:1b

```
# pylint: disable=missing-docstring

def cooking():  # pylint: disable=missing-docstring
    ham = True
    print(eggs)
    return order
```

通过第一条命令，我告诉 Pylint 不要提醒我模块中缺少 docstring，这将影响整个代码块。下一行的行内注释将抑制关于函数中缺少 docstring 的警告，它只会影响该行。如果再次运行 linter，我只会看到另外 3 个 linter 错误：

```
************* Module cooking
cooking.py:5:10: E0602: Undefined variable 'eggs' (undefined-variable)
cooking.py:6:11: E0602: Undefined variable 'order' (undefined-variable)

cooking.py:4:4: W0612: Unused variable 'ham' (unused-variable)

-----------------------------------------------------------------------------------
Your code has been rated at -17.50/10 (previous run: -22.50/10, +5.00)
```

这时候，我会编辑我的代码并实际修复剩下的问题（除非我不想修复这些问题）。

你也可以通过在项目的根目录中创建一个 pylintrc 文件来控制 Pylint 在项目范围内的行为。要这样做，请运行以下命令：

```
pylint --generate-rcfile > pylintrc
```

找到这个文件，打开它，然后编辑它以打开和关闭不同的警告、忽略文件和定义其他设置。你可以从文件的注释中了解不同选项的作用。

当你运行 Pylint 时，它将在当前工作目录中查找 pylintrc（或 .pylintrc）文件。或者，你也可以通过在调用 Pylint 时传递文件名（例如 myrcfile）给--rcfile 选项，从而指定一个不同的文件名，让 Pylint 从中读取设置，命令如下：

```
pylint --rcfile=myrcfile filetocheck.py
```

Pylint 用户喜欢在他们的主目录中创建 .pylintrc 或 .config/pylintrc（仅适用于类 UNIX 系统）。如果 Pylint 找不到另一个配置文件，它将使用主目录中的那个。

尽管 Pylint 文档不是很全面，但它仍然是有用的。

2.8.2 Flake8

Flake8 工具实际上是以下 3 个静态分析器的组合。

- PyFlakes 是一个 linter，与 Pylint 相似，旨在更快地工作并避免误报（这两点都是 Pylint 常被吐槽的地方）。此外，它还忽略了由下一个工具处理的样式规则。
- pycodestyle 是一个风格检查器，它可以帮助确保你编写符合 PEP 8 的代码。（这个工具以前叫作 pep8，但是它被重命名了，以避免与实际的风格指南混淆。）
- mccabe 用于检查代码的 McCabe（或 Cyclomatic）复杂性。如果你不知道这是什么，不要担心——它的作用实际上只是在你的代码结构变得太复杂时警告你。

你可以使用 pip 安装 Flake8 包，我通常在虚拟环境中这样做。

为了扫描文件、模块或包，请将其传递给 flake8 命令行。例如，要扫描之前的 cooking.py 文件（见清单 2-8），可以使用以下命令：

```
flake8 cooking.py
```

输出的内容如下：

```
cooking.py:2:5: F841 local variable 'ham' is assigned to but never used
cooking.py:3:11: F821 undefined name 'eggs'
cooking.py:4:12: F821 undefined name 'order'
```

你会注意到 Flake8 并没有报告缺少文档字符串，这在该工具中默认是禁用的。

默认情况下，命令 flake8 只运行 PyFlakes 和 pycodestyle。如果要分析代码的复杂性，则还需要传递参数--max-complexity，参数名后跟一个表示代码复杂程度的数字。大于 10 的数字表示代码十分复杂，但是如果你理解 McCabe 复杂性，你也可以根据需要更改它。因此，如果要检查 cooking.py 文件的复杂性，你可以运行以下命令：

```
flake8 --max-complexity 10 cooking.py
```

然而，无论你如何运行 Flake8，你都会得到代码中所有错误和警告的详细列表。

如果需要告诉 Flake8 忽略它认为是问题的某些内容，你可以使用 # noqa 注释，后跟要忽略的错误代码。这个注释应该是行内注释，放在错误发生的那一行。如果你省略了错误代码，那么 # noqa 将导致 Flake8 忽略该行的所有错误。

在我的示例代码中，如果我想忽略收到的错误，则代码可能看起来如清单 2-9 所示。

清单 2-9　cooking.py:1c

```
def cooking():
    ham = True     # noqa F841
    print(eggs)    # noqa F821, F841
    return order   # noqa
```

这里，你会看到 3 种不同的情况。首先，我只忽略警告 F841。其次，我忽略了两个错误（其中一个实际上并不会被触发，仅作为示例）。最后，我忽略了所有可能的错误。

Flake8 还支持配置文件。在项目目录中，你可以创建一个 .flake8 文件。该文件中的内容以 [flake8]开头，然后是你想要定义的所有 Flake8 设置。

Flake8 也接受名为 tox.ini 或 setup.cfg 的项目范围的配置文件，只要它们内部有一个 [flake8]部分即可。

比如，如果你想要在每次调用 Flake8 时自动运行 mccabe，而不是每次都指定--max-complexity，你可以定义一个 .flake8 文件，如清单 2-10 所示。

清单 2-10　.flake8 文件

```
[flake8]
max-complexity = 10
```

一些开发者喜欢为 Flake8 定义一个系统范围的配置文件，你可以在类 UNIX 系统中这样做（也只能在类 UNIX 系统中这样做）。在你的主文件夹中，创建名为 .flake8 或 .config/flake8 的配置文件。

Flake8 相较于 Pylint 更重要的优势之一是文档。Flake8 有警告、错误、选项等的完整列表。更多信息可以查看 Flake8 官方文档。

2.8.3　Mypy

Mypy 是一个不同寻常的静态分析器，因为它完全专注于类型注解（见第 6 章）。因为涉及我还没有介绍的许多概念，所以我不会在这里深入介绍。

就像到目前为止的所有包一样，你可以通过 pip 安装 mypy 包。一旦安装完毕，你就可以通过向其传递文件、包或模块来使用 Mypy，命令如下：

```
mypy filetocheck.py
```

Mypy 只会尝试检查带有类型注解的文件，而忽略其他文件。

2.9　代码风格守护者：自动格式化工具

另一种你可能会发现有用的工具是自动格式化工具（autoformatter），它可以自动更改你的 Python 代码——空格、缩进和首选的等效表达式（例如使用!=而不使用<>）——以符合 PEP 8。此处推荐的自动格式化工具有两个：autopep8 和 Black。

2.9.1　autopep8

autopep8 基于 pycodestyle（Flake8 的一部分），其甚至使用与该工具相同的配置文件来确定最终遵循或忽略哪些样式规则。

和之前一样，你可以使用 pip 安装 autopep8。

默认情况下，autopep8 只会修复空格，但是如果你传递--aggressive 参数给它，它就会做出更多的改变。实际上，如果你传递这个参数两次，它做出的改变会更多。限于篇幅，请在 PyPI 官网查看 autopep8 2.0.4 项目以了解更多信息。

为了修复 Python 代码文件中的大多数 PEP 8 问题，且在原地更改（而不是创建副本，这是默认行为），请运行以下命令：

```
autopep8 --in-place --aggressive --aggressive filetochange.py
```

直接修改文件听起来有点冒险，但实际上风险不大。样式更改只会改变样式，而不会影响代码的实际行为。

2.9.2　Black

Black 相较于 autopep8 更加简单：它假设你想要完全遵循 PEP 8，因此它不会提供太多的选项而让你感到困惑。

就像 autopep8 一样，你可以使用 pip 安装 Black，尽管它需要 Python 3.6 或更高版本。要使用它格式化文件，请传递文件名，命令如下：

```
black filetochange.py
```

可通过执行命令 black --help 来获取完整的 Black 命令行选项。

2.10　测试框架

测试框架对任何良好的开发工作流程来说都是重要组成部分，但我不会在本章详细介绍它们。Python 有 3 个主要的测试框架：Pytest、nose2 和 unittest。还有一个很有前途的新项目叫作 ward。所有这些都可以使用 pip 来安装。

因为必须了解更多的 Python 知识才能有效地研究测试框架这个主题，所以我将在第 20 章重新对此进行介绍。

2.11　代码编辑器一览

你已经有了 Python 解释器、虚拟环境、静态分析器和其他工具。现在你已经准备好写代码了。

你可以利用任何普通文本编辑器来编写 Python 代码，就像你使用任何其他编程语言一样。但是，合适的代码编辑器可以让你更轻松地编写生产质量的代码。

在结束本章之前，我想带你了解几个受欢迎的 Python 代码编辑器和可用的集成开发环境

（IDE）。此处仅作示例推荐，除此之外还有许多其他选择。如果你已经知道自己想要使用什么代码编辑器或 IDE，可以跳过这一节。

2.11.1　IDLE

Python 有自己的 IDE，名为 IDLE，它随标准的 Python 发行版一起被安装。它是一个相当简单的 IDE，有两个组件：一个编辑器和一个交互式 shell 的界面。如果你现在不想安装其他编辑器，使用 IDLE 也不错。但我建议你还是好好考虑一下，因为大多数编辑器和 IDE 有许多有用的功能，而 IDLE 没有。

2.11.2　Emacs 和 Vim

如果你是纯粹的"黑客"，那么你应该会很高兴知道 Emacs 和 Vim 都有很好的 Python 支持。设置这两个编辑器不是那么容易，所以我不会在这里介绍它们的任何内容。

如果你已经是 Emacs 或 Vim 的爱好者（或者两者你都喜欢），你可以在 Real Python 上找到关于它们的优秀教程。

对于 Emacs，请查阅 Real Python 网站中的文章"Emacs: The Best Python Editor?"（"Emacs：最好的 Python 编辑器"）。

对于 Vim，请查阅 Real Python 网站中的文章"VIM and Python-A Match Made in Heaven"（"VIM 和 Python——天作之合"）。

2.11.3　PyCharm

根据 JetBrains 的"开发者生态系统 2021"（The State of Developer Ecosystem 2021）开发者调查，JetBrains 的 PyCharm IDE 是 Python 编程方面最受欢迎的选择。它有两种类型：免费的 PyCharm Community Edition（社区版）和付费的 PyCharm Professional Edition（专业版）。

两个版本的 PyCharm 都提供专门的 Python 代码编辑器，具有自动完成、重构、调试和测试工具。PyCharm 可以轻松管理和使用虚拟环境，并与你的版本控制软件集成，它甚至可以执行静态分析（使用它自己的工具）。专业版增加了用于数据、科学开发和 Web 开发的工具。

如果你熟悉其他 JetBrains IDE，比如 IntelliJ IDEA 或 CLion，你会发现 PyCharm 就是一个很好的 Python IDE。它需要比许多代码编辑器更多的计算机资源，但如果你有一台性能不错的计算机，这不会成为问题。如果你之前没有使用过 JetBrains IDE，请在购买付费版本之前尝试社区版。

你可以在 PyCharm 官网查看更多信息和下载方式。

2.11.4　Visual Studio Code

Visual Studio Code 有着非常棒的 Python 支持。根据 2021 JetBrains 调查，它是第二受欢迎的 Python 代码编辑器。它是免费且开源的，几乎可以在所有平台上运行。安装完来自 Microsoft 的官方 Python 扩展，你就可以开始了！

Visual Studio Code 支持自动完成、重构、调试和虚拟环境切换，以及通常的版本控制集成。它可以与 Pylint、Flake8 和 Mypy 等流行的静态分析器集成，甚至可以与最常见的 Python 单元测试工具一起使用。

请从 Visual Studio Code 官网下载安装包。

2.11.5 Sublime Text

Sublime Text 是另外一个流行的多语言代码编辑器。它因速度快和简单而受到欢迎，并且可以通过扩展和配置文件轻松定制。Sublime Text 可以免费试用，但如果你发现自己喜欢上了它并希望继续使用，则建议付费购买。

Anaconda 插件将 Sublime Text 转换成了一个 Python IDE，它具有 Sublime Text 的所有功能：自动完成、导航、静态分析、自动格式化、测试运行，甚至还有文档浏览器。与其他代码编辑器相比，它需要更多的手动配置，特别是当你想要使用虚拟环境时。如果 Sublime Text 符合你的要求，那么安装 Anaconda 插件就是值得的。

可以从 Sublime Text 官网下载 Sublime Text，并从 GitHub 的 DamnWidget/anaconda 项目中下载 Anaconda 插件（其中还提供了在 Sublime Text 中安装 Anaconda 插件的说明）。

2.11.6 Spyder

如果你的关注点是科学编程或数据分析，或者你熟悉 MATLAB 的界面，那么你在 Spyder 中会感到非常舒适，这是一个免费且开源的 Python IDE，也是用 Python 编写的。

除了通常的功能（专用的 Python 代码编辑器、调试器、与静态分析器的集成和文档查看器），Spyder 还包括与许多常见的 Python 库的集成，用于数据分析和科学计算。它集成了完整的代码分析器和变量资源管理器。其插件支持单元测试、自动格式化和编辑 Jupyter 笔记本等其他功能。

你可以从 Spyder 官网下载 Spyder。

2.11.7 Eclipse 配合 PyDev/LiClipse

Eclipse 已经失去了与新编辑器竞争的地位，但它仍然拥有忠实的用户群。虽然是针对 Java、C++、PHP 和 JavaScript 等语言而设计的，但 Eclipse 也可以通过 PyDev 插件成为 Python IDE。

如果你已经安装了 Eclipse（它是完全免费的），那么只需要从 Eclipse Marketplace 安装 PyDev 插件即可。

或者你也可以安装 LiClipse，它将 Eclipse、PyDev 和其他有用的工具捆绑在了一起。你可以在 30 天内免费使用 LiClipse，之后你必须购买许可证。你可以从 LiClipse 官网下载 LiClipse。

PyDev 提供自动完成、重构、对类型提示和静态分析的支持、调试、单元测试集成以及许多其他功能。你可以在 PyDev 官网找到有关 PyDev 的更多信息。

2.11.8 Eric Python IDE

Eric 可能是这里列举的最古老的 IDE，但它仍然像以前一样可靠。Eric 是用 Python 编写的免费且开源的 IDE。

Eric 提供了编写 Python 代码所需的一切功能：自动完成、调试、重构、静态分析、测试集成、文档工具、虚拟环境管理等。

你可以在 Eric Python IDE 的官网找到关于 Eric 的信息并下载它。

2.12 本章小结

在设置好开发环境、项目和 IDE 之后，你现在可以专注于把你的代码写得尽可能好。

此刻，你应该已经拥有一个适用于任何生产级项目的 Python 开发工作台，或者至少应该已经安装了 Python 解释器、pip、venv、一个或多个静态分析器，以及一个 Python 代码编辑器。

现在，为了在阅读本书时进行实验，请在你的代码编辑器或 IDE 中，创建一个 FiringRange 项目。为了确保一切正常，你可以在该项目中创建一个 Python 文件，如清单 2-11 所示。

清单 2-11　hello_world.py

```
#!/usr/bin/env python3

print("Hello, world!")
```

执行以下命令：

```
python3 hello_world.py
```

你将会看到如下输出：

```
Hello, world!
```

我将在第 4 章介绍 Python 项目的正确结构，但是在 FiringRange 项目中编写和运行 Python 文件的前提是必须满足第 3 章的要求。

如果你是新手，花几分钟时间熟悉一下你选择的 IDE。你尤其应该确保自己知道如何导航和运行代码、管理文件、使用虚拟环境、访问交互式控制台，以及使用静态分析器。

第 3 章

语法速成课程

Python 是一种独特的混合语言，它结合了一些常见的和独特的概念。在深入了解 Python 的细节之前，你必须首先掌握它的基本语法。

在本章中，你将学习到 Python 中的大部分基本语法结构，并且你也将熟悉 Python 的基本数学和逻辑操作。

大多数 Python 开发者会向新手推荐 Python 官方文档中的教程，这是对 Python 语言结构的一个很好的介绍。虽然我将在本书中深入讨论这些概念，但该教程仍然是一个值得阅读的好资源。

3.1 “Hello, world!”程序

如果没有经典的“Hello, world!”程序，就会让人感觉对 Python 语言的介绍不够完整。在 Python 中，该程序是这样写的，如清单 3-1 所示。

清单 3-1　hello_world.py

```
print("Hello, world")
```

这里没有什么新意。调用 print()函数将文本写入控制台，数据作为参数被传递给字符串，并用引号包裹。你可以传递任何类型的数据，它将在控制台输出。

同样可以使用 input()函数从控制台获取输入，如清单 3-2 所示。

清单 3-2　hello_input.py

```
name = input(❶ "What is your name? ")
print("Hello, " + name)
```

使用 input()函数并将提示作为字符串传递❶。当运行这段代码时，Python 将使用你在控制台输入的名字向你打招呼。

3.2 语句和表达式

每一行 Python 代码都是一个语句，以换行符结尾。有时候，这种语句称为简单语句。你不需要像在 C 语言中那样使用特殊字符来结束一个 Python 语句。

如果一段代码的结果是单一的值，那么这段代码称为表达式。在 Python 中，可以将表达式放在几乎任何一个期望得到值的地方。表达式计算为一个值，然后这个值可以用在语句中。

例如，在一个语句中，可以创建一个变量；然后在另一个语句中，可以将它的内容输出到控制台，如清单 3-3 所示。

清单 3-3　hello_statements.py:1a

```
message = "Hello, world!"
print(message)
```

以上代码将表达式"Hello, world!"赋值给 message，然后将 message 传递给 print()。

如果需要在同一行中放置多个语句，可以使用分号（;）将它们隔开。清单 3-4 所示为之前的两个语句，但是它们被打包到了一行，并用分号隔开：

清单 3-4　hello_statements.py:1b

```
message = "Hello, world!"; print(message)
```

这是有效的代码，但是这种方法不值得提倡。Python 的哲学强调可读性，而将多个语句放在同一行通常会影响可读性。

除非你有特殊的理由，否则请严格遵守每行一个语句的规则。

3.3　空格的重要性

你在看 Python 源代码的时候，可能会首先注意到使用缩进来嵌套的用法。一个复合语句由一个或多个子句组成，每个子句都由一个称为标题的代码行和一个称为套件的代码块组成，这些代码块与标题相关联。

例如，清单 3-5 所示的程序会根据是否指定了名字而输出不同的消息。

清单 3-5　hello_conditional.py:2

```
  name = "Jason"
❶ if name != "":
      message = "Hello, " + name + "!"
      print(message)
❷ print("I am a computer.")
```

以上代码设置了一个带有 if 标题❶的条件语句，之后是一个由两行缩进的代码组成的套件，它属于标题。这些代码行只有在标题中的条件表达式计算为 True 时才会被执行。

没有缩进的行❷不属于条件语句，它将始终被执行。

如果想要嵌套得更深，则需要进行更多的缩进，如清单 3-6 所示。

清单 3-6　weather_nested_conditional.py

```
raining = True
hailing = False
if raining:
    if hailing:
        print("NOPE")
    else:
        print("Umbrella time.")
```

第一个 print 语句缩进了两次，这样 Python 就知道它属于前面的两个条件语句。

当讨论空格的重要性时，不得不说 Python 世界中的“制表符与空格”之争相当常见。回忆一下第 2 章，PEP 8 风格指南强调每个缩进级别使用 4 个空格或一个制表符。其实 Python 真的不在乎你在每个缩进级别使用的是制表符、两个空格、4 个空格，还是 7 个空格（虽然这可能有些太长了），重点是在任何给定的代码块中保持一致。一致性是关键！

你应该在整个项目中只使用一种缩进风格，不要混合使用制表符和空格。

探究笔记：如果需要将条件语句（或类似的东西）打包到一行，你可以省略换行符和缩进，比如if raining: print("Umbrella time.")。冒号（:）用作分隔符，但是就像前面的分号一样，请注意这对可读性的影响。

3.4 空语句

有时候，需要插入一个完全没有效果的语句。当需要在代码块的位置放置一个语法上有效的占位符时，这特别有用。为此，Python 提供了 pass 关键字。

例如，可以在 if raining 条件中使用 pass 关键字作为占位符，直至你能够编写出最终的代码，如清单 3-7 所示。

清单 3-7 raining_pass.py

```
raining = True
if raining:
    pass
```

请记住，pass 关键字不做任何事情。

3.5 注释以及文档字符串

为了在 Python 中编写注释，请在行前加上一个井号（#）。井号和行末之间的所有内容都是注释，解释器会忽略它们，如清单 3-8 所示。

清单 3-8 comments.py

```
# This is a comment
print("Hello, world!")
print("How are you?") ❶ # This is an inline comment.
# Here's another comment
# And another
# And...you get the idea
```

如果运行这个程序，两个 print 语句都会被执行。第二个 print 语句从井号（#）开始是一个内联注释❶，会被解释器忽略。所有其他行都只是注释。

陷阱警告：如果字符串中出现了井号（#），它将被解释为字符串中的一个字符，而不会产生注释。

文档字符串

Python 没有提供“多行”注释的语法，只能逐行注释。但有一个例外——文档字符串，如清单 3-9 所示。

清单 3-9 docstring.py:1

```
def make_tea():
    """Will produce a concoction almost,
    but not entirely unlike tea.
    """
    # ...function logic...
```

以上代码定义了一个函数，对该函数的描述被放在一个文档字符串中。

文档字符串旨在为函数、类和模块（特别是公共的函数、类和模块）提供文档。它们通常以 3 个引号（"""）开始和结束，允许字符串自动跨越多行。文档字符串通常放在它们定义的对象的内部。

探究笔记： 可以使用任何字符串字面量作为文档字符串，但标准是只使用三重引号，请参阅PEP 257。

注释与文档字符串之间存在以下 3 个明显的区别。

1. 文档字符串是字符串字面量，它们会被解释器解析；注释会被解释器忽略。
2. 文档字符串用于自动生成文档。
3. 通常，只有出现在模块、函数、类或方法顶部的才是文档字符串；注释可以出现在任何地方。

用包含三重引号的字符串字面量来编写一种“多行注释”是完全可行的，但不推荐这样做，因为字符串字面量很容易被 Python 当作一个值。

简而言之，将文档字符串仅用于对函数进行描述，而在其他需要进行注释的地方使用注释。许多 Python IDE 都有用于切换设置注释或代码的快捷键（例如通过#引出注释），这可以节省大量的时间。

可以在代码中访问这些文档字符串，如清单 3-10 所示。

清单 3-10 docstring.py:2

```
print(make_tea.__doc__)  # This always works.
help(make_tea)           # Intended for use in the interactive shell.
```

文档字符串有自己的风格约定，这些约定在 PEP 257 中有详细介绍。

3.6 声明变量

你可能已经注意到 Python 没有用于声明新变量的关键字（详见第 5 章）。定义两个变量 name 和 points，如清单 3-11 所示。

清单 3-11 variables.py

```
name = "Jason"
```

```
points = 4571
print(name)   # displays "Jason"
print(points)   # displays 4571
points = 42
print(points)   # displays 42
```


Python 是动态类型语言，这意味着值的数据类型在程序执行时确定。这与需要在最开始声明类型的静态类型语言相反。（C++和 Java 都是静态类型语言。）

在 Python 中，可以随时使用赋值运算符（=）将值分配给名称。Python 会推断数据类型，如果名称是一个新变量，Python 将创建它；如果名称已经存在，Python 将更改其值。这是一个非常简单的系统。

通常来说，Python 变量只有两条规则：

1. 在使用变量之前必须先定义变量，否则将会报错；
2. 不要更改变量中存储的数据的类型，即使是替换值也如此。

Python 被认为是一种强类型语言，这意味着你不能将不同类型的数据组合在一起。例如，Python 不允许将整数和字符串相加。相反，弱类型语言（例如 JavaScript）允许你使用不同的数据类型执行几乎任何操作，并且它们会尝试找出执行这些操作的方法。虽然 Python 属于"强类型"语言，但它仍然比一些语言具有更弱的类型限制。

Python 是弱绑定的，因此可以将不同类型的值分配给现有变量。虽然这在技术上是可行的，但强烈建议不要这样做，因为这可能导致令人困惑的代码。

关于常量

Python 没有任何正式定义的常量。在遵循 PEP 8 的情况下，可以使用全大写的名称和下画线（_）来指示变量是作为常量使用的。这种命名约定有时可以幽默地称为"尖叫蛇"形式，因为全大写的形式看起来像在尖叫，而下画线看起来像蛇。例如，名称 INTEREST_RATE 表示你不想重新定义或以任何方式更改变量。虽然解释器本身不会阻止你修改变量，但如果你这样做，你的 Linter 通常会报错。

3.7 数学操作

Python 有你期望的所有数学功能，它对简单和复杂数学的出色支持是其能够广泛地应用于科学编程、数据处理和统计分析的重要原因之一。

3.7.1 初识数字类型

在介绍数学操作之前，你应该知道用于存储数字的 3 种数据类型。

整数类型（int）存储整数。在 Python 中，整数始终是有符号的，实际上没有最大值。整数默认使用十进制基数，但也可以指定为二进制（0b101010）、八进制（0o52）或十六进制（0x2A）。

浮点数类型（float）存储带有小数部分的数字（例如 3.141592）。你也可以使用科学记数法（例如 2.49e4）。在 Python 内部，值存储为双精度的 IEEE 754 浮点数，这些值受到相应格式固有的限制。要想了解有关浮点算术的限制和陷阱的更多信息，请阅读 David Goldberg 的文章 “What Every Computer Scientist Should Know About Floating-Point Arithmetic”（“每个计算机科学家都应该知道的浮点算术”）。

你也可以使用 float("nan") 指定无效数字，使用 float("inf")表示正无穷大（大于任何有限浮点数），或使用 float("-inf")表示负无穷大（小于任何有限浮点数）。

请注意，我将特殊值括在引号中。如果想在不导入 math 模块的情况下使用这些值，这是很有必要的（要想了解有关代码导入的更多信息，请参阅第 4 章）。如果已经导入了 math 模块（请参阅 3.7.3 小节“math 模块”），则可以直接使用常量 nan、inf 等，而不需要加引号。

复数类型（complex）可以通过在值的后面附加 j 来存储虚数，如 42j。你可以使用加号将实部与虚部结合起来，如 24+42j。

Decimal 和 Fraction 是两种用于存储数字数据的附加对象类型。Decimal 存储小数点固定的十进制数字，而 Fraction 则存储分数。在使用它们之前，你需要先导入它们。

这里有一个关于这两种对象类型的用法的简单例子，如清单 3-12 所示。

清单 3-12 fractions_and_decimals.py

```
from decimal import Decimal
from fractions import Fraction

third_fraction = Fraction(1, 3)
third_fixed = Decimal("0.333")
third_float = 1 / 3
print(third_fraction)   # 1/3
print(third_fixed)      # 0.333
print(third_float)      # 0.3333333333333333

third_float = float(third_fraction)
print(third_float)      # 0.3333333333333333

third_float = float(third_fixed)
print(third_float)      # 0.333
```

float()函数用于将 Fraction 和 Decimal 对象转换为浮点数。

3.7.2 运算符

Python 不仅有常见的运算符，也有一些可能不那么让人感到熟悉的附加运算符。

这里有一些代码，演示了数学运算符的用法。我将每个等式放在了 print()语句中，这样你就可以运行代码并查看结果，如清单 3-13 所示。

清单 3-13 math_operators.py

```
print(-42)            # negative (unary), evaluates to -42
print(abs(-42))       # absolute value, evaluates to 42
print(40 + 2)         # addition, evaluates to 42
print(44 - 2)         # subtraction, evaluates to 42
print(21 * 2)         # multiplication, evaluates to 42
print(680 / 16)       # division, evaluates to 42.5
print(680 // 16)      # floor division (discard remainder), evaluates to 42
```

```
print(1234 % 149)      # modulo, evaluates to 42
print(7 ** 2)          # exponent, evaluates to 49
print((9 + 5) * 3)     # parentheses, evaluates to 42
```

负号（一元）运算符“-”将跟在其后的值的符号翻转。abs()函数也可以被认为是一元运算符。清单 3-13 中的其他运算符则是二元的，这意味着它们接收两个操作数。

3

探究笔记： 还有一个一元运算符“+”，这纯粹是为了让+4这样的语句在语法上有效。它实际上不会对任何内置类型产生影响。语句+-3和-+3都会产生-3的值。

作为常见的算术运算符的补充，Python还提供了增强赋值运算符（又称复合赋值运算符）。这些运算符允许你使用变量的当前值作为左操作数来执行操作，如清单3-14所示。

清单 3-14　augmented_assignment_operators.py

```
foo = 10
foo += 10      # value is now 20 (10 + 10)
foo -= 5       # value is now 15 (20 – 5)
foo *= 16      # value is now 240 (15 * 16)
foo //= 5      # value is now 48 (240 // 5)
foo /= 4       # value is now 12.0 (48 / 4)
foo **= 2      # value is now 144.0 (12.0 ** 2)
foo %= 51      # value is now 42.0 (144.0 % 15)
```

为了在同一操作数上执行向下取整除法（//）和取模（%）的运算，Python 提供了 divmod()函数来高效地执行计算，它可以将两个结果以元组的形式返回。因此，c = divmod(a, b) 等同于 c = (a // b, a % b)。

Python 还有位运算符，如清单 3-15 所示，第 12 章将介绍这些概念。

清单 3-15　bitwise_operators.py

```
print(9 & 8)       # bitwise AND, evaluates to 8
print(9 | 8)       # bitwise OR, evaluates to 9
print(9 ^ 8)       # bitwise XOR, evaluates to 1
print(~8)          # unary bitwise ones complement (flip), evaluates to –9
print(1 << 3)      # bitwise left shift, evaluates to 8
print(8 >> 3)      # bitwise right shift, evaluates to 1
```

探究笔记： Python有一个用于执行矩阵乘法运算的二元运算符“@”，但没有内置类型支持它。如果你有支持这个运算符的变量，可以通过 x @ y 来使用它。相关的增强赋值运算符 @= 也存在。

3.7.3　math 模块

Python 的 math 模块提供了大量的数学函数，以及 5 个常见的数学常量——pi、tau、e、inf 和 nan，如清单 3-16 所示。

清单 3-16　math_constants.py

```
import math

print(math.pi)      # PI
```

```
print(math.tau)      # TAU
print(math.e)        # Euler's number
print(math.inf)      # Infinity
print(math.nan)      # Not-a-Number

infinity_1 = float('inf')
infinity_2 = ❶ math.inf
print(infinity_1 == infinity_2)  # prints True
```

这 5 个常量都是浮点数，可以直接使用。Python 官方文档提供了 math 模块中所有可用内容的完整列表。

回忆一下高中数学知识，你可以使用你与一个物体的距离和你观察这个物体顶部时的仰视角度来计算它的高度。使用 Python 的 math 模块进行这种计算的方法见清单 3-17。

清单 3-17　surveying_height.py

```
import math

distance_ft = 65 # the distance to the object
angle_deg = 74   # the angle to the top of the object

# Convert from degrees to radians
angle_rad = ❶ math.radians(angle_deg)
# Calculate the height of the object
height_ft = distance_ft * ❷ math.tan(angle_rad)
# Round to one decimal place
height_ft = ❸ round(height_ft, 1)

print(height_ft) # outputs 226.7
```

以上代码使用了 math 模块中的两个函数：math.radians()❶和 math.tan()❷。round()函数❸是 Python 语言本身的一部分。

陷阱警告： round()函数在处理浮点数时可能会出现令人惊讶的行为，这是浮点数的存储方式导致的。可以考虑使用字符串格式来代替。

3.8　逻辑操作

Python 简洁明了的逻辑表达式语法是其吸引人的一个因素。本节介绍条件语句和表达式，以及比较运算符和逻辑运算符。

3.8.1　条件语句

条件语句是由 if、elif 和 else 子句组成的复合语句，每个子句由一个头部和一个嵌套语句组成。与大多数语言一样，你可以在 Python 中使用尽可能多的 elif 子句，它们位于 if 和（可选的）else 之间。清单 3-18 所示为一个非常简单的例子。

清单 3-18　conditional_greet.py

```
command = "greet"

if command == "greet":
```

```
    print("Hello!")
elif command == "exit":
    print("Goodbye")
else:
    print("I don't understand.")
```

这个条件语句由 3 个子句组成。首先执行 if 子句，如果其头部中的表达式计算结果为 True，则执行其嵌套语句，输出“Hello!”；否则执行 elif 头部中的表达式。如果没有表达式计算结果为 True，则执行 else 子句。

你会注意到，Python 不需要将条件表达式（如 command == "greet"）包裹在括号中，但如果这样做能让代码更干净，你也可以这样做。

关于 switch 语句，可以参考 3.15 节“结构模式匹配”。

3.8.2 比较运算符

Python 有你所期望的所有比较运算符。清单 3-19 所示为比较两个整数的例子。

清单 3-19 comparison_operators.py

```
score = 98
high_score = 100

print(score == high_score)    # equals, evaluates to False
print(score != high_score)    # not equals, evaluates to True
print(score < high_score)     # less than, evaluates to True
print(score <= high_score)    # less than or equals, evaluates to True
print(score > high_score)     # greater than, evaluates to False
print(score >= high_score)    # greater than or equals, evaluates to False
```

如你所见，Python 有等于、不等于、小于、小于或等于、大于、大于或等于等比较运算符。这没什么好意外的，但是 Python 在布尔比较方面采取了不同实现方式。

3.8.3 Boolean、None 和身份运算符

Python 提供了 True 和 False 作为布尔变量（bool 类型）的两个值。Python 还有一个专用的常量，名为 None（NoneType 类型），用于存储“空”值。

你需要以一种与检查其他数据类型不同的方式检查这些值。不是使用比较运算符，而是使用特殊的身份运算符 is，如清单 3-20 所示。（清单 3-20 还使用了逻辑运算符 not，稍后将单独讨论它。）

清单 3-20 boolean_identity_operators.py

```
spam = True
eggs = False
potatoes = None

if spam is True:              # Evaluates to True
    print("We have spam.")

if spam is not False:         # Evaluates to True
    print("I DON'T LIKE SPAM!")
```

```
❶ if spam:                      # Implicitly evaluates to True (preferred)
      print("Spam, spam, spam, spam...")


  if eggs is False:             # Evaluates to True
       print("We're all out of eggs.")

  if eggs is not True:          # Evaluates to True
      print("No eggs, but we have spam, spam, spam, spam...")

❷ if not eggs:                  # Implicitly evaluates to True (preferred)
      print("Would you like spam instead?")


  if potatoes is not None:      # Evaluates to False (preferred)
      print("Yum")              # We never reach this...potatoes is None!

  if potatoes is None:          # Evaluates to True (preferred)
      print("Yes, we have no potatoes.")


❸ if eggs is spam:              # Evaluates to False (CAUTION!!!)
      print("This won't work.")
```

以上代码展示了测试布尔值和检查 None 的多种方法。

你可以通过 is 运算符对某个变量进行比较，测试其是否被设置为 True、False 或 None。你也可以使用 is not 反转逻辑。

通常，当测试是否为 True 时，你可以使用变量作为整个条件❶。对于 False，则使用 not 反转该条件测试❷。

请注意最后一个条件，它说明了 is 运算符的一个重要问题❸。它实际上比较了变量的身份而不是值。这特别棘手，因为逻辑看起来很完整，而后续却可能发生错误。你现在可能不理解，但请放心，第 5 章将深入讨论这个概念。

现在，你可以假定如下规则：is 运算符只用于与 None 直接进行比较，其他情况下使用常规比较运算符。在实践中，我们通常使用 if spam 或 if not spam，而不是直接将其与 True 或 False 进行比较。

3.8.4 真实性

Python 中的大部分表达式和值可以转换为 True 或 False。这通常是通过将值本身作为表达式来完成的，不过你也可以将其传递给 bool()函数以显式地转换它，如清单 3-21 所示。

清单 3-21 truthiness.py

```
answer = 42

if answer:
    print("Evaluated to True")        # this runs

print(bool(answer))                   # prints True
```

当一个表达式的结果为 True 时，它被认为是“真实的”；而当结果为 False 时，它被认为是“虚假的”。常量 None、表示零的值，以及空的集合都被认为是“虚假的”，而大多数其他值是“真实的”。

3.8.5 逻辑运算符

如果你之前惯用的编程语言的逻辑运算符有点难记，你会发现 Python 很让人眼前一亮：Python 只使用关键字 and、or 和 not，其用法如清单 3-22 所示。

清单 3-22 logical_operators.py

```
spam = True
eggs = False

if spam and eggs:         # AND operator, evaluates to False
    print("I do not like green eggs and spam.")

if spam or eggs:          # OR operator, evaluates to True
    print("Here's your meal.")

if (not eggs) and spam:  # NOT (and AND) operators, evaluates to True
    print("But I DON'T LIKE SPAM!")
```

使用 and 条件时，两个表达式都必须为 True。使用 or 条件时，至少有一个表达式为 True。第 3 个条件使用了 not 运算符，要求 eggs 为 False，spam 为 True。

可以省略第 3 个条件中的括号，因为 not 的优先级高于 and，但是括号有助于清楚地表达我们的逻辑意图。

在实践中，可以使用 not 关键字来反转任何条件表达式，如清单 3-23 所示。

清单 3-23 not_operator.py

```
score = 98
high_score = 100
print(score != high_score)          # not equals operator, evaluates to True
print(not score == high_score)      # not operator, evaluates to True
```

两个表达式做的是同样的事情，区别在于可读性。在这个例子中，使用 not 的表达式可读性较差，因为在阅读时可能会跳过 not 关键字，所以你有可能捕捉不到代码中发生的事情。使用 != 运算符的表达式更具可读性。虽然在某些情况下 not 是反转条件逻辑的最佳方式，但请记住 Python 之禅中的一句话：可读性很重要！

3.8.6 海象运算符

Python 3.8 引入了赋值表达式，它允许你在给变量赋值的同时，在另一个表达式中使用该变量。这可以通过“海象运算符”（:=）[①]来实现，如清单 3-24 所示。

清单 3-24 walrus.py

```
if (eggs := 7 + 5) == 12:
     print("We have one dozen eggs")

print(eggs)  # prints 12
```

① 译者注：运算符“:=”因为像海象的两根牙齿，所以被命名为海象运算符。

使用海象运算符时，Python 首先计算左侧表达式（7+5），然后将计算结果赋值给变量 eggs。虽然从技术上来说可以省略括号，但将赋值表达式用括号括起来能提升代码的可读性。

赋值表达式的执行结果为一个单一的值，即 eggs 变量的值，该值用于比较。由于该值为 12，条件执行结果为 True。

有趣的是，赋值表达式使 eggs 成为外部作用域中的一个有效变量，因而可以在条件之外输出其值。这个功能在许多情况下很有用，而不仅仅是在上述条件表达式中。

赋值表达式和海象运算符定义在 PEP 572 中，PEP 572 中还包含关于在何时和何处使用上述功能的深入讨论。PEP 572 提出了两条特别有用的规则，如下所示。

- 如果可以使用赋值语句或赋值表达式，则首选赋值语句，它可以清晰地声明意图。
- 如果使用赋值表达式会导致执行顺序产生歧义，则重构以使用赋值语句。

写作本书时，Python 赋值表达式仍处于起步阶段。关于它们目前仍然存在很多分歧和争议。但无论如何，不要滥用海象运算符，而应该将尽可能多的逻辑放在同一行。你应该始终追求代码的可读性和清晰性。

3.8.7　省略符

最不常用的语法之一是省略符（...）。

省略符有时会被各种库和模块使用，但很少被一致地使用。例如，省略符可以在 NumPy 第三方库的多维数组中使用，也可以在使用内置 typing 模块的类型提示时使用。当看到它时，请查阅你正在使用的模块的文档。

3.9　字符串

有一些关于字符串的事情你需要知道。在这里，我将介绍 3 种字符串：字符串字面量、原始字符串和格式化字符串。

3.9.1　字符串字面量

清单 3-25 展示了多种定义字符串字面量的方法。

清单 3-25　string_literals.py

```
danger = "Cuidado, llamas!"
danger = 'Cuidado, llamas!'
danger = '''Cuidado, llamas!'''
danger = """Cuidado, llamas!"""
```

可以用双引号（"）、单引号（'）或三重引号（"""）包裹一个字符串字面量。你可能还记得三重引号有一些特殊之处，稍等一下，我们马上就会回到这个问题。

PEP 8 讨论了单引号和双引号的使用：

在 Python 中，单引号字符串和双引号字符串是相同的，选择一个并坚持使用即可。但是当字符串包含单引号或双引号字符时，请使用另一种引号，以避免在字符串中使用反斜线进行转义。这样做可以提高代码的可读性。

这个建议在处理清单 3-26 所示的字符串时非常有用。

清单 3-26 escaping_quotes.py:1a

```
quote = "Shout \"Cuidado, llamas!\""
```

在清单 3-26 中，我在字符串字面量中双引号的前面加了反斜线（\），这意味着我想要字符串包含这个双引号，而不是让 Python 将双引号视为字符串的边界。字符串字面量必须始终用一组匹配的引号包裹。

为了避免使用反斜线，你可以使用清单 3-27 所示的方法。

清单 3-27 escaping_quotes.py:1b

```
quote = 'Shout, "Cuidado, llamas!"'
```

在清单 3-27 中，我将字符串字面量用单引号包裹，这样 Python 就会将双引号视为字符串字面量的一部分。这种方法更具可读性。通过将字符串用单引号包裹，Python 就会假定双引号是字符串中的字符。

唯一需要使用反斜线转义单引号或双引号的情况是字符串中同时包含单引号和双引号，如清单 3-28 所示。

清单 3-28 escaping_quotes.py:2a

```
question = "What do you mean, \"it's fine\"?"
```

在这种情况下，我更喜欢使用（并转义）双引号，因为它们不像单引号那样容易被忽视。

你还可以使用三重引号，如清单 3-29 所示。

清单 3-29 escaping_quotes.py:2b

```
question = """What do you mean, "it's fine"?"""
```

请记住，三重引号定义了多行字符串字面量。换句话说，我可以这样做，如清单 3-30 所示。

清单 3-30 multiline_string.py

```
❶ parrot = """\
This parrot is no more!
He has ceased to be!
He's expired
    and gone to meet his maker!
He's a stiff!
Bereft of life,
    he rests in peace!"""

print(parrot)
```

三重引号中的所有内容，包括换行符和前导空格，都是字面量。如果执行 print(parrot)，终端将显示完整的内容。

仅有的例外发生在当你使用反斜线（\）转义特定字符时，就像第❶行中的换行符那样。在开头的三重引号的后面使用反斜线转义第一个换行符是一种惯例，这只是为了让代码看起来更整洁。

Python 内置的 textwrap 模块有一些用于处理多行字符串的函数，例如用于删除前导缩进的工具（textwrap.dedent）。

也可以通过将字符串字面量相邻地放置来连接它们，而不需要在它们之间使用任何运算符。例如，spam = "Hello " "world" "!"是有效的，得到的结果是字符串“Hello world!”。通过将赋值表达式放在括号中，赋值语句甚至可以跨行。

3.9.2　原始字符串

原始字符串是字符串字面量的另一种形式，其中的反斜线（\）总是被视为字面量字符。它们以 r 开头，如清单 3-31 所示。

清单 3-31　raw_strings.py

```
print(r"I love backslashes: \ Aren't they cool?")
```

这个反斜线被视为字面量字符，这意味着在原始字符串中不能转义任何字符。以上代码的输出如下所示：

```
I love backslashes: \ Aren't they cool?
```

使用什么类型的引号有重要的意义，所以你要注意。

比较清单 3-32 所示的两行代码及其输出。

清单 3-32　raw_or_not.py

```
print("A\nB")
print(r"A\nB")
```

第一个字符串是普通字符串，所以\n 被视为正常的转义序列，即换行符。这个换行符出现在输出中，如下所示：

```
A
B
```

第二个字符串是原始字符串，所以反斜线（\）被视为字面量字符。输出如下：

```
A\nB
```

这对于正则表达式模式特别有用，因为其中可能会有很多反斜线作为模式的一部分，而不是在编译之前由 Python 转义。对于正则表达式模式，应始终使用原始字符串。

陷阱警告：如果反斜线（\）是原始字符串中的最后一个字符，则仍然会转义结束引号，从而导致语法错误。这与Python的词法规则有关，而与字符串本身无关。

3.9.3　格式化字符串

第三类字符串字面量是格式化字符串或 f-字符串，它是 Python 3.6 中的新功能（定义在

PEP 498 中）。它允许你以非常优雅的方式将变量的值插入字符串。

如果想在字符串中包含一个变量的值而不使用 f-字符串，则代码可能如清单 3-33 所示。

清单 3-33 cheese_shop.py:1a

```
in_stock = 0
print("This cheese shop has " + str(in_stock) + " types of cheese.")
```

使用 str()函数将传递给它的值转换为字符串，然后使用 + 运算符将 3 个字符串连接成一个字符串。

若使用 f-字符串，这段代码将变得更加优雅，如清单 3-34 所示。

清单 3-34 cheese_shop.py:1b

```
in_stock = 0
print(f"This cheese shop has {in_stock} types of cheese.")
```

以上代码在字符串字面量的前面加上了一个 f。在字符串字面量中，可以用花括号（{ }）包裹一个变量来替换该变量。f 指示 Python 解释和评估字符串中被花括号包裹的表达式。这意味着不仅可以在花括号中使用变量，还可以在里面放入任何有效的 Python 代码，包括数字、函数调用、条件表达式或者你需要的任何东西。

从 Python 3.8 开始，甚至可以通过在末尾添加一个等号（=）来同时显示表达式及其结果，如清单 3-35 所示。

清单 3-35 expression_fstring.py

```
print(f"{5+5=}")  # prints "5+5=10"
```

这里有几个使用 f-字符串时需要注意的地方。

首先，如果想在字面量花括号中包裹一个表达式，必须使用两对嵌套的花括号（{{ }}）来显示一对花括号，如清单 3-36 所示。

清单 3-36 literal_curly_braces.py

```
answer = 42
print(f"{{answer}}")            # prints "{42}"
print(f"{{{{answer}}}}")        # prints "{{42}}"
print(f"{{{{{{answer}}}}}}")    # prints "{{{42}}}"
```

如果有奇数对花括号，一对花括号将被忽略。所以如果使用 5 对花括号，效果将与只使用 4 对花括号相同：输出两对花括号。

其次，不能在 f-字符串的表达式中使用反斜线，这使得在表达式中转义引号变得困难。例如，下面的代码将不起作用：

```
print(f"{ord('\"')}")  # SyntaxError
```

为了解决这个问题，需要在字符串的外部使用三重引号，以确保可以在表达式中使用单引号和双引号，代码如下所示。

```
print(f"""{ord('"')}""")  # prints "34"
```

反斜线还有其他作用。分析以下有问题的情况：

```
print(f"{ord('\n')}")    # SyntaxError
```

这里没有直接的解决方法。相反，必须提前计算该表达式，将结果分配给一个名称，并在 f-字符串中使用它，如下所示。

```
newline_ord = ord('\n')
print(f"{newline_ord}")  # prints "10"
```

此外，不能在 f-字符串表达式中放置注释。f-字符串中的井号（#）只能作为字符字面量。

```
print(f"{# a comment}")    # SyntaxError
print(f"{ord('#')}")       # OK, prints "35"
```

最后，永远不能将 f-字符串作为文档字符串使用。

如果能忽略这些小的缺陷的话，f-字符串将非常简单易用。

1. 格式规范

除了任意表达式，f-字符串还支持格式规范，以允许你控制值的显示方式。这是一个相当深入的主题，详细内容请查阅官方文档。下面仅简要介绍基本知识。

在表达式之后，可以选择 3 个特殊标志之一：!r、!a 或 !s（最后一个是默认标志，大多数情况下可以省略）。这决定了使用哪个函数来获取某些值的字符串表示形式：repr()、ascii()或 str()（请参阅 3.9.5 小节“字符串转换”）。

格式规范本身始终以冒号（:）开头，后跟一个或多个标志。这些标志必须按特定顺序指定才能工作，但某个标志如果不需要也可以省略。

- **对齐标志**：用于指定左对齐（<）、右对齐（>）、居中（^）或将符号左对齐但数字右对齐（=）。可以在对齐符号之前加一个字符，该字符将用于填充对齐中的空白。
- **符号标志**：用于控制数字前显示符号的情况。加号（+）标志表示在正数和负数前都显示符号，减号（–）标志表示只在负数前显示符号；还可以通过空格标志表示在正数前显示一个空格，在负数前显示符号。
- **替代形式**：井号（#）标志表示开启“替代形式”，它对不同类型具有不同的含义（请参阅官方文档）。
- **前导零**：零（0）标志表示显示前导零（除非指定了对齐的填充字符）。
- **宽度标志**：输出字符串的宽度（以字符为单位）。这为对齐标志提供用武之地。
- **分组标志**：用逗号（,）或下画线（_）分隔千位。如果省略，则不使用分隔符。如果启用，下画线分隔符还将出现在八进制、十六进制和二进制数字中每 4 位数字的分隔处。
- **精度标志**：一个点（.）后跟一个整数，用于表示十进制精度。
- **类型标志**：用于控制数字如何显示，常见选项包括二进制（b）、字符（c）、十进制（d）、十六进制（x）、科学记数法（e）、定点（f）和一般数字（g）。更多选项请参阅官方文档。

上面的介绍可能有点抽象，所以请快速看一下清单 3-37 所示的示例。

清单 3-37　formatting_strings.py

```
spam = 1234.56789
print(f"{spam:=^+15,.2f}")    # prints "===+1,234.57==="
```

```
spam = 42
print(f"{spam:#07x}")        # prints "0x0002a"

spam = "Hi!"
print(f"{spam:-^20}")        # prints "--------Hi!---------"
```


完整的格式说明可以在 Python 官方文档的“格式字符串语法”部分找到。

另一个有用的参考是 PyFormat 网站，尽管在编写本书的时候，该网站上只展示了旧的 format()函数的格式规范。你需要自行将它应用到 f-字符串中。

2. 格式化字符串的旧方法

如果阅读的是旧的 Python 代码，则可能遇到两种旧的字符串格式化方法：% 符号和相对较新的 format()。这两种方法都已经被性能更好的 f-字符串取代，因为 f-字符串在运行之前就已被解析并转换为字节码。

将 format()调用重写为 f-字符串的过程非常简单。这里有个例子。先定义两个变量，如清单 3-38 所示。

清单 3-38 format_to_fstring.py:1

```
a = 42
b = 64
```

在 f-字符串出现之前，如果想输出包含这两个变量的值的消息，可以使用 format()，如清单 3-39 所示。

清单 3-39 format_to_fstring.py:2a

```
print(❶ "{:#x} and {:#o}".format(❷ a, b))
```

字符串字面量❶包含一组花括号，花括号内可以包含格式说明。format()函数在该字符串字面量（或引用它的名称）上被调用。然后，把要计算的表达式按顺序传递给 format()函数❷。

输出结果如下：

```
0x2a 0o100
```

将 format()调用转换为 f-字符串非常简单，只需要将表达式按顺序移动到字符串字面量中，然后在字符串字面量前加上 f 即可，如清单 3-40 所示。

清单 3-40 format_to_fstring.py:2b

```
print(f"{a:#x} and {b:#o}")  # prints "0x2a 0o100"
```

输出结果与之前的相同。

使用 format()函数时，可以引用参数列表中表达式的索引，如清单 3-41 所示。

清单 3-41 format_to_fstring.py:3a

```
print("{0:d}={0:#x} | {1:d}={1:#x}".format(a, b))
```

输出如下：

```
42=0x2a | 64=0x40
```

为了将这段代码转换为 f-字符串，需要将表达式替换为字符串字面量中的索引，然后在字符串字面量前加上 f，如清单 3-42 所示。

清单 3-42　format_to_fstring.py:3b

```
f"{a:d}={a:#x} | {b:d}={b:#x}"
```

将 % 符号转换为 f-字符串要复杂一些，可以参考 PyFormat 网站，该网站给出了%符号和 format()的使用方法的对比。

3.9.4　模板字符串

模板字符串是 f-字符串的另一种替代方案，值得了解，尤其是它还能够满足一些用例，包括国际化用户界面。我个人认为模板字符串更具可复用性，但缺点是它们在格式方面受到的限制更多。

如果知道了它们的工作原理，就能够根据需求场景做出抉择。

这里有一个用于问候用户的模板字符串，如清单 3-43 所示。

清单 3-43　template_string.py:1

```
from string import Template
```

为了使用模板字符串，首先需要从 string 模块中导入 Template 类。

然后创建一个新的模板 s 并传递一个字符串字面量，如清单 3-44 所示。

清单 3-44　template_string.py:2

```
s = Template("$greeting, $user!")
```

可以将字段命名为任何想要的名字，只要在每个字段前加上美元符号（$）即可。

最后在创建的模板 s 上调用 substitute()函数，并将表达式传递给每个字段，如清单 3-45 所示。

清单 3-45　template_string.py:3

```
print(s.substitute(greeting="Hi", user="Jason"))
```

字符串的结果将在最后返回，在这个例子中，它会被传递给 print()并显示出来：

```
Hi, Jason!
```

模板字符串有一些奇怪的语法规则。首先，要想在字符串字面量中显示一个美元符号（$），需要在美元符号的前面加上两个美元符号（$$）。其次，要将表达式作为词的一部分进行替换，请将字段的名称放在花括号（{}）中。清单 3-46 演示了这两条规则。

清单 3-46　template_string.py:4

```
s = Template("A ${thing}ify subscription costs $$$price/mo.")
print(s.substitute(thing="Code", price=19.95))
```

输出如下：

```
A Codeify subscription costs $19.95/mo.
```

模板字符串还有一些额外的功能，详情可以查阅 Python 官方文档。

3.9.5 字符串转换

3

之前提到过，有 3 个函数可以用来获取值的字符串表示形式：str()、repr()和 ascii()。

str()最常用，它返回值的可读表示形式。

相反，repr()返回值的规范字符串表示形式，即（通常）Python 看到的值。对于许多基本数据类型，这将返回与 str()相同的内容，但是在大多数对象上使用时，输出则包含了调试中有用的附加信息。

ascii()与 repr()基本相同，但 ascii()返回的字符串字面量完全是 ASCII 兼容的，它已经转义了任何非 ASCII 字符（例如 Unicode 字符）。

第 7 章将重新介绍这个概念，届时你将定义自己的对象。

3.9.6 字符串拼接的注意事项

到目前为止，我一直在使用加号（+）运算符将字符串连接在一起。这在一般情况下是可以接受的。

然而大多数时候，这不是最有效的解决方案，特别是在组合多个字符串时。因此，建议使用字符串或字符串字面量的 join()方法。

下面对这两种方法进行比较。定义两个字符串变量，如清单 3-47 所示。

清单 3-47 concat_strings.py:1

```
greeting = "Hello"
name = "Jason"
```

你已经见过使用加号（+）运算符连接字符串的方法，如清单 3-48 所示。

清单 3-48 concat_strings.py:2a

```
message = greeting + ", " + name + "!"  # value is "Hello, Jason!"
print(message)
```

除此之外，也可以使用 join()方法，如清单 3-49 所示。

清单 3-49 concat_strings.py:2b

```
message = "".join((greeting, ", ", name, "!"))  # value is "Hello, Jason!"
print(message)
```

我对每个部分之间出现的字符串调用了 join()方法。在本例中，我使用了一个空字符串。join()方法接收字符串元组——用括号包裹的类数组结构，因此代码中有一对括号。我将在后面的内容中介绍元组。

使用+运算符和使用 join()方法的字符串拼接具有相同的效果，但后者的速度更快，特别是当你使用除 CPython 以外的其他 Python 实现时。因此，每当需要拼接字符串且 f-字符串不适用时，应考虑使用 join()方法而不是+或+=运算符。在实践中，f-字符串是最快的，join()是次佳选择。

3.10 函数

Python 函数是"一等公民"，这意味着可以像对待其他任何对象一样对待它们。即便如此，也可以像在其他编程语言中一样调用它们。

下面是一个非常基本的函数的例子，它将一个选定类型的笑话输出到终端。

让我们从函数头开始展示这个例子，如清单 3-50 所示。

清单 3-50 joke_function.py:1

```
def tell_joke(joke_type):
```

def 关键字用于声明函数，后面跟着函数的名称，参数则在函数名称后的括号中。整个函数头以冒号（:）结束。

换行后缩进一级，编写函数的套件（或主体），如清单 3-51 所示。

清单 3-51 joke_function.py:2

```
    if joke_type == "funny":
        print("How can you tell an elephant is in your fridge?")
        print("There are footprints in the butter!")
    elif joke_type == "lethal":
        print("Wenn ist das Nunstück git und Slotermeyer?")
        print("Ja! Beiherhund das Oder die Flipperwaldt gersput!")
    else:
        print("Why did the chicken cross the road?")
        print("To get to the other side!")
```

函数的调用方法如清单 3-52 所示。

清单 3-52 joke_function.py:3

```
tell_joke("funny")
```

第 6 章将详细介绍函数及相关内容。

3.11 类和对象

Python 完全支持面向对象编程。事实上，Python 的设计原则之一就是"一切皆对象"，至少在背后是这样的。

类比较复杂，但是你只需要知道它们的基本语法就可以了。

清单 3-53 所示的类包含一个选定类型的笑话，可以在需要时显示它。

清单 3-53 joke_class.py:1

```
class Joke:
```

Python 使用 class 关键字、类的名称及末尾的冒号（:）来定义类。

清单 3-54 所示为类的套件，需要缩进一级。

清单 3-54 joke_class.py:2

```
    def __init__(self, joke_type):
        if joke_type == "funny":
            self.question = "How can you tell an elephant is in your fridge?"
            self.answer = "There are footprints in the butter!"
        elif joke_type == "lethal":
            self.question = "Wenn ist das Nunstück git und Slotermeyer?"
            self.answer = "Ja! Beiherhund das Oder die Flipperwaldt gersput!"
        else:
            self.question = "Why did the chicken cross the road?"
            self.answer = "To get to the other side!"
```

初始化器的作用与其他面向对象编程语言中的构造函数类似，是一个成员函数或方法，名为__init()__，它至少有一个参数 self。

类中的函数称为方法，是类套件的一部分。方法必须接收至少一个参数 self，如清单 3-55 所示。

清单 3-55 joke_class.py:3

```
    def tell(self):
        print(self.question)
        print(self.answer)
```

类的使用方法如清单 3-56 所示。

清单 3-56 joke_class.py:4

```
lethal_joke = Joke("lethal")
lethal_joke.tell()
```

以上代码通过将字符串"lethal"传递给 Joke 类的初始化器，创建了一个新的 Joke 类的实例。新对象存储在变量 lethal_joke 中。

接下来，使用点运算符（.）在对象内部调用方法 tell()。注意，不必向 self 传递任何参数。当以这种方式调用方法时，这是自动完成的。

第 7 章和第 13 章将详细介绍类和对象。

3.12 异常处理

Python 提供了通过 try 复合语句来处理错误和异常的功能。

比如，假设我们想从用户那里得到一个数字，我们无法可靠地预测用户会输入什么。试图将字符串（例如"spam"）转换为整数将导致错误。虽然无法转换用户的输入，但我们可以使用异常处理来采取不同的操作，如清单 3-57 所示。

清单 3-57 try_except.py

```
num_from_user = input("Enter a number: ")

try:
    num = int(num_from_user)
except ValueError:
    print("You didn't enter a valid number.")
```

```
    num = 0

print(f"Your number squared is {num**2}")
```

以上代码首先从用户那里得到一个字符串，然后在 try 语句中尝试使用 int()函数将其转换为整数。如果转换的字符串不是有效的整数（基数为 10），则会引发 ValueError 异常。

如果引发了该异常，则在 except 子句中捕获它并进行处理。

这个例子将用户输入的数字的平方输出到了屏幕上。如果用户输入的不是数字，则输出 0。

try 语句还有一些附加功能和细节，包括 finally 和 else 子句，详见第 8 章。目前最好避开这些概念，以免错误地使用它们。

3.13 元组和列表

Python 中最常见的两种内置数据结构是元组和列表。

列表是 Python 中最像数组的集合。在 CPython 中，列表是作为变长数组（而非像名称可能暗示的那样作为链表）实现的。

比如，清单 3-58 所示为一些奶酪的名字列表。

清单 3-58 cheese_list.py:1

```
cheeses = ["Red Leicester", "Tilsit", "Caerphilly", "Bel Paese"]
```

可以用方括号将列表字面量括起来，并用逗号分隔列表中的每一项。

还可以使用方括号表示法访问或重新分配某个列表元素的值，如清单 3-59 所示。

清单 3-59 cheese_list.py:2

```
print(cheeses[1]) # prints "Tilsit"
cheeses[1] = "Cheddar"
print(cheeses[1]) # prints "Cheddar"
```

元组与列表类似，但有几个关键的区别。首先，元组在创建后不能添加、重新分配或删除元素。尝试使用方括号表示法修改元组的内容将导致 TypeError 异常。这是因为元组与列表不同，元组不可变，即元组的内容不能修改（要想获得完整解释，请参阅第 5 章）。

清单 3-60 所示为一个元组的例子。

清单 3-60 knight_tuple.py:1

```
answers = ("Sir Lancelot", "To seek the holy grail", 0x0000FF)
```

以上代码用圆括号而不是方括号将元组字面量括了起来。仍然可以使用方括号表示法来访问元组的某个元素，如清单 3-61 所示。

清单 3-61 knight_tuple.py:2

```
print(answers[0]) # prints "Sir Lancelot"
```

但不可以更改元组的元素。例如，如果尝试重新分配第一个元素，Python 将提示错误信息，如清单 3-62 所示。

清单 3-62 knight_tuple.py:3

```
answers[0] = "King Arthur"  # raises TypeError
```

指导原则是，对于不同类型的元素集合（异构集合）使用元组，对于相同类型的元素集合（同构集合）使用列表。

第 9 章将讨论集合及更多相关内容。

3.14 循环

Python 有两种基本的循环类型：while 循环和 for 循环。

3.14.1 while 循环

while 循环如清单 3-63 所示。

清单 3-63 while_loop.py

```
n = 0

while n < 10:
    n += 1
    print(n)
```

while 循环以 while 关键字开始，其后紧跟要测试的条件，最后使用冒号（:）结束头部。只要循环条件评估为 True，循环套件中的代码就会被执行。

当需要一直运行循环直到满足某个条件时，使用 while 循环。当不知道在满足条件之前需要执行多少次循环时，while 循环特别有用。

3.14.2 循环控制

可以使用两个关键字手动控制循环。continue 关键字表示放弃当前迭代并跳到下一个迭代。break 关键字表示完全退出循环。

这两个关键字可以用在运行游戏或用户界面的无限循环中。例如，清单 3-64 所示为一个非常简单的命令提示符。

清单 3-64 loop_control.py

```
while True:
    command = input("Enter command: ")
    if command == "exit":
        break
    elif command == "sing":
        print("La la LAAA")
        continue

    print("Command unknown.")
```

这个 while 循环将一直运行，直到用户输入字符串"exit"，才使用 break 关键字结束循环。（顺便说一句，如果你一直在等待 do-while 循环，那么这就是重新创建此行为的有效方式。）

sing 命令则有不同的行为。用户输入“sing”后会回到循环的顶部并提示用户输入另一个命令，同时跳过最后的 print 语句。continue 关键字就是这样做的，立即放弃当前迭代并跳回循环的顶部。

3.14.3　for 循环

Python 的 for 循环通常用于遍历范围、列表或其他集合，清单 3-65 所示为 for 循环的一个示例。

清单 3-65　for_loop.py

```
for i in range(1, 11):
    print(i)
```

for 循环以 for 关键字开始。从技术上讲，这种循环是一个 for-in（或 for-each）循环，即循环会遍历一次给定范围、列表或其他集合中的每一项。这意味着 for 循环需要指定遍历的东西——在这个例子中是一个叫作 range()的特殊对象。for 循环会遍历一系列值，并依次返回每一个值。以上代码指定的范围从 1 开始，到 11 结束。局部变量 i 将引用每次迭代的当前项。in 关键字在所需遍历的东西之前——在本例中，是在 range()之前。

只要有东西可以迭代，循环中的代码就会被执行——在本例中是输出当前项的值。当最后一项被迭代完之后，循环就会停止。

执行这段代码后，将输出 1～10 的数字。

这里只涉及循环的皮毛。请参阅第 9 章以了解更多信息。

3.15　结构模式匹配

从 C、C++、Java 或 JavaScript 等转到 Python 的开发者都会问：Python 是否有与 switch/case 语句（或 Scala 中的 match/case 语句、Ruby 中的 case/when 语句等）类似的语句？过去很多年，他们总是会得到否定回答：不，Python 只有条件语句。

在 Python 3.10 中，通过 PEP 634，Python 终于有了结构模式匹配功能。这提供了与其他编程语言的 switch 语句语法相似的条件逻辑。简而言之，可以针对某个主题（如变量）测试一个或多个模式。如果主题与模式匹配，则运行相关的代码套件。

3.15.1　文本模式和通配符

在最基本的使用情况下，可以使用可能出现的不同值来检查一个变量，这称为文本模式。例如，也许你想根据用户输入的午餐订单显示不同的消息，如清单 3-66 所示。

清单 3-66　pattern_match.py:1a

```
lunch_order = input("What would you like for lunch? ")

match lunch_order:
    case 'pizza':
```

```
        print("Pizza time!")
    case 'sandwich':
        print("Here's your sandwich")
    case 'taco':
        print('Taco, taco, TACO, tacotacotaco!')
    case _:
        print("Yummy.")
```

将 lunch_order 的值与每个 case 进行比较，直到匹配为止。一旦找到匹配项，就运行相应 case 的套件，然后匹配语句就结束了；一旦匹配到一个值，就不再检查它与其他模式是否匹配。因此，如果用户输入 pizza，将显示“Pizza time!”。同样，如果用户输入 taco，将显示“Taco, taco, TACO, tacotacotaco!”。

最后一个 case 中的下画线（_）是通配符，它将匹配任何值。这称为回退 case，必须放在最后，因为它将匹配任何内容。

探究笔记： 尽管它们在表面上相似，但match语句与C/C++的switch语句不同。Python的match语句没有跳转表，因此它没有switch语句的性能优势。但是不要太失望，因为这也意味着它并非只能与整数类型一起使用。

3.15.2 or 模式

可能有一种使用场景需要覆盖多个可能的值。一种方法是使用 or 模式，其中可能的字面值由竖线分隔，如清单 3-67 所示。

清单 3-67 pattern_match.py:1b

```
lunch_order = input("What would you like for lunch? ")

match lunch_order:
    # --snip--
    case 'taco':
        print('Taco, taco, TACO, tacotacotaco!')
    case 'salad' | 'soup':
        print('Eating healthy, eh?')
    case _:
        print("Yummy.")
```

当用户在提示符处输入 salad 或 soup 时，以上代码中加粗的模式将得到匹配。

3.15.3 捕获模式

结构模式匹配功能的一个非常有用的地方是能够捕获主题的一部分或全部。例如，在清单 3-67 中，回退 case 只输出“Yummy.”，这并没有多大帮助。相反，我希望有一条默认的消息来宣布用户的选择。为了做到这一点，我写了一个捕获模式，如清单 3-68 所示。

清单 3-68 pattern_match.py:1c

```
lunch_order = input("What would you like for lunch? ")

match lunch_order:
    # --snip--
```

```
    case 'salad' | 'soup':
        print('Eating healthy, eh?')
    case order:
        print(f"Enjoy your {order}.")
```

这个模式的作用类似于通配符，只是 lunch_order 的值被捕获为 order。现在，无论用户输入什么，如果它与前面的任何模式都不匹配，那么它的值将被捕获并在这里显示。

捕获模式并不仅仅可以捕获整个值。例如，可以编写一个匹配元组或列表（序列）的模式，然后只捕获该元组或列表的一部分，如清单 3-69 所示。

清单 3-69　pattern_match.py:1d

```
lunch_order = input("What would you like for lunch? ")
if ' ' in lunch_order:
    lunch_order = lunch_order.split(maxsplit=1)

match lunch_order:
    case (flavor, 'ice cream'):
        print(f"Here's your very grown-up {flavor}...lunch.")
    # --snip--
```

在这个版本中，如果 lunch_order 中有一个空格，则将字符串分成两部分，并将它们存储在一个列表中。然后，如果列表中的第二个元素的值为 ice cream，则第一部分被捕获为 flavor。因此，你可以考虑午餐吃草莓冰淇淋的情况。

捕获模式有一个令人惊讶的缺点：所有未限定的名称——即不含点号的简单变量名称——都将用于捕获。这意味着如果想使用某个变量的值，则该变量必须被限定，即必须在某个类或模块中使用点运算符访问它，如清单 3-70 所示。

清单 3-70　pattern_match.py:1e

```
class Special:
    TODAY = 'lasagna'

lunch_order = input("What would you like for lunch? ")

match lunch_order:
    case Special.TODAY:
        print("Today's special is awesome!")
    case 'pizza':
print("Pizza time!")
    # --snip--
```

3.15.4　门卫语句

我将用模式匹配演示的最后一个技巧是门卫语句，它是一种额外的条件语句，必须满足才能匹配模式。

比如，在清单 3-70 所示的代码中，使用按空格分割订单的逻辑意味着代码与其他带有空格的食物无法很好地匹配。此外，如果输入“rocky road ice cream”，则无法匹配当前的冰淇淋模式。

作为替代，可以编写一个带有门卫语句的模式，如清单 3-71 所示。该模式会在午餐订单中查找“ice cream”这个词。

清单 3-71 pattern_match.py:1f

```
class Special:
    TODAY = 'lasagna'

lunch_order = input("What would you like for lunch? ")

match lunch_order:
    # --snip--
    case 'salad' | 'soup':
        print('Eating healthy, eh?')
    case ice_cream if 'ice cream' in ice_cream
        flavor = ice_cream.replace('ice cream', '').strip()
        print(f"Here's your very grown-up {flavor}...lunch.")
    case order:
        print(f"Enjoy your {order}.")
```

当门卫语句 if 'ice cream' in ice_cream 得到满足时，将对应的值捕获为 ice_cream。在本例中，我使用 .replace()来删除捕获值中的“ice cream”，只留下冰淇淋口味的名称。我还使用 .strip()来删除新字符串中的任何前导或尾随空格。最后输出一条消息。

3.15.5 更多关于结构模式匹配的信息

还有很多其他的技巧和技术可以配合结构模式匹配使用。它们可以与对象（见第 7 章）一起使用，或通过映射模式（见第 9 章）与字典一起使用，甚至支持在其他模式中嵌套模式。

和很多 Python 技术一样，结构模式匹配像“魔法”，“诱惑”人们在任何可能的地方使用它。但你要抵制这种诱惑！结构模式匹配非常适合用于匹配某个主题与多个可能的模式，但正如你在午餐订单示例中所看到的那样，随着主题的可能值变得更加复杂，它很快就达到了极限。一般来说，如果不确定是否需要在特定情况下使用结构模式匹配，那就坚持使用条件语句。

要想了解更多信息，请阅读“PEP 636 - Structural Pattern Matching: Tutorial”，它是结构模式匹配的官方教程，演示了此 Python 主题的所有可用功能。

3.16 本章小结

现在，你应该对 Python 的语法有了一定的了解，并基本熟悉了其关键结构。至此，你已经能够写出至少可以工作的 Python 代码。事实上，许多新手在工作中确实只使用这么多信息，并自然而然地将他们最熟悉的编程习惯和实践应用到 Python 中。

有效的代码和 Pythonic 代码之间存在着根本的区别，介绍后者是本书的重点。

第 4 章

项目结构和代码导入

结构化 Python 项目是教授这门语言时最常忽视的内容之一。因此，许多 Python 开发者在项目结构上犯错，他们在一堆常见的错误中摸索，直至完成基本的工作。

好消息是你不必成为他们中的一员！

本章将介绍导入语句、模块和包，并展示如何将它们组合在一起。

请注意，本章跳过了一个关键的项目结构部分：setup.cfg。因为它依赖于我们还没有涉及的概念。如果没有 setup.cfg 或 setup.py 文件，你的项目就不能为最终的用户所使用。在本章中，你将把所有东西放在正确的位置进行开发。这样，将来为项目准备分发就相当简单了。第 18 章将介绍 setup.cfg、setup.py 和其他与分发相关的项目结构问题。

4.1 设置代码仓库

在深入研究实际的项目结构之前，建议使用版本控制系统。在本书的剩余部分，我将假设你正在使用 Git，因为这是较常见的选择。

一旦创建了仓库并且克隆了一个本地副本到计算机上，就可以开始设置项目了。至少需要创建以下文件：

- README.md，它是项目和目标的描述文件；
- LICENSE.md，它是项目的许可证；
- .gitignore，它是一个特殊的文件，指示 Git 忽略哪些文件和目录；
- 一个目录，它的名字与项目的名字相同。

你的 Python 代码应该放在一个单独的子目录中，而不是放在仓库的根目录中。这非常重要，因为仓库的根目录将会因为构建文件，以及打包脚本、文档、虚拟环境和所有其他不是源代码的东西而变得非常混乱。

作为一个示例，本章将使用我自己的一个 Python 项目：omission。

Python 项目由模块和包组成。4.2 节将介绍它们是什么以及如何创建它们。

4.2 模块和包

模块就是一个 Python（.py）文件。

包（又称常规包）是包含一个或多个模块的目录。该目录必须包含一个名为__init__.py 的文件（可以为空）。__init__.py 文件很重要！如果它不存在，Python 将不知道相应的目录会构成一个包。

探究笔记： 模块实际上是对象，而不仅仅是文件。它们可以来自文件系统以外的地方，包括压缩文件和网络位置。包也是模块，只不过它们有一个__path__属性。你可能永远不会关心这个，但是一旦你深入了解导入系统，这个区别就会很重要。

4

你可以让__init__.py 文件为空（它通常为空），也可以用它在第一次导入包时运行某些代码。例如，你可能使用__init__.py 文件来选择和重命名某些函数，这样包的使用者就不需要理解模块是如何布局的。（请参阅 4.6.3 小节“控制包的导入”。）

如果你在包中未创建__init__.py 文件，它将变成一个隐式的命名空间包。它的行为与常规包不同，两者是不可替换的！命名空间包允许将包分发为多个部分。虽然可以使用命名空间包做一些很酷的事情，但我们很少使用它们。这是一个非常复杂的问题，如果需要命名空间包，请参阅 Python Packaging User Guide 中的“Packaging namespace packages”部分。你也可以阅读“PEP 420 - Implicit Namespace Packages”，其中正式定义了这个概念。

陷阱警告： 有很多文章、帖子和Stack Overflow回答声称，自Python 3以来，不再需要在包中使用__init__.py 文件。这完全是错误的！命名空间包仅用于非常特定的边缘情况，它们不能替换“传统”的包。

在我的项目结构中，omission 是一个包含其他包的包。因此，omission 是顶级包，下面所有的包都是它的子包。一旦开始导入东西，这个约定就会变得很重要。

4.2.1 PEP 8 和命名

包和模块需要用清晰的名称来标识。参考 PEP 8 关于命名约定的内容，可以得到以下结论。

模块应该有短小的、全部小写的名称。如果下画线可以提高可读性，不妨在模块名称中使用下画线。Python 包也应该有短小的、全部小写的名称，但不鼓励使用下画线。

模块是以文件名命名的，包是以目录名命名的。因此，这些约定定义了如何命名目录和代码文件。

重申一次，文件名应该全部小写，如果下画线（_）可以提高可读性，不妨在文件名中使用下画线。类似的，目录名应该全部小写，如果可能的话，不要使用下画线。换句话说，omission/data/ data_loader.py 这样的命名是正确的，而 omission/Data/DataLoader.py 这样的命名是错误的。

4.2.2 项目的目录结构

根据上面的内容，项目的目录结构如清单 4-1 所示。

清单 4-1　omission-git 的目录结构

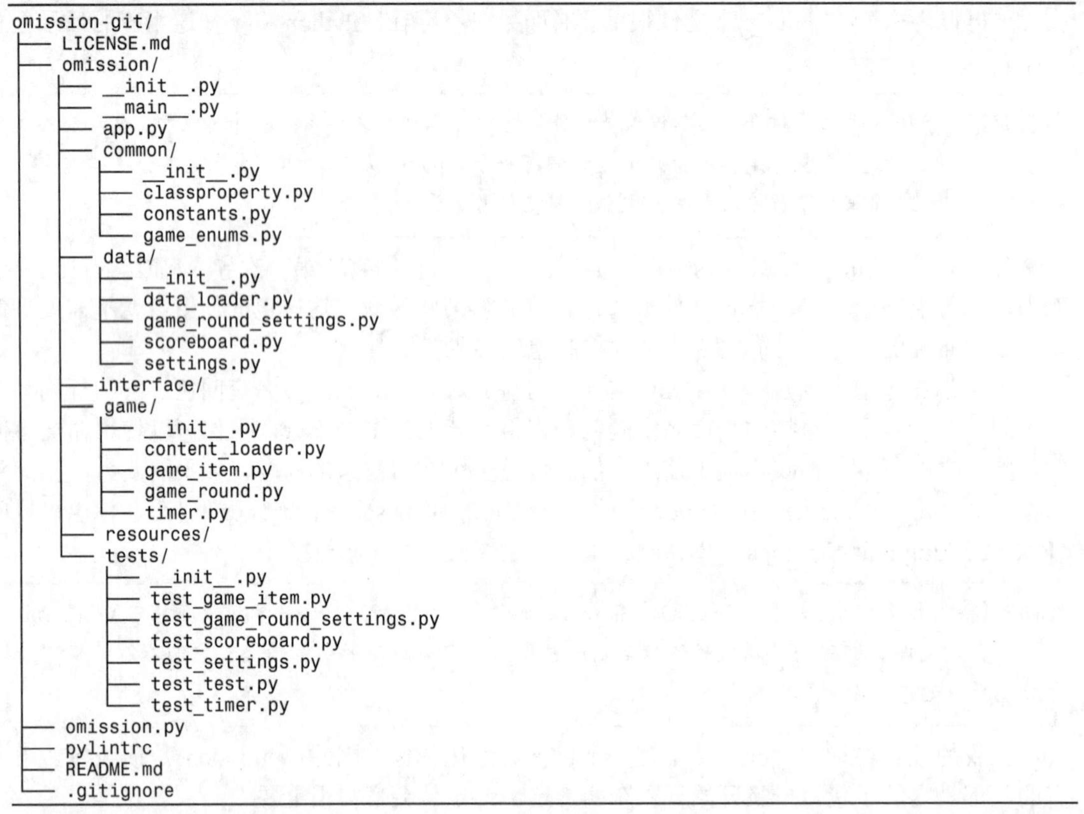

```
omission-git/
├── LICENSE.md
├── omission/
│   ├── __init__.py
│   ├── __main__.py
│   ├── app.py
│   ├── common/
│   │   ├── __init__.py
│   │   ├── classproperty.py
│   │   ├── constants.py
│   │   └── game_enums.py
│   ├── data/
│   │   ├── __init__.py
│   │   ├── data_loader.py
│   │   ├── game_round_settings.py
│   │   ├── scoreboard.py
│   │   └── settings.py
│   ├── interface/
│   ├── game/
│   │   ├── __init__.py
│   │   ├── content_loader.py
│   │   ├── game_item.py
│   │   ├── game_round.py
│   │   └── timer.py
│   ├── resources/
│   └── tests/
│       ├── __init__.py
│       ├── test_game_item.py
│       ├── test_game_round_settings.py
│       ├── test_scoreboard.py
│       ├── test_settings.py
│       ├── test_test.py
│       └── test_timer.py
├── omission.py
├── pylintrc
├── README.md
└── .gitignore
```

你会看到有一个顶级包叫作 omission，它有 4 个子包：common、data、game 和 tests。每个子包都包含一个__init__.py 文件，这是指定它们为包的标志。每个以 .py 结尾的文件都是一个模块。

还有一个 resources 目录，但其中只包含游戏音频、图像和其他杂项文件（为了使代码简洁，这里省略了）。resources 目录不是一个常规的包，因为它不包含__init__.py 文件。

顶级包中有一个特殊的文件，名为__main__.py。通过以下命令，可以在执行顶级包时运行这个文件：

```
python3 -m omission
```

4.6 节将介绍__main__.py 文件和顶级包外的 omission.py 文件。

探究笔记：这是一个很好的项目结构，但是一旦涉及测试和打包，就需要稍微修改这个项目结构，即在现有项目结构中新增一个src目录。第18章将介绍src目录。

4.3　import 是如何工作的

如果之前写过一些有意义的 Python 代码，那么你很可能熟悉用于导入模块的 import 语句。

例如，如果要导入 regex 模块（即 re 模块），可以输入以下代码：

```
import re
```

一旦导入了一个模块，就可以访问其中定义的任何变量、函数或类。

在导入模块时，实际上是在运行它，从而执行模块中的 import 语句。如果那些二次（以及后续）导入的模块中有任何错误或性能损失，它们可能来自原本无害的 import 语句。这也意味着 Python 必须能够找到所有这些模块。

例如，re.py 模块（它是 Python 标准库的一部分）本身包含一些 import 语句，当你导入 re 模块时这些语句会被执行。那些导入的模块的内容不会作用于导入 re 模块的文件，但这些模块文件必须存在，才能成功导入 re 模块。如果出于一些原因，enum.py 模块（也是 Python 标准库的一部分）从 Python 环境中被删除了，则 import re 语句会运行失败并报错：

```
Traceback (most recent call last):
File "weird.py", line 1, in
import re
File "re.py", line 122, in
import enum
ModuleNotFoundError: No module named 'enum'
```

这可能看起来是一条令人困惑的错误信息。有人错误地想知道为什么外部模块（在这个例子中是 re 模块）找不到；还有人想知道为什么内部模块（这里是 enum 模块）会被导入，尽管他们没有在代码中直接引用它。

问题在于 re 模块被导入，然后 re 模块导入了 enum 模块。但是由于 enum 模块丢失，因此 re 模块导入失败，并抛出 ModuleNotFoundError 异常。

请注意，上面这种情况是虚构的：import enum 和 import re 语句在正常情况下永远不会运行失败，因为这两个模块都是 Python 标准库的一部分。但是这个小例子演示了缺少模块而导致 import 语句运行失败的常见问题。

4.4 导入操作的注意事项

导入方式多种多样，但是大多数我们很少使用，甚至从不使用。

接下来的例子将使用一个名为 smart_door.py 的模块，如清单 4-2 所示。

清单 4-2 smart_door.py

```
#!/usr/bin/env python3

def open():
    print("Ahhhhhhhhhhhhhh.")

def close():
    print("Thank you for making a simple door very happy.")
```

假设要在另一个 Python 文件中使用这个模块（在这个例子中，它们位于同一个目录中）。要运行该模块中定义的函数，就必须先导入 smart_door.py 模块。最简单的方法如清单 4-3 所示。

清单 4-3　use_smart_door.py:1a

```
import smart_door
smart_door.open()
smart_door.close()
```

open()和 close()的命名空间是 smart_door。命名空间是对某些对象（如函数）的显式定义路径。open()的命名空间是 smart_door，这告诉我们 open()属于 smart_door.py 这个特定的模块。还记得 Python 之禅吗？

命名空间是个绝妙想法——我们应该多使用它！

Python 开发者非常喜欢命名空间，因为它们能清晰地显示函数等来自哪里。当你有多个具有相似名称或相同名称的函数，但是它们定义在不同的模块中时，这一点很有用。如果没有 smart_door 这个命名空间，你就不会知道 open()与 smart_door.py 模块有关。适当地使用命名空间可以帮助你避免代码中出现大量错误。然而，尽管命名空间很重要，但如果使用不当，它们很快就会失控。

请注意，提到命名空间时，并不一定是在谈论隐式命名空间包，本书不涉及这个问题。

4.4.1　从模块中导入函数

在之前对 smart_door 命名空间中的函数的调用中，每次调用时都引用了 smart_door 命名空间。当一个函数只被调用几次时，这通常是最好的做法。但如果经常调用一个函数，每次调用都引用命名空间就会变得十分烦琐。

幸运的是，Python 提供了一种解决方法。为了能够在不加上模块名（smart_door）的情况下使用 open()函数，只需要限定名称即可，也就是在函数、类或变量的名称前面加上它所在的模块或包（如果有的话），以得到完整的命名空间。在 smart_door.py 模块中，由于想要调用的函数的限定名称是 open，因此可以像清单 4-4 这样导入该函数：

清单 4-4　use_smart_door.py:1b

```
from smart_door import open
open()
```

这引入了一个新问题。在这个例子中，close()和 smart_door.close()都不起作用，因为没有直接导入该函数。import 命令仍然运行了整个 smart_door.py 模块，但只导入了 open()函数。要使用 smart_door.close()，需要将代码更改为清单 4-5：

清单 4-5　use_smart_door.py:1c

```
from smart_door import open, close
open()
close()
```

这样就可以在不添加命名空间的情况下调用这两个函数了。

4.4.2　覆盖问题

你可能已经注意到了另一个问题：open()已经是一个内置的 Python 函数了！假设还需要读取

一个名为 data.txt 的文件，它位于当前目录中。如果在从 smart_door.py 模块中导入 open()（见清单 4-5）之后尝试使用内置的 open()函数，程序将会表现得非常糟糕，如清单 4-6 所示。

清单 4-6 use_smart_door.py:2

```
somefile = open("data.txt", "r")
# ...work with the file...
somefile.close()
```

之前使用 open()（见清单 4-5）时，使用的是 smart_door.open()。现在，在同一个文件中，尝试调用 Python 的内置 open()函数来打开一个文本文件进行读取。然而，由于之前的导入，内置的 open()函数已经被 smart_door.open()覆盖，这意味着后者的存在使得 Python 甚至无法找到前者。这段代码将会运行失败！错误提示如下：

```
Traceback (most recent call last):
  File "ch4_import2-bad.py", line 9, in <module>
    somefile = open("data.txt", "r")
TypeError: open() takes no arguments (2 given)
```

得到这个错误是因为试图使用内置的 open()函数，它接收两个参数；但实际上调用的是 smart_door.open()，而它不接收任何参数。

得到明确的错误消息可以避免造成更严重的后果。想象一下，如果 smart_door.open()接收与内置 open()函数相似的参数，则可能会在其他地方遇到错误（可能是尝试使用未打开的文件），或者更糟糕的是，出现某种不正确但技术上有效的行为。这种错误非常难以调试，因此最好避免。

如何修复这个问题呢？如果你是 smart_door.py 的作者，你应该修改函数名。无论如何，使用与内置的 Python 函数相同的函数名是一种不好的做法，除非目的就是覆盖内置函数。但如果你不是该模块的作者，则需要另一个解决方案。幸运的是，Python 提供了 as 关键字，它允许你为该函数创建一个别名，使用方法如清单 4-7 所示。

清单 4-7 use_smart_door.py:1d

```
from smart_door import open as door_open
from smart_door import close

door_open()
close()
```

上面的例子使用 as 关键字将 smart_door.open()重命名为 door_open()，但只在这个文件的上下文中。然后就可以在需要的地方使用 door_open()了。

这可以使 Python 的内置 open()函数不被覆盖，因此可以正常使用清单 4-6 中的代码处理文件。

```
somefile = open("data.txt", "r")
# ...work with the file...
somefile.close()
```

4.4.3 包嵌套问题

如你所见，包可以包含其他包。在 omission 项目中，如果想导入模块 data_loader.py，可以使用以下代码（参考 omission 项目结构）：

```
import omission.data.data_loader
```

Python 解释器会查找 omission 包，然后在 omission 包中查找 data 包，再在 data 包中查找 data_loader.py 模块。data_loader.py 模块被导入（并且只有该模块被导入）。这是一个好的结构，一切都很好。

然而，在某种程度上，嵌套包可能会变得很麻烦。像 musicapp.player.data.library.song.play() 这样的函数调用不仅冗长，而且难以阅读。正如 Python 之禅所说：

扁平好过嵌套。

一些包的嵌套当然是可以的，但是当项目看起来像一套复杂的俄罗斯套娃时，你肯定做错了什么。你可以将模块组织成包，但要保持结构合理简单。嵌套两三个包是可以的，但如果可以避免，通常不建议深度嵌套。

虽然理想世界中的项目永远不会有过多的嵌套，但现实世界中的项目并不总是那么整洁。有时，想要避免深度嵌套结构是不可能的。为此，需要有另一种方法使导入语句清晰易懂。幸运的是，导入系统可以处理这个问题：

```
from musicapp.player.data.library.song import play

play()
```

只需要在实际的导入语句中处理一次深度嵌套的命名空间，之后使用函数名 play()即可。

或者，如果想要一点点命名空间，也可以这样做：

```
from musicapp.player.data.library import song

song.do_thing()
```

导入语句已经解析了除了最后一部分命名空间 song 之外的所有命名空间，所以我们仍然知道 play()函数来自哪里。

导入系统就是这么灵活！

4.4.4 谨防导入所有

在不久的将来，你可能发现自己想要导入模块中的数百个函数，以节省时间。这是许多开发人员走上错误道路的地方：

```
from smart_door import *
```

这个语句导入了模块中的几乎所有内容，除了以一个或多个下画线开头的内容。这种导入所有的模式是非常糟糕的，因为不知道导入的内容都有些什么，也不知道在这个过程中会有什么内容被覆盖。

这个问题在从多个模块导入所有时会变得更糟糕：

```
from smart_door import *
from gzip import *
open()
```

如果这样做，就可能完全不知道 open()、smart_door.open()和 gzip.open()都存在，并且它们在文件中争夺同一个名称！在这个例子中，函数 gzip.open()将会获胜，因为它是最后一个被导入的 open()版本。另外两个函数都被覆盖（这意味着实际上根本无法调用它们）。

由于没有人能够记住每个模块中的每个函数、类和变量，因此很容易陷入混乱。

Python 之禅适用于这种情况：

显式好过隐式；
面对太多可能，不要尝试猜测。

不应该猜测一个函数或变量来自哪里。文件中应该有一些代码可以明确地告诉我们所有东西来自哪里，就像前面的例子一样。

import * 语句在不同包中的作用并不完全相同。默认情况下，像 from some_package import * 这样的语句在功能上与 import some_package 相同，除非包已经配置为与 import * 一起工作。

4.5 在项目中使用 import

现在你已经知道如何组织项目并从包和模块中导入了，我将把所有的内容都联系起来。

复习一下清单 4-1 中列出的项目结构。清单 4-8 所示为该项目结构的一部分。

清单 4-8 omission-git 目录结构的一部分

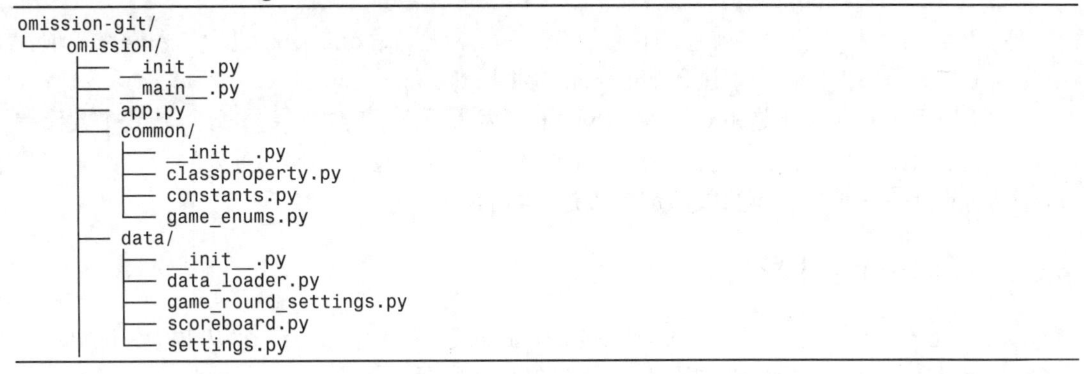

```
omission-git/
└── omission/
    ├── __init__.py
    ├── __main__.py
    ├── app.py
    ├── common/
    │   ├── __init__.py
    │   ├── classproperty.py
    │   ├── constants.py
    │   └── game_enums.py
    ├── data/
    │   ├── __init__.py
    │   ├── data_loader.py
    │   ├── game_round_settings.py
    │   ├── scoreboard.py
    │   └── settings.py
```

任何一个项目中的模块都可能需要从另一个模块中导入，无论它是在同一个包中还是在项目结构的其他地方。接下来将解释如何处理这两种情况。

4.5.1 绝对导入

在 omission/common 包的 game_enums.py 模块中定义一个 GameMode 类。如果想在 omission/data 包的 game_round_settings.py 模块中使用该类，该怎么做呢？

因为已经将 omission 包定义为顶级包，并将模块组织成子包，所以这很简单：在

game_round_settings.py 中，使用清单 4-9 所示的代码即可。

清单 4-9 game_round_settings.py:1a

```
from omission.common.game_enums import GameMode
```

这一行是绝对导入。它从顶级包 omission 开始，然后向下走到 common 包，在那里寻找 game_enums.py 模块。在该模块中，它找到了名为 GameMode 的类并导入它。

4.5.2 相对导入

也可以从同一个包或子包中导入模块，这称为相对导入或包内引用。实际上，包内引用很容易出错。如果有开发人员想要将 GameMode 类（由 omission/common/game_enums.py 提供）导入 omission/data/game_round_settings.py，他们可能会尝试使用清单 4-10 所示的代码。

清单 4-10 game_round_settings.py:1b

```
from common.game_enums import GameMode
```

这将会失败，而开发人员并不知道为什么会失败。这是因为 data 包（即 game_round_settings.py 所在的包）对其兄弟包（如 common 包）一无所知。

如果一个模块知道自己属于哪个包，而一个包又知道自己的父包（如果有的话），那么相对导入可以从当前包开始搜索，并在项目结构中向上和向下移动。

在 omission/data/game_round_settings.py 中，可以使用清单 4-11 所示的导入语句。

清单 4-11 game_round_settings.py:1c

```
from ..common.game_enums import GameMode
```

两个点（..）意味着“当前包的直接父包”，在本例中是 omission 包。导入操作在项目结构中先向上走一个级别，再向下进入 common 包并找到 game_enums.py。

关于使用绝对导入还是相对导入，Python 开发人员之间存在一些分歧。就我个人而言，建议尽可能使用绝对导入，因为我觉得这可以使代码更具可读性。唯一重要的考虑因素在于结果是否显而易见——所有东西的来源都应该是清晰的。

4.5.3 从同一个包中导入

这里还有一个陷阱。在 omission/data/settings.py 中，有一个从模块 omission/data/game_round_settings.py 导入类的语句，如清单 4-12 所示。

清单 4-12 settings.py:1a

```
from omission.data.game_round_settings import GameRoundSettings
```

你可能在想，因为 settings.py 和 game_round_settings.py 都在同一个包中，所以应该能够使用清单 4-13 所示的代码。

清单 4-13 settings.py:1b

```
from game_round_settings import GameRoundSettings
```

然而，这不可行。它无法找到 game_round_settings.py 模块，因为正在运行顶级包（python3 -m omission），并且正在运行的包（omission 包）内的任何绝对导入都必须从顶部开始。

可以使用相对导入，如清单 4-14 所示，这看起来比绝对导入简单得多。

清单 4-14 settings.py:1c

```
from .game_round_settings import GameRoundSettings
```

在这个例子中，点（.）意味着“这个包”。

如果习惯于典型的 UNIX 文件系统，这可能会让你感到很熟悉，不过 Python 进一步细化了这个概念：

- 一个点（.）表示当前目录；
- 两个点（..）表示父目录；
- 3 个点（...）表示父目录的父目录；
- 4 个点（....）表示向上三级的目录；
- 以此类推。

请记住，这些“级别”不仅仅是普通的目录，它们是包。如果有两个不同的包在一个不是包的普通目录中，则不能使用相对导入从一个包跳转到另一个包，必须使用 Python 搜索路径来处理这个问题。4.7 节将详细介绍如何处理相关问题。

4.6 入口点

迄今为止，你已经学习了如何创建模块、包和项目，以及如何充分利用导入系统。本节将介绍如何控制包的导入或执行。导入或执行包时首先运行的部分称为入口点。

4.6.1 模块入口点

当导入一个 Python 模块或包时，它会被赋予一个特殊的变量__name__。这个变量的值为模块或包的完全限定名称，也是导入系统看到的名称。例如，omission/common/game_enums.py 模块的完全限定名称是 omission.common.game_enums。但有一个例外：当一个模块或包被直接运行时，它的__name__被设置为值 "__main__" 。

为了演示这一点，假设有一个名为 testpkg 的包，其中包含模块 awesome.py。该模块中定义了一个函数 greet()，如清单 4-15 所示。

清单 4-15 awesome.py:1

```
def greet():
    print("Hello, world!")
```

这个文件的底部包含一条输出消息，如清单 4-16 所示。

清单 4-16 awesome.py:2a

```
print("Awesome module was run.")
```

testpkg 包所在的目录中有一个名为 example.py 的模块，使用命令 python3 example.py 直接运行它，如清单 4-17 所示。

清单 4-17　example.py

```
from testpkg import awesome

print(__name__)          # prints "__main__"
print(awesome.__name__)  # prints "testpkg.awesome"
```

如果查看局部变量__name__——这是分配给当前模块 example.py 的__name__，则会看到它的值为 "__main__" ，因为直接执行了 example.py。

所导入的 awesome 包也有一个__name__变量，它的值为 "testpkg.awesome" ，表示包在导入系统中的来源。

如果运行这个模块，就会得到以下输出：

```
Awesome module was run.
__main__
testpkg.awesome
```

第一行输出来自 testpkg/awesome.py，它是由导入命令运行的。其余的输出来自 example.py 中的两个输出命令。

怎么才能让第一条消息只在 awesome.py 被直接执行时出现，而不是在模块被导入时出现呢？为了实现这一点，可以在条件语句中检查__name__变量的值。重写 awesome.py 文件，如清单 4-18 所示。

清单 4-18　awesome.py:2b

```
if __name__ == "__main__":
    print("Awesome module was run.")
```

如果 awesome.py 被直接执行，则__name__的值为 "__main__" ，输出语句将会被执行。否则，如果 awesome.py 被导入（或以其他方式间接执行），则调用将失败。

你可能经常在 Python 中看到这种模式，但一些 Python 专家认为这是一种反模式，因为它可能会鼓励你同时执行和导入模块。虽然我不认为指定 if__name__== "__main__" 是一种反模式，但你通常不需要这么做。无论如何，都应确保不要从包中的任何其他地方导入主模块。

4.6.2　包入口点

请注意，omission 项目的顶级包中有一个名为__main__的文件。直接执行包时，将自动运行该文件，但该文件不会在导入包时运行。

所以当通过命令 python3 -m omission 执行 omission 包时，Python 首先运行__init__.py 模块，然后运行__main__.py 模块。如果包被导入，则只有__init__.py 模块会被执行。

如果在包中省略了__main__.py，则包不能被直接执行。

一个好的顶级包的__main__.py 应该如清单 4-19 所示。

清单 4-19 __main__.py

```
def main():
    # Code to start/run your package.

if __name__ == "__main__":
    main()
```

所有启动包的逻辑都应该在 main()函数中。然后，if 语句检查__main__.py 模块的__name__变量的值。如果这个包正在被执行，则__name__的值为 "__main__" ，并且 if 语句中的代码（即对 main()函数的调用）将运行。如果__main__.py 只被导入，则它的完全限定名称将包含其包名（如 omission.__main__），调用将失败，代码不会运行。

4.6.3 控制包的导入

当想要改变可导入的内容及其使用方式时，包的__init__.py 文件会很有用。这个文件最常见的用途是简化导入和控制导入所有（import *）的行为。

1. 简化导入

想象一下，有一个特别复杂的包，名为 rockets，它由几十个子包和数百个模块组成。许多使用该包的开发人员并不想知道这个包的大部分功能，他们只想做一件事：定义一个火箭，然后发射它！为了使该包的所有用户在不知道这些基本功能在包结构中的位置的情况下，依旧可以轻松地导入功能，可以使用__init__.py 直接公开这些功能，如清单 4-20 所示。

清单 4-20 __init__.py:1

```
from .smallrocket.rocket import SmallRocket
from .largerocket.rocket import LargeRocket
from .launchpad.pad import Launchpad
```

这大大简化了包的使用。你不再需要记住 rockets 包结构中 SmallRocket 和 Launchpad 类所在的位置。可以直接从顶级包中导入并使用它们，如清单 4-21 所示。

清单 4-21 rocket_usage.py

```
from rockets import SmallRocket, Launchpad

pad = Launchpad(SmallRocket())
pad.launch()
```

这样的代码不仅简单而且优美，不是吗？事实上，如果需要的话，没有什么能阻止你使用长形式（如 from rockets.smallrocket.rocket import SmallRocket）导入功能。这种快捷方式是可选的。

因为简单是 Python 哲学的一个重要组成部分，所以它也是包设计的一个重要组成部分。如果能预测用户可能与包交互的最常见方式，就可以通过在__init__.py 中添加几行代码来大大简化代码。

2. 控制导入所有

默认情况下，导入所有（import *）不适用于包。可以使用__init__.py 来启用和控制 import * 的行为，尽管通常不推荐使用这样的导入语句。这可以通过将一个字符串列表赋值给__all__来完成，每个字符串都包含从当前包导入的内容（例如包或模块）。

这可以与前面的技巧（见清单 4-20）很好地配合，如清单 4-22 所示。

清单 4-22　__init__.py:2a

```
__all__ = ["SmallRocket", "LargeRocket", "Launchpad"]
```

当 Python 遇到一行像 from rockets import * 这样的代码时，__all__中的列表（看作 rockets.__all__）会被解包并替换掉星号（*）。这对于确定__all__中可以包含什么内容很重要：列表中的每一项都应该在 from rockets import *中的星号被替换后有意义。

换句话说，可以将__init__.py 的最后一行改为清单 4-23 所示的代码，这样代码中就不会有错误了。

清单 4-23　__init__.py:2b

```
__all__ = ["smallrocket"]
```

程序将会运行成功，因为 from rockets import smallrocket 这行代码是一个有效的导入语句。

但清单 4-24 所示的这个例子就不会运行成功了。

清单 4-24　__init__.py:2c

```
__all__ = ["smallrocket.rocket"]
```

程序将会运行失败，因为 from rockets import smallrocket.rocket 没有意义。在定义__all__时必须考虑这一原则。

如果__init__.py 中没有定义__all__，那么 from rockets import * 将会像 import rockets 一样工作。

4.6.4　程序入口点

如果你已经将本章的所有概念应用到项目结构中，则可以运行命令 python3 -m yourproject 来启动程序。

然而，你（或最终的用户）可能只想通过双击或直接执行某个单独的 Python 文件来运行程序。在一切都准备就绪的情况下，这很容易实现。

为了让 omission 项目更容易运行，在顶层包的外部创建一个单独的脚本文件，名为 omission.py，如清单 4-25 所示。

清单 4-25　omission.py

```
from omission.__main__ import main
main()
```

从 omission/__main__.py 中导入 main()函数，然后执行它。这实际上与使用命令 python3 -m omission 直接执行该包的效果相同。

还有更好的方法来创建程序入口点，第 18 章将介绍这些方法，届时将创建一个非常重要的文件——setup.cfg 文件。再次强调，到目前为止你所掌握的方法已经足够用于开发了。

4.7 Python 模块搜索路径

模块搜索路径（或导入路径）定义了 Python 在哪里查找包和模块，以及搜索的顺序。第一次启动 Python 解释器时，模块搜索路径将按正在执行的模块的目录、系统变量 PYTHONPATH、正在使用的 Python 实例的默认路径的顺序组装。

可以使用以下命令查看生成的模块搜索路径：

```
import sys
print(sys.path)
```


在虚拟环境（在我的系统中是 /home/jason/.venvs/venv310）中运行以上代码会得到以下输出：

```
[❶ '/home/jason/DeadSimplePython/Code/ch4', ❷ '/usr/lib/python310.zip', ❸ '/usr/lib/python3.10',
 ❹ '/usr/lib/python3.10/lib-dynload', ❺ '/home/jason/. venvs/venv310/lib/python3.10/site-packages']
```

导入系统按顺序查看模块搜索路径中的每个位置。一旦找到要导入的模块或包的匹配项，就停止搜索。可以看到，它首先搜索包含正在运行的模块或脚本的目录❶，然后搜索标准库❷❸❹，最后搜索虚拟环境中使用 pip 安装的所有内容❺。

如果需要在模块搜索路径中添加位置，最好的方法是使用虚拟环境，并在 lib/python3.x/site-packages 目录中添加一个以 .pth 结尾的文件。文件名无关紧要，但文件扩展名必须是 .pth。

例如，添加清单 4-26 所示的内容。

清单 4-26 venv/lib/python3.10/site-packages/stuff.pth

```
/home/jason/bunch_of_code
../../../awesomesauce
```

每一行必须包含一个要添加的路径。绝对路径/home/jason/bunch_of_code 将被添加到模块搜索路径中。相对路径 ../../../awesomesauce 是相对于 .pth 文件的，所以它将指向 venv/awesomesauce。

因为这些路径会被添加到模块搜索路径中，所以这种技术不能用于替换系统或虚拟环境中安装的任何包或模块。但是在虚拟环境中，bunch_of_code 或 awesomesauce 目录中的任何新模块或包都可以导入。

陷阱警告： 变量sys.path或系统变量PYTHONPATH是可以修改的，但你不应该直接这样做！因为这不仅很可能使导入出现错误，而且可能破坏项目以外的东西。就这一点而言，sys.path是罪魁祸首。如果有人导入了sys.path被修改过的模块，模块搜索路径就会遭到破坏！

4.8 导入模块时底层发生了什么？

让我们看看导入模块时底层发生了什么。大多数时候，这些细节并不重要，但有时这些技术细节也会浮出水面（例如，当导入了错误的模块而不是期望的模块时）。了解这些技术细节向来是有益无害的。

导入语句会调用内置的__import__()函数。

陷阱警告：如果想手动执行导入，请使用importlib模块，而不是调用__import__()。

为了导入一个模块，Python 需要使用两个特殊对象：一个查找器和一个加载器。在某些情况下，可以使用导入器充当查找器和加载器。

查找器负责查找想要导入的模块。有很多地方可以查找模块——它们甚至不一定是文件——并且存在许多必须处理的特殊情况。Python 提供了几种类型的查找器来处理这些不同的情况，并且它给了每一个查找器查找给定名称的模块的机会。

首先，Python 使用元路径查找器，它们存储在 sys.meta_path 列表中。默认情况下，有以下 3 个元路径查找器。

- 内建导入器：找到并加载内建模块。
- 冻结导入器：找到并加载冻结模块，即已经转换为编译的字节码的模块（参见第 1 章）。
- 路径查找器：在文件系统中查找模块。

这个搜索顺序就是不能全局覆盖一个内建模块的原因，内建导入器在路径查找器之前运行。如果需要一些额外的元路径查找器，比如想从一个不支持的新位置导入模块，则可以将其作为元钩子添加到 sys.meta_path 列表中。

路径查找器有一些额外的复杂性。路径查找器依次尝试每个路径条目查找器（又称路径条目钩子），这些路径条目查找器存储在 sys.path_hooks 中。每个路径条目查找器搜索导入路径中列出的每个位置（称为路径条目），这些位置由 sys.path 或当前包的__path__属性指定。

只要有任何一个查找器找到了模块，就返回一个模块规范对象，其中包含有关如何加载模块的所有信息。但是如果所有的元路径查找器都返回 None，则抛出 ModuleNotFoundError 异常。

一旦找到模块，模块规范就会转到加载器，以实际加载模块。

关于加载的技术细节超出了本书的讨论范围，但值得注意的一个点是加载器如何处理缓存的字节码。通常，一旦运行了一个 Python 模块，就会生成一个 .pyc 文件。该文件包含字节码，并被缓存。你会经常在项目目录中看到这些 .pyc 文件。加载器总是需要确保缓存的字节码在加载之前不会过时，为此可以使用两种策略。第一种策略是让字节码存储最后一次修改源代码文件的时间戳。加载模块时，将源代码的时间戳与缓存的时间戳进行比较。如果不匹配，则字节码过时，源代码将被重新编译。第二种策略（在 Python 3.7 中引入）是存储一个哈希值，这个哈希值是从源代码本身通过算法生成的一个短且（相对）唯一的值。如果源代码发生变化，这个哈希值将与缓存的字节码中存储的哈希值不同。包含此哈希值的 Python 字节码文件称为基于哈希的 .pyc 文件。

不管加载器如何加载模块，它都会将模块对象添加到 sys.modules 中——实际上是在加载之前添加的，以防止导入循环，即防止正在加载的模块导入自身。最后，加载器将导入的模块对象绑定到导入它的模块中的一个名称上，以便可以引用导入的模块。（第 5 章将介绍名称绑定。）

一旦模块被导入，它就会与导入它的导入器对象一起被缓存在 sys.path_importer_cache 中。这实际上是导入系统首先检查导入模块的地方，甚至在运行查找器之前，因此无论在项目中导入模块多少次，都只会进行一次查找和加载。

以上是对导入系统的一个非常宽泛的概述，但大多数情况下，这就是你需要知道的全部。要想了解更多细节，可以阅读 Python 官方文档的“导入系统”部分。

4.9 本章小结

Python 导入系统经常被人忽视，这会导致新用户遇到许多麻烦。通过了解如何使用及导入模块和包，可以大大减少你和一个可行项目之间的障碍。你现在付出的一点点努力，将来会让你节省大量的时间。

Part 2

第二部分

基本结构

本部分内容

第 5 章

变量和数据类型

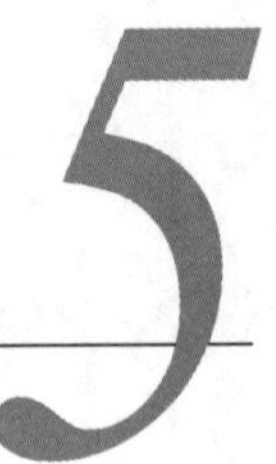

一些关于 Python 的最严重的误解，与变量和数据类型的细节有关。遗憾的是，与这个主题相关的误解会导致无数令人沮丧的错误。Python 处理变量的方式是其强大和多功能的核心。理解了这一点，其他一切都会迎刃而解。

通过观看 Ned Batchelder 在 PyCon 2015 上的演讲“Facts and Myths About Python Names and Values”（关于 Python 中名称和值的事实与误解），我对这一主题的理解得到了加深。

5.1 Python 中的变量：名称和值

关于 Python 变量的许多误解，都源于人们试图用其他语言来描述这门语言。也许对 Python 专家来说最让人烦恼的是如下误导性言论：“Python 没有变量。”这实际上只是某些人“过于聪明”的结果，Python 用 name（名称）和 value（值）来代替 variable（变量）。

Python 开发者仍然会经常使用“变量”这个术语，该术语甚至在文档中也会出现，因为它是理解整个系统的一部分。为了清晰起见，后文只使用官方的 Python 术语。

Python 使用 name 这个术语来指代传统的变量。一个 name 指向一个 value 或 object（对象），就像你的名字指向你一样。可能有多个 name 指向同一个 value，就像你可能有一个名字和一个昵称。一个 value 是内存中一个特定的数据实例。“变量”这个术语指代这两者的组合：一个 name 指向一个 value。从现在开始，本书只在这个精确的定义中使用变量这个术语。

5.2 赋值

当你使用清单 5-1 所示的代码定义一个变量时，让我们看看底层发生了什么。

清单 5-1 simple_assignment.py:1

```
answer = 42
```

answer 这个名称被绑定到值 42 上，也就是说，这个名称现在可以用来指代内存中的值。这个绑定的操作称为赋值。

接下来看看当你把变量 answer 赋值给新的变量 insight 时，背后发生了什么，如清单 5-2 所示。

清单 5-2 simple_assignment.py:2

```
insight = answer
```

insight 这个名称并没有指向 42 这个值的副本，而是指向同一个原始值，如图 5-1 所示。

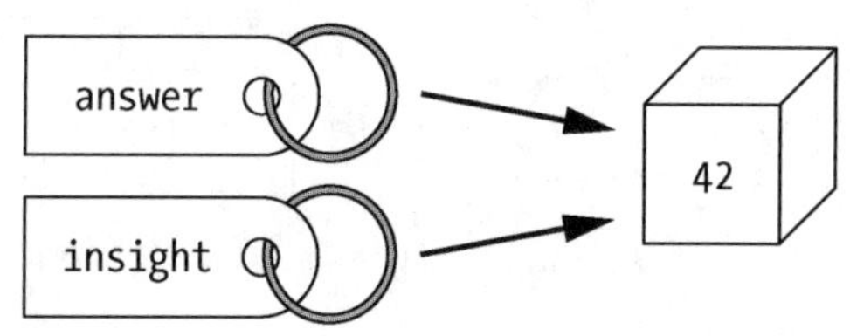

图 5-1 多个名称可以绑定到内存中的同一个值

在内存中，名称 insight 被绑定到值 42 上，这个值已经被另一个名称 answer 绑定了。两个名称都可以继续使用。更重要的是，insight 并没有被绑定到 answer 上，而是被绑定到了 answer 所指向的值上。一个名称总是指向一个值。

第 3 章介绍了 is 运算符，它比较的是两个名称所绑定的值在内存中的位置。这意味着 is 不会检查两个名称是否指向相等的值，而是检查它们是否指向内存中的同一个值。

当你执行赋值操作时，Python 会在背后做出自己的决定：是创建一个新的值，还是绑定到一个已经存在的值。程序员往往对这个决定没有太多的话语权。

为了验证这一点，我们可以在交互式会话中运行这个例子，而不是在文件中运行，如清单 5-3 所示。

清单 5-3 交互式会话 1

```
spam = 123456789
maps = spam
eggs = 123456789
```

我把相同的值赋给了 spam 和 eggs。我还把 maps 绑定到了和 spam 相同的值上。（不知道你注意到没有，maps 和 spam 的拼写刚好相反。）

当我用比较运算符（==）比较这些名称，检查它们的值是否相等时，如你所料，两个表达式都返回 True，如清单 5-4 所示。

清单 5-4 交互式会话 2

```
print(spam == maps)  # prints True
print(spam == eggs)  # prints True
```

然而，当我用 is 运算符比较这些名称的身份时，发生了一些令人惊讶的事情，如清单 5-5 所示。

清单 5-5 交互式会话 3

```
print(spam is maps)  # prints True
print(spam is eggs)  # prints False (probably)
```

名称 spam 和 maps 都被绑定到内存中的同一个值，但是 eggs 可能被绑定到了一个不同但相等的值。因此，spam 和 eggs 不共享一个身份，如图 5-2 所示。

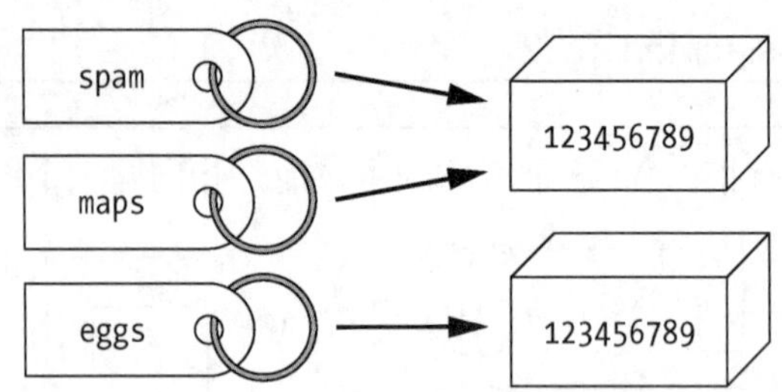

图 5-2 spam 和 maps 共享同一个身份，eggs 指向的值相同但身份不同

Python 并不保证会像上面那样运行，它可能会决定复用一个已经存在的值，如清单 5-6 所示。

清单 5-6 交互式会话 4

```
answer = 42
insight = 42
print(answer is insight)  # prints True
```

当把 42 赋值给 insight 时，Python 决定把这个名称绑定到已经存在的值。现在，answer 和 insight 都被绑定到内存中的同一个值，因此它们共享一个身份。

这就是为什么身份运算符（is）会让人觉得奇怪。在很多情况下，is 的行为与比较运算符（==）类似。

陷阱警告： is运算符检查身份。除非你真的知道自己在做什么，否则建议只用它来检查某个东西是不是 None。

最后要注意的是，内置函数 id()返回一个整数来表示传递给它的任何东西的身份。这些整数就是 is 运算符所要比较的值。如果对 Python 如何处理名称和值感兴趣，不妨试着使用一下 id() 函数。

探究笔记： 在CPython中，id()函数返回的值是从值的内存地址派生出来的。

5.3 数据类型

正如你可能已经注意到的，Python 不需要程序员声明变量的类型。当我第一次学习 Python 时，我进入了 Libera 在线聊天室的#python 频道，然后立即参与了讨论。

“怎么在 Python 中声明一个变量的数据类型？”我问道。

几分钟之后，我收到了一条回复：“不需要声明变量的数据类型。”这是使我第一次真正进入神奇的编程世界的启蒙。

聊天室的老用户们接着解释说，Python 是一种动态类型的语言，这意味着不需要告诉 Python 要把什么类型的信息放到一个变量中。相反，Python 会帮你决定类型。你甚至不需要使用一个特殊的“变量声明”关键字，而只需要像清单 5-7 那样赋值即可。

清单 5-7 types.py:1

```
answer = 42
```

从那一刻起，Python 成了我最喜欢的语言。

记住，Python 仍然是一种强类型的语言。第 3 章提到了这个概念及动态类型。Ned Batchelder 在 PyCon 2015 上有关名称和值的演讲“Facts and Myths About Python Names and Values”中非常精彩地总结了 Python 的类型系统。

> 名称有作用域，它们随着函数的出现而出现，随着函数的消失而消失，但是它们没有类型。值有类型，但是没有作用域。

虽然我在本书中还没有提到作用域，但是上面这段话应该已经说得很清楚了。名称被绑定到值，而这些值存在于内存中，且有一些引用指向它们。你可以把一个名称绑定到任何你想要的值上，但是你只能对特定的值执行一些有限的操作。

5.3.1 type()函数

如果想要知道一个值的数据类型，可以使用 Python 内置的 type()函数，如清单 5-8 所示。请记住，Python 中的一切都是对象，所以这个函数实际上只会返回值是哪个类的实例。

清单 5-8 types.py:2

```
print(type(answer))  # prints <class 'int'>
```

可以看到 answer 指向的值是一个整数（int）。在极少数情况下，可能需要在使用值之前检查其数据类型。为此，可以将 type()函数与 is 运算符配合使用，如清单 5-9 所示。

清单 5-9 types.py:3a

```
if type(answer) is int:
    print("What's the question?")
```

当需要进行这种检查时，最好使用 isinstance()而不是 type()，因为 isinstance()考虑了子类和继承（见第 13 章）。该函数返回 True 或 False，其可以用作 if 语句中的条件，如清单 5-10 所示。

清单 5-10 types.py:3b

```
if isinstance(answer, int):
    print("What's the question?")
```

5.3.2 鸭子类型

Python 采用所谓的（非官方术语）“鸭子类型”。这实际上不是一个技术术语，它来自如下俗语。

> 如果它看起来像鸭子，走起路来像鸭子，叫起来也像鸭子，那么它可能就是一只鸭子。

Python 并不关心值的数据类型是什么，而关心值的数据类型的功能。例如，如果一个对象支持所有的数学运算符和函数，并且接收浮点数和整数作为二元运算符的操作数，那么 Python 就会认为这个对象是数值类型。

换句话说，Python 不关心它是一只机器鸭还是一只穿着鸭子服装的鹿。如果它具有所需的特征，那么其他细节通常是微不足道的。

如果熟悉面向对象编程，特别是如果你了解继承会如何迅速失控，那么这种鸭子类型的概念可能会是一股清流。如果一个类表现得正如期望的那样，那么通常不需要关心它继承自什么。

5.4　作用域和垃圾回收

作用域定义了变量可以从哪里访问。变量可能在整个模块中可用，也可能仅限于函数内部（函数体）。

名称具有作用域，而值没有作用域。名称可以是全局的，这意味着它在模块中由自己定义；名称也可以是局部的，这意味着它只存在于特定的函数或推导式中。

5.4.1　局部作用域以及引用计数垃圾回收器

函数（包括 lambda）和推导式定义了自己的作用域，它们是 Python 中仅有的定义了作用域的结构。严格来讲，模块和类没有自己的作用域，它们只有自己的命名空间。其中定义的所有名称在作用域外都会被自动删除。

对于任何特定的值，Python 都会保留一个引用计数，用于计算该值有多少个引用。每次将值绑定到名称时，都会创建一个引用（尽管 Python 还可能会以其他方式创建引用）。当没有引用时，该值将被删除。这就是引用计数垃圾回收器，它能高效地完成大多数垃圾回收任务。

探究笔记： 从技术上讲，Python的垃圾回收行为是特定于CPython的实现细节。CPython是Python的主要实现版本。其他实现版本可能以不同的方式处理这个问题。不过这可能永远不会对你有影响，除非你正在做一些特别高级或奇怪的事情。

下面我们通过一个典型的函数来看看它是如何工作的，如清单 5-11 所示。

清单 5-11　local_scope.py:1

```
def spam():
    message = "Spam"
    word = "spam"
    for _ in range(100):
        separator = ", "
        message += separator + word
    message += separator
    message += "spam!"

    return message
```

以上代码创建了一个 spam()函数，其中定义了名称 message、word 和 separator。可以在函数内部访问这些名称中的任何一个，这就是它们的局部作用域。循环没有自己的作用域，因此 separator 的定义无关紧要，可以在循环外部访问它。

然而，这些名称在函数之外无法访问，如清单 5-12 所示。

清单 5-12 local_scope.py:2

```
print(message)  # NameError: name 'message' is not defined
```

尝试在定义 message 的 spam()函数的上下文之外访问 message 会引发 NameError。在这个例子中，message 在外部作用域中不存在。更重要的是，一旦退出 spam()函数，名称 message、word 和 separator 就会被删除。因为 word 和 separator 都引用了引用计数为 1 的值（意味着每个值只绑定了一个名称），所以这些值也会被删除。

5

message 的值不会在退出函数时被删除，这缘于函数末尾的 return 语句（见清单 5-11）以及我在这里对该值所做的事情，如清单 5-13 所示。

清单 5-13 local_scope.py:3

```
output = spam()
print(output)
```

以上代码将 spam()返回的值绑定到了外部作用域中的 output 上，这意味着该值仍然存在于内存中，并且可以在函数之外访问。将值赋给 output 会增加该值的引用计数，因此即使退出 spam()时删除了名称 message，该值也不会被删除。

5.4.2 解释器关闭

当 Python 解释器被要求关闭时，例如当 Python 程序终止时，将进入解释器关闭阶段。在这个阶段，解释器将释放所有分配的资源、多次调用垃圾回收器并触发对象中的析构函数。

可以使用 Python 标准库中的 atexit 模块向解释器关闭过程添加函数。在一些技术要求高的项目中，这可能是必要的，尽管通常不需要这样做。通过 atexit.register()添加的函数将以后进先出的方式调用。然而请注意，在解释器关闭阶段很难使用模块和 Python 标准库。就像在一栋正在被拆除的建筑物中工作一样：清洁工的衣柜随时可能消失，没有警告。

5.4.3 全局作用域

当一个名称在模块内部而不在任何函数、类或列表推导式中定义时，可以认为这个名称拥有全局作用域。虽然在全局作用域中定义一些名称是可以的，但是定义太多通常会导致代码难以调试和维护。因此，应该谨慎地使用全局作用域中的变量。对此，通常会有更清晰的解决方案，例如使用类（见第 7 章）。

在更局部的作用域（例如一个函数）中使用全局作用域的名称之前，你需要先想一想。想象一下，如果想要一个函数，这个函数可以修改一个存储了高分的全局变量，该怎么做？首先定义这个全局变量，如清单 5-14 所示。

清单 5-14 global_score.py:1

```
high_score = 10
```

清单 5-15 展示了编写这个函数的错误方式。

清单 5-15 global_score.py:2

```
def score():
    new_score = 465           # SCORING LOGIC HERE
    if new_score > ❶ high_score:  # ERROR: UnboundLocalError
        print("New high score")
      ❷ high_score = new_score


score()
print(high_score)
```

当你执行这段代码时，Python 会提示你在赋值之前就使用了一个局部变量❶。问题在于，以上代码是在 score()函数的作用域中给 high_score 赋值的❷，这会使全局名称 high_score 被新的局部名称 high_score 覆盖。在函数中的任何地方创建局部名称 high_score 都会使函数无法“看到”全局名称 high_score。

为了让代码正常工作，需要声明你将在局部作用域中使用全局名称，而不是定义一个新的局部名称。使用 global 关键字可以做到这一点，如清单 5-16 所示。

清单 5-16 global_score.py:3

```
def score():
    global high_score
    new_score = 465  # SCORING LOGIC HERE
    if new_score > high_score:
        print("New high score")
        high_score = new_score


score()
print(high_score)   # prints 465
```

在函数中做其他事情之前，必须声明正在使用全局名称 high_score。这意味着在 score()中，无论在何处给 high_score 赋值，都会使用全局名称，而不是试图创建一个新的局部名称。代码现在能按预期工作了。

每当你想在局部作用域中重新绑定一个全局名称时，必须先使用 global 关键字。如果只是访问一个全局名称指向的当前值，则不需要使用 global 关键字。但你必须养成这个习惯，因为 Python 不会总是在你错误地处理作用域的时候抛出异常。考虑清单 5-17 所示的例子。

清单 5-17 global_scope_gotcha.py:1a

```
current_score = 0


def score():
    new_score = 465  # SCORING LOGIC HERE
    current_score = new_score
```

```
score()
print(current_score)  # prints 0
```

这段代码在运行时不会抛出任何异常，但输出是错误的。一个新的名称 current_score 在函数 score()的局部作用域中被创建，并且被绑定到值 465 上。这会覆盖全局名称 current_score。当函数终止时，新的 new_score 和局部名称 current_score 都被删除。在整个过程中，全局名称 current_score 保持不变，它仍然被绑定到 0，这就是这段代码输出的内容。

再次说明，只需要使用 global 关键字即可解决这个问题，如清单 5-18 所示。

清单 5-18 global_scope_gotcha.py:1b

```
current_score = 0


def score():
    global current_score
    new_score = 465  # SCORING LOGIC HERE
    current_score = new_score


score()
print(current_score) # prints 465
```

以上代码指定了在 score()函数中使用全局名称 current_score，代码按预期工作，输出 465。

5.4.4 全局作用域的注意事项

关于全局作用域，还有一个重要问题需要注意。在全局作用域中修改任何变量，比如在函数外部重新绑定或改变一个名称，有可能导致令人困惑的行为和令人惊讶的 bug——特别是当你开始处理多个模块的时候。可以在全局作用域中“声明”一个名称，然后在局部作用域中重新绑定和改变这个全局名称。

顺带一提，这条规则不适用于类，因为类并不真正定义自己的作用域。本章稍后将再次讨论这个问题。

5.4.5 nonlocal 关键字

Python 允许在一个函数中实现另一个函数。这里主要向大家展示这个功能对作用域的影响。考虑清单 5-19 所示的例子。

清单 5-19 nonlocal.py

```
spam = True


def order():
    eggs = 12


    def cook():
      ❶ nonlocal eggs

        if spam:
```

```
            print("Spam!")

        if eggs:
            eggs -= 1
            print("...and eggs.")

    cook()

order()
```

order()函数中包含 cook()函数，每个函数都有自己的作用域。

请记住，只要一个函数只访问全局变量名称（如 spam），就不需要做任何特殊的事情。然而，尝试给一个全局名称重新赋值会导致一个新的局部名称被定义，这个局部名称会覆盖全局名称。内部函数使用定义在外部函数中的名称时也如此，这称为嵌套作用域或封闭作用域。为了解决这个问题，可以指定 eggs 的作用域为 nonlocal，这意味着可以在封闭作用域（而不是局部作用域）中找到它❶。内部函数 cook()可以很好地访问全局名称 spam。

nonlocal 关键字从最内层的封闭作用域开始查找指定的名称，如果没有找到，则移动到外层的封闭作用域继续查找。重复这个过程，直至找到这个名称，或者确定这个名称在非全局的封闭作用域中不存在。

5.4.6 作用域解析

Python 中关于搜索名称的作用域和顺序的规则称为作用域解析。记住作用域解析顺序最简单的方法是使用 LEGB 这个缩写，此记忆方法是 Ryan 告诉我的：“林肯吃了格兰特的早餐（Lincoln Eats Grant’s Breakfast）。”

- Local：局部作用域。
- Enclosing-function locals：外部函数的局部作用域（也就是通过 nonlocal 关键字查找的作用域）。
- Global：全局作用域。
- Built-in：内置作用域。

Python 将按顺序查找这些作用域，直至找到匹配项或到达末尾。nonlocal 和 global 关键字调整了作用域解析顺序。

5.4.7 关于类的一些特殊情况

类有一套独立的处理作用域的流程。从技术上讲，类不会直接影响作用域解析顺序。每个直接声明在类中的名称都是这个类的属性（attribute），可以通过对类名（或对象名）使用点（.）运算符来访问。

为了展示这个操作，定义一个类，它有一个属性，如清单 5-20 所示。

清单 5-20 class_attributes.py

```
class Nutrimatic:
❶ output = "Something almost, but not quite, entirely unlike tea."
```

```
    def request(self, beverage):
        return ❷ self.output


machine = Nutrimatic()
mug = machine.request("Tea")
print(mug)  # prints "Something almost, but not quite, entirely unlike tea."

print(❸ machine.output)
print(❹ Nutrimatic.output)
```

这里有 3 个 print 语句，它们都输出相同的内容。运行这段代码后，得到的结果如下：

```
Something almost, but not quite, entirely unlike tea.
Something almost, but not quite, entirely unlike tea.
Something almost, but not quite, entirely unlike tea.
```

名称 output 是一个类属性❶，它属于 Nutrimatic 类。但即使在这个类中，也不能简单地通过 output 这个名称引用它，而必须通过 self.output ❷来访问它，因为 self 指向的是调用 request() 函数（实例方法）的类实例。也可以通过 machine.output ❸或 Nutrimatic.output ❹来访问它，这两个名称分别在对象 machine 和类 Nutrimatic 的作用域中。这些名称都指向同一个属性：output。尤其在这个例子中，它们之间没有什么区别。

5.4.8 分代垃圾回收器

Python 还有一个更强大的分代垃圾回收器，它可以处理引用计数垃圾回收器无法处理的所有情况，例如循环引用（当两个值相互引用时）。所有这些情况以及它们是如何被垃圾回收器处理的，都超出了本书的讨论范围。

最重要的是要记住，分代垃圾回收器会带来一些性能损失。因此，有时候避免循环引用是值得的。一种方法是使用 weakref，它可以创建对值的引用，而不会增加值的引用计数，详情可查阅 Python 官方文档的“weakref——弱引用”部分。

5.5 不可变的真相

Python 中的值分为不可变的值和可变的值。两者的区别在于能否在原地修改，这也意味着它们在内存中是能够改变的。

不可变的值不能在原地修改。例如，整数（int）、浮点数（float）、字符串（str）和元组（tuple）都是不可变的。如果尝试修改一个不可变的值，则会得到一个完全不同的值，如清单 5-21 所示。

清单 5-21 immutable_types.py

```
eggs = 12
carton = eggs
print(eggs is carton)    # prints True
eggs += 1
print(eggs is carton)    # prints False
print(eggs)              # prints 13
print(carton)            # prints 12
```

最开始，eggs 和 carton 都被绑定到同一个值，因此它们共享一个身份。当修改 eggs 时，它被重新绑定到一个新值，因此它不再与 carton 共享一个身份。可以看到这两个名称现在指向不同的值。

可变类型的值可以在原地修改。列表是可变类型的一个例子，如清单 5-22 所示。

清单 5-22　mutable_types.py

```
temps = [87, 76, 79]
highs = temps
print(temps is highs)  # prints True
❶ temps += [81]
print(temps is highs)  # prints True
print(highs)           # prints [87, 76, 79, 81]
print(temps)           # prints [87, 76, 79, 81]
```

因为以上代码中的列表有两个名称 temps 和 highs，所以对该列表所做的任何修改❶都可以通过这两个名称中的任何一个看到。通过 is 比较可以看到，这两个名称都被都绑定到原始值。即使原始值改变了，这种绑定仍然存在。

5.6　赋值传递

另一个很常见的问题是：Python 使用的是值传递还是引用传递？

答案是：两者都不是。更准确地说，正如 Ned Batchelder 所描述的，Python 使用的是赋值传递。

值和绑定到它们的名称都不会被移动。相反，每个值都通过赋值被绑定到参数。考虑如下简单的函数：

```
def greet(person):
    print(f"Hello, {person}.")


my_name = "Jason"
greet(my_name)
```

在以上代码中，内存中只有字符串"Jason"的一个副本，它被绑定到 my_name。当把 my_name 传给 greet()函数，具体来说是传给 person 参数时，值就通过赋值被绑定到参数，即 person = my_name。

再次强调，赋值不会复制值。名称 person 现在被绑定到值"Jason"。

赋值传递的概念在你开始使用可变值（如列表）时会变得棘手。为了演示这种经常出现的意外行为，编写一个函数，如清单 5-23 所示，它可以找到传递给它的列表中的最低温度。

清单 5-23　lowest_temp.py:1a

```
def find_lowest(temperatures):
    temperatures.sort()
    print(temperatures[0])
```

乍看上去，你可能会假设在将列表传递给 temperatures 参数时会创建一个副本，所以如果修改了绑定到参数的值不会对原列表造成影响。然而，列表是可变的，这意味着列表本身的值可以被修改，如清单 5-24 所示。

清单 5-24 lowest_temp.py:2

```
temps = [85, 76, 79, 72, 81]
find_lowest(temps)
print(temps)
```

当把 temps 传递给函数的 temperatures 参数时，实际上只是为列表创建了一个别名（alias），所以对 temperatures 所做的任何更改都可以从绑定到同一列表的所有其他名称中看到，比如从 temps 中看到。

当运行这段代码并得到以下输出时，你可以看到这一点：

```
72
[72, 76, 79, 81, 85]
```

当 find_lowest()对传递给 temperatures 的列表进行排序时，实际上是对 temps 和 temperatures 引用的可变列表进行排序。这是一个函数有副作用的典型例子，即对函数调用之前存在的值进行更改。

源于这一类误解的错误数量令人惊叹。通常，函数不应该有副作用，即任何作为参数传递给函数的值都不应该被直接更改。为了避免改变原始值，必须显式地对原始值进行复制。清单 5-25 演示了如何在 find_lowest()函数中做到这一点。

清单 5-25 lowest_temp.py:1b

```
def find_lowest(temperatures):
    sorted_temps = ❶ sorted(temperatures)  # sorted returns a new list
    print(sorted_temps[0])
```

sorted()函数没有副作用，它使用传递给它的列表中的项创建了一个新列表❶。然后，它对这个新列表进行排序并返回。新列表被绑定到 sorted_temps。原始列表（已绑定到 temps 和 temperatures）保持不变。

如果你熟悉 C/C++，那么指针传递（pass-by-pointer）或引用传递（pass-by- reference）可能对你理解这个问题有所帮助。Python 中的赋值操作与 C/C++中的指针传递或引用传递操作的副作用和意外修改的风险是相同的。

5.7 集合和引用

所有的集合（包括列表）都使用了一个巧妙的技术细节：集合中的元素是引用。如果你不知道这个细节，就会感到非常痛苦。就像名称被绑定到值一样，集合中的元素也以相同的方式被绑定到值。这种绑定称为引用。

以下是一个创建井字棋游戏的棋盘的简单例子。

让我们从创建游戏棋盘开始这个例子，游戏棋盘的创建方法如清单 5-26 所示。

清单 5-26 tic_tac_toe.py:1a

```
board = [["-"] ❶ * 3] * 3  # Create a board
```

尝试创建一个二维的棋盘。可以使用乘法运算符❶将一个集合（比如一个列表）填充为多个相同的重复值。将重复值放在方括号中，并将它乘以想要的重复次数。棋盘的一行由 ["-"] *

3 定义，它创建了一个由 3 个"-"字符串组成的列表。

遗憾的是，这个版本的代码不会像你想象的那样工作。问题的根源在于使用乘法运算符来定义数组的第二个维度——3 个 [["-"] * 3] 列表的副本。当尝试下棋时，如清单 5-27 所示，问题就显现出来了。

清单 5-27　tic_tac_toe.py:2

```
❷ board[1][0] = "X"  # Make a move

  # Print board to screen
  for row in board:
      print(f"{row[0]} {row[1]} {row[2]}")
```

当我在棋盘上标记一个移动❷时，我希望只在棋盘上的一个位置看到这个变化，如下所示：

```
- - -
X - -
- - -
```

但是我得到了意料之外的结果：

```
X - -
X - -
X - -
```

不知道为什么，3 行都发生了变化。

在最开始，我创建了一个包含 3 个 "-" 字符串的列表❶。字符串由于是不可变的，因此不能在原地修改，这符合预期。将列表中的第一项重新绑定到 "X" 不会影响其他两项。

外层的列表由 3 个列表项组成。因为定义了一个列表项并使用了 3 次，所以现在一个可变列表项有 3 个名称！使用一个引用来改变某个列表项的值，会改变这 3 个名称共享的值❷，于是所有 3 个引用都可以看到这个变化。

有几种方法可以解决这个问题，都是通过确保每一行都引用一个单独的值来实现的，如清单 5-28 所示。

清单 5-28　tic_tac_toe.py:1b

```
board = [["-"] * 3 for _ in range(3)]
```

只需要改变最初定义游戏棋盘的方式即可。这一次使用列表推导式来创建行。简而言之，这个列表推导式将 3 次使用 ["-"] * 3 来定义 3 个不同的列表值。（列表推导式很复杂，详见第 10 章。）运行代码会得到预期的结果，如下所示：

```
- - -
X - -
- - -
```

长话短说，当处理集合时，请记住，集合中的元素与变量的名称没有任何区别。清单 5-29 可以证明这一点。

清单 5-29　team_scores.py:1

```
scores_team_1 = [100, 95, 120]
```

```
scores_team_2 = [45, 30, 10]
scores_team_3 = [200, 35, 190]

scores = (scores_team_1, scores_team_2, scores_team_3)
```

以上代码创建了 3 个列表，并给每个列表分配了一个名称。然后将这 3 个列表打包到了元组 scores 中。你可能还记得，元组不能直接修改，因为它们是不可变的。但是这条规则并不适用于元组中的元素——不能改变元组本身，但是可以（间接地）修改它们的值，如清单 5-30 所示。

清单 5-30 team_scores.py:2

```
scores_team_1[0] = 300
print(scores[0]) # prints [300, 95, 120]
```

当修改列表 scores_team_1 时，这个变化会出现在元组的第一个元素中，因为这个元素只是一个可变值的别名。

当要修改元组中的可变列表时，可以通过二维索引来直接修改，如清单 5-31 所示。

清单 5-31 team_scores.py:3

```
scores[0][0] = 400
print(scores[0]) # prints [400, 95, 120]
```

元组并不能保护数据不被修改。不可变性主要是为了效率，而不是为了保护数据。可变值总是会被修改，无论它们在哪里或者如何被引用。

上面两个例子中的问题可能看起来相对容易发现，但是当相关代码分散在大文件或多个文件中时，问题就开始变得棘手起来。在一个模块中修改一个名称的值，可能会导致另一个完全不同的模块中的集合项被修改，而你可能从未预料到这种情况。

5.7.1 浅拷贝

有很多方法可以确保你将一个名称绑定到一个可变值的副本上，而不是将其绑定到原始值上。其中最明确的方法是使用 copy()函数，这有时也被称为浅拷贝。

为了演示这个操作，创建一个 Taco 类（有关类的更多信息，请参阅第 7 章），如清单 5-32 所示。这个类模拟玉米卷，并允许你定义各种各样的配料，然后添加一种酱汁。这个版本的 Taco 类有一个 bug。

清单 5-32 mutable_tacos.py:1a

```
class Taco:

    def __init__(self, toppings):
        self.ingredients = toppings

    def add_sauce(self, sauce):
        self.ingredients.append(sauce)
```

在 Taco 类中，初始化器__init()__接收一个配料列表，并存储为 ingredients 列表。add_sauce()方法将指定的酱汁字符串添加到 ingredients 列表中。

你能预料到会出现什么问题吗？

可以像清单 5-33 这样使用 Taco 类。

清单 5-33　mutable_tacos.py:2a

```
default_toppings = ["Lettuce", "Tomato", "Beef"]
mild_taco = Taco(default_toppings)
hot_taco = Taco(default_toppings)
hot_taco.add_sauce("Salsa")
```

定义一个配料列表，其中为想要的配料。然后定义两个玉米卷：hot_taco 和 mild_taco。将 default_toppings 列表传递给每个玉米卷的初始化器。然后将 "Salsa" 添加到 hot_taco 的配料列表中，但不希望 mild_taco 中有任何"Salsa"。

为了确保这个功能正常工作，输出两个玉米卷的配料列表以及 default_toppings 列表，如清单 5-34 所示。

清单 5-34　mutable_tacos.py:3

```
print(f"Hot: {hot_taco.ingredients}")
print(f"Mild: {mild_taco.ingredients}")
print(f"Default: {default_toppings}")
```

得到如下输出：

```
Hot: ['Lettuce', 'Tomato', 'Beef', 'Salsa']
Mild: ['Lettuce', 'Tomato', 'Beef', 'Salsa']
Default: ['Lettuce', 'Tomato', 'Beef', 'Salsa']
```

mild_taco 的配料出错了，里面有 Salsa！

这个错误的原因在于，当通过将 default_toppings 传递给 Taco 初始化器来创建 hot_taco 和 mild_taco 对象时，hot_taco.ingredients 和 mild_taco.ingredients 被绑定到了与 default_toppings 相同的列表值上。它们现在都是内存中同一个值的别名。然后，当调用函数 hot_taco.add_sauce()时，会改变该列表值。添加的 "Salsa" 不仅在 hot_taco.ingredients 中可见，而且（意外地）在 mild_taco.ingredients 和 default_toppings 列表中也可见。这绝对不是预期的行为，将 "Salsa" 添加到一个玉米卷应只影响该玉米卷。

解决这个问题的方法之一是确保正在分配一个可变值的副本。在这个例子中，重写初始化器，以便将指定列表的副本分配给 self.ingredients 而不是别名，如清单 5-35 所示。

清单 5-35　mutable_tacos.py:1b

```
import copy

class Taco:

    def __init__(self, toppings):
        self.ingredients = ❶ copy.copy(toppings)

    def add_sauce(self, sauce):
        self.ingredients.append(sauce)
```

以上代码使用从 copy 模块导入的 copy.copy()函数❶来创建副本。

在 Taco.__init__()中对传递给 toppings 的列表进行复制，并将副本分配给 self.ingredients。

对 self.ingredients 所做的任何更改都不会影响其他对象；将 "Salsa" 添加到 hot_taco 不会更改 mild_taco.ingredients，也不会更改 default_toppings，如下所示。

```
Hot: ['Lettuce', 'Tomato', 'Beef', 'Salsa']
Mild: ['Lettuce', 'Tomato', 'Beef']
Default: ['Lettuce', 'Tomato', 'Beef']
```

5.7.2 深拷贝

浅拷贝对不可变值列表来说很好，但如前所述，当可变值包含其他可变值时，对这些值的更改可能以奇怪的方式重复。

比如，如果在更改两个玉米卷中的一个之前，尝试复制一个玉米卷，会发生什么呢？我的第一次尝试导致了一些不希望出现的行为。在前面的 Taco 类（见清单 5-35）的基础上，使用一个玉米卷的副本定义另一个玉米卷，如清单 5-36 所示。

清单 5-36 mutable_tacos.py:2b

```
default_toppings = ["Lettuce", "Tomato", "Beef"]
mild_taco = Taco(default_toppings)
hot_taco = ❶ copy.copy(mild_taco)
hot_taco.add_sauce("Salsa")
```

我想创建一个新的玉米卷（hot_taco），它最初与 mild_taco 相同，但多了"Salsa"。可以尝试通过将 mild_taco 的副本❶绑定到变量名称 hot_taco 来实现这一点。

执行修改后的代码（包括清单 5-34）会产生以下结果：

```
Hot: ["Lettuce", "Tomato", "Beef", "Salsa"]
Mild: ["Lettuce", "Tomato", "Beef", "Salsa"]
Default: ["Lettuce", "Tomato", "Beef"]
```

你不希望对 hot_taco 所做的任何更改都反映在 mild_taco 中，但显然发生了意外的更改。

问题在于，当复制 Taco 对象的值时，并没有复制 Taco 对象中的 self.ingredients 列表。两个 Taco 对象都包含对同一列表值的引用。

为了解决这个问题，可以使用深拷贝来确保对象内部的任何可变值也被复制。在这种情况下，Taco 对象的深拷贝将创建 Taco 值的副本，以及 Taco 所引用的任何可变值的副本，即列表 self.ingredients。清单 5-37 显示了使用深拷贝的代码。

清单 5-37 mutable_tacos.py:2c

```
default_toppings = ["Lettuce", "Tomato", "Beef"]
mild_taco = Taco(default_toppings)
hot_taco = ❶ copy.deepcopy(mild_taco)
hot_taco.add_sauce("Salsa")
```

唯一的变化是使用 copy.deepcopy()❶而不是 copy.copy()。现在，当你在 hot_taco 内部改变列表时，就不会影响 mild_taco 了，如下所示：

```
Hot: ["Lettuce", "Tomato", "Cheese", "Beef", "Salsa"]
Mild: ["Lettuce", "Tomato", "Cheese", "Beef"]
Default: ["Lettuce", "Tomato", "Cheese", "Beef"]
```

复制是解决可变对象传递问题的最通用的方法。但是根据你所做的事情，可能会有一个更适合你正在使用的特定集合的方法。例如，许多集合（如列表）都有特定的函数用于返回经过某些特定修改的集合副本。当你使用可变性解决这些问题时，可以先尝试使用复制和深拷贝，再尝试使用更针对特定领域的解决方案。

5.8　隐式类型转换和显式类型转换

变量名称没有类型。因此，Python 没有典型的类型转换需求。

Python 会自动完成转换，例如在将整数（int）和浮点数相加时，这称为隐式类型转换（coercion），如清单 5-38 所示。

清单 5-38　coercion.py

```
print(42.5)    # coerces to a string
x = 5 + 1.5    # coerces to a float (6.5)
y = 5 + True   # coerces to an int (6)...and is also considered a bad idea
```

即便 Python 会进行隐式类型转换，也存在一些情况需要你通过代码进行显式类型转换（conversion），即使用一个值来创建另一种类型的值，例如当你需要把整数转换为字符串时。显式转换是将一种类型的值明确转换为另一种类型的值。

Python 中的每种数据类型都是一个类的实例。因此，你想要创建的类型的类只需要有一个初始化器，用于处理你要转换的值的数据类型。（这通常是通过鸭子类型来完成的。）

一种常见的情况是将包含数字的字符串转换为数值类型，如浮点数，如清单 5-39 所示。

清单 5-39　conversion.py:1

```
life_universe_everything = "42"

answer = float(life_universe_everything)
```

假设一个字符串形式的数据被绑定到名称 life_universe_everything。如果你想对这个数据进行一些复杂的数学分析，就必须首先将数据转换为浮点数。所需的类型将是 float 类的一个实例。该特定类有一个接收字符串作为参数的初始化器__init__()。

初始化一个 float()对象，将 life_universe_everything 传递给初始化器，并将结果对象绑定到名称 answer。

输出 answer 的类型和值，如清单 5-40 所示。

清单 5-40　conversion.py:2

```
print(type(answer))
print(answer)
```

得到以下输出：

```
<class 'float'>
42.0
```

这个输出是对的，结果是一个值为 42.0 的浮点数，它被绑定到名称 answer。

每个类都定义了自己的初始化器。对 float()而言，如果传递给它的字符串不能被解释为浮点数，则会引发 ValueError。想了解更详细的情况，可查阅要初始化的对象的官方文档。

5.9 关于匈牙利命名法的注意事项

如果你熟悉像 C++ 或 Java 这样的静态类型语言，你可能习惯于使用数据类型。因此，当你学习像 Python 这样的动态类型语言时，可能会想使用某种方式“记住”每个名称所绑定的值的类型。不要这样做！只要学会充分利用动态类型、弱绑定和鸭子类型，就可以在 Python 中如鱼得水。

我承认，在我使用 Python 的第一年，我使用了匈牙利命名法——为每个变量名称附加一个表示数据类型的前缀——试图“击败”Python 的动态类型系统。我的代码中充斥着类似 intScore、floatAverage 和 boolGameOver 的垃圾。我在使用 Visual Basic .NET 时养成了这个习惯。我认为自己很聪明，但事实上我剥夺了自己许多重构的机会。

匈牙利命名法会很快让代码变得晦涩难懂，如清单 5-41 所示。

清单 5-41 evils_of_systems_hungarian.py

```
def calculate_age(intBirthYear, intCurrentYear):
    intAge = intCurrentYear - intBirthYear
    return intAge

def calculate_third_age_year(intCurrentAge, intCurrentYear):
    floatThirdAge = intCurrentAge / 3
    floatCurrentYear = float(intCurrentYear)
    floatThirdAgeYear = floatCurrentYear - floatThirdAge
    intThirdAgeYear = int(floatThirdAgeYear)
    return intThirdAgeYear


strBirthYear = "1985"    # get from user, assume data validation
intBirthYear = int(strBirthYear)

strCurrentYear = "2010"  # get from system
intCurrentYear = int(strCurrentYear)

intCurrentAge = calculate_age(intBirthYear, intCurrentYear)
intThirdAgeYear = calculate_third_age_year(intCurrentAge, intCurrentYear)
print(intThirdAgeYear)
```

无须多讲，这段代码很难阅读。如果能充分利用 Python 语言的动态类型系统（并且抑制将每个中间步骤存储在变量中的冲动），代码将显得更加紧凑，如清单 5-42 所示。

清单 5-42 duck_typing_feels_better.py

```
def calculate_age(birth_year, current_year):
    return (current_year - birth_year)


def calculate_third_age_year(current_age, current_year):
    return int(current_year - (current_age / 3))


birth_year = "1985"    # get from user, assume data validation
```

```
birth_year = int(birth_year)

current_year = "2010"  # get from system
current_year = int(current_year)

current_age = calculate_age(birth_year, current_year)
third_age_year = calculate_third_age_year(current_age, current_year)
print(third_age_year)
```

在停止将 Python 视为静态类型语言后，代码变得更加简洁了。Python 语言的动态类型系统是其能成为一种可读性和紧凑性都很好的语言的重要因素之一。

5.10 术语回顾

本章引入了很多重要的新词。由于本书的其余部分频繁使用这些词汇，因此在这里做一个快速的回顾。

别名（alias）：将可变值绑定到多个名称。对绑定到一个名称的可变值进行的修改将对绑定到该可变值的所有名称可见。

赋值（assignment）：将值绑定到名称。赋值操作不会复制数据。

绑定（bind）：在名称和值之间创建引用。名称具有作用域，但没有类型。

隐式类型转换（coercion）：Python 隐式地将一个值从一种类型转换为另一种类型。

显式类型转换（conversion）：程序员通过代码显式地将一个值从一种类型转换为另一种类型。

复制（copy）：依据一个值的数据在内存中创建一个新值。

数据（data）：存储在值中的信息。你可能会在其他值中存储任何给定数据的副本。

深拷贝（deep copy）：既复制对象到新值，又将对象中引用的所有数据复制到新值。

身份（identity）：名称被绑定到的内存中的特定位置。当两个名称共享身份时，意味着它们被绑定到内存中的同一个值。

不可变（immutable）：不能原地修改。

可变（mutable）：可以原地修改。

修改（mutate）：原地修改一个值。

名称（name）：内存中值的引用，通常认为是 Python 中的“变量”。名称必须始终绑定到值。名称具有作用域，但没有类型。

重新绑定（rebind）：将现有名称绑定到另一个的值。

引用（reference）：名称与值之间的关联。

作用域（scope）：变量名称在代码中可以访问的部分，例如从函数或模块内部访问。

浅拷贝（shallow copy）：将对象复制到新值，但不将对象中引用的所有数据复制到新值。

类型（type）：定义如何解释原始值，例如作为整数或布尔值。

值（value）：内存中数据的唯一副本。必须有对值的引用，否则值将被删除。值具有类型，但没有作用域。

变量（variable）：名称和名称所引用的值的组合。

弱引用（weakref）：不会增加对值的引用计数的引用。

为了帮助你掌握这些概念，本书通常使用“名称”而不是“变量”。本书不说“改变”什么，而说“（重新）绑定”一个名称或“修改”一个值。“赋值”绝非“复制”，前者实际上是将一个名称绑定到一个值。将值传递给函数的行为就是赋值。

顺带一提，如果你在理解这些概念以及将其应用到代码时遇到困难，可以尝试使用可视化工具 Python Tutor。

5.11 本章小结

程序员很容易忽视变量这样的东西，但是通过理解 Python 的独特方法，你可以更好地利用动态类型提供的功能。必须承认，Python 已经让我有些上瘾了。当我使用静态类型的语言工作时，我发现自己渴望鸭子类型的表达能力。

尽管如此，如果你有其他编程语言的背景，你可能需要一定的时间才能习惯 Python 的动态类型。这就像学习一门新的人类语言：只有时间和练习才能让你开始用新的语言思考。

重申一下最重要的原则：名称具有作用域，但没有类型；值具有类型，但没有作用域；名称可以绑定到任何值，值可以绑定到任何名称。

第 6 章

函数和匿名函数

函数是编程中最基本的概念之一，但是 Python 在函数中提供了惊人的多样性。第 3 章提到函数是“一等公民”，因此它们与其他对象没有任何区别。这一事实与动态类型的强大功能相结合，为我们提供了许多可能性。

Python 对函数式编程提供完全的支持，这是一种独特的编程范式，其中包含 lambda 以及匿名函数这些概念。如果习惯于使用像 Haskell 或 Scala 这样的语言，那么本章中的许多概念对你来说应该很熟悉。但如果更习惯于面向对象编程，如 Java 或 C++编程，那么这可能是你第一次遇到这些概念。

学习 Python 时，最好尽早深入了解函数式编程。在没有创建任何类（请参阅第 7 章）的情况下编写 Python 代码是完全可行的。相比之下，函数和函数式编程的概念是 Python 强大功能的基础。

理论回顾：函数式编程

在深入了解 Python 函数之前，需要了解函数式编程范式。

如果你熟悉像 Haskell、Scala、Clojure 或 Elm 这样的纯函数式编程语言，那么你可以直接跳到 6.1 节“Python 函数基础”。否则，即使你认为自己以前使用过函数式编程原则，也请继续阅读。许多开发人员没有意识到这种编程范式所涉及的所有内容。

“函数式”是什么意思?

为了理解函数式编程是什么，你必须了解它不是什么。你可能已经使用过过程式编程或面向对象编程。这两种编程范式都是命令式的，即通过具体的过程描述如何实现目标。

过程式编程围绕控制块进行组织，并且重点关注控制流。面向对象编程围绕类和对象进行组织，并且重点关注状态——特别是这些对象的属性（请参阅第 7 章）。

函数式编程围绕函数进行组织。这种编程范式是声明式的，这意味着问题被分解为抽象步骤。编程逻辑在数学上是一致的，在不同的语言中基本上没有变化。

在函数式编程中，需要为每个步骤编写一个函数。每个函数接收一个输入并产生一个输出，它是自包含的，并且只做一件事，而不关心程序的其余部分。函数也没有状态，这意味着它们不会在调用之间存储信息。一旦退出函数，所有局部名称都会失效。每次使用相同的输入调用函数时，它都会生成相同的输出。

最重要的或许是，函数不应该有任何副作用，这意味着它们不应该改变任何东西。如果你将一个列表传递给纯函数（pure function），该函数不应该改变这个列表。相反，它应该输出一个全新的列表（或者你期望的任何值）。

函数式编程的主要优点是，可以在不影响其他任何东西的情况下更改一个函数的实现方式。只要输入和输出是一致的，就不需要考虑如何完成任务。这种代码比紧密耦合的代码更容易调试和重构，后者中的每个函数都依赖于其他函数的实现方式。

纯净还是不纯净？

程序员很容易认为只要涉及函数和 lambda 表达式，就是“在进行函数式编程”，但是再重申一遍，函数式编程范式围绕纯函数进行组织，纯函数没有副作用或状态，并且每个函数只执行一个任务。

Python 中的函数式编程行为通常被认为是“不纯的”，这主要是由于存在可变数据类型。为了确保函数没有副作用，需要做额外的工作，如第 5 章所述。

如果特别处理一下细节，是可以在 Python 中编写纯函数式代码的，但是大多数 Python 爱好者选择从函数式编程中借用某些思想和概念，并将它们与其他编程范式结合起来。

在实践中，你将发现，如果遵守函数式编程的规则（除非有具体的、明确的动机来打破这些规则），将取得很好的效果。这些规则按照从严格到不严格排序如下。

1. 每个函数都应该做一件特定的事情。

2. 一个函数的实现方式不应该影响程序中其他部分的行为。

3. 避免副作用！这条规则的唯一例外发生在函数属于一个对象时。在这种情况下，函数只能改变对象的成员（见第 7 章）。

4. 通常来说，函数不应该有状态或受外部状态的影响。提供相同的输入后，函数应该总是产生相同的输出。

规则 4 最有可能出现例外，特别是在存在类和对象的情况下。

简而言之，你将发现以纯函数式编程的方式编写整个大型 Python 项目是不切实际的。相反，更应该将函数式编程范式的原则和概念融入你的编程风格。

函数式编程神话

一个常见的关于函数式编程的误解是它可以避免循环。事实上，由于迭代是函数式编程的基础（稍后你将看到），循环是必不可少的。这个想法的初衷是避免处理控制流，所以递归（函数调用自身）通常优于手动循环。但是你不能总是避免循环。如果你的代码中出现了几个循环，请不要惊慌。你的主要目标应该是编写纯函数。

请理解，函数式编程不是一粒万能药。它有许多优点，且适用于许多情况，但它也有缺点。一些重要的算法和集合，如并查集和哈希表，在纯函数式编程中无法有效实现。在某些情况下，函数式编程范式的性能和内存使用率比其他替代方案要差。在纯函数式代码中，很难实现并发。

这些话题很快就会变成技术问题。对大多数开发人员来说，仅仅了解这些问题存在于纯函数式编程中就足够了。如果你发现自己需要了解更多信息，有很多关于这些问题的参考资料和讨论可供参考。

函数式编程是你知识库的一个很好的补充，但请准备好将其与其他编程范式和方法结合使用。编程中没有万能药。

6.1 Python 函数基础

第 3 章简要介绍了函数。在此基础上，本节将逐步构建一个更复杂的示例。

创建一个函数，它可以掷出一个指定面数的骰子，如清单 6-1 所示。

清单 6-1　dice_roll.py:1a

```
import random


def roll_dice(sides):
    return random.randint(1, sides)
```

这里定义了一个名为 roll_dice()的函数，它接收一个参数 sides。这个函数被认为是纯函数，因为它没有副作用。它接收一个值作为输入，并返回一个新值作为输出。可以使用 return 关键字从函数中返回一个值。

random 模块有许多用于生成随机值的函数。这里使用它的 random.randint()函数来生成 Python 中的伪随机数。下面使用 random.randint(1, 20)在 1 和 20（本例中 sides 的值）之间生成一个随机数（包括 1 和 20）。

清单 6-2 所示为函数的使用范例。

清单 6-2　dice_roll.py:2a

```
print("Roll for initiative...")
player1 = ❶ roll_dice(20)
player2 = roll_dice(20)
if player1 >= player2:
    print(f"Player 1 goes first (rolled {player1}).")
else:
    print(f"Player 2 goes first (rolled {player2}).")
```

在稍后的代码中，你调用该函数并将值 20 作为实参❶传递，因此函数调用实际上等同于掷一个 20 面的骰子。将第一次函数调用返回的值绑定到 player1，并将第二次函数调用返回的值绑定到 player2。

探究笔记：“参数”（parameter）和“实参”（argument）这两个术语经常被混淆。参数是函数定义中接收某些数据的“插槽”，而实参是在函数调用中传递给参数的数据。

因为将 roll_dice()定义为函数，所以可以多次使用它。如果想改变它的行为，只需要在定义它的地方修改它即可，每个使用该函数的地方都会受到影响。

假设你想一次掷多个骰子，并将结果以元组的形式返回，则可以重写 roll_dice()函数以实现这一点，如清单 6-3 所示。

清单 6-3 dice_roll.py:1b

```
import random


def roll_dice(sides, dice):
    return tuple(random.randint(1, sides) for _ in range(dice))
```

为了掷多个骰子，该函数接收第二个参数 dice，它表示正在掷的骰子的数量。第一个参数 sides 仍表示任何一个骰子的面数。

函数体中那一行看起来很吓人的代码是生成器表达式，第 10 章将详细介绍它。现在，你可以假设正在为每个骰子生成一个随机数，并将结果打包成一个元组。

由于函数在调用中还有第二个参数，因此传入两个参数，如清单 6-4 所示。

清单 6-4 dice_roll.py:2b

```
print("Roll for initiative...")
player1, player2 = roll_dice(20, 2)
if player1 >= player2:
    print(f"Player 1 goes first (rolled {player1}).")
else:
    print(f"Player 2 goes first (rolled {player2}).")
```

返回的元组可以被解包，这意味着元组中的每一项都被绑定到一个名称上，可以用这个名称来访问值。左边（逗号分隔）列出的名称的数量和元组中的值的数量必须匹配，否则将引发错误。（有关解包和元组的更多信息，请参阅第 9 章。）

6.2 递归

递归发生在函数调用自身时。当需要重复整个函数的逻辑但循环不适用或感觉太杂乱时，这可能很有用，就像下面的例子一样。

例如，回到 roll_dice()函数，可以使用递归来实现相同的结果，如清单 6-5 所示，而不需要使用生成器表达式（尽管实际上生成器表达式通常被认为更 Pythonic）。

清单 6-5 dice_roll_recursive.py:1a

```
import random


def roll_dice(sides, dice):
    if dice < 1:
        return ()
    roll = random.randint(1, sides)
    return (roll, ) + roll_dice(sides, dice-1)
```

将函数调用的结果存储在 roll 中。然后在递归调用中，将 sides 作为参数传递，同时将要掷的骰子数量减少 1。最后，将递归函数调用返回的元组与 roll_dice()函数调用的掷骰子结果结合，返回所生成的更长的元组。

递归的使用方法如清单 6-6 所示。

清单 6-6　dice_roll_recursive.py:2a

```
dice_cup = roll_dice(6, 5)
print(dice_cup)
```

输出每个返回的值，从最深的递归调用到最外层，结果如清单 6-7 所示。

清单 6-7　递归调用 roll_dice(6, 5)的结果

```
()
(2,)
(3, 2)
(6, 3, 2)
(4, 6, 3, 2)
(4, 4, 6, 3, 2)
```

当剩余的骰子数量为零或负数时，返回一个空元组，而不是再次进行递归调用。如果不这样做，递归将尝试无限运行。幸运的是，Python 会在某个时候使程序停止运行，而不是让它消耗掉计算机的所有内存。递归深度是指尚未返回的递归函数调用的数量，Python 将其限制在 1000 左右。

探究笔记： 通常来说，CPython中的有效最大递归深度为997，尽管根据源代码应该是1000。想想这是为什么。

如果递归深度超出限制，整个程序将停止并引发错误：

```
RecursionError: maximum recursion depth exceeded while calling a Python object
```

这就是为什么在使用递归时，必须构建一些停止机制。在 roll_dice()函数中，这个停止机制位于函数的顶部：

```
    if dice < 1:
        return ()
```

dice 的值在每次函数调用自身时都会减少，它迟早会变为零。当它为零时，返回一个空元组，而不是产生另一个递归调用。然后，其余的递归调用可以完成运行并返回。

在某些情况下，1000 的递归深度可能不够用。如果需要更大的递归深度，可以更改相关的设置：

```
import sys
sys.setrecursionlimit(2000)
```

sys.setrecursionlimit()函数允许你设置新的最大递归深度。在本例中，其被设置为 2000。这种方法的好处是，一旦不再需要更大的递归深度，就可以将其设置回默认值，以便可以阻止其他递归调用失控。

陷阱警告： 如果将递归限制提得太高，则可能会出现很严重的问题，包括堆栈溢出或分段错误，这些问题特别难以调试。递归还会影响程序性能。必须小心使用递归！

6.3　默认参数值

你可能需要掷一个骰子非常多次。就目前而言，必须手动指定只掷一个 20 面的骰子：

```
result, = roll_dice(20, 1)
```

为了指定正在掷 1 个骰子，必须手动将 1 作为 roll_dice()的第二个参数传入。

顺带一提，result 后面的逗号是将单元素元组解包的关键，这意味着元组中唯一的元素的实际值现在被绑定到 result 上。（有关解包的更多信息，参见第 9 章。）

由于掷一个骰子可能是你想要使用此函数进行的最常见的操作，因此为了使这个函数更便于使用，可以使用默认参数值来实现这一点，如清单 6-8 所示。

清单 6-8 dice_roll.py:1c

```
import random


def roll_dice(sides, dice=1):
    return tuple(random.randint(1, sides) for _ in range(dice))
```

dice 参数现在有一个默认参数值 1。因此，每当不指定第二个参数时，dice 将使用其默认参数值。可以使用简化的函数调用来掷一个 6 面的骰子：

```
result, = roll_dice(6)
```

如果想掷多个骰子，可以传入第二个参数：

```
player1, player2 = roll_dice(20, 2)
```

为参数指定默认参数值意味着正在定义一个可选参数。相反，没有默认参数值的参数是一个必需的参数。你可以有任意多的参数，但是必须在可选参数之前列出所有必需的参数，否则代码将无法运行。

使用可选参数时，有一个潜在的陷阱：默认参数值只在函数定义时计算一次。使用任何可变的数据类型（如列表）作为可选参数是一件非常危险的事情。考虑清单 6-9 所示的代码，它用于生成斐波那契序列中的值，但它并不像预期的那样工作。

清单 6-9 fibonacci.py:1a

```
def fibonacci_next(series =[1, 1] ❶ ):
  ❷ series.append(series[-1] + series[-2])
    return series
```

这里的问题在于，当 Python 首次处理函数定义时，将计算默认参数值 [1, 1]❶，并在内存中创建一个可变列表[1,1]。在进行第一次函数调用时❷对其进行操作，然后返回。

清单 6-10 所示的用例显示了这个问题。

清单 6-10 fibonacci.py:2

```
fib1 = fibonacci_next()
print(fib1)  # prints [1, 1, 2]
fib1 = fibonacci_next(fib1)
print(fib1)  # prints [1, 1, 2, 3]

fib2 = fibonacci_next()
print(fib2)  # should be [1, 1, 2] riiiiight?
```

代码看起来一切正常，但实际上并非如此。fib1 现在被绑定到与 series 相同的可变值，因此对 fib1 的任何更改都会反映在每次函数调用的默认参数值中。第二次函数调用进一步改变了这个列表。

当第三次调用 fibonacci_next()时，你可能希望从一个干净的状态（即[1, 1, 2]）开始，这是对原始默认参数值进行单次操作后的结果。但实际上，你得到的是之前处理的那个可变值：fib2 现在是列表的第 3 个别名。出问题了！

下面是期望的输出：

```
[1, 1, 2]
[1, 1, 2, 3]
[1, 1, 2]
```

但实际上得到的输出如下：

```
[1, 1, 2]
[1, 1, 2, 3]
[1, 1, 2, 3, 5]
```

简而言之，永远不要使用可变值作为默认参数值。相反，请使用 None 作为默认值，如清单 6-11 所示。

清单 6-11　fibonacci.py:1b

```
def fibonacci_next(series=None):
    if series is None:
        series = [1, 1]
    series.append(series[-1] + series[-2])
    return series
```

以上代码使用 None 作为默认参数值，然后在使用该默认参数值时创建了一个新的可变值。再次执行前面的示例代码（见清单 6-10），即可产生预期的输出：

```
[1, 1, 2]
[1, 1, 2, 3]
[1, 1, 2]
```

6.4　关键字参数

可读性极为重要。遗憾的是，包含多个参数的函数调用并不总是代码中最具可读性的部分。关键字参数可以通过将标签附加到函数调用中的参数上来帮助解决这个问题。

按照输入的顺序映射的参数称为位置参数。

如果对前面的 roll_dice()函数一无所知，那么当遇到清单 6-12 所示的这行代码时，你会怎么想？

清单 6-12　dice_roll.py:3a

```
dice_cup = roll_dice(6, 5)
```

你可能会猜测这是在掷多个骰子，也许还指定了这些骰子有多少面。但问题在于，是掷 6 个 5 面骰子还是掷 5 个 6 面骰子？如果还有更多的参数，你可以想象这会有多么令人困惑。这是位置参数的缺点。

正如 Python 之禅所言：

面对太多可能，不要尝试猜测。

这样做是不好的，因为这会迫使使用者去猜测参数的含义。可以通过使用关键字参数来消除歧义。不需要更改函数定义就能使用关键字参数，只需要更改函数调用即可，如清单 6-13 所示。

清单 6-13 dice_roll.py:3b

```
dice_cup = roll_dice(sides=6, dice=5)
```

每个名称都来自 roll_dice()的函数定义，它有两个参数：sides 和 dice。在你的函数调用中，可以通过名称直接分配值给这些参数。现在，每个参数的含义都非常清晰。指定参数的名称，匹配函数定义中的名称，然后直接分配所需的值。就是这样。

使用关键字参数时，甚至不必按顺序列出它们，确保所有必需的参数都接收到值即可，如清单 6-14 所示。

清单 6-14 dice_roll.py:3c

```
dice_cups = roll_dice(dice=5, sides=6)
```

当函数有多个可选参数时，这更有帮助。考虑一下，重写 roll_dice()函数，使掷出的骰子默认是 6 面的，如清单 6-15 所示。

清单 6-15 dice_roll.py:1d

```
import random


def roll_dice(sides=6, dice=1):
    return tuple(random.randint(1, sides) for _ in range(dice))
```

关键字参数允许进一步简化函数调用，如清单 6-16 所示。

清单 6-16 dice_roll.py:3d

```
dice_cups = roll_dice(dice=5)
```

只需要传入可选参数 dice 的值，另一个参数 sides 会使用默认值。哪个参数先出现在函数的参数列表中已经不再重要，你只需要使用自己想要的参数，剩下的就不用管了。

甚至可以混合使用位置参数和关键字参数，如清单 6-17 所示。

清单 6-17 dice_roll.py:3e

```
dice_cups = roll_dice(6, dice=5)
```

以上代码将 6 作为位置参数传递给函数定义中的第一个参数 sides，然后将 5 作为关键字参数传递给第二个参数 dice。

这在很多情况下都很有用，特别是当你不想费心命名位置参数但又想使用许多可选参数时。唯一的规则是关键字参数必须处在函数调用中的位置参数之后（参见 6.7 节“仅关键字参数”）。

6.5 重载函数

如果熟悉 Java 或 C++ 等严格类型化的语言，则可能习惯于编写重载函数，即具有相同名称但参数不同的多个函数。通常，支持重载函数的编程语言都提供了一致的接口（函数名称），同时支持不同类型的参数。

Python 通常不需要重载函数。通过使用动态类型、鸭子类型和可选参数，便可以编写一个函数来处理所有输入场景。

如果真的需要重载函数，可以使用单分派泛型函数（single dispatch generic function）来创建它们。第 15 章将介绍这个主题。

6.6 可变参数

到目前为止，即使使用可选参数，也仍然必须预测可能传递给函数的参数数量。在大多数情况下，这是可行的，但有时候，我们根本不知道需要多少个参数。

为了解决这个问题，你的第一反应可能是将所有参数打包到一个元组或列表中。在某些情况下，这是可行的，但在其他情况下，当调用函数时，这可能会变得很麻烦。

更好的解决方案是使用任意参数列表，它会自动将多个参数打包到一个可变参数或可变位置参数中。在掷骰子函数中，我希望能够掷多个骰子，每个骰子可能有不同面数，如清单 6-18 所示。

清单 6-18　dice_roll_variadic.py:1a

```
import random


def roll_dice(*dice):
    return tuple(random.randint(1, d) for d in dice)
```

以上代码通过在参数 dice 的前面加一个星号（*）将其转换成了可变参数。现在，传递给 roll_dice()的所有参数都将被打包到一个元组中，绑定到名称 dice。

在函数内部，可以像往常一样使用这个元组。在这种情况下，不妨使用生成器表达式（请参阅第 10 章）来掷出 dice 中指定的骰子。

可变参数的位置很重要：可变参数必须位于函数定义中的任何位置参数之后。可变参数之后的任何参数都只能用作关键字参数，因为可变参数消耗了所有剩余的位置参数。

清单 6-19 所示为一些用例。

清单 6-19　dice_roll_variadic.py:2

```
dice_cup = roll_dice(6, 6, 6, 6, 6)
print(dice_cup)

bunch_o_dice = roll_dice(20, 6, 8, 4)
print(bunch_o_dice)
```

以上代码中的两个函数调用列出了我想要掷的骰子，其中数字表示每个骰子的面数。在第一个函数调用中，掷了 5 个 6 面骰。在第二个函数调用中，则掷了 4 个骰子：一个 20 面骰子、一个 6 面骰子、一个 8 面骰子和一个 4 面骰子。

如果想使用递归方法，则可以通过自动将元组解包到函数调用中来填充参数列表，如清单 6-20 所示。

清单 6-20 dice_roll_variadic.py:1b

```
def roll_dice(*dice):
    if dice:
        roll = random.randint(1, dice[0])
        return (roll,) + roll_dice(❶ *dice ❷ [1:])
    return ()
```


大部分代码看起来和之前的递归版本很相似，最重要的变化在于传递给递归函数调用的内容。名称前面的星号（*）表示将元组 dice 解包到参数列表❶中。由于已经处理了列表中的第一项，因此使用切片 [1:] 来删除第一项❷（请参阅第 9 章），以确保它不会再次被处理。

探究笔记： 业界对于递归存在着激烈的争论。许多Python爱好者认为递归是一种反模式，特别是在使用循环时。

关键字可变参数

为了捕获未知数量的关键字参数，请在参数名称的前面加两个星号（**），使参数成为关键字可变参数。传递给函数的关键字参数被打包到一个单独的字典对象中，以保留关键字和值之间的关联。它们也可以通过在名称的前面加两个星号来解包。

这在实践中并不常见。毕竟，如果不知道参数的名称，那么使用它们就会很困难。

当需要将参数盲目地传递给另一个函数调用时，关键字可变参数非常有用。关键字可变参数的使用方法如清单 6-21 所示。

清单 6-21 variadic_relay.py:1

```
def call_something_else(func, *args, **kwargs):
    return func(*args, **kwargs)
```

call_something_else()函数有一个位置参数 func，这里为其传入一个可调用对象，例如另一个函数。第二个参数 args 是一个可变参数，用于捕获所有剩余的位置参数。最后一个参数是关键字可变参数 kwargs（有时也记作 kw），用于捕获任何关键字参数。请记住，即便这两个参数都为空，这段代码仍然可以正常工作。

可以通过将对象传递给 callable()函数来检查该对象是否可调用。

args 和 kwargs 这两个名称是惯例用法，分别用于表示位置可变参数和关键字可变参数。如果你能想出更适合你的特定情况的名称，当然也是可以的！

当函数调用可调用对象 func 时，首先解包所有捕获的位置参数，然后解包所有关键字参数。函数代码不需要任何关于可调用对象参数列表的信息，相反，在第一个位置参数之后传递给

call_something_else()的所有参数都会被传递，如清单 6-22 所示。

清单 6-22　variadic_relay.py:2

```
def say_hi(name):
    print(f"Hello,{name}!")


call_something_else(say_hi, name="Bob")
```

运行以上代码，call_something_else()函数将调用 say_hi()，并将参数 name="Bob" 传递给 say_hi()。这将产生以下输出：

```
Hello, Bob!
```

这个技巧很快就会在 6.11 节关于装饰器的部分发挥作用。

6.7　仅关键字参数

可以使用可变参数将一些关键字参数转换为仅关键字参数（keyword-only parameter），仅关键字参数是在 PEP 3102 中引入的。这些参数不能作为位置参数传递值，而只能作为关键字参数。这可以确保以正确的方式使用特别长或危险的参数列表，而不是将其作为几乎无法阅读的位置参数链对待。

为了演示这一点，重写 roll_dice()函数，使其具有两个仅关键字参数，如清单 6-23 所示。

清单 6-23　dice_roll_keyword_only.py:1

```
import random

def roll_dice(*, sides=6, dice=1):
    return tuple(random.randint(1, sides) for _ in range(dice))
```

以上代码使用了未命名的可变参数*，以确保参数列表中该可变参数之后的每个参数都只能通过名称来访问。如果调用者传入了太多的位置参数，则会引发 TypeError。这会影响使用方式，现在只能使用关键字参数，如清单 6-24 所示。

清单 6-24　dice_roll_keyword_only.py:2

```
dice_cup = roll_dice(sides=6, dice=5)
print(dice_cup)
```

使用位置参数则会抛出异常，如清单 6-25 所示。

清单 6-25　dice_roll_keyword_only.py:3

```
dice_cup = roll_dice(6, 5)  # raises TypeError
print(dice_cup)
```

6.7.1　仅位置参数

从 Python 3.8（通过 PEP 570）开始，还可以定义仅位置参数。当参数名称不明确或未来可能更改时，这很有用，这意味着任何将其用作关键字参数的代码未来都可能发生变化。

你应该还记得，位置参数必须始终位于参数列表的开头。在参数列表中放置斜线（/）即可将斜线前面的所有参数指定为仅位置参数，如清单 6-26 所示。

清单 6-26 dice_roll_positional_only.py:1

```
import random


def roll_dice(dice=1, /, sides=6):
    return tuple(random.randint(1, sides) for _ in range(dice))
```

在这个例子中，参数 dice 仍然具有默认值 1，但现在它是仅位置参数。另一方面，sides 可以作为位置参数或关键字参数使用，如清单 6-27 所示。

清单 6-27 dice_roll_positional_only.py:2

```
roll_dice(4, 20)              # OK; dice=4, sides=20
roll_dice(4)                  # OK; dice=4, sides=6
roll_dice(sides=20)           # OK; dice=1, sides=20
roll_dice(4, sides=20)        # OK; dice=4, sides=20

roll_dice(dice=4)             # TypeError
roll_dice(dice=4, sides=20)   # TypeError
```

前 4 个示例都有效，因为仅位置参数 dice 要么作为第一个参数包含在内，要么完全省略。任何试图通过关键字访问 dice 的尝试都会失败，并引发 TypeError。

6.7.2 参数类型：都在这儿了！

为了确保关于位置参数和关键字参数的所有内容都清晰，我将花一点时间使用以下例子（不可否认的是，这是一个虚构的例子）来进行介绍：

```
def func(pos_only=None, /, pos_kw=None, *, kw_only=None):
```

参数 pos_only 是仅位置参数，因为它位于斜线（/）标记之前。任何仅位置参数都必须首先出现在参数列表中。由于此参数具有默认值，因此它是可选的。但是，如果想传递一个实参给它，则这个实参必须是传递给函数的第一个位置参数，否则将引发 TypeError。

下一个参数是 pos_kw，它可以是位置参数或关键字参数，位于任何仅位置参数和斜线（/）标记（如果有的话）之后。

最后，星号（*）标记之后的参数是 kw_only，它是一个关键字参数。在这个例子中，如果函数接收到两个以上的位置参数，将引发 TypeError。

6.8 嵌套函数

有时候，你可能想在函数中复用一些逻辑，但不想创建另一个函数，以避免代码变得更加混乱。在这种情况下，可以在函数中嵌套函数。

可以使用嵌套函数来改进 roll_dice()的递归版本，将掷骰子的逻辑变得更易于复用，如清单 6-28 所示。

清单 6-28　dice_roll_recursive.py:1b

```
import random


def roll_dice(sides=6, dice=1):
    def roll():
        return random.randint(1, sides)

    if dice < 1:
        return ()
    return (roll(), ) + roll_dice(sides, dice-1)
```

这个例子将掷骰子的逻辑移到了嵌套函数 roll()中，以便在 roll_dice()函数的任何地方调用它。

这样就可以更轻松地维护掷骰子的逻辑，而不会干扰其他代码。

清单 6-29 所示为使用示例。

清单 6-29　dice_roll_recursive.py:2b

```
dice_cup = roll_dice(sides=6, dice=5)
print(dice_cup)
```

上面的代码产生常规的随机输出。

在生产环境中，我很少使用嵌套函数来处理这样微不足道的事情。通常，我会使用嵌套函数来实现更复杂的逻辑，这些逻辑经常重复使用，特别是当它们在外部函数中的多个位置使用时。

第 5 章提到过，嵌套函数可以访问其封闭作用域中的名称。但是，如果想在嵌套函数内部重新绑定或改变其中的任何名称，则需要使用 nonlocal 关键字。

6.9　闭包

可以创建一个函数，用它构建并返回一种称为闭包的对象，闭包包含一个或多个 nonlocal 名称。这种模式可以看作“函数工厂”。

在掷骰子示例的基础上，编写一个函数，它返回一个闭包，用于掷出一组特定的骰子，如清单 6-30 所示。

清单 6-30　dice_cup_closure.py:1

```
import random


def make_dice_cup(sides=6, dice=1):
    def roll():
        return tuple(random.randint(1, sides) for _ in range(dice))

❶ return roll
```

以上代码创建了函数 make_dice_cup()，它有两个参数：sides 和 dice。嵌套函数 roll()定义在 make_dice_cup()中，它也使用了参数 sides 和 dice。当外部函数（没有括号！）返回该嵌套函数时❶，它变成了一个闭包，因为它使用了 sides 和 dice。

将 make_dice_cup()返回的闭包绑定到名称 roll_for_damage 上，如清单 6-31 所示。现在可以将其作为一个函数来调用，而不需要任何参数。闭包继续使用 sides 和 dice，它们是之前指定的，用于掷骰子并返回值。闭包现在是一个独立的函数。

清单 6-31 dice_cup_closure.py:2

```
roll_for_damage = make_dice_cup(sides=8, dice=5)
damage = roll_for_damage()
print(damage)
```

使用闭包时需要小心，因为很容易违反函数式编程的规则。如果闭包有能力改变它所封闭的值，它就变成了一种事实上的对象，而且是一个很难调试的对象！

6.9.1 带闭包的递归

之前的闭包示例没有使用掷骰子代码的递归形式，因为虽然这样可以正确实现闭包，但也更容易错误地使用闭包。

清单 6-32 所示为一个典型的错误使用闭包的例子。

清单 6-32 dice_cup_closure_recursive.py:1a

```
import random


def make_dice_cup(sides=6, dice=1):
    def roll():
        nonlocal dice
        if dice < 1:
            return ()
        die = random.randint(1, sides)
        dice -= 1
        return (die, ) + roll()

    return roll
```

根据到目前为止你所知道的关于名称和作用域的知识，你能看出上面的代码有什么问题吗？关键字 nonlocal 是闭包出错的线索，因为它表明你正在改变或重新绑定一个 nonlocal 名称 dice。使用清单 6-33 所示的闭包会暴露问题。

清单 6-33 dice_cup_closure_recursive.py:2

```
roll_for_damage = make_dice_cup(sides=8, dice=5)
damage = roll_for_damage()
print(damage)

damage = roll_for_damage()
print(damage)
```

这段代码将产生如下输出：

```
(1, 3, 4, 3, 7)
()
```

第一次使用闭包 roll_for_damage()时一切正常。但是当退出函数时，dice 没有被重置，所以在之后所有的调用中，dice 的值都为 0。

为了实现一个递归闭包，需要在闭包上使用一个可选参数，如清单 6-34 所示。

清单 6-34　dice_cup_closure_recursive.py:1b

```
import random


def make_dice_cup(sides=6, dice=1):
    def roll(dice=dice):
        if dice < 1:
            return ()
        die = random.randint(1, sides)
        return (die, ) + roll(dice - 1)

    return roll
```

这个版本使用 nonlocal 名称 dice 作为新的局部参数 dice 的默认值。（回想一下，这只适用于不可变类型。）闭包表现得正如预期的那样，因为它仍然封闭了 sides 和 dice，但它不会重新绑定它们。

6.9.2　有状态闭包

虽然通常最好将闭包编写为纯函数，但有时也有必要创建有状态闭包——在调用之间保留一些状态以供使用的闭包。一般来说，除非没有其他解决方案，否则应避免使用有状态闭包。

为了演示这一点，创建一个有状态闭包，它限制了玩家可以重新掷骰子的次数，如清单 6-35 所示。

清单 6-35　dice_roll_turns.py:1

```
import random


def start_turn(limit, dice=5, sides=6):
    def roll():
        nonlocal limit
        if limit < 1:
            return None
        limit -= 1
        return tuple(random.randint(1, sides) for _ in range(dice))

    return roll
```

闭包 roll()只允许调用者最多重新掷骰子 limit 次。达到限制次数后，返回 None，并创建一个新的闭包。跟踪玩家可以掷骰子的次数的逻辑已经被抽象到闭包中。

这个闭包在其状态的变化和使用上非常有限且可预测。以这种方式限制闭包很重要，因为调试有状态闭包可能很困难，不可能从闭包外部查看 limit 的当前值。

这种可预测的行为在实践中的作用如清单 6-36 所示。

清单 6-36　dice_roll_turns.py:2

```
turn1 = start_turn(limit=3)
```

```
while toss := turn1():
    print(toss)

turn2 = start_turn(limit=3)
while toss := turn2():
    print(toss)
```

执行这段代码后将产生以下随机输出，其中每个回合都会掷骰子 3 次，每次掷出的点数都由一个元组表示：

```
(4, 1, 2, 1, 1)
(4, 2, 3, 1, 5)
(1, 6, 3, 4, 2)
(1, 6, 4, 5, 5)
(2, 1, 4, 5, 3)
(2, 4, 1, 6, 1)
```


有状态闭包在编写整个类（见第 7 章）会带来太多样板代码的情况下可能很有用。由于只有一个状态变量 limit，而且它的使用方式是可预测的，因此这种方法是可以接受的。在更复杂的情况下，调试将变得很困难。

正如之前提到的，每当在闭包中看到 nonlocal 时，都应该特别小心，因为它表明存在状态。这在某些情况下是可以接受的，但通常还有更好的方法。使用有状态闭包不是进行纯函数式编程！

6.10 lambda 表达式

lambda 表达式是由表达式组成的匿名（无名）函数，其结构如下：

```
lambda x, y: x + y
```

冒号的左侧是参数列表，如果不想接收任何参数，则可以省略参数列表。冒号的右侧是return 表达式，lambda 表达式会对其求值并隐式地返回结果。要使用 lambda 表达式，就必须将其绑定到一个名称，可以通过赋值或将其作为参数传递给另一个函数。

例如，清单 6-37 所示为一个将两个数字相加的 lambda 表达式。

清单 6-37 addition_lambda.py

```
add = lambda x, y: x + y
answer = add(20, 22)
print(answer)  # outputs "42"
```

以上代码将 lambda 表达式绑定到名称 add，然后将其作为函数来调用。这个特定的 lambda 表达式接收两个参数，并返回它们的和。

6.10.1 为什么 lambda 表达式很有用？

许多程序员从没有想过需要无名函数。这似乎使得复用变得完全不切实际。毕竟，如果只是要将 lambda 表达式绑定到一个名称，那么不应该编写一个函数吗？

为了理解 lambda 表达式的重要性，让我们先看一个没有 lambda 表达式的示例。清单 6-38

所示的代码表示一个文本冒险游戏中的玩家角色。

清单 6-38　text_adventure_v1.py:1

```
import random

health = 10
xp = 10
```

以上代码使用全局名称 health 和 xp 来跟踪角色的状态，这两个全局名称在整个程序中都会用到，如清单 6-39 所示。

清单 6-39　text_adventure_v1.py:2

```
def attempt(action, min_roll, ❶ outcome):
    global health, xp
    roll = random.randint(1, 20)
    if roll >= min_roll:
        print(f"{action} SUCCEEDED.")
        result = True
    else:
        print(f"{action} FAILED.")
        result = False

    scores = ❷ outcome(result)
    health = health + scores[0]
    print(f"Health is now {health}")
    xp = xp + scores[1]
    print(f"Experience is now {xp}")

    return result
```

attempt()函数使用 outcome 来决定玩家的动作成功或失败，然后相应地修改 health 和 xp 的值。它根据从 outcome 调用函数返回的值来确定这些值应该如何更改。

参数 outcome❶应该是一个应用于 attempt()的函数❷，它接收一个布尔值并返回一个元组，该元组包含两个整数，分别表示对 health 和 xp 的期望更改。

扩展这个例子，如清单 6-40 所示。

清单 6-40　text_adventure_v1.py:3a

```
def eat_bread(success):
    if success:
        return (1, 0)
    return (-1, 0)


def fight_ice_weasel(success):
    if success:
        return (0, 10)
    return (-10, 10)


❶ attempt("Eating bread", 5, eat_bread)
attempt("Fighting ice weasel", 15, fight_ice_weasel)
```

这里没有真正的模式可以确定每个可能的动作的结果，所以必须为每个动作编写一个函数。

在这个例子中，编写函数 eat_bread()和 fight_ice_weasel()。这个例子有点过于简单，因为确定结果的代码可能涉及大量的数学和随机化。但无论如何，由于需要为每个动作编写一个单独的 outcome()函数，因此这段代码将迅速增长，变得难以维护。

请注意，上面的 if 语句不是编写这段代码的最 Pythonic 方法，此处故意选择这种结构是为了说明逻辑。

尝试做一个动作❶时，传递表示该动作的字符串、动作成功所需的最小骰子数，以及确定结果的函数。当传递一个函数时，请记住不要包括尾随的括号。这里想传递函数本身，而不是传递它所返回的值。

如果使用 lambda 表达式，则可以将函数 eat_bread()和 fight_ice_weasel()，以及两个对 attempt()的调用替换为清单 6-41 所示的内容。

6

清单 6-41　text_adventure_v1.py:3b

```
attempt("Eating bread", 5,
        lambda success: (1, 0) if success else (-1, 0))

attempt("Fighting ice weasel", 15,
        lambda success: (0, 10) if success else (-10, 10))
```

以上每个函数调用的第三个参数都是一个 lambda 表达式，它接收一个名为 success 的参数，并根据 success 的值返回另一个值。让我们只隔离第一个 lambda 表达式：

```
lambda success: (1, 0) if success else (-1, 0))
```

当 lambda 表达式被调用时，如果 success 的值为 True，则返回 (1, 0)，否则返回 (−1, 0)。

这个 lambda 表达式被传递给（并绑定到）attempt()函数的 outcome 参数，然后用一个布尔参数调用它。

通过使用 lambda 表达式，便可以用一行代码创建出许多不同的可能结果。

请记住，lambda 表达式只能有一个 return 表达式！这使得 lambda 表达式非常适用于短小、清晰的逻辑片段，尤其是当通过将逻辑保持在另一个函数调用中的用例附近来使代码更具可读性时。

6.10.2　将 lambda 表达式作为排序键

lambda 表达式最常见的一个用途是作为排序键使用，排序键是一个可调用的函数，它返回应该用于排序的集合或对象的一部分。排序键通常被传递给另一个函数，该函数负责以某种方式对数据进行排序。

例如，清单 6-42 所示为一个包含名字和姓氏的元组列表，这里想按姓氏对列表进行排序。

清单 6-42　sort_names.py

```
people = [
    ("Jason", "McDonald"),
    ("Denis", "Pobedrya"),
    ("Daniel", "Foerster"),
    ("Jaime", "López"),
```

```
    ("James", "Beecham")
]

by_last_name = sorted(people, ❶ key=lambda x: x[1])
print(by_last_name)
```

这里的 sorted()函数使用 key 参数❶，该参数总是一个函数或其他可调用对象，可通过将每一项传递给它，然后使用该可调用对象返回的值来确定排列顺序。由于想按姓氏对元组进行排序，而姓氏是每个元组的第二项，因此使用 lambda 表达式返回这一项，即 x[1]。

将最后的结果存储在 by_last_name 中，是一个按姓氏排序的列表。

6.11　装饰器

装饰器允许将函数封装在额外的逻辑层中来修改函数，而无须重写函数本身。

为了演示这一点，下面给出另一个关于我的文本冒险游戏玩家的例子。我想定义多个游戏事件，这些事件以不同的方式影响玩家角色的统计数据，并且我希望这些变化能实时显示出来。我将从不使用装饰器的实现开始。这段代码只使用本书已经介绍过的概念，希望你注意这段代码中一些低效的地方。

让我们从定义全局变量开始，如清单 6-43 所示。

清单 6-43　text_adventure_v2.py:1a

```
import random

character = "Sir Bob"
health = 15
xp = 0
```

接下来为玩家可以采取的每个动作定义函数，如清单 6-44 所示。

清单 6-44　text_adventure_v2.py:2a

```
def eat_food(food):
    global health
  ❶ if health <= 0:
        print(f"{character} is too weak.")
        return

    print(f"{character} ate {food}.")
    health += 1
  ❷ print(f"    Health: {health} | XP: {xp}")


def fight_monster(monster, strength):
    global health, xp
  ❸ if health <= 0:
        print(f"{character} is too weak.")
        return

    if random.randint(1, 20) >= strength:
        print(f"{character} defeated {monster}.")
        xp += 10
    else:
```

```
        print(f"{character} flees from {monster}.")
        health -= 10
        xp += 5
❹ print(f"    Health: {health} | XP: {xp}")
```

每个函数代表玩家可以采取的一个动作，这些函数之间共享一些代码。首先，每个函数检查角色的健康状况，以确定角色是否能够执行相应的操作❶ ❸。如果角色的健康状况良好，玩家执行相应操作，改变角色的统计数据。操作完成时（或者当角色的健康状况太差而无法采取行动时），显示当前状态❷ ❹。

清单 6-45 所示为使用示例。

清单 6-45 text_adventure_v2.py:3

```
eat_food("bread")
fight_monster("Imp", 15)
fight_monster("Direwolf", 15)
fight_monster("Minotaur", 19)
```

这段代码可以正常工作。但是，清单 6-44 中的重复代码并不是非常 Pythonic。你的第一反应可能是将公共代码（检查角色健康状况并显示统计数据的代码）移到一个单独的函数中。但是你仍然需要记住在每个角色动作函数中调用这个函数，并且它很容易被忽略。此外，每个函数仍然需要顶部的条件语句，以确保角色健康状况太差时不运行代码。

如果想在每个函数的前后运行相同的代码时，可以使用装饰器。

在文本冒险游戏代码的顶部创建一个装饰器，如清单 6-46 所示。

清单 6-46 text_adventure_v2.py:1b

```
❶ import functools
import random

character = "Sir Bob"
health = 15
xp = 0


def character_action(func):
  ❷ @functools.wraps(func)
  ❸ def wrapper(*args, **kwargs):
        if health <= 0:
            print(f"{character} is too weak.")
            return

        result = func(*args, **kwargs)
        print(f"    Health: {health} | XP: {xp}")
        return result

  ❹ return wrapper
```

装饰器最常见的实现方式是作为闭包实现，闭包中包含对已修改函数（或任何其他可调用对象）的引用。装饰器 character_action()接收一个 func 参数，这是已修改的可调用对象。

装饰器内部是 wrapper，它是包含装饰器逻辑的可调用对象❸。正如之前所提到的，装饰器最常见的实现方式是作为闭包来实现，但是 wrapper 可以用任何可调用对象（包括类）来实现。（从技术上讲，甚至可以将 wrapper 实现为非可调用对象，即便这样的情况比较少见。）

由于不知道应用装饰器的函数将接收多少个参数，因此将 wrapper 设置为接收可变参数。

@functools.wraps(func) 这行代码❷可以防止被封装的可调用对象的身份被程序的其他部分隐藏。如果没有这一行，封装可调用对象就会破坏对__doc__（文档字符串）和__name__等重要函数属性的外部访问。这一行本身就是一个装饰器，它可以确保已封装的函数中保留了可调用对象的所有重要属性，从而使它们能够以所有常见的方式在函数外部访问。（要使用这个特殊的装饰器，必须先导入 functools 模块 ❶。）

在 wrapper 中放置想在每个函数前后运行的所有逻辑。在检查了角色健康状况之后，调用绑定到 func 的函数，并将所有可变参数解包到调用中。然后将返回值绑定到 result，从而确保在输出统计数据之后从装饰器返回。

与任何闭包一样，重要的是外部函数返回内部函数❹。

现在就可以使用装饰器并重构其他函数了，如清单 6-47 所示。

清单 6-47　text_adventure_v2.py:2b

```
@character_action
def eat_food(food):
    global health
    print(f"{character} ate {food}.")
    health += 1


@character_action
def fight_monster(monster, strength):
    global health, xp
    if random.randint(1, 20) >= strength:
        print(f"{character} defeated {monster}.")
        xp += 10
    else:
        print(f"{character} flees from {monster}.")
        health -= 10
        xp += 5
```

为了将装饰器应用于函数，在函数定义中列出想要应用的每个装饰器，每行一个装饰器，每个装饰器的名称前有一个@符号。这里只为每个函数应用了一个装饰器，但也可以使用任意多的装饰器。它们将按顺序应用，每个装饰器都将封装其下方紧邻的内容。

自从把用于检查健康和显示统计信息的重复逻辑从各个函数中移动到装饰器中，代码变得更清晰、更易于维护了。运行新的代码，它的效果和以前一样。

6.12　类型提示及函数注解

Python 3.5 及更高版本允许指定类型提示，这些提示确切地说是关于应该传入或返回什么数据类型的提示。鉴于 Python 强大的动态类型系统，这些不是必需的，但它们可能有一些好处。

首先，类型提示有助于文档编写。函数定义现在可以显示函数想要什么类型的信息，在你输入参数时，IDE 会自动显示提示，这非常有用。

其次，类型提示可以帮助你更早地发现潜在的错误。静态类型检查器（如 Mypy）是这方面的主要工具（请参阅第 2 章）。如果你做一些奇怪的事情，比如传递一个字符串给一个类型提示为整数的对象，一些 IDE 可能会发出警告。

如果你熟悉像 Java 和 C++ 这样的静态类型语言，这可能会让你有些兴奋。

然而你要明白，使用类型提示并不会将 Python 的动态类型转换为静态类型！

Python 不会在你传递错误类型的数据时抛出错误。

Python 也不会尝试将数据转换为指定的类型。

Python 将完全忽略这些提示！

陷阱警告： lambda表达式暂不支持类型提示。

类型提示通过注解指定，注解是 Python 允许添加的额外信息，但实际上解释器并不处理注解。有两种类型的注解：变量注解和函数注解。

变量注解指定名称期望的类型，如下所示：

```
answer: int = 42
```

函数注解指定参数和函数返回值的类型提示。将函数注解应用于前面的 roll_dice()函数，如清单 6-48 所示。

清单 6-48 dice_roll.py:1e

```
import random
import typing


def roll_dice(sides: int = 6, dice: int = 1) -> typing.Tuple[int, ...]:
    # --snip--
```

这种符号允许你指定期望的参数和返回值的类型。在这种情况下，两个参数都应该接收一个整数，所以在每个名称的后面加上一个冒号，然后是期望的数据类型 int。如果有默认值，默认值将包含在类型提示之后。

陷阱警告： 如果参数的默认值为None，而不是期望类型的默认值，则使用类型提示typing.Optional[int]，其中期望的类型（在本例中为int）出现在括号中。

可以使用箭头（->）和期望的类型来表示返回类型。用类型提示来指定像元组和列表这样的集合有点棘手。还可以使用 typing 模块中的元组的符号（[ ]），这是一个通用类型。这个特定元组中的每个值都应该是一个整数，但是由于不知道会返回多少个值，因此使用“...”来表示“可能会有更多”。现在，我们期望函数返回一个或多个整数，但没有其他类型。

顺带一提，如果不知道元组会返回什么类型或多少个类型，可以使用注解 typing.Tuple[typing.Any, ...]。

在前面的示例中，返回类型提示很长，我可以通过定义类型别名来缩短它，如清单 6-49 所示。

清单 6-49 dice_roll.py:1f

```
import random
import typing

TupleInts = typing.Tuple[int, ...]


def roll_dice(sides: int = 6, dice: int = 1) -> TupleInts:
    # --snip--
```

将 TupleInts 定义为 Tuple[int, ...] 的类型别名，这样就可以在代码中以相同的方式使用它了。

再次提醒，Python 本身不会对这些类型提示采取任何行动，而只会将这种符号系统识别为有效，并存储在函数的__annotations__属性中，仅此而已。

可以通过 Mypy 运行这段代码：

```
mypy dice_roll.py
```

如果类型提示与实际使用不匹配，Mypy 将详细列出这些内容，以便进行修正。

6.12.1 鸭子类型和类型提示

你可能认为类型提示与鸭子类型不兼容，但由于 typing 模块，这两者通常可以很好地配合使用。

例如，假设你想要一个函数，它可以接收一个任何类型的参数，这些类型（如元组或列表）可以迭代（请参阅第 9 章）。你可以使用 typing.Iterable[]，方括号中包含的是类型。对于这个例子，假设可迭代对象可能包含任何类型：

```
def search(within: typing.Iterable[typing.Any]):
```

typing.Iterable[typing.Any]表示参数 within 是一个可迭代对象，方括号中的 typing.Any 表示其可以包含任何数据类型的元素。

typing 模块包含许多不同的类型，想了解更多关于类型提示的信息，可以阅读 Python 官方文档的“typing——对类型提示的支持”部分。另外，建议阅读 PEP 484 和 PEP 3107，它们分别定义了类型提示和函数注解。

6.12.2 应该使用类型提示吗？

类型提示完全是可选的，有些情况适用，有些情况不适用。有人认为它会使代码变得混乱，从而影响 Python 通过动态类型获得的自然可读性。也有人认为它是一种必要工具，可以减少由于缺乏静态类型而可能产生的错误。

在实践中，不需要做出“使用或不使用”的全面决定。由于类型提示是可选的，因此可以在它能够提高代码的可读性和稳定性的情况下使用它，而在它不起作用的情况下跳过它。甚至在一个函数中，可以为一个参数定义类型提示，而对下一个参数省略类型提示。

最终，决定权在你的手中，只有你知道类型提示何时有用。简而言之，你需要了解自己的项目。

由于本书主要关注的是 Python 的惯用法，而类型提示是完全可选的，因此我不会在后文的示例中使用它。

6.13 本章小结

我希望你从本章中获得对 Python 函数式编程的新认识。即使完全没有采用这种编程范式，它的概念和指南也有助于你写出 Pythonic 代码。

第 7 章在介绍面向对象编程时仍然会应用函数式编程的概念。当把它们正确结合时，这些编程范式会以令人惊讶的积极方式相互作用。

第 7 章

类和对象

对象是许多程序员的基本工具。Python 充分利用对象，甚至达到了“一切皆对象”的境地。但是如果你在其他编程语言中使用过类和对象，那么 Python 的做法可能会让你感到惊讶。

面向对象编程（Object-Oriented Programming，OOP）是一种将数据及相应的逻辑组织成对象的编程范式。如果你熟悉 Java、C++、Ruby 和 C#等语言，那么你可能已经熟悉这些概念。

不过，Python 中的面向对象编程与函数式编程不是互斥的。实际上，这两种编程范式非常适合在一起使用。

本章将介绍 Python 面向对象编程的基础知识——使用属性（attribute）、模块和特性（property）创建类，还将演示如何通过特殊方法添加各种行为，并在最后总结类在哪些情况下最有用。

前置知识：面向对象编程

Python 采用基于类的面向对象编程范式。如果你熟悉像 Java 或 C++这样的基于类的面向对象语言，那么你可以直接跳到 7.1 节“声明一个类”。否则，即使你使用过类和对象，也强烈建议你继续阅读。“使用对象编码”与面向对象编程之间的差异之大，你可能从未意识到。

在面向对象编程中，代码被组织成类，你可以从中创建对象。类是创建一个或多个对象的蓝图，这些对象在 Python 中称为实例。想象一下，你有一套房子的蓝图，虽然你只创建了一张蓝图，但它可以用于建造许多独立的房子。这些房子的结构是相同的，但里面的东西不同。

对象由成员变量（variable）和成员函数（function）组成，它们在 Python 中分别称为属性（attribute）和方法（method）。更广泛地说，实例具有属性形式的数据，并具有作用于相应数据的方法。

类的目的是封装，这意味着：

1. 数据和操作该数据的函数被绑定在一起，形成一个有机的整体；
2. 类的行为的实现与程序的其他部分无关。（这有时被称为黑盒子。）

比如，一个基本的社交媒体评论可以作为一个 Comment 类来实现。它有自己的属性（数据）：评论的文本和评论收到的点赞数。它还有特定的方法，可以对属性进行操作：编辑和点赞评论。使用这个 Comment 类的代码不需要关心行为是如何实现的，而 Comment 类的方法允许调用所需的行为。

仅用于访问属性的方法称为 getter，而修改属性的方法称为 setter。在 Python 中，这些方法的存在应该由一些形式的数据修改或数据验证来证明，这些方法与访问或修改属性一起执行。如果方法不执行任何这些操作，而只是从属性返回或将其分配给属性，则称为裸露的 getter 或 setter，这被认为是一种反模式，尤其是在 Python 中。

通过使用这个 Comment 类，一个特定的评论就是这个类的一个实例。你可以有多个相同类的实例，每个对象都将包含不同的数据，修改一个对象的内容不会影响同一个类的任何其他实例。

这里有两个重要的关系。第一个关系是组合，其中一个对象包含其他对象。例如，可以创建一个 Like 类来存储喜欢评论的人的用户名，特定的 Comment 实例可能有一个 Like 实例的列表。这也称为 has-a 关系：一个 Comment 有一个 Like。

第二个关系是继承，其中一个类继承并建立在另一个现有类之上。例如，你可能会创建一个 AuthorComment 类，它具有与 Comment 类相同的属性和方法，以及一些额外的属性和方法。这称为 is-a 关系：AuthorComment 是一个 Comment。继承是一个复杂的主题，第 13 章将深入讲解它。

7.1 声明一个类

创建一个新类很简单。例如，创建一个名为 SecretAgent 的类，如清单 7-1 所示。

清单 7-1 声明一个类

```
class SecretAgent:
```

接下来在类声明的附带套件中，便可以添加想要包含在对象中的方法。对象是类的实例。

在 Python 中，一切皆对象，因为一切都继承自 object 类。在 Python 3 中，这种从 object 类开始的继承是隐式的，如清单 7-1 所示。在 Python 2 中，则必须显式地从 object 类继承，或从继承自 object 类的另一个类继承。

下面重新声明 SecretAgent 类，这一次是显式地从 object 类继承，就像 Python 2 所要求的那样，如清单 7-2 所示。

清单 7-2 使用显式继承声明一个类

```
class SecretAgent(object):
```

清单 7-1 和清单 7-2 在功能上是相同的。Python 开发人员非常讨厌样板代码，这是一种广泛复用的代码，几乎没有修改。这就是为什么 Python 3 添加了更短的声明方式（如清单 7-1 所示）。除非需要支持 Python 2，否则首选较短的声明方式。你会经常遇到这两种声明方式，因此知道它们在 Python 3 中确实执行相同的操作是很重要的。

7.1.1 初始化器

一个类通常有一个初始化器来定义实例属性的初始值，这些实例属性是每个实例中都存在的成员变量。如果实例没有实例属性，则不需要定义__init__()。

SecretAgent 类的每个实例都有一个代号和一个秘密列表，因此 SecretAgent 类的初始化器有两个实例属性，如清单 7-3 所示。

清单 7-3　secret_agent.py:1a

```
class SecretAgent:

    def __init__(self, codename):
        self.codename = codename
        self._secrets = []
```

初始化器必须具有名称__init__才能被识别为初始化器，并且必须至少接收一个参数，通常名为 self。这个 self 参数引用方法正在操作的实例。

在这个例子中，初始化器还接收了第二个参数 codename，并将它用作实例属性之一的初始值。这个 self.codename 属性是秘密代理的代号。

实例属性是实例本身的一部分，因此必须通过对 self 使用点运算符（.）来访问它们。所有实例属性都应该在初始化器中声明，而不是在其他实例方法中动态声明。因此，将 self._secrets 定义为一个空列表，这将是特定秘密代理（实例）所保持的秘密列表。

最后，初始化器不应该通过 return 关键字返回值。如果这样做，调用初始化器将引发 TypeError。但如果需要的话，也可以单独使用 return 关键字来显式地退出方法。

每当创建一个新的类实例时，初始化器都会自动调用。创建 3 个 SecretAgent 实例，并为初始化器的 codename 参数提供实参，如清单 7-4 所示。

清单 7-4　secret_agent_usage.py:1

```
from secret_agent import SecretAgent
mouse = SecretAgent("Mouse")
armadillo = SecretAgent("Armadillo")
fox = SecretAgent("Fox")
```

以上代码导入了 SecretAgent 类并创建了 3 个新实例。你会注意到不需要传递任何内容给第一个参数 self，这是在幕后处理的。相反，实参"Mouse"被传递给初始化器的第二个参数 codename。每个实例还有自己的空列表_secrets。

7.1.2　构造器

如果你熟悉 C++、Java 或其他类似的语言，你可能会希望编写一个构造函数——一个构造类实例的函数，或者你可能认为初始化器与构造函数执行相同的操作。实际上，Python 3 将典型构造函数的职责分解为初始化器__init__()和构造函数__new__()两部分。

在 Python 中，构造函数__new__()负责实际在内存中创建实例。当创建一个新实例时，首先调用构造函数，然后调用初始化器。构造函数是在对象创建之前自动调用的类中的唯一方法！

通常不需要定义构造函数，Python 会自动提供。只有当需要对过程进行额外控制时，才需要创建构造函数。为了让你熟悉相关语法，下面在类定义中编写一个非常基本的（但实际上无意义的）构造函数：

```
def __new__(cls, *args, **kwargs):
    return super().__new__(cls, *args, **kwargs)
```

构造器总是具有名称__new__，并且它隐式接收一个类作为第一个参数 cls（而初始化器接收类实例作为参数 self）。由于初始化器接收参数，因此还需要让构造函数准备好接收这些参数，同时使用可变参数捕获这些参数并将它们传递给初始化器。

构造器必须返回创建的类实例。从技术上讲，你可以在这里返回你想要的任何东西，但预期的行为通常是返回 SecretAgent 类的实例。要做到这一点，就需要调用父类的__new__()函数，你可能还记得 SecretAgent 类的父类是 object。第 13 章将详细介绍 super()。

在实践中，如果这是构造函数需要做的所有事情，那就省略它！如果没有为其编写任何代码，Python 将自动处理构造函数的行为。只有在需要控制类的实例化行为时才编写构造函数。不过，这种情况很少见，你完全有可能在整个 Python 编程生涯中都不必编写构造函数。

7.1.3 终结器

终结器在类实例的生命周期结束且类实例由垃圾回收器清理时被调用。它仅用于处理特定类可能需要的复杂清理。与构造函数一样，你很少需要自己编写终结器。重要的是要理解：只有在类实例（值）本身由垃圾回收器清理时，终结器才会被调用！

只要任何对类实例的引用仍然存在，就不会调用终结器。此外，垃圾回收器可能不会在你期望的时候清理类实例，这取决于所使用的 Python 实现。

因此，我们仅在与垃圾回收类实例直接相关的代码中使用终结器。它不应该包含任何需要在其他情况下运行的代码。

清单 7-5 所示为一个相当无用的终结器，当垃圾回收器清理 SecretAgent 类的实例时，它会输出一条消息。

清单 7-5 secret_agent.py:2

```
    def __del__(self):
        print(f"Agent {self.codename} has been disavowed!")
```

终结器总是具有名称__del__，并且接收一个参数 self。它不返回任何内容。

为了演示终结器的用法，下面创建并手动删除一个实例。可以使用 del 关键字删除名称，从而解除名称与值的绑定。给定具有终结器的 SecretAgent 类，可以创建并删除一个引用类实例的名称，如清单 7-6 所示。

清单 7-6 secret_agent_disavow.py

```
from secret_agent import SecretAgent
weasel = SecretAgent("Weasel")
del weasel
```

以上代码创建了一个新的 SecretAgent 类实例，并将其绑定到名称 weasel 上，然后立即使用 del 关键字删除该名称。名称 weasel 现在是未定义的。由于不存在对名称绑定的 SecretAgent 类实例的引用，因此该实例由垃圾回收器清理，垃圾回收器首先调用终结器。

探究笔记： 此垃圾回收器的行为是针对CPython的特定实现，针对其他Python实现的行为可能会有所不同。

最后，运行代码会得到以下输出：

```
Agent Weasel has been disavowed!
```

请注意，del 只删除名称，而不删除值！如果有多个名称被绑定到同一个值，并且如果只删除其中一个名称，则其他名称及其值不受影响。换句话说，del 不会强制垃圾回收器删除对象。

7.2 属性

所有属于类或实例的变量都称为属性（attribute）。属于实例本身的属性称为实例属性，有时也称为成员变量。属于类本身的属性称为类属性，有时也称为类变量。

许多中级 Python 程序员不知道两者之间存在很大差异。我必须承认，我在 Python 开发生涯的前几年里完全错误地使用了它们！

7.2.1 实例属性

实例属性属于实例本身，其值对于相应实例是唯一的，对于其他实例不可用。所有实例属性都应声明在类的初始化器中。

复习清单 7-3 中的__init__()方法，你会看到其中有两个实例属性：

```
class SecretAgent:
    def __init__(self, codename):
        self.codename = codename
        self._secrets = []
```

7.2.2 类属性

类属性属于类本身，而不属于某个实例。实际上，这意味着所有相关的类实例“共享”类属性。即使没有任何实例，类属性也依然存在。

类属性声明在类的顶部。可以直接将一个类属性添加到类的套件中，如清单 7-7 所示。

清单 7-7　secret_agent.py:1b

```
class SecretAgent:

    _codeword = ""

    def __init__(self, codename):
        self.codename = codename
        self._secrets = []
```

属性_codeword 属于 SecretAgent 类。通常，所有类属性都在方法之前声明，以便更容易找到它们，但这只是惯例。重要的是，它们是在方法之外定义的。

类属性可以如清单 7-8 所示进行访问。

清单 7-8 secret_agent_usage.py:2a

```
❶ SecretAgent._codeword = "Parmesan"
  print(armadillo._codeword)    # prints "Parmesan"
  print(mouse._codeword)        # prints "Parmesan"

❷ mouse._codeword = "Cheese"
  print(mouse._codeword)        # prints "Cheese"
  print(armadillo._codeword)    # prints "Parmesan"
```

可以直接通过类或类的任何实例访问类属性_codeword。如果在类本身中重新绑定或更改类属性❶，那么更改将出现在所有情况下。但是，如果将值分配给实例的名称，则会创建具有相同名称的实例属性❷，该实例属性会在实例中覆盖类属性，而不会影响其他实例。

类属性对于类的方法所使用的常量值特别有用。在许多情况下，它们比全局变量更加实用且可维护，尤其是在图形用户界面（Graphical User Interface，GUI）编程中。例如，当需要维护一个共享的小部件实例（如窗口）时，我经常使用类属性。

7.3 作用域命名约定

如果你熟悉具有类作用域的语言，你可能会想知道为什么本书到现在还没有提到它。数据隐藏不是封装的重要组成部分吗？实际上，Python 没有正式的数据隐藏概念。相反，PEP 8 概述了一种命名约定，该约定指示是否可以在外部（公共）安全地修改属性。

虽然本节谈论的是属性，但这些命名约定也适用于方法。

7.3.1 非公共属性

通过在属性名称前加下画线（如_secrets）可声明该属性是非公共的，这意味着它不应该在类之外被修改（最好也不应该在类之外被访问）。这更像是一种通过风格约定的契约，实际上没有隐藏任何东西。

7.3.2 公共属性

公共属性 codename 不以下画线开头。它可以在外部被访问或修改，因为它不会真正影响类的行为。公共属性优于编写一个普通的 getter/setter 方法对。它们的作用是相同的，但公共属性的结果更干净，样板代码也更少。

如果属性需要自定义 getter 或 setter，一种方法是将属性定义为非公共的，并创建一个公共特性（property）。

7.3.3 名称修饰

Python 提供了名称修饰功能来重写属性或方法的名称，以防止它们被派生类（继承类）覆使用清单 7-15 所示的代码调用这个方法。

清单 7-15　secret_agent_usage.py:3

```
SecretAgent.inform("The goose honks at midnight.")
print(mouse._codeword)  # prints "The goose honks at midnight."

fox.inform("The duck quacks at midnight.")
print(mouse._codeword)  # prints "The duck quacks at midnight."
```

inform()类方法既可以直接在 SecretAgent 类上调用，也可以在任何 SecretAgent 实例（如 fox）上调用。inform()对类属性_codeword 所做的更改会出现在类本身及其所有实例上。

当使用点运算符调用类方法时，类将隐式地被传递给 cls 参数。该参数名称仍然只是一个约定，@classmethod 装饰器确保第一个参数始终是类而不是实例。

类方法的一个很棒的用法是作为初始化实例的替代方法使用。例如，内置的整数类提供了 int.from_bytes()类方法，它使用字节值初始化一个新的 int 类实例。

7.4.3　静态方法

静态方法是定义在类中的常规函数，其不访问实例属性或类属性。静态方法和普通函数之间唯一的区别是静态方法属于类的命名空间。

当你的类提供了一些不需要访问任何类属性、实例属性或方法的功能时，可以使用静态方法。例如，你可能会为了处理一些特别复杂的算法而编写一个静态方法，该算法对于类的实现至关重要。通过将静态方法包含在类中，可表明该算法是类的自包含实现逻辑的一部分，即使它不访问任何属性或方法。

添加一个静态方法到 SecretAgent 类，它要做的事情是回答问题，如清单 7-16 所示。

清单 7-16　secret_agent.py:5

```
    @staticmethod
    def inquire(question):
        print("I know nothing.")
```

以上代码在静态方法的前面加上了@staticmethod 装饰器。不需要担心第一个参数，因为该方法不需要访问任何属性。当在类或实例上调用此方法时，它只会输出消息“I know nothing”。

7.5　特性

特性（property）是一种特殊的实例方法，它允许你编写 getter 和 setter，使其看起来像是可以直接访问实例的属性。特性允许你编写一致的接口，在这样的接口中你可以通过看起来像是对象的属性的形式来直接使用对象。

建议使用特性，而不是让用户记住是调用方法还是使用属性。相比使用不增强属性访问或修改功能的 getter 和 setter 来填充类，使用特性也更加符合 Python 惯用法。

7.5.1 设置场景

为了演示特性的作用，扩展 SecretAgent 类。首先，将 SecretAgent 类移动到一个新的文件中，如清单 7-17 所示。

清单 7-17 secret_agent_property.py:1

```
class SecretAgent:

    _codeword = None

    def __init__(self, codename):
        self.codename = codename
        self._secrets = []

    def __del__(self):
        print(f"Agent {self.codename} has been disavowed!")

    def remember(self, secret):
        self._secrets.append(secret)

    @classmethod
    def inform(cls, codeword):
        cls._codeword = codeword

    @staticmethod
    def inquire(question):
        print("I know nothing.")
```

接下来，添加一个类方法来加密传递进来的任何消息。这个方法本身与特性没有任何关系，这里将其包含在内是为了使示例完整，如清单 7-18 所示。

清单 7-18 使用一个没有 getter 的特性

```
    @classmethod
    def _encrypt(cls, message, *, decrypt=False):
        code = sum(ord(c) for c in cls._codeword)
        if decrypt:
            code = -code
        return ''.join(chr(ord(m) + code) for m in message)
```

_encrypt()类方法使用_codeword 类属性对字符串消息进行基本的替换密码编码。可以使用 sum()来找到_codeword 中每个字符的 Unicode 值（整数形式）的总和。将字符（字符串）传递给 ord()函数，该函数返回整数形式的 Unicode 值。这些值的总和被绑定到 code。（这个看起来有些奇怪的循环实际上是一个生成器表达式，将在第 10 章进行介绍。这里假设它会对 cls._codeword 绑定的字符串中的每个字符调用 ord()。）

使用 code 来偏移消息中每个字符的 Unicode 值。chr()函数返回与给定值相关联的字符。将消息中每个字符的当前值和 code 的总和传递给 chr()函数。（再次强调，这里使用了生成器表达式。）

陷阱警告： 自己编写加密函数对于一个简单的程序来说是可行的，因为安全性并不重要。但如果你有任何真正需要加密的数据，请永远不要自己编写加密函数！工程加密算法建立在大量的学术研究、实验和测试的基础上，请使用经过验证的、行业接受的加密算法和工具。

7.5.2 定义一个特性

特性（property）和属性（attribute）类似，但特性由 3 个实例方法组成：getter、setter 和 deleter。记住，对类的用户而言，特性看起来就像普通的属性一样。访问特性需要调用 getter，将值分配给特性需要调用 setter，使用 del 关键字删除特性则需要调用 deleter。

和普通的 getter 或 setter 方法一样，特性可以访问或修改一个或多个属性，甚至根本不访问或修改属性。这取决于你想要做什么。

为 SecretAgent 类定义一个名为 secret 的特性，将其作为_secrets 实例属性的 getter、setter 和 deleter。这种方法将允许你添加逻辑，例如让 setter 在将数据存储到_secrets 的属性之前对其进行加密。

在定义特性之前，需要定义组成特性的 3 个实例方法。从技术上讲，可以随意命名它们，但惯例是将它们命名为 getx、setx 和 delx，其中 x 是特性的名称。这里将它们定义为非公共方法，因为我希望直接使用特性。

首先定义 getter，如清单 7-19 所示。

清单 7-19　secret_agent_property.py:3

```
    def _getsecret(self):
        return self._secrets[-1] if self._secrets else None
```

_getsecret()不接收参数并且应该返回特性的值。在这个例子中，我想让 getter 返回绑定到实例属性 self._secrets 的列表中的最后一项，如果列表为空，则返回 None。

其次定义 setter，如清单 7-20 所示。

清单 7-20　secret_agent_property.py:4

```
    def _setsecret(self, value):
        self._secrets.append(self._encrypt(value))
```

_setsecret()接收一个参数，该参数接收在调用中分配给特性的值（请参阅清单 7-23）。在本例中，假设这是某种字符串，可通过之前定义的静态方法_encode()对它进行编码，然后将其存储在 self._secrets 中。

接下来定义 deleter，如清单 7-21 所示。

清单 7-21　secret_agent_property.py:5

```
    def _delsecret(self):
        self._secrets = []
```

_delsecret()不接收参数并且不返回任何值。当特性被删除时，无论是在后台被删除、由垃圾回收器删除，还是使用 del secret 显式地删除，这个方法都会被调用。在这个例子中，当特性被删除时，我希望整个 secret 列表被清除。

如果在装饰器被删除时不需要进行特殊操作，那么其实不需要定义 deleter。考虑一下，当在装饰器中调用 deleter 时，例如当删除一个被特性控制的属性时，你想做什么。如果不想做任何事情，就不必定义 deleter。

最后定义特性本身，如清单 7-22 所示。

清单 7-22 secret_agent_property.py:6a

```
    secret = property(fget=_getsecret, fset=_setsecret, fdel=_delsecret)
```

特性属于类本身，在__init__()方法之外，且在类的组成方法之后定义。分别将 3 个实例方法传递给 fget、fset 和 fdel 关键字参数（也可以将它们以相同的顺序作为位置参数进行传递）。将特性绑定到名称 secret，secret 将成为特性的名称。

这个特性现在可以像实例属性一样被使用，如清单 7-23 所示。

清单 7-23 secret_agent_property.py:7a

```
mouse = SecretAgent("Mouse")
mouse.inform("Parmesano")

print(mouse.secret)      # prints "None"
mouse.secret = "12345 Main Street"
print(mouse.secret)      # prints "ϗϘϙϚϛφjЇЦДφСКИЋЋК"
mouse.secret = "555-1234"
print(mouse.secret)      # prints "ϛϛϛϒϗϘϙϚ"

print(mouse._secrets)    # prints two values
del mouse.secret
print(mouse._secrets)    # prints empty list
```

每当你尝试检索特性的值时，就会调用 getter。而当你将值分配给特性时，则会调用 setter。没必要记住并显式地调用专用的 getter 或 setter，可以像对待属性一样对待特性。

回想一下，secret 特性的 deleter 会清除_secrets 列表中的内容。在删除特性之前，列表中包含两个元素；删除特性后，列表为空。

没必要逐一定义特性的 3 个部分。例如，如果不希望 secret 特性中有一个 getter，可以从类代码中删除_getsecret()，如清单 7-24 所示。毕竟，SecretAgent（秘密代理）不应该分享他们的秘密。

清单 7-24 没有 getter 的 secret 特性

```
    def _setsecret(self, value):
        self._secrets.append(self._encrypt(value))

    def _delsecret(self):
        self._secrets = []

    secret = property(❶ fset=_setsecret, fdel=_delsecret)
```

因为没有给 fget 传递参数，所以这里使用了默认值 None❶。这个特性有一个 setter 和一个 deleter，但没有 getter。

因此，可以给 secret 特性赋值，但不能访问 secret 特性的值，如清单 7-25 所示。

清单 7-25 使用一个没有 getter 的特性

```
mouse = SecretAgent("Mouse")
mouse.inform("Parmesano")

mouse.secret = "12345 Main Street"
mouse.secret = "555-1234"

print(mouse.secret)  # AttributeError
```

给 mouse.secret 赋值的方法和以前一样，因为调用了 setter。

然而，尝试访问值会引发 AttributeError。也可以为 secret 特性写一个总是返回 None 的 getter，但必须记住它返回了这个无用的值。回想一下 Python 之禅：

不应悄悄放过错误，

除非确定需要这样。

如果不需要特定的错误用法，特别是在设计类或接口时，则错误用法应该明确地失败。

7.5.3 使用装饰器创建特性

创建特性很容易，但是到目前为止所展示的实现方法并不是地道的 Pythonic 方法，因为必须依靠方法名来提醒我们它们是特性的一部分。幸好还有另一种方法。

Python 提供了一种更简洁的方法来定义特性：使用装饰器。

1. property()和装饰器

仍然使用 property()函数，但使用装饰器来标记相关的方法。这种方式可以增强可读性，主要用于省略 getter 的情况。可以使用特性的名称作为方法的名称，并依靠装饰器来明确其作用。

使用这种方式重写 secret 特性，如清单 7-26 所示。

清单 7-26 secret_agent_property.py:3b

```
secret = property()
```

在编写实例方法之前将 secret 定义为特性。由于没有向 property()传递任何参数，因此 secret 特性的 3 个实例方法都默认为 None。接下来添加 getter，如清单 7-27 所示。

清单 7-27 secret_agent_property.py:4b

```
    @secret.getter
    def secret(self):
        return self._secrets[-1] if self._secrets else None
```

getter 现在必须与特性具有相同的名称，即 secret。如果不这样的话，当 getter 第一次被调用时就会引发 AttributeError，而不是在创建类时失败。方法被装饰器 @secret.getter 修饰，这将其指定为特性的 getter，就像将它传递给 property(fget=) 一样。

然后是 setter，如清单 7-28 所示。

清单 7-28 secret_agent_property.py:5b

```
    @secret.setter
    def secret(self, value):
        self._secrets.append(self._encrypt(value))
```

类似的，setter 也必须与特性具有相同的名称，并且被装饰器@secret.setter 修饰。

最后是 deleter，如清单 7-29 所示。

清单 7-29 secret_agent_property.py:6b

```
    @secret.deleter
    def secret(self):
        self._secrets = []
```

类似于 getter 和 setter，deleter 被装饰器@secret.deleter 修饰。

以上方式是可行的，但还有一种更好的方式。

2. 纯装饰器

另一种更好的方式是使用装饰器声明特性，而不是使用 property()函数。这种方式更简单，也更常用。当定义拥有 getter 的特性时，首选这种方式。

如果定义了一个 getter，则不必显式地创建并分配 property()。相反，装饰器@property 可以应用于 getter：

```
    @property
    def secret(self):
        return self._secrets[-1] if self._secrets else None

    @secret.setter
    def secret(self, value):
        self._secrets.append(self._encrypt(value))

    @secret.deleter
    def secret(self):
        self._secrets = []
```

以上代码使用装饰器 @property 而非@secret.getter 来定义 getter，这样将创建一个与方法具有相同名称的特性。由于定义了特性 secret，因此不需要在代码中使用 secret = property()。

请记住，这种快捷方式仅适用于 getter。setter 和 deleter 必须使用与以前相同的方式来定义。

和以前一样，如果不需要某个方法的行为，可以省略该方法。例如，如果不希望 secret 特性可读，可以省略 getter，完整的特性代码如下：

```
❶ secret = property()

    @secret.setter
    def secret(self, value):
        self._secrets.append(self._encrypt(value))

    @secret.deleter
    def secret(self):
        self._secrets = []
```

因为没有 getter，所以必须显式地在前面❶声明特性。在这个版本中，secret 的赋值和删除与之前相同，但访问值会引发 AttributeError。

7.5.4 什么时候不使用特性？

关于何时使用特性而不使用传统的 getter 和 setter，目前仍有一些争论。特性的主要缺点之一是隐藏了赋值时执行的某些计算或处理，用户可能不希望这样做。尤其当处理过程特别长或特别复杂，以至于可能需要与异步或线程（参见第 16 章和第 17 章）并行运行时，这将会产生问题。与并行地运行方法相比，并行地运行赋值没有那么容易。

必须考虑赋值的预期行为。当一个值被直接分配给一个属性时，通常希望从该属性中检索出相同的值。实际上，根据特性的编写方式，该值在被分配或访问时可能会被转换。当设计一个类时，需要考虑用户的预期。

一些人认为特性应该仅用于弃用曾经公开或已被完全删除的属性。另一些人则认为，对于涉及纯粹的赋值和访问之外的逻辑的 getter 和 setter，特性可以作为它们相对简单的替代品。

在任何情况下，特性都是 Python 中一种很酷的功能，但它们很容易被误用。仔细考虑一下特性、公共属性和方法在特定情况下的含义。如果有机会，可以在 Libera 在线聊天室的#python 频道与其他经验丰富的 Python 开发人员一起讨论。

7.6 特殊方法

特殊方法有时也称为魔法方法，它们允许你为自己的类添加对几乎任何 Python 运算符或内置命令的支持！

特殊方法以两个下画线（__）开头和结尾。你已经见到了 3 个特殊方法：__init__()、__new__()和__del__()。Python 定义了大约 100 个特殊方法，其中大多数在 Python 官方文档的“数据模型”部分有介绍。本节介绍一些常见的特殊方法。后文将讨论其他相关的特殊方法。附录 A 列出了 Python 中所有的特殊方法。

7.6.1 场景设置

本小节使用一个新的类 GlobalCoordinates，该类将以纬度和经度的方式存储一个全局坐标。这个类的定义如清单 7-30 所示。

清单 7-30 global_coordinates.py:1

```
import math
class GlobalCoordinates:

    def __init__(self, *, latitude, longitude):

        self._lat_deg = latitude[0]
        self._lat_min = latitude[1]
        self._lat_sec = latitude[2]
        self._lat_dir = latitude[3]

        self._lon_deg = longitude[0]
        self._lon_min = longitude[1]
        self._lon_sec = longitude[2]
        self._lon_dir = longitude[3]

    @staticmethod
    def degrees_from_decimal(dec, *, lat):
        if lat:
            direction = "S" if dec < 0 else "N"
        else:
```

```
            direction = "W" if dec < 0 else "E"
        dec = abs(dec)
        degrees = int(dec)
        dec -= degrees
        minutes = int(dec * 60)
        dec -= minutes / 60
        seconds = round(dec * 3600, 1)
        return (degrees, minutes, seconds, direction)

    @staticmethod
    def decimal_from_degrees(degrees, minutes, seconds, direction):
        dec = degrees + minutes/60 + seconds/3600
        if direction == "S" or direction == "W":
            dec = -dec
        return round(dec, 6)

    @property
    def latitude(self):
        return self.decimal_from_degrees(
            self._lat_deg, self._lat_min, self._lat_sec, self._lat_dir
        )

    @property
    def longitude(self):
        return self.decimal_from_degrees(
            self._lon_deg, self._lon_min, self._lon_sec, self._lon_dir
        )
```

你可以根据自己目前掌握的知识来推断这里发生了什么。GlobalCoordinates 类将纬度和经度转换并存储为由度、分、秒，以及表示基本方向的字符串构成的元组。

之所以创建这个类，是因为它的数据非常适合此处介绍有关特殊方法的典型例子。

7.6.2 转换方法

有很多方法可以用来表示相同的数据，大多数人希望能够将包含数据的对象转换为有意义的 Python 原始类型。例如，将全局坐标转换为字符串或哈希值。你应该仔细考虑自己的类应该支持转换为哪些数据类型。下面介绍一些用于数据转换的特殊方法。

1. 规范字符串表示：__repr__()

在编写一个类时，最好定义__repr__()实例方法，它返回对象的规范字符串表示。这个字符串表示应该包含创建具有相同内容的另一个类实例所需的所有数据。

如果没有为 GlobalCoordinates 定义__repr__()实例方法，Python 将回退到其默认的表示，这几乎没有任何实际用途。创建一个 GlobalCoordinates 实例，并通过 repr()输出这个默认的表示，如清单 7-31 所示。

清单 7-31 global_coordinates_usage.py:1

```
from global_coordinates import GlobalCoordinates
nsp = GlobalCoordinates(latitude=(37, 46, 32.6, "N"),
                        longitude=(122, 24, 39.4, "W"))
print(repr(nsp))
```

运行以上代码将返回以下规范字符串表示：

```
<__main__.GlobalCoordinates object at 0x7f61b0c4c7b8>
```

并不好用，对吧？也可以自行为类定义__repr__()实例方法，如清单 7-32 所示。

清单 7-32　global_coordinates.py:2

```
    def __repr__(self):
        return (
            f"<GlobalCoordinates "
            f"lat={self._lat_deg}°{self._lat_min}'"
            f"{self._lat_sec}\"{self._lat_dir}  "
            f"lon={self._lon_deg}°{self._lon_min}'"
            f"{self._lon_sec}\"{self._lon_dir}>"
        )
```

运行以上代码将返回一个字符串，其中包含创建实例所需的所有信息——类名、纬度和经度，如下所示。

```
<GlobalCoordinates lat=37°46'32.6"N  lon=122°24'39.4"W>
```

2. 易读字符串表示：__str__()

__str__()与__repr__()具有类似的作用，但前者用于生成更可读的文本，而不是更专业的规范表示；后者对于调试更有用。

如果没有定义__str__()，那么__repr__()将被调用，但在这个例子中这是不可取的。用户只应该看到美观的坐标！

清单 7-33 所示为 GlobalCoordinates 的__str__()实例方法。

清单 7-33　global_coordinates.py:3

```
    def __str__(self):
        return (
            f"{self._lat_deg}°{self._lat_min}'"
            f"{self._lat_sec}\"{self._lat_dir} "
            f"{self._lon_deg}°{self._lon_min}'"
            f"{self._lon_sec}\"{self._lon_dir}"
        )
```

不同于__repr__()，这里省略了所有无聊的技术信息，并专注于组合和返回用户可能想要看到的字符串表示。

__str__()在将类的实例传递给 str()时会被调用，尽管将实例直接传递给 print()或作为格式化字符串中的表达式也会调用__str__()，如清单 7-34 所示。

清单 7-34　global_coordinates_usage.py:2

```
print(f"No Starch Press's offices are at {nsp}")
```

输出如下：

```
No Starch Press's offices are at 37°46'32.6"N 122°24'39.4"W
```

可读性得到极大提升！

3. 唯一标识符（哈希）：__hash__()

__hash__()方法通常返回一个哈希值，这是一个整数，它对类实例中的数据而言是唯一的。这允许你在某些集合中使用类的实例，例如字典中的键或集合中的值（请参阅第 9 章）。通常，编写此方法会很有帮助，因为默认行为会导致每个类实例都具有唯一的哈希值，即使两个实例包含完全相同的数据。

__hash__()方法应该只依赖于实例生命周期内不会改变的值！一些集合依赖于这些哈希值永远不会改变，但可变对象的值可能会改变。

清单 7-35 所示为 GlobalCoordinates 的__hash__()方法。

清单 7-35 global_coordinates.py:4

```
    def __hash__(self):
        return hash((
            self._lat_deg, self._lat_min, self._lat_sec, self._lat_dir,
            self._lon_deg, self._lon_min, self._lon_sec, self._lon_dir
        ))
```

以上代码创建了一个包含所有重要实例属性的元组，接着对元组调用 hash()，返回传递给它的任何内容的哈希值，最后返回该哈希值。

陷阱警告： 根据Python官方文档，如果定义了__hash__()，那么也应该定义__eq__()（参见7.6.3小节“比较方法”）。

7

4. 其余的特殊转换方法

Python 有将实例中的数据转换为其他形式的特殊方法。你可以自行决定要在类中定义哪些方法。

- __bool__()应该返回 True 或 False。如果没有定义，那么当自动转换为布尔值时将检查__len__()是否返回非零值（参见第 9 章），否则将始终使用 True。
- __bytes__()应该返回一个 bytes 对象（参见第 12 章）。
- __ceil__()应该返回一个整数，通常是将一个浮点数向上舍入到最接近的整数。
- __complex__()应该返回一个复数。
- __float__()应该返回一个浮点数。
- __floor__()应该返回一个整数，通常是将一个浮点数向下舍入到最接近的整数。
- __format__()应该接收一个表示格式规范（参见第 3 章）的字符串，并返回另一个应用了格式规范的字符串。如何应用格式规范完全取决于你。
- __index__()应该返回与 int()相同的值，如果编写此方法，则还必须定义 int()。这个方法的存在表明该类应该被视为整数类型。你不必丢弃任何数据以获得整数值（无损转换）。
- __int__()应该返回一个整数。可以简单地让这个方法调用__ceil__()、__floor__()、__round__()或__trunc__()。
- __round__()应该返回一个整数，通常是将一个浮点数四舍五入到最接近的整数。
- __trunc__()应该返回一个整数，通常是从一个浮点数中删除非整数（小数）部分。

你只需要定义对你的类来说有意义的特殊方法。在前面的例子中，这些额外的转换方法对一对全局坐标来说并不是特别合适。

7.6.3 比较方法

Python 有 6 个比较方法，分别对应 Python 中的 6 个比较运算符：== 、!= 、< 、> 、<= 和 >=。每个比较方法通常返回一个布尔值。

如果调用其中一个方法，但该方法未定义，则类实例将返回特殊值 NotImplemented，以通知 Python 比较没有发生。这使得 Python 能够决定最佳响应。在与内置类型进行比较的情况下，NotImplemented 将被 Python 隐式转换为布尔值 False，以避免破坏依赖这些方法的算法。在大多数其他情况下，这将引发 TypeError。

1. 等于：__eq__()

__eq__()比较方法由两个等于（==）运算符调用。为 GlobalCoordinates 类定义此方法，如清单 7-36 所示。

清单 7-36 global_coordinates.py:5

```
    def __eq__(self, other):
        if not ❶ isinstance(other, GlobalCoordinates):
            return ❷ NotImplemented

        return (
            self._lat_deg == other._lat_deg
            and self._lat_min == other._lat_min
            and self._lat_sec == other._lat_sec
            and self._lat_dir == other._lat_dir
            and self._lon_deg == other._lon_deg
            and self._lon_min == other._lon_min
            and self._lon_sec == other._lon_sec
            and self._lon_dir == other._lon_dir
        )
```

所有比较方法都接收两个参数：self 和 other。它们分别代表运算符左右两侧的操作数，因此 a == b 将调用 a.__eq__(b)。

在上面的示例中，只有将两个 GlobalCoordinates 实例相互比较才有意义。直接将 GlobalCoordinates 实例与整数或浮点数进行比较是不合逻辑的。因此，这是一种类型很重要的罕见情况。上面的例子使用 isinstance()来确保 other 是 GlobalCoordinates 类（或其子类）的实例❶。比较两个 GlobalCoordinates 实例的纬度和经度的实例属性，如果它们都匹配，则返回 True。

然而，如果 other 是不同类型的，则不会发生比较，因此返回特殊值 NotImplemented ❷。

2. 不等于：__ne__()

__ne__()比较方法对应不等于（!=）运算符。如果该方法未定义，那么对__ne__()的调用将委托给__eq__()，只返回__eq__()的相反值。如果这正是你所期望的，那么无须定义__ne__()。

然而，如果你的不等于比较有更复杂的逻辑，则可能需要定义__ne__()。

3. 小于和大于：__lt__() 和 __gt__()

比较方法__lt__()和__gt__()分别对应小于（<）和大于（>）运算符。这两个特殊方法彼此对立，这意味着一对运算符中的一个可以替换另一个。表达式 a < b 调用 a.__lt__(b)，但如果返回 NotImplemented，则 Python 会自动翻转逻辑并调用 b.__gt__(a)。

因此，如果只比较同一个类的实例，则通常可以只定义其中一个特殊方法：通常是__lt__()。__le__()和__ge__()也是如此，它们分别对应小于或等于（<=）和大于或等于（>=）运算符。

在前面的示例中，两个 GlobalCoordinates 实例之间没有明显的小于或大于的逻辑，因此不需要定义这 4 个比较方法中的任何一个。由于没有定义它们，因此对它们的任何调用都将返回 NotImplemented。

7.6.4　二元运算符支持

特殊方法还允许你为类添加对二元运算符（具有两个操作数的运算符）的支持。如果未定义任何方法，它们将默认返回 NotImplemented，这在表达式中通常会引发错误。

在 GlobalCoordinates 类中，可通过__sub__()方法实现减法运算符（−），如清单 7-37 所示。

清单 7-37　global_coordinates.py:6

```
    def __sub__(self, other):
        if not isinstance(other, GlobalCoordinates):
            return NotImplemented

        lat_diff = self.latitude - other.latitude
        lon_diff = self.longitude - other.longitude
        return (lat_diff, lon_diff)
```

与比较方法类似，二元运算符也需要两个参数：self 和 other。在这里，这些操作数应该是 GlobalCoordinates 类的实例。如果 other 是不同类型的，则返回 NotImplemented；否则执行数学运算并返回一个元组，以表示十进制下纬度和经度的差异。

代码目前只支持两个 GlobalCoordinates 实例之间的减法，如果还要支持减去其他类型，则需要实现__rsub__()，它是__sub__()的反方法。表达式 a−b 调用 a.__sub__(b)，但如果返回 NotImplemented，Python 将在幕后尝试调用 b.__rsub__(a)。因为 a−b 不等于 b−a，所以必须分别定义这两个方法。b.__rsub__(a) 应该返回 a−b 的值。

还有一个方法__isub__()，对应减法增强赋值运算符（−=）。如果未定义此方法，该运算符将回退到__sub__()和__rsub__()（a−= b 变为 a = a−b），因此只有当你需要一些特殊的行为时，才需要定义__isub__()。

Python 的所有 13 个二元运算符，以及 divmod()方法，都依赖于相同的 3 个特殊方法。表 7-1 所示为特殊方法的运算符，仅供参考。

表 7-1　特殊方法的运算符

运算符	方法	反方法	增强方法
+（加）	__add__()	__radd__()	__iadd__()
-（减）	__sub__()	__rsub__()	__isub__()
*（乘）	__mul__()	__rmul__()	__imul__()
@（矩阵相乘）	__matmul__()	__rmatmul__()	__imatmul__()
/（除）	__truediv__()	__rtruediv__()	__itruediv__()
//（向下取整除法）	__floordiv__()	__rfloordiv__()	__ifloordiv__()
%（求余）	__mod__()	__rmod__()	__imod__()
divmod()（计算商和余数）	__divmod__()	__rdivmod__()	N/A
**（求幂）	__pow__()	__rpow__()	__ipow()__
<<（左移）	__lshift__()	__rlshift__()	__ilshift__()
>>（右移）	__rshift__()	__rrshift__()	__irshift__()
and（逻辑与）	__and__()	__rand__()	__iand__()
or（逻辑或）	__or__()	__ror__()	__ior__()
xor（逻辑非）	__xor__()	__rxor__()	__ixor__()

7.6.5　一元运算符支持

一元运算符（只有一个操作数）只接收一个参数 self。如前所述，如果未定义任何方法，则默认返回 NotImplemented。

重写取反运算符（~）以返回一个 GlobalCoordinates 实例，这个实例的纬度和经度相反，如清单 7-38 所示。

清单 7-38　global_coordinates.py:7

```
    def __invert__(self):
        return GlobalCoordinates(
            latitude=self.degrees_from_decimal(-self.latitude, lat=True),
            longitude=self.degrees_from_decimal(-self.longitude, lat=False)
        )
```

这里没有什么新东西，只是依据当前纬度和经度的相反数创建并返回了一个新的 GlobalCoordinates 实例。

一元运算符及其特殊方法如下。

- __abs__()是绝对值函数 abs()的操作方法。
- __invert__()是取反/二元翻转运算符（~）的操作方法。
- __neg__()是负号运算符（-）的操作方法。
- __pos__()是正号运算符（+）的操作方法。

7.6.6 让类可调用

让类可调用等同于让类的实例可调用，这意味着实例可以像函数一样使用。为了实现这一点，可以使用特殊方法是__call__()，它可以接收任意数量的参数并返回任何内容。

为了完成例子，编写一个__call__()方法，如清单 7-39 所示，当传递另一个 GlobalCoordinate 实例时，它将返回两点之间的距离。

清单 7-39 global_coordinates.py:8

```
    def __call__(self, ❶ other):
        EARTH_RADIUS_KM = 6371

        distance_lat = math.radians(other.latitude - self.latitude)
        distance_lon = math.radians(other.longitude - self.longitude)
        lat = math.radians(self.latitude)
        lon = math.radians(self.longitude)
        a = (
            math.sin(distance_lat / 2)
            * math.sin(distance_lat / 2)
            + math.sin(distance_lon)
            * math.sin(distance_lon / 2)
            * math.cos(lat)
            * math.cos(lon)
        )
        c = 2 * math.atan2(math.sqrt(a), math.sqrt(1-a))

      ❷ return c * EARTH_RADIUS_KM
```

记住，__call__()可以接收任何参数。以上代码在 other❶中接收另一个 GlobalCoordinate 实例。然后计算两点之间的距离（以千米为单位）并将结果作为浮点数❷返回。

现在，你可以像使用函数一样使用 GlobalCoordinate 类的任何实例，如清单 7-40 所示。

清单 7-40 global_coordinates_usage.py:3

```
nostarch = GlobalCoordinates(latitude=(37, 46, 32.6, "N"),
                             longitude=(122, 24, 39.4, "W"))

psf = GlobalCoordinates(latitude=(45, 27, 7.7, "N"),
                        longitude=(122, 47, 30.2 "W"))

distance = nostarch(psf)
print(distance)  # 852.6857266443297
```

以上代码定义了两个 GlobalCoordinate 实例，然后通过将其中一个实例传递给另一个实例并存储结果来计算两点之间的距离。

7.6.7 更多特殊方法

其他的特殊方法将在相关功能的章节中介绍，比如第 9 章中关于可迭代对象的特殊方法，第 11 章中关于上下文管理器的特殊方法，以及第 16 章中关于异步的特殊方法。你还可以参考附录 A 来获取完整的特殊方法列表。

7.7　类装饰器

类支持装饰器，就像支持函数一样。类装饰器封装了类的实例化过程，从而允许你以多种方式进行干预，如添加属性、对包含正在被装饰的类实例的另一个类进行初始化，以及立即对新对象执行某些操作等。

为了证明这一点，下面举一个例子。创建一个名为 CoffeeRecipe 的类，其中包含特定咖啡店的咖啡的配方。再创建一个名为 CoffeeOrder 的类，其中包含客户的咖啡订单。CoffeeOrder 类和 CoffeeRecipe 类如清单 7-41 所示。

清单 7-41　coffee_order_decorator.py:1

```
class CoffeeOrder:

    def __init__(self, recipe, to_go=False):
        self.recipe = recipe
        self.to_go = to_go

    def brew(self):
        vessel = "in a paper cup" if self.to_go else "in a mug"
        print("Brewing", *self.recipe.parts, vessel)


class CoffeeRecipe:

    def __init__(self, parts):
        self.parts = parts


special = CoffeeRecipe(["double-shot", "grande", "no-whip", "mocha"])
order = CoffeeOrder(special, to_go=False)
order.brew()  # prints "Brewing double-shot grande no-whip mocha in a mug"
```

现在，你可能已经能够弄清楚这里发生了什么。

假设你开了一家只接受外卖订单的咖啡店，但你不想手动指定每个订单都是外卖订单。不需要定义一个全新的 CoffeeOrder 类，而只需要定义一个类装饰器，如清单 7-42 所示，它允许你从一开始就指定所有订单都是（或都不是）外卖订单。

清单 7-42　coffee_order_decorator.py:2

```
import functools
❶ def auto_order(to_go):
      def decorator(cls):
          @functools.wraps(cls)
          def wrapper(*args, **kwargs):
          ❷ recipe = cls(*args, **kwargs)
          ❸ return (CoffeeOrder(recipe, to_go), recipe)
          return wrapper
  ❹ return decorator
```

这个装饰器接收额外的参数 to_go，因此必须将该装饰器封装在另一个函数中。为此，创建一个双重闭包❶。装饰器从最外层函数❹返回，但是装饰器的有效名称始终来自最外层函数的名称。这种模式适用于所有装饰器，而不仅仅适用于类装饰器。

如果你记得第 6 章的内容，这个装饰器看起来会很熟悉。在初始化封装类的实例❷之后，立即使用该实例初始化一个 CoffeeOrder 实例，然后将 CoffeeOrder 实例与 CoffeeShackRecipe 实例放在一个元组中返回❸。

现在可以创建一个继承自 CoffeeRecipe 类的新类 CoffeeShackRecipe，它没有添加新内容，然后可以应用装饰器使其始终制作外卖订单，如清单 7-43 所示。

清单 7-43 coffee_order_decorator.py:3

```
@auto_order(to_go=True)
class CoffeeShackRecipe(CoffeeRecipe):
    pass


order, recipe = CoffeeShackRecipe(["tall", "decaf", "cappuccino"])
order.brew()  # prints "Brewing tall decaf cappuccino in a paper cup"
```

这个新类可以使用@auto_order 装饰器来扩展，同时不会失去创建 CoffeeRecipe 实例的能力。

可以像使用 CoffeeRecipe 一样使用 CoffeeShackRecipe，但是 CoffeeShackRecipe 实例将返回一个 CoffeeOrder 实例和一个 CoffeeRecipe 实例。你可以在 CoffeeOrder 上调用 brew()。很巧妙，不是吗？

7.8 对象的结构模式匹配

结构模式匹配是在 Python 3.10 中引入的，它支持通过对象的属性进行模式匹配。

例如，假设有一个表示比萨的类，你可能希望根据给定比萨对象的属性执行结构模式匹配，如清单 7-44 所示。

清单 7-44 pattern_match_object.py:1a

```
class Pizza:

    def __init__(self, topping, second_topping=None):
        self.first = topping
        self.second = second_topping

order = Pizza("pepperoni", "mushrooms")

match order:
        case Pizza(first='pepperoni', second='mushroom'):
            print("ANSI standard pizza")
        case Pizza(first='pineapple'):
            print("Is this even pizza?")
```

在每个模式中，指定期望的 order 是什么对象——它在清单 7-44 的第一个 case 中是 Pizza，然后列出该对象的属性及其预期值。例如，如果 order.first 是 'pepperoni' 并且 order.second 是 'mushroom'，则输出“ANSI standard pizza”。

在第二个 case 中，甚至不需要为每个属性指定预期值。如果 order.first 是 'pineapple'，那么无论 order.second 是什么，都会输出“Is this even pizza?”

捕获模式也可以在这里发挥作用。如果第二个配料是 'cheese'，但第一个配料是其他东西，则把第一个配料捕获为 first，这样就可以在 case 套件中使用该值了，如清单 7-45 所示。

清单 7-45　pattern_match_object.py:1b

```
# --snip--

match order:
  # --snip--
    case Pizza(first='pineapple'):
        print("Is this even pizza?")
    case Pizza(first=first, second='cheese'):
        print(f"Very cheesy pizza with {first}.")
```

在这里，如果 order.second 的值是'cheese'，那么 order.first 的值将被捕获为 first，以便在消息中使用。

使用捕获模式创建一个回退情况，如清单 7-46 所示。

清单 7-46　pattern_match_object.py:1c

```
# --snip--

match order:
  # --snip--
    case Pizza(first=first, second='cheese'):
        print(f"Very cheesy pizza with {first}.")
    case Pizza(first=first, second=second):
        print(f"Pizza with {first} and {second}.")
```

在这里，如果前面的模式都不匹配，则捕获 order.first 和 order.second，并使用它们来组成关于比萨的通用消息。

这在不介意输入属性名称的情况下很有用。但有时这有点冗余。例如，假设你有一个 Point 类，它表示三维空间中的一个点，每次都输入 x、y 和 z 会很麻烦，如清单 7-47 所示。

清单 7-47　point.py:1a

```
class Point:
    def __init__(self, x, y, z):
        self.x_pos = x
        self.y_pos = y
        self.z_pos = z


point = Point(0, 100, 0)

match point:
    case Point(x_pos=0, y_pos=0, z_pos=0):
        print("You are here.")
    case Point(x_pos=0, y_pos=_, z_pos=0):
        print("Look up!")
```

在某些情况下，这样的模式会很冗长，尤其当大多数人希望以 x、y、z 的形式指定三维空间中的一个点时。

作为替代，可以定义特殊的__match_args__类属性，以指定模式的值如何按位置映射到对象的属性，如清单 7-48 所示。

清单 7-48 point.py:1b

```
class Point:
    __match_args__ = ('x_pos', 'y_pos', 'z_pos')

    def __init__(self, x, y, z):
        self.x_pos = x
        self.y_pos = y
        self.z_pos = z


point = Point(0, 123, 0)

match point:
    case Point(0, 0, 0):
        print("You are here.")
    case Point(0, _, 0):
        print("Look up!")
```

以上代码将__match_args__定义为一个字符串元组，用于表示想要映射到对象模式匹配中的位置值的属性。也就是说，模式中的第一个位置值被映射到 x_pos，第二个位置值被映射到 y_pos，依此类推。现在，可以通过省略属性的名称来简化模式。

探究笔记：__match_args__类属性会自动定义在dataclasses（尚未讨论）上。

7.9 函数式编程和面向对象编程

函数式编程和面向对象编程可以很好地结合在一起。以下是方法的函数式编程规则（在第 6 章的基础上稍做了修改）。

1. 每个方法都应该做一件特定的事情。
2. 一个方法的实现不应该影响其他方法，也不应该影响程序的其余部分的行为。
3. 避免副作用！方法只能直接改变属于其所在类的属性，而且只有在该行为是方法目的的预期部分时才能这样做。
4. 通常来说，除了属于其所在类的属性，方法不应该有状态或受状态影响。若提供相同的输入，则应该总是产生相同的输出，除非方法的预期行为另有规定。

总而言之，方法应该具有的唯一状态是其所在类或实例的属性，且仅在实现该方法的目的时必须依赖该状态的情况下才具有该状态。

可以在面向对象编程中使用函数式编程范式，将实例视为其他任何变量处理即可。属性只能由其所在实例或类的方法修改，且只能通过点运算符调用：

```
thing.action()  # this can mutate attributes in thing
```

当一个对象被传递给一个函数时，它不应该有所改变（即不应有副作用）：

```
action(thing) # should not modify thing; returns new value or object
```

结合了函数式编程规则和面向对象编程规则的代码将更容易维护。

7.10 什么时候使用类？

不同于 Java 和 C# 等面向类的语言，Python 中并不总是需要编写类。Python 面向对象编程的一个重要知识点是知道何时使用类以及何时不使用类。

7.10.1 类不是模块

不应该在模块足够的情况下使用类。Python 模块允许你通过目的或类别组织变量及函数，因此不需要以相同的方式使用类。

类的设计目标是将数据与访问和修改数据的方法捆绑在一起。因此，应该根据数据决定是否创建一个类。让数据为这个决策提供参考：数据是否描述了对象试图表示的事物？

此外，应确保类中包含的任何方法都与属性直接相关。换句话说，将方法视为对象可以做的事情。任何不符合此标准的方法都不应该包含在类中。

类似的，要注意如何构建类。举个例子，你的房子有一个厨房水槽，但与厨房水槽相关的属性和方法应该属于 KitchenSink 类，而且该类的实例应该属于房子。

7.10.2 单一职责

面向对象编程的一个重要原则是单一职责原则。就像函数一样，一个类应该具有单一的、明确定义的职责。一个函数做一件事，一个类代表一件事。

要避免编写“全能类”，即不要试图在一个类中做许多不同的事情。这不仅容易出错、难以维护，而且会使代码结构非常混乱。

7.10.3 共享状态

类属性和类方法允许你编写静态类，这是在程序中的多个模块之间共享状态的首选方法。静态类比全局变量更清晰、更可预测，并且比单例设计模式更容易编写、维护和调试。（如果你从未听说过单例，那么这对你来说会更好。）

单一职责原则仍然适用于这里。例如，包含当前用户首选项的静态类可能是有意义的，但是当前用户配置文件不应该被放入同一个类中。

7.10.4 对象是否适合你？

虽然可以使用类和对象编写整个程序，但这并不意味着应该这样做。

相反，应该将类和对象保留在它们最擅长的地方：封装。记住：

- ❑ 模块按目的和类别组织事物；
- ❑ 函数利用提供的数据（参数）执行任务并返回值；

- 集合是有机的数据集，对这些数据集的访问是可预测的（请参阅第 9 章）；
- 类定义对象，其中包含属性和相关行为（方法）。

值得花一些时间选择合适的工具来完成工作。当你这样做时，你会发现类和对象补充了模块、函数（和函数式编程）和集合的不足之处。

7.11　本章小结

在其他编程语言中，类和对象可能是基本工具，也可能不常使用。但在 Python 中，无法避免对象——毕竟一切皆对象。但你可以决定类在代码中扮演的角色。

在任何情况下，无论是使用传统的面向对象编程技术还是使用函数式编程范式，Python 类都提供了一种可靠的方法来组织数据。特性使得编写看起来与访问普通属性相同的 getter 和 setter 成为可能。特殊方法甚至使得创建与 Python 的所有功能一起使用的全新数据类型成为可能。

客观地说，Python 是一种很有风格的语言。

第 8 章

错误和异常

在许多编程语言中，异常被程序员视为大敌，也是某种失败的标志。然而，Python 开发人员认为异常有助于编写更好的代码。

Python 提供了许多你可能觉得熟悉的异常处理工具，但是我们使用它们的方式可能与你习惯的方式不同。这些工具可以帮助你做的不仅仅是清理混乱。甚至可以说，Python 中的异常处理是“异常出色的”。

本章首先演示 Python 中的异常是什么样子的，以及如何阅读它们附带的消息；然后介绍捕获异常、处理异常和引发异常；接下来展示如何利用异常来控制程序的流程；最后介绍常见的异常类型。

8.1 Python 中的异常

如果异常（在 Python 中有时也称为错误）对你来说是陌生的，以下是“异常”的一般定义：

异常：（计算机）正常处理中的中断，通常由错误条件引起，可以由程序的另一部分处理。

让我们从一个看似无害的程序开始：一个猜数字游戏。这里只使用前文介绍过的概念，下面看看你能否在我指出错误之前发现异常。

首先创建一个函数，它选择一个随机数，玩家必须尝试猜测这个数字，如清单 8-1 所示。

清单 8-1 number_guess.py:1

```
import random


def generate_puzzle(low=1, high=100):
    print(f"I'm thinking of a number between {low} and {high}...")
    return random.randint(low, high)
```

然后创建另一个函数，它从用户那里获取一个猜测，并输出猜测的数字是大了、小了，还是猜对了，如清单 8-2 所示。

清单 8-2 number_guess.py:2a

```
def make_guess(target):
    guess = int(input("Guess: "))

    if guess == target:
        return True
```

```
    if guess < target:
        print("Too low.")
    elif guess > target:
        print("Too high.")
    return False
```

返回一个布尔值来指明猜测是否正确。清单 8-3 所示的函数负责运行游戏并跟踪玩家还有多少次猜测机会。

清单 8-3 number_guess.py:3

```
def play(tries=8):
    target = generate_puzzle()
    while tries > 0:
        if make_guess(target):
            print("You win!")
            return
        tries -= 1
        print(f"{tries} tries left.")

    print(f"Game over! The answer was {target}.")
```


调用 play()函数，如清单 8-4 所示，当模块执行时游戏开始。

清单 8-4 number_guess.py:4

```
if __name__ == '__main__':
    play()
```

按照正常的方式测试这个游戏，一切似乎按预期进行。第一次玩这个游戏的结果如下：

```
I'm thinking of a number between 1 and 100...
Guess: 50
Too low.
7 tries left.
Guess: 75
Too low.
6 tries left.
Guess: 90
Too high.
5 tries left.
Guess: 87
You win!
```

作为程序员，我们的第一反应是礼貌地测试程序。我们有一种潜意识的感觉，知道什么会导致代码出错，我们本能地绕过这些可能的错误。但是如果你做过有意义的测试，就会知道 Stack Overflow 联合创始人 Jeff Atwood 所说的“对你的代码做糟糕的事情”这句话的价值。

或者，就像程序员 Bill Sempf 说的那样：

> QA 工程师走进酒吧，点了一杯啤酒；点了 0 杯啤酒；点了 999999999 杯啤酒；点了一只蜥蜴；点了−1 杯啤酒；点了一杯 sfdeljknesv。

所以测试这段代码的正确方法应该是向它输入它不期望或不理解的内容，如清单 8-5 所示。

清单 8-5　跟踪 number_guess.py 的运行

```
I'm thinking of a number between 1 and 100...
Guess: Fifty
Traceback (most recent call last):
  File "./number_guess.py", line 35, in <module>
    play()
  File "./number_guess.py", line 25, in play
    if make_guess(target):
  File "./number_guess.py", line 10, in make_guess
    guess = int(input("Guess: "))
ValueError: invalid literal for int() with base 10: 'Fifty'
```

看，一个 ValueError：程序无法处理以单词形式拼写的数字。显然，我们需要做点什么。

8.2　阅读异常信息

发生异常后出现的输出（traceback）是异常信息，用于指出什么出错了，以及出错的位置。异常信息中包含了所发生错误的详细信息、错误发生的行，以及整个调用栈。整个调用栈会显示出来，你需要确定出错的位置。

建议从底部开始阅读异常信息。让我们从清单 8-5 中收到的异常信息的最后一行开始，逐段分析：

```
ValueError: invalid literal for int() with base 10: 'Fifty'
```

这行信息告诉你什么出错了。具体来说，ValueError 被引发，因为值'Fifty'被传递给 int()函数。with base 10 部分与 base 参数的默认值有关。换句话说，Python 无法使用 int()函数将字符串'Fifty'转换为整数。这是异常信息的最后一行。在修复 bug 之前，务必阅读并完全理解它！

下面两行信息则告诉你出错的位置是./number_guess.py 文件中第 10 行的 make_guess()函数：

```
  File "./number_guess.py", line 10, in make_guess
    guess = int(input("Guess: "))
```

Python 甚至给你提供了有问题的代码行，你可以看到 int()函数包裹着 input()函数。

有些时候，问题就出在这里，所以你可以在这里停下来，想办法修复问题。还有些时候，异常可能是调用栈中更高层代码中的错误导致的，例如将错误的数据传递给了参数。继续往上阅读异常信息：

```
  File "./number_guess.py", line 25, in play
    if make_guess(target):
```

你已经知道错误发生在 make_guess()函数中。这里没有问题，参数 target 与错误无关。同样，以下异常信息中列出的代码也不可能导致错误：

```
  File "./number_guess.py", line 35, in <module>
    play()
```

play()函数在 ./number_guess.py 文件的第 35 行被调用，而且调用不是在任何函数中发生的。相反，它来自模块范围，如<module>所示。

异常信息的第一行总是一样的，但如果你忘记如何正确阅读异常信息，这一行是一个很好的提醒：

```
Traceback (most recent call last):
```

最近执行的代码总是最后列出！因此，正如之前所说，应从底部开始阅读异常信息。

8.3 捕获异常：LBYL 和 EAFP

在许多编程语言中，通常的做法是在尝试将输入转换为整数之前测试它们。这称为“先看后跳”（Look Before You Leap，LBYL）哲学。

Python 有着不同的做法，官方称之为“请求宽恕比请求许可更容易”（Easier to Ask Forgiveness than Permission，EAFP）。我们不是阻止错误，而是接受它们，并使用 try 语句来处理异常情况。

尝试将 make_guess()函数重写为使用异常处理的形式，如清单 8-6 所示。

8

清单 8-6 number_guess.py:2b

```
def make_guess(target):
    guess = None
    while guess is None:
        try:
            guess = int(input("Guess: "))
        except ValueError:
            print("Enter an integer.")

    if guess == target:
        return True

    if guess < target:
        print("Too low.")
    elif guess > target:
        print("Too high.")
    return False
```

初始化 guess 的值为 None，这样只要没有给 guess 赋值，程序就会一直提示用户输入。之所以使用 None 而不是 0，是因为 0 仍然是一个有效的整数。

在循环的每次迭代中，尝试获取用户的输入并转换为数字。如果转换失败，int()将引发 ValueError。

如果引发 ValueError，则意味着用户输入了一些非数字内容，例如'Fifty'或空字符串。可以捕获该异常并通过输出异常信息来处理该情况。由于 guess 仍然为 None，因此整个循环会重复，并再次提示用户输入。

如果 int()转换成功，那么这段代码不会采取进一步的行动，继续执行函数的其余部分。所谓的正确路径，就是没有错误的路径。

为了理解为什么 EAFP 策略是首选的异常处理哲学，请将其与 LBYL 策略进行比较。清单 8-7 所示为 LBYL 策略，用于确认字符串只包含数字。

清单 8-7　number_guess.py:2c

```
def make_guess(target):
    guess = None
    while guess is None:
        guess = input()
        if guess.isdigit():
            guess = int(guess)
        else:
            print("Enter an integer.")
            guess = None

    if guess == target:
        return True

    if guess < target:
        print("Too low.")
    elif guess > target:
        print("Too high.")
    return False
```

这段代码是完全有效的，但效率不高。无论每个猜测是错误的还是正确的，都在其上运行 isdigit()，如果通过测试，就运行 int()进行转换。因此，在正确的情况下处理 guess 中的字符串两次，在错误的情况下则只处理一次。而前面的 try 语句中的 EAFP 策略只处理字符串一次。

有人会抱怨："是的，但是异常处理的开销很大！"确实如此，但我们只有在出现异常的情况下才处理异常。try 语句通常在 Python 中具有非常小的开销，处理特殊情况的额外代码仅在出现异常时运行。如果设计了正确的代码，那么正确路径应该比异常路径更常见。

EAFP 策略也更容易理解。与预测每个可能的错误输入（在更复杂的现实场景中，这是一项艰巨的任务）相比，只需要预测可能出现的异常、捕获它们并相应地处理它们即可。也就是说，有时需要花一些时间来弄清楚到底期望什么类型的异常。

8.4　多异常处理

try 语句不仅可以处理某种异常，还可以在复合语句中处理多种异常。

为了演示这一点，创建一个简单的、可调用的 AverageCalculator 类，该类将接收一组输入并使用它们来重新计算存储的运行平均值，如清单 8-8 所示。

清单 8-8　average_calculator.py:1

```
class AverageCalculator:

    def __init__(self):
        self.total = 0
        self.count = 0

    def __call__(self, *values):
        if values:
            for value in values:
                self.total += float(value)
                self.count += 1
        return self.total / self.count
```

在使用这个 AverageCalculator 类时，有几种可能的异常会出现，但我们更愿意使用用户界面代码来处理它们，以便显示异常信息。

清单 8-9 所示为计算器的基本命令行界面。

清单 8-9 average_calculator.py:2

```
average = AverageCalculator()
values = input("Enter scores, separated by spaces:\n    ").split()
try:
    print(f"Average is {average(*values)}")
except ❶ ZeroDivisionError:
    print("ERROR: No values provided.")
except (❷ ValueError, ❸ UnicodeError):
    print(f"ERROR: All inputs should be numeric.")
```

调用 average()时可能出现 3 种异常。

用户可能不传递任何值，这意味着 total（call()中除法的除数）可能为零，从而引发 ZeroDivisionError ❶。

一个或多个输入可能无法转换为浮点值，从而引发 ValueError ❷。

这里有 3 个 except 子句，每个 except 子句都处理一个异常类型。第一个 except 子句处理 ZeroDivisionError，第二个 except 子句处理 ValueError 和 UnicodeError。如果没有出现任何异常，那么 except 子句将被跳过。

在 try 子句的套件中调用 average()，然后在 except 子句中捕获异常。

当 ZeroDivisionError 被捕获时❶，输出用户没有提供任何值的信息。

在 except 子句中处理 ValueError ❷和（冗余的）UnicodeError ❸。如果用户尝试输入非数字内容，就可能出现这两种异常。通过在 except 之后指定一个元组，可以捕获任意异常并以相同的方式处理它们——本例通过输出一条消息，指出某些输入不是数字。

为了在一个合理的示例中演示这一点，这里编写了一些有点复杂的代码。在现实世界中，可以将 try 语句放在__call__()方法内部。虽然这个示例偏离了 Python 的惯用法，但它演示了一条更复杂的 try 语句。

8.5 当心“尿布反模式”

Python 开发者迟早都会发现，空的 except 子句也会起作用，如清单 8-10 所示。

清单 8-10 diaper_antipattern.py

```
try:
    some_scary_function()
except:
    print("An error occurred. Moving on!")
```

在这里，空的 except 子句允许你捕获所有异常。这是 Python 中“极为邪恶”的反模式之一。无论异常是否在预料之内，其都会被空的 except 子句捕获。

异常的作用是提醒你，你的程序现在处于异常状态，这意味着它无法继续沿着预期的正确路径运行下去，因为会导致意外甚至灾难性的结果。在忽略了每个错误后，你不知道这些异常状态是什么，也不知道是什么导致了异常。你抛弃了宝贵的异常信息，并强制程序继续运行，就像什么都没有发生一样。

Mike Pirnat 在其著作 *How to Make Mistakes in Python*（《如何在 Python 中犯错》）中称这种模式为“尿布反模式”。

> 所有有关实际错误的宝贵的上下文都被“尿布”捕获，永远看不到光明，也不会进入问题追踪器。当“爆裂”异常随后发生时，堆栈跟踪指向第二个错误发生的位置，而不是 try 块内部的实际错误。

更糟糕的是，如果程序不再引发第二个异常，而你仍然尝试在第一个异常无效的状态下工作，那么通常会出现大量奇怪的现象。

记住，一定要明确地捕获特定的异常类型！任何无法预见的异常都可能与需要解决的某些错误相关。

Python 之禅对此也有所阐述：

> 不应悄悄放过错误，
> 除非确定需要这样。

这里还有另一个“恶魔般”的副作用，下面利用一个简单的程序来演示如何通过名字问候某人，如清单 8-11 所示。

清单 8-11 no_escape.py:1a

```
def greet():
    name = input("What's your name? ")
    print(f"Hello, {name}.")


while True:
    try:
        greet()
        break
    except:
        print("Error caught")
```

要在 Linux 终端运行这个程序并退出，可以按 Ctrl+C 组合键。让我们来看看这样做时会发生什么：

```
What's your name? ^CError caught
What's your name? ^CError caught
What's your name? ^CError caught
What's your name?
```

啊！我被困住了！问题在于 KeyboardInterrupt。当你在 Linux 终端按 Ctrl+C 组合键时，就会引发 KeyboardInterrupt。该异常将被捕获和“处理”，最终被完全忽略。要想退出，除了终止终端并手动终止 Python 进程之外，没有其他办法。（幸运的是，在这个例子中，仍然可以通过输入一个名字来退出。)

KeyboardInterrupt 异常本身并没有从 Exception 类继承，就像错误一样。因此，一些（过于）聪明的开发者可能会采取清单 8-12 所示的做法。

清单 8-12 no_escape.py:1b

```
def greet():
    name = input("What's your name? ")
    print(f"Hello, {name}.")


while True:
    try:
        greet()
        break
    except Exception:
        print("Error caught")
```

因为不再捕获 KeyboardInterrupt（这是好事），所以现在可以按 Ctrl+C 组合键退出了。遗憾的是，这仍然是一种“尿布反模式”，原因我们之前提到过：它捕获了每一个可能的异常！只有当与日志记录结合使用时，这才是可以接受的。

8.6 抛出异常

当代码中存在无法自动恢复的问题时，也可以主动引抛出异常，例如，当调用函数的人传递一个无法使用的参数时。Python 有几十个常见的异常，你可以根据需要进行选择（见 8.10 节“异常一览”)。

为了演示这一点，这里有一个函数，它接收一个包含数字的字符串（用空格分隔），并计算平均值。在这里，我捕获了最常见的异常，并提供了一些更有用且相关的异常信息，如清单 8-13 所示。

清单 8-13 average.py:1

```
def average(number_string):
    total = 0
    skip = 0
    values = 0
    for n in number_string.split():
        values += 1
      ❶ try:
            total += float(n)
      ❷ except ValueError:
            skip += 1
```

以上代码将提供的字符串按空格进行分割，并循环遍历每个部分。在 try 子句❶中，尝试将每个部分转换为浮点数，并将结果添加到累加器中。如果某一部分不能转换为数字，则引发 ValueError ❷，我会标记跳过了该部分，然后继续。

继续编写 average()函数，如清单 8-14 所示。

清单 8-14　average.py:2

```
❸ if skip == values:
       raise ValueError("No valid numbers provided.")
   elif skip:
       print(f"<!> Skipped {skip} invalid values.")

   return total / values
```

处理完字符串后，检查是否跳过了所有的值❸。如果跳过了所有的值，则引发另一个ValueError，将异常信息传递给异常的构造函数；否则，如果只有某些值被跳过，则输出一条有用的消息，然后继续。

抛出异常会导致函数立即退出，就像 return 语句一样。因此，如果没有值（例如当用户传入一个空字符串时），则不需要担心最后的 return 语句是否运行。

用法如清单 8-15 所示。

清单 8-15　average.py:3

```
while True:
    line = input("Enter numbers (space delimited):\n ")
    avg = average(line)
    print(avg)
```

运行这段代码并尝试一些输入：

```
Enter numbers (space delimited):
    4 5 6 7
5.5
```

第一次输入后，程序正常运行，返回指定的 4 个数字的平均值。

```
Enter numbers (space delimited):
    four five 6 7
<!> Skipped 2 invalid values.
3.25
```

第二次输入后，程序也可以正常运行，跳过两个无效值，并返回其他两个值的平均值。

```
Enter numbers (space delimited):
    four five six seven
Traceback (most recent call last):
  File "./raiseexception.py", line 25, in <module>
    avg = average(line)
  File "./raiseexception.py", line 16, in average
    raise ValueError("No valid numbers provided.")
ValueError: No valid numbers provided.
```

第三次输入不包含任何有效数字，所以程序崩溃了。阅读异常信息，可以看到之前引发的异常及其从哪里引发。

重写程序底部的无限循环，如清单 8-16 所示。

清单 8-16　average.py:3b

```
while True:
    try:
        line = input("Enter numbers (space delimited):\n")
        avg = average(line)
```

```
    print(avg)
except ValueError:
    print("No valid numbers provided.")
```

以上代码将用户的输入/输出逻辑封装在了 try 子句中，然后捕获 ValueError 并输出一条消息。让我们试试这个新版本：

```
Enter numbers (space delimited):
    four five six
No valid numbers provided.
Enter numbers (space delimited):
    4 5 6
5.0
```

完美！当输入错误时，average()函数内部引发的异常在这里被捕获，适当的消息被输出。（随后便可以按 Ctrl+C 组合键退出。）

8.7 使用异常

与 Python 中的其他所有对象一样，异常是可以直接使用和提取信息的对象。

例如，可以使用异常来处理访问字典中的值的逻辑，而不需要事先知道指定的键是否有效。（关于是否以及何时使用这种方法存在一些争议，第 9 章将重新讨论这个话题。）

这里有一个关于使用字典异常的示例，它允许用户通过人名查找电子邮件地址。

首先定义一个包含人名和电子邮件地址的字典，如清单 8-17 所示。

清单 8-17 address_book.py:1

```
friend_emails = {
    "Anne": "anne@example.com",
    "Brent": "brent@example.com",
    "Dan": "dan@example.com",
    "David": "david@example.com",
    "Fox": "fox@example.com",
    "Jane": "jane@example.com",
    "Kevin": "kevin@example.com",
    "Robert": "robert@example.com"
}
```

清单 8-18 所示为查找函数。

清单 8-18 address_book.py:2

```
def lookup_email(name):
    try:
        return friend_emails[name]
    except KeyError ❶ as e:
        print(f"<No entry for friend {e}>")
```

以上代码尝试在 try 子句中使用 name 参数作为字典的键。如果键不在字典中，将引发 KeyError。使用 as e ❶捕获该异常，以便稍后使用。在引发 KeyError 的情况下，str(e)将返回刚才尝试在字典中使用的键的值。

最后，清单 8-19 所示为使用查找函数的代码。

清单 8-19 address_book.py:3

```
name = input("Enter name to look up: ")
```

```
email = lookup_email(name)
print(f"Email: {email}")
```

运行这段代码并传递一个不在字典中的人名，即可看到异常处理的结果：

```
Enter name to look up: Jason
<No entry for friend 'Jason'>
Email: None
```

8.7.1　异常和日志

KeyError 的不寻常之处在于，它的消息完全由错误的键组成。大多数异常包含完整的错误消息，可以用于日志记录，其中的错误提示、警告和其他信息被输出到终端或保存到文件中，供最终用户检查，以防出现纰漏。用户期望程序表现良好、不会崩溃，但错误并不总是可以避免。通常，软件会将错误记录到文件或终端，以帮助程序员调试崩溃和错误。

为了演示这一点，让我们编写一个非常基本的计算器程序。该程序旨在演示概念，因此这里不会深入介绍日志记录工具和实践本身。第 19 章将更全面地介绍日志记录。

1. 日志配置

这个计算器程序需要引入一些库，如清单 8-20 所示。

清单 8-20　calculator.py:1

```
import logging
from operator import add, sub, mul, truediv
import sys
```

logging 模块包含 Python 的内置日志记录工具。operator 模块包含用于对任意值执行数学运算的优化函数。sys 模块则提供了与解释器本身交互的工具。

logging.basicConfig()函数允许你配置日志级别，以及指定要将日志写入哪个文件等，如清单 8-21 所示。

清单 8-21　calculator.py:2

```
logging.basicConfig(filename='log.txt', level=logging.INFO)
```

这里有 5 个日志级别：DEBUG、INFO、WARNING、ERROR 和 CRITICAL。通过设置 level=logging.INFO，可以让 logging 模块记录 INFO 及以上级别（WARNING、ERROR 和 CRITICAL 级别）的所有日志消息。这意味着只有标记为 DEBUG 的日志消息会被忽略。

通过传递参数 filename='log.txt'，可以指定日志应该写入一个名为 log.txt 的文件。如果想要将日志输出到控制台，可以将参数 filename 设为空。

陷阱警告： 在实践中，logging.basicConfig()通常只出现在程序中的if __name__ == "__main__": 部分，因为这会改变logging模块的全局行为（见第19章）。

清单 8-22 所示为实际的 calculator()函数。

清单 8-22　calculator.py:3

```
def calculator(a, b, op):
```

```
    a = float(a)
    b = float(b)
    if op == '+':
        return ❶ add(a, b)
    elif op == '-':
        return sub(a, b)
    elif op == '*':
        return mul(a, b)
    elif op == '/':
        return truediv(a, b)
    else:
      ❷ raise NotImplementedError(f"No operator {op}")
```

数学运算符函数（如 add()❶）来自之前导入的 operator 模块。

calculator()函数不会执行检查，它是根据第 7 章所讲的单一职责原则设计的。使用 calculator()函数的代码应该为其提供正确的参数，并预判和处理异常，这些代码也可能由于一个明确的未处理的异常而崩溃（从而表明代码是错误的）。

这里有一个异常（并不意外的异常）。如果用户在 op 参数中指定了 calculator()函数不支持的运算符，将引发 NotImplementedError❷。这个异常应该在请求不存在的功能时引发。

8

陷阱警告： 不要将NotImplementedError与NotImplemented混淆。任何未实现的特殊方法（双下画线方法）都应该返回NotImplemented，这样依赖这种特殊方法的代码就会被通知而不会运行失败。任何尚未实现（或永远不会实现）的自定义方法或函数都应该返回NotImplementedError，因此任何使用它们的尝试都将失败并抛出异常。

2. 输出异常日志

接下来演示 calculator()函数的使用方法，并列出所有的异常处理和日志记录代码。我将把这个问题分解成几个部分，并分别讨论每个部分。调用 calculator()函数的代码如清单 8-23 所示。

清单 8-23 calculator.py:4

```
print("""CALCULATOR
Use postfix notation.
Ctrl+C or Ctrl+D to quit.
""")

❶ while True:
  ❷ try:
        equation = input(" ").split()
        result = calculator(*equation)
        print(result)
```

首先输出程序的名称和一些用户指令。然后在 While 循环❶的 try 子句❷中，尝试从用户那里收集输入，并将它们传递给 calculator()函数。如果成功，就输出结果，循环重新开始。然而，有许多异常可能会发生，可在 except 子句中处理它们，如清单 8-24 所示。

清单 8-24 calculator.py:5

```
    except NotImplementedError as e:
        print("<!> Invalid operator.")
        logging.info(e)
```

如果遇到了 NotImplementedError，就将其捕获为一个可用对象 e，这意味着在传递给 calculator()的 op 参数中指定了一个无效的运算符。在为用户输出一些信息之后，可通过把错误 e 传递给 logging.info()函数将其记录下来（作为 INFO 级别）。这将记录异常信息（你马上就会看到），不需要向用户显示异常信息。捕获 ValueError 的代码如清单 8-25 所示。

清单 8-25　calculator.py:6

```
    except ValueError as e:
        print("<!> Expected format: <A> <B> <OP>")
        logging.info(e)
```

如果 float()无法将参数 a 或 b 转换为浮点数，ValueError 异常将被抛出。这可能意味着用户输入了非数字字符，或者运算符的顺序指定错误。记住，这里要求用户输入后缀符号，这意味着运算符在两个操作数之后。在任何一种情况下，提醒用户需要使用的格式，并且再次将异常记录为 INFO 级别，如清单 8-26 所示。

清单 8-26　calculator.py:7

```
    except TypeError as e:
        print("<!> Wrong number of arguments. Use: <A> <B> <OP>")
        logging.info(e)
```

如果用户向 calculator()函数传递了太多或太少的参数，将引发 TypeError。再次将异常记录为 INFO 级别，并为用户输出一个关于输入正确格式的提醒，然后继续捕获 ZeroDivisionError，如清单 8-27 所示。

清单 8-27　calculator.py:8

```
    except ZeroDivisionError as e:
        print("<!> Cannot divide by zero.")
        logging.info(e)
```

如果用户尝试除以零，则会引发 ZeroDivisionError。将异常记录为 INFO 级别并通知用户。

最后，使用 KeyboardInterrupt 和 EOFError 分别捕获 UNIX 终端按键 Ctrl+C（程序终止）和 Ctrl+D（文件结束）。在以上任何一种情况下，输出一条友好的告别信息，然后使用 sys.exit(0) 正确地退出程序，如清单 8-28 所示。

清单 8-28　calculator.py:9

```
    except (KeyboardInterrupt, EOFError):
        print("\nGoodbye.")
        sys.exit(0)
```

下面执行这个计算器程序：

```
CALCULATOR
Use postfix notation.
Ctrl+C or Ctrl+D to quit.
 11 31 +
42.0
 11 + 31
<!> Expected format: <A> <B> <OP>
```

```
 11 + 31 + 10
<!> Wrong number of arguments. Use: <A> <B> <OP>
 11 +
<!> Wrong number of arguments. Use: <A> <B> <OP>
 10 0 /
<!> Cannot divide by zero.
 10 40 @
<!> Invalid operator.
 ^C
Goodbye.
```

总而言之，这是一种良好的用户体验。预料之内的所有异常都被适当地捕获和处理，程序可以很好地退出。

3. 查看并清理日志

我们来看看已经创建的 log.txt 文件，如清单 8-29 所示。

清单 8-29 log.txt

```
INFO:root:could not convert string to float: '+'
INFO:root:calculator() takes 3 positional arguments but 5 were given
INFO:root:calculator() missing 1 required positional argument: 'op'
INFO:root:float division by zero
INFO:root:No operator @
```

这里是我使用程序时记录的所有 5 个异常消息。

实际上，在生产软件中，永远不要将任何预期的异常写入文件，因为这会导致文件非常大且难以处理！因此，建议将所有的日志命令更改为 logging.debug()，以 DEBUG 级别记录异常信息。这样，如果需要在调试期间浏览异常，只需要将日志配置更改为 logging.basicConfig(filename='log.txt', level=logging.DEBUG)即可。可以使用 INFO 级别进行日志记录，从而规范调试信息。

8.7.2 冒泡

前面创建的日志方案中有一个非最优的部分：任何意外的异常都不会被记录。理想情况下，没有预料到的任何异常都应该被记录为 ERROR 级别，但仍然允许程序崩溃，这样代码就不会试图在未处理的异常状态下继续运行了。

谢天谢地，我们可以重新抛出所有已捕获的异常，这一行为在 Python 中被称为冒泡（Bubbling Up）。由于异常在重新抛出后没有再次被捕获，因此程序会崩溃。

保持前面添加的 try 子句不变（见清单 8-23～清单 8-28），但在最后添加一个 except 子句，如清单 8-30 所示。

清单 8-30 calculator.py:10

```
    except Exception as e:
        logging.exception(e)
      ❶ raise
```

except 子句是按顺序执行的，这就是为什么这个新的 except 子句必须出现在当前 try 子句的末尾。

这可能看起来非常接近于尿布反模式，但是在这里，不仅没有隐藏错误，而且只捕获实际的错误，也就是任何继承自 Exception 的对象。不继承自 Exception 的非错误“异常”，如 StopIteration 和 KeyboardInterrupt，不会被这个 except 子句捕获。

可以使用特殊方法 logging.exception(e)来记录错误消息和异常信息，级别为 ERROR。当用户发送带有错误报告的日志文件时，开发者需要使用这些异常信息来查找和修复 bug。

raise 子句用于将错误重新抛出，同时也会抛出最后捕获的异常❶。（也可以使用 raise e，但是在这种情况下，为了使代码和异常信息简洁，建议使用简单的 raise。）在这里，冒泡错误是绝对必要的，否则这将成为尿布反模式的一个例子。

8.7.3　异常链

当捕获一个异常后抛出另一个异常时，有可能丢失原始错误的上下文。为了避免出现这种情况，Python 提供了异常链。通过这种方式，你可以抛出一个新的异常，而不会丢失已经获得的所有有用信息。这是在 Python 3.0 中引入的（通过 PEP 3134）。

下面将这个概念应用到一个程序中，这个程序用于查找著名地标所在的城市和州。首先定义程序的字典，如清单 8-31 所示。

清单 8-31　landmarks.py:1

```
cities = {
    "SEATTLE": "WASHINGTON, USA",
    "PORTLAND": "OREGON, USA",
    "BOSTON": "MASSACHUSETTS, USA",
}

landmarks = {
    "SPACE NEEDLE": "SEATTLE",
    "LIBERTY SHIP MEMORIAL": "PORTLAND",
    "ALAMO": "SAN ANTONIO",
}
```

清单 8-32 所示的函数用于在字典中查找地标及对应的城市。

清单 8-32　landmarks.py:2

```
def lookup_landmark(landmark):
    landmark = landmark.upper()
    try:
        city = landmarks[landmark]
        state = cities[city]
❶   except KeyError as e:
      ❷ raise KeyError("Landmark not found.") from e
    print(f"{landmark} is in {city}, {state}")
```

在这个函数中，尝试在 landmarks 字典中查找地标。如果没有找到，就引发 KeyError，并捕获这个异常❶，然后重新抛出更有用的异常信息❷。当抛出新的异常时，使用 from e 来指定这个异常（e）是由捕获的异常引起的。这确保了异常信息会显示导致错误的原因：没有找到城市或地标。

清单 8-33 演示了这个函数的用法。

清单 8-33 landmarks.py:3

```
lookup_landmark("space needle")
lookup_landmark("alamo")
lookup_landmark("golden gate bridge")
```

以上代码通过查找 3 个地标来测试 lookup_landmark()函数，其中两个（"alamo"和"golden gate bridge"）将引发异常，但是原因不同。在查找"alamo"的情况下，虽然地标在 landmarks 字典中，但是对应的城市"SAN ANTONIO"在 cities 字典中缺失。在查找"golden gate bridge"的情况下，地标甚至不在 landmarks 字典中。

探究笔记： 更好的设计是将两个字典查找拆分成两个try语句来处理。最好的设计是使用一些更适合处理这种情况的集合，因为字典真的不适合。

8

这段代码不会执行最后一行，因为倒数第二行会抛出异常，输出如下：

```
SPACE NEEDLE is in SEATTLE, WASHINGTON, USA
Traceback (most recent call last):
  File "./chaining.py", line 18, in lookup_landmark
    state = cities[city]
❶ KeyError: 'SAN ANTONIO'

❷ The above exception was the direct cause of the following exception:

Traceback (most recent call last):
File "./chaining.py", line 25, in <module>
    lookup_landmark("alamo")
File "./chaining.py", line 20, in lookup_landmark
  raise KeyError("Landmark not found.") from e
❸ KeyError: 'Landmark not found.'
```

正如你在代码中看到的一样，第一个 lookup_landmark()调用正常。请记住，你是从异常信息的底部向上阅读的，你会看到第二个 lookup_landmark()调用失败，引发了“Landmark not found.”错误❸。

这个异常信息的上方是一个通知，用于说明这个异常是由另一个异常引起的❷。

果然，在更上面的异常信息中，你找到了问题所在：Python 在 cities 字典中找不到 SAN ANTONIO 这座城市❶。

即便没有添加 raise KeyError from e，Python 通常也会包含上下文，两个异常信息之间会有一条更加晦涩且不太有用的消息：

```
During handling of the above exception, another exception occurred:
```

所以即便不需要显式地使用异常链，养成这个好习惯也是很有必要的。

可以使用 raise e from None 显式地禁用异常链。

8.8 else 和 finally

到目前为止，所有的异常处理示例都依赖于 try 语句和 except 子句，这使得代码的其余部分在任何情况下都可以运行，除非调用 return 语句或利用 raise 语句的中断行为来退出函数。

try 语句还有两个可选子句：else 子句在没有异常时运行；finally 子句在任何情况下都会运行，但是运行方式有些令人惊讶。

8.8.1 else：如果所有功能正常运行

你应该使用 else 子句来处理那些只有在没有 except 子句捕获任何异常时才运行的代码段。

为了演示，下面编写一个程序，这个程序用于查找数字列表的平均值，并始终输出有效的浮点数。空字符串的平均值应该是常量 math.inf，任何非数字输入都应该产生常量 math.nan。average_string 函数如清单 8-34 所示。

清单 8-34 average_string.py:1

```
import math


def average_string(number_string):
    try:
        numbers = [float(n) for n in number_string.split()]
    except ValueError:
        total = math.nan
        values = 1
```

调用 average_string()函数时，将尝试创建一个浮点数列表。如果字符串的任何部分都不是数字，就会引发 ValueError。捕获这个异常，将 math.nan 赋给 total，并确保 values 中有一个 1，接下来的除法运算将使用它作为除数。

如果第一个 try 子句没有引发异常，就运行 else 子句，如清单 8-35 所示。

清单 8-35 average_string.py:2

```
    else:
        total = sum(numbers)
        values = len(numbers)
```

total 和 values 是基于有效的假设计算的，即 numbers 是一个浮点数列表。else 子句仅在 try 子句没有引发异常时运行。

为什么不在 except ValueError 子句中返回 math.nan 呢？那样做当然更有效率一些，这里不那样做有以下两个原因。

1. 这种方法便于后续进行重构，因为它总是执行其余的数学运算，且总是产生有效的结果（除了在代码的下一部分单独处理的除以零的情况以外）。

2. 即便添加一个 finally 子句，代码也仍然会按预期运行（见 8.8.2 小节）。

清单 8-36 所示为程序的其余部分。注意，这里使用一个单独的 try 语句来处理尝试除以零的情况。

清单 8-36 average_string.py:3

```
    try:
        average = total / values
    except ZeroDivisionError:
        average = math.inf

    return average


while True:
    number_string = input("Enter space-delimited list of numbers:\n    ")
    print(average_string(number_string))
```

我们已经在代码中处理了所有可能出现的异常情况。测试一下，一切都按预期进行，没有未处理的异常。

```
    4 5 6 7
5.5

inf
    four five six
nan
```


8.8.2 finally：在所有语句之后

不管怎样，finally 子句总是会运行！这一点没有任何例外：即使是 raise 或 return 也不能阻止 finally 子句的运行。这就是 finally 子句与 try 语句后面的普通代码的区别所在。

因为这一点，finally 子句特别适用于编写不管怎样都需要运行的清理代码。

这里有一个函数，它从文件中读取数字，每行一个数字，并计算平均值。在这种情况下，如果文件包含非数字数据或找不到文件，最好引发异常。

在这个例子中，手动打开和关闭文件，如清单 8-37 所示。在生产环境中，也可以使用上下文管理器来代替（见第 11 章）。

清单 8-37 average_file.py:1

```
def average_file(path):
    file = open(path, 'r')

    try:
      ❶ numbers = [float(n) for n in file.readlines()]
```

当调用 average_file()函数时，尝试打开参数 path 所指定的文件。如果这个文件不存在，file.open()就会引发 FileNotFoundError。在本例中，我允许直接抛出该异常。

一旦打开文件，就尝试迭代它，将其转换为数字列表❶。(可以暂时认为这行代码是正确的。详细说明见第 10 章和第 11 章。）捕获 ValueError 的代码如清单 8-38 所示。

清单 8-38 average_file.py:2

```
    except ValueError as e:
        raise ValueError("File contains non-numeric values.") from e
```

如果文件中包含不是数字的数据，则捕获 ValueError。在这个子句中，引发一个链接异常，其中包含更多，描述文件错误之处的具体信息。

否则，如果 try 子句没有引发错误，就会运行 else 子句，如清单 8-39 所示。

清单 8-39　average_file.py:3

```
    else:
        try:
            return sum(numbers) / len(numbers)
        except ZeroDivisionError as e:
            raise ValueError("Empty file.") from e
```

这个 else 子句的套件尝试计算并返回平均值，但它也包含一个嵌套的 try 子句来处理空文件。

在 except 或 else 子句运行之后，finally 子句总是会运行，即使是在 raise 或 return 之后！这很重要，因为无论结果如何，文件都需要关闭。finally 子句如清单 8-40 所示。

清单 8-40　average_file.py:4

```
    finally:
        print("Closing file.")
        file.close()
```

下面使用 4 个文件来测试程序：一个包含整数的文件 numbers_good.txt，一个包含单词的文件 numbers_bad.txt，一个空文件 numbers_empty.txt，以及一个不存在的文件 nonexistent.txt。

检查这 4 种情况的输出。这 4 种情况必须分开检查，因为当引发异常时，程序就会停止运行。首先传入 numbers_good.txt 文件，如清单 8-41 所示。

清单 8-41　average_file.py:5a

```
print(average_file('numbers_good.txt'))
```

numbers_good.txt 文件中包含 12 个整数，每个整数占一行。运行结果如下：

```
Closing file.
42.0
```

average_file()函数正常工作，它打开文件并计算整数的平均值。注意 finally 子句何时运行，这可以通过输出的消息"Closing file."来判断。尽管 finally 子句是在 average_file()函数中的 return 语句之后运行的，但它在函数返回之前出现。这是一件好事，因为这个函数中的 finally 子句负责关闭文件。

然后传入 number_bad.txt 文件，如清单 8-42 所示。

清单 8-42　average_file_usage.py:5b

```
print(average_file('numbers_bad.txt'))
```

numbers_bad.txt 文件中包含的是单词而不是数字。因为出现异常，所以输出会更长：

```
❶ Closing file.
Traceback (most recent call last):
  File "tryfinally.py", line 5, in average_file
    numbers = [float(n) for n in file.readlines()]
```

```
  File "tryfinally.py", line 5, in <listcomp>
    numbers = [float(n) for n in file.readlines()]
ValueError: could not convert string to float: 'thirty-three\n'

The above exception was the direct cause of the following exception:

Traceback (most recent call last):
  File "tryfinally.py", line 20, in <module>
    print(average_file('numbers_bad.txt'))  # ValueError
  File "tryfinally.py", line 7, in average_file
    raise ValueError("File contains non-numeric values.") from e
ValueError: File contains non-numeric values.
```

在这个例子中，ValueError 被引发。然而，finally 子句仍在引发异常之前运行❶，尽管 raise 语句似乎位于函数源代码的第一行。

接下来传入 number_empty.txt 文件，如清单 8-43 所示。

清单 8-43 average_file_usage.py:5c

```
print(average_file('numbers_empty.txt'))
```

numbers_empty.txt 文件是一个空文件。输出如下：

```
❶ Closing file.
Traceback (most recent call last):
  File "tryfinally.py", line 10, in average_file
    return sum(numbers) / len(numbers)
ZeroDivisionError: division by zero

The above exception was the direct cause of the following exception:

Traceback (most recent call last):
  File "tryfinally.py", line 21, in <module>
    print(average_file('numbers_empty.txt'))  # ValueError
  File "tryfinally.py", line 12, in average_file
    raise ValueError("Empty file.") from e
❷ ValueError: Empty file.
```

可以看到，关于空文件的错误消息也是有效的❶。与之前一样，很明显 finally 子句在引发异常之前运行❷。

最后传入 nonexistent.txt 文件，如清单 8-44 所示。

清单 8-44 average_file_usage.py:5d

```
print(average_file('nonexistent.txt'))
```

以上代码尝试从不存在的文件中读取数字，输出如下：

```
Traceback (most recent call last):
  File "tryfinally.py", line 22, in <module>
    print(average_file('nonexistent.txt'))  # FileNotFoundError
  File "tryfinally.py", line 2, in average_file
    file = open(path, 'r')
FileNotFoundError: [Errno 2] No such file or directory: 'nonexistent.txt'
```

这个异常来自 file.open()调用，如果回顾一下 average_file()的源代码，就会注意到该调用发生在 try 子句之前。finally 子句只有在它连接的 try 子句被执行时才会运行，由于控制流从未到达 try 子句，因此 finally 子句从未被调用。这样也好，因为没有必要尝试关闭一个从未打开的文件。

8.9 创建异常

Python 拥有相当多的异常，关于它们的使用有非常详细的官方文档。然而，我们有时候需要一些更加定制化的异常。

所有的错误类型的异常类都继承自 Exception 类，而 Exception 类又继承自 BaseException 类。这种双重继承关系的存在是为了让你可以捕获所有的错误异常，而不会同时对不是错误的特殊异常做出反应，比如 KeyboardInterrupt，它继承自 BaseException 类而不是 Exception 类。

自定义异常类可以继承你喜欢的任何异常类，但应避免继承 BaseException 类，因为这个类不是为自定义异常类而设计的。有时候，最好继承与你正在创建的异常类最接近的异常类（见 8.10 节）。然而，如果不知道该继承哪个类，可以继承 Exception 类。

在试图编写自定义异常之前，考虑一下为什么要这么做。建议你确保自己的用例至少满足以下 3 个标准中的两个。

1. 不存在的异常有效地描述了错误，即使你提供了自定义消息。
2. 你将多次引发或捕获这个异常。
3. 你需要捕获这个特定的异常，而不是捕获任何相似的内置异常。

如果你的用例不能满足以上 3 个标准中的至少两个，你可能并不需要自定义异常，而是可以使用现有的异常。

大多数时候，只有在复杂的项目中才需要自定义异常，所以很难为此创建一个实际的例子。为了演示，只能勉为其难地举个例子，如清单 8-45 所示。

清单 8-45 silly_walk_exception.py

```
class ❶ SillyWalkException(❷ RuntimeError):
    def __init__(self, ❸ message="Someone walked silly."):
        super().__init__(message)


def walking():
  ❹ raise SillyWalkException("My walk has gotten rather silly.")


try:
    walking()
❺ except SillyWalkException as e:
    print(e)
```

以上代码定义了一个新的类，名为 SillyWalkException❶，它从最合适的异常类继承而来❷。在本例中，它继承自 RuntimeError，因为该异常不符合任何其他内置异常的描述。

关于是否有必要为自定义异常类编写初始化器，存在一些争论。我偏向于编写，因为它提供了一个机会来指定一条默认的错误消息❸。编写自己的初始化器还意味着能够接收和存储多个参数，以获取不同的信息，而非仅仅获取所有 Exception 类都必须具有的消息属性（尽管这里没有这样做）。

如果想接收一个字符串作为消息，而不想提供一个默认值，则可以用下面的代码来自定义异常类，它只有一个头部和一个文档字符串：

```
class SillyWalkException(RuntimeError):
    """Exception for walking silly."""
```

无论采用哪种方式，自定义异常都可以像其他异常一样被引发❹和捕获❺。

8.10 异常一览

Python 官方文档提供了一个详尽的内置异常列表，你可以在 Python 官方文档的“内置异常”部分找到这个列表。

下面简要介绍常见的异常类。有 4 个基类，所有其他异常类都继承自这 4 个基类。当你需要捕获所有异常类别时，通常可以使用这 4 个基类。

- BaseException 是所有异常的基类。记住不要直接从这个类继承，因为根据设计它不应被这样使用。
- Exception 是所有错误类型异常的基类。
- ArithmeticError 是与算术相关的错误类型异常的基类。
- LookupError 是与在集合中查找值相关的任何错误类型异常的基类。

探究笔记： 还有一个BufferError，它与Python背后的内存错误有关。但没有其他异常从这个异常继承，你也不应该这样做。

接下来介绍具体的异常，每个异常都描述了一种特定类型的错误。截至本书完成时，Python 中有 35 个具体的异常。所有这些异常都直接继承自 Exception 类，除非另有说明。下面介绍一些常见的异常。

- AttributeError 是在访问或分配不存在的类属性时引发的。
- ImportError 是在 import 语句无法找到包、模块或模块中的名称时引发的。你也可能遇到其子类异常 ModuleNotFoundError。
- IndexError 是在索引超出顺序集合（如列表或元组）的范围时引发的。它继承自 LookupError。
- KeyError 是在字典中找不到键时引发的。它继承自 LookupError。
- KeyboardInterrupt 是在用户按下键盘组合键以中断正在运行的程序时引发的，例如在类 UNIX 系统中按 Ctrl+C 组合键。它继承自 BaseException 类而非 Exception 类。
- MemoryError 是在 Python 内存不足时引发的。你可以采取一些措施来解决这个问题，通常是删除一些东西。
- NameError 是在局部作用域或全局作用域中找不到名称时引发的，与类属性（请参阅 AttributeError）或导入（请参阅 ImportError）无关。
- OSError 既是一个具体的错误，也是许多与操作系统相关的异常的基类，包括

FileNotFoundError（在无法打开文件时引发）。

- OverflowError 是在算术运算即将产生一个太大而无法表示或存储的结果时引发的，主要发生在浮点数中。整数永远不会引发 OverflowError，因为它们在 Python 中没有大小限制。如果发生类似的情况，它们将引发 BufferError。OverflowError 继承自 ArithmeticError。
- RecursionError 是在函数调用自身太多次（请参阅第 6 章）时引发的，无论是直接调用还是间接调用。它继承自 RuntimeError。
- RuntimeError 是在捕获所有不属于其他异常类别的错误时引发的。
- SyntaxError 是在 Python 代码中有任何语法错误时引发的。这些错误通常在运行程序时出现。它还包括子类 IndentationError 和 TabError。
- SystemError 是在解释器发生内部错误时引发的。对于这些错误，我们几乎无能为力。请向你所使用的 Python 程序的开发人员报告这些错误。
- SystemExit 是在调用 sys.exit()时引发的。捕获这个异常时要小心，因为可能导致程序无法正常退出！它继承自 BaseException。
- TypeError 是在某个操作或函数尝试对错误类型的对象进行处理时引发的。如果不打算让你的函数处理接收到的某个特定值类型，这就是最好的异常。
- UnboundLocalError 是 NameError 的子类，在你尝试访问一个尚未分配值的局部名称时引发。
- ValueError 是在某个操作或函数尝试对类型正确但值错误的参数进行处理时引发的。
- ZeroDivisionError 是在尝试除以零时引发的，无论是使用真除法（/）、向下取整除法（//）、取模（%）还是使用 divmod()运算符。它继承自 ArithmeticError。

8.11　本章小结

本章用了很大篇幅讨论如何以及何时使用异常和错误处理。这是一个庞大的话题，但语法本身归结为 try、except、else、finally 和 raise 语句的结构。

Part 3

第三部分

数据和流程

本部分内容

第 9 章

集合与迭代

遍历数组是程序中最基本的算法之一。通常，这是新人在编写“Hello, world!”程序后做的第一件事。从零开始索引的特殊原则可能是你在学习编程时遇到的第一个范式转变。然而，这就是 Python，这里的循环和容器在完全不同的层次上运行。

本章首先介绍 Python 循环，以及 Python 提供的用于存储和组织数据的各种集合；然后介绍可迭代对象和迭代器的概念，并开始将其用于循环中；接下来介绍几种迭代工具；最后介绍如何自定义可迭代类。

9.1 循环

Python 中有两种类型的循环：while 循环和 for 循环。正如你将在本章中看到的那样，这并不意味着两者可以互换，相反，每种循环都有自己独特的目的。

9.1.1 while 循环

while 循环是非常传统的循环。只要其标头中的表达式的计算结果为 True，循环体就会执行。例如，清单 9-1 所示的循环不断提示用户输入一个有效的数字，直至用户完成有效输入。

清单 9-1 get_number.py:1a

```
number = None
while number is None:
    try:
        number = int(input("Enter a number: "))
    except ValueError:
        print("You must enter a number.")

print(f"You entered {number}")
```

只要 number 的值为 None，while 循环的代码块就会一直重复。使用 input()请求用户输入，并尝试使用 int()将其转换为整数。但如果用户输入的不是有效整数，就会引发 ValueError，并且不会为 number 分配新值。因此，循环将重复。

一旦用户输入一个有效的整数，就会退出循环，并将数字输出到屏幕上。

程序的示例输出如下：

```
Enter a number: forty
You must enter a number.
Enter a number:
You must enter a number.
Enter a number: 40
You entered 40
```

如果想提供一种退出而不是输入数字的机制，可以使用 break 关键字手动退出循环。这里允许用户通过输入 q 而不是数字来退出循环，如清单 9-2 所示。

清单 9-2　get_number.py:1b

```
number = None
while number is None:
    try:
        raw = input("Enter a number ('q' to quit): ")
        if raw == 'q':
            break
        number = int(raw)
    except ValueError:
        print("You must enter a number.")

print(f"You entered {number}")
```

首先获取原始输入，并检查字符串是否为'q'。如果是，就使用 break 手动退出循环；否则，就像以前一样尝试将输入转换为整数。

这种方法存在一个问题，如下所示：

```
Enter a number ('q' to quit): foo
You must enter a number.
Enter a number ('q' to quit): q
You entered None
```

最后一行输出不对。我们希望程序立即退出。

为了解决这个问题，可以使用 else 子句。当 Python 循环正常结束时，运行 else 子句；但是如果循环因中断、返回或引发的异常而终止，则 else 子句不会运行。

将最终的输出语句移入循环的 else 子句中，就能确保它仅在用户输入有效数字时运行，如清单 9-3 所示。

清单 9-3　get_number.py:1c

```
number = None
while number is None:
    try:
        raw = input("Enter a number ('q' to quit): ")
        if raw == 'q':
            break
        number = int(raw)
    except ValueError:
        print("You must enter a number.")
else:
    print(f"You entered {number}")
```

运行结果如下：

```
Enter a number ('q' to quit): q
```

遇到 q 时，立即退出循环，且不执行最后一个 print()语句。

9.1.2　for 循环

本小节将重点介绍 for 循环。但是现在，你只需要了解 for 循环的目的是遍历或迭代一组值即可。

和 while 循环一样，for 循环也有一个 else 子句，这个 else 子句仅在循环正常结束时运行，当循环因中断、返回或引发的异常而终止时则不会运行。

清单 9-4 是一个简单的示例。

清单 9-4　print_list.py

```
numbers = ["One", "Two", "Three"]

for number in numbers:
    print(number)
else:
    print("We're done!")
```

以上代码定义了一个字符串列表，并将其分配给 numbers。然后遍历 numbers 中的每个值，并将每个值输出到终端。完成后，通过另一条消息宣布这一事实。

输出如下：

```
One
Two
Three
We're done!
```

后文将逐步揭开幕后发生的一切，内容之多令人吃惊。你将学习如何在代码中充分利用迭代。

9.2　集合

集合是一种容器，其中包含以某种方式组织的一项或多项。每一项都被绑定到一个值，值本身不包含在集合中。Python 中有 5 种基本的集合：元组、列表、双端队列、可变集合和字典。每种集合都有多种变体。

理解了每种集合的行为方式后，只需要记住对应的方法就能有效地使用集合。你可以参考 Python 官方文档，也可以在 Python 交互式 shell 中运行 help(collection)来直接查阅内建文档，其中的 collection 需要替换成你想了解更多信息的集合的名称。

9.2.1　元组

元组（tuple）是一个不可变序列（类似数组的集合），这意味着元组一旦被创建，其中的元素就不能被添加、删除或重新排序。

通常，元组用于存储异构类型的顺序排列的数据，例如，当需要将类型不同但相互关联的值放在一起时。清单 9-5 所示为一个包含客户名称、咖啡订单和订单大小的元组。

清单 9-5 order_tuple.py:1

```
order = ("Jason", "pumpkin spice latte", 12)
```

以上代码将元组定义为逗号分隔的值序列，并用括号括起来。

探究笔记： 在很多情况下，元组的括号在技术上是可选的。它仅仅用来区分元组与其周围环境，比如将元组传递给参数时。始终包含括号是一种很好的习惯。

因为元组中的内容是有序的，所以可以通过方括号中指定的索引来访问对应的元素，如清单 9-6 所示。

清单 9-6 order_tuple.py:2

```
print(order[1])  # prints "pumpkin spice latte"
```

如果需要一个只包含一个元素的元组，请在元素后保留一个逗号，如下所示：

```
orders = ("pumpkin spice latte",)
```

当你预期返回一个元组，但是事先不知道该元组将返回多少个元素时，就可以这样做。

由于元组是不可变的，因此它不提供任何用于添加、更改或删除元素的内置方法。你可以预先完整地定义一个元组，然后访问其中包含的元素。

9.2.2 具名元组

collections 模块提供了元组的一种“奇怪小变体”，称为具名元组（named tuple），它允许你定义一个带有命名字段的、类似于元组的集合。和普通元组一样，具名元组也是不可变的，主要用途是向值添加键，同时仍然可通过下标进行访问，如清单 9-7 所示。

清单 9-7 coffeeorder_namedtuple.py

```
from collections import namedtuple

CoffeeOrder = namedtuple(❶ "CoffeeOrder", ❷ ('item', 'addons', 'to_go'))

order = CoffeeOrder('pumpkin spice latte', ('whipped cream',), True)
print(❸ order.item)  # prints 'pumpkin spice latte'
print(❹ order[2])    # prints 'True'
```

以上代码以类型名称 CoffeeOrder❶定义了一个新的具名元组，并在其中命名了 3 个字段：item、addons 和 to_go❷。

接下来，通过将值传递给 CoffeeOrder 初始化器来创建具名元组的新实例，并将该实例绑定到 order。这样就可以通过字段名❸或索引❹来访问 order 中的值了。

在实践中，大多数 Python 爱好者更青睐于字典或类，而不是命名元组。当然，这三者都有各自的最佳使用场景。

9.2.3 列表

列表（list）是可变的序列集合，这意味着可以在列表中添加、删除和重新排列元素。通常，列表用来存储同类型的可顺序排列的数据，例如清单 9-8 所示的虚构的 Uncomment Café 特价商品列表。

清单 9-8　specials_list.py:1

```
specials = ["pumpkin spice latte", "caramel macchiato", "mocha cappuccino"]
```

以上代码将列表定义为逗号分隔的序列，并用方括号括起来。和元组一样，可通过在方括号中指定索引来访问某个列表元素，如清单 9-9 所示。

清单 9-9　specials_list.py:2

```
print(specials[1])      # prints "caramel macchiato"
```

可以将列表用作数组、堆栈或队列。

可使用 pop()从列表中返回和删除元素，如清单 9-10 所示。如果不将索引传递给 pop()，则默认删除最后一项。

清单 9-10　specials_list.py:3

```
drink = specials.pop()  # return and remove last item
print(drink)            # prints "mocha cappuccino"
print(specials)         # prints ['pumpkin spice latte', 'caramel macchiato']
```

如果将索引作为参数传递给 pop()，则指定的元素将被删除，如清单 9-11 所示。

清单 9-11　specials_list.py:4

```
drink = specials.pop(1)     # return and remove item [1]
print(drink)                # prints "caramel macchiato"
print(specials)             # prints ['pumpkin spice latte']
```

还可以使用 append()将新元素添加到列表的末尾，如清单 9-12 所示。

清单 9-12　specials_list.py:5

```
specials.append("cold brew")  # inserts item at end
print(specials)               # prints ['pumpkin spice latte', 'cold brew']
```

"cold brew"被传递给 append()，并被添加到列表的末尾。

如果想在列表的其他地方添加一个元素，可以使用 insert()，如清单 9-13 所示。

清单 9-13　specials_list.py:6

```
specials.insert(1, "americano")  # inserts as item [1]
print(specials)                  # prints ['pumpkin spice latte', 'americano', 'cold brew']
```

insert()的第一个参数是目标索引 1，新元素"americano"是其第二个参数。

以上是修改列表的 3 种最常用的方法。Python 还提供了更多方法，其中很多还挺有意思。Python 官方文档是你学习所有可行方法的最佳资源。

探究笔记： 如果想要一个传统的动态大小的数组，它可以用来紧凑地存储一种类型的数据，请查阅Python 官方文档的“array——高效的数字数组”部分。但其实很少需要这样做。

9.2.4 双端队列

collections 模块还提供了另外一种序列 deque（发音同 deck），又称双端队列，其针对访问第一个和最后一个元素的操作进行了优化。当性能特别重要时，它特别适合用作堆栈或队列。

使用双端队列跟踪在 Uncomment Café 排队等待的人，如清单 9-14 所示。

清单 9-14 customers_deque.py:1

```
from collections import deque
customers = deque(['Daniel', 'Denis'])
```

以上代码从 collections 模块中导入 deque 包后，创建了一个新的双端队列，并将其绑定到 customers。尽管可以省略初始化并从一个空白双端队列开始，但这里还是先传递了一个包含两个客户的列表作为其初始值。

现在，Simon 进入咖啡馆并排队，使用 append()将其追加到双端队列的末尾，如清单 9-15 所示。

清单 9-15 customers_deque.py:2

```
customers.append('Simon')
print(customers)  # prints deque(['Daniel', 'Denis', 'Simon'])
```


然后，咖啡师开始服务队列中的下一位客户，移除第一位客户 Daniel，从队伍的前面（左边）开始，使用 popleft()，如清单 9-16 所示。

清单 9-16 customers_deque.py:3

```
customer = customers.popleft()
print(customer)   # prints 'Daniel'
print(customers)  # prints deque(['Denis', 'Simon'])
```

现在又变成两个人在排队。假设 James 想插队到所有人的前面（这种行为很不文明），使用 appendleft()将其追加到双端队列的左侧，如清单 9-17 所示。

清单 9-17 customers_deque.py:4

```
customers.appendleft('James')
print(customers)  # prints deque(['James', 'Denis', 'Simon'])
```

但 Simon 不介意，因为排在最后的人赢得了免费咖啡。从双端队列中删除最后一项，如清单 9-18 所示。

清单 9-18 customers_deque.py:5

```
last_in_line = customers.pop()
print(last_in_line)  # prints 'Simon'
```

现在，双端队列中只有 James 和 Denis，如清单 9-19 所示。

清单 9-19 customers_deque.py:6

```
print(customers)  # prints deque(['James', 'Denis'])
```

9.2.5 可变集合

可变集合（set）是一种内置的、可变的、无序的集合，其中所有元素都必须是唯一的。如果尝试添加可变集合中已存在的元素，添加操作会被忽略。你将主要使用可变集合进行快速检查以及与集合论（数学）相关的各种操作，尤其是在大型数据集中。

存储在可变集合中的每个值都必须是可哈希的，Python 文档将可变集合定义为具有“在其生命周期内永不改变的哈希值”。可哈希对象实现了特殊方法__hash__()。所有内置的不可变数据类型都是可哈希的，因为其值在整个生命周期中都不会改变。然而，还有很多可变类型是不可哈希的。

使用一个可变集合在 Uncomment Café 进行抽奖，每个客户只能参与一次，如清单 9-20 所示。

清单 9-20 raffle_set.py:1

```
raffle = {'James', 'Denis', 'Simon'}
```

首先将可变集合定义为逗号分隔的值序列，用花括号括起来。在本例中，初始值有 3 个。

当客户进来时，使用 add()将他的名字追加到可变集合中。如果他的名字（如 Denis）已经在可变集合中，那么即便尝试追加，他的名字也不会被重复添加，如清单 9-21 所示。

清单 9-21 raffle_set.py:2

```
raffle.add('Daniel')
raffle.add('Denis')
print(raffle)  # prints {'Daniel', 'Denis', 'Simon', 'James'}
```

print 语句输出可变集合中当前所有元素。请记住，可变集合是无序的，因此无法预测元素出现的顺序。

可以使用 discard()从可变集合中删除元素。由于 Simon 早些时候已经赢得了一些东西，所以他不能再参与抽奖，如清单 9-22 所示。

清单 9-22 raffle_set.py:3

```
raffle.discard('Simon')
print(raffle)  # prints {'Daniel', 'Denis', 'James'}
```

也可以使用 remove()来删除一个值，但是如果指定的值不在可变集合中，则会引发 KeyError。discard()永远不会引发错误。

最后，使用 pop()从可变集合中返回并删除任意项，如清单 9-23 所示。

清单 9-23 raffle_set.py:4

```
winner = raffle.pop()
print(winner)  # prints arbitrary item of set, e.g. 'Denis'
```

请注意，任意并不意味着随意！pop()方法总是返回和删除恰好位于可变集合第一个位置的元素。因为可变集合是无序的，并且 Python 并不保证元素的内部顺序，所以不要依赖可变集合来提供可靠的随机性。

陷阱警告：要指定一个空的可变集合，可以使用set()，因为一对空的花括号实际指定的是一个空白字典。

9.2.6 不可变集合

可变集合（frozenset）的不可变孪生对象是不可变集合，它们的工作方式大致相同。不可变集合和可变集合的区别就像列表与元组的区别：一旦创建，不可变集合就不能再追加或删除元素。

为了证明这一点，创建一个不可变集合来存储过往所有获奖的客户，以免他们再次参与抽奖，如清单 9-24 所示。

清单 9-24 raffle_frozenset.py:1

```
raffle = {'Kyle', 'Denis', 'Jason'}
prev_winners = frozenset({'Denis', 'Simon'})
```

可以将一组字符串、现有的可变集合或另一个线性集合传递给 frozenset()进行初始化。prev_winners 被定义之后，其内容就不能修改了——记住，这是不可变的。常规的可变集合仍然可以修改。

可变集合和不可变集合的一个令人兴奋的功能是它们都支持集合数学运算。可以使用数学运算符和逻辑运算符来计算并集（|）、交集（&）、差集（–）以及对称差集（^）。它们还可以用于测试一个集合是另一个集合的子集（< 或 <=）还是超集（> 或 >=）。Python 官方文档介绍了其他几个用于组合和比较任意类型的集合的函数。

使用 –= 运算符从抽奖集中删除所有以往的中奖者（prev_winners），如清单 9-25 所示。

清单 9-25 raffle_frozenset.py:2

```
raffle -= prev_winners  # remove previous winners
print(raffle)           # prints {'Jason', 'Kyle'}
```

然后就可以使用 pop()从 raffle 中取出任意一个元素来找到下一位获奖者，如清单 9-26 所示。

清单 9-26 raffle_frozenset.py:3

```
winner = raffle.pop()
print(winner)  # prints arbitrary item of set, e.g. 'Kyle'
```

为 Kyle 欢呼！他中奖了。

9.2.7 字典

字典（dict 类型）是一种可变集合，它以键值对的形式存储数据，而不是以线性方式存储数据。这种关联的存储方式称为映射。键实际上可以是任何类型，只要该类型是可哈希的即可。最容易记住的是，可哈希类型实际上总是不可变的。

键值对中的值可以是任何值。无论字典中的数据量大小如何，通过键进行查找总是特别快。（在其他编程语言中，这种数据类型称为哈希表。在 CPython 中，字典实际上被实现为哈希表。）

使用字典存储 Uncomment Café 的咖啡味，如清单 9-27 所示。

清单 9-27　menu_dict.py:1

```
menu = {"drip": 1.95, "cappuccino": 2.95}
```

以上代码将字典创建为一系列以逗号分隔的键值对，用花括号括起来，并用冒号分隔每个键值对中的键和值。在本例中，键是表示咖啡味的字符串，值是表示价格的浮点数。

可通过在方括号中指定键来访问各个元素，如清单 9-28 所示。

清单 9-28　menu_dict.py:2

```
print(menu["drip"])  # prints 1.95
```

如果正在访问的键不在字典中，则引发 KeyError。可以通过为方括号中指定的键赋值来添加或修改元素。在这里，向字典中追加 "americano" 键，并指定价格为 2.49（美元），如清单 9-29 所示。

清单 9-29　menu_dict.py:3

```
menu["americano"] = 2.49
print(menu)  # prints {'drip': 1.95, 'cappuccino': 2.95, 'americano': 2.49}
```

出于某些原因，美式咖啡在咖啡馆里并不是很受欢迎，所以我决定使用 del 关键字将其从字典中删除，如清单 9-30 所示。

清单 9-30　menu_dict.py:4

```
del menu["americano"]  # removes "americano" from dictionary
print(menu)            # prints {'drip': 1.95, 'cappuccino': 2.95}
```

再次提醒，如果方括号中指定的键不在字典中，将引发 KeyError。

9.2.8　检查还是例外？

关于应该直接使用 in 运算符，还是使用带有 KeyError 的 try 语句来检查字典中的键，仍存在一些争议。

若使用 EAFP 策略，则代码如清单 9-31 所示。

清单 9-31　checkout_dict_eafp.py

```
menu = {'drip': 1.95, 'cappuccino': 2.95, 'americano': 2.49}


def checkout(order):
    try:
        print(f"Your total is {❶ menu[order]}")
    except KeyError:
        print("That item is not on the menu.")


checkout("drip")  # prints "Your total is 1.95"
checkout("tea")   # prints "That item is not on the menu."
```

以上代码在 try 语句中尝试访问和键 order❶关联的字典 menu 中的值。如果键无效，将引发 KeyError，在 except 子句中捕获这一异常，然后采取适当的行动来处理。

这种方法更适用于无效键处于异常情况的场景。通常，使用 except 子句是一种在性能方面开销更加昂贵的操作，但是对处理错误和其他异常情况来说，这又是完全合理的开销。

若使用 LBYL 策略，则代码如清单 9-32 所示。

清单 9-32 checkout_dict_lbyl.py

```
menu = {'drip': 1.95, 'cappuccino': 2.95, 'americano': 2.49}


def checkout(order):
  ❶ if order in menu:
        print(f"Your total is {❷ menu[order]}")
    else:
        print("That item is not on the menu.")


checkout("drip")  # prints "Your total is 1.95"
checkout("tea")   # prints "That item is not on the menu."
```

在这种策略中，在执行任何操作之前检查 order 是否为 menu 字典中存在的键❶。如果是，就可以安全地访问和键❷关联的值。如果希望经常检查键是否有效，则这种方法更加可取，因为这两种情况都有可能发生。失败比例外更常见，因此，以上两种策略在理想情况下具有大致相同的性能。

当无效键处于一种特殊情况时，LBYL 策略通常就不受欢迎了，因为必须在字典中查找有效键两次：一次是在检查时，另一次是在使用时。相比之下，EAFP 策略只需要访问一次有效键，因为它能处理可能引发的 KeyError。

和所有性能问题一样，在对代码进行性能分析之前无法确定哪里出了问题。你可以依赖此处的假设，除非特别需要某种方法的逻辑结构。然而，如果性能很重要，就得进行代码性能分析了（见第 19 章）。

9.2.9 字典变体

Python 有一个 collections 模块，其提供了内置字典的一些变体。以下是 3 种最常见的变体，以及它们各自对应的独特行为。

- defaultdict 允许指定生成默认值的可调用对象。如果尝试访问未定义键的值，Python 将使用此默认值自动定义一个新的键值对。
- OrderedDict 具有用以跟踪和管理键值对顺序的额外功能。从 Python 3.7 开始，内置的 dict 也正式保留了插入顺序，但是 OrderedDict 专门针对重新排序进行了优化，并具有额外的行为支持。
- Counter 是专为计算可哈希对象而设计的，对象是键，计数是整数值。在其他编程语言中，这种类型的集合被称为多重集。

如果真的需要这些行为，则应该只使用这些特定字典类型中的一种。每个对象都针对特定用例进行了优化，并且在其他场景中不太可能有更好的性能。如果想要了解更多信息，请查看 Python 官方文档的“collections——容器数据类型”部分。

9.3 集合的解包

所有集合都可以解包到多个变量中，这意味着每个元素都有自己的名称。例如，可以将包含 3 个客户的双端队列解包到 3 个单独的变量中。首先创建客户的双端队列，如清单 9-33 所示。

清单 9-33　unpack_customers.py:1a

```
from collections import deque

customers = deque(['Kyle', 'Simon', 'James'])
```

接下来解包这个双端队列。把以逗号分隔的名称列表按顺序放在赋值运算符的左侧，即可完成解包，如清单 9-34 所示。

清单 9-34　unpack_customers.py:2a

```
first, second, third = customers
print(first)   # prints 'Kyle'
print(second)  # prints 'Simon'
print(third)   # prints 'James'
```

有时，你会看到赋值运算符的左侧部分用括号括了起来，不过，解包线性集合（如本例中的双端队列）时不需要使用括号。（9.3.2 小节将演示解包字典时括号的位置。）要解包的集合则放在赋值运算符的右侧。

解包有一个主要限制：你必须知道要解包的值有多少个！为了演示这一点，用 append()方法向双端队列中追加一个客户，如清单 9-35 所示。

清单 9-35　unpack_customers.py:1b

```
from collections import deque

customers = deque(['Kyle', 'Simon', 'James'])
customers.append('Daniel')
```

如果在赋值运算符的左侧指定太多或太少的名称，将引发 ValueError。由于当前双端队列包含 4 个值，因此尝试将其解包为 3 个值会失败，如清单 9-36 所示。

清单 9-36　unpack_customers.py:2b

```
first, second, third = customers  # raises ValueError
print(first)                      # never reached
print(second)                     # never reached
print(third)                      # never reached
```

要解决此问题，可以在赋值运算符的左侧指定第 4 个名称。但是对于这个例子，我想忽略第 4 个值，可通过将其解包为下画线（_）来忽略任何元素，如清单 9-37 所示。

清单 9-37　unpack_customers.py:2c

```
first, second, third, _ = customers
print(first)   # prints 'Kyle'
```

```
print(second)   # prints 'Simon'
print(third)    # prints 'James'
```

当下画线用作名称时，通常表示应该忽略相应值。可以根据需要多次使用下画线。如果想忽略集合中的最后两个值，可以使用清单 9-38 所示的代码。

清单 9-38 unpack_customers.py:2d

```
first, second, _, _ = customers
print(first)    # prints 'Kyle'
print(second)   # prints 'Simon'
```

只有 customers 中的前两个值被解包，最后两个值则被忽略。

顺便说明一下，如果需要解包一个只包含一个值的集合，在要解包到的名称后保留一个逗号即可：

```
baristas = ('Jason',)
barista, = baristas
print(barista)  # prints 'Jason'
```

9.3.1 星号表达式

如果不知道集合中还有多少额外的值，则可以使用带星号的表达式（称为星号表达式）捕获多个还未解包的值，如清单 9-39 所示。

清单 9-39 unpack_customers.py:2e

```
first, second, *rest = customers
print(first)    # prints 'Kyle'
print(second)   # prints 'Simon'
print(rest)     # prints ['James', 'Daniel']
```

前两个值被解包为 first 和 second，其余的值（如果有的话）则被打包到 rest 列表中。只要被解包的集合至少有两个值，能逐一对应赋值运算符左侧每个未加星号的名称，这行代码就能工作。如果集合中仅有两个值，则 rest 将是一个空列表。

可以在解包列表中的任何位置（包括开头）使用星号表达式。清单 9-40 所示为一个示例，将第一个值和最后一个值分别解包，并将其余所有值打包到名为 middle 的列表中。

清单 9-40 unpack_customers.py:3

```
first, *middle, last = customers
print(first)     # prints 'Kyle'
print(middle)    # prints ['Simon', 'James']
print(last)      # prints 'Daniel'
```

甚至可以使用星号表达式来忽略多个值，如清单 9-41 所示。

清单 9-41 unpack_customers.py:4

```
*_, second_to_last, last = customers
print(second_to_last)  # prints 'James'
print(last)            # prints 'Daniel'
```

通过在下画线前加上星号，以上代码捕获了多个值，但又忽略了它们，而不是将它们打包到一个列表中。在这种情况下，其实只解包了集合中的最后两个值。

9

每个解包语句中只能有一个星号表达式，因为星号表达式是贪婪的——其力图捕获尽可能多的值。在评估星号表达式之前，Python 将值解包到所有其他名称中。在同一语句中使用多个星号表达式是没有意义的，因为 Python 无法确定一个表达式在哪里停止，以及另一个表达式又在何处开始。

9.3.2　字典的解包

字典可以像任何其他内建类型的集合一样解包。默认情况下，只有键被解包，就像解包表示咖啡口味的字典那样。

首先定义字典 menu，如清单 9-42 所示。

清单 9-42　unpack_menu.py:1

```
menu = {'drip': 1.95, 'cappuccino': 2.95, 'americano': 2.49}
```

然后解包这个字典，如清单 9-43 所示。

清单 9-43　unpack_menu.py:2a

```
a, b, c = menu
print(a) # prints 'drip'
print(b) # prints 'cappuccino'
print(c) # prints 'americano'
```

如果想要的是值，就必须使用字典视图进行解包，字典视图提供了对字典中的键和/或值的访问。在这种情况下，使用 value()字典视图，如清单 9-44 所示。

清单 9-44　unpack_menu.py:2b

```
a, b, c = menu.values()
print(a)  # prints 1.95
print(b)  # prints 2.95
print(c)  # prints 2.49
```

可以通过 item()字典视图同时解包获得键和值，这将返回元组形式的键值对，如清单 9-45 所示。

清单 9-45　unpack_menu.py:2c

```
a, b, c = menu.items()
print(a)  # prints ('drip', 1.95)
print(b)  # prints ('cappuccino', 2.95)
print(c)  # prints ('americano', 2.49)
```

还可以通过在元组将被解包到的一对名称周围使用圆括号，在同一语句中解包每个键值元组，如清单 9-46 所示。

清单 9-46　unpack_menu.py:3

```
(a_name, a_price), (b_name, b_price), *_ = menu.items()
print(a_name)       # prints 'drip'
print(a_price)      # prints 1.95
print(b_name)       # prints 'cappuccino'
print(b_price)      # prints 2.95
```

为简单起见，这里只解包 menu 字典中的前两项，而忽略其余项。将 menu.items()中的第一个元组解包到(a_name, a_price)中，因此，该元组中的第一个元素存储在 a_name 中，第二个元素则存储在 a_price 中。对 menu 字典中的第二个键值对也以类似的方式进行解包。

可以使用这种带括号的解包策略来解包二维集合，如元组列表或集合元组。

9.4 集合的结构模式匹配

从 Python 3.10 开始，可以对元组、列表和字典进行结构模式匹配。

在模式中，元组和列表是可以互换的，因为它们都和序列模式匹配。序列模式使用和解包相同的语法，且具有使用星号表达式的能力。例如，可以匹配序列的第一个和最后一个元素，并忽略中间所有其他元素，如清单 9-47 所示。

清单 9-47 match_coffee_sequence.py

```python
order = ['venti', 'no whip', 'mocha latte', 'for here']

match order:
    case ('tall', *drink, 'for here'):
        drink = ' '.join(drink)
        print(f"Filling ceramic mug with {drink}.")
    case ['grande', *drink, 'to go']:
        drink = ' '.join(drink)
        print(f"Filling large paper cup with {drink}.")
    case ('venti', *drink, 'for here'):
        drink = ' '.join(drink)
        print(f"Filling extra large tumbler with {drink}.")
```

序列模式是相同的，无论是括在圆括号中还是括在方括号中，按列表顺序和每个模式进行比较。对于每一个序列，检查第一个和最后一个元素，其余元素则通过通配符捕获到 drink 中。在每种情况下，都将 drink 中的元素结合（join()）在一起，以确定用什么来填充所选的容器。

还可以使用映射模式对字典中的特定值进行模式匹配，如清单 9-48 所示。这几乎是相同的例子，只是改为使用字典。

清单 9-48 match_coffee_dictionary.py:1a

```python
order = {
    'size': 'venti',
    'notes': 'no whip',
    'drink': 'mocha latte',
    'serve': 'for here'
}

match order:
    case {'size': 'tall', 'serve': 'for here', 'drink': drink}:
        print(f"Filling ceramic mug with {drink}.")
    case {'size': 'grande', 'serve': 'to go', 'drink': drink}:
        print(f"Filling large paper cup with {drink}.")
    case {'size': 'venti', 'serve': 'for here', 'drink': drink}:
        print(f"Filling extra large tumbler with {drink}.")
```

9

映射模式包裹在花括号中。仅检查映射模式中指定的键，而忽略其他键。在这个版本中，检查'size'和'serve'键，以及和键'drink'关联的值，并将它们捕获到 drink 中。

如果运行这个版本的代码，就会注意到 'notes' 被去掉了。为了解决这个问题，可以将代码改写为使用通配符捕获所有剩余的键，如清单 9-49 所示。

清单 9-49 match_coffee_dictionary.py:1b

```
order = {
    'size': 'venti',
    'notes': 'no whip',
    'drink': 'mocha latte',
    'serve': 'for here'
}

match order:
    case {'size': 'tall', 'serve': 'for here', **rest}:
        drink = f"{rest['notes']} {rest['drink']}"
        print(f"Filling ceramic mug with {drink}.")
    case {'size': 'grande', 'serve': 'to go', **rest}:
        drink = f"{rest['notes']} {rest['drink']}"
        print(f"Filling large paper cup with {drink}.")
    case {'size': 'venti', 'serve': 'for here', **rest}:
        drink = f"{rest['notes']} {rest['drink']}"
        print(f"Filling extra large tumbler with {drink}.")
```

探究笔记： 因为映射模式中未明确列出的任何键都会被忽略，所以忽略所有剩余键而不捕获它们的通配符（两个星号加一个下画线，即**_）在映射模式中是不合法的。

值得注意的是，仍然可以直接访问 order。在这个特定示例中，可以编写清单 9-50 所示的代码。

清单 9-50 match_coffee_dictionary.py:1c

```
match order:
    case {'size': 'tall', 'serve': 'for here'}:
        drink = f"{order['notes']} {order['drink']}"
        print(f"Filling ceramic mug with {drink}.")
    case {'size': 'grande', 'serve': 'to go'}:
        drink = f"{order['notes']} {order['drink']}"
        print(f"Filling large paper cup with {drink}.")
    case {'size': 'venti', 'serve': 'for here'}:
        drink = f"{order['notes']} {order['drink']}"
        print(f"Filling extra large tumbler with {drink}.")
```

和以前一样，出于模式匹配的目的，映射模式中省略的每个键都将被忽略。

9.5 以索引或键访问元素

很多集合是可订阅的，这意味着可以通过在方括号中指定索引来访问某个元素，如清单 9-51 所示。

清单 9-51 subscript_specials.py:1a

```
specials = ["pumpkin spice latte", "caramel macchiato", "mocha cappuccino"]
print(specials[1]) # prints "caramel macchiato"
specials[1] = "drip"
print(specials[1]) # prints "drip"
```

可订阅的集合类实现了特殊方法__getitem__()、__setitem__()和__delitem__()，其中每个方法都接收一个整型参数。可以通过直接使用特殊方法而非方括号来查看效果。清单 9-52 所示代码和清单 9-51 所示代码的功能相同。

清单 9-52 subscript_specials.py:1b

```
specials = ["pumpkin spice latte", "caramel macchiato", "mocha cappuccino"]
print(specials.__getitem__(1)) # prints "caramel macchiato"
specials.__setitem__(1, "drip")
print(specials.__getitem__(1)) # prints "drip"
```

这些特殊方法由 dict 类实现，只不过它们都接收一个键作为唯一参数。字典因为没有正式的“索引”，所以不能视为可订阅的集合对象。

9.6 切片符

切片符允许你访问列表或元组中特定的元素或元素范围。在集合的 5 种基本类型中，只有元组和列表可以切片。可变集合和字典都不可订阅，所以切片符对它们不起作用。双端队列虽然是可订阅的，但是由于其实现方式，也不能使用切片符进行切片。

要获取列表或元组的切片，可以在切片符周围使用方括号，切片符通常由 3 部分组成，以冒号分隔：

```
[start:stop:step]
```

要在切片中声明的第一个元素的包含索引是 start。独占索引 stops 则要刚好超过切片停止的位置。索引 step 允许你跳过元素甚至颠倒顺序。

不需要指定所有参数，但要注意冒号。如果想要一个切片，而非通过索引访问某个元素，则必须始终在 start 和 stop 之间加上冒号，即便没有指定其中的一个，也必须如此：([start: stop], [start:], [:stop])。

同样，如果定义了 step，也必须在 step 的前面加上冒号：([:stop:step], [::step], [start::step])。

陷阱警告： 切片符永远不会返回IndexError！如果切片符对所讨论的列表或元组无效，抑或格式不正确，则返回一个空的列表。在使用之前，你应该测试切片符是否符合预期。

以上都是相当理论化的陈述，接下来看一些实际的例子，它们都基于清单 9-53 所示的咖啡订单列表。

清单 9-53 slice_orders.py:1

```
orders = [
    "caramel macchiato",
    "drip",
    "pumpkin spice latte",
```

```
    "drip",
    "cappuccino",
    "americano",
    "mocha latte",
]
```

9.6.1　开始和停止

通过指定切片的开始位置和结束位置，可以指定一个范围，如清单 9-54 所示。

清单 9-54　slice_orders.py:2

```
three_four_five = orders[3:6]
print(three_four_five)  # prints ['drip', 'cappuccino', 'americano']
```

该切片从索引 3 开始，在索引 6 之前结束，因此包含索引 3～5 处的元素。

切片的一个重要规则：start 必须始终引用 stop 之前的元素。默认情况下，列表是从头到尾遍历的，所以 start 必须小于 stop。

切片并不需要所有参数。如果省略 start，切片从第一个元素[①]开始；如果省略 stop，切片将以最后一个元素结束。

如果想要列表中除前 4 个元素之外的所有元素，可以使用清单 9-55 所示的代码。

清单 9-55　slice_orders.py:3

```
after_third = orders[4:]
print(after_third)  # print ['cappuccino', 'americano', 'mocha latte']
```

该切片从索引 4 开始，由于没有在冒号后指定 stop 参数，因此该切片包括直至列表末尾的其余所有元素。

可以通过清单 9-56 所示的方式访问列表中的前两项。

清单 9-56　slice_orders.py:4

```
next_two = orders[:2]
print(next_two)  # prints ['caramel macchiato', 'drip']
```

由于没有在冒号前指定 start 参数，因此默认从列表开头开始切片。stop 为 2，所以该切片包含索引 2 之前的所有元素。这段代码最终返回列表中的前两项。

9.6.2　负索引

可以使用负数作为索引，这样就可以从列表或元组的末尾开始遍历。例如，索引−1 指的是列表中的最后一项，如清单 9-57 所示。

清单 9-57　slice_orders.py:5

```
print(orders[-1])  # prints 'mocha latte'
```

负索引也适用于切片。例如，如果想得到列表末尾的 3 个订单，可以使用清单 9-58 所示的代码。

① 译者注：索引为 0。

清单 9-58 slice_orders.py:6

```
last_three = orders[-3:]
print(last_three) # prints ['cappuccino', 'americano', 'mocha latte']
```

该切片从末尾的第三个索引（−3）开始，一直到末尾[①]。在确定负索引时，请记住−1 是最后一项，即“结束”之前的一个索引，而“结束”没有索引。

如果想要倒数第三个和倒数第二个订单，但不包括倒数第一个订单，可以将 start 和 stop 都定义为负索引，如清单 9-59 所示。

清单 9-59 slice_orders.py:7

```
last_two_but_one = orders[-3:-1]
print(last_two_but_one) # prints ['cappuccino', 'americano']
```

请记住，start 索引必须始终在 stop 索引之前[②]，默认情况下，列表是从左到右遍历的。因此，起点必须是−3，即倒数第三个订单；终点必须是−1。所以最后包含的索引是−2，即倒数第二个订单。

9.6.3 步长

默认情况下，列表从头到尾完成遍历，从最小索引到最大索引，一个接一个。切片符的 step 参数允许你更改此行为，以便更好地控制切片中包含哪些值以及值的顺序。

例如，可以通过将 step 设置为 2，创建一个每隔一个元素取一次值的咖啡订单的切片，该切片从第二个订单开始，如清单 9-60 所示。

清单 9-60 slice_orders.py:8

```
every_other = orders[1::2]
print(every_other) # prints ['drip', 'drip', 'americano']
```

以上代码从索引 1 开始切片。由于没有指定 stop 索引，切片会持续到列表的末尾。step 为 2 表示切片每隔一个元素进行取值。对于订单列表，这意味着切片由索引 1、3、5 处的元素组成。

负的步长会反转列表或元组的读取方向。例如，将 step 设为−1，不指定 start 和 stop，如清单 9-61 所示，将返回整个订单列表的反转版本。

清单 9-61 slice_orders.py:9

```
reverse = orders[::-1]
```

你可能注意到−1 的前面有两个冒号，这是为了声明没有为 start 或 stop 指定任何值。否则，Python 将无法知道−1 是针对 step 参数的。

也可以获得清单 9-60 中切片数据的反转版本，尽管其中有一些技巧。清单 9-62 所示为对应代码。

---

① 译者注：从末尾开始倒序的末尾，就是开头。

② 译者注：可以简单记忆为 start 索引的值必须小于 stop 索引的值。

清单 9-62　slice_orders.py:10

```
every_other_reverse = orders[-2::-2]
print(every_other_reverse)  # prints ['americano', 'drip', 'drip']
```

step 为−2 意味着切片以相反的顺序每隔一个元素进行取值。咖啡订单列表是从右到左遍历的，这改变了 start 和 stop 的行为。这里从倒数第二个元素（−2）开始，但是因为省略了 stop，所以此处默认为列表的开始，而不是结尾。如果不设置 start 和 stop，就会得到从最后一项开始的间隔了一个元素的逆序列表。

这种颠倒的行为从根本上影响了 start 和 stop 的取值，这种误解很容易导致错误。例如，如果想要倒序获取第 3～5 个元素，第一次尝试可能如清单 9-63 所示，但这是行不通的。

清单 9-63　slice_orders.py:11a

```
three_to_five_reverse = orders[3:6:-1]  # WRONG! Returns empty list.
print(three_to_five_reverse)          # prints []
```

step 参数为负意味着正在以相反的顺序遍历列表。请记住，start 必须始终在 stop 之前遍历[①]。

如果从结尾向开头遍历列表，则必须反转 start 与 stop 的值，如清单 9-64 所示。

清单 9-64　slice_orders.py:11b

```
three_to_five_reverse = orders[5:2:-1]
print(three_to_five_reverse)  # prints ['americano', 'cappuccino', 'drip']
```

现在，从后往前遍历列表，切片从索引 5 开始并在索引 2 停止，且索引 2 的值不包含在切片中。

9.6.4　切片复制

关于切片的另外一件事就是它们总是返回一个包含所选元素的新列表或元组，原始列表或元组仍然存在。比如，清单 9-65 所示的代码将创建一个列表的完美浅副本。

清单 9-65　slice_orders.py:12

```
order_copy = orders[:]
```

由于既没指定 satrt 也没指定 stop，因此这个切片包含所有元素。

9.6.5　切片对象

还可以使用初始化方法 slice()直接创建切片对象，以便复用。

```
my_slice = slice(3, 5, 2)  # same as [3:5:2]
print(my_slice)
```

对应的 start、stop 和 step 作为位置参数传递进来。实际上这种方法比常规切片符的使用限制更多，因为这种形式无法省略 stop 值。

① 译者注：无论是正向还是反向。

但无论如何，现在可以使用 my_slice 代替切片符，并直接用在 print()语句中。

9.6.6 对自定义对象切片

如果想在自己的对象中实现切片，只需要将切片对象作为所需操作的特殊方法的参数即可，比如__getitem__(self, sliced)、__setitem__(self, sliced)和__delitem__(self, sliced)。然后就可以通过 sliced.start、sliced.stop 和 sliced.step 获得切片对象关键的 3 个部分。

9.6.7 使用 islice()

我们仍然可以使用 itertools.islice()对双端队列或任何不可订阅的集合进行切片，其行为和切片符相同，只是不支持任何负值参数。

islice()接收的参数是有序的，所以必须记住顺序：

```
islice(collection, start, stop, step)
```

例如，islice()可以从字典中取出一个切片，但不能用普通的切片符来切片，因为没有索引可用。在此，从 menu 字典中每隔一个元素取出一个元素，如清单 9-66 所示。

9

清单 9-66 islice_orders.py

```
from itertools import islice

menu = {'drip': 1.95, 'cappuccino': 2.95, 'americano': 2.49}

menu = dict(islice(❶ menu.items(), 0, 3, 2))  # same as [0:3:2]
print(menu)
```

以上代码将 menu 字典作为元组列表传递给 islice()❶，然后传递 start、stop 和 step 参数值以每隔一个元素取出一个元素，最后通过 islice()创建一个新字典其绑定到 menu。运行上述代码后将产生以下输出：

```
{'drip': 1.95, 'americano': 2.49}
```

9.7 in 运算符

可以使用 in 运算符快速检查特定值是否包含在指定的集合中。

和以前一样，让我们从 orders 列表开始介绍，如清单 9-67 所示。

清单 9-67 in_orders.py:1

```
orders = [
    "caramel macchiato",
    "drip",
    "pumpkin spice latte",
    "drip",
    "cappuccino",
    "americano",
    "mocha cappuccino",
]
```

在打开一瓶新的巧克力糖浆之前，可能需要检查当前 orders 列表中是否有 mocha cappuccino，如清单 9-68 所示。

清单 9-68　in_orders.py:2

```
if "mocha cappuccino" in orders:
    print("open chocolate syrup bottle")
```

把要查找的值放在 in 运算符的左侧，要搜索的集合放在 in 运算符的右侧。如果在集合中找到该值的至少一个实例，则 in 运算符返回 True，否则返回 False。

还可以检查列表是否遗漏了特定元素。例如，如果现在没有人喝 drip 咖啡，则不妨关闭咖啡机。可以使用清单 9-69 所示的代码来检查是否有任何与"drip"相关的咖啡订单。

清单 9-69　in_orders.py:3

```
if "drip" not in orders:
    print("shut off percolator")
```

追加 not 能反转 in 条件。因此，如果在集合中找不到该值，则表达式的计算结果为 True。

可以通过实现特殊方法__contains__()来为自定义类追加对 in 运算符的支持。

9.8　检验集合的长度

要想知道一个集合中包含多少个元素，可以使用 len()函数。就这么简单。例如，只要有一个处于等待状态的客户的列表，就可以随时知道有多少客户在排队，如清单 9-70 所示。

清单 9-70　len_customers.py

```
customers = ['Glen', 'Todd', 'Newman']
print(len(customers))  # prints 3
```

len()函数以整数形式返回 customers 中的元素数量。由于 customers 中有 3 个元素，因此返回值为 3。对于字典，len()将返回键值对的数量。

进行迭代时，使用 len()的次数将比预期的少，这改变了集合的遍历方式，毕竟这样就很少需要知道集合的具体长度了。

在测试集合是否为空时，甚至不需要使用 len()函数。集合如果包含内容，则是“真实的”，这意味着计算结果为 True。否则，集合如果为空，则是“虚假的”，这也就意味着计算结果为 False。比如，可以使用清单 9-71 所示的代码来检查咖啡馆里现在是否有客户。

清单 9-71　no_customers.py

```
customers = []

if ❶ customers:  # if not empty...
    print("There are customers.")
else:
    print("Quiet day.")

print(bool(customers))
```

customers 是空的，在用作表达式❶时，计算结果为 False。因此，运行上述程序后，输出如下：

```
Quiet day.
False
```

可见，如果直接将 customers 当成布尔值，就会输出 False。

通常，只有当需要将集合的长度作为数据本身的一部分时，才使用 len()，例如计算一周中每天的平均订单数量，如清单 9-72 所示。

清单 9-72 average_orders.py

```
orders_per_day = [56, 41, 49, 22, 71, 43, 18]
average_orders = sum(orders_per_day) // len(orders_per_day)
print(average_orders)
```

average_orders 的值将被输出到屏幕上：

```
42
```

9.9 迭代

Python 中的所有集合都设计为能和迭代一起工作，可以通过迭代直接根据需求访问元素。迭代模式并不仅限于集合，你可以采用迭代的方式生成或处理数据，关键是“按需”，而不是全部事先准备好。（第 10 章将深入讲解这一点。）

在开始有效运用迭代之前，你必须了解其实际的工作原理，然后就可以运用迭代来访问、排序和处理集合中的元素了。

9.9.1 可迭代对象和迭代器

Python 最引人注目的功能之一就是其对迭代的处理方式，这涉及两个相当简单的概念：可迭代对象和迭代器。

可迭代对象是任何可以逐次按需访问其元素或值的对象。例如，列表是可迭代的，可以逐项遍历列表中的每个元素。一个可迭代对象必须有一个关联的迭代器，这是由该可迭代对象的实例方法__iter__()返回的。

迭代器就是执行实际迭代的对象，旨在提供对正在遍历的可迭代对象中下一项的访问准备。为了成为可迭代对象，对象需要实现特殊方法__next__()，该方法不接收任何参数，仅仅在遍历的可迭代对象中推进到下一项并返回该值。

迭代器还必须实现方法__iter__()，此方法返回迭代器本身（通常是 self）。这种约定是必要的，这样接受可迭代对象的代码也可以毫无困难地接受迭代器，正如你很快就会看到的那样。

仅此而已！所有集合都是可迭代对象，并且每个集合至少有一个专用的、与之关联的迭代器类。后文将实现一个自定义迭代器类。

9.9.2　手动使用迭代器

在介绍自动迭代之前，先了解使用迭代器时幕后发生的事情会很有帮助。

为了演示这一点，下面使用手动访问和控制的迭代器来遍历列表中的值，一次直接调用特殊方法，另一次允许 Python 隐式调用特殊方法。

让我们从定义一个列表开始，这个列表是一个可迭代对象，如清单 9-73 所示。

清单 9-73　specials_iteration.py:1

```
specials = ["pumpkin spice latte", "caramel macchiato", "mocha cappuccino"]
```

为了遍历集合，我们需要获取一个迭代器，如清单 9-74 所示。

清单 9-74　specials_iteration.py:2

```
first_iterator = specials.__iter__()
second_iterator = specials.__iter__()
print(type(first_iterator))
```

和所有可迭代对象一样，列表实现了特殊方法__iter__()，该方法返回列表的迭代器。我们获得了两个独立的迭代器，每个迭代器都可以单独运行。

当检查 first_iterator 的数据类型时，可以看到它是 list_iterator 类的一个实例，正如输出所示：

```
<class 'list_iterator'>
```

使用迭代器访问 specials 列表，如清单 9-75 所示。

清单 9-75　specials_iteration.py:3

```
item = first_iterator.__next__()
print(item)
```

首次调用迭代器的__next__()方法后，访问的是列表中的第一个元素，将返回值绑定到 item 并输出到屏幕：

```
pumpkin spice latte
```

随后的调用进一步推进并返回列表中的第二个元素，如清单 9-76 所示。

清单 9-76　specials_iteration.py:4

```
item = first_iterator.__next__()
print(item)
```

输出如下：

```
caramel macchiato
```

每个迭代器会分别跟踪其在可迭代对象中的位置。如果在 second_iterator 上调用__next__()方法，则只前进到列表中的第一个元素[①]并将其返回，如清单 9-77 所示。

---

① 译者注：因为这是 second_iterator 的首次调用。

清单 9-77 manual_iteration.py:5

```
item = second_iterator.__next__()
print(item)
```

输出 item 后，结果为列表中的第一项：

```
pumpkin spice latte
```

然而，first_iterator 仍然记得自己的位置，并且可以推进到列表中的第三项，如清单 9-78 所示。

清单 9-78 specials_iteration.py:6

```
item = first_iterator.__next__()
print(item)
```

输出如下：

```
mocha cappuccino
```

一旦迭代器完成了对可迭代对象的遍历，再次调用__next__()就会引发特殊异常 StopIteration，如清单 9-79 所示。

清单 9-79 specials_iteration.py:7

```
item = first_iterator.__next__()  # raises StopIteration
```

值得庆幸的是，无论在什么情况下，都不需要手动调用__iter__()和__next__()。相反，可以使用 Python 内置函数 iter()和 next()，并分别传入可迭代对象或迭代器。特殊方法将在幕后自动被调用。

清单 9-80 所示为同一示例，但使用的是内置函数。

清单 9-80 specials_iteration.py:2b-7b

```
first_iterator = iter(specials)
second_iterator = iter(specials)
print(type(first_iterator))  # prints <class 'list_iterator'>
item = next(first_iterator)
print(item)                  # prints "pumpkin spice latte"

item = next(first_iterator)
print(item)                  # prints "caramel macchiato"

item = next(second_iterator)
print(item)                  # prints "pumpkin spice latte"

item = next(first_iterator)
print(item)                  # prints "mocha cappuccino"

item = next(first_iterator)  # raises StopIteration
```

如你所见，这种手动方法中存在很多重复，这表明可以使用循环来处理迭代。事实上，使用 for 循环是处理迭代的标准方式，因为这样会隐式调用 inter()和 next()，不需要手动调用。然而，为了解释其底层机制，下面把这个相同的手动迭代逻辑封装在一个 while 循环中，如清单 9-81 所示。

清单 9-81　specials_iteration_v2.py

```
specials = ["pumpkin spice latte", "caramel macchiato", "mocha cappuccino"]
❶ iterator = iter(specials)

while True:
    try:
        item = ❷ next(iterator)
  ❸ except StopIteration:
        break
    else:
        print(item)
```

以上代码首先获取 specials 列表的迭代器❶。然后在无限 while 循环中，尝试通过将迭代器传递给 next()来访问可迭代对象中的下一个值❷。如果这引发了 StopIteration❸，则说明已经遍历了 specials 列表中的所有元素，从而可以使用 break 关键字跳出循环。否则，输出从迭代器中接收到的元素。

虽然了解如何手动处理迭代器很有帮助，但是很少需要这么做！for 循环几乎总能处理清单 9-81 所示的例子，如清单 9-82 所示。

清单 9-82　specials_iteration_v3.py

```
specials = ["pumpkin spice latte", "caramel macchiato", "mocha cappuccino"]

for item in specials:
    print(item)
```

这样就不需要直接获取迭代器了。

9.9.3　用 for 循环进行迭代

对于循环和迭代来说，一个非常有用的规则是，永远不要用计数器变量进行循环控制。换句话说，Python 中几乎没有其他编程语言惯用的传统循环算法！Python 总是有更好的办法，这主要是因为可迭代对象能直接控制 for 循环。

让我们看看在 Uncomment Café 排队的客户。对于排队的每个人，咖啡师都会接受其订单、制作相应的咖啡并交付，如清单 9-83 所示（为方便起见，这段代码仅宣布每个订单已准备就绪）。

清单 9-83　iterate_orders_list.py

```
customers = ['Newman', 'Daniel', 'Simon', 'James', 'William',
             'Kyle', 'Jason', 'Devin', 'Todd', 'Glen', 'Denis']

for customer in customers:
    # Take order
    # Make drink
    print(f"Order for {❶ customer}!")
```

遍历可迭代的 customers 列表。在每次迭代中，将当前元素绑定到 customer，使其像任何其他变量一样在循环代码块中工作❶。

对于 customers 列表中的每个元素，输出一个字符串，以指明完成此次迭代的客户订单。部分输出如下：

```
Order for Newman!
```

```
Order for Daniel!
Order for Simon!
# --snip--
```

线性集合非常简单。任何给定元素中具有多个值的迭代器，例如来自 item()字典视图或二维列表的迭代器，都必须区别对待。

为了证明这一点，将 customers 重写为元组列表，其中的每个元组包含一个名字和一个咖啡订单。然后遍历该列表以输出其内容，如清单 9-84 所示。

清单 9-84 iterate_orders_dict.py:1

```
customers = [
    ('Newman', 'tea'),
    ('Daniel', 'lemongrass tea'),
    ('Simon', 'chai latte'),
    ('James', 'medium roast drip, milk, 2 sugar substitutes'),
    ('William', 'french press'),
    ('Kyle', 'mocha cappuccino'),
    ('Jason', 'pumpkin spice latte'),
    ('Devin', 'double-shot espresso'),
    ('Todd', 'dark roast drip'),
    ('Glen', 'americano, no sugar, heavy cream'),
    ('Denis', 'cold brew')
]

for ❶ customer, drink in customers:
    print(f"Making {drink}...")
    print(f"Order for {customer}!")
```

以上代码在 for 循环中遍历了 customers 列表，将列表中的每个元组解包为两个名称：customer 和 drink❶。

对应的输出[①]如下：

```
Making tea...
Order for Newman!
Making lemongrass tea...
Order for Daniel!
Making chai latte...
Order for Simon!
# --snip--
```

9.9.4 在循环中对集合进行排序

循环还允许你对这些数据进行更高级的处理。例如，假设每个人都可以通过应用程序提交订单。你可能想按字母顺序对订单列表进行排序，以便更轻松地搜索数据。不过，还是应该遵循先到先得的原则。因此，不要修改原始客户列表数据，原本的顺序仍然很重要。修改后的代码如清单 9-85 所示。

清单 9-85 iterate_orders_dict.py:2

```
for _, drink in ❶ sorted(customers, ❷ key=lambda x: ❸ x[1]):
    print(f"{drink}")
```

以上代码使用 sorted()函数❶对传递进来的任何集合进行重新排序并返回排序后的列表，默

① 译者注：读者如果熟悉 C、C++、PHP 等传统编译型语言，就能明显感受到不用计数器的循环竟然可以如此简洁。

认情况下根据元素中的第一个值进行升序排列。在本例中，第一个元素是客户姓名，但是我想修改为按订购的咖啡口味进行排序。可通过将一个可调用的键函数传递给 key 参数❷来更改此行为。这个可调用的键函数在本例中是一个 lambda 表达式，它必须接收一个元素作为参数并返回我想作为排序依据的值。在本例中，我想按每个元组中的第二个元素来进行排序，也就是按照 x[1]❸返回的值来进行排序。完成这些操作后，customers 列表保持不变。

你还会注意到，我在解包列表中使用了下画线来忽略每个元组中的第一个值，即客户名称，因为在此循环中不需要这个值。这通常是在 for 循环中从元组中挑选元素的最佳方式。另一方面，如果每个元素都是一个包含很多子元素的集合，那么将元素整体绑定到一个名称并在循环中访问需要的内容可能会更好。

运行程序后，可以得到以下输出：

```
americano, no sugar, heavy cream
chai latte
cold brew
# --snip--
```

9.9.5 枚举循环

永远不需要用计数器变量对循环进行控制。这对习惯了 C 语言风格循环控制的开发者来说是一个重大的范式转变。

如果需要索引本身，应该怎么做呢？Python 为这种场景提供了 enumerate()函数。使用此函数而不是手动索引的额外好处是，它适用于所有可迭代对象，甚至包括那些不可以通过下标访问的对象。

使用 enumerate()查看每位客户的顺序，顺带查看他们的订单，如清单 9-86 所示。

清单 9-86 iterate_orders_dict.py:3

```
for number, ❶ (customer, drink) in enumerate(customers, start=1):
    print(f"#{number}. {customer}: {drink}")
```

enumerate()返回一个元组，其中第一个位置就是类型为整数的计数值（有时正好还是索引），第二个位置则是集合中的元素。默认情况下，计数将从 0 开始，如果希望排在第一位的客户显示为“#1”，可通过将 1 传递给 start 来覆盖这一默认值。

由于本例中的集合由元组组成，因此必须使用带括号的复合解包来从元组中获得每个元素❶。一旦有了编号、客户姓名和咖啡口味，就可以将这些数据组合为一个列表进行输出。

程序运行后的部分输出如下：

```
#1. Newman: tea
#2. Daniel: lemongrass tea
#3. Simon: chai latte
# --snip--
```

9.9.6 循环中的突变

前面一直在用一个列表来记录客户的排列顺序，也可以使用一个双端队列来记录，并在提供服务后从中删除对应客户。后者是更可取的方案，重新启用 customers 双端队列，如清单 9-87 所示。

清单 9-87 process_orders.py:1

```
from collections import deque

customers = deque([
    ('Newman', 'tea'),
    ('Daniel', 'lemongrass tea'),
    ('Simon', 'chai latte'),
    ('James', 'medium roast drip, milk, 2 sugar substitutes'),
    ('William', 'french press'),
    ('Kyle', 'mocha cappuccino'),
    ('Jason', 'pumpkin spice latte'),
    ('Devin', 'double-shot espresso'),
    ('Todd', 'dark roast drip'),
    ('Glen', 'americano, no sugar, heavy cream'),
    ('Denis', 'cold brew')
])
```

结合目前的知识，你可能认为只需要对每个客户使用双端队列和 popleft()即可。然而，如果尝试使用这种方法，就会发现代码并不能正常运行，如清单 9-88 所示。

清单 9-88 process_orders.py:2a

```
for customer, drink in customers:
    print(f"Making {drink}...")
    print(f"Order for {customer}!")
    customers.popleft()  # RuntimeError
```

这里的问题在于，你在迭代集合的同时对集合做了修改！这可能使迭代器感到困惑，从而导致各种未定义行为①。

尝试在迭代集合时改变集合，无论是追加、删除还是重新排序，通常都将引发 RuntimeError。一般有两种方法可以解决此类问题。一种是在遍历之前制作一个副本，如清单 9-89 所示。

清单 9-89 process_orders.py:2b

```
for customer, drink in ❶ customers.copy():
    print(f"Making {drink}...")
    print(f"Order for {customer}!")
  ❷ customers.popleft()

print(customers)  # prints deque([])
```

这里不得不使用 copy()方法，因为双端队列不支持在方括号中使用冒号切片符（[:]）。因为基于循环遍历的是集合副本❶，所以可以随心所欲地改变原始集合❷，尽管这很少被认为是理想的解决方案。

如果想在清空集合之前删除元素，则可以使用 while 循环而不是 for 循环，如清单 9-90 所示。

① 译者注："未定义行为"（Undefined Behavior 或 Unspecified Behavior）一般指栈溢出之类的系统级错误，是最严重的软件 bug。

清单 9-90　process_orders.py:2c

```
while customers:
  ❶ customer, drink = ❷ customers.popleft()
    print(f"Making {drink}...")
    print(f"Order for {customer}!"
```

while 循环会一直迭代，直至 customers 集合为空。在每次迭代中，使用 popleft()函数访问下一个元素，这个函数既返回新数据又从集合中删除元素❷。解包则是在循环代码块❶中完成的。

另一方面，如果想在迭代时扩展或重新排列集合的内容，则需要创建一个新的集合。

为了证明这一点，这里有个相当复杂的例子。对于订购的每种咖啡，稍后都制作一份相同的。第一次尝试实现这个功能时，由于使用了错误的方式，因此行不通。

和以前一样，首先定义对应的列表：

```
orders = ["pumpkin spice latte", "caramel macchiato", "mocha cappuccino"]
```

将相同口味的咖啡追加到正在迭代的列表的末尾，如清单 9-91 所示。

清单 9-91　double_orders.py:2a

```
for order in orders:
    # ... do whatever ...
    orders.append(order)  # creates infinite loop!

print(orders)
```

与以往的例子不同，当试图在循环中改变 orders 列表时，不会引发 RuntimeError。相反，因为列表的末尾总是有一个新元素被追加，所以循环将一直运行，直至程序耗尽内存并崩溃。

为了解决这个问题，创建一个新列表以便追加新数据，如清单 9-92 所示。

清单 9-92　double_orders.py:2b

```
new_orders = orders[:]
for order in orders:
    # ... do whatever ...
    new_orders.append(order)
orders = new_orders

print(orders)
```

以上代码将 new_orders 定义为 orders 的副本，可使用切片符创建副本。然后遍历 orders，但将新数据追加到 new_orders。最后，完成遍历后，将 orders 重新绑定到新列表，并丢弃旧列表。

9.9.7　嵌套循环和替代方案

如你所料，可以进行嵌套循环。嵌套循环的应用场景之一如下：在举办咖啡品尝活动时，我们希望每位客人能品尝到每种咖啡，这时就需要这样一个程序，它可以告诉我们将哪种样品给谁。

首先定义两个列表——一个 samples 列表和一个 guests 列表，如清单 9-93 所示。

清单 9-93 tasting_lists.py:1

```
samples = ['Costa Rica', 'Kenya', 'Vietnam', 'Brazil']
guests = ['Denis', 'William', 'Todd', 'Daniel', 'Glen']
```

然后遍历这两个列表，如清单 9-94 所示。

清单 9-94 tasting_lists.py:2a

```
for sample in samples:
    for guest in guests:
        print(f"Give sample of {sample} coffee to {guest}.")
```

外层循环遍历 samples 列表。对于 samples 列表中的每个元素，内层循环都遍历 guests 列表，为每位客人提供一份样品。

运行这段代码将产生以下输出（有省略）：

```
Give sample of Costa Rica coffee to Denis.
Give sample of Costa Rica coffee to William.
Give sample of Costa Rica coffee to Todd.
Give sample of Costa Rica coffee to Daniel.
Give sample of Costa Rica coffee to Glen.
Give sample of Kenya coffee to Denis.
Give sample of Kenya coffee to William.
# --snip--
```

9

出于几个原因，使用嵌套循环很少被认为是 Python 中的最佳解决方案。首先，嵌套本身是 Python 开发者乐于避免的事情，正如 Python 之禅所建议的：

扁平好过嵌套。

嵌套结构的可读性更差且更加脆弱，这意味着它们很容易写错，因为它们依赖多级缩进。Python 开发者通常倾向于避免使用任何不必要的嵌套。更扁平（嵌套更少）、可读性更好的解决方案几乎总是首选。

其次，跳出嵌套循环是不可能的。continue 和 break 关键字只能控制它们所在的循环，而不能控制其外层或内层循环。有一些“聪明”的方法可以解决这个问题，比如将嵌套循环放在函数中，并使用 return 语句退出函数。然而，这些方法增加了复杂性和嵌套层次，因此不推荐使用。

每当考虑使用嵌套循环时，请思考是否有任何可行的替代方案。可以使用通用的 itertools 模块中的 product()函数，在一次循环中获得与之前相同的结果，如清单 9-95 所示。

清单 9-95 tasting_lists.py:2b

```
from itertools import product  # Put this line at top of module

for ❶ sample, guest in ❷ product(samples, guests):
    print(f"Give sample of {sample} coffee to {guest}.")
```

itertools.product()函数能够将两个或多个可迭代对象组合为一个单独的可迭代对象，该可迭代对象包含元素的所有可能组合的元组❷。将每一个元组解包为对应名称后，就可以使用这些名称来访问循环组中的各个值❶。输出和之前完全相同。

Python 内置的迭代函数和 itertools 模块基本涵盖了通常可能使用嵌套循环的所有常见场景。如果现有的函数满足不了需求，则可以编写自己的可迭代函数（称为生成器，参见第 10 章）或可迭代类（参见 9.11 节）。

在大多数情况下，可能无法避免嵌套循环，但是通常可以找到更简洁、更扁平的解决方案。

9.10 迭代工具

Python 中有很多方便的工具可用于迭代各种容器。可以查阅 Python 官方文档以了解它们的使用方法。本节介绍一些较为常见和实用的工具。

9.10.1 基础内建工具

Python 本身内置了很多迭代工具，其中每一个都要求至少传递一个可迭代对象。

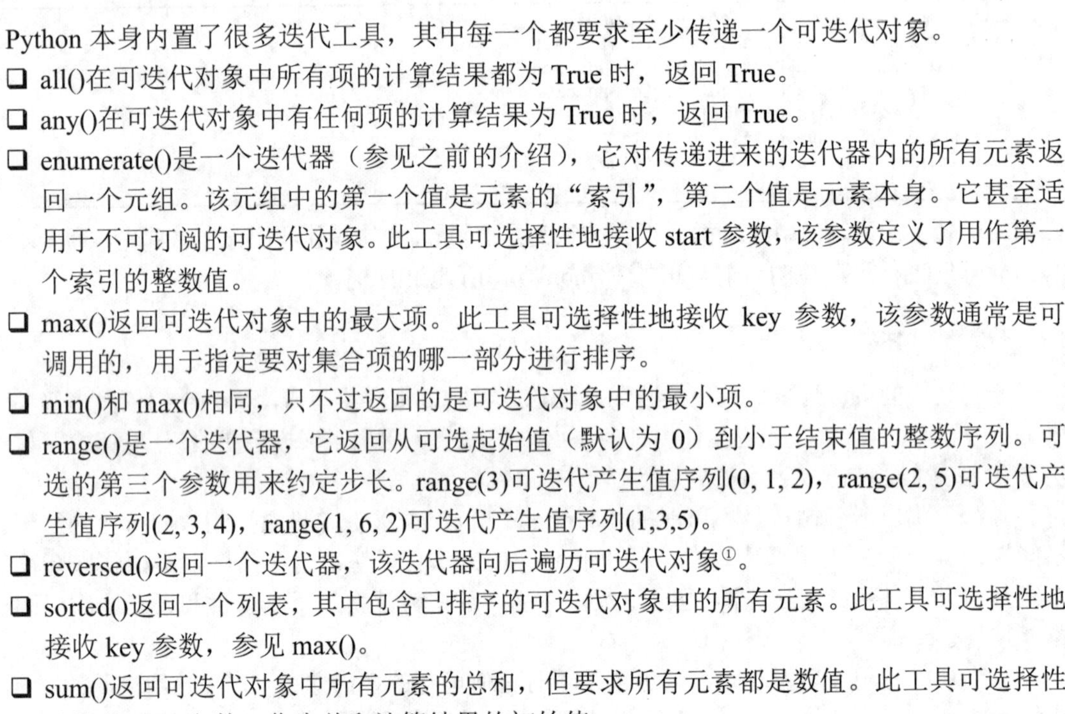

- all()在可迭代对象中所有项的计算结果都为 True 时，返回 True。
- any()在可迭代对象中有任何项的计算结果为 True 时，返回 True。
- enumerate()是一个迭代器（参见之前的介绍），它对传递进来的迭代器内的所有元素返回一个元组。该元组中的第一个值是元素的“索引”，第二个值是元素本身。它甚至适用于不可订阅的可迭代对象。此工具可选择性地接收 start 参数，该参数定义了用作第一个索引的整数值。
- max()返回可迭代对象中的最大项。此工具可选择性地接收 key 参数，该参数通常是可调用的，用于指定要对集合项的哪一部分进行排序。
- min()和 max()相同，只不过返回的是可迭代对象中的最小项。
- range()是一个迭代器，它返回从可选起始值（默认为 0）到小于结束值的整数序列。可选的第三个参数用来约定步长。range(3)可迭代产生值序列(0, 1, 2)，range(2, 5)可迭代产生值序列(2, 3, 4)，range(1, 6, 2)可迭代产生值序列(1,3,5)。
- reversed()返回一个迭代器，该迭代器向后遍历可迭代对象①。
- sorted()返回一个列表，其中包含已排序的可迭代对象中的所有元素。此工具可选择性地接收 key 参数，参见 max()。
- sum()返回可迭代对象中所有元素的总和，但要求所有元素都是数值。此工具可选择性地接收 start 参数，作为总和计算结果的初始值。

9.10.2 filter

可迭代过滤器（filter）允许在可迭代对象中搜索符合特定条件的值。假设有一个订单列表，为了弄清楚有多少订单需要 drip 咖啡，可以使用清单 9-96 所示的代码。

清单 9-96 orders_filter.py

```
orders = ['cold brew', 'lemongrass tea', 'chai latte', 'medium drip',
```

① 译者注：“向后遍历”也就是“反转”。

```
         'french press', 'mocha cappuccino', 'pumpkin spice latte',
         'double-shot espresso', 'dark roast drip', 'americano']

drip_orders = ❶ list(❷ filter(❸ lambda s: 'drip' in s, ❹ orders))

print(f'There are {❺ len(drip_orders)} orders for drip coffee.')
```

为了创建过滤器实例，先调用对应的初始化器❷并向其传递两个参数：用以执行过滤的可调用对象❸和要过滤的可迭代对象❹。然后将可迭代过滤器转换为列表❶并赋值给 drip-orders。

请记住，用于过滤的可调用对象可以是函数、lambda 表达式或任何其他可以视为函数的对象。无论可调用对象是什么，都应该返回一个可以计算为布尔值的结果，唯有如此才能指示传递给它的值是否应该包含在最终结果中。在这种情况下，用于过滤的可调用对象是一个 lambda 表达式，只要字符串'drip'包含在传递给它的值中，它就返回 True❸。因为逻辑很简单，所以 lambda 表达式在此是有意义的。但如果想要更复杂的测试逻辑，则需要用一个合适的函数来代替。可迭代过滤器将包含那些通过 lambda 表达式进行测试的指定元素。

最后，输出 drip_orders❺中的订单数量，也就是从 orders 中过滤提取的订单数量。

9.10.3 map

可迭代对象 map 将可迭代对象中的每个元素作为参数传递给可调用对象，然后将返回的值作为自己的当前迭代值回传。

我们可以定义一个用来“制作”咖啡的函数，然后使用 map()将该函数应用于每个等待中的订单。

让我们从定义订单列表开始，如清单 9-97 所示。

清单 9-97 brew_map.py:1

```
orders = ['cold brew', 'lemongrass tea', 'chai latte', 'medium drip',
          'french press', 'mocha cappuccino', 'pumpkin spice latte',
          'double-shot espresso', 'dark roast drip', 'americano']
```

接下来定义一个函数来“制作”咖啡，如清单 9-98 所示。

清单 9-98 brew_map.py:2

```
def brew(order):
    print(f"Making {order}...")
    return order
```

此函数接收一个订单作为唯一参数，然后在咖啡“制作”完成后返回相同的订单。

如果想为订单中的元素调用 brew()，并将每个当前订单作为参数传递，可以使用 map()，如清单 9-99 所示。

清单 9-99 brew_map.py:3

```
for order in map(brew, orders):
    print(f"One {order} is ready!")
```

以上代码在 for 循环中创建了一个 map 可迭代实例，并将 brew()函数和 orders 集合传递给 map 初始化器。

对于订单中的每个元素，调用 brew()函数，并将该元素作为参数传递。brew()函数返回的值接着由 map 传回循环，并被绑定到 orders，以便在循环代码块中使用。重复此过程，直至迭代处理完 orders 中的每个元素。

也可以将 map()和多个可迭代对象一起使用，此时每个可迭代对象的当前项作为可调用对象的参数之一使用。一旦其中一个迭代器用完了值，映射就完成了。清单 9-100 所示的代码演示了如何使用这一技巧来添加多个订单的价格和小费。

清单 9-100　grand_total_map.py

```
from operator import add

cost = [5.95, 4.95, 5.45, 3.45, 2.95]
tip = [0.25, 1.00, 2.00, 0.15, 0.00]

for total in map(add, cost, tip):
    print(f'{total:.02f}')
```

cost 列表包含每个订单的价格，tip 列表包含每个订单的小费。以上代码在 for 循环中创建了一个调用 operator.add()函数的映射，将来自 cost 的当前元素作为第一个参数传递进来，而将来自 tip 的当前元素作为第二个参数传递进来，返回两个值的和并绑定到 total。最后输出 total 并格式化为显示小数点后两位的值。

运行上述代码后，输出如下：

```
6.20
5.95
7.45
3.60
2.95
```

9.10.4　zip

可迭代对象 zip 将多个可迭代对象组合在一起。在每次迭代中，依次取出每个可迭代对象的下一个值，并将它们打包到一个元组中。一旦其中一个可迭代对象耗尽，zip 就会停止。

如果想利用多个列表创建字典，这就很有用。也可以使用 zip 填充任何集合。

假设有两个列表，一个列表代表常客，另一个列表代表他们的订单。将这两个列表变成一个字典，这样就可以通过客户名称找到指定客户的订单，如清单 9-101 所示。

清单 9-101　usuals_zip.py

```
regulars = ['William', 'Devin', 'Kyle', 'Simon', 'Newman']
usuals = ['french press', 'double-shot espresso', 'mocha cappuccino',
          'chai latte', 'tea', 'drip']

usual_orders = ❶ dict(❷ zip(❸ regulars, ❹ usuals))
```

以上代码创建了一个 zip 可迭代对象❷，其内容来自 regulars❸和 usuals❹可迭代对象派生的元组('William', 'french press')、('Devin', 'double-shot espresso')等。然后将这个 zip 可迭代对象传递给 dict()初始化器❶，创建一个字典 usual_orders，每个元组的第一项作为键，第二项作为值。

可通过查找和输出 Devin 的订单来证明这是可行的，如清单 9-102 所示。

清单 9-102 usuals_zip.py

```
print(usual_orders['Devin']) # prints 'double-shot espresso'
```

字典 usual_orders 包含 5 个元素，因为其中最短的可迭代对象 regulars 只有 5 个元素。可迭代对象 usuals 中的多余元素（即'drip'）会被 zip 忽略。

9.10.5 itertools

itertools 模块包含很多用于处理迭代的实用类。很少有 Python 开发者能记住所有这些实用类。每当对应问题出现时，一般通过 Python 官方网站或使用 help()命令查看文档来解决。

以下是一些重点函数，为简洁起见，这里将跳过大部分可选参数。

- accumulate()重复执行一个双参数函数，并将每次调用的结果用作下一次调用的第一个参数，可迭代对象中的当前项则作为第二个参数。在每次迭代中，返回当前结果。默认情况下使用 operator.add()函数，即进行累加。
- chain()生成一个列表，其中包含按顺序传递进来的每个可迭代对象中的每个元素。例如，chain([1,2,3], [4,5,6])将产生 1、2、3、4、5、6。
- combinations()根据所提供的可迭代对象生成所有可能的元素组合，每个组合中的元素数量是指定的。例如，combinations([1,2,3], 2)将产生(1, 2)、(1, 3)以及(2, 3)。
- dropwhile()检验表达式的计算结果，如果某个表达式为 True，dropwhile()就会丢弃（跳过）它，然后返回其后的所有元素。例如，dropwhile(lambda n:n!=42, [5, 6, 42, 7, 53])将产生 42、7 和 53，因为 lambda 表达式声明的计算在遇到值 42 之后返回 True。
- filterfalse()和 filter()相同，只是以完全相反的方式工作：可调用对象必须返回 False 才能包含该项。
- islice()对不可订阅的可迭代对象执行切片。它在行为上和切片相同，只是不支持 start、stop 或 step 为负值。
- permutations()会产生所提供的可迭代对象中元素的每一种可能排列，每种排列都有指定数量的元素。例如，permutations([1,2,3], 2)将产生(1, 2)、(1, 3)、(2, 1)、(2, 3)、(3, 1)和(3, 2)。
- product()根据所提供的可迭代对象生成笛卡儿积。例如，product([1,2], [3,4])将产生(1, 3)、(1, 4)、(2, 3)和(2, 4)。
- starmap()的行为类似于 map，只是将提供的迭代器中的每个元素作为加星号的参数传递。例如，starmap(func, [(1,2), (3,4)])将先调用 func(1,2)，再调用 func(3,4)。
- takewhile()的行为和 dropwhile()完全相反：只要提供的谓词计算结果为 True，就从提供的迭代器中获取元素；一旦谓词的计算结果为 False，就忽略其余项。

9.11 自定义可迭代类

尽管 Python 提供了大量的集合和其他可迭代对象，但是依然可能出现需要编写自己的可迭代类的情况。值得庆幸的是，这并不困难。

通常，你会编写两个类：一个可迭代对象和一个相应的迭代器。这是一个关注点分离的问题：可迭代对象负责存储或生成值，而迭代器负责追踪可迭代对象中的当前位置。这使得我们能够为同一个可迭代对象创建多个独立的迭代器。

在某些情况下，使一个类既是可迭代对象又是迭代器是有益的。当可迭代对象的数据不可重现时，例如当数据通过网络流式传输进来时，就会出现这种情况。另一种情况是无限迭代器，详见第 10 章。

此处使用典型的两类方法。这是一个简单的可迭代类，用来跟踪咖啡馆的客户及其订单的详细信息。（在现实世界中，你可能不会用这样一个自定义的可迭代类来解决问题，但这的确可以作为一个示例来演示。）

让我们从定义用来跟踪客户的可迭代类开始，如清单 9-103 所示。

清单 9-103 cafequeue.py:1

```
class CafeQueue:

    def __init__(self):
        self._queue = []
        self._orders = {}
        self._togo = {}
```

该类有 3 个实例属性：_queue 是一个包含客户姓名的列表；_orders 是存储客户订单的字典；_togo 也是一个字典，用于存储客户是否希望打包带走。

为了使这个类可迭代，定义__iter__()特殊方法，如清单 9-104 所示。

清单 9-104 cafequeue.py:2

```
    def __iter__(self):
        return CafeQueueIterator(self)
```

__iter__()方法必须返回相应迭代器的实例。

为了使这个可迭代类有用，除了迭代数据，还需要让它做一些其他的事情。add_customer()实例方法允许你追加一位新客户，如清单 9-105 所示。

清单 9-105 cafequeue.py:3

```
    def add_customer(self, customer, *orders, to_go=True):
        self._queue.append(customer)
        self._orders[customer] = tuple(orders)
        self._togo[customer] = to_go
```

为了使用 len()内置函数检查有多少客户在排队，必须定义__len__()特殊方法，如清单 9-106 所示。

清单 9-106 cafequeue.py:4

```
    def __len__(self):
        return len(self._queue)
```

请记住，len()仅在需要处理队列长度时才使用。例如，如果想要咖啡馆里的液晶显示屏上显示还有多少客户在排队，则需要在液晶显示屏的代码中对 CafeQueue 对象调用 len()。但即便如此，也不要在循环头中直接使用 len()作为迭代的一部分。

最后，为了检查特定客户是否在队列中，定义__contains__()特殊方法，如清单 9-107 所示。

清单 9-107 cafequeue.py:5

```
    def __contains__(self, customer):
        return (customer in self._queue)
```

现在有了 CafeQueue 类，可以定义相应的迭代器类，名为 CafeQueueIterator。通常，这两个类定义在同一个模块中。

让我们从定义迭代器的初始化器开始，如清单 9-108 所示。

清单 9-108 cafequeue.py:6

```
class CafeQueueIterator:

    def __init__(self, ❶ cafe_queue):
        self._cafe = cafe_queue
        self._position = 0
```

迭代器负责跟踪可迭代对象中的当前位置，其初始化器接收一个参数：和迭代器实例关联的可迭代实例❶。

这就是为什么在可迭代对象的__iter__()方法中，可以使用代码 return CafeQueueIterator(self)（详见清单 9-104）。将可迭代实例传递给迭代器的初始化器，在那里将其作为实例属性_cafe 存储下来。

必须为迭代器类定义特殊方法__next__()，以返回可迭代对象中的下一项，如清单 9-109 所示。

清单 9-109 cafequeue.py:7

```
    def __next__(self):
        try:
            customer = self._cafe._queue[self._position]
      ❶ except IndexError:
          ❷ raise StopIteration

        orders = self._cafe._orders[customer]
        togo = self._cafe._togo[customer]
        ❸ self._position += 1

        ❹ return (customer, orders, togo)
```

__next__()方法负责跟踪迭代器在可迭代对象中的位置。迭代可以是无限的（将在第 10 章中深入介绍），因此没有内置的停止迭代的方法。在__next__()中，如果迭代了可迭代对象中的所有元素❶，将引发 StopIteration❷；否则，在从可迭代对象中检索当前元素后，必须在最终返回元素❹之前更新迭代器的位置❸。

每个元素包含多个子元素，将一个元素的数据打包为一个元组(customer, orders, to_go)，这样在迭代期间就可以在 for 循环中解包。如果再次查看 CafeQueue 类（见清单 9-103），就会注意到订单是一个长度可变的元组，其中包含客户的每个订单。

特殊方法__iter__()也必须定义在迭代器类中。这个方法总是返回一个迭代器，但由于这个实例本身就是一个迭代器，因此__iter__()只需要返回 self，如清单 9-110 所示。

清单 9-110　cafequeue.py:8

```
    def __iter__(self):
        return self
```

可迭代对象类 CafeQueue 以及对应的迭代器类 CafeQueueIterator 都已经写好了，可以像使用任何其他集合一样使用它们。创建一个新的 CafeQueue 实例并向其中填充数据，如清单 9-111 所示。

清单 9-111　cafequeue.py:9

```
queue = CafeQueue()
queue.add_customer('Newman', 'tea', 'tea', 'tea', 'tea', to_go=False)
queue.add_customer('James', 'medium roast drip, milk, 2 sugar substitutes')
queue.add_customer('Glen', 'americano, no sugar, heavy cream')
queue.add_customer('Jason', 'pumpkin spice latte', to_go=False)
```

在迭代集合之前，使用 len()和 in 运算符进行测试，如清单 9-112 所示。

清单 9-112　cafequeue.py:10

```
print(len(queue))       # prints 4
print('Glen' in queue)  # prints True
print('Kyle' in queue)  # prints False
```

可以使用 len()查看队列中还有多少客户，并使用 in 运算符检查某个客户。到目前为止，一切顺利！

你可能想使用这个新的可迭代对象自动为客户制作和交付订单。请记住，可迭代对象中的每个元素都是一个元组（customers, orders, to_go），而订单本身是一个长度未知的元组。虽然在这个例子中完成一个订单很简单，但是你可以想象，理论上完成一个订单可能会非常复杂。为此，我们可以使用清单 9-98 中的 brew()函数来处理每个订单，如清单 9-113 所示。

清单 9-113　cafequeue.py:11

```
def brew(order):
    print(f"(Making {order}...)")
    return order
```

这里没有什么了不起的技巧。清单 9-114 所示为使用 CafeQueue 实例队列的循环。

清单 9-114　cafequeue.py:12

```
for customer, orders, to_go in queue:
  ❶ for order in orders: brew(order)
    if to_go:
        print(f"Order for {customer}!")
    else:
        print(f"(Takes order to {customer})")
```

以上代码使用 for 循环遍历队列，并将每个元素元组解包为 3 个名称：customer、orders 以及 to_go。然后使用嵌套循环将订单元组中的每个元素传递给 brew()函数❶。这个特定的 for 循环非常简单，可以写成一行。

陷阱警告： 这里没有使用map(brew,orders)，因为它实际上不会自行输出任何东西，更何况map()创建了一个必须迭代的生成器。但无论如何，在这一场景中，for循环都是更好的选择。

最后，使用 to_go 来判断订单是堂食还是打包外带。

9.12 本章小结

迭代简化了循环和集合的使用方式。实际上，任何类都可以是可迭代的，只要为其定义了__iter__()方法即可，该方法返回一个相应的迭代器对象。迭代器类在遍历相应的可迭代对象时会跟踪当前位置，并且必须具有一个__next__()方法来返回可迭代对象中的下一个元素。所有 Python 集合都是可迭代的，并且 Python 提供了很多有用的迭代器类，包括 itertools 模块中的很多类。

Python 中的 for 循环是专为处理可迭代对象和迭代器而设计的，Python 在幕后处理对__iter__()以及__next__()的调用，让你可以专注于想要对每个元素执行的操作。

第 10 章将介绍无限迭代器、生成器和生成器表达式的相关概念。

第 10 章 生成器和推导式

在第 9 章中，我们摆脱了传统的基于索引的循环的所有麻烦。然而，我们还没能完全摆脱嵌套循环。

解决方案是使用生成器表达式，它允许你在一个语句中重写循环的整个逻辑。你甚至可以使用广受欢迎的列表推导式创建列表。在开始之前，我们先来了解一下生成器，在许多情况下它们为自定义可迭代类提供了更加紧凑的替代方案。你还将遇到生成器的“表亲”——很不显眼的简单协程，它能为输入提供迭代解决方案。

10.1 惰性求值和贪婪迭代

本章介绍的功能建立在迭代器的原则之上，并且很多功能实际利用了惰性求值的概念。这其实描述了一个过程，在该过程中，迭代器在被请求之前不提供下一个值。这种行为，再加上迭代器不关心其可迭代对象中可能有多少项的事实，构成了生成器对象强大功能的基础。

虽然迭代器是惰性的，但可迭代对象却不是惰性的！编写处理大量数据的代码时，理解这种区别很重要。错误地定义一个可迭代对象将导致程序锁死在一个无限循环中。在某些情况下，遍历所有可用的系统内存可能引发 MemoryError，甚至导致系统崩溃。（在我撰写本章内容时，我的系统就崩溃了两次。）

比如，集合字面量就非常贪婪，因为它在创建时就会计算所有元素。程序员 Kyle Keen 通过一个示例演示了这种现象，为清晰起见，下面对这个示例稍作重组，如清单 10-1 所示。

清单 10-1 sleepy.py:1a

```
import time
sleepy = ['no pause', time.sleep(1), time.sleep(2)]
# ...three second pause...
print(sleepy[0])  # prints 'no pause'
```

Python 在将列表分配给 sleepy 之前，就急切地对列表中的每一个表达式进行了评估，这意味着调用 time.sleep()函数两次。

这种行为可能意味着在处理大量数据或特别复杂的表达式时，集合有可能成为性能瓶颈。

因此，必须谨慎地选择你的方法！处理大量数据的最佳方法就是使用生成器或生成器表达式，稍后将对此进行介绍。

10.2 无限迭代器

惰性求值使得无限迭代器成为可能，这样就可以按需提供值且值不会被耗尽。这种行为对于本章介绍的某些功能非常重要。

itertools 模块提供了以下 3 种无限迭代器。

- count()从给定的数值开始计数，每次加上可选的步长值。因此，count(5, 2)将永远产生 5、7、9、11 等值。
- cycle()无限循环遍历给定可迭代对象中的每个元素。因此，cycle([1,2,3]) 将产生 1、2、3、1、2、3，且将一直持续下去。
- repeat()会无限地重复给定的值，或重复指定的次数（可选）。因此，repeat(42)将持续生成 42，repeat(42, 10)将生成 10 个 42。

然而，正如之前提到的，使无限迭代器有用的行为也令其变得危险：无限迭代器没有“刹车”！当向其传递没有 break 语句的 for 循环时，循环将变成无限循环；当使用星号表达式解包或用其创建集合时，Python 解释器会锁定甚至使系统崩溃。请谨慎使用无限迭代器！

10.3 生成器

10

迭代器类的一个强大替代品是生成器函数，除了使用特殊的 yield 关键字之外，生成器函数看起来就像普通的函数。当直接调用生成器函数时，它将返回一个生成器迭代器（又称生成器对象），该迭代器封装了生成器函数套件中的逻辑。

在每次迭代中，生成器迭代器将运行到一条 yield 语句，然后等待对特殊方法__next__()的另一次调用，该方法是 Python 在幕后隐式创建的。__next__()是负责在迭代器中提供下一个值的特殊方法。只要将迭代器对象传递给 next()函数或在 for 循环中使用，就将调用__next__()。生成器迭代器一旦收到对__next__()的调用，就继续运行直至遇到下一条 yield 语句。

例如，可以使用生成器生成车牌号，如清单 10-2 所示。

清单 10-2 license_generator.py:1

```
from itertools import product
from string import ascii_uppercase as alphabet


def gen_license_plates():
    for letters in ❶ product(alphabet, repeat=3):
        letters = ❷ "".join(letters)
        if letters == 'GOV':
            continue

      ❸ for numbers in range(1000):
            yield f'{letters} {numbers:03}'
```

以上代码像声明任何其他函数一样声明了 gen_license_plates()生成器函数。

为了生成所有可能的字母组合，可以使用 itertool.product 可迭代对象。将预定义字符串 string.ascii_uppercase 重命名为 alphabet，它将为可迭代集合（字符串）中的每个字母提供可选值。

然后通过初始化一个 product 迭代器❶迭代 3 个字母的所有可能组合，该迭代器迭代字符串 alphabet3 次。接下来将这 3 个字母连接成一个字符串❷。

在遍历数字之前，确保字母不等于字符串'GOV'。如果相等，生成器就跳过这一字母组合的迭代，因为包含 GOV 的车牌号仅供政府车辆使用。

最后，遍历所有可能的数字组合，从 000 到 999❸。

yield 语句令该函数成为生成器。每当程序执行到 yield 语句时，值就被返回，然后生成器等待对__next__()的另一次调用。再次调用__next__()时，生成器会从之前停止的地方重新开始，从而生成下一个值。

必须调用生成器函数才能创建想要使用的生成器迭代器。将生成器迭代器绑定到一个名称，如清单 10-3 所示。

清单 10-3　license_generator.py:2

```
license_plates = gen_license_plates()
```

名称 license_plates 现在绑定了由 gen_license_plates()创建的生成器迭代器，这就是具有__next__()方法的对象。

可以像对待任何迭代器一样对待 license_plates。例如，遍历所有可能的车牌号，如清单 10-4 所示，尽管这会花费很长时间。

清单 10-4　license_generator.py:3a

```
for plate in license_plates:
    print(plate)
```

输出内容如下（有省略）：

```
AAA 000
AAA 001
AAA 002
# --snip--
ZZZ 997
ZZZ 998
ZZZ 999
```

在现实场景中，一般不要求同时获得所有可能的数字。清单 10-5 所示为另一种更加实用的场景。

清单 10-5　license_generator.py:3b

```
registrations = {}


def new_registration(owner):
    if owner not in registrations:
        plate = ❶ next(license_plates)
        registrations[owner] = plate
        return plate
    return None
```

以上代码定义了一个函数 new_registration()，用于处理注册新车牌的所有逻辑。如果系统中没有该车主姓名，就从迭代器 license_plates❶中检索下一个车牌号，并将车主姓名作为键、车牌号作为值存储在字典 registrations 中。然后，为方便起见，返回车牌号。如果车牌号的车主姓名已在系统中，就返回 None。

为了让这个示例更有趣一点，这里手动跳过了几千个车牌号，如清单 10-6 所示。

清单 10-6　license_generator.py:4

```
# Fast-forward through several results for testing purposes.
for _ in range(4441888):
    next(license_plates)
```

使用 new_registration()看看效果，如清单 10-7 所示。

清单 10-7　license_plates.py:5

```
name = "Jason C. McDonald"
my_plate = new_registration(name)
print(my_plate)
print(registrations[name])
```

以上代码使用 new_registration()函数在一个虚构的注册机构注册新车牌，然后将返回的车牌号存储在 my_plate 中。直接查看 registrations 字典，看看注册的车牌号是什么。

程序的输出如下：

```
GOW 888
GOW 888
```


10.3.1　生成器 vs 迭代器类

回想一下，迭代器类中的__next__()方法能引发 StopIteration 异常，以宣告没有更多元素可以迭代。生成器不需要显式引发异常，更加重要的是，从 Python 3.5 开始，甚至已经不允许这么做了。当生成器函数终止时，无论是到达末尾还是显式地使用 return 语句，都将在幕后自动引发 StopIteration 异常。

1. 作为迭代器类

为了证明这一点，编写一个随机生成高速公路车流量的迭代器类。一旦它正常工作，就将其重写为一个生成器函数。

让我们从定义两个列表开始，如清单 10-8 所示。

清单 10-8　traffic_generator_class.py:1

```
from random import choice

colors = ['red', 'green', 'blue', 'silver', 'white', 'black']
vehicles = ['car', 'truck', 'semi', 'motorcycle', None]
```

接下来为迭代器创建一个 Traffic 类，如清单 10-9 所示。

清单 10-9　traffic_generator_class.py:3

```
class Traffic:
    def __iter__(self):
        return self
```

不需要初始化器，因为没有实例属性。定义返回 self 的__iter__()特殊方法，使这个类变成可迭代的。

为这个类定义__next__()作为迭代器，如清单 10-10 所示。

清单 10-10 traffic_generator_class.py:4

```
    def __next__(self):
        vehicle = choice(vehicles)

        if vehicle is None:
            raise StopIteration

        color = choice(colors)

        return f"{color} {vehicle}"
```

在__next__()特殊方法中，使用 random.choice()从全局 vehicles 列表中随机选择一辆车。如果从该列表中选择 None，将引发 StopIteration 异常，以指示车流中存在间隙；否则，从全局 colors 列表中随机选择一种颜色，然后返回一个包含车辆和颜色的格式化字符串。

使用 Traffic 迭代器遍历每辆车，输出对应描述，并记录有多少辆已经通过，如清单 10-11 所示。

清单 10-11 traffic_generator_class.py:5

```
# merge into traffic
count = 0
for count, vehicle in enumerate(Traffic(), start=1):
    print(f"Wait for {vehicle}...")

print(f"Merged after {count} vehicles!")
```

一旦 Traffic()引发 StopIteration，就结束循环并运行最终的 print()语句。示例输出如下：

```
Wait for green car...
Wait for red truck...
Wait for silver car...
Merged after 3 vehicles!
```

迭代器类有很多额外的模板。还可以将迭代器改写为生成器函数。

2. 作为生成器函数

继续使用前面示例中的两个列表，如清单 10-12 所示。

清单 10-12 traffic_generator.py:1

```
from random import choice

colors = ['red', 'green', 'blue', 'silver', 'white', 'black']
vehicles = ['car', 'truck', 'semi', 'motorcycle', None]
```

定义 traffic()生成器函数，如清单 10-13 所示。

清单 10-13 traffic_generator.py:2

```
def traffic():
    while True:
```

```
        vehicle = choice(vehicles)

        if vehicle is None:
            return

        color = choice(colors)
        yield f"{color} {vehicle}"
```

以上代码像声明任何其他函数一样声明了这个生成器函数，尽管必须将其构造为连续运行，就像输出每个元素一般。这里用一个无限循环来完成这一声明。一旦函数返回，无论是隐式地到达终点（在这种情况下是不可能的）还是通过 return 语句，迭代器都将在幕后引发 StopIteration。

因为不知道将随机生成多少车流量，所以我希望这个生成器先无限期地运行，直至从 vehicles 列表中获得 None。然后并不引发 StopIteration，而是使用 return 语句来退出函数，以说明迭代已经完成。从 Python 3.5 开始，在生成器函数中引发 StopIteration 将触发 RuntimeError。

使用方式也和以前一样，只不过现在迭代的是生成器而不是迭代器类，如清单 10-14 所示。

清单 10-14 traffic_generator.py:3

```
# merge into traffic
count = 0
for count, vehicle in enumerate(traffic(), start=1):
    print(f"Wait for {vehicle}...")

print(f"Merged after {count} vehicles!")
```

清单 10-14 的输出其实和之前是一样的，如下所示。

```
Wait for white truck...
Wait for silver semi...
Merged after 2 vehicles!
```

10

10.3.2 生成器关闭

和任何迭代器一样，生成器可以是无限的。然而，用完一个迭代器后，应该关闭它，因为让其在内存中闲置对程序的其余部分来说是在浪费资源。

为了证明这一点，将当前的 traffic()生成器函数重写为无限的。仍然使用之前示例中的两个列表，如清单 10-15 所示。

清单 10-15 traffic_infinite_generator.py:1

```
from random import choice

colors = ['red', 'green', 'blue', 'silver', 'white', 'black']
vehicles = ['car', 'truck', 'semi', 'motorcycle', None]
```

清单 10-16 所示为重写的 traffic()生成器函数，和清单 10-13 相比，仅仅删除了返回逻辑。

清单 10-16 traffic_infinite_generator.py:2a

```
def traffic():
    while True:
        vehicle = choice(vehicles)
        color = choice(colors)
        yield f"{color} {vehicle}"
```

由于该函数永远无法到达终点，并且不包含 return 语句，因此这个生成器是一个无限迭代器。

你可以随心所欲地使用这个生成器。例如，可以为使用这个生成器的洗车机编写一个函数，但限制可以清洗的车辆数量，如清单 10-17 所示。

清单 10-17 traffic_infinite_generator.py:3

```
def car_wash(traffic, limit):
    count = 0
    for vehicle in traffic:
        print(f"Washing {vehicle}.")
        count += 1
        if count >= limit:
            traffic.close()
```

以上代码将 traffic 迭代器传递给 car_wash()函数，同时传递一个整数值来限制可以清洗的车辆数量。该函数遍历 traffic，清洗车辆并进行计数。

一旦达到（或超过）限制，就不再使 traffic 可迭代，尤其是它可能已经在参数列表中实例化了，所以将其关闭。这将在生成器中引发 GeneratorExit，进而引发 StopIteration——结束循环，从而结束函数。

现在已经编写好了生成器及使用它的函数，使用清单 10-18 所示的代码将两者结合起来。

清单 10-18 traffic_infinite_generator.py:4a

```
car_wash(traffic(), 10)
```

以上代码从 traffic()生成器函数中创建一个新的迭代器并传递给 car_wash()函数。该函数执行完成后，还会关闭迭代器。现在它就可以被垃圾回收器清理掉了。

一个新的迭代器仍然可以从 traffic()生成器函数中创建，但是旧的迭代器已经用完了。

也可以改为创建一个生成器迭代器并在 car_wash()函数中使用它，最后再将其关闭，如清单 10-19 所示。

清单 10-19 traffic_infinite_generator.py:4b

```
queue = traffic()
car_wash(queue, 10)
```

由于 car_wash()函数关闭了迭代器队列，因此无法再将其传递给 next()以获得结果。追加如下这行错误代码：

```
next(queue)  # raises StopIteration, since car_wash called close()
```

忽略错误，运行后将产生以下输出（有省略）：

```
Washing red motorcycle.
Washing red semi.
# --snip--
Washing green semi.
Washing red truck.
```

10.3.3 行为关闭

当生成器明确关闭时，可以让生成器做一些其他事情，而不是安静地退出。可以通过捕获

GeneratorExit 异常来实现这一目标，如清单 10-20 所示。

清单 10-20 traffic_infinite_generator.py:2b

```
def traffic():
    while True:
        vehicle = choice(vehicles)
        color = choice(colors)
        try:
            yield f"{color} {vehicle}"
        except GeneratorExit:
            print("No more vehicles.")
            raise
```

将 yield 语句包裹在 try 语句中。当 traffic.close()被调用时，生成器等待的 GeneratorExit 异常就被触发。你可以捕获此异常，并做你想做的任何事情，例如输出一条消息。最重要的是，必须触发 GeneratorExit 异常，否则生成器永远不会关闭！

在生成器本身没有任何改变的情况下（见清单 10-17 以及清单 10-19），运行代码后将显示执行过程中出现了新的行为：

```
Washing green semi.
Washing black truck.
# --snip--
Washing blue motorcycle.
Washing silver semi.
No more vehicles.
```

10.3.4 异常抛出

生成器的一种很少使用的功能是 throw()方法，用来将生成器置于某种异常状态，特别是当需要执行一些超出常规 close()的特殊操作时。

比如，如果使用生成器通过网络连接从温度计设备中检索值，并且如果连接丢失，则查询返回默认值（例如 0）。你不想记录该默认值，因为这肯定是错的！相反，你希望生成器为此次迭代返回常量 NaN。

可以编写一个不同的函数来检测网络连接是否丢失，该函数将从尝试查询断开连接的设备开始检索。然后可以使用 throw()方法使生成器在其空闲的 yield 语句处引发异常。你的生成器可以捕获该异常，并产生 NaN。

这其实与 close()引发 GeneratorExit 的方式类似，事实上，close()在功能上和 throw(GeneratorExit)相同。

尽管这听起来非常有用，但是 throw()在现实世界中并没那么多用例。温度计示例是为数不多的使用场景之一，但即便是在这种场景下，也可以通过让生成器调用检验网络连接的函数来更好地解决这一问题。

下面使用 traffic()生成器编写一个示例来演示这种行为。先捕获 ValueError 以允许跳过车辆，这将是后文使用 throw()方法在 yield 语句中引发的异常，如清单 10-21 所示。

清单 10-21 traffic_generator_throw.py:1

```
from random import choice
colors = ['red', 'green', 'blue', 'silver', 'white', 'black']
```

```
vehicles = ['car', 'truck', 'semi', 'motorcycle', None]


def traffic():
    while True:
        vehicle = choice(vehicles)
        color = choice(colors)
        try:
            yield f"{color} {vehicle}"
      ❶ except ValueError:
          ❷ print(f"Skipping {color} {vehicle}...")
          ❸ continue
        except GeneratorExit:
            print("No more vehicles.")
            raise
```

当在 yield 语句中引发 ValueError 异常时，该异常将被捕获❶，并且生成器将宣布当前车辆被忽略❷，然后进入其无限循环的下一次迭代❸。

只有在将洗车的逻辑抽象到 wash_vehicle()函数中时，这才真正有用。清单 10-22 所示的 wash_vehicle()函数会引发异常。

清单 10-22　traffic_generator_throw.py:2

```
def wash_vehicle(vehicle):
    if 'semi' in vehicle:
        raise ValueError("Cannot wash vehicle.")
    print(f"Washing {vehicle}.")
```

wash_vehicle()检验 semi 是否被要求清洗。如果没有被要求清洗，则引发 ValueError。

再编写一个函数 car_wash()，以处理从 traffic()到 wash_vehicle()的每辆车的传递，如清单 10-23 所示。

清单 10-23　traffic_generator_throw.py:3

```
def car_wash(traffic, limit):
    count = 0
    for vehicle in traffic:
        try:
            wash_vehicle(vehicle)
        except Exception as e:
          ❶ traffic.throw(e)
        else:
            count += 1
        if count >= limit:
            traffic.close()
```

在函数 car_wash()中捕获调用 wash_vehicle()时抛出的所有异常。这个捕获的所有操作都是完全可接受的，因为通过 traffic.throw()❶在生成器中重新抛出了捕获到的异常。这样一来，可以抛出哪些异常以及如何处理这些异常，就完全由 wash_vehicle()函数和 traffic()生成器处理。如果将任何未被生成器显式处理的异常传递给 traffic.throw()，该异常将被抛出并在 yield 语句中保持未被捕获，因此不会有错误被忽略。

如果在调用 car_wash()时没有触发异常，就增加清洁车辆的数量。如果触发异常，就不增加，因为不想将忽略的各种 semi 计入清洁车辆。

最后，创建一个 traffic()生成器并将其传递给 car_wash()函数，如清单 10-24 所示。

清单 10-24 traffic_generator_throw.py:4

```
queue = traffic()
car_wash(queue, 10)
```

运行后将产生以下输出：

```
Washing white car.
Washing red motorcycle.
Skipping green semi...
Washing red truck.
Washing green car.
Washing blue truck.
Washing blue truck.
Skipping white semi...
Washing green truck.
Washing green motorcycle.
Washing black motorcycle.
Washing red truck.
No more vehicles.
```

可以看到有 10 辆车被清洗了，所有的 semi 都被忽略了。也就是说，程序完全按照设计的方式工作。

可能没有什么理由让生成器处理 ValueError 异常，何况该异常原本可以在 car_wash()函数中处理。虽然不能保证永远不会使用 throw()，但是如果你认为需要使用它，则意味着你很可能忽略了一种更简单的处理方法。

10

探究笔记：如果没有__throw__()特殊方法，但又想在自定义类中实现相应操作，则可以将throw()定义为普通成员函数。

10.4 yield from

使用生成器时，不仅可以从当前生成器迭代器中生成数据，还可以使用 yield from 将控制权暂时移交给其他可迭代对象、生成器或协程。

在 traffic()生成器中，追加一个生成摩托车团队的选项。为了做到这一点，首先为摩托车团队编写一个生成器。仍然使用前面示例中的两个列表，如清单 10-25 所示。

清单 10-25 traffic_bikers_generator.py:1

```
from random import choice, randint

colors = ['red', 'green', 'blue', 'silver', 'white', 'black']
vehicles = ['car', 'truck', 'semi', 'motorcycle', None]
```

清单 10-26 所示为 biker_gang()生成器函数。

清单 10-26 traffic_bikers_generator.py:2

```
def biker_gang():
    for _ in range(randint(2, 10)):
        color = ❶ choice(colors)
    ❷ yield f"{color} motorcycle"
```

biker_gang()生成器函数将使用 random.randint()函数来选择一个介于 2 和 10 之间的随机数，

并生成对应规模的摩托车团队。为摩托车团队中的每辆摩托车随机选择一种颜色❶并生成对应颜色的摩托车❷。

为了使用这个函数，向清单 10-16 所示的无限 traffic()生成器中添加 3 行代码，如清单 10-27 所示。

清单 10-27 traffic_bikers_generator.py:3

```
def traffic():
    while True:
        if randint(1, 50) == 50:
          ❶ yield from biker_gang()
          ❷ continue

        vehicle = choice(vehicles)
        color = choice(colors)
        yield f"{color} {vehicle}"
```

以上代码使用 random.randint()函数以 1/50 的概率生成摩托车团队。为了生成摩托车团队，使用 yield from 将执行流移交给 biker_gang()生成器❶。traffic()生成器将暂停，直至 biker_gang()生成器完成运行。biker_gang()生成器运行完成后，将控制权传递回 traffic()生成器并恢复迭代。

一旦 biker_gang()运行完成，就跳到无限循环的下一次迭代，继续生成下一辆摩托车❷。

traffic()生成器的使用和以往几乎相同，如清单 10-28 所示。

清单 10-28 traffic_bikers_generator.py:4

```
count = 0
for count, vehicle in enumerate(traffic()):
    print(f"{vehicle}")
    if count == 100:
        break
```

运行上述代码后将（可能）显示新的摩托车团队生成逻辑。下面是一个示例输出（有省略）：

```
black motorcycle
green truck
# --snip--
red car
black motorcycle
black motorcycle
blue motorcycle
white motorcycle
green motorcycle
blue motorcycle
white motorcycle
silver semi
# --snip--
blue truck
silver truck
```

不仅可以将控制权交给其他生成器，还可以使用 yield from 迭代任何可迭代对象，无论是集合、迭代器还是生成器对象。一旦可迭代对象耗尽，就将控制权移交给调用生成器。

10.5 生成器表达式

生成器表达式是一个迭代器，它能将生成器的整个逻辑封装到一个表达式中。生成器表达式是惰性的，因此可以用来处理大量数据而无须锁定程序。

为了演示如何创建和使用生成器表达式，下面继续重构之前的车牌号生成器。编写一个包含一个 for 循环的生成器函数，然后将其转换为生成器表达式。

清单 10-29 所示的循环生成所有可能的车牌号，这些车牌号由字母 A、B、C 和 3 个数字组成。

清单 10-29 license_plates.py:1a

```
def license_plates():
    for num in range(1000):
        yield f'ABC {num:03}'
```

在以上代码中，range(1000)生成从 0 到 999 的所有整数；for 循环则遍历这些数值，并将每次迭代的当前值分配给 num。另外，在这个 for 循环中，使用 f-字符串创建车牌号，并使用字符串格式根据需要在 num 前填充 0，以确保始终有 3 位数字。

因为这也是个迭代器，所以最好输出其在使用中产生的值，而不是从迭代器内部进行输出，如清单 10-30 所示。

清单 10-30 license_plates.py:2a

```
for plate in license_plates():
    print(plate)
```

运行后将输出以下内容（有省略）：

```
ABC 000
ABC 001
ABC 002
# --snip--
ABC 997
ABC 998
ABC 999
```

因为这个生成器函数非常简单，只包含一个循环，所以这是生成器表达式的一种理想场景。重写代码，如清单 10-31 所示。

清单 10-31 license_plates.py:1b

```
license_plates = (
    f'ABC {number:03}'
    for number in range(1000)
)
```

现在生成器表达式包含在括号中，并被绑定到名称 license_plates。生成器表达式本质上是循环语句的反转。

在生成器表达式中，首先声明前面循环套件（见清单 10-30）中的逻辑，在其中定义一个将在每次迭代中进行计算的表达式。然后创建一个由字母 A、B、C 和迭代中的当前数字组成的字符串，如果它不是三位数，在其左侧用 0 填充。和 lambda 表达式中的 return 类似，生成器表达式中的 yield 也是隐含的。

接下来声明循环本身。和以前一样，对一个 range()可迭代对象进行迭代，在每次迭代中使用 number 作为值。

运行此处修改后的代码，输出所有可能的车牌号，如清单 10-32 所示。

清单 10-32　license_plates.py:2b

```
for plate in license_plates:
    print(plate)
```

10.5.1　生成器对象都是惰性的

请记住，生成器对象都是惰性的，无论其是由生成器函数生成的还是由生成器表达式生成的。这意味着生成器对象会按需产生值，而不是提前准备。

回想一下清单 10-1 中 Kyle Keen 的积极求值演示代码的修改版本。可以在生成器表达式中使用相同的基本逻辑，你会看到这个惰性求值行为在起作用，如清单 10-33 所示。

清单 10-33　sleepy.py:1b

```
import time
sleepy = (time.sleep(t) for t in range(0, 3))
```

和列表不同，列表的定义导致程序在继续之前将休眠 3 秒，因为每个元素都在定义时进行了评估。这段代码会立即运行，因为它推迟了对其值的评估，直至有需要时才评估。定义生成器表达式本身不会执行 time.sleep()。

即使在 sleepy 中手动迭代第一个值，也不会产生延迟，如清单 10-34 所示。

清单 10-34　sleepy.py:2

```
print("Calling...")
next(sleepy)
print("Done!")
```

因为 time.sleep(0)在生成器表达式的第一次迭代中被调用过，所以 next(sleepy)立即返回。而对 next(sleepy)的后续调用将导致程序休眠，不过其在真实请求之前不会被触发。

生成器表达式的惰性求值有一个关键例外：最左边的 for 语句中的表达式会被立即计算。例如，思考一下运行清单 10-35 所示的代码会发生什么。

清单 10-35　sleepy.py:1c

```
import time
sleepy = (time.sleep(t) for t in [1, 2, 3, 4, 5])
```

该版本的生成器表达式没有任何所需的惰性求值行为，因为 for 循环中的列表 [1, 2, 3, 4, 5]会在第一次遇到生成器表达式时立即被求值。这是设计使然，因此循环表达式中的任何错误都将通过对生成器表达式声明的回溯来引发。然而，因为这里的列表是即时计算的，所以实际上看不到延迟。

10.5.2　生成器表达式具有复合循环

生成器表达式一次可以支持多个循环，并复制嵌套循环的逻辑，循环按从最外层到最内层的顺序列出。

重写车牌号生成器表达式，以生成所有可能的字母和数字组合，从 AAA 000 开始到 ZZZ 999 结束，一共应该有 17,576,000 个可能的结果。因为生成器表达式是惰性的，所以生成速度很快，这些值在被请求之前不会被真正创建。

包含在括号中并被绑定到 license_plates 的生成器表达式在这里跨越了 3 行以提高可读性，如清单 10-36 所示。原本可以写在一行，但是因为生成器表达式涉及多个循环，所以最好将其写成多行。

清单 10-36 license_plates.py:1c

```
from itertools import product
from string import ascii_uppercase as alphabet

license_plates = (
    f'{❶ "".join(letters)} {number:03}'
    for letters in ❷ product(alphabet, repeat=3)
  ❸ for number in range(1000)
)
```

以上代码在生成器表达式中使用了两个循环。第一个（也就是最外层）循环通过 itertools.product ❷遍历 3 个字母的所有可能组合，就像清单 10-2 所做的那样。product 迭代器在每次迭代时生成一个值元组，必须在创建格式化字符串时使用"".join()❶将其连接为一个字符串。第二个（或内部）循环迭代了 0 到 999 之间的所有数字，过程如前所述❸。

在每次迭代中，都使用 f-字符串来生成车牌号。结果是一个绑定到 license_plates 的迭代器，可以延迟生成所有可能的车牌号。在被请求之前，不会创建下一个车牌号。

可以像使用生成器对象一样使用 license_plates 生成器表达式，如清单 10-37 所示，和你在清单 10-5～清单 10-7 中看到的并没什么不同。

清单 10-37 license_plates.py:2c

```
registrations = {}


def new_registration(owner):
    if owner not in registrations:
        plate = next(license_plates)
        registrations[owner] = plate
        return True
    return False


# Fast-forward through several results for testing purposes.
for _ in range(4441888):
    next(license_plates)

name = "Jason C. McDonald"
my_plate = new_registration(name)
print(registrations[name])
```

输出如下：

```
GOV 888
```

10.5.3 生成器表达式中的条件

你可能注意到了，这里生成了以 GOV 开始的车牌号。下面通过整合清单 10-2 中的条件来检查车牌号中是否使用了保留的字母组合。

可以通过向清单 10-36 所示的生成器表达式中追加一个条件来添加此限制，如清单 10-38 所示。

清单 10-38　license_plates.py:1d

```
from itertools import product
from string import ascii_uppercase as alphabet

license_plates = (
    f'{"".join(letters)} {numbers:03}'
    for letters in product(alphabet, repeat=3)
    if letters != ('G', 'O', 'V')
    for numbers in range(1000)
)
```

以上代码追加了如下条件：如果元组 letters 的值不是('G', 'O', 'V')，则使用此值，否则跳过迭代（隐式地执行 continue 语句）。

这里的顺序非常重要！循环和条件从上到下进行评估，就像是嵌套在一起的。如果在生成数字后检查 ('G', 'O', 'V')，则在 1000 个单独的迭代中隐式地调用 continue 语句，但由于这发生在第二个循环之前，因此数字永远不会在('G', 'O', 'V')情况下生成，生成器表达式在第一个循环中就继续执行了。

这种语法一开始可能令人感觉有点麻烦。可以将其视为嵌套循环，原本处在末尾的 yield 被提取出来并放在最前面。用嵌套循环写的等效生成器函数如下：

```
def license_plate_generator():
    for letters in product(alphabet, repeat=3):
        if letters != ('G', 'O', 'V'):
            for numbers in range(1000):
                yield f'{"".join(letters)} {numbers:03}'
```

对比前述代码，可以看到最后一行被移到了最前面，删除了 yield 关键字，因为它隐含在生成器表达式中。还可以删除其他每一行末尾的冒号。这种编写生成器表达式的方式有助于确保你的逻辑合理。

再次运行代码后，产生以下结果：

```
GOW 888
```

如你所见，条件已经起作用。现在的结果不是 GOV 888 而是 GOW 888。

虽然也可以在生成器表达式中使用 if-else，但是有一个问题：这和仅使用 if 的效果并不相同！这种微妙之处让很多 Python 开发者，包括经验丰富的 Python 开发者措手不及。

这其实是一个带有 if 的生成器表达式，它能生成所有小于 100 且能被 3 整除的整数，如清单 10-39 所示。

清单 10-39　divis_by_three.py:1a

```
divis_by_three = (n for n in range(100) if n % 3 == 0)
```

如果想为每个不能被 3 整除的数字输出“redacted”。那么从逻辑上讲，可以尝试清单 10-40 所示的操作。

清单 10-40　divis_by_three.py:1b

```
divis_by_three = (n for n in range(100) if n % 3 == 0 else "redacted")
```

运行后将产生如下输出：

```
SyntaxError: invalid syntax
```

如果使用本章前述的技术将生成器表达式转换为生成器函数，出现此错误的原因就很清楚了：

```
def divis_by_three():
    for n in range(100):
        if n % 3 == 0:
        else:  # SyntaxError!
            "redacted"
            yield n
```

这样的语法完全讲不通。生成器表达式本身不支持 else 子句——事实上，每个复合语句在生成器表达式中可能只有一个子句。但是生成器表达式确实支持三元表达式——一种很紧凑的条件表达式：

```
def divis_by_three():
    for n in range(100):
        yield n if n % 3 == 0 else "redacted"
```

三元表达式遵循“a if expression else b”的形式。如果 expression 的计算结果为 True，则三元表达式的计算结果为 a，否则为 b。三元表达式可以出现在任何地方，如赋值语句和返回语句中。但是在大多数情况下，并不鼓励使用三元表达式，因为其实在难以阅读。三元表达式主要用于 lambda 表达式和生成器表达式，毕竟在这种场景中使用完整的条件语句是不可能的。 10

可以将生成器函数逻辑转换为生成器表达式，如清单 10-41 所示。

清单 10-41　divis_by_three.py:1c

```
divis_by_three = (n if n % 3 == 0 else "redacted" for n in range(100))
```

该版本是正确的，太棒了！但是如果使用 if 语句并删除 else 语句，如清单 10-42 所示，则又会遇到问题。

清单 10-42　divis_by_three.py:1d

```
divis_by_three = (n if n % 3 == 0 for n in range(100))
```

运行后将返回以下结果：

```
SyntaxError: invalid syntax
```

将其转换为生成器函数逻辑，问题再次变得明显：

```
def divis_by_three():
    for n in range(100):
        yield n if n % 3 == 0 # syntax error
```

没有 else 语句，这就不是三元表达式，所以必须使用正常的 if 语句：

```
def divis_by_three():
    for n in range(100):
        if n % 3 == 0:
            yield n
```

可将其转换为有效的生成器表达式，如清单 10-43 所示。

清单 10-43　divis_by_three.py:1e（同 divis_by_three.py:1a）

```
divis_by_three = (n for n in range(100) if n % 3 == 0)
```

想轻松记住这些可能有点困难。建议先将逻辑编写为生成器函数，再将其转换为生成器表达式。

10.5.4　嵌套生成器表达式

使用当前版本的车牌号生成器表达式效率会有一点低，因为每次迭代时都要将字符串连接在一起。清单 10-38 实现的生成器表达式将每个字母组合连接一次，而不是将每个字母和数字的组合连接一次。更重要的是，在条件语句中，如果有一个漂亮、简洁的字符串而不是由 product()生成的元组，代码将更清晰且更易于维护。

和生成器函数不同，生成器表达式仅在嵌套的单子句复合语句中使用，因此只有一个顶级循环。可以通过将一个生成器表达式嵌套在另一个生成器表达式中来解决这个问题。但是这实际上相当于编写两个单独的生成器表达式，并让其中一个使用另一个。

清单 10-44 所示的代码演示了如何在车牌号生成器中使用这种技术。

清单 10-44　license_plates.py:1e

```
from itertools import product
from string import ascii_uppercase as alphabet

license_plates = (
    f'❶ {letters} {numbers:03}'
    for letters in (
        "".join(chars)
        for chars in product(alphabet, repeat=3)
    )
    if letters != 'GOV'
    for numbers in range(1000)
)
```

内部嵌套的生成器表达式处理 product()迭代的结果，将 3 个字母连接为一个字符串。在外部生成器表达式中，则遍历内部嵌套的生成器表达式以获取包含下一个字母组合的字符串。在迭代数字之前，先确保 letters 不等于字符串'GOV'。如果等于，生成器表达式就跳过这一字母组合的迭代。

这种方法提高了代码的可读性。不必通过在 f-字符串中调用 join()来向其中追加标记，而可以直接包含{letters}❶。

虽然这是本书迄今为止最简洁的车牌号生成方法，但是不应在生产中使用上述代码，因为这已经触达到了生成器表达式可读性的实际边界。当事情变得太复杂时，应该只使用普通的生成器函数。清单 10-2 中的生成器函数比清单 10-44 中的等效生成器表达式更具可读性和可维护性。

10.6　列表推导式

将生成器表达式括在方括号而不是圆括号中，实际上创建了一个列表推导式。列表推导式它使用封闭的生成器表达式来填充列表。这是生成器表达式最常见，也可能是最流行的用法。

然而，由于声明了一个可迭代对象，也就失去了生成器表达式中固有的惰性求值。列表解析是急切的，因为列表的定义就是即时的。出于这个原因，你可能永远不会将车牌号生成器表达式写成列表推导式，这需要好几秒才能完成，从而无法带来愉快的用户体验。确保仅在实际需要列表对象时，也就是需要将值存储在集合中以便后续处理或使用时，才使用列表推导式，否则使用生成器表达式。

就可读性而言，列表推导式优于 filter()，因为前者更易于编写和调试，而且看起来更简洁。将第 9 章中的咖啡口味过滤示例（见清单 9-96）用列表推导式重写，如清单 10-45 所示。

清单 10-45 orders_comprehension.py

```
orders = ['cold brew', 'lemongrass tea', 'chai latte', 'medium drip',
          'french press', 'mocha cappuccino', 'pumpkin spice latte',
          'double-shot espresso', 'dark roast drip', 'americano']

drip_orders = [❶ order ❷ for order in orders ❸ if 'drip' in order]

print(f'There are {len(drip_orders)} orders for drip coffee.')
```

请记住，列表推导式只是一种生成器表达式。对可迭代对象 orders 进行迭代，获得每个 order❷。如果可以在当前 order 中找到字符串'drip'，就将其追加到 drip_orders 中❸。除了将其追加到 drip_orders 中之外，不需要对 order 做任何事情，因此这里用一个简单的 order 来引导生成器表达式❶。

从功能上讲，这段代码和以往的版本一样，但是这个带有列表推导式的版本更加清晰！filter()有其用途，但是大多数时候，你会发现生成器表达式或列表推导式总是能更好地满足要求。

10.7 集合推导式

正如可以通过将生成器表达式括在方括号中来创建列表推导式一样，也可以通过使用一对花括号创建集合推导式。这将使用生成器表达式来填充一个集合。

如清单 10-46 所示，这个集合推导式将找到 100 除以小于 100 的奇数的所有余数。集合将排除任何重复项，以使结果更容易理解。

清单 10-46 odd_remainders.py

```
odd_remainders = {100 % divisor for divisor in range(1, 100, 2)}
print(odd_remainders)
```

对于 1 到 99 之间的每个整数除数，使用模运算符获得其余数，然后将结果追加到集合中。运行上述代码后得到如下结果：

```
{0, 1, 2, 3, 5, 6, 7, 8, 9, 10, 11, 13, 14, 15, 16, 17, 18, 19, 21,
22, 23, 25, 26, 27, 29, 30, 31, 33, 35, 37, 39, 41, 43, 45, 47, 49}
```

集合推导式实际上和列表推导式一样工作，只不过创建的是一个集合。另外，集合是无序的，并且不包含重复项。

10.8 字典推导式

字典推导式的结构和集合推导式几乎相同，只不过前者需要冒号。集合推导式和字典推导式都包含在一对花括号中，就像它们各自的集合字面量一样。字典推导式还使用冒号（:）来分隔键值对中的键和值，这是它和集合推导式的区别。

如果想要一个使用 1 到 100 之间的整数作为键并使用该数的平方作为值的字典推导式，可以使用清单 10-47 所示的代码。

清单 10-47　squares_dictionary_comprehension.py

```
squares = {n : n ** 2 for n in range(1, 101)}
print(squares[2])
print(squares[7])
print(squares[11])
```

冒号左侧的键表达式在右侧的值表达式之前被计算。可以使用相同的循环来创建键和值。

请注意，和列表推导式及集合推导式一样，字典推导式也是即时的。以上代码将立即执行字典推导式，直至正在使用的 range()可迭代对象用尽。

输出如下：

```
4
49
121
```

这就是所有内容！重申一遍，除了冒号之外，一切都和其他任何生成器表达式中的相同。

10.9 生成器表达式的隐患

生成器表达式以及不同类型的推导式可能会让人上瘾，部分原因是程序员在编写它们时会觉得自己非常聪明。强大的单行代码让程序员非常兴奋。我们真的太喜欢巧妙地编写代码了。

然而，不要对生成器表达式过于着迷。正如 Python 之禅告诫我们的那样。

优雅好过丑陋。
……
简单好过复合。
复合好过复杂。
……
稀疏好过密集。
可读性很重要。

生成器表达式虽然简洁，但是如果使用不当，代码就会变得密集、不可读。列表推导式特别容易被滥用。下面列出一些示例，说明列表推导式和生成器表达式在哪些情况下不适用。

10.9.1 它们很快就会变得不可读

以下示例出现在 Open edX 的一项调查中。最初，每个列表推导式都写在一行。为了清晰地展示，同时又不至于让排版人员抓狂，我冒昧地将 3 个列表推导式都拆分为多行。遗憾的是，这对改善代码的可读性并无多大作用：

```
primary = [
    c
    for m in status['members']
    if m['stateStr'] == 'PRIMARY'
    for c in rs_config['members']
    if m['name'] == c['host']
    ]

secondary = [
    c
    for m in status['members']
    if m['stateStr'] == 'SECONDARY'
    for c in rs_config['members']
    if m['name'] == c['host']
    ]

hidden = [
    m
    for m in rs_config['members']
    if m['hidden']
    ]
```

你能告诉我发生了什么吗？如果你阅读一段时间，可能还可以，但是为什么要这么做？这段代码看似清晰实则混乱，果然在调查中被评为最难阅读的例子。

列表推导式和生成器表达式的功能很强大，但是它们很容易就变得完全不可读。由于生成器表达式本质上是“翻转”语句的顺序，因此循环出现在与其相关的语句之后，这让人很难理解这种格式的逻辑。上述内容在传统循环的上下文中会清晰很多。

来自 Libera 在线聊天室的同行 grym 分享了另外一个令人厌恶的例子，说明了列表推导式是多么容易被滥用：

```
cropids = [self.roidb[inds[i]]['chip_order'][
    self.crop_idx[inds[i]] % len(self.roidb[inds[i]]['chip_order'])]
    for i in range(cur_from, cur_to)
]
```

不要问我这段代码是做什么的。我也不想费力去弄明白，我的灵魂在抗拒阅读这些代码。

10.9.2 它们无法替代循环

由于生成器表达式和推导式非常简洁、紧凑，因此大家可能很想编写巧妙的单行代码来替代普通的 for 循环。请抵制这种诱惑！生成器表达式适用于创建惰性迭代器，而列表推导式只应该在实际需要创建列表时使用。

通过研究示例可以更好地理解其原因。想象一下，你正在阅读别人写的程序，遇到了如下代码：

```
some_list = getTheDataFromWhereever()
[API.download().process(foo) for foo in some_list]
```

首先需要注意的是，尽管列表推导式旨在创建列表值，但是该值并未存储在任何地方。任何时候像这样隐式丢弃一个值，都应该是一个模式被滥用的警告。

其次，你无法一眼看出 some_list 中的数据是否已经改变。这是一个不恰当地使用列表推导式替代循环的例子。这个例子有点儿不可读，因为它混淆了代码的行为，也令调试变得困难。

下面是应该坚持使用循环的一种情况：

```
some_list = getTheDataFromWhereever()
for foo in some_list:
    API.download().process(foo)
```

在这一场景中，some_list 中的值被改变并不意外，尽管函数还有这样或那样的副作用，且仍然不是最好的形式。可最重要的是，代码调试变得容易了。

10.9.3　它们很难调试

生成器表达式或推导式的本质是将所有内容打包到一个巨大的语句中。这样做的好处是消除了许多中间步骤，但缺点也是消除了许多中间步骤。

考虑在典型循环中进行调试。循环可以单步执行，每一步迭代一次，使用调试器观察每个变量的状态。还可以使用异常处理来处理异常的边界情况。

但是在生成器表达式中，这些都无法帮助你。在生成器表达式中，要么一切正常，要么什么都不工作。你可以尝试通过错误和输出来剖析自己做错了什么，但是我可以向你保证，这绝对是一次令你困惑的经历。

可以通过在第一个版本的代码中不使用生成器表达式或列表推导式来避免出现这种问题。以显而易见的方式编写逻辑，比如使用传统循环、迭代器工具或普通生成器。只有在知道代码能够工作时，才应该将逻辑封装到一个生成器表达式中，并且只有在不用回避所有异常处理（try 语句）的情况下才可以这么做。

这听起来像是很多额外工作，但是我在竞争性代码比赛中完全遵循这种模式，特别是当我和时间赛跑时。我对生成器表达式的理解通常是我相对经验不足的竞争对手的主要优势，但我总是先写标准循环或生成器，而非浪费时间去调试生成器表达式中的不良逻辑。

10.9.4　何时用生成器表达式

很难硬性规定何时应该使用生成器表达式。一如既往，重要的因素是可读性。本书之前的大多数示例将生成器表达式拆分为多行，但原本应该写在一行。如果这样做导致代码难以阅读，那么在使用生成器表达式前请三思。

从某种意义上讲，生成器表达式之于迭代器就像 lambda 表达式之于函数，因为生成器表达式在定义即将使用的一次性迭代器时特别有用。当生成器表达式是唯一参数时，甚至可以省略周围的额外括号。生成器表达式（比如 lambda 表达式）最适合于编写简单的、一次性的逻辑，这种逻辑会受益于在使用的地方声明它们。

当一次性迭代器的目的是填充列表时，就应该使用列表推导式。集合推导式和字典推导式对它们各自的集合也是如此。

在处理更加复杂的逻辑时，生成器优于生成器表达式。生成器的句法结构因为和普通函数相同，所以并不像生成器表达式那样容易变得不可读。

10.10 简单协程

协程也是一种生成器，能按需使用数据，而不生产数据，且会耐心等待直至接收到数据。例如，可以编写协程来维护运行时的平均温度，还可以定期向协程发送一个新的温度，并立即计算新的平均温度。

协程有两种。这里介绍的是简单协程。稍后介绍并发时，将介绍原生协程（又称异步协程），原生协程运用并进一步构建了这些概念。

本章后文提及协程时，说的都是简单协程。

因为协程就是生成器，所以可以对其使用 close()以及 throw()，还可以使用 yield from 将控制权移交给另外一个协程。只有 next()在这里不起作用，因为需要将值发送出去，而不是进行检索。相反，你可以使用 sent()。

例如，假设我们想以迭代方式计算特定颜色的车辆数量（来自前文的 traffic()生成器）。清单 10-48 所示为一个执行此操作的协程。

清单 10-48 traffic_colors_coroutine.py:1a

```
from random import choice


def color_counter(color):
    matches = 0
    while True:
      ❶ vehicle = yield
        if color in vehicle:
            matches += 1
        print(f"{matches} so far.")
```

color_counter()协程函数接收一个参数——一个表示被计数车辆的颜色的字符串。创建生成器迭代器时将传递此参数。

由于希望这个协程在明确关闭之前持续接收数据，因此这里使用了一个无限循环。生成器和协程之间的主要区别在于 yield 语句出现的位置。在这里，yield 表达式被分配给某个对象——具体来说，被分配给了 vehicle❶。发送到协程的数据被分配给 vehicle，然后就可以通过检查颜色是否匹配并增加对应车辆的数量来完成操作。最后输出当前计数。

复用之前的无限 traffic()生成器来创建数据，如清单 10-49 所示。

清单 10-49 traffic_colors_coroutine.py:2

```
colors = ['red', 'green', 'blue', 'silver', 'white', 'black']
vehicles = ['car', 'truck', 'semi', 'motorcycle']


def traffic():
    while True:
        vehicle = choice(vehicles)
        color = choice(colors)
        yield f"{color} {vehicle}"
```

color_counter()协程函数和生成器的用法并无太大区别，但有几个关键不同，如清单 10-50 所示。

10

清单 10-50 traffic_colors_coroutine.py:3

```
counter = color_counter('red')
```

在使用协程之前，必须从协程函数中创建一个协程对象（实质上就是一个生成器迭代器），再将这个对象绑定到 counter。

使用协程的 send()方法将数据发送给协程。但是在协程可以接收数据之前，必须通过将 None 传递给 sent()来启动协程，如清单 10-51 所示。

清单 10-51 traffic_colors_coroutine.py:4a

```
counter.send(None)  # prime the coroutine
```

启动的协程会运行到第一个 yield 语句。如果协程没有启动，前面发送的任何数据都将丢失，因为它们由 yield 语句接收。

也可以使用清单 10-52 所示的代码启动协程。

清单 10-52 traffic_colors_coroutine.py:4b

```
next(counter)  # prime the coroutine
```

使用哪种方式并不重要。我更喜欢清单 10-51 中的方式，因为这种方式清晰地表明正在启动协程，而非使用任何旧的生成器。

协程启动后，就可以使用协程了，如清单 10-53 所示。

清单 10-53 traffic_colors_coroutine.py:5a

```
for count, vehicle in enumerate(traffic(), start=1):
    if count < 100:
        counter.send(vehicle)
    else:
        counter.close()
        break
```

遍历 traffic()生成器，并使用 sent()方法将数据发送到协程计数器。协程处理数据并输出当前红色车辆的数量。

在 for 循环中，一旦迭代了 100 辆车，就手动关闭协程并跳出循环。

运行后将产生以下输出（有省略）：

```
0 so far.
0 so far.
1 so far.
# --snip--
19 so far.
19 so far.
19 so far.
```

探究笔记： 其实并没有__send__()特殊方法。要在自定义类中实现类似协程的行为，可以将sent()定义成普通成员函数。

10.10.1　从协程返回值

在实际项目中，很少有人只想输出结果。对于大多数有用的协程，需要一些方法来检索正在生成的数据。

为了让颜色计数器做到这一点，可以更改协程中的一行，并删除不再需要的 print()语句，如清单 10-54 所示。

清单 10-54　traffic_colors_coroutine.py:1b

```
def color_counter(color):
    matches = 0
    while True:
        vehicle = yield matches
        if color in vehicle:
            matches += 1
```

将名称 matches 放置到 yield 关键字之后，以指示想要生成绑定到该变量的值。因为协程实例本质上是一种特殊的生成器迭代器，所以可以通过 yield 语句来接收和返回值。在这种情况下，每次迭代时，它都能接收一个新值并将其分配给 vehicle，然后更新 matches 的当前值。

使用方法和以往非常相似，只需要做一个简单的改变即可，如清单 10-55 所示。

清单 10-55　traffic_colors_coroutine.py:5b

```
matches = 0
for count, vehicle in enumerate(traffic(), start=1):
    if count < 100:
        matches = counter.send(vehicle)
    else:
        counter.close()
        break

print(f"There were {matches} matches.")
```

每次通过 counter.send()发送值时，也会返回一个值并将其分配给 matches。在循环完成后输出这个值，而非仅仅进行计数。

新的输出如下：

```
There were 18 matches.
```

10.10.2　行为序列

协程中事情发生的顺序可能有点儿难以预测。为了理解这一点，下面举个简单的例子，它只输出接收的输入，如清单 10-56 所示。

清单 10-56　coroutine_sequence.py

```
def coroutine():
    ret = None
    while True:
        print("...")
      ❶ recv = ❷ yield ret
      ❸ print(f"recv: {recv}")
      ❹ ret = recv
```

```
  co = coroutine()
  current = ❺ co.send(None)
❻ print(f"current (ret): {current}")

  for i in range(10):
    ❼ current = ❽ co.send(i)
    ❾ print(f"current (ret): {current}")

  co.close()
```

将生成器同时用作协程时，序列的行为顺序如下。

1. 协程从 co.send(None)❺启动，推进到第一个 yield 语句❷并产生 ret 的初始值（None）。该值在协程外部输出❻。
2. 从 co.send()❽接收协程的第一个输入（0）并将其存储在 recv❶中。
3. recv 的值（0）被输出❸，并被存储在 ret❹中。
4. 协程推进到下一个 yield❷。
5. 生成 ret 的当前值（0）❷，将其存储在 current❼中，并在 for 循环中输出❾。for 循环继续前进。
6. 从 co.send()❽接收下一个输入（1）并存储在 recv❶中。
7. 输出 recv 的新值（1）❸，然后将其存储在 ret 中。
8. 协程推进到下一个 yield。
9. 生成 ret 的当前值（1）❷，将其存储在 current❼中，并在 for 循环中输出❾。for 循环继续前进。

……

简单来说，协程在接收来自 send()的新值之前总会产生一个值。这是因为赋值表达式的右侧先于左侧被计算。该行为和 Python 的其余部分一致，尽管这种情况可能会令你感到惊讶。

10.11　异步又如何？

一些 Python 开发者坚持认为，简单协程在现代 Python 代码中没有立足之地，已经完全被原生协程（又称异步协程）取代。情况的确可能是这样的，但是它们在用法上的差异并不小。原生协程有很多优点，但是它们必须以不同的方式来调用。（第 16 章将介绍异步协程和原生协程）

10.12　本章小结

本章介绍了各种形式的生成器对象，如生成器表达式、推导式和简单协程，还介绍了无限迭代器。

生成器和协程使得在迭代代码中使用惰性求值成为可能，其中的值可以仅在需要时才计算。如果能正确使用这些功能，你的代码就可以处理大量数据而不会出现卡顿或崩溃。

第 16 章介绍异步协程时会进一步拓展其中的许多功能。

第 11 章 文本输入/输出和上下文管理

基于文本文件存储数据是最常见的数据存储方法，也是在程序运行之间保持状态的关键。

虽然在 Python 中打开文本文件非常简单，但是有很多隐秘的微妙之处总是被忽略，直至它们触发问题。Python 开发者可以通过一些似乎有效的技术组合来实现同样的操作，但是这和 Python 惯用形式的优雅相去甚远。

本章将分解与文本文件协作相关的两个核心组件：流和类路径对象。本章还将介绍各种打开、阅读和写入文件的方式，以及如何使用文件系统，最后对常见的文件格式进行简要介绍。

11.1 标准输入和输出

到目前为止，我们已经将 print()和 input()之类的函数视为理所当然。它们几乎是开发者学习编程语言的第一批函数，并且也是开发者真正理解文本输入和输出的重要起点。

11.1.1 重温 print()

print()函数接收一个字符串参数并将其输出到屏幕上。这很简单，但是 print()的功能并不仅限于此。还可以使用 print()以多种方式快速灵活地输出多个值，甚至可以用它来写入文件。

1. 标准流

要想充分理解 print()的潜力，就必须理解流。当使用 print()时，你将字符串发送到标准输出流，这是操作系统提供的一种特殊通信通道。标准输出流的行为就像一个队列：你将数据（通常是字符串）推送到流中，这些字符串可以按顺序被其他程序或进程（尤其是终端）拾取。默认情况下，操作系统将提供给 print()的所有字符串都发送到标准输出流。

操作系统还有一个标准错误流来显示错误消息。正常输出被发送到标准输出流，与错误相关的输出则被发送到标准错误流。

本书到目前为止，每当输出错误消息时，都使用普通的 print()调用，和输出普通消息相同，如清单 11-1 所示。

清单 11-1 print_error.py:1a

```
print("Normal message")
```

```
print("Scary error occurred")
```

如果用户只想将错误输出到终端，这样就可以了。这里假设用户想使用终端将所有程序的输出通过管道传输到文件中，使正常输出保存到一个文件中，而使错误输出保存到另一个文件中。下面是 bash 中的示例[①]：

```
$ python3 print_error.py > output.txt 2> error.txt
$ cat output.txt
A normal message.
A scary error occurred.
$ cat error.txt
$
```

用户希望 output.txt 包含正常消息，而希望 error.txt 包含发生的可怕错误。但是因为 print() 默认将消息发送到标准输出流，所以两种消息都被输出到 output.txt 中，而 error.txt 完全是空的。

要想将错误消息发送到标准错误流，就必须通过在 print()上使用 file 参数加以指定，如清单 11-2 所示。

清单 11-2　print_error.py:1b

```
import sys
print("Normal message")
print("Scary error occurred", file=sys.stderr)
```

首先导入 sys 模块，这样才能访问 sys.stderr，这就是标准错误流的句柄。通过在第二次 print() 调用中指定参数 file=sys.stderr，即可将错误消息发送到标准错误流。正常消息仍被发送到标准输出流，因为默认参数是 file=sys.stdout。

复用之前的 shell 会话，用法是一样的，可以看到两种输出现在已被发送到预期的文件中：

```
$ python3 print_error.py > output.txt 2> error.txt
$ cat output.txt
A normal message.
$ cat error.txt
A scary error occurred.
```

正常消息通过管道传输到文件 output.txt 中，错误消息通过管道传输到文件 error.txt 中。这是以这种方式使用命令行程序输出的标准预期行为。

正如参数名称 file 所暗示的那样，print()函数并不限于标准流。事实上，你马上就会看到它非常适合用于将文本写入文件。

2. 刷新

你需要知道的一个重要事实是，标准流是作为缓冲区实现的：数据可以推送到缓冲区，其行为类似于队列。数据将在那里等待，直至被终端或者任何想要显示其内容的进程或程序拾取。在上面的例子中，文本被推送到流缓冲区，然后在其内容全部被输出到终端时刷新缓冲区。由于多种原因（它们都超出了本书的讨论范畴），刷新并不总是在期望的时候发生。有时我们使用 print()发送一条消息，然后很想知道为什么这条消息还没有被输出到终端。

通常最好让系统决定何时刷新标准流，而不是强制执行刷新。但是在某些情况下，你可能

① 译者注：在 bash 中使用“2>”可以指定错误流的输出目标，这是类 UNIX 操作系统的终端中的常用技能。

想要强制执行刷新。例如，你可能想在已显示的行的末尾追加一些内容。

下面是个简单的进度指示器，它可以做到这一点。我将使用 time.sleep()来指示正在运行一些耗时的进程，例如下载。为了确保用户知道程序没有崩溃，可以显示“Downloading . . .”消息，并且每过 0.1 秒追加一个句点，如清单 11-3 所示。

清单 11-3 progress_indicator.py

```
import time

print("Downloading", end='')
for n in range(20):
    print('.', end='', flush=True)
    time.sleep(0.1)
print("\nDownload completed!")
```

print()函数的 end 参数可以防止输出新行，稍后介绍这个参数。该示例的重要部分是 flush 参数，如果忽略它，那么在循环结束之前，用户将看不到任何东西，因为缓冲区在输出到终端之前会等待换行符。但是通过强制刷新缓冲区，输出到终端的行会在每次循环迭代时更新。

如果需要所有的 print()调用默认每次都刷新，可以在非缓冲模式下运行 Python，只需要在调用程序时将-u 选项传递给 Python 解释器即可，如 python3 -u -m mypackage。

3. 输出多个值

print()函数可以接收任意数量的有序参数，每个参数都将使用__str__()特殊方法转换为字符串。这是一种与 f-字符串格式化相比更加快速且简便的替代方法。

例如，你可能想将一个地址存储为多个部分，然后输出整个地址。为此，先初始化各个值，如清单 11-4 所示。

清单 11-4 address_print.py:1

```
number = 245
street = "8th Street"
city = "San Francisco"
state = "CA"
zip_code = 94103
```

然后使用格式化字符串将地址拼在一起，如清单 11-5 所示。

清单 11-5 address_print.py:2a

```
print(f"{number} {street} {city} {state} {zip_code}")
```

虽然这样是可行的，但是也可以在不使用 f-字符串的情况下完成这一任务，从而简化 print()语句，如清单 11-6 所示。

清单 11-6 address_print.py:2b

```
print(number, street, city, state, zip_code)
```

print()语句会将每个参数转换为一个字符串，然后将各部分连接在一起，每两部分之间有一个空格（默认情况下）。在任何一种情况下，输出都是相同的：

```
245 8th Street San Francisco CA 94103
```

这种没有 f-字符串的 print()语句的好处是可读性好且效率高。由于最终输出只不过是用空格将所有部分连接在一起，并且不需要将整个字符串存储为内存中的某个值，因此 f-字符串显得有点过分消耗资源了。

这也是一个展示 print()函数固有的连接能力的例子。可以从字典中快速生成地址对应的房产价值表，字典内容如清单 11-7 所示。

清单 11-7　market_table_print.py:1

```
nearby_properties = {
    "N. Anywhere Ave.":
    {
        123: 156_852,
        124: 157_923,
        126: 163_812,
        127: 144_121,
        128: 166_356,
    },
    "N. Everywhere St.":
    {
        4567: 175_753,
        4568: 166_212,
        4569: 185_123,
    }
}
```

我想输出一个表格，其中包含街道、号码和格式化的房产价值，每两列之间用制表符（\t）分隔。下面首先使用 f-字符串，如清单 11-8 所示，这样你就会明白为什么我不使用这种方法了。

清单 11-8　market_table_print.py:2a

```
for street, properties in nearby_properties.items():
    for address, value in properties.items():
        print(f"{street}\t{address}\t${value:,}")
```

虽然这能产生所需的输出（稍后展示），但是 f-字符串增加了不必要的复杂性。因为用制表符分隔每一列，所以可以再次利用 print()更好地完成这一任务，如清单 11-9 所示。

清单 11-9　market_table_print.py:2b

```
for street, properties in nearby_properties.items():
    for address, value in properties.items():
        print(street, address, f"${value:,}", sep='\t')
```

sep 参数允许你定义在每两个值之间使用什么字符作为分隔符。sep 默认是一个空格，如清单 11-6 所示。这里使用制表符（\t）作为分隔符。

我更喜欢这个解决方案，因为它更具有可读性。仍然使用 f-字符串来格式化值以显示所需的逗号分隔符，以免得到更难看的输出，如$144121。绑定到 street 和 address 的值不需要做任何特殊处理。

下面是输出，这对于任何一个版本的代码都是相同的：

```
# --snip--
N. Anywhere Ave.    127     $144,121
N. Anywhere Ave.    128     $166,356
N. Everywhere St.   4567    $175,753
# --snip--
```

这种方法的另外一个优点是，如果要用空格和竖线字符分隔列，只需修改 sep 参数即可，如清单 11-10 所示。

清单 11-10 market_table_print.py:2c

```
for street, properties in nearby_properties.items():
    for address, value in properties.items():
        print(street, address, f"${value:,}", sep=' | ')
```

如果使用了 f-字符串，则需要更改每次分离时使用的字符。

下面是新的输出：

```
# --snip--
| N. Anywhere Ave.  |  127  |  $144,121
| N. Anywhere Ave.  |  128  |  $166,356
| N. Everywhere St.  |  4567  |  $175,753
# --snip--
```

print()函数还有一个 end 参数，用来指定要附加到输出末尾的内容。默认情况下，这是一个换行符（\n），但是也可以像修改 sep 参数一样修改它。

一种常见的方法是设置 end=\t，这将导致输出的下一行覆盖上一行。这在状态更新中特别有用，例如进行进度提醒。

11.1.2 重温 input()

input()函数允许你从终端（即标准输入流）接收用户输入。和 print()函数不同，input()函数没有额外的功能。

input()接收的唯一参数是 prompt，这是一个可选字符串，输出到标准输出时不追加尾随换行符（\n）。传递给 promp 的值通常是一条消息，用于通知用户应该输入什么。该参数可以是任何可通过__str__()方法转换为字符串的对象，和传递给 print()的有序参数相同。

清单 11-11 所示为一个基本的 MLS[①] 号码提示，其可以作为房产搜索程序的一部分。

清单 11-11 search_input.py

```
mls = input("Search: MLS#")
print(f"Searching for property with MLS#{mls}...")
```

运行后提示用户输入 MLS 号码，然后报告系统有人正在搜索具有该编号的房产：

```
Search: MLS#2092412
Searching for property with MLS#2092412...
```

① 译者注：MLS（Multiple Listing Service，多重上市服务）是美国的一种房地产营销方式，广泛应用于房地产开发销售及中介代理。

探究笔记： 在阅读Python 2的代码或教程时，你可能会看到raw_input()函数的使用说明。这在Python 2中是必需的，因为当时的input()函数通常不实用且非常不安全——它隐式地将用户输入作为表达式。在Python 3中，旧的、危险的input()已删除，raw_input()被重命名为input()，因此不需要再担心。

11.2　流

要想处理任何数据文件，你需要获得一个流（又称文件对象或类文件对象），其提供读取和写入内存中的特定文件的方法。一般存在两种流：二进制流是所有流的基础，用来处理二进制数据（0 和 1）；文本流则处理二进制文本的编码和解码。

普通的 .txt 文件、Word 文档或你拥有的其他任何文件都可以使用流来处理。你已经使用过的标准输出（sys.stdout）、标准输入（sys.stdin）和标准错误（sys.stderr）的对象实际上都是流。你所知道的关于标准流的一切知识在其他流中也都是相同的。

本节介绍文本流，第 12 章将深入探讨二进制数据和二进制流。

可以使用内置的 open()函数来创建处理文件的流。这个函数的使用有很多需要注意的地方，下面让我们从它最简单的用法开始。

假定每个文件都和打开它的 Python 模块位于同一目录中。如果文件在计算机上的其他地方，则需要一个路径，这是一个单独的主题，后文将详细探讨。

要想读取名为 213AnywhereAve.txt 的文件（其内容和即将出现的输出相同），需要创建一个流。Python 在后台完美地创建了文件流，所以只需要使用 open()函数，如清单 11-12 所示。

清单 11-12　read_house_open.py:1a

```
house = open("213AnywhereAve.txt")
print(house.read())
house.close()
```

open()函数返回一个流对象——具体来说，返回的是一个 TextIOWrapper 对象，用于处理 213AnywhereAve.txt 文件的内容。将这个流对象绑定到 house。

接下来，可通过调用 house 的 read()方法将返回的字符串直接传递给 print()来输出读取到的全部内容。

一旦完成了对文件的处理，就必须关闭这个流，以上代码的最后一行正是这么做的。重要的是不要让垃圾回收器来关闭文件，因为这既不能保证有效，也不能在所有 Python 实现中确保可移植。更重要的是，在写入文件时，直至调用 close()，Python 才能保证完成对文件的变更。这意味着如果忘记在程序结束前调整用 close()，所做的更改可能会部分或全部丢失。

假设 213AnywhereAve.txt 文件和当前 Python 模块位于同一目录中，则上述代码会将文件的所有内容输出到屏幕上：

```
Beautiful 3 bed, 2.5 bath on 2 acres.
Finished basement, covered porch.
Kitchen features granite countertops and new appliances.
Large fenced yard with mature trees and garden space.
```

```
$856,752
```

你只能从这一特定流中读取文件。写入文件时需要以不同的方式打开文件，后文将介绍这个操作。

11.3 上下文管理器基础

上下文管理器是一种对象，当程序执行留下一段代码或上下文时，它能自动处理自己的清理任务。此处的上下文由带有描述的 Python 代码提供（这是 Python 的最后一种复合语句，类似的还有 as if、try 以及 def 语句等）。为了使读者真正理解上下文管理器的工作原理，下面解释其基本逻辑，并逐步使用上下文管理器。

清单 11-12 还存在一个问题，就目前而言，这个示例足够安全，因为除非 house.read()无法打开文件，否则就不可能失败。但实际上在打开文件后，可以尝试执行更多的操作，而非仅仅输出文件内容。你可能以多种方式处理数据，比如将其存储到集合中，或者搜索特殊内容。出现错误和异常的可能性很大。使用这种方法，如果成功打开文件，但是在阅读或使用文件时发生意外（例如，尝试将其读取到字典中，但是触发了 KeyError），那么 close()方法将永远不会被调用。

为了解决这个问题，可以在一个 try 语句的 finally 子句中调用 close()，如清单 11-13 所示。

清单 11-13 read_house_open.py:1b

```python
house = open("213AnywhereAve.txt")
try:
    print(house.read())
finally:
    house.close()
```

如果 213AnywhereAve.txt 文件不存在，则触发 FileNotFoundError。如果能成功打开这个文件，就可以尝试从 house 流中执行 read()。由于没有观察到任何意外，因此代码会自动从这个 try 语句中穿过。又因为 close()调用在 finally 子句中，所以无论是否有错误，它都将被调用。

但在实践中，应时刻记住调用 close()是完全不现实的，而且是一种痛苦。如果忘记了关闭流，抑或程序在你调用 close()之前就终止了，则可能导致各种错误。

好在所有流对象都有上下文管理器，因此可以通过 with 语句完成自身清理。将整个 try-finally 语句（见清单 11-13）封装到一行代码中，如清单 11-14 所示。

清单 11-14 read_house_open.py:1c

```python
with open("213AnywhereAve.txt") as house:
    print(house.read())
```

这同样可以打开 213AnywhereAve.txt 文件，将流绑定到 house，然后读取并输出文件中的代码行。无须手动调用 house.close()，因为 Python 在后台能自动执行这条语句。

稍后将介绍更多机制，但由于这是大多数流的规范形式，因此建议从现在就开始坚持使用。

陷阱警告： 永远不要在标准流（sys.stdout、sys.stderr和sys.stdin）上使用with。在标准流上使用with会调用close()，这会导致你无法在不重启Python实例的情况下使用这些流！虽然有一些（令人费解的）重新打开标准流的方法，但是说实话，最好不要关闭它们。

11.4　文件模式

open()函数可选地接收第二个参数 mode。该参数应为一个字符串，指示文件应该如何打开，且定义了可以对流对象执行什么操作，如读取、写入等。如果还没有传递 mode 参数，Python 将使用 mode='r'，即以只读方式打开文件。

基于文本的文件有 8 种不同的文件模式（见表 11-1），每种模式的行为都略有不同。基本模式如下。

- r：打开文件进行读取。
- w：打开文件进行写入，但首先需要截断（擦除）文件原有内容。
- a：打开文件进行追加写入，即写入现有文件的末尾。
- x：创建一个新文件并打开它进行写入。

添加加号（+）标志能追加读取或写入，以模式中缺少的那个为准。其中最重要的用法是模式 r+，它允许你在不擦除文件原有内容的情况下读取或写入文件。

每种模式的行为都会在某些时候让人感到些许意外。表 11-1 部分基于网友 industryworker3595112 在 Stack Overflow 上对“Difference between modes a, a+, w, w+, and r+ in built-in open function?”的回答，列出了各种模式的功能。

表 11-1　文件模式

功能	模式							
	r	r+	w	w+	a	a+	x	x+
允许读取	√	√		√		√		√
允许写入		√	√	√	√	√	√	√
可创建新文件			√	√	√	√	√	√
可打开现有文件	√	√	√	√	√	√		
先擦除文件内容			√	√				
允许搜索	√	√	√	√		√*	√	√
初始位置在开头	√	√	√	√			√	√
初始位置在结尾					√	√		

*只允许读搜索

在流中，位置指示在文件中读取和写入的位置。如果模式支持，seek()方法允许更改此位置。默认情况下，此位置在文件的开头或结尾。

还可以使用 mode 参数在默认的文本模式（t）和二进制模式（b）之间切换。第 12 章将只使用二进制模式。但是现在，你至少要先明白使用哪种模式打开了文件。例如，mode='r+t' 以读写文本模式打开文件，和 mode='r+'等效；而 mode='r+b' 以读写二进制模式打开文件。本章只使用默认的文本模式。

当使用读取模式（r 或 r+）打开文件时，文件必须已经存在。如果不存在，open()函数将引发 FileNotFoundError。

创建模式（x 或 x+）恰恰相反，要求文件必须事先不存在。如果事先存在，open()函数将引发 FileExistsError。

写入模式（w 或 w+）和追加模式（a 或 a+）都没有这些问题。文件如果存在就打开，如果不存在就创建。如果尝试写入仅为读取而打开的流（r）或从仅为写入而打开的流（w、a 或是 x）中读取，则读取或写入操作将引发 io.UnsupportedOperation 错误。

如果想提前检查流支持哪些操作，请在流上使用 readable()、writable()或 seekable()方法，如清单 11-15 所示。

清单 11-15 check_stream_capabilities.py

```
with open("213AnywhereAve.txt", 'r') as file:
    print(file.readable())  # prints 'True'
    print(file.writable())  # prints 'False'
    print(file.seekable())  # prints 'True'
```

11.5 读取文件

要从文件中读取，首先需要获得一个流，并以可读模式（r、r+、w+、a+或 x+）打开这个流。然后就可以通过如下 4 种方式之一进行查阅：read()、readline()、readlines()或迭代。

本节中的所有示例都将从清单 11-16 所示的文本文件中读取内容。

清单 11-16 78SomewhereRd.txt

```
78 Somewhere Road, Anytown PA
Tiny 2-bed, 1-bath bungalow. Needs repairs.
Built in 1981; original kitchen and appliances.
Small backyard with old storage shed.
Built on ancient burial ground.
$431,998
```

11.5.1 read()方法

可以用 read()方法读取 78SomewhereRd.txt 文件，如清单 11-17 所示。

清单 11-17 read_house.py:1a

```
with open('78SomewhereRd.txt', 'r') as house:
    contents = house.read()
    print(type(contents))  # prints <class 'str'>
    print(contents)
```

在将读取模式的流赋给 house 后，调用 read()方法将整个文件作为统一字符串读取，并将其绑定到 contents。78SomewhereRd.txt 文件中的每一行都以换行符（\n）结尾，而且都包含在 contents 字符串中。如果通过 repr()将内容输出为原始字符串，就可以看到换行符字面量：

```
    print(repr(contents))
```

执行这行代码后将输出以下内容（为简洁起见做了适当修改）：

```
'78 Somewhere Road, Anytown PA\nTiny 2 bed, 1 bath # --snip--'
```

（请记住，\n 的出现是因为输出了原始字符串。如果对内容进行正常输出，终端将识别换行符并对应创建新行。）

默认情况下，read()将读取字符，直至到达文件末尾。可以使用 size 参数更改此行为，该参数用于指定读取的最大字符数。例如，要从文件中读取最多 20 个字符（如果先到达文件末尾，则读取的字符更少），可以执行清单 11-18 所示的代码。

清单 11-18　read_house.py:1b

```
with open('78SomewhereRd.txt', 'r') as house:
    print(house.read(20))
```

执行后将输出以下内容：

```
78 Somewhere Road, A
```

11.5.2　readline()方法

readline()方法的行为和 read()基本相同，不同之处在于 readline()只读取到换行符（\n），而不是读到文件末尾。可以用这个方法来读取文件的前两行。和以前一样，使用 repr()显示原始字符串，如清单 11-19 所示，因为我想看到实际的换行符。

清单 11-19　readline_house.py

```
with open('78SomewhereRd.txt', 'r') as house:
    line1 = house.readline()
    line2 = house.readline()
    print(repr(line1))
    print(repr(line2))
```

house 流能记住我在文件中的位置。因此，每次调用 readline()后，流的位置都被设置为下一行的开头。运行上述代码后将输出文件的前两行，将其作为原始字符串输出，就能看到换行符字面量：

```
'78 Somewhere Road, Anytown PA\n'
'Tiny 2 bed, 1 bath bungalow.\n'
```

readline()方法还有一个 size 参数，其工作方式和 read(size) 类似，只是如果 size 大于文件真实行数，程序就会在遇到的第一个换行符处停止。

11.5.3　readlines()方法

可以使用 readlines()一次性将文件的所有行读取为字符串列表，如清单 11-20 所示。

清单 11-20　readlines_house.py

```
with open('78SomewhereRd.txt', 'r') as house:
```

```
    lines = house.readlines()
    for line in lines:
        print(line.strip())
```

文件的每一行都单独存储在一个字符串中，所有字符串都存储在列表 lines 中。读取完所有行后，输出每一行，并对字符串对象使用 strip()方法以删除每个字符串末尾的换行符。这将删除所有前导或尾随空白字符，包括换行符。

运行上述代码后将输出如下内容：

```
78 Somewhere Road, Anytown PA
Tiny 2-bed, 1-bath bungalow. Needs repairs.
Built in 1981; original kitchen and appliances.
Small backyard with old storage shed.
Built on ancient burial ground.
$431,998
```

readlines()方法有一个 hint 参数，其类似于 read()中的 size 参数。关键区别在于 readlines()总是读取整行。如果 hint 指定的字符数少于下一个换行符之前的字符数，readlines()仍将读取到（并包括）下一个换行符。

11.5.4 迭代读取

流本身就是迭代器——实现有__iter__()和__next__()特殊方法。这意味着可以直接对流进行迭代，如清单 11-21 所示。

清单 11-21 iterate_house.py

```
with open('78SomewhereRd.txt', 'r') as house:
    for line in house:
        print(line.strip())
```

输出结果和上一个例子中的相同，但是这种迭代方法没有创建列表的开销，毕竟在输出后就丢弃了对应的行数据[①]。

如果只准备读取一个文件一次，那么直接对其进行迭代通常是更简洁、（也可能）更高效的解决方案。

另一方面，如果需要在程序执行过程中多次访问文件内容，则几乎总是希望将数据都加载到内存中，也就是从流中读取数据并将其存储在典型的 Python 集合或其他值对象中。毕竟从内存中读取值比从（硬盘）文件中读取值更快！

11.6 流位置

每次进行了读写操作后，你在流中的位置都会发生变化。可以使用 tell()和 seek()方法来处理流位置。

tell()方法返回一个整数，表示从文件开头到当前流位置的字符数。

seek()方法允许你在流中逐个字符地来回移动。在处理文本流时，它接收一个参数：一个正

① 译者注：实在没必要事先认真将所有文件内容构造为一个内存数组，毕竟少量使用几行后就丢弃了。

整数，表示要移动到的新位置，由从头开始计算的字符数表示。seek()方法适用于任何流，只要不是以追加模式（a 或 a+）打开的即可。

seek()方法最常见的用途是通过 seek(0)跳回文件的开头。为了证明这一点，将 78SomewhereRd.txt 文件的第一行反复输出 3 次，如清单 11-22 所示。

清单 11-22　iterate_house.py

```
with open('78SomewhereRd.txt', 'r') as house:
    for _ in range(3):
        print(house.readline().strip())
        house.seek(0)
```

打开文件后，循环了 3 遍。在循环的每次迭代中，输出当前行，并使用 strip()删除换行符。然后，在下一次循环迭代之前，将流重新定位到文件的开头。

输出如下：

```
78 Somewhere Road, Anytown PA
78 Somewhere Road, Anytown PA
78 Somewhere Road, Anytown PA
```

此外，可以使用 seek(0,2)跳到流的末尾，这意味着从文件的末尾移动 0 个位置（从 2 开始）。执行此操作时，必须提供 0 作为第一个参数、2 作为第二个参数，没有其他要求。

seek()方法也可以用来跳到其他流位置，而不仅仅是开头或结尾。清单 11-23 所示为一个简单的演示，每次读取开头一行时都多跳过一个字符。

清单 11-23　iterate_house_mangle.py

```
with open('78SomewhereRd.txt', 'r') as house:
    for n in range(10):
        house.seek(n)
        print(house.readline().strip())
```

在读取行之前，没有将 0 传给 seek()，而是传递了 n——循环中的迭代计数。在每次迭代中，再次输出第一行，但是开头都少了一个字符：

```
78 Somewhere Road, Anytown PA
8 Somewhere Road, Anytown PA
Somewhere Road, Anytown PA
Somewhere Road, Anytown PA
omewhere Road, Anytown PA
mewhere Road, Anytown PA
ewhere Road, Anytown PA
where Road, Anytown PA
here Road, Anytown PA
ere Road, Anytown PA
```

这是个有趣的示例，尽管并不是很有用。别担心，在接下来的一些示例中，我们将以更实用的方式使用 seek()方法。

11.7　写入文件

关于写入流，首先要记住的是，我们总是在覆盖，而不是插入！在追加内容到一个文件的末尾时，这并不重要，但是在其他情况下，这可能会导致混乱和不理想的结果。

修改文件时，将内容读入内存，在内存中完成文件修改，然后写入，以降低由于 bug 而丢失数据的概率。你可以就地写入新数据，也可以将新数据写到临时文件中。现在，原地覆盖文件。任何一种技术都可以防止很多烦人和破坏性的错误。

总之，可以通过 3 种方式向流写入数据——使用 write()方法、writelines()方法或 print()函数。在此之前，必须确定流是以可写文件模式（除了 r 之外的任何模式都可以）打开的，并且知道当前的流位置！除追加模式（a 和 a+）外，所有文件模式的初始流位置都在文件的末尾。当读取和写入流时，该位置将发生相应的变化。

11.7.1 write()方法

write()方法将给定的字符串从当前流位置开始写入文件，并返回一个整数来表示写入文件的字符数量。但是请记住，这将覆盖从流位置到新数据末尾的所有数据。为防止数据意外丢失，一般先将文件读入内存，再修改内存中的文件数据，最后将它们写回同一文件。

78SomewhereRd.txt 中的描述并不是很吸引人。编写一个程序来修改描述，并将更新后的 real_estate_listing 写入文件，如清单 11-24 所示。

清单 11-24 improve_real_estate_listing.py:1a

```
with open('78SomewhereRd.txt', 'r+') as real_estate_listing:
    contents = real_estate_listing.read()
```

首先以读写模式打开文件。这里不通过流直接修改文件内容，而是将文件数据作为字符串读入内存，并绑定到 contents。然后通过处理这个字符串而不是流本身来修改描述，如清单 11-25 所示。

清单 11-25 improve_real_estate_listing.py:2a

```
    contents = contents.replace('Tiny', 'Cozy')
    contents = contents.replace('Needs repairs', 'Full of potential')
    contents = contents.replace('Small', 'Compact')
    contents = contents.replace('old storage shed', 'detached workshop')
    contents = contents.replace('Built on ancient burial ground.',
                                'Unique atmosphere.')
```

以上代码使用 replace()字符串方法，将没有吸引力的单词和短语替换成了更有吸引力的单词和短语。

一旦对字符串的新版本感到满意，就可以将其写回文件，如清单 11-26 所示。

清单 11-26 improve_real_estate_listing.py:3a

```
    real_estate_listing.seek(0)
    real_estate_listing.write(contents)
```

首先定位到文件的开头，因为我们想要使用 real_estate_listing.seek(0) 覆盖那里的所有内容。然后将新内容写入文件。任何碍眼的旧内容都将被覆盖。

剩下的问题是新内容比旧内容短，所以一些旧数据还留在文件末尾。完成写入后，流位置在刚刚写入的新数据的末尾，可以利用这个位置清理旧数据的剩余部分，如清单 11-27 所示。

清单 11-27　improve_real_estate_listing.py:4

```
    real_estate_listing.truncate()
```

默认情况下，truncate()方法将删除从当前流位置到文件末尾的所有内容，这是通过将文件截断（或缩短）到给定的字节数来实现的，该字节数可以作为参数传递。如果没有传入明确的截断长度，truncate()将使用 tell()方法提供的值，该值对应当前流位置。

一旦流离开 with 语句，流就会被刷新并关闭，以确保写入对文件的更改。

该程序在命令行上没有任何输出。打开 78SomewhereRd.txt 文件，即可看到新的描述：

```
78 Somewhere Road, Anytown PA
Cozy 2-bed, 1-bath bungalow. Full of potential.
Built in 1981; original kitchen and appliances.
Compact backyard with detached workshop.
Unique atmosphere.
$431,998
```

11.7.2　writelines()方法

readlines()将文件内容存储为字符串列表，writelines()则将字符串列表写入文件。writelines()不会在提供给它的列表中的每个字符串末尾插入换行符。write()和 writelines()之间的唯一区别就是后者接收一个字符串列表而不是一个字符串，并且不返回任何内容。

可以用 writelines()修改文件。假设要将 78SomewhereRd.txt 文件恢复为清单 11-16 所示的内容。

和以往一样先打开 78SomewhereRd.txt 文件，但是这一次使用 real_estate_listing.readlines()读取内容，这将返回一个字符串列表，将其绑定到 contents，如清单 11-28 所示。

清单 11-28　improve_real_estate_listing.py:1b

```
with open('78SomewhereRd.txt', 'r+') as real_estate_listing:
    contents = real_estate_listing.readlines()
```

接下来通过修改该字串列表对描述进行更改。再一次提醒，这里根本没有使用流，而是使用字符串列表，其中包含刚刚从流中读取的所有数据，如清单 11-29 所示。

清单 11-29　improve_real_estate_listing.py:2b

```
    new_contents = []
    for line in contents:
        line = line.replace('Tiny', 'Cozy')
        line = line.replace('Needs repairs', 'Full of potential')
        line = line.replace('Small', 'Compact')
        line = line.replace('old storage shed', 'detached workshop')
        line = line.replace('Built on ancient burial ground',
                            'Unique atmosphere')
        new_contents.append(line)
```

遍历 contents 中的每一行，进行必要的替换，并将修改后的行存储到新列表 new_contents 中。必须承认的是，这种实现方法的效率比使用 write()的版本要低得多，但是当处理很多需要单独处理的行时，这一方法就会变得很有用。

最后，用 writelines()将新内容写入文件，如清单 11-30 所示。

清单 11-30 improve_real_estate_listing.py:3b-4

```
real_estate_listing.seek(0)
real_estate_listing.writelines(new_contents)
real_estate_listing.truncate()
```

将字符串列表传递给 writelines()。因为换行符被 readlines()读入且保留在每行的末尾，所以这些换行符被原样写入。如果删除了它们，则不得不在调用 writelines()之前，再次手动将它们追加回去。

输出结果和上一小节中示例的输出结果相同。

11.7.3 用 print()写文件

print()默认使用 sys.stdout 流输出数据，但其实也可以通过将流传递给 file 参数来覆盖对应文件。其中一种特殊用途正是有条件地输出到终端或文件。在某些情况下，print()的简单格式化功能使其成为 write()的绝佳替代品。

用 print()写文件的方法和 write()及 writelines()相同：你必须有一个可写的流，并且必须非常注意当前的流位置。

为了演示这一点，重写清单 11-14，将生成的房地产列表信息表输出到文件而不是标准输出。复用清单 11-17 中的 nearby_properties 字典，该字典的内容如清单 11-31 所示。

清单 11-31 print_file_real_estate_listing.py:1

```
nearby_properties = {
    "N. Anywhere Ave.":
    {
        123: 156_852,
        124: 157_923,
        126: 163_812,
        127: 144_121,
        128: 166_356
    },
    "N. Everywhere St.":
    {
        4567: 175_753,
        4568: 166_212,
        4569: 185_123
    }
}
```

清单 11-32 所示为修改后的用以生成房地产列表信息表的代码。

清单 11-32 print_file_real_estate_listings.py:2

```
with open('listings.txt', 'w') as real_estate_listings:
```

11

```
    for street, properties in nearby_properties.items():
        for address, value in properties.items():
            print(street, address, f"${value:,}",
                sep=' | ',
                file=real_estate_listings)
```

首先以写入模式打开 listings.txt 文件，因为我想在运行这段代码时创建或完全替换该文件。遍历 nearby_properties 的循环和对 print()的调用都和之前基本相同，区别是这里将 real_estate_listings 传递给了 print()的 file 参数。

输出也和之前相同，但是这些内容被写入 listings.txt 文件而不是输出到终端：

```
# --snip--
N. Anywhere Ave.   | 127  | $144,121
N. Anywhere Ave.   | 128  | $166,356
N. Everywhere St. | 4567 | $175,753
# --snip--
```

11.7.4　行分隔符

如果你有编写可移植代码的经验，则应该还记得在 Windows 操作系统中，行由回车符（\r）和换行符（\n）分隔，而 UNIX 操作系统仅使用换行符（\n）。在处理多种语言的文件时，这种差异可能给你带来巨大的痛苦。

另一方面，Python 流已经在幕后抽象出这种差异。在使用 print()、write()或 writelines()以文本模式写入流时，只能使用通用换行符，也就是将换行符（\n）作为行分隔符。

同样，在使用 read()、readline()或 readlines()从文件中读取时，也只需要使用换行符作为行分隔符。

11.8　上下文管理器的细节

到目前为止，我们每次打开文件时都使用 with 语句来启用上下文管理器，以确保流在不再需要时立即关闭。

和 Python 中的很多其他复合语句一样，with 语句也利用一些特殊方法来处理对象。这意味着 with 语句不仅限于流，它几乎可以处理任何需要 try-finally 逻辑的情况。为了说明这一点，本节将详细介绍 with 语句如何与流交互，然后把这些知识应用到自定义类中。

11.8.1　上下文管理器如何工作？

一个对象要想成为上下文管理器，就必须实现两个特殊方法：__enter__()和__exit__()。

流实现了这两个方法。__exit__()方法关闭流，因此用户无须手动关闭。__enter__()方法负责在使用上下文管理器之前进行任何所需的设置。这个方法在流的情况下没有做任何有趣的事情，正如你稍后将在自定义上下文管理器的示例中看到的那样，上下文管理器类更多地使用__enter__()。

根据定义上下文管理器的 PEP 343，with 复合语句大致等同于以下代码：

```
VAR = EXPR
VAR.__enter__()
try:
    BLOCK
finally:
    VAR.__exit__()
```

传递给 with 语句的表达式用于初始化对象。在对象上先调用__enter__()方法，以执行在使用对象之前应该完成的各种任务。（同样，在流的情况下，这个方法什么也不做。）接下来，在 try 子句的上下文中调用 with 语句的代码块。无论成功与否，都会调用__exit__()方法，__exit__()通常对对象执行任何必要的清理任务。

回顾清单 11-17，如果 Python 没有 with 语句，就得使用清单 11-33 所示的代码来确保文件已经关闭，而无论是否有错误。

清单 11-33 read_real_estate_listing_file.py:1a

```
real_estate_listing = open("213AnywhereAve.txt")
try:
    print(real_estate_listing.read())
finally:
    real_estate_listing.close()
```

因为像 real_estate_listing 这样的流是上下文管理器，所以我们可以用清单 11-34 来表示相同的逻辑。

清单 11-34 read_real_estate_listing_file.py:1b

```
real_estate_listing = open("213AnywhereAve.txt")
real_estate_listing.__enter__()
try:
    print(real_estate_listing.read())
finally:
        real_estate_listing.__exit__()
```

再次提醒，__enter__()什么都没做，而是作为上下文管理器的惯例被调用。完成后，__exit__()方法会关闭流。这个版本让人感觉更冗长，但由于这是使用上下文管理器的特殊方法，因此逻辑可以完全在一个 with 语句中处理，如清单 11-35 所示。

清单 11-35 read_real_estate_listing_file.py:1c

```
with open("213AnywhereAve.txt") as real_estate_listing:
    print(real_estate_listing.read())
```

这种形式更容易记住和输入。这一切都是由上下文管理器实现的。

11.8.2 使用多个上下文管理器

可以在 with 语句中使用多个上下文管理器，这带来了各种可能性。例如，你希望同时读取两个文件，为此，也许需要将它们合成为一个文件或查找它们之间的差异。（为方便起见，在这个示例中，实际上不会对这些文件做任何事情，只是打开它们。）

为了在一个 with 语句中打开多个流，可以用逗号分隔头部声明中的多个 open()表达式，如清单 11-36 所示。

清单 11-36　multiple_streams.py

```
with open('213AnywhereAve.txt', 'r') as left, open('18SomewhereLn.txt', 'r') as right:
    # work with the streams left and right however you want
```

这样就可以按照常规的方式使用 left 和 right 流了，而且在语句结束时，两个流都将自动关闭。

11.8.3　实现上下文管理协议

上下文管理协议是用于__enter__()和__exit__()特殊方法的 Python 官方术语。任何实现这两个特殊方法的对象都可以通过 with 语句进行上下文管理。上下文管理不仅适用于流，还可以用来自动执行在使用对象之前及之后需要完成的任何任务。

请记住，我们只需要实现这些方法即可。如果不需要其中一个方法实际做任何事情，就不要将任何功能写入不需要的方法。

下面以房屋展示为例说明这一点。在向潜在买家展示房屋之前，必须打开房门。看房结束离开时，则必须锁上门。这种模式正好就是上下文管理器的应用场景。

首先，定义整个 House 类，如清单 11-37 所示。

清单 11-37　house_showing.py:1

```
class House:
    def __init__(self, address, house_key, **rooms):
        self.address = address
        self.__house_key = house_key
        self.__locked = True
        self._rooms = dict()
        for room, desc in rooms.items():
            self._rooms[room.replace("_", " ").lower()] = desc

    def unlock_house(self, house_key):
        if self.__house_key == house_key:
            self.__locked = False
            print("House unlocked.")
        else:
            raise RuntimeError("Wrong key! Could not unlock house.")

    def explore(self, room):
        if self.__locked:
            raise RuntimeError("Cannot explore a locked house.")

        try:
            return f"The {room.lower()} is {self._rooms[room.lower()]}."
        except KeyError as e:
            raise KeyError(f"No room {room}") from e

    def lock_house(self):
        self.__locked = True
        print("House locked!")
```

这个类完全依赖于前文中的概念，这里不再详细介绍如何实现它了。简而言之，House 对象使用 address 作为键值，对每个房间的关键字参数进行初始化。你可能会注意到，在将房间名称存储到 self._rooms 字典之前，初始化器会将关键字参数名中的下画线替换为空格，同时将房间名称和描述都转换为小写。这将使该类的用法在感觉上更加明显，而且不容易出错。

这个示例的最重要部分是 HouseShowing 类，最终我们将通过分别在清单 11-39 和清单 11-41 中定义__enter__()和__exit__()特殊方法来编写上下文管理器。定义 HouseShowing 类及其初始化器，如清单 11-38 所示。

清单 11-38 house_showing.py:2

```
class HouseShowing:

    def __init__(self, house, house_key):
        self.house = house
        self.house_key = house_key
```

HouseShowing 类的初始化器接收两个参数：House 实例和用来解锁房屋的键值。在 11.8.4 小节和 11.8.5 小节中，我们将分别编写__enter__()和__exit__()特殊实例方法，从而令 HouseShowing 成为上下文管理器。

11.8.4 __enter__()方法

在展示 House 实例中的任何数据之前，必须先打开“房门”。如果钥匙错了，就无法进入，所以继续展示也没意义。由于此行为应该始终发生在使用任何其他 House 实例之前，因此值得用__enter__()特殊实例方法进行处理，如清单 11-39 所示。

清单 11-39 house_showing.py:3

```
    def __enter__(self):
        self.house.unlock_house(self.house_key)
        return self
```

可以尝试使用初始化 HouseShowing 时使用的密钥来打开房门。请注意，此处没有执行任何异常处理。始终允许因使用你的类而产生的错误通过此方法冒泡，这样使用你的类的其他开发者就可以修复他们的代码了。

重要的是，必须从__enter__()返回实例，这样 with 语句才可以使用它！

用户应该能够直接使用该对象，而不必深入研究其属性。展示房屋的主要目的是查看不同的房间，因此编写一个方法，如清单 11-40 所示。

清单 11-40 house_showing.py:4

```
    def show(self, room):
        print(self.house.explore(room))
```

再次提醒，你会注意到这里没有处理任何来自 house.explore()的可能异常，因为这都和类的使用有关。如果错误源于类的使用方式，那么也应该在使用中加以处理[①]。

① 译者注：这和最终用户产品思想不同，类、模块、库等都是给开发者使用的，开发者间的基本信任就是大家都应该知道自己在做什么，每个人都应该对自己的代码负责，所以不必为可能存在的错误进行全面处理。

11

11.8.5　__exit__()方法

当看房结束离开时，必须把房门锁好。该行为由特殊实例方法__exit__()处理，如清单 11-41 所示。

清单 11-41　house_showing.py:5

```
def __exit__(self, exc_type, exc_val, exc_tb):
  ❶ if exc_type:
        print("Sorry about that.")
  ❷ self.house.lock_house()
```

此方法必须接收除 self 外的 3 个参数。如果在 with 代码块中的任何地方引发了异常，这 3 个参数将描述异常的类型（exc_type）、消息（exc_val）和回溯（exc_tb）。如果没有触发异常，这 3 个参数都将为 None。

尽管__exit__()必须接收这些参数，但是不需要让其真正做任何事情。如果需要在发生某些异常时执行不同的关闭或清理操作，这些参数就很有用。在这个例子中，如果有任何例外❶，就在锁门时向客户道歉❷。这里没有使用消息（exc_val）和回溯（exc_tb）参数。如果没有例外，就只是把门锁上。

重要的是__exit__()在引发或处理错误方面没有任何作用！它只是充当侦听器，侦听 with 代码块中发生的任何异常。在__exit__()中，使用条件语句来处理作为参数传递的异常。不能使用 try 语句，因为任何异常都不会直接通过__exit__()冒泡，正如你在清单 11-34 中所看到的那样。永远不应该重新引发传入的异常，因为 with 代码块中发生的任何异常都将由负责的语句引发，并由调用方处理。

再次重申，__exit__()在处理这些异常方面没有任何作用。__exit__()方法应该处理的唯一异常是 with 代码块中直接引发的那个异常。

11.8.6　使用自定义类

HouseShowing 类是一个上下文管理器，现在可以开始使用它了。首先创建一个 House 实例，如清单 11-42 所示。

清单 11-42　house_showing.py:6

```
house = House("123 Anywhere Street", house_key=1803,
              living_room="spacious",
              office="bright",
              bedroom="cozy",
              bathroom="small",
              kitchen="modern")
```

在创建 House 实例时，将 house_key 定义为 1803，这是稍后定义 HouseShowing 时必须提供的值。

在 with 语句的上下文中创建一个新的 HouseShowing，并将创建的 House 实例（house）传递过来。如果使用了错误的 house_key（如 9999），则应该抛出一个异常，如清单 11-43 所示。

清单 11-43 house_showing.py:7a

```
with HouseShowing(house, house_key=9999) as showing:
    showing.show("Living Room")
    showing.show("bedroom")
    showing.show("porch")
```

以上代码创建了一个新的 HouseShowing 实例，其__enter__()方法由 with 语句调用。从__enter__()返回的值被绑定到 showing。如果忘记从清单 11-39 中的__enter__()返回任何内容，showing 将被绑定到 None，这段代码将无法工作。

由于 house_key 错误，房门无法打开，下面是运行程序后的输出：

```
Traceback (most recent call last):
  File "context_class.py", line 57, in <module>
    with HouseShowing(house, 9999) as showing:
  File "context_class.py", line 38, in __enter__
    self.house.unlock_house(self.house_key)
  File "context_class.py", line 15, in unlock_house
    raise RuntimeError("Wrong key! Could not unlock house.")
RuntimeError: Wrong key! Could not unlock house.
```

由于 house_key 错误，showing.__enter__()遇到异常。这很重要，因为清单 11-43 中的代码是错误的。你需要向 house_key 传递正确的值。with 语句甚至没有尝试运行其代码块，一遇到异常就放弃了。

将更正后的值传递给 house_key，如清单 11-44 所示。

清单 11-44 house_showing.py:7b

```
with HouseShowing(house, house_key=1803) as showing:
    showing.show("Living Room")
    showing.show("bedroom")
    showing.show("porch")
```

现在，房门可以打开了。在 with 代码块中，对 show()方法进行 3 次调用。前两次可以正常工作，因为绑定到 house 的 House 实例定义了那些房间（见清单 11-42），但是第三次将失败并出现异常。让我们看一下输出：

```
House unlocked.
The living room is spacious.
The bedroom is cozy.
Sorry about that.
House locked!
Traceback (most recent call last):
  File "context_class.py", line 22, in explore
    return f"The {room.lower()} is {self._rooms[room.lower()]}."
KeyError: 'porch'

The above exception was the direct cause of the following exception:

Traceback (most recent call last):
  File "context_class.py", line 60, in <module>
    showing.show("porch")
  File "context_class.py", line 42, in show
    print(self.house.explore(room))
```

```
  File "context_class.py", line 24, in explore
    raise KeyError(f"No room {room}") from e
KeyError: 'No room porch'
```

with 语句在 HouseShowing 上调用 showing.__enter__()，后者又调用 house.unlock_house()。然后，每次调用 with 语句中的 showing.show()时，都会输出所请求房间的描述。

清单 11-44 中对 showing.show()的第三次调用请求查看门廊，但因为房子并没有门廊，所以调用失败并出现异常。相反，showing.__exit__()被调用，且异常被传递给它。道歉的话被输出，然后 house.lock_house()被调用。

经过这一切之后，异常的回溯被输出。要解决代码中的问题，就需要放弃查看门廊的请求，并改为请求一个确实存在的房间，比如厨房，如清单 11-45 所示。

清单 11-45　house_showing.py:7c

```
with HouseShowing(house, 1803) as showing:
    showing.show("Living Room")
    showing.show("bedroom")
    showing.show("kitchen")
```

运行后将输出以下内容：

```
House unlocked.
The living room is spacious.
The bedroom is cozy.
The kitchen is modern.
House locked!
```

没有错误。门被打开，显示所请求的房间，然后门被再次上锁。因为没有出现异常，所以 house.__exit__()不会输出之前道歉的话。

11.9　路径

到目前为止，所使用的文件和打开它们的模块都在同一目录中。而现实中，文件可能位于系统的任何位置。这绝非小事，本节将深入介绍文件路径。

首先，所有操作系统中的文件路径都不相同。UNIX 风格的系统，例如 macOS 和 Linux 系统，使用 POSIX 文件路径约定，而 Windows 系统则使用完全不同的方案。其次，我们无法始终确定代码是在哪个目录中运行的，因此，相对路径只能解决一部分问题。最后，不能假设重要目录的名称或位置，例如用户的主目录。简而言之，文件路径很难概括。

为了解决所有这些问题，Python 提供了两个模块：os 模块和 pathlib 模块。在 Python 3.6 之前，使用 os 模块及其子模块（os.path ）是处理文件路径的标准方法。os 模块允许你在任何操作系统中以可移植的方式运行代码，但是作为一个整体，该模块非常复杂，且充满了冗长和一些非常烦人的遗留代码。os 模块也被认为是某种“垃圾抽屉”，因为其中包含与操作系统相关的各种函数和类。因此，我们很难知道应从 os 模块中使用什么，甚至如何使用。

pathlib 模块在 Python 3.4 中引入，并在 Python 3.6 中获得 open()的完全支持。它提供了一种更简洁、更有条理性以及更加可预测的路径处理方式。更为重要的是，它已经取代了 os.path 的大部分内容并清晰地整合了 os 模块和另外一个相关模块 glob 所提供的大部分文件系统功能，支持按照 UNIX 规则找到符合特定模式的多个路径。

出于可维护性、可读性以及性能的考虑，建议优先使用 pathlib 模块。如果你发现自己还在使用遗留代码，或者如果需要 os.path 中的一些高级功能，请参阅 Python 官方文档的“os.path——常用路径操作”部分。

11.9.1 路径对象

pathlib 模块提供了几个代表文件系统路径的相关类，被称为类路径类——从 Python 3.6 开始它们都继承自 os.Pathlike 抽象类，是文件系统路径的不可变表示。重要的是，类路径对象不基于字符串，它们都是具有各自行为的独特对象，基于路径的各个部分以及这些部分又如何组合在一起，可以抽象出很多逻辑。

pathlib 路径对象的优点之一就是能在幕后根据系统安静地处理所有不同的文件系统约定：当前目录（.）、父目录（..）、斜线（/ 或 \）等。

当前有两种类型的类路径对象：纯路径和具体路径。

纯路径

允许在不访问底层文件系统的情况下使用的路径称为纯路径。根据操作系统的不同，从 PurePath 类实例化一个对象将在后台自动创建一个 PurePosixPath 或 PureWindowsPath 对象。通常可以将此委托给 Python 来解决，尽管如果代码需要，也可以自行实例化特定类型的路径，如清单 11-46 所示。

清单 11-46 relative_path.py:1a

```
from pathlib import PurePath
path = PurePath('../some_file.txt')
with open(path, 'r') as file:
    print(file.read())  # this is okay (assuming file exists)

# create empty file if none exists
path.touch()            # fails on Pure paths!
```

可以将 PurePath 对象传递给 open()函数以打开 ../some_file.txt。但是，无法通过路径对象本身和文件系统进行交互。如果尝试使用 path.touch()进行操作，就会失败。

如果只打算在对 open()的调用中使用路径，或者不打算通过路径对象的方法直接和系统交互，那么应该使用纯路径，这可以防止意外修改文件系统。

具体路径

具体路径提供了和文件系统交互的方法。从 Path 类实例化对象将创建一个 PosixPath 或 WindowsPath 对象，如清单 11-47 所示。

清单 11-47 relative_path.py:1b

```
from pathlib import Path
path = Path('../some_file.txt')

with open(path, 'r') as file:
```

```
    print(file.read())  # this is okay (assuming file exists)

# create empty file if none exists
path.touch()            # okay on Path!
```

清单 11-47 和清单 11-46 几乎相同，只是前者定义了一个 Path 对象而不是 PurePath 对象。因此仍然可以打开路径，但是也可以使用 Path 对象上的方法直接和文件系统交互。例如，如果 some_file.txt 文件不存在，则可以使用 path.touch()创建一个空文件。

如果你明确地要将自己的实现耦合到一个特定的操作系统，请使用路径类的 Windows 或 Posix 形式；否则，使用 PurePath 或 Path 类。

11.9.2　路径组成

类路径对象由路径类根据操作系统在后台连接为一体的部分组成。路径的写法有两种——绝对路径和相对路径，它们都适用于所有 PurePath 和 Path 对象。

绝对路径是从文件系统的根目录开始的路径。文件的绝对路径始终以锚点开头并以一个名称（完备文件名）结尾。这个名称由第一个非前导点之前的词干和通常位于该点之后的一个或多个扩展名组成。例如，考虑以下虚构的路径：

```
/path/to/file.txt
```

此处的锚点是前导斜线（/）。文件名为 file.txt，词干为 file，扩展名为 .txt 。

可以从类路径对象中检索这些部分。比如使用 PurePath.parts()方法，该方法返回一个部件元组。或者将特定组件作为特性来访问。

清单 11-48 所示为一个输出传递进来的路径的每个部分的函数。后文将使用该函数分别剖析 Windows 路径和 POSIX 路径。

清单 11-48　path_parts.py:1

```
import pathlib


def path_parts(path):
    print(f"{path}\n")

    print(f"Drive: {path.drive}")
    print(f"Root: {path.root}")
    print(f"Anchor: {path.anchor}\n")

    print(f"Parent: {path.parent}\n")
    for i, parent in enumerate(path.parents):
        print(f"Parents [{i}]: {parent}")

    print(f"Name: {path.name}")
    print(f"Suffix: {path.suffix}")
    for i, suffix in enumerate(path.suffixes):
        print(f"Suffixes [{i}]: {suffix}")
    print(f"Stem: {path.stem}\n")

    print("-------------------\n")
```

path.parents 特性是一个可迭代的集合。其中的第一项 parents [0]是直接父级，和 path.parent 相同；下一项 parents [1]是 parents [0]的父级；依此类推。

path.suffixes 特性是一个扩展名列表，因为有些文件可以有多个扩展名，尤其是在 POSIX 类系统中。这些扩展名将从左到右列出，因此 suffixes[−1]将始终是最后一个扩展名。

有了这个函数，就可以通过它来运行几个路径查阅部件，我们将在清单 11-49 和清单 11-50 中执行这些操作。

1. Windows 路径组成

让我们从分解 Windows 系统中的绝对路径开始。（至于使用的是纯路径还是具体路径，这并不重要，绝对路径本身在两者中的结构相同。）

图 11-1 显示了 Windows 绝对路径的组成部件。

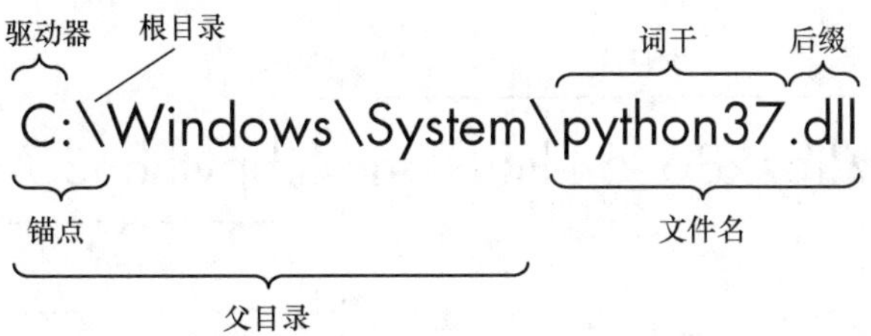

图 11-1 Windows 绝对路径的组成部件

在 Windows 路径中，锚点由驱动器（图 11-1 中的 C:）和根目录（\）组成。父目录是包含文件的目录的路径，在本例中是 C:\Windows\System\。它可以进一步细分为 3 个子父目录：C:\（即锚点）、Windows\ 和 System\。

文件名由词干（在本例中是 python37）和后缀（在本例中是 .dll）组成。

将使用清单 11-48 中的函数进一步分解路径，如清单 11-49 所示。

清单 11-49 path_parts.py:2a

```
path_parts(pathlib.PureWindowsPath('C:/Windows/System/python37.dll'))
```

这里使用斜线作为目录分隔符，这在 Windows 路径中并不常用。pathlib 模块允许在任何系统的路径中使用斜线（/）或反斜线（\），并且将在幕后自动处理转换。（请记住，单个反斜线在 Python 中是转义字符。）斜线不太容易出现拼写错误，使用斜线可以避免意外遗漏一对反斜线中的一个。因此，建议尽可能坚持使用斜线。

运行后将输出路径的所有部件：

```
C:\Windows\System\python37.dll

Drive: C:
Root: \
Anchor: C:\

Parent: C:\Windows\System

Parents [0]: C:\Windows\System
Parents [1]: C:\Windows
```

```
Parents [2]: C:\
Name: python37.dll
Suffix: .dll
Suffixes [0]: .dll
Stem: python37
```

这和图 11-1 中展示的部件一致。每个父目录的绝对路径都按升序排列，从文件的直接父目录 C:\Windows\System 开始。

文件名是 python37.dll，它可以分解为词干（python37）和一个扩展名（.dll）。

2. POSIX 路径组成

类 UNIX 系统（比如 Linux 或 macOS 系统）中的文件系统路径略有不同。它们都遵循 POSIX 标准规定的路径形式，如图 11-2 所示。

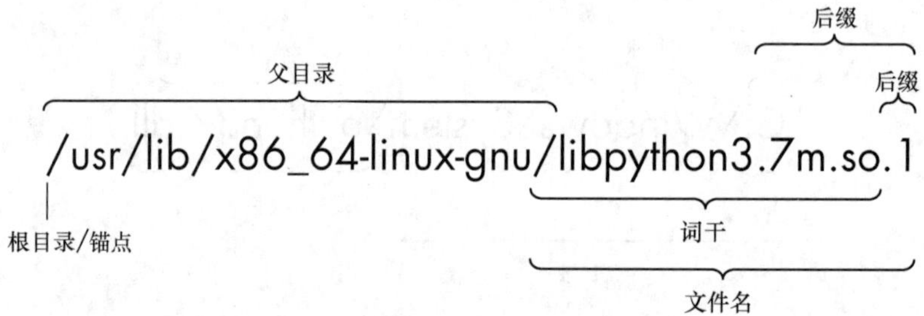

图 11-2　POSIX 绝对路径的组成部件

在 POSIX 路径中，根目录仅包含锚点（/）。驱动器部分在 POSIX 路径中始终为空，但是特性本身具有兼容性。末尾的文件名部分由第一个非前导点之前的词干和一个或多个后缀（通常构成文件扩展名）组成。

将 POSIX 路径传递给清单 11-48 中的 path_parts()函数，如清单 11-50 所示。

清单 11-50　path_parts.py:2b

```
path_parts(pathlib.PurePosixPath('/usr/lib/x86_64-linux-gnu/libpython3.7m.so.1'))
```

输出如下：

```
/usr/lib/x86_64-linux-gnu/libpython3.7m.so.1

Drive:
Root: /
Anchor: /

Parent: /usr/lib/x86_64-linux-gnu

Parents [0]: /usr/lib/x86_64-linux-gnu
Parents [1]: /usr/lib
Parents [2]: /usr
Parents [3]: /

Name: libpython3.7m.so.1
Suffix: .1
Suffixes [0]: .7m
```

```
Suffixes [1]: .so
Suffixes [2]: .1
Stem: libpython3.7m.so
```

这一示例演示了你可能遇到的和文件扩展名相关的独特问题。虽然存在包含多个后缀的有效文件扩展名，例如 .tar.gz（经由 GZ 压缩的 tarball），但是并非每个后缀都是文件扩展名的一部分。例如，预期的文件名是 libpython3.7m，但是 pathlib 错误地将 .7m 解析为后缀之一，毕竟它包含前导点。同时，由于预期的文件扩展名（.so.1）实际上由两个后缀组成，因此词干又被错误地检测为 libpython3.7m.so，而后缀仅被检测为 .1。在路径中查找文件扩展名时，需要牢记这一点。目前没有简单或明显的方式能够解决这个问题，必须根据代码的需要逐一处理。简而言之，不要过分依赖 pathlib 对词干和后缀的辨别能力，它很可能以非常恼人的方式让你失望。

11.9.3 创建路径

可以通过将路径作为字符串传递给需要的类初始化器（例如 PureWindowsPath 或 PosixPath）来定义路径。然后就可以将路径和 open()或任何其他文件操作函数一起使用了。例如，在 UNIX 系统中，可以使用清单 11-51 所示的代码访问 bash 历史记录。

清单 11-51 read_from_path.py:1a

```
from pathlib import PosixPath

path = PosixPath('/home/jason/.bash_history')
```


因为正在指定一个 POSIX 路径，并且计划使用 Path 对象的方法来访问底层文件系统，所以选择使用 PosixPath 类。如果希望这段代码同时也能在 Windows 系统中运行，则选择使用 Path 类。但是，由于 .bash_history 一般不可能是 Windows 系统中的文件，所以在此使用 PosixPath 类。

在初始化类路径对象并将其绑定到 path 后，可以执行打开操作。有两种方法可以做到这一点：将其传递给 open()，或者对 Path 对象使用 open()方法（不可用于 PurePath 对象）。这里使用后者，如清单 11-52 所示。

清单 11-52 read_from_path.py:2

```
with path.open('r') as file:
    for line in file:
        continue
    print(line.strip())
```

在此示例中，尽管只需要文件的最后一行，也仍须遍历整个文件。循环结束时，名称 line 将绑定到读取的最后一行的字符串内容。除此之外，再没有更简单的方法来从文件末尾进行读取。[①]

最后，输出这一行，并使用 strip()方法清除尾部的换行符。

① 译者注：类 UNIX 系统中包含一个小工具 tail，专门用来从文件末尾读取内容，可以使用 Python 调用这一工具并获得指定内容。

运行以上代码即可显示 shell 中运行的最后一行代码：

```
w3m nostarch.com
```

这在我的计算机上运行良好，但肯定不会在你的计算机上也运行良好，除非你的用户名也是 jason。如果你的系统结构主目录和我的不同，代码将无法正常工作。因此需要一种更通用的方法，而这正是 pathlib 真正发挥作用的地方，如清单 11-53 所示。

清单 11-53　read_from_path.py:1b

```
from pathlib import PosixPath

path = PosixPath.joinpath(PosixPath.home(), '.bash_history')
```

joinpath()方法将两个或多个路径组合在一起，并且可以用于所有的 pathliab 类。PosixPath. home()返回当前用户主目录的绝对路径。（WindowsPath 中存在相同的方法，也能正确引导到用户目录。）

将 .bash_history 追加到这个主目录路径中。

陷阱警告： 重点在于不要在传递给joinpath() 的第一个参数之外的任何参数中包含锚点（即前导斜线 /）。否则，这种路径会被误解为绝对路径，导致之前所有的参数都被丢弃。（但如果想要定义一个绝对路径，则需要在第一个参数中就使用斜线。）

可以通过和清单 11-51 中相同的方法来使用这个新路径。运行修改后的代码将产生相同的输出：

```
w3m nostarch.com
```

然而，还有一种更便捷的方法：pathlib 类支持斜线运算符（/），从而使得将类似路径的对象连接到一起变得更加轻松，甚至可以连接为字符串，如清单 11-54 所示。

清单 11-54　read_from_path.py:1c

```
from pathlib import PosixPath

path = PosixPath.home() / '.bash_history'
```

在类 UNIX 系统中，波浪线字符（~）指示的是用户的主文件夹，可以使用这一约定来编写整个路径，然后由 pathlib 拓展为完备的绝对路径，如清单 11-55 所示。

清单 11-55　read_from_path.py:1d

```
from pathlib import PosixPath

path = PosixPath('~/.bash_history').expanduser()
```

这是迄今为止最自然、最易读的方式，其行为和以往的方式相同。

11.9.4　相对路径

相对路径是从当前位置开始而不是从文件系统的根目录开始的路径。类路径对象可以像处理绝对路径一样轻松处理相对路径。相对路径基于当前工作目录，即用户（或系统）当前在其中运行指令的目录。

相对路径很常用，假设有一个 Python 程序 magic_program，可以从命令行调用它，并且可以将路径传递给它。该路径将被程序作为字符串接收，并被解释为 Path 对象。如果当前工作目录很长或难以输入，那么当必须输入该目录中所包含文件的绝对路径时就会很不方便，如下所示：

```
$ magic_program /home/jason/My_Nextcloud/DeadSimplePython/Status.txt
```

这种调用很痛苦！而如果已经在 DeadSimplePython 目录中，则应该能够传递如下相对路径：

```
$ magic_program DeadSimplePython/Status.txt
```

可以使用 Path.cwd()命令获取当前工作目录，如下所示：

```
from pathlib import Path
print(Path.cwd())
```

以上代码会以适合系统的路径格式输出当前工作目录的绝对路径。

任何不以锚点（通常是/）开头的路径都被视为相对路径。此外，单点（.）代表当前目录，双点（..）代表上一级目录或父目录。这样就可以像构造绝对路径一样构造相对路径了。例如，如果想在当前工作目录的父目录中查找 settings.ini 文件，则可以使用以下代码：

```
from pathlib import Path
path = Path('../settings.ini')
```

可以使用 Path.resolve()方法将相对路径转换为绝对路径，并解析路径和任何符号链接中的点运算符（ . 和 .. ）。其他多余的路径元素，例如额外的斜线或不必要的点运算符（如 .//dir1/../dir1///dir2）都将被清除。

虽然可以在后续代码行中解析 path，但是我更愿意修改该行以当场完成路径解析。

```
from pathlib import Path
path = Path('../settings.ini').resolve()
```

path 现在就是指向 settings.ini 的绝对路径了。

11.9.5 相对包路径

你很可能希望将非代码资源（比如图像或声音）和 Python 项目一起打包，然后从代码中访问这些资源。但你无法确定用户将 Python 项目目录放置在文件系统中的什么位置，即便你知道在哪里，用户或系统也可能已经移动了它们。你需要一种方法来创建包中附加的非代码资源的绝对路径。你可能会想：“这不就是使用相对路径的完美场景吗？”但最终你会发现这是错误的。

一个常见的陷阱是假设当前工作目录是当前或主要 Python 模块的位置。现实并不一定如此！正如第 4 章所描述的，正确配置项目后，可以从系统的任何工作目录运行 Python 模块。当前位置只是当前工作目录，所有路径都将相对于该位置。你需要一种不依赖于当前工作目录的方法来查找资源。换句话说，此时使用相对路径不是一种好的实践。

以第 4 章的 omission 项目为例。清单 11-56 所示为 omission 项目的文件结构。

清单 11-56　omission 项目文件结构

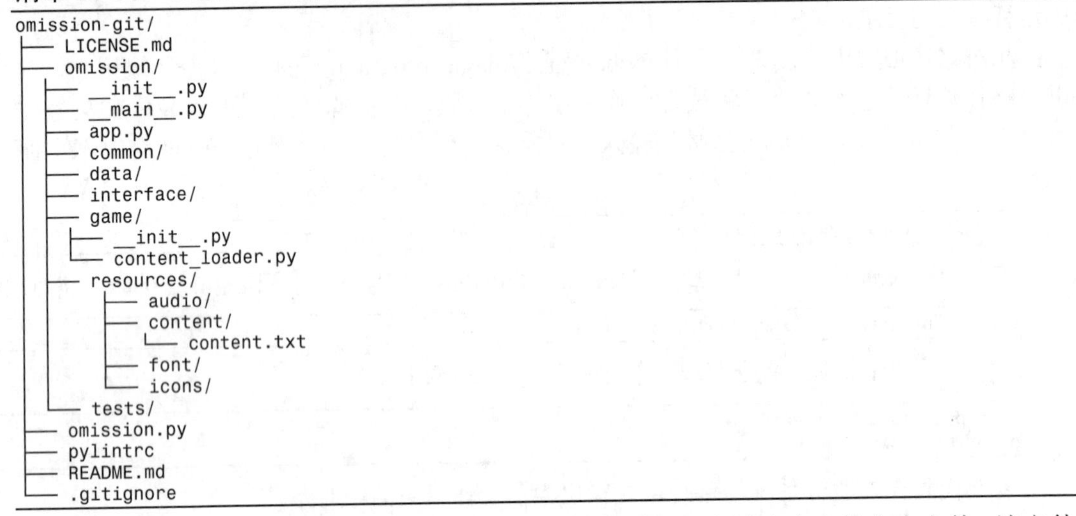

```
omission-git/
├── LICENSE.md
├── omission/
│   ├── __init__.py
│   ├── __main__.py
│   ├── app.py
│   ├── common/
│   ├── data/
│   ├── interface/
│   ├── game/
│   │   ├── __init__.py
│   │   └── content_loader.py
│   ├── resources/
│   │   ├── audio/
│   │   ├── content/
│   │   │   └── content.txt
│   │   ├── font/
│   │   └── icons/
│   └── tests/
├── omission.py
├── pylintrc
├── README.md
└── .gitignore
```

在使用模块 omission/game/contentloader.py 时，我想加载包含游戏内容的文本文件，该文件的路径是 omission/resources/content/content.txt。

我在最初的尝试中错误地假设当前工作目录是 content_loader.py 所在的目录。因此，我尝试使用相对路径打开 content.txt 文件，如清单 11-57 所示。

清单 11-57　content_loader.py:1a

```
from pathlib import Path

path = Path('../resources/content/content.txt')

with path.open() as file:
    data = file.read()
```

因为我是通过从存储库的根目录运行 omission.py 来启动 omission 程序的，所以 omission-git 正好是我的工作目录，这段代码似乎可以工作。

暂时将以下代码复制到 content_loader.py 中，可通过输出该目录的绝对路径来确认：

```
print(Path.cwd())  # prints '/home/jason/Code/omission-git'
```

"这很容易，"我心想，"只需要写下所有和 omission-git 相关的路径即可。"（这是真正出错的地方！）我修改了代码以使用相对于 omission-git 目录的路径来访问资源，如清单 11-58 所示。

清单 11-58　content_loader.py:1b

```
from pathlib import Path

path = Path('omission/resources/content/content.txt')

with path.open() as file:
    data = file.read()
```

程序似乎可以正常工作了，现在可以将路径传递给 open()并毫无问题地读取到内容。所有的测试也都通过了，但直到开始打包，我才发现还是行不通。如果从存储包的目录以外的任何目录执行 omission.py 模块，程序将因为 FileNotFoundError 而崩溃。

再次检查当前工作目录后，我意识到：当前工作目录是模块被调用的地方，而不是模块自身存在的地方，所有路径都是相对于当前工作目录的。

解决方案是使用基于模块的特殊属性__file__的相对路径，该属性包含当前系统中模块的绝对路径，如清单 11-59 所示。

清单 11-59 content_loader.py:1c

```
from pathlib import Path

path = Path(__file__).resolve()
path = path.parents[1] / Path('resources/content/content.txt')

with path.open() as file:
    data = file.read()
```

以上代码将__file__属性转换成了 Path 对象。由于此属性可能返回相对路径，因此可以使用 resolve()将其转换为绝对路径，这样就不必为当前工作目录操心了。path 现在就是当前模块的绝对路径。我需要在接下来的代码中使用绝对路径。

现在有了 content_loader.py 模块的绝对路径，于是可以创建一个相对于这个模块的路径，指向想要的文件。根据项目的目录结构，需要从顶层 omission 包开始，而不是从该模块所在的 game 子包开始。用 path.parents[1]获得所需的路径，这相较父级路径而言删除了一个层级。

最后，将 omission 包的绝对路径和想要的文件的相对路径结合起来。无论 omission 包位于文件系统的哪个位置，抑或从何处执行，都能获得 content.txt 文件的绝对路径。

这种方法适用于大多数实际情况，但要注意__file__是可选属性。它对于内置模块、静态链接到解释器的 C 语言模块，以及运行在 REPL 中的任何内容都没有定义。为了解决这些问题，可以使用功能强大的 pkg_resources 库来达到和使用__file__相同的效果。可以从 setuptools 官方文档的“Package Discovery and Resource Access using pkg_resources”部分获得更多信息。

遗憾的是，__file__和类似 pkg_resources 的库都和一些打包工具不兼容。和模式相比，工具的问题确实更多。这里没有更优雅的解决方案。选择打包工具时，请注意此类限制。

11.9.6 路径操作

pathlib 模块的具体路径对象提供了以与平台无关的方式执行很多常见的文件操作的方法。这些方法中最方便的两个就是 Path.read_text()和 Path.write_text()，它们提供了一种快速读取和写入整个文本文件的方法，而且无须定义单独的流对象或 with 语句。使用这两个方法时，流对象是在 Path 对象内部创建和管理的。Path.read_text()读入文件的全部内容并以字符串的形式返回；Path.write_text()则将一个字符串写入文件，如果目标文件存在，就覆盖现有内容。

表 11-2 概述了 Path 对象的文件操作方法。这些方法能直接在 Path、WindowsPath 或 PosixPath 对象上运行。

表 11-2　Path 对象的文件操作方法

文件操作方法	功能
path.mkdir()	在 path 处创建一个目录，如果可选的 parents 参数为 True，则创建任何缺少的父目录
path.rename(name)	将路径中的条目（文件或目录）重命名为 name。在 UNIX 操作系统中，如果文件名存在于目录中且用户具有正确的权限，它将被替换
path.replace(name)	将路径中的条目（文件或目录）重命名为 name，用它替换任何现有文件。和 rename()不同，这将始终用相同的名称替换任何现有文件，只要有正确的权限即可
path.rmdir()	删除 path 所指的目录，它必须是空的，否则将引发 OSError
path.unlink()	删除 path 所指的文件或符号链接（文件系统快捷方式），但不可用于删除目录。在 Python 3.8 及更高版本中，如果可选的 missing_ok 参数为 True，则删除不存在的文件不会引发 FileNotFoundError
path.glob()	根据 UNIX 风格的 glob search 语法，为路径中与指定模式匹配的所有条目返回一个类路径对象的生成器
path.iterdir()	为 path 中的所有条目返回一个类路径对象的生成器
path.touch()	在 path 处创建一个空文件，如果文件已经存在，则不会发生任何事情。如果可选的 exist_ok 参数为 False 并且文件存在，则会引发 FileExistsError
path.symlink_to(*target*)	在指向 target 的 path 处创建一个符号链接。
path.link_to(*target*)	在指向 target 的 path 处创建硬链接（仅限 Python 3 .8 及更高版本）

此外，还可以通过文件信息方法获得 Path 对象所指向文件或目录的信息，如表 11-3 所示。

表 11-3　Path 对象的文件信息方法

文件信息方法	功能
path.exists()	如果 path 指向现有文件或符号链接，则返回 True
path.is_file()	如果 path 指向文件或文件的符号链接，则返回 True
path.is_dir()	如果 path 指向目录或目录的符号链接，则返回 True
path.is_symlink()	如果 path 指向符号链接，则返回 True
path.is_absolute()	如果 path 是绝对路径，则返回 True

上面只介绍了 pathlib 模块的一部分功能。强烈建议你阅读 Python 官方文档的“pathlib——面向对象的文件系统路径”部分，其中包含方法及其用法的完整列表。

11.9.7　异地文件写入

正如前文所提到的那样，path.replace()作为防止文件损坏技术的一部分特别有用。可以写入一个新文件，然后用新版本替换旧版本，而不是直接就地修改可能已经损坏的文件。

为了证明这一点，使用 pathlib 重写之前的一个示例（见清单 11-37～清单 11-39），如清单 11-60 所示。

清单 11-60　rewrite_using_tmp.py:1

```
from pathlib import Path

path = Path('78SomewhereRd.txt')
```

```
with path.open('r') as real_estate_listing:
    contents = real_estate_listing.read()
    contents = contents.replace('Tiny', 'Cozy')
    contents = contents.replace('Needs repairs', 'Full of potential')
    contents = contents.replace('Small', 'Compact')
    contents = contents.replace('old storage shed', 'detached workshop')
    contents = contents.replace('Built on ancient burial ground.',
                                'Unique atmosphere.')
```

像以往那样从 78SomewhereRd.txt 中读取文本，只不过这一次以读取模式，而不是读写模式打开文件。完成后，安全地关闭文件。修改后的数据在字符串 contents 中等待进一步的处置。

创建一个新的临时路径文件并将数据写入该文件，如清单 11-61 所示。

清单 11-61 rewrite_using_tmp.py:2

```
tmp_path = path.with_name(path.name + '.tmp')

with tmp_path.open('w') as file:
    file.write(contents)
```

以上代码使用 path.with_name()创建了一个新路径，并提供路径名作为参数。在这种情况下，新名称与旧名称相同，但是在末尾追加了.tmp。在写入模式下打开新路径并将字符串 contents 写入其中。

此时，原先的 78SomewhereRd.txt 文件和新的 78SomewhereRd.txt.tmp 临时文件并存。将临时文件移动到原始文件的位置并将原始文件覆盖，如清单 11-62 所示。

清单 11-62 rewrite_using_tmp.py:3

```
tmp_path.replace(path)  # move the new file into place of the old one
```

以上覆盖操作由操作系统执行，这实际上是一个瞬时操作，和写入文件相反，写入数据到文件可能需要一定的时间，具体取决于文件大小。现在我们只有修改后的 78SomewhereRd.txt，临时文件已经消失了。

这种技术的好处是，如果计算机在写入文件时崩溃了，最坏的结果也就是 78SomewhereRd.txt.tmp 文件被损坏，原始文件 78SomewhereRd.txt 安然无恙并保持不变。

11.9.8 os 模块

Python 的 os 模块允许你以与平台无关的方式和操作系统交互。大多数在 Python 3.6 之前编写的代码，甚至很多现代代码，仍然使用 os.path 和 os 模块来处理路径。虽然在大多数情况下，pathlib 是处理文件系统的更好工具，但是 os 模块仍然有很多用途。对于一些长期使用 Python 的开发者而言，使用 os 模块也只是一种习惯。

从 Python 3.8 开始，os.path 有 12 个函数，pathlib 中还没有现成的等效函数。一个示例是 os.path.getsize(pathlike)，它能返回 pathlike 目标位置条目的大小（以字节为单位）。同时，os 模块本身有很多函数，允许你采用比 pathlib 更底层、技术性更强的方式和文件系统交互。

值得庆幸的是，从 Python 3.6 开始，pathlib 和 os 模块可以很好地协同工作。建议尽可能多地使用 pathlib，它完全能满足大多数用例的要求，而仅在需要 os 或 os.path 模块的独特功能时才引入它们。如果想了解这些模块的更多信息，阅读 Python 官方文档的“os——多种操作系统接口”部分将非常有帮助。

os 模块并不仅限于处理文件系统，它在后文中还会出现。

11.10　文件格式

到目前为止，本章一直在处理纯文本文件。这种文件适用于存储纯字符串，但是通常不足以存储更结构化的数据。本节将介绍其他文件格式。

在许多情况下，使用现有的标准文件格式可以获得更可靠的结果。但只要你愿意为设计、测试和维护付出努力，就总是可以设计自己的文件格式并为其编写自定义解析器逻辑。

Python 为标准库中一些常见的格式提供了工具，许多其他格式也都通过第三方库得到了支持。本节将介绍流行的 JSON 格式，然后概述其他几种常见格式。

将 Python 数据转换为存储格式的过程称为序列化，反之称为反序列化。

11.10.1　JSON

JSON（JavaScript Object Notation，JavaScript 对象表示）是最流行的基于文本的文件格式之一。JSON 数据可以用多种方式构建，最常见的是将 Python 字典的内容存储到 JSON 文件中。

Python 内置的 json 模块允许你轻松地在 JSON 数据与许多内置 Python 数据类型和集合之间进行数据转换。就 JSON 而言，序列化和反序列化并不是完全互逆的，如表 11-4 所示。

表 11-4　JSON 序列化和反序列化类型

Python（待序列化）	JSON（序列化）	Python（反序列化）
dict	object（所有键都是字符串！）	dict
list、tuple	array	list
bool	boolean	bool
str	string	str
int、int 派生枚举	number（int）	int
float、float 派生枚举	number（real）	float
None	null	None

直接从这些 Python 类型派生的任何对象也可以进行 JSON 序列化，但是所有其他对象不能自行进行 JSON 序列化，它们必须转换为可序列化的类型。

为了使自定义类能够进行 JSON 序列化，需要定义一个新对象自，该对象继承自 json.JSONEncoder 并重写了其 default()方法。要了解详细信息，请参考 Python 官方文档的“json——JSON 编码器和解码器”部分。

1. 写入 JSON 文件

和处理其他很多文件格式相比，写入 JSON 文件非常简单。可使用 json.dump()函数将数据转换为 JSON 格式并将其写入文件，或使用 json.dumps()创建 JSON 代码并将其写入字符串（稍后可以将其写入流）。下面演示前一种技术。

以清单 11-7 中的 nearby_properties 嵌套字典为例，将其写入一个名为 nearby.json 的文件，如清单 11-63 所示。

清单 11-63 write_house_json.py:1

```
import json

nearby_properties = {
    "N. Anywhere Ave.":
    {
        123: 156_852,
        124: 157_923,
        126: 163_812,
        127: 144_121,
        128: 166_356
    },
    "N. Everywhere St.":
    {
        4567: 175_753,
        4568: 166_212,
        4569: 185_123
    }
}
```

和之前的示例（见清单 11-7）相比，唯一的变化是导入了 json 模块。

使用 json.dump()将仅包含可序列化类型（见表 11-4）的字典直接转换为流，如清单 11-64 所示。

清单 11-64 write_house_json.py:2

```
with open('nearby.json', 'w') as jsonfile:
    json.dump(nearby_properties, jsonfile)
```

以上代码使用 open()为 nearby.json 文件创建了一个可写流。json.dump()函数需要两个参数。第一个参数是要写入的对象，它可以是任何可序列化的对象。在本例中，将要写入的是字典 nearby_properties。

第二个参数是要写入的流，这个流必须是可写的且基于文本的流。此处传递了 jsonfile，这是 with 语句中以写入模式打开的基于文本的流。

以上就是将 Python 字典写入 JSON 文件所需的一切！

运行当前代码后，就可以打开新创建的 nearby.json 文件并查看其中的内容，如清单 11-65 所示。

清单 11-65 nearby.json

```
{
    "N. Anywhere Ave.": {
        "123": 156852,
        "124": 157923,
        "126": 163812,
        "127": 144121,
        "128": 166356
```

```
    },
    "N. Everywhere St.": {
        "4567": 175753,
        "4568": 166212,
        "4569": 185123
    }
}
```

2. 从 JSON 文件中读取

可以使用 json.load()函数直接将 JSON 文件反序列化为相应的 Python 对象，该函数接收来源流对象作为参数。如果 Python 字符串中有 JSON 代码，也可以直接使用 json.loads()完成反序列化，只需要将字符串作为参数传递进去即可。

使用 json.load()从 nearby.json 文件中反序列化嵌套字典，如清单 11-66 所示。

清单 11-66　read_house_json.py:1

```
import json

with open('nearby.json', 'r') as jsonfile:
    nearby_from_file = json.load(jsonfile)
```

以上代码以读取模式打开 JSON 文件，然后将流传递给 json.load()。这将返回反序列化的对象，在本例中则是被绑定到 nearby_from_file 的字典。

这个字典和清单 11-65 中的字典有一个重要区别。可通过输出每个键和值的字面量表示来展示这个区别，如清单 11-67 所示。

清单 11-67　read_house_json.py:2

```
for k1, v1 in nearby_from_file.items():
    print(repr(k1))
    for k2, v2 in v1.items():
        print(f'{k2!r}: {v2!r}')
```

这里的 f-字符串中嵌入了 k2 和 v2 的值，用!r 将其格式化，就好像是通过 repr()输出的一般。现在，你能在输出中发现这个字典的不同之处吗？

```
'N. Anywhere Ave.'
'123': 156852
'124': 157923
'126': 163812
'127': 144121
'128': 166356
'N. Everywhere St.'
'4567': 175753
'4568': 166212
'4569': 185123
```

这个字典中的键和值都是字符串——而不是原始字典（见清单 11-63）中的整数——因为 JSON 对象中的键始终是字符串。这是序列化和反序列化不是逆操作的完美示例。如果想重新使用整数作为键，就需要重构这段代码，以迭代方式处理转换。

11.10.2 其他格式

除了 JSON，Python 中的文件格式还有很多，下面简要介绍其中较为常见的几种。

1. CSV

最常见的结构化文本就是 CSV（Comma-Seperated Values，逗号分隔值）。顾名思义，就是用逗号分隔各个值。值集之间由换行符（\n）分隔。

几乎所有电子表格和数据库使用 CSV 格式，尽管它们很少以标准化方式使用这种格式。Excel 导出的 CSV 文件可能与 UNIX 操作系统中的程序导出的 CSV 文件不同。这些细微差异通常会使 CSV 文件的处理变得棘手。

Python 标准库包含一个 csv 模块，它不仅能处理 CSV 文件的序列化和反序列化，还能忽略以不同方式导出的 CSV 文件之间的差异。

要想了解有关 csv 模块©的更多信息，请参阅 Python 官方文档的“csv——CSV 文件读写”部分。

2. INI

INI 格式非常适合存储配置文件，尤其适合存储设置数据。这是一个非正式的标准，被设计为人类可读且易于解析的格式。你可以在 Windows 和 UNIX 操作系统中找到相似的 INI 文件。另外，你可能遇到过 php.ini 和 Desktop.ini 之类的文件，甚至遇到过 tox.ini，这个配置文件被很多 Python 工具使用，包含 flake8 和 pytest。使用 INI 格式的 .conf、.cfg 甚至 .txt 文件也很常见。

Python 标准库包含用于处理 INI 格式文件的 configparser 模块，但该模块有自己的多行字符串格式，这使得该模块的输出可能和 Python 的 configparser 以外的任何东西都不兼容。此外，该模块不支持嵌套的部分，不能和 Windows 注册表样式的 INI 文件所使用的值类型前缀一起使用。

请参阅 Python 官方文档的“configparser——配置文件解析器”部分以了解如何使用 configparser。

作为替代，第三方库 configobj 支持嵌套配置和标准多行字符串，以及 configparser 缺少的很多其他功能。通过 configobj 创建的文件和其他 INI 解析器兼容，尤其是其他语言的解析器。可以阅读 configobj 的官方文档以了解更多信息。

3. XML

XML 是一种基于标记、元素和属性思想的结构化标记语言。很多其他文件格式采用了 XML 语法，包括 XHTML、SVG、RSS 和大多数办公文档格式（DOCX 和 ODT）。你可以使用 XML 来设计自己的基于文本的文件格式。

而 Python 开发者经常避开 XML 而倾向于使用 JSON，原因是 JSON 更加简单且安全性高。JSON 和 XML 可以表示相同的结构，但是在 Python 中使用 XML 涉及 8 个不同的模块，这些都在 Python 官方文档的“XML 处理模块”部分有详细介绍。如果要在 XML 和 JSON 之间做选择，你会发现后者使用起来相对容易。

XML 还存在很多安全漏洞，每当你对不受信任或未经身份验证的数据进行反序列化时，都必须考虑这些漏洞。内置的 Python 模块特别容易受到其中一些漏洞的影响。因此，当需要考虑安全性时，建议使用第三方库 defusedxml 和 defusedexpat。

也可以使用第三方库 lxml，它能够解决你的很多问题[①]。有关此库的更多信息，请访问 lxml 官网。

4. HTML

Python 允许你通过内置的 html 模块及其两个子模块 html.parser 和 html.entities 来处理 HTML 文件。这背后的内容非常复杂，所以如果你感兴趣，建议从 Python 官方文档的"html——超文本标记语言支持"部分开始探索。

还有一些处理 HTML 的优秀的第三方库，包括 lxml.html（也就是 lxml 的一部分[②]）以及 beautifulsoup4（可以通过 Beautiful Soup 官网来了解更多信息）。

5. YAML

YAML（YAML Ain't Markup Language）是 XML 等标记语言的流行替代品，其涵盖了很多和 XML 相同的用例，但是语法更加简单。

YAML 1.2 实现了 JSON 的所有功能，这意味着所有 JSON 也是有效的 YAML 1.2。除此之外，Python 使用默认设置输出的所有 JSON 也都与 YAML 1.0 和 YAML 1.1 兼容。因此，至少在 Python 中，YAML 始终是 JSON 的超集。YAML 相较于 JSON 的一个特殊优势是支持注释。

第三方库 PyYAML 在 Python wiki 上被列为唯一尝试遵守 YAML 标准的 YAML 解析器。有关此库的更多信息，请访问 PyYAML 官网。

YAML 也确实存在潜在的安全问题，即可以用来执行任意 Python 代码。PyYAML 库的 yaml.safe_load()函数可以降低这种风险，因此，我们应该使用这个函数而不是 yaml.load()。

6. TOML

配置文件的另外一种格式是 TOML（Tom's Obvious, Minimal Language）。TOML 是一种由 Tom Preston-Werner 创建的开放格式，其灵感来自 INI 格式，但是实现了一个正式的规范。

使用 TOML 的最流行的第三方库是 toml。你可以从 GitHub 上的 uiri/toml 项目中了解更多信息。

7. ODF

ODF（Open Document Format，开放文档格式）是一种基于 XML 的文档格式，由结构化信息标准促进组织（Organization for the Advancement of Structured Information Standards，OASIS）开发和维护，已被广泛采用，并日益成为一种无处不在的文档标准。几乎所有现代文字处理器都采用这一格式，包括 LibreOffice、Microsoft Word 和 Google Docs。

ODF 的主要用途是处理通常由办公套件处理的数据。也许你正在使用这一格式编写语法检查器、电子表格验证器、文字处理器或幻灯片组织器。

---

① 译者注：lxml 库自 2005 年发布以来一直得到了积极维护，非常完备，值得学习。

② 译者注：HTML 不过是 XML 的一个"残次品"，而 XML 又是 SGML 的一个简化版，SGML 因为过于完备和复杂而令人难以使用，从而不得不进行各种简化以实现应用。

使用 ODF 的最流行的 Python 库是 odfpy，由欧洲环境署开发和维护。有关此库的更多信息和文档，请访问 GitHub 上的 odfpy 项目。

8. RTF

RTF（Rich Text Format，富文本格式）是一种传统且十分流行的文档格式，最初是 Microsoft 为 Word 开发的专有格式，但由于简单和可移植，在基本文档中相对普遍。尽管 RTF 不再处于积极开发阶段，并且已被 ODF 格式取代，但其仍然可用。

有一些第三方库可以用来处理 RTF 格式；Python 2 中最流行的是 PyRTF 库；Python 3 中存在 PyRTF 库的两个分支，即 PyRTF3 和 rtfx。（截至本书完稿时，PyRTF3 已无人维护，但是仍然可以通过 pip 安装使用。）RTFMaker 是一个较新的替代方案，目前正在积极开发中。遗憾的是，有关这 4 个库的文档很少，所以如果你使用这些库中的任何一个，请做好航行到未知水域的心理准备。

如果这些库都不能满足你的需要，而你也不想在没有文档的情况下工作，富文本格式非常简单，你只需要稍加研究就可以编写自己的基本解析器。这是一个封闭的规范，因此很难找到官方文档，不过 Rich Text Format Specification 的 1.5 版本已被存档，可以查阅 Biblioscape 官网的“Rich Text Format (RTF) Version 1.5 Specification”页面来了解详情。

11.11 本章小结

谁能想到在 Python 中处理文件要涉及这么多知识？本章也仅仅触及这个主题的表面，而很多初学者教程掩盖了这一主题的复杂性。

使用 with 语句和 open()函数打开文件非常简单。pathlib 模块以和平台无关的方式处理路径，因此不必担心斜线应该倾斜的方向。有数十种模式（来自 Python 标准库和第三方开发者）可以用来处理无数基于文本格式的文件。当你把所有这些放在一起时，终将获得令人愉快的、简单又稳健的文本文件处理模式。

第 12 章将介绍在 Python 中处理二进制数据所必需的技术，尤其是在读写二进制文件的上下文中。

超越程序执行的边界，并在用户计算机上创建真实文件的感觉真好，不是吗？

第 12 章

二进制和序列化

01100010 01101001 01101110 01100001 01110010 01111001。这是计算机的语言，也是黑客的乐趣。一种编程语言要想获得精英开发者的赞赏，就必须允许使用二进制。

考虑到有的读者没有接触过二进制，本章将从 Python 的角度讲解二进制的基础知识，并介绍表示二进制数据和执行位运算的不同方式。有了这个基础，再介绍如何读写二进制文件。最后快速介绍一些较常见的二进制文件格式。

12.1 二进制表示和位运算

对于那些不熟悉按拉操作的读者，本节是不错的起点。即便已经知道如何按位操作，也建议继续阅读接下来的内容——兴许能有小惊喜！

12.1.1 数字系统

二进制是一种只有两种数字（0 和 1）的数制系统，分别对应电路板上门电路的打开和关闭，这是所有计算机编程的基础。通常，二进制文件是通过 CPU 指令和数据类型抽象出来的，以便人类更好地理解，然后通过各种编程结构进一步接近人类语言。尽管通常不需要对二进制考虑太多，但有时直接操作二进制是解决问题的最有效方法。

1. 二进制

在 Python 中，当编写二进制数字时，可以在其前面加上 0b 以将其和普通的十进制（基数为 10）数字区分开来。例如，11 是十进制数字，而 0b11 是二进制数字。

二进制的一位是一个数字。一个字节通常由 8 位组成，但是在不常见的情况下，又可能有所不同。在一个字节里，位值通常从右向左增大，就像十进制一样。可以通过打开（1）或关闭（0）不同位置的位来组合任何数字。在一个字节中，最右位置的值为 1，前面每个位置的值都是后面一个位置的值的两倍。每个位的值如表 12-1 所示。

表 12-1 每个位的值

128	64	32	16	8	4	2	1

因此，二进制数字 0b01011010 就相当于 64 + 16 + 8 + 2，即十进制数字 90。计算机根据数据类型对特定字节的解释并不相同——数据类型由代码决定，而非存储在二进制数据中。从底层角度来看，相同的位序列可以表示整数 90、ASCII 字符'Z'、浮点数的一部分、字节码指令……值得庆幸的是，我们不需要担心计算机如何处理这种解释，相信 Python 语言就好。

2. 十六进制

也可以用十六进制或 Base-16 数制系统来表示数值，它们用 16 个字符来表示十进制数值 0～15：数值 0～9 由普通数字 0～9 表示，数值 10～15 由字母 A～F 表示。十进制数值 16 不能用十六进制中的单个数字表示，而用 10 表示。和其他大多数编程语言一样，在 Python 中也需要在十六进制数字前加上 0x 以将其和十进制数字区分开来。0x15 表示十进制数值 21，因为 0x10（16）+ 0x05（5）= 0x15（21）。

在任何数制系统中手动组合较大数字时，可以将每个位的数值视为基数的位数（从 0 开始）次方。例如，十进制数字 4972 可以看作 2 + 70 + 900 + 4000，从而可以进一步分解为 $(2 \times 10^0) + (7 \times 10^1) + (9 \times 10^2) + (4 \times 10^3)$。

表 12-2 以十进制、二进制和十六进制演示了这一点。

表 12-2 各种数制系统中的位值

数制系统	位值				
	n^4	n^3	n^2	n^1	n^0
十进制	10^4 (10000)	10^3 (1000)	10^2 (100)	10^1 (10)	10^0 (1)
二进制	2^4 (16)	2^3 (8)	2^2 (4)	2^1 (2)	2^0 (1)
十六进制	16^4 (65536)	16^3 (4096)	16^2 (256)	16^1 (16)	16^0 (1)

可以根据此原理将十进制数字转换为另一种数字，例如十六进制数字。举例来说，如果需要转换十进制数字 2630，则可以首先使用公式 $\lfloor \log_{16} 2630 \rfloor$确定所需的最高位数（从 0 开始），结果为 2。然后执行转换，过程如表 12-3 所示。

表 12-3 将十进制数字转换为十六进制数字

转换值	位值	当前十六进制值	计算剩余数值
2630	[**2630**/16^2] = 0x**A** (10)	0x**A**00	2630 % 16^2 = **70**
70	[**70**/16^1] = 0x**4**	0xA**4**0	70 % 16^1 = **6**
6	[**6**/16^0] = 0x**6**	0xA4**6**	6 % 16^0 = 0

十进制数字 2630 等于十六进制数字 0xA46。

十六进制在二进制的上下文中很有用，因为可以用两位数字，即从 0x00（0）到 0xFF（255），准确地表示一个字节（8 位）的每个可能值。十六进制是一种更简洁的表示方式：0b10101010 可以写作 0xAA。

十六进制使用拉丁字母表的前 6 个字母作为数字，在开发者中，这导致一种传统的双关语，称为 hexspeak。0xDEADBEEF 和 0xC0FFEE 等十六进制数字具备有效的数值且可以从视觉上识别。前者在一些旧的 IBM 系统中指向未初始化的内存，因为很容易在内核转储出的十六进制数据墙中发现。

同样，有时可以在二进制文件中标记特殊数据，这使得二进制文件更可读且易于调试。此外，普通数据也可能巧合地以 hexspeak 形式出现，例如一个普通整数值恰好读作 0xDEADBEEF，因此请谨慎使用[①]。

3. 八进制

用来表示二进制数据的第三种常用的数制系统是八进制，或叫 Base-8 数制系统。八进制以 0o 为前缀（数字 0，后跟小写字母 o）。八进制使用数字表示 0～7 的十进制值，但是将 8 记作 0o10。因此，十进制值 9 和 10 将分别记为 0o11 和 0o12。表 12-4 再次展示了位值表，这次包含了八进制。[②]

表 12-4　各种数制系统中的位值（2）

数制系统	位值				
	n^4	n^3	n^2	n^1	n^0
十进制	10^4 (10000)	10^3 (1000)	10^2 (100)	10^1 (10)	10^0 (1)
二进制	2^4 (16)	2^3 (8)	2^2 (4)	2^1 (2)	2^0 (1)
八进制	8^4 (4096)	8^3 (512)	8^2 (64)	8^1 (8)	8^0 (1)
十六进制	16^4 (65536)	16^3 (4096)	16^2 (256)	16^1 (16)	16^0 (1)

每个 8 位字节可以用 3 个八进制数字表示，最大值（0xFF）为 0o377。虽然八进制不像十六进制那样清晰或明显地映射到字节，但是在某些场景中仍然很有用，因为比二进制更加紧凑，而且不需要像十六进制那样额外有 6 个数字。八进制在用于 UNIX 文件权限时，简化了对某些 UTF-8 字符和汇编操作码各部分的指定。如果你无法想象这些用例，则可能还不需要使用八进制。在你的整个职业生涯中，你可能都不需要八进制！即便如此，在可能需要八进制的极少数情况下，了解一下还是有帮助的。

4. 整数的数制系统

重要的是记住二进制、八进制、十进制和十六进制都是数制系统，也就是说，它们是表示相同数字的不同形式。十进制数字 12 可以表示为 0b1100、0xc 或 0o14，但是在 Python 中将这些数字中的任何一个绑定到一个名称时，仍然会存储一个十进制值为 12 的整数。

考虑清单 12-1 所示的代码。

---

① 译者注：在计算机安全领域，很多病毒制造者利用十六进制数据的这种特征在编译出来的病毒体中嵌入私人品牌字符串，当然，这也给反病毒软件提供了额外的信息来鉴定病毒来源。

② 译者注：大家应该注意到了，程序员使用的字体其实是有要求的，必须可以在代码中很明显地区分形状上相似的字母、数字，比如 0 和 O，还有 1 和 l，所以如果你当前使用的字体很难一眼看出差别，可能就需要搜索一些程序员专用字体来体验一下了。个人推荐 FiraCode 字体。

清单 12-1 print_integer.py:1a

```
chapter = 0xc
print(chapter)  # prints '12'
```

默认情况下，输出的整数总以十进制来显示。也可以通过使用一组内置函数如 bin()、oct()或 hex()来显示另一种数制系统中的值，如清单 12-2 所示。

清单 12-2 print_integer.py:1b

```
chapter = 0xc
print(bin(chapter))  # prints '0b1100'
print(hex(chapter))  # prints '0xc'
print(oct(chapter))  # prints '0o14'
```

无论怎样显示数字，绑定到 chapter 的实际值都不变。

5. 补码

在大多数计算机中，负数表示为正数的二进制补码。这种技术比额外使用一位来指示正负更节省存储空间。

例如，正数 42 在二进制中是 0b00101010。要得到−42，可以对每一位取反（得到 0b11010101），然后加上 0b1 来找到二进制补码，最终生成 0b11010110（二进制进位法则：0b01 + 0b01 = 0b10）。

要将负数转换回正数，只需要重复该操作即可。从−42 或 0b11010110，先对每一位取反，得到 0b00101001；然后加上 0b1 生成 0b00101010，得到 42。

Python 基本上使用二进制补码。实际上，Python 执行了更复杂的操作，正如你将在后文中看到的那样。Python 通过对正数的二进制表示前置一个负号来显示负的二进制数字，如清单 12-3 所示。

清单 12-3 negative_binary.py:1

```
print(bin(42))   # prints  '0b101010'
print(bin(-42))  # prints '-0b101010'
```

值得庆幸的是，可以通过使用位掩码（bitmask）来查阅（近似的）二进制补码。位掩码是一种二进制值，使用策略性放置的 1 来保留值中的某些位，并丢弃其余位。在本例中，因为想要值的前 8 位（刚好一个字节），所以采用位掩码为 8 个 1 的按位与（AND）计算，如清单 12-4 所示。

清单 12-4 negative_binary.py:2

```
print(bin(-42 & 0b11111111))  # prints '0b11010110'
```

这完全符合预期：−42 的八位长二进制补码表达。

6. 字节序

大多数数据由多个字节组成，但是字节出现的顺序取决于系统使用的字节序：big-endian（大端字节序）或 little-endian（小端字节序）。

字节序和计算机在内存中存储数据的方式息息相关。内存中每个单字节宽的槽位都有一个数字地址，通常以十六进制表示。内存地址是连续的。考虑一个值，比如 0xAABBCCDD（十进制值为 2,864,434,397），由 4 个字节组成：0xAA、0xBB、0xCC 和 0xDD。每个字节都有一个地址。比如，计算机可能决定将该数据存储在地址为 0xABCDEF01、0xABCDEF02、0xABCDEF03 和 0xABCDEF04 的内存中，如表 12-5 所示。

表 12-5　空白 4 字节内存块地址

地址	0xABCDEF01	0xABCDEF02	0xABCDEF03	0xABCDEF04
值				

现在面临的挑战是：以什么顺序存储这些字节呢？你的第一反应可能是按我们在纸上书写的方式进行存储，就像表 12-6 那样。

表 12-6　将数据以大端字节序存储到内存中

地址	0xABCDEF01	0xABCDEF02	0xABCDEF03	0xABCDEF04	完整值
十六进制值	0xAA	0xBB	0xCC	0xDD	= 0xAABBCCDD
等效的十进制值	2,852,126,720	+ 12,255,232	+ 52,224	+ 221	= 2,864,434,397

之所以称为大端字节序，是因为表示数字最大部分的值存储在最低位，也就是最左边的地址中。大端字节序最容易推理，因为从左到右对字节进行排序的这种方式和你在纸上书写的方式一样。

相反，在小端字节序中，字节顺序是颠倒的，如表 12-7 所示。

表 12-7　将数据以小端字节序存储在内存中

地址	0xABCDEF01	0xABCDEF02	0xABCDEF03	0xABCDEF04	完整值
十六进制值	0xDD	0xCC	0xBB	0xAA	= 0xDDCCBBAA
等效的十进制值	221	+ 52,224	+ 12,255,232	+ 2,852,126,720	= 2,864,434,397

正如小端字节序的名称所暗示的那样，表示数字最小部分的字节存储在最低的内存地址中。字节序仅影响原始数据类型（如整数和浮点数），不影响集合（如字符串这样由多个字符组成的序列）。

虽然小端字节序听起来令人困惑，但是这可以用来在硬件上进行一些技术优化。大多数现代处理器，包括所有 Intel 和 AMD 处理器，都使用小端字节序。

在大多数编程语言中，通常以大端字节序编写二进制数字。这也是在 Python 中使用 bin()显示二进制整数时使用的字节序。

通常，只有当二进制数据即将离开程序时，比如将其写入文件或通过网络发送时，才需要关心字节序。

12.1.2　Python 整数和二进制

和大多数编程语言一样，二进制和十六进制字面量在 Python 中都是整数。然而，Python

整数背后的一个实现细节渗透到了 Python 的二进制逻辑中：整数实际上是无限的。

在 Python 2 中，int 型整数的大小固定为 32 位或 4 个字节。Python 2 中还有 long 类型，这类整数的大小不受限制。在 Python 3 中，long 类型被用作新的 int 类型，因此所有整数现在理论上可以无限大。

这给二进制带来了一个严重的后果：二进制补码必须有效地以无限数量的 1 开头。这就是为什么 Python 使用非常规的负二进制表示法，毕竟没有什么合理的方式能够表达无限多个 1！这也意味着不能直接输入负的二进制数字，而必须在正整数的二进制数字前使用负号（–）。

由于 Python 使用负二进制表示法，因此数字的负二进制形式和正二进制形式的读法相同。仅当你看到无穷多的前导 1 时，二进制补码表示法才是准确的。这在其他地方有可能带来奇怪的结果，你很快就会看到。

12.1.3 位运算

可以使用位运算符直接处理二进制数据，这些运算符对位执行操作。Python 提供 6 种位运算符，尽管其中一些运算符的行为和我们通常预期的稍有不同。

按位与运算符（&）产生一个新的二进制值，如果左、右操作数中对应位均为 1，则结果还是 1，否则为 0。例如，0b1101 & 0b1010 产生 0b1000，因为两个操作数中只有最左边的位都为 1：

```
  0b1101
& 0b1010
= 0b1000
```

按位或运算符（|）的运算规则为，只要左、右操作数的对应位中有一位为 1，则结果为 1。例如，0b1101 | 0b1010 产生 0b1111。

```
  0b1101
| 0b1010
= 0b1111
```

按位异或运算符（^）又称按位 XOR，如果某个位在任一操作数中为 1，在另一操作数中为 0，则结果为 1。例如，0b1101 ^ 0b1010 产生 0b0111，第一位在两个操作数中都为 1，所以这一位的结果为 0，但是其他三位都只在其中一个操作数中为 1，所以结果为 1。

```
  0b1101
^ 0b1010
= 0b0111
```

按位取反运算符（~）又称按位 Not，旨在翻转给定操作数中的每一位，这样 0b0101 将变成（大约是）0b1010。

```
~ 0b0101
= 0b1010
```

然而在 Python 中，由于整数是无限的，新值将有无限的前导 1。因此 0b0101 的实际取反结果是 0b111...1010。

```
~ 0b000...0101
= 0b111...1010
```

由于无穷多的 1 难以输出，Python 以负二进制表示法来显示结果——在前面放置一个负号，并减去 1 以绕过二进制补码。请记住，此约定允许 Python 将负数显示为正数的负二进制形式。遗憾的是，这又使得读取正常位操作的结果变得有点儿困难。

每当这类事情妨碍到你时，你可以通过输出位掩码来确认，如清单 12-5 所示。

清单 12-5　bitwise_inversion.py

```
print(bin(~0b0101))            # prints '-0b110' (that is, -0b0101 - 0b1)
print(bin(~0b0101 & 0b1111))  # prints '0b1010' (much better)
```

请记住，第一个值在内部是正确的，因为具有无限前导 1，这使其成为负的 Python 整数。第二个值看起来是正确的，但是缺少前导 1，所以实际上是错误的。

要介绍的最后两种按位运算符是左移（<<）和右移（>>）运算符。二进制运算中有两种位移模式，一种编程语言只能在位移运算符上使用其中一种。逻辑位移允许“丢弃”数字的末尾，并在另一端移入零，以替代丢弃的位。算术位移和逻辑位移相似，但是算术位移会在必要时移动符号位以保留符号。

所有的编程语言都必须决定使用哪种位移模式，Python 选择使用算术位移。此外，由于整数的无限性，不能通过左移丢弃数字末尾的位，Python 将不断地在数字的末尾填充 0，如清单 12-6 所示。

清单 12-6　bitwise_shift.py:1

```
print(bin(0b1100 << 4))  # prints '0b11000000'
```

这可能不会对代码产生任何深远影响，但可能会改变你实现某些二进制算法的方式，例如那些通过左移丢弃位的算法。

右移将保留符号，因此对于正整数，左侧会移入 0；对于负整数，左侧会移入 1，如清单 12-7 所示。

清单 12-7　bitwise_shift.py:2

```
print(bin(0b1100 >> 4))  # prints  '0b0' (0b0...0000)
print(bin(-0b1100 >> 4)) # prints '-0b1' (0b1...1111)
```

表 12-8 再次展示了这些位运算符以及相应的特殊方法。

表 12-8　位运算符

<table>
<tr><th>运算符</th><th>用途</th><th>二进制（非 Python）示例</th><th>特殊方法</th></tr>
<tr><td>&</td><td>按位与</td><td>1100 & 1011 ⇒ 1000</td><td>__and__(a, b)</td></tr>
<tr><td>|</td><td>按位或</td><td>1100 | 1011 ⇒ 1111</td><td>_or_(a, b)</td></tr>
<tr><td>^</td><td>按位异或（按位 XOR）</td><td>1100 ^ 1011 ⇒ 0111</td><td>__xor__(a, b)</td></tr>
<tr><td>~</td><td>按位取反（按位 Not）</td><td>~1100 ⇒ 0011</td><td>__inv__(a)、__invert__(a)</td></tr>
<tr><td><<</td><td>左移（算术位移）</td><td>0111 << 2 ⇒ 11100</td><td>__lshift__(a, b)</td></tr>
<tr><td>>></td><td>右移（算术位移）</td><td>0111 >> 2 ⇒ 0001
1..1010 >> 2 ⇒ 1..1110</td><td>__rshift__(a, b)</td></tr>
</table>

这些运算符还能处理布尔值，布尔值在内部是基于整数的。这些运算符在其他类型上则不会像这样工作——仅在布尔值和整数上特殊。

对现有的自定义类使用位运算符时要小心！因为和很多其他运算符相比，这种使用方式并不常见，所以一些类选择将位运算符重新用于完全不相关的目的。对除了整数和布尔值以外的任何内容执行按位运算都可能导致极其不可预测的行为。在依赖位运算符之前，请务必阅读有关你要使用的类的官方文档！

通过实现表 12-8 中相应的特殊方法，可以使对象和位运算符本身一起工作。

12.2 字节字面量

在 Python 中表示二进制的另一种方法是使用字节字面量，看起来像是字符串字面量前面加一个 b，例如 b"HELLO" 或 b"\xAB\x42"。这些不是字符串，而是字节序列，每个字节由 ASCII 字符（例如 "H" 表示 0x48）或十六进制转义序列（例如 "\x42" 表示 0x42）表示。和整数对象不同，字节字面量具有显式的大小和隐含的字节序。

清单 12-8 展示了一个字节字面量，其中包含字符串 "HELLO" 的二进制等效形式。

清单 12-8 bytes_literal.py:1a

```
bits = b"HELLO"
```

尽管字节字面量不完全是字符串，但是字符串字面量的大部分规则仍然适用，仅有两个例外。首先，字节字面量只能包含 ASCII 字符 （值为 0x00～0xFF），这是因为字节字面量中每一项的大小必须正好为一个字节，这是为了向后兼容 Python 2 和其他使用 ASCII 编码的语言。其次，和字符串不同，字节字面量不能通过 f-字符串进行格式化。

探究笔记：从Python 3.5开始，可以使用旧的字符串格式（称为%插入）来格式化字节字面量。如果你发现自己需要对字节字面量执行字符串格式化或替换操作，请参阅PEP 461。

在所有 Python 字符串中，可以使用转义序列 '\xhh' 来表示一个十六进制值为 hh 的字符，而在某些编程语言中，转义序列必须始终包含两位的十六进制数。数字 A～F 是大写还是小写并不重要，'\xAB' 和 '\xab' 视为相同，尽管 Python 总是输出后者。

例如，如果知道 "HELLO" 所对应的十六进制代码，就可以使用它们替代部分（或全部）ASCII 字符字面量，如清单 12-9 所示。

清单 12-9 bytes_literal.py:1b

```
bits = b"\x48\x45\x4C\x4C\x4F"
```

当所需的值不能用可见字符表达时，也需要这些十六进制字面量，例如 '\x07' 在 ASCII 体系中是非打印控制代码 BEL，用于触发系统铃声。（假设你没有在终端或系统配置中关闭系统铃声，执行 print('\x07')后会播放声音。）

你还能创建原始字节字面量，其中反斜线（\）始终被视为字面量字符。因此，原始字节字面量无法解释转义序列，这限制了它们的使用场景。但如果不需要转义序列，并且确实需要反斜线，那么原始字节字面量偶尔会派上用场。要定义原始字节字面量，请在字符串前加上 rb 或 br，如清单 12-10 所示。

清单 12-10　bytes_literal.py:2

```
bits_escaped = b"\\A\\B\\C\\D\\E"
bits_raw = br"\A\B\C\D\E"
print(bits_raw)                    # prints b'\\A\\B\\C\\D\\E'
print(bits_escaped == bits_raw)    # prints 'True'
```

bits_escaped 和 bits_raw 具有完全相同的值，但是分配给 bits_raw 的值更容易输入。

12.3　类字节对象

为了存储二进制数据，Python 提供了类字节对象。和整数对象不同，这些对象具有固定的大小和隐含的字节序。这意味着当把字节提供给类字节对象时，它们将具有指定的字节序，这也意味着你有责任明确定义你所提供数据的字节序。当整数的无限性质成为基础背景时，这会很有帮助。和字节字面量不同，类字节对象还提供了很多实用函数。

但是类字节对象有个缺点：按位运算符不适用于类字节对象。这听起来可能有些奇怪，甚至很烦人。然而，造成这种情况的确切原因在很大程度上是未知的。不过，的确有两个非常合理的原因。

首先，必须避免与字节序相关的意外行为。如果尝试对大于一个字节的 big-endian 和 little-endian 对象执行位运算，结果的字节序将无法确定。你可能获得垃圾输出，而且很难调试。

其次，很难预测如何处理不同长度的类字节对象的位运算。你可以将它们填充为相同的长度，但是你需要知道字节序才能正确完成这类操作。

类字节对象只是不支持位运算符，而非让语言猜测如何隐式解决这些逻辑难题。有几种方法可以对类字节对象执行按位操作，但是涉及很多内容，稍后再解释。

有两个主要的类字节对象：不可变的 bytes 对象和可变的 bytearray 对象。这两个对象在其他方面都是相同的：都提供和任何其他 Python 序列相同的功能，并提供相同的方法和行为。这两个对象甚至可以相互操作。

使用 bytes 对象还是 bytearray 对象完全取决于想要可变对象还是不可变对象。为简单起见，本节主要使用 bytes 对象，同样的代码也适用于 bytearray 对象。

12.3.1　创建字节对象

有 6 种创建类字节对象的方法——不包括使用默认初始化器和复制初始化器，每一种都能创建一个空对象或复制另一个类字节对象的值。

问题是将二进制数字传递给初始化器会意外地创建空字节对象。发生这种情况是因为二进制数字实际上是一个整数，并且将整数 *n* 传递给 bytes()构造函数会创建一个大小为 *n* 字节的空字节对象，如清单 12-11 所示。

清单 12-11 init_bytes.py:1a

```
bits = bytes(0b110)
print(bits)  # prints '\x00\x00\x00\x00\x00\x00'
```

bits 对象正好是 6（0b110）字节，并且每一位都设置为 0。尽管这可能让人感到意外，但是请记住，任何传递给 bytes()的二进制数据都必须具有明确的字节序，而这并不是 Python 整数所固有的。

可以通过多种方式从二进制字面量创建字节对象。一种方式是将可迭代的整数传递给 bytes()初始化器。但是可迭代对象提供的每个整数都必须是正数，并且可以用一个字节表示，也就是说，必须介于 0～255 之间（包含 255），否则将引发 ValueError。

最快的方式是将二进制字面量单独打包到一个元组中，如清单 12-12 所示。

清单 12-12 init_bytes.py:1b

```
bits = bytes((0b110,))
print(bits) # prints "b'\x06'"
```

提醒一下，必须在单元素元组中提供尾缀逗号，否则会被 Python 解释为整数字面量。

实现相同目标的另一种方法是将二进制字面量封装到一对方括号中，从而定义为列表。因为可迭代整数中的每个数字正好为一个字节，所以可迭代对象提供的元素顺序有效地定义了字节序[①]。

另一种初始化字节对象的方法是分配一个字节字面量，如清单 12-13 所示。

清单 12-13 init_bytes.py:2a

```
bits = b'\x06'
print(bits)  # prints "b'\x06'"
```

对于 bytearray 对象，则将这个字节字面量传递给 bytearray()初始化器，如清单 12-14 所示。

清单 12-14 init_bytes.py:2b

```
bits = bytearray(b'\x06')
print(bits) # prints "b'\x06'"
```

最后，可以通过任何字符串创建一个字节对象，但必须明确说明所使用的文本编码，如清单 12-15 所示。

清单 12-15 init_bytes.py:3

```
bits = bytes('☺', encoding='utf-8')
print(bits) # prints "b'\xe2\x98\xba'"
```

笑脸表情符（☺）是一个 Unicode 字符，采用 3 字节的 UTF-8 编码：0xE298BA。如果你熟悉 Unicode 编码，就会注意到这里什么都没改变：字节对象没有使用正式的 Unicode 编码来表示笑脸表情符（U+263A），而是使用了 UTF 编码的内部二进制表示。

也可以将关键字从 encoding 参数中删除，许多 Python 程序员都这么做，但是我更愿意将其

① 译者注：前述元组序列也因相同原因而成立，不过，一般最好优先使用元组，毕竟元组是不可变对象，而列表是可变对象，万一在哪里修改了列表，追查起来就复杂了。

明确拼写出来，即便我知道 bytes('☺', 'utf-8')是等价的。

探究笔记： UTF-8字符串字面量实际上没有字节序，它们看起来好像使用了大端字节序，不过这只是巧合。其他一些编码系统（比如UTF-16和UTF-32）则为不同的字节序提供了对应变体。

12.3.2　使用 int.to_bytes()

也许在整数和类字节对象之间进行转换的最简单方法就是使用 int.to_bytes()。

如前所述，处理字节时，必须指定字节序。所需的字节序通常取决于具体情况，例如正在使用的特定文件格式。而网络总是使用大端字节序。

除此之外，选择有些随意。如果数据只由应用程序使用，我通常会坚持采用大端字节序，这只是我的偏好；而如果数据由系统进程处理，我将采用系统所使用的字节序，这可以通过清单 12-16 所示的方式来确认。

清单 12-16　int_to_bytes.py:1

```
import sys

print(sys.byteorder) # prints 'little'
```

sys.byteorder 属性以字符串形式提供当前系统所使用的字节序。在我的计算机上，就像在大多数现代计算机上一样，该值是字符串'little'，表示小端字节序。

接下来就可以创建字节对象了，如清单 12-17 所示。

清单 12-17　int_to_bytes.py:2a

```
answer = 42
bits = answer.to_bytes(❶ 4, byteorder=sys.byteorder)
print(bits.hex(❷ sep=' ')) # prints '2a 00 00 00'
```

首先将一个整数绑定到名称 answer。所有 int 对象都有一个 to_bytes()方法，用来将值转换为类字节对象。然后在 answer 上调用 to_bytes()方法，并向其传递期望的字节数（在本例中为任意字节数）作为输出的类字节对象的大小❶，同时传递要使用的字节序。将字节对象绑定到名称 bits。

最后，为了使输出更具有可读性，输出十六进制的 bits 值而不是默认的字节串，并要求用空格分隔每个字节值❷。值 42 只能用一个字节表示，这个字节（2a）出现在左侧，因为使用的是小端字节序。

当使用负数进行这一转换时，事情变得有些棘手。上述方法不适用于值−42，如清单 12-18 所示。

清单 12-18　int_to_bytes.py:3a

```
answer = -42
bits = answer.to_bytes(4, byteorder=sys.byteorder)
print(bits.hex(sep=' '))
```

以上代码在调用 answer.to_bytes()方法时会失败，如下所示：

```
Traceback (most recent call last):
  File "tofrombytes.py", line 10, in <module>
```

```
    bits = answer.to_bytes(4, byteorder=sys.byteorder)
OverflowError: can't convert negative int to unsigned
```

为了解决这个问题，必须明确指定整数是有符号的，这意味着使用二进制补码表示负数，如清单 12-19 所示。

清单 12-19　int_to_bytes.py:3b

```
answer = -42
bits = answer.to_bytes(4, byteorder=sys.byteorder, signed=True)
print(bits.hex(sep=' ')) # prints 'd6 ff ff ff'
```

从 print 语句的输出结果中可以看出，此版本的代码能按预期正常工作。

默认情况下，signed 参数为 False 以避免意外，许多意外的发生都是因为 Python 仅假装使用二进制补码，但实际上却在做自己的事。无论如何，在将可能为负数的任何值转换为整数时，应养成将其设置为 True 的习惯。如果整数为正数，则将 signed 设置为 True 不会有任何影响，如清单 12-20 所示。

清单 12-20　int_to_bytes.py:2b

```
answer = 42
bits = answer.to_bytes(4, byteorder=sys.byteorder, signed=True)
print(bits.hex(sep=' ')) # prints '2a 00 00 00'
```

12.3.3　序列操作

几乎所有可以在元组或列表等序列对象上执行的操作也可以在类字节对象上执行。例如，要查看较大字节对象中是否存在特定字节序列，可以使用 in 运算符，如清单 12-21 所示。

12

清单 12-21　bytes_in.py

```
bits = b'\xaa\xbb\xcc\xdd\xee\xff'
print(b'\xcc\xdd' in bits)  # prints 'True'
```

这里的 in 运算符的作用与其对字符串的作用一样。

此处不再深入地讨论这些具体操作，因为这些行为与元组（对于 bytes 对象）和列表（对于 bytearray 对象）中的行为完全一样。

12.3.4　将字节对象转换为整数

可以使用 int.from_bytes()从字节对象创建一个整数。让我们从定义要转换的字节对象开始，如清单 12-22 所示。

清单 12-22　bytes_to_int.py:1

```
import sys

bits = ❶ (-42).to_bytes(4, byteorder=sys.byteorder, signed=True)
```

与为绑定到整数值的名称调用 to_bytes()的方式相同，这里为用括号括起来的整数字面量调用 to_byte()方法❶。以上代码定义了一个新的字节对象，并将其绑定到名称 bits，该字节对象具有与清单 12-19 中的 bits 相同的值。

为了将值从 bits 转换为整数值，可以使用 int.from _bytes()方法，如清单 12-23 所示。

清单 12-23　bytes_to_int.py:2

```
answer = int.from_bytes(bits, byteorder=sys.byteorder, signed=True)
print(answer)  # prints '-42'
```

将 bits 传递给该方法，指定字节序和使用的字节对象，并通过 signed=True 指示字节对象使用二进制补码来表示负值。当需要将字节对象转换为整数时，你需要知道字节对象不会记住字节序和有符号值。

answer 的值为−42，这是从字节对象中获取到的。

12.4　struct 模块

对 Python 内部工作原理了解得越深入，就越能发现 C 语言的隐秘之处。这在很大程度上是因为 CPython（Python 的主要实现）是用 C 语言编写的。和 C 语言的互操作性仍然是影响 Python 实现方式的一个因素。这方面的一个例子是 struct 模块，其最初是为了允许数据在 Python 和 C 语言结构之间移动而创建的。这很快被证明是一种将值转换为压缩的二进制数据的便利方式，尤其是连续的二进制数据，这些数据在内存中逐一存储。

现代 struct 模块使用字节对象来存储这种二进制数据，从而提供了创建类字节对象的第 6 种方式。和仅限于整数的 int.to_bytes()不同，struct.pack()方法可以使用你请求的任何字节序将浮点数和字符串（字符数组）转换为二进制数据。但是请记住，字符串本身不受字节序的影响。还可以使用 struct.pack()将多个值打包到同一个字节对象中，然后将这些值解包到单独的变量中。

默认情况下，struct 模块能根据系统中的 C 语言编译器所期待的大小调整值，并在必要时进行填充（或截断填充），尽管也可以更改这种对齐行为并使用标准大小。

12.4.1　struct 格式字符串和打包

struct 的字节序、对齐行为和数据类型由格式字符串决定，格式字符串必须被传递给 struct 模块的所有函数，或者传递给 struct.Struct 对象的初始化器，这样可以更高效地复用格式字符串。

通常，格式字符串的第一个字符定义了字节序和对齐行为，如表 12-9 所示。

表 12-9　struct 格式字符串中的字节序标志

标志	行为
@	使用本地字节序并对齐（默认）
=	使用本地字节序但不对齐
<	使用小端字节序，但不对齐
>	使用大端字节序，但不对齐
!	标准网络：使用大端字节序，但不对齐（同 >）

如果省略此初始字符，struct 将使用本地字节序和对齐方式（同使用@开头），并根据需要填充数据以使 C 语言编译器工作。

格式字符串的其余部分表示打包到 struct 中的值的类型和顺序。每种基本 C 语言数据类型都由一个字符对应表示，如表 12-10 所示。

表 12-10 struct 格式字符

字符	C 语言类型	Python 类型	标准长度
?	_Bool（C99）	bool	1
c	char	bytes（1）	1
b	signed char	int	1
B	unsigned char	int	1
h	short	int	2
H	unsigned short	int	2
i	int	int	4
I	unsigned int	int	4
l	long	int	4
L	unsigned long	int	4
q	long long	int	8
Q	unsigned long long	int	8
e	（IEEE 754 标准中的 binary16，即半精度浮点数）	float	2
f	float	float	4
d	double	float	8
s	char[]	bytes	
p	char（Pascal 字符串）	bytes	
x	（填充字节）	实际上为 bytes（1）	

这些类型中的大多数是不言自明的，特别是如果你了解 C（或 C++）语言的话。使用本地对齐时，每种类型的大小将取决于系统；否则，struct 将使用标准长度。

如果想按照顺序打包两个整数值和一个布尔值，并使用大端字节序（和标准长度），则可以使用清单 12-24 所示的格式字符串。

清单 12-24 struct_multiple_values.py:1a

```
import struct

bits = struct.pack('>ii?', 4, 2, True)
print(bits)  # prints '\x00\x00\x00\x04\x00\x00\x00\x02\x01'
```

在此使用 struct.pack()函数，将格式字符串和要按照顺序打包的所有值都传递给该函数，这将创建一个字节对象。

也可以在类型字符串之前追加所需数量的该类型的值。如清单 12-25 所示，用 2i 而不是 ii 指定两个相邻的整数值。结果和之前一样。

清单 12-25 struct_multiple_values.py:1b

```
import struct

bits = struct.pack('>2i?', 4, 2, True)
```

```
print(bits)  # prints '\x00\x00\x00\x04\x00\x00\x00\x02\x01'
```

格式字符'e'指的是 2008 年 IEEE 754 修订版中引入的半精度浮点数。IEEE 754 修订版中定义了所有现代计算机使用的浮点数标准。

填充字节'x'恰好是一个空字节（\x00）。使用'x'手动填充数据，例如，要在两个整数之间填充 3 个空字节，可以使用清单 12-26 所示的代码。

清单 12-26　struct_ints_padded.py:1

```
import struct

bits = struct.pack('>i3xi', -4, -2)
print(bits)  # prints '\xff\xff\xff\xfc\x00\x00\x00\xff\xff\xff\xfe'
```

字符串在 struct 中一般有两种表示方法。通常，必须以空字符终止传统字符串（'s'），这意味着最后一个字符始终为\x00。格式字符前的数字代表字符串的字符长度，'10s' 表示一个有 10 个字符（9 个字符和 1 个空终止符）的字符串。打包字符串"Hi!"，如清单 12-27 所示。

清单 12-27　struct_string.py:1

```
import struct

bits = struct.pack('>4s', b"Hi!")
print(bits)  # prints 'Hi!\x00'
```

你会注意到，这里通过在字符串前加上 b 来将其写为字节字面量。struct.pack()不能直接使用字符串，而是必须在格式指定需要字符串的地方使用字节字面量。（稍后将给出一个示例，这个示例演示了如何将典型的 UTF-8 字符串转换为字节字面量。）

只要知道字符串的大小，并且如果数据只由你自己的代码读取，则没必要在此包含空终止符。但是如果要从 Python 发送数据，则最好养成这种习惯。当 C 语言程序试图处理一个缺少空终止符的字符串时，可能会导致一些非常奇怪的行为。

也可以使用 Pascal 字符串（'p'）。它以单字节形式的整数开头，这个整数表示字符串的大小，如清单 12-28 所示。Pascal 字符串不需要空终止符，因为其大小明确存储在第一个字节中。但是它同时也将字符串的最大长度限定在了 255 个字节以内[①]。

清单 12-28　struct_string.py:2

```
bits = struct.pack('>4p', b"Hi!")
print(bits)  # prints '\x03Hi!'
```

另一个需要注意的地方是，可能需要将 struct 填充到以字（系统中的最小可寻址内存块）为单位。这在打包数据交给 C 语言处理时特别重要。

例如，一个由两个长整型数字和一个短整型数字组成的 C 语言的 struct 长度为 24 个字节，但是格式字符串 '@llh' 仅生成 18 字节的二进制块。要解决此问题，请在格式字符串后附加一个 0 以及 struct 中最大的类型。在本例中，该格式字符串将是 '@llh0l'：

```
struct.calcsize('@llh')    # prints '18' (wrong)
struct.calcsize('@llh0l')  # prints '24' (correct, what C expects)
```

① 译者注：因为一个字节所能表达的最大整数是 255。

以这种方式填充永远不会有任何危险。如果不需要，长度将不受影响。这仅在使用本地字节序和对齐方式（@）时适用，这是和 C 语言交换数据所必需的。如果手动指定字节序或使用网络标准（无对齐），则无关紧要，并且不会影响最终效果。

表 12-10 省略了 3 种类型：ssize_t (n)、size_t (N) 和 void* (P)。这些类型仅在你使用本地字节序和对齐方式（@）时可用。除非在 C 语言和 Python 之间移动数据，否则不需要使用这些类型。如果需要进一步了解这些类型，请参阅 Python 官方文档的“struct——将字节串解读为打包的二进制数据”部分[①]。

12.4.2 用 struct 解包

要将 struct 中的数据解包回 Python 值，就必须首先确定二进制数据的适当格式字符串。

考虑使用本地字节序和对齐方式将整数打包为字节对象，如清单 12-29 所示。

清单 12-29 struct_int.py:1

```
import struct

answer = -360
bits = struct.pack('i', answer)
```

只要知道 bits 使用本地字节序并包含某个整数，就可以使用 struct.unpack()解包该整数，如清单 12-30 所示。

清单 12-30 struct_int.py:2

```
new_answer, = struct.unpack('i', bits)
print(new_answer)  # prints '-360'
```

请注意，以上代码在赋值语句中的 new_answer()之后添加了一个尾随逗号。struct.unpack()函数总是返回一个元组，必须先对其进行解包。由于该元组只包含一个值，因此尾随的逗号要求强制进行解包；否则，new_answer 将被绑定到元组本身。

再举一个例子，从清单 12-26 所示的类字节对象中解包两个整数，如清单 12-31 所示。

清单 12-31 struct_ints_padded.py:2

```
first, second = struct.unpack('>i3xi', bits)
print(first, second)  # prints '-4 -2'
```

3 个填充字节（'3x'）将被丢弃，两个整数则被解包到名称 first 和 second。

使用 struct 时，绝对有必要先了解用来打包 struct 的格式字符串。观察如果以不同的方式更改格式字符串会发生什么，如清单 12-32 所示。

清单 12-32 struct_ints_padded.py:3

```
wrong = struct.unpack('<i3xi', bits)        # wrong byte order
print(*wrong)                               # prints '-50331649 -16777217'
```

① 译者注：如果想同时兼容 Python 的开发体验和 C 语言的通用效能，可以考虑使用 Cython，这是一个针对 C 语言项目进行自由相互操作的特殊 Python 发行版，其内置了所有和 C 语言项目进行交互所需的支持。使用 Cython 编写的代码是普通的 Python 代码，但是它们可以自动编译为正确的 .so 文件以供 C 语言系统安全调用。

```
wrong = struct.unpack('>f3xf', bits)       # wrong types
print(*wrong)                              # prints 'nan nan'

wrong = struct.unpack('>hh3xhh', bits)     # wrong integer type
print(*wrong)                              # prints '-1 -4 -1 -2'

wrong = struct.unpack('>q3xq', bits)       # data sizes too large
print(*wrong)                              # throws struct.error
```

以上代码中除了最后一个示例之外的其他所有示例似乎都生效了，但是解包出来的值却是错误的。道理很简单：了解你的布局，这样才可以使用正确的格式字符串。

12.4.3 struct 对象

如果需要重复使用相同的格式字符串，最有效的方法是初始化一个 struct.Struct 对象，该对象能提供类似于 struct()函数的方法。例如，假设想要重复地将两个整数和一个浮点数打包为字节对象，为此可以创建一个 Struct 对象，如清单 12-33 所示。

清单 12-33　struct_object.py:1

```
import struct

packer = struct.Struct('iif')
```

以上代码创建了一个格式字符串为 'iif' 的 Struct 对象，然后将其绑定到名称 packer。这个 Struct 对象会记住此格式字符串并将其用于对象上的任何 pack()或 unpack()调用。

接下来编写一个生成器，用它生成一些奇怪的数字并打包成类字节对象，如清单 12-34 所示。

清单 12-34　struct_object.py:2

```
def number_grinder(n):
    for right in range(1, 100):
        left = right % n
        result = left / right
        yield packer.pack(left, right, result)
```

在这个例子中，对 1～99 的整数进行迭代并将它们依次作为除法运算符的右操作数，然后将 right 的值的模作为左操作数，并将任意数字作为参数 n 传递给函数 number_grinder()。最后执行 left 和 right 的除法运算，并将结果绑定到 result。

将 left、right 和 result 传递给 packer.pack()。packer 对象使用之前传递给其初始化器的格式字符串。

从生成器中检索打包的 struct 数据，并使用 packer 对象再次解包数据，如清单 12-35 所示。

清单 12-35　struct_object.py:3

```
for bits in number_grinder(5):
    print(*packer.unpack(bits))
```

运行代码，你将看到被打包到生成器生成的字节对象中的 left、right 和 result 值。在现实世界中，可以对这些二进制数据执行一些有用的操作，比如将它们存储到一个文件中，而不仅仅是再次解包。

12.5 类字节对象的位运算

类字节对象主要包含 bytes 对象和 bytearray 对象，它们都不直接支持位运算符。这可能看起来很烦人，但是如果考虑到类字节对象并不知道自己的字节序，这还是有些道理的。如果在 big-endian 和 little-endian 之间执行位运算，则无法确定结果的字节序。如果要说 Python 开发者讨厌一件事儿，那肯定是不明确的行为[①]。

可以对类字节对象执行位运算，但是必须使用以下两种解决方法之一：通过整数进行位运算，或者通过迭代进行位运算。

12.5.1 通过整数进行位运算

可以先将类字节对象转换为整数，这样就解决了不知道字节序的问题。Python 中的整数在技术上是无限的，因此可以利用这种方法来处理不同长度的二进制数据。

下面编写一个函数来处理两个类字节对象之间的位运算，如清单 12-36 所示。

清单 12-36 bitwise_via_int.py:1

```
def bitwise_and(left, right, *, byteorder):
    size = max(len(left), len(right))
```

bitwise_and()函数接收 3 个参数：作为位运算的操作数的两个类字节对象（left 和 right），以及 byteorder。参数列表中的星号（*）强制其后的所有参数（即 byteorder）只能使用关键字参数。这里没有给 byteorder 提供默认参数，原因与字节对象没有位运算符的原因相同。如果用户无法显式地提供此参数，该函数应该失败，而不是生成垃圾输出。

要在最后一步将结果转换回字节对象，就必须知道结果的大小（应该是传递过来的最大字节对象的长度），这样如果最后一步是另一个位运算的话，就不会砍掉前导零、尾随零或实际数据了。

因为字节对象是一个序列，所以为它实现了__len__()特殊方法。计算作为操作数的两个字节对象的最大长度，并用作输出的长度。要在清单 12-36 中启动的下一个函数如清单 12-37 所示。

清单 12-37 bitwise_via_int.py:2

```
    left = int.from_bytes(left, byteorder=byteorder)
    right = int.from_bytes(right, byteorder=byteorder)
```

以上代码使用 from_bytes()将 left 和 right 两个类字节对象转换为整数，并采用传递过来的字节序。同时在编写代码时，必须假设清单 12-36 中的参数是可变的，以免 bitwise_and()产生副作用。

请注意，这里没有使用 signed=True！这对于位运算产生正确结果至关重要。否则，bitwise_and()函数会将最高有效位为 1 的任何类字节对象解释为负整数。这将导致整数的有效端被无限个 1 填充。在此函数中，0xCCCCCC 和 0xAAAA 的有效结果将是 0xCC8888，而不是正确值 0x008888。

① 译者注：其实任何开发者都痛恨这种行为，尤其是在 Rust 之类的把安全性作为核心目标的语言中，任何不确定性都将被编译器拒绝。

有了这些参数的整数形式后，就可以对它们使用普通的位运算符了。清单 12-38 所示为 bitwise_and()函数的最后一部分。

清单 12-38　bitwise_via_int.py:3

```
    result = left & right
    return result.to_bytes(size, byteorder, signed=True)
```

将位运算的结果绑定到 result，然后将结果转换为字节对象，并使用之前确定的长度、传递给函数的字节序，以及 signed=True 来处理任何可能的负整数转换。最后返回生成的类字节对象。

使用 bitwise_and()函数对任意两个类字节对象执行位运算，如清单 12-39 所示。

清单 12-39　bitwise_via_int.py:4

```
bits = b'\xcc\xcc\xcc'    # 0b110011001100110011001100
bitfilter = b'\xaa\xaa'   # 0b1010101010101010

result = bitwise_and(bits, bitfilter, byteorder='big')
print(result)             # prints "b'\x00\x88\x88'"
```

结果完全正确！不管传递给函数的是什么类字节对象，函数总能按预期工作。

12.5.2　通过迭代进行位运算

通过整数进行位运算是最灵活的，但使用这种方法处理大量数据又可能不切实际，因为必须复制两个字节对象的内容。这种方法的空间复杂度为 $O(n)$，效率较低。另一种方法是采用迭代的方法，而不是使用整数作为中间对象。有趣的是，这两种方法的时间复杂度几乎相同。事实上，迭代方法还要稍微慢一点！不过，这种方法的优势在于空间复杂度较小，可以避免在处理大量数据时过度消耗内存。

当需要对大量二进制数据执行位运算时，最好利用类字节对象的可迭代性。下面编写另一个函数来对两个类字节对象进行位运算，这次通过迭代来进行，如清单 12-40 所示。

清单 12-40　bitwise_via_iter.py:1a

```
def bitwise_and(left, right):
    return bytes(l & r for l, r in zip(left, right))
```

在 bitwise_and()函数中，使用一个生成器表达式来创建一个新的字节对象，并最终返回这个字节对象。迭代类字节对象会产生和每个字节对象相等的正整数值。zip()函数允许同时迭代 left 和 right 字节对象，然后对每次迭代生成的一对整数进行按位与（&）运算。

这个函数的使用方式和整数版本的大致相同，但使用的是操作数的隐式字节序。现在不需要再为字节序操心了。（如前所述，你有责任确保字节序相同！）

使用清单 12-40 中的函数，如清单 12-41 所示。

清单 12-41　bitwise_via_iter.py:2

```
bits = b'\xcc\xcc\xcc'    # 0b110011001100110011001100
bitfilter = b'\xaa\xaa'   # 0b1010101010101010

result = bitwise_and(bits, bitfilter)
print(result)             # prints "b'\x88\x88'"
```

这种方法有一个明显的局限：只有在操作数的长度相同时，才能可靠地执行位运算，否则结果将和最短的操作数一样长。

当然，也可以使用不同大小的操作数，但是必须知道字节序，唯有如此才能知道要填充哪一侧。

清单 12-42 所示为清单 12-40 中迭代版 bitwise_and()函数的扩展形式，该函数现在可以处理不同大小的类字节对象。

清单 12-42 bitwise_via_iter.py:1b

```
import itertools


def bitwise_and(left, right, *, byteorder):
    pad_left = itertools.repeat(0, max(len(right) - len(left), 0))
    pad_right = itertools.repeat(0, max(len(left) - len(right), 0))

    if byteorder == 'big':
        left_iter = itertools.chain(pad_left, left)
        right_iter = itertools.chain(pad_right, right)
    elif byteorder == 'little':
        left_iter = itertools.chain(left, pad_left)
        right_iter = itertools.chain(right, pad_right)
    else:
        raise ValueError("byteorder must be either 'little' or 'big'")

    return bytes(l & r for l, r in zip(left_iter, right_iter))
```

以上代码首先创建了 pad_left 和 pad_right，它们分别是在左操作数和右操作数上填充的可迭代对象。这些对象都使用 itertools.repeat()在每次迭代中产生零值，直至达到特定的迭代次数。该限制是根据另一个操作数比正在填充的操作数多了多少字节来计算的。如果此操作数是两者中较大的那个，则限制为零。

接下来，创建两个可迭代对象，用于将位运算每一侧的填充和操作数组合起来。字节序决定了填充和操作数迭代对象的组合顺序，因为填充必须应用于较高值的一端。

如果将'big'或'little'以外的任何内容传递给参数 byteorder，将引发 ValueError。（此处触发的异常及其消息，与 int.from_bytes()使用无意义 byteorder 参数时触发的异常及其消息相同。）

最后，对于将产生相同字节数的 left_iter 和 right_iter 迭代器，像以前一样，在生成器表达式中按位执行迭代。

这个版本的 bitwise_and()函数的用法及返回的值，与整数版本的相同，如清单 12-43 所示。

清单 12-43 bitwise_via_iter.py:2b

```
bits = b'\xcc\xcc\xcc'    # 0b110011001100110011001100
bitfilter = b'\xaa\xaa'   # 0b1010101010101010

result = bitwise_and(bits, bitfilter, byteorder='big')
print(result)             # prints "b'\x00\x88\x88'"
```

重申一遍，迭代方法的优势在于针对空间复杂度进行了优化。就时间复杂度而言，这比之前的基于整数的方法要慢，因此应该用于处理特别大量的类字节对象。否则，应坚持使用 int.from_bytes()和 int.to_bytes()对类字节对象进行位运算。

12.6 memoryview

对字节对象进行切片时，还会创建被切片数据的副本。通常，这没什么负面影响，尤其当无论如何都要分配数据时。但是当处理特别大（尤其是重复使用）的切片时，所有这些复制行为都将导致严重的性能下降。

memoryview 类通过访问实现缓冲区协议的任何对象的原始内存数据来帮助缓解这种情况。缓冲区协议是一组方法，提供和管理对底层内存数组的访问。类字节对象符合此条件，我们经常将 memoryview 与 bytes 对象和 bytearray 对象一起使用。除了面向二进制的对象，你不会经常在任何类型中遇到缓冲区协议，尽管 array.array 是一个明显的例外。（事实上，缓冲区协议是在 C 语言层级上定义和实现的，而不是在 Python 中定义和实现的，因此想在自定义类中实现绝对不是一件容易的事情。）

由于 memoryview 旨在提供对内存的非常底层的访问，因此其中包含很多特别高级的方法和概念，这里不再赘述。下面介绍 memoryview 最基本的用法：通过就地读取而不是通过复制切片数据来进一步切片或访问类字节对象的一部分。虽然只有在处理特别大的缓冲区时才需要这样做，但是为了简洁起见，这里将使用一个小的字节对象来进行演示。

在此示例中，我想使用切片来确认一些二进制数据是否符合特定格式，比如每 3 个字节后出现两个 0xFF 字节。而实际上，我想从每 5 个字节中切出第 4 和第 5 个字节，因为每组 5 个中的前 3 个可以是任何东西。

让我们先从没有使用 memoryview 的版本开始，如清单 12-44 所示。

清单 12-44　slicing_with_memoryview.py:1a

```
def verify(bits):
    for i in range(3, len(bits), 5):
        if bits[i:i+2] != b'\xff\xff':
            return False
    return True
```

以上代码通过 for 循环基于第 4 个字节（这一对中的第一个）进行迭代。一旦到达 bits 的末尾，就说明已经处理了所有内容。（如果只切出最后一个字节，则代码应该运行良好并返回 False。）

在循环的每次迭代中，用 bits[i:i+2] 对所关心的两个字节进行切片，并将其与正在检查的 b'\xff\xff' 进行比较。如果不匹配，就立即返回 False。但是，如果代码在该条件未失败的情况下完成循环，则返回 True。

使用清单 12-44 中的函数，如清单 12-45 所示。

清单 12-45　slicing_with_memoryview.py:2

```
good = b'\x11\x22\x33\xff\xff\x44\x55\x66\xff\xff\x77\x88'
print(verify(good)) # prints 'True'
```

```
nope = b'\x11\x22\x33\xff\x44\x55\x66\x77\xff\x88\x99\xAA'
print(verify(nope)) # prints 'False'
```

以上代码在大多数情况下非常好用。切片时，先复制了两个字节。但是，如果切片的长度大约为 2000 字节，并且制作了数百个切片，则可能会遇到严重的性能问题。

这正是 memoryview 派上用场的地方。更新示例，修改为使用 memoryview，如清单 12-46 所示。

清单 12-46 slicing_with_memoryview.py:1b

```
def verify(bits):
    is_good = True
    view = memoryview(bits)
    for i in range(3, len(view), 5):
        if view[i:i+2] != b'\xff\xff':
            is_good = False
            break
    view.release()
    return is_good
```

以上代码在功能上和前一个版本相同，只是这次创建了一个 memoryview 对象，将其绑定到 view，以便直接访问 bits 的底层内存。

可以像使用 bytes 对象一样使用 memoryview，两者的唯一区别在于，在 memoryview 上切片只是原地查看数据，而不是创建数据的副本。

通过调用 memoryview 对象的 release()方法，在完成 memoryview 后立即释放是至关重要的。支持缓冲区协议的对象知道自身何时被 memoryview 监视，并且将以各种方式改变原有行为以防止内存错误。例如，一个 bytearray 对象只要有 memoryview 就不会再调整大小。调用 release()方法总是安全的，最坏的情况是什么都不做。一旦释放了一个 memoryview 对象，就不能再使用这一对象了，继续尝试操作会引发 ValueError。

上面的代码仍然不够 Pythonic，因为必须为 is_good 赋值，并在函数结束时返回 is_good。

记住，当完成某件事情时，必须关闭对象。当然，这意味着 memoryview 也是一个上下文管理器，可以用在 with 语句中。没错，这个思路行得通！结合此技术可以使 verify()函数更加简洁和 Pythonic，如清单 12-47 所示。

清单 12-47 slicing_with_memoryview.py:1c

```
def verify(bits):
    with memoryview(bits) as view:
        for i in range(3, len(view), 5):
            if view[i:i+2] != b'\xff\xff':
                return False
    return True
```

以上代码的行为仍然和前两个版本一致，但是读起来更加清晰，并且不会复制切出来的数据。用法和结果也和清单 12-45 相同。

12.7 读写二进制文件

正如可以使用流将字符串写入文件一样，也可以使用流将二进制数据写入文件。稍后你将

12

看到，二进制文件格式相比基于文本的文件格式有一些优势，如更小的文件和更快的处理速度。这些技术和第 11 章介绍的技术几乎相同，只有一个关键区别：流必须以二进制模式而不是默认的文本模式打开。这将返回一个 BufferedReader、BufferedWriter 或 BufferedRandom 对象，具体取决于打开的模式（请参阅表 11-1）。

有很多以二进制形式存储数据的现有文件格式，稍后将介绍这些格式，但是对于当前示例，你可以使用 struct 创建自己的格式。当需要以特定方式存储非常具体的数据时，可能需要这么做。设计自己的二进制文件格式可能需要进行大量的思考并制定计划，但是如果做得好，自定义文件格式将非常完美地契合你的数据。正如你将看到的，由于 struct 的格式字符串，struct 特别适合这种场景。

12.7.1　数据组织

本节将创建一个基本的类结构来跟踪个人书架，并最终实现将书架数据写入二进制流（包括二进制文件），以及从二进制流创建书架。

将代码分解为 3 个文件：book.py、bookshelf.py 和__main__.py。它们都在同一个包（目录）中。该包还需要包含一个__init__.py 文件，此文件在本例中内容为空。将所有这些文件安置在目录 rw_binary_example 中，此时该目录就变成一个包。清单 12-48 所示为示例文件的结构。

清单 12-48　rw_binary_example/package 的文件结构

```
rw_binary_example/
├── book.py
├── bookshelf.py
├── __init__.py
├── __main__.py
```

1. Book 类

代码中的基本数据单元是一本书。构造一个自己的类，如清单 12-49 所示。

清单 12-49　book.py:1

```
import struct


class Book:

    packer = ❶ struct.Struct(">64sx64sx2h")

    def __init__(self, title="", author="", pages=0, pages_read=0):
        self.title = title
        self.author = author
        self.pages = pages
        self.pages_read = pages_read

    def update_progress(self, pages_read):
        self.pages_read = min(pages_read, self.pages)
```

以上大部分代码看起来让人觉得很熟悉。每一本书都有书名（title）、作者（author）、页数（pages），以及用来跟踪已读页数（pages_read）的实例属性。这里还提供了一个 update_progress() 方法来更新用户到目前为止已读的页数。

注意定义类属性 packer 的那一行代码。将这个名称绑定到一个 Struct 对象，为格式字符串中的对象定义二进制格式❶。这里使用 Struct 对象而不是直接使用 struct 模块的 pack()函数。这样做有两个原因：一是所使用的二进制格式能有一个规范的来源；二是格式字符串将被预编译到 Python 字节码对象中，从而能够更加高效地复用。

之所以使用大端字节序，不仅因为我对大端字节序比较熟悉，还因为如果想通过互联网发送这些数据，就能复用这一字节（尽管在此并没有这么做）。如果必须做出有点武断的决定，比如选择字节序，那不如最大化可以对数据进行的操作！

我还将对字符串的大小设置限制。我需要一种可以预测的格式，以便读取二进制数据，而处理大小不同的数据可能非常困难。将字符串的大小限制设置为 64 个字节，这应该足以应对大多数书名和作者的编码。在格式字符串中使用 64s 来表示书名和作者的结构字段，并在每个字段后跟一个填充字节（x），这将保证这些字段始终可以解释为 C 语言风格的空终止字符串，即便使用了所有 64 个字符。如果数据需要用另一种编程语言的代码来解释，这可以减少一个潜在的错误。

以上代码还指定了两个 2 字节（短）整数（2h），用于存储一本书的页数和已读页数。2 字节对它们来说应该足够了，因为让一本书超过 32 767 页是相当荒谬的。（也可以让这个数字无符号，但是真的不需要更大的值。也许在代码的更高版本中可以找到负值的巧妙用法。）如果尝试打包太大的值并放入结构字段中，将引发 struct.error。

有了类及其格式字符串，就可以编写一个实例方法，将清单 12-49 中定义的 Book 类的图书数据转换为二进制数据，如清单 12-50 所示。

清单 12-50 book.py:2

```
def serialize(self):
    return self.packer.pack(
        self.title.encode(),
        self.author.encode(),
        self.pages,
        self.pages_read
    )
```

为了使用之前的预编译格式字符串，调用 self.packer 实例属性的 pack()方法，而不是使用 struct.pack()。只需要将正在打包的数据传递到二进制文件中即可。

必须为每个字符串调用 encode()方法，以将其从 UTF-8 编码转换为字节字面量组成的字符串。也可以使用 self.title.encode(encoding='utf-8') 来明确指定编码。如果使用的是默认 UTF-8 编码以外的其他编码，也必须明确地加以指定。

整数值 self.pages 和 self.pages_read 都可以按原样传递。

self.packer.pack()方法返回一个字节对象，这个字节对象可以用实例方法 serialize()来返回。

2. Bookshelf 类

将 Book 对象的集合存储在 Bookshelf 中，Bookshelf 只不过是对列表的简单封装，如清单 12-51 所示。

清单 12-51　bookshelf.py:1

```
import struct
from .book import Book

class Bookshelf:
    fileinfo = ❶ struct.Struct('>h')
    version = 1

    def __init__(self, *books):
        self.shelf = [*books]

    def __iter__(self):
        return iter(self.shelf)

    def add_books(self, *books):
        self.shelf.extend(books)
```

由于要从位于相同包的 book 模块中导入 Book 类，因此使用相对路径导入。

用 Bookshelf 类初始化列表 self.shelf，该列表用来存储作为参数传递给初始化器的所有 Book 对象。用户可以使用 add_books()方法将更多图书添加到书架上。

这里允许通过从__iter__()返回列表的迭代器直接对图书进行迭代，不需要重新“造轮子”。

还可以添加一些其他功能，例如删除或查找指定的图书。为了让这个程序保持简单，这里专注于将数据转换为二进制形式。

这个示例最重要的是创建并绑定到 fileinfo 的 Struct 对象，其用来存储文件格式❶。除此之外，还有一个用来跟踪文件格式版本号的 version 类属性。这样如果以后要更改 .shlf 文件格式，就可以通过这一属性告诉未来的代码如何读取旧文件和新文件。

清单 12-52 定义一个将此数据写入二进制流的方法。第 11 章提到过，文件是作为流打开的。可以应用这些相同的技术将数据发送到另一个进程或通过网络发送到另一台计算机。

清单 12-52　bookshelf.py:2

```
    def write_to_stream(self, stream):
        stream.write(self.fileinfo.pack(self.version))
        for book in self.shelf:
            stream.write(book.serialize())
```

write_to_stream()方法接收一个流对象作为参数。先将 .shlf 文件的格式版本写入二进制流。代码稍后可以检查第一个值并确保正在读取的 .shlf 文件遵循预期的格式。

接下来遍历 self.shelf 列表中的 Book 对象，对每本书调用 serialize()方法，并使用 stream.write()将返回的字节对象写入流。由于流自动将其位置移动到写入的二进制文件中的最后一个数据的末尾，因此任何时候都不需要调用 stream.seek()。

12.7.2 文件写入

现在可以使用 Book 和 Bookshelf 类来存储一些数据了，如清单 12-53 所示。

清单 12-53 __main__.py:1

```
from .bookshelf import Bookshelf
from .book import Book


def write_demo_file():
    # Write to file

    cheuk_ting_bookshelf = Bookshelf(
        Book("Automate the Boring Stuff with Python", "Al Sweigart", 592, 592),
        Book("Doing Math with Python", "Amit Saha", 264, 100),
        Book("Black Hat Python", "Justin Seitz", 192, 0),
        Book("Serious Python", "Julien Danjou", 240, 200),
        Book("Real-World Python", "Lee Vaughan", 370, 370),
    )
```

以上代码首先导入Book和Bookshelf类。然后在write_demo_file()函数中创建新的Bookshelf对象 cheuk_ting _bookshelf，并用一些数据完成填充。

接下来在 write_demo_file()函数中追加代码，以二进制写入模式打开文件，如清单 12-54 所示。

清单 12-54 __main__.py:2

```
    with open('mybookshelf.shlf', 'bw') as file:
        cheuk_ting_bookshelf.write_to_stream(file)
```

第 11 章提到过，在 open()的模式字符串中包含 b 意味着以二进制模式而非默认的文本模式打开流。为了输出到文件，并确保如果文件已经存在就覆盖原有内容，这里又使用了 w 模式。

为了帮助你更好地理解这个示例，为 read_demo_file()函数创建一个桩函数（即没有实际行为的占位函数），稍后再填充功能，如清单 12-55 所示。

清单 12-55 __main__.py:3a

```
def read_demo_file():
    """TODO: Write me."""
```

文件打开后，将其传递给 cheuk_ting_bookshelf 对象的 write_to_stream()方法。

在__main__.py 的底部，必须添加用来执行 main()函数的常用样板文件，如清单 12-56 所示。

清单 12-56 __main__.py:4a

```
if __name__ == "__main__":
    write_demo_file()
```

通过命令 python3 -m rw_binary_example 运行包后，当前工作目录中多了一个名为 mybookshelf.shlf 的新文件。如果使用能显示二进制文件的文本编辑器（如 Visual Studio Code）打开该文件，则可以看到图书的书名和作者显示在一堆奇怪的符号中。

12

至此，我们创建了一个二进制文件，其中包含二进制形式的图书数据。

12.7.3　从二进制文件读取

前面创建的 .shlf 文件只是一堆二进制数据，没有关于如何读取的信息。为了让 .shlf 格式有用，必须拓展程序，以便从 .shlf 文件中读取数据，将二进制数据转换为字符串和整数。

在 Book 类中再次追加一个方法，它可以根据从 .shlf 文件中读取的二进制数据创建新对象，如清单 12-57 所示。

清单 12-57　book.py:3

```
    @classmethod
    def deserialize(cls, bits):
        title, author, pages, pages_read = cls.packer.unpack(bits)
        title = title.decode()
        author = author.decode()
```

将这个方法作为类方法而不是实例方法创建，以防止产生不良的副作用，比如新创建的 Book 对象覆盖原有的 Book 对象。该方法接收一个字节对象，使用 Book.packer 类属性（见清单 12-49）将二进制数据解包为 4 个名称。

使用 decode()将字符串从字节对象转换为 UTF-8 格式。和以前一样，如果要解码成 UTF-8 以外的任何格式，就需要通过 decode()的 encoding 参数指定对应的编码。

unpack()方法自动将整数值转换为 int 类型。最后，在同一个 deserialize()类方法中，根据解包的值创建并返回一个新的 Book 对象，如清单 12-58 所示。

清单 12-58　book.py:4

```
        return cls(title, author, pages, pages_read)
```

稍后将在 Bookshelf 类中应用这个新的类方法。

接下来追加一个 from_stream()类方法，从二进制流创建一个新的 Bookshelf 对象，如清单 12-59 所示。

清单 12-59　bookshelf.py:3

```
    @classmethod
    def from_stream(cls, stream):
        size = cls.fileinfo.size
        version, = cls.fileinfo.unpack(stream.read(size))
        if version != 1:
            raise ValueError(f"Cannot open .shlf v{version}; expect v1.")
```

from_stream()类方法接收一个流对象作为参数。

在进行任何处理之前，都需要检查 .shlf 文件的格式版本，以防止将来某些用户尝试使用此包打开（目前理论上的）版本 2 文件。为此，首先确定要从存储版本数据的文件开头读取多少字节。像 cls.fileinfo 这样的 struct 对象（见清单 12-51）有一个 size 属性，它能返回一个整数，以表示打包到该结构中的数据所需的确切字节数。

使用 stream.read(size)从二进制流中读取字节数 size，并将返回的字节数传递给 cls.fileinfo.unpack()。它将返回一个值元组，但是由于在这种情况下该元组只有一个值，因此必须小心地将这个值解包为 version 变量，而不是将元组本身绑定到名称 version。

在继续之前，先检查返回的文件格式版本，如果此代码的格式版本错误，则引发 ValueError。此代码的未来扩展版本可能允许你根据正在读取的文件的格式版本，切换要在 book 模块中使用的 Struct 对象。

现在准备读取每本书的数据，如清单 12-60 所示。

清单 12-60 bookshelf.py:4

```
        size = Book.packer.size
        shelf = Bookshelf()
```

获取 Book 类所使用的 Struct 对象的长度（以字节为单位），并将其按此长度存储。实例化一个新的 Bookshelf 对象，将其绑定到 shelf。接下来准备读取二进制流中的其余数据，如清单 12-61 所示。

清单 12-61 bookshelf.py:5

```
        while bits := stream.read(size):
            shelf.add_books(Book.deserialize(bits))

        return shelf
```

在循环体的头部，使用 stream.read(size)从二进制流中读取下一段数据，然后将其绑定到名称 bits。由于使用海象运算符进行赋值，因此可以在循环体的头部检查 bits 的值。然后隐式地检查 bits 的字节字面量是否为空，当 bits 实际上为空时，其值为 False，或在条件中隐式地评估为 False，这表明已经到达流数据的尽头。bits 的其他任何值，甚至是 b'\x00'，都会导致此表达式的计算结果为 True。

12

在循环代码块中，使用 Book.deserialize()类方法和以位为单位的二进制数据创建一个新的 Book 对象，然后将该 Book 对象追加到被绑定到 shelf 的 Bookshelf 对象中。

最后，循环完成后，返回 shelf。

由于 Bookshelf 和 Book 对象的创建方式，读取.shlf 文件的代码非常优雅。下面在__main__.py 模块中编写 read_demo_file()函数。

假设 Laís 从朋友 Cheuk Ting 那里收到了包含一些图书推荐的.shlf 文件，她需要打开该文件。清单 12-62 所示为允许她使用 Bookshelf 类执行此操作的代码。

清单 12-62 __main__.py:3b

```
def read_demo_file():
    with open('mybookshelf.shlf', 'br') as file:
        lais_bookshelf = Bookshelf.from_stream(file)

    for book in lais_bookshelf:
        print(book.title)
```

以二进制读取模式(br)打开 mybookshelf.shlf 文件。先将文件流对象传递给 Bookshelf.from_stream()，然后将生成的 Bookshelf 对象绑定到 lais_bookshelf。

最后，为了验证一切正常，遍历 lais_bookshelf 中的每一本书并输出书名。

调用 read_demo_file()，如清单 12-63 所示。

清单 12-63 __main__.py:4b

```
if __name__ == "__main__":
    write_demo_file()
    read_demo_file()
```

运行后将输出以下内容：

```
Automate the Boring Stuff with Python
Doing Math with Python
Black Hat Python
Serious Python
Real-World Python
```

现在 Laís 书架上的书和 Cheuk Ting 书架上的书一模一样了！

12.7.4 从二进制流中查找

使用流时，如果只想读取或修改流的一部分，而不是遍历或处理整个流，则可以更改流位置。回想一下第 11 章的内容，可以使用 tell()和 seek()方法处理文本流中的流位置。你可以对二进制流对象（即 BufferedReadcr、BufferedWriter 和 BufferedRandom）使用这些相同的方法。

seek()方法接收两个参数。第一个参数是偏移量（offset），也就是要在流中移动的字节数。偏移量的值为正表示向前移动，为负表示向后移动。第二个参数是偏移的起始位置（whence）。

对于文本流，偏移量必须为零。二进制流并不存在这种限制！

对于二进制流，起始位置有 3 种可能的值：0 表示开始，1 表示当前位置，2 表示结束。如果想从流的末尾开始寻找 6 个字节，则可以使用清单 12-64 所示的代码。

清单 12-64 seek_binary_stream.py:1

```
from pathlib import Path
Path('binarybits.dat').write_bytes(b'ABCDEFGHIJKLMNOPQRSTUVWXYZ')


with open('binarybits.dat', 'br') as file:
    file.seek(-6, 2)
```

将起始位置设置为 2 意味着要从流的末尾开始寻找，–6 的偏移量则表示要从末尾向后移动 6 个字节。

同样，如果想从当前流位置向前移动两个字节，则可以使用清单 12-65 所示的代码。

清单 12-65 seek_binary_stream.py:2

```
    file.seek(2, 1)
```

whence 参数的值为 1，表示从当前位置开始查找，偏移量为 2 表示从当前位置向前移动两个字节。

使用 seek()时需要注意：仅在从文件开头开始时使用正偏移量（默认为 0），否则将引发 OSError。同样，当使用负偏移量且起始位置为 1 时，注意不要倒回文件的开头。

从文件末尾开始时始终使用负偏移量（起始位置为 2）。正偏移量不会引发错误，但是寻找缓冲区末尾是毫无意义的。如果定位到文件末尾并从该位置向缓冲区写入数据，这些数据会消失，而不会被写入流。如果想将数据追加到一个流的末尾，请使用 file.seek(0,2)定位到文件的末尾。

12.7.5 BufferedRWPair

另一种二进制流是 BufferedRWPair，它接收两个流对象：一个用于读取，另一个用于写入。（而且必须是不同的流对象！）

BufferedRWPair 的主要用途是与套接字或双向管道配合使用。一个进程可以通过两个独立的缓冲区和系统中的另一个进程通信：一个缓冲区用于接收数据，另一个缓冲区用于发送数据。

BufferedRWPair 的另一个用途是简化从一个来源读取数据（可能对其进行处理），然后将结果发送到其他地方的过程。例如，可以使用这种二进制流从设备的串行端口读取数据并将其直接写入文件。

BufferedRWPair 的用法和其他任何字节流大致相同，不同之处在于前者通过传递两个流来显式初始化：一个流用于读取，另一个流用于写入。

举个简单的例子，首先使用正常方式创建一个包含一些数据的二进制文件，如清单 12-66 所示。

清单 12-66 creating_bufferedrwpair.py:1

```
from pathlib import Path
Path('readfrom.dat').write_bytes(b'\xaa\xbb\xcc')
```

以上代码仅创建文件 readfrom.dat。

然后通过传递要读取的流和准备写入的流来创建 BufferedRWPair。可以使用 Path 对象的 open()方法来创建流，如清单 12-67 所示。

清单 12-67 creating_bufferedrwpair.py:2

```
from io import BufferedRWPair
with BufferedRWPair(Path('readfrom.dat').open('rb'), Path('writeto.dat').open('wb')) as buffer:
    data = buffer.read()
    print(data)  # prints "b'\xaa\xbb\xcc'"
    buffer.write(data)
```

为了验证这是否有效，直接以读取模式打开 writeto.dat 以查看其中的内容，如清单 12-68 所示。

清单 12-68 creating_bufferedrwpair.py:3

```
Path('writeto.dat').read_bytes()  # prints "b'\xaa\xbb\xcc'"
```

BufferedRWPair 在高级情况下有很多用途，这里不再展开讲解。

12.8 序列化技术

如第 11 章所述，序列化是将数据转换为可以存储的格式的过程。这些数据可以写入文件、通过网络传输，甚至可以在进程之间共享。逆向操作是反序列化，旨在将序列化数据转换为其原始形式，或者至少接近其原始形式。

前面介绍了一些用于序列化的格式，如 JSON 和 CSV。所有这些格式都是基于文本的，旨在供人类阅读，这使得它们非常适用于用户可以手动修改的文件。人类可读的格式也是面向未来的，这意味着如果当前使用的技术或格式规范不再存在，反序列化的过程可以被逆向工程。（而且这种情况出现的频率远比你想象的高！）

使用人类可读的、基于文本的序列化格式而不是二进制序列化格式有一些缺点。首先就是长度：将非字符串数据表示为字符串实际上总是比使用其原始二进制形式占用更多的内存。其次，和二进制格式相比，基于文本的格式反序列化的速度通常也比较慢。这是二进制格式更适合虚拟机设计模式的原因之一，其中不同的字节对应不同的行为。大多数解释性语言（包括 Python）在内部使用了某种形式的这一设计模式。

基于文本的序列化格式的最后一个缺点也是其优点之一：文本可以轻松修改。你可能希望阻止用户直接编辑特别复杂或脆弱的数据，因为小错误可能会损坏文件。使用二进制序列化格式是防止文件被窜改的有效方法。

《我的世界》的 .dat 文件格式就是一个很好的例子，其中包含二进制格式的序列化游戏世界数据。（《我的世界》是用 Java 编写的这一事实无关紧要，序列化原则和语言无关。）请务必注意，混淆不是一种有效的安全技术。Minecraft.dat 文件仍然可以被最终用户编辑，第三方程序（比如 MCEdit）证明了这一点。

如果想保护序列化数据，加密是唯一的方法。如何应用加密取决于实际情况。

例如，太空模拟器游戏 Oolite 使用 XML 序列化玩家数据，因此用户可以读取和编辑文件，但是文件中包含数据的哈希字符串。游戏可以检测作弊行为，并对游戏策略进行细微调整。

在安全性非常重要的应用程序中，序列化数据通常会被完全加密。许多应用程序以这种方式存储已保存的密码，并使用主密码或密钥进行加密，以防止数据被拦截。密码必须序列化并存储到磁盘，以便程序保存使用，加密可以确保没有人能够反序列化数据。

陷阱警告： 使用非标准二进制序列化格式隐藏用户的数据，并在不考虑安全因素的情况下对它们进行加密是普遍存在的反模式。通过这种方式限制用户对其数据的访问来锁定用户，通常被认为是不道德的。你应该明智地使用这些工具并认真考虑公开自己的序列化格式规范。

简而言之，选择使用基于文本的序列化格式还是二进制序列化格式完全取决于实际情况。二进制序列化格式可以提供更小的文件、更快的反序列化速度，并能防止最终用户窜改文件。然而，二进制序列化格式并不像基于文本的序列化格式那般面向未来，而且还会给用户带来数据不透明的不安全感。这就是为什么二进制很少用于序列化设置。

12.8.1　禁忌工具：pickle、marshal 和 shelve

pickle 是一种常见的内置序列化工具，能以二进制格式存储 Python 对象，并将其保存到文件中，然后反序列化或取消序列化为 Python 对象。听起来很完美，对吧？

但是 pickle 官方文档的顶部有一个大红框，醒目地指出 pickle 有安全问题，而这很容易被忽略。“这只是一个计算器应用程序，”开发者可能会说，“安全在这里并不重要。”

这里的安全性和数据本身无关。pickle 数据可以被窜改以执行任意代码，这意味着如果使用 pickle 进行序列化，则 Python 程序可以被拿去做任何事情。如果有人修改用户计算机上的 pickle 数据（这并不难做到），那么你所认为无害的 Python 程序一旦对 pickle 数据进行反序列化就会变成恶意软件。

可以通过使用名为 hmac 的消息验证模块对数据进行签名，来防止文件被窜改，但是在这一点上，使用本章介绍的其他技术以安全的方式序列化数据会更加直接。无论怎么做，pickle 数据在 Python 之外都没有意义，而自定义的序列化方法反而是可移植的。

更为重要的是 pickle 非常慢，而且会产生一些非常臃肿的文件。即便不考虑安全性，这实际上也是将任何内容序列化到文件中的最低效的方式。

Python 中有两个相关的内置工具：marshal 和 shelve。marshal 实际上仅供 Python 内部使用，因为其故意未记录的规范可以在不同 Python 版本之间变化。当然，marshal 也有和 pickle 相同的与安全和性能相关的问题，因此不应该视为替代方案。

shelve 建立在 pickle 之上，其因为和 pickle 相同的原因而被放弃。

坦率地说，pickle、marshal 和 shelve 同其他序列化到文件的技术相比，没有任何优势。它们就像 sudo pip：似乎一直在工作，直至事情败露。

请忽略 Stack Overflow 上有关这些模块的无数教程和错误的答案。除非直接在进程间传输数据，否则请完全忘记这些模块的存在。

你可能想知道为什么这些模块一开始就包含在 Python 标准库中，这有以下两个原因。

首先，pickle 确实有一个有效的使用场景：在运行的进程之间传输数据。这是安全的，因为数据永远不会被写入文件。速度和大小仍然是这里的问题，但是人们正在努力解决这些问题，因为大家认为改进 pickle 比发明一个全新的协议更容易。Python 3.8 中出现了新版本的 pickle 协议，旨在改进大数据的处理（参见 PEP 574）。第 17 章在介绍多进程时将重新介绍 pickle。

其次，存在大量依赖这些模块的 Python 代码。pickle 一度被认为是序列化数据的“明显的方法”，只不过由于缺陷越来越突出而早已失宠。

12.8.2 序列化格式

还有别的什么选择吗？值得庆幸的是，相当多！下面是一些最常见和流行的二进制序列化格式的简短列表，但远非详尽无遗。如果你对这些序列化格式中的任何一种感兴趣，请仔细阅读相关模块或库的官方文档。

1. 特性列表

特性列表（property list）或 .plist 文件是在 20 世纪 80 年代为 NeXTSTEP 操作系统创建的，后来又得到进一步开发以支持 macOS 和 GNUstep。虽然主要用于这些平台，但是你也可以在自己的项目中使用特性列表。这是在没有 pickle 的情况下执行二进制序列化的好方法。

特性列表有两种主要形式：二进制形式，以及人类可读的、基于 XML 的形式。两者都可以使用内置的 plistlib 模块进行序列化和反序列化。

Python 中特性列表的优点之一就是可以直接序列化大多数基本类型，包含经常用作顶级对象（如 JSON）的字典。

要想了解特性列表的更多信息，请参阅 Python 官方文档的“plistlib——生成与解析 Apple.plist 文件”部分。

2. MessagePack

MessagePack 是用于二进制序列化的主要格式之一，旨在生成简单、紧凑的序列化输出，基于 JSON，而且在大多数情况下，可以表示相同类型的数据。

MessagePack 官方的第三方包 msgpack 可以通过 pip 来安装，更多信息和官方文档可以在 MessagePack 官网找到。

3. BSON

另一种基于 JSON 的二进制序列化格式称为 BSON（Binary JSON）。作为一种二进制序列化格式，BSON 的反序列化速度比 JSON 快得多，通常还能生成更小的文件，但仍然比 MessagePack 生成的文件要大。在某些情况下，BSON 文件甚至比等效的 JSON 文件还要大。BSON 还提供了一些基于 MessagePack 的附加类型。

由于 MongoDB 大量使用 BSON 文件，Python 的 MongoDB 包 pymongo 提供了一个名为 bson 的分支包。如果不想安装整个 pymongo 包，也可以使用 bson 这个分支包。你可以从 BSON 官网了解更多信息。

4. CBOR

CBOR（Concise Binary Object Representation）是一种专注于简洁编码的二进制序列化格式，和 BSON 以及 MessagePack 一样，也基于 JSON 数据模型。CBOR 被互联网工程任务组在 RFC 8949 中正式定义为互联网标准，并被用于物联网。

通过 pip 可以获得一些软件包来处理 CBOR。有关 CBOR 的更多信息，请访问 CBOR 官网。

5. NetCDF

NetCDF（Network Common Data Form，网络通用数据格式）是一种二进制序列化格式，主要用于处理面向数组的科学数据，创建于 1989 年，基于美国国家航空航天局（National Aeronautics and Space Administration，NASA）的通用数据格式（尽管这两种格式已不再兼容）。NetCDF 仍然由美国大学大气研究协会（University Corporation for Atmospheric Research，UCAR）维护。

可通过 pip 安装 netCDF4 包，其提供了一些用于处理 NetCDF 文件的模块。你可以通过 NetCDF 官网来了解有关此格式的更多信息。

6. 分层数据格式

分层数据格式（Hierarchial Data Format，HDF）是一种二进制序列化格式，用于存储大量数据，由非营利性组织 HDF Group 开发和维护，广泛用于科学计算，在 NASA 的一些主要项目中扮演着核心角色；同时也用于电影制作，如《指环王》和《蜘蛛侠 3》。

HDF5 是此格式截至本书完稿时的最新版本，也是当前推荐的标准。HDF Group 仍然支持和维护 HDF4。

能用来处理 HDF 文件的第三方模块有很多，其中两个主要选择是 h5py 和 tables。有关此格式的更多信息请访问 HDF Group 官网。

7. Protocol Buffers

Google 的 Protocol Buffers 是一种越来越流行的二进制序列化格式，其运作方式和其他二进制序列化格式截然不同。

和大多数具有现行标准规范的格式不同，你可以在特殊的 .proto 模式文件中为文件自定义规范，然后使用 Google 的原型编译器将该模式编译为自己喜欢的语言，在 Python 中将生成一个 Python 模块。然后就可以根据创建的规范使用生成的模块进行序列化和反序列化。

如果你对此感兴趣，可以参考 Protocol Buffers 官方文档的 Python 部分。

8. 其他

还有许多为特定目的而设计的二进制序列化格式，例如气象学中的 GRIB 和天文学中的 FITS。通常，找到符合需求的序列化格式的最佳方法是首先考虑数据应该如何存储，以及在什么情况下才需要反序列化。找到适合的序列化格式后，再找到（或编写）一个模块并在 Python 中加以利用。

探究笔记： 你可能已经注意到这里省略了用于处理较旧的XDR序列化格式的内置xdrlib模块。该模块从Python 3.8开始已被弃用，因此最好不要使用它。

12.9 本章小结

二进制是计算机的语言，更是程序在自身外部共享数据的最可靠方式，无论是通过文件，还是通过跨进程或跨网络。二进制序列化格式通常相比基于文本的序列化格式能提供更小的文件和更快的反序列化速度，但缺点是可读性较差。使用文本还是使用二进制部分取决于受众：文本用于人类，二进制用于计算机。除此之外，还要考虑任何给定格式的可用工具及其对所要编码的数据的适用性。例如，即便用户永远不需要和设置文件交互，.json 也仍然是一种流行格式，因为便于调试！

程序员的最终目标是充当人和计算机之间的翻译员。掌握位和字节、二进制和十六进制的思维需要时间，但这是一项值得培养的技能。程序员无论爬到多高的抽象之塔，都永远无法真正摆脱构建出一切的基础计算机语言。专家程序员是精通人类语言和计算机逻辑的人，对两者了解得越多，就越能更好地利用 Python 或其他任何语言提供的工具。

Part 4

第四部分

高级概念

本部分内容

第 13 章

继承和混入

知道何时使用继承比知道如何使用继承更加重要。继承在某些情况下非常有用，但是在大多数情况下却非常不适合，这也使其成为面向对象编程中最具争议的话题之一。从语法上说，继承很容易实现。而从逻辑上讲，围绕继承的问题是如此复杂和微妙，以至于值得单独写一章。

理论回顾：继承

继承允许你编写共享公共代码的类，通常还有一个公共接口。要理解继承是如何工作的，请回忆一下第 7 章提到的建造房屋（对象）的蓝图（类）。假设你设计了一个三居室，而不是原来的两居室。一切都保持不变，只是增加了一间卧室。

现在，如果你改进原始蓝图以升级厨房的布线，你将希望在两居室和三居室的蓝图中看到这些变化。但是你又不希望第三间卧室出现在两居室的蓝图上。

这就是继承发挥作用的场景。你可以编写一个继承自 House 的名为 House3B 的类。派生类 House3B 最初和基类 House 相同，但是你可以扩展派生类以包含其他方法和属性，甚至覆盖（替换）基类的某些方法。这称为 is-a 关系，因为 House3B 是一个 House。

坚实的原则

好的面向对象设计遵循 5 个原则，以首字母缩写词 SOLID 表示。这 5 个原则是决定何时以及如何使用继承的核心。

但是请务必注意，你必须将自己的常识应用于这些原则。就算严格按照 SOLID 原则也有可能编写出可怕的、无法维护的代码！这并不意味着这些原则有任何问题，只是你必须将自己的常识应用于所有的设计决策。

下面让我们来分别看看其中的每个原则。

S：单一职责原则（Single-Responsibility Principle）

就像函数一样，一个类也应该有单一的、定义明确的职责。两者的区别在于函数做某事，而类是某事。我自己的格言是：“类是由组成它的数据定义的。”

关键点是避免编写“上帝类”——试图用一个类做许多不同的事情。上帝类会带来错误、增加维护的复杂度，以及混淆代码结构。

O：开闭原则（Open-Closed Principle）

一旦一个类在源代码中被大量使用，就应该避免以可能影响其使用的方式改变它。应当做到，当更新类时，使用该类的代码不需要做太多更改。

代码发布后，就应该尽可能避免改变对象的接口——用于和类或对象交互的一组公共方法和属性。你还必须小心更改派生类直接依赖的方法和属性。相反，最好使用继承来扩展类。

L：里氏替换原则（Liskov Substitution Principle）

使用继承时，必须能在不改变程序预期行为的情况下，用派生类替代基类的使用，这有助于防止发生意外和逻辑错误。如果基类和派生类之间的行为发生重大变化，则可能意味着不应该使用继承，而应该设计一个完全独立的基类。但这并不意味着派生类和基类的接口或实现必须完全相同，尤其是在 Python 中。派生类可能需要接收和基类不同的方法参数，但是基类和派生类的相同用法应该产生相似的可观察行为，或至少显式地失败。如果调用基类中的某个方法会返回一个整数，而调用派生类中的相同方法却返回一个字符串，那将是一件很糟糕的事情。

I：接口隔离原则（Interface Segregation Principle）

在设计类的接口时，请考虑使用者的需求，即使用这个类的最终开发者的需求，即便使用者只是未来的你本人。不要强迫使用者了解或解决他们不需要使用的接口部分。

例如，不要要求每个为打印机定义作业的类都从复杂的 PrintScanFaxJob 基类继承，因为这违反了接口隔离原则。最好编写单独的 PrintJob、ScanJob 和 FaxJob 基类，每个基类都有一个适合该类单一职责的接口。

D：依赖倒置原则（Dependancy Inversion Principle）

在面向对象编程中，可能存在依赖其他类的类，这有时会导致产生大量重复代码。如果你后来发现需要提取出其中一个类或更改其实现细节，则必须在重复代码的每个实例中进行更改。这使得重构变得很困难。

相反，你可以使用松耦合，这是一种确保对一件事的更改不会破坏代码其他区域的技术。例如，不要让类 A 直接依赖于特定的类 B，最好编写一个提供单一抽象接口的类作为到类 B 以及相关类 C 和 D（如果需要的话）的桥梁。

之所以称为依赖倒置原则，是因为这一原则和许多人最初关于面向对象编程的想法相反。派生类并不从基类继承行为，基类和派生类都依赖于抽象接口。

实现松耦合的一种方法是通过多态，其中具有不同行为和功能的多个类提供了一个公共接口。通过这一方式，你可以编写更加简单的代码，使一个函数在处理不同类时的工作方式相同。

多态往往通过继承来实现。例如，假设你有一个和 Car 类交互的 Driver 类。如果你希望 Driver 也能驾驶其他车辆，则可以编写一个 Vehicle 类，Car、Motorcycle、Boat 和 Starship

类都继承自该类。这样一来，Driver 由于和 Vehicle 交互，因此也就可以驾驶这些机动车辆中的任何一种。（这种方法之所以有效，就是因为里氏替换原则。）

另一种实现松耦合的方法是通过组合。在设计用户界面（User Interface，UI）时，通常会有控制器类提供抽象接口来触发常见功能，例如显示对话框或更新状态栏。我们都不希望因为细微差异（例如对话框中的不同按钮）而在整个项目中重复 UI 控制代码。控制器类从程序的其余部分抽象出这些实现细节，使其更易于使用、维护和重构。对通用功能的实现的更改只需要发生在一个地方。

13.1 何时使用继承？

继承很容易失控的原因主要在于它过于“聪明”。你必须知道什么时候不应该使用继承。

虽然许多语言使用继承和多态来允许处理许多不同类型的数据，但是 Python 很少有这种需求。相反，Python 使用鸭子类型，仅凭接口接收参数。例如，Python 不会强制你从特定基类继承来使对象成为迭代器，相反，Python 将任何具有方法__iter__()和__next__()的对象识别为迭代器。

由于一个类是由其组成数据定义的，继承应该扩展这个定义。如果两个或多个类需要包含相同类型的数据并提供相同的接口，那么继承很可能是合理的。

例如，Python 内置的 BaseException 类包含几个描述所有异常的常见属性。其他异常类（比如 ValucError 类和 RuntimeError 类）包含相同的数据，这说明它们继承自 BaseException 类。基类定义了一个用于和此数据交互的通用接口。派生类则拓展接口和属性以满足自身需求。

如果你想纯粹使用继承来要求在派生类中实现特定接口，或允许拓展相当复杂的接口，请考虑使用抽象基类。第 14 章将深入讨论这个话题。

继承之罪

请记住：关于面向对象设计的决定必须基于被封装的数据。牢记这条规则将帮助你避免面向对象代码中许多常见的“暴行”。继承的误用有很多，下面介绍其中一些令人震惊的例子。

一个主要的继承反模式就是上帝类。上帝类缺乏单一明确的职责，且存储或提供对大量共享资源的访问。上帝类很快就会变得臃肿且无法维护。最好使用类属性来存储任何需要在对象间共享的内容。即使是全局变量也没有上帝类那么反模式。

另一个继承反模式是桩类，这是一种几乎不包含数据的类。桩类总是会出现，因为开发者继承的动机是最少化重复代码，而非考虑封装数据。这将创建大量用途不明的相当无用的对象。其实有更好的办法来避免出现重复代码，例如使用模块中的普通函数，而不是编写方法或采用组合。方法和公共代码可以通过混合类和抽象基类等技术在类之间共享（参见第 14 章）。

后文将介绍的混入实际上是一种组合形式，其恰好利用了 Python 的继承机制。混入并不是规则的例外。

继承方案出现“暴行”的一个原因是总是想写出“聪明”代码的欲望。继承是一把看起来很漂亮的锤子，但是不要用来敲螺丝。你应该通过组合获得更好的架构和更少的错误。

13.2 Python 的基础继承

在深入讨论继承机制之前，下面先适当地介绍一下基础知识。

本节将使用“项目日记”（bullet journal）这一流行的个人任务管理技术作为示例。在现实生活中，项目日记是一本实体书，由一个或多个集合组成，这些集合被命名为项目集——包含项目任务、事件和注释。不同种类的集合用于不同的目的。对于 Python 的继承示例，我将编写一些模拟项目日记的类。

首先编写一个精简的 Collection 类，如清单 13-1 所示，并很快从它继承。请记住，一个类应该围绕其数据而不是行为来设计。为了保持示例最小化，这里主要编写桩函数。

清单 13-1 bullet_journal.py:1

```
class Collection:

    def __init__(self, title, page_start, length=1):
        self.title = title
        self.page_start = page_start
        self.page_end = page_start + length - 1
        self.items = []

    def __str__(self):
        return self.title

    def expand(self, by):
        self.page_end += by

    def add_item(self, bullet, note, signifier=None):
        """Adds an item to the monthly log."""
```

就其本身而言，项目日记中的 Collection 只需要 3 类内容：标题（self.title）、页码（self.page_start 和 self.page_end）以及项目（self.items）。

增加一个__str__()特殊实例方法，用于在将集合转换为字符串时显示标题。实现这个方法意味着可以直接使用 print()输出一个 Collection 对象。继续增加另外两个实例方法：expand()用于向集合中追加另一页；add_item()用于向集合中追加项目（为简洁起见，以上代码跳过了编写此方法的逻辑部分）。

接下来为 MonthlyLog 编写一个类，这是一种专门的 Collection 类型，用于在一整个月中跟踪事件和项目，如清单 13-2 所示。它仍然必须有标题、页码和一组项目，此外还需要存储事件。因为它拓展了存储的数据，所以继承很适合这种情况。

清单 13-2 bullet_journal.py:2

```
class MonthlyLog(Collection):

    def __init__(self, month, year, page_start, length=2):
        ❶ super().__init__(❷ f"{month} {year}", page_start, length)
        self.events = []

    def __str__(self):
        return f"{❸ self.title} (Monthly Log)"
```

```
    def add_event(self, event, date=None):
        """Logs an event for the given date (today by default)."""
```

第 7 章提到过，当实例化派生类时，必须显式调用基类的初始化器，这里使用 super().__init__()❶来完成。然后根据月份和年份创建标题❷，并直接传递 page_start 和 length 参数。等到基类 Collection 的初始化器创建了这些实例属性后，MonthlyLog 对象就可以访问这些属性了，因为它继承自 Collection❸。

重写__str__()特殊实例方法，以便将"(Monthly Log)"追加到集合标题中。

这里还专门为 MonthlyLog 定义了实例方法 add_event()，用于在将事件记录到 self.events 时，在日历视图中也完成记录。此处不会实现这个日历行为，因为这非常复杂且和本例的目的无关。

清单 13-3 所示为另一个派生类 FutureLog。

清单 13-3　bullet_journal.py:3

```
class FutureLog(Collection):

    def __init__(self, start_month, page_start):
        super().__init__("Future Log", page_start, 4)
        self.start = start_month
        self.months = [start_month] # TODO: Add other five months.

    def add_item(self, bullet, note, signifier=None, month=None):
        """Adds an item to the future log for the given month."""
```

FutureLog 类也继承自 Collection，还多了属性 self.months，这是一个月份列表。该类还有预定义的 title 和 length，可通过 super.__init__()将其传递给 Collection 的初始化器，就像前面在 MonthlyLog 中所做的那样。

重写实例方法 add_item()，使其除了接收其他参数，还能接收 month，并将 bullet、note 和 signifier 存储到适当的月份中。month 参数是可选的，因此没有违反里氏替换原则。和之前一样，这里也省略了实现部分。

顺带一提，就像可以使用 isinstance()检查一个对象是不是一个类的实例一样，也可以使用 issubclass()来检查一个类是否派生自另一个类。

```
print(issubclass(FutureLog, Collection)) # prints True
```

下面演示这些类的一种非常基本的用法，创建一个 FutureLog、一个 MonthlyLog 和一个 Collection，并逐一添加项目，如清单 13-4 所示。

清单 13-4　bullet_journal.py:4

```
log = FutureLog('May 2023', 5)
log.add_item('June 2023', '.', 'Clean mechanical keyboard')
print(log)     # prints "Future Log"

monthly = MonthlyLog('April', '2023', 9)
monthly.add_event('Finally learned Python inheritance!')
monthly.add_item('.', 'Email Ben re: coffee meeting')
print(monthly) # prints "April 2023 (Monthly Log)"

to_read = Collection("Books to Read", 17)
to_read.add_item('.', 'Anne of Avonlea')
```

```
print(to_read)  # prints "Books to Read"
```

因为写了很多桩函数，所以这里没有太多实际行为，但是没有失败的事实至少证明这是有效的。派生类及其基类具有相同的属性和方法，但是派生类可以覆盖基类的任何属性和方法并添加更多的属性和方法。

探究笔记：在极少数情况下，你可能会遇到提及“新型类”（new-style class）的技术文章。Python中的类是在Python 2.2中引入的，而且最初就称为新型类。功能更有限的“旧”风格的类在Python 3中已删除。

13.3 多继承

当一个类从多个基类继承时，这个类便获得这些基类的所有属性和方法，这称为多继承。

在允许多继承的语言中，多继承可能是一种强大的工具，但是也带来了很多棘手的挑战。本节将介绍 Python 如何绕过其中的很多障碍以及依然存在的问题。和普通继承一样，是否使用多继承应该主要基于数据，而非仅仅基于所需要的功能。

13.3.1 方法解析顺序

如果多个基类具有同名方法，就会出现多继承这一潜在问题。假设有一个类 Calzone 继承自 Pizza 和 Sandwich，并且两个基类都提供了方法__str__()。当你在 Calzone 实例上调用__str__()时，Python 就必须决定调用哪个类的__str__()方法。Python 中用来执行这种解析的规则称为方法解析顺序。

下面解释 Python 如何确定方法解析顺序。要检查特定类的方法解析顺序，就需要查询该类的__mro__属性。

清单 13-5 演示了一种多继承场景。

清单 13-5 calzone.py:1

```
class Food:
    def __str__(self):
        return "Yum, what is it?"


class Pizza(Food):
    def __str__(self):
        return "Piiiizzaaaaaa"


class Sandwich(Food):
    def __str__(self):
        return "Mmm, sammich."

class Calzone(Pizza, Sandwich):
    pass
```

Pizza 和 Sandwich 类都继承自 Food 类。Calzone 被认为既是一种 Pizza，也是一种 Sandwich。

问题是，清单 13-6 所示的这段代码在运行时会输出什么？

清单 13-6 calzone.py:2

```
calzone = Calzone()
print(calzone)  # What gets printed??
```

Calzone 继承了哪个版本的__str__()特殊实例方法？因为 Pizza 和 Sandwich 类都继承自 Food 类，并且都重写了特殊实例方法__str__()，所以 Python 必须解决调用 Calzone.__str__()时使用哪个类的__str__()实现的问题。

上述情况在软件开发中称为“菱形继承问题”，有时也称为“致命死亡菱形”。这是多继承引发的最棘手的方法解析问题之一。

Python 用一种直接的方法解决“菱形继承问题”：一种称为 C3 方法解析顺序（C3 Method Resolution Order，C3 MRO）的技术，或者更正式地说，C3 超类线性化。Python 在幕后自动执行此操作。你只需要知道 C3 MRO 是如何工作的，就可以利用这一技术来发挥自己的优势。

简而言之，C3 MRO 根据一系列规则生成一个超类线性化列表，其中包含每个类继承自的基类。超类线性化列表定义了在调用方法时类被搜索的顺序。

为了证明这一点，下面给出一级类 Food 的线性化列表。在此处的表示法（非 Python）中，L[Food]就是类 Food 的线性化列表。

```
L[Food] = Food, object
```

和 Python 中的其他所有类一样，Food 继承自无所不在的 object，所以类 Food 的线性化列表就是“Food, object”。在此线性化列表中，Food 被视为头部，这意味着它是线性化列表中的第一项，因此是要考虑的下一个类[①]。线性化列表的其余部分被认为是尾部[②]。在当前场景中，尾部只有一项：object。

Pizza 类继承自 Food 类。因此，Python 必须查看 Pizza 直接继承的每个类的线性化列表，并依次考虑线性化列表中的每一项。

在以下非 Python 表示法中，使用 merge()指示尚未考虑的基类线性化。完成后，merge()应该是空的。每个线性化列表都包含在一对花括号中。每个线性化步骤中考虑的类以斜体显示，刚刚追加到该线性化步骤中的类以粗体显示。

可以使用这种表述来说明 Pizza 类的线性化过程。这里的 C3 MRO 将从左向右遍历。在为 Pizza 类创建超类线性化列表时，C3 MRO 并不关心每个类都有什么方法，而只关心一个类在其正在合并的线性化列表中出现的位置：

```
L[Pizza] = merge(Pizza, {Food, object})
```

Python 首先考虑是否将最左边的头部类（即当前类 Pizza）加入线性化列表中：

L[Pizza] = merge(*Pizza*, {Food, object})

① 译者注：在继承链中，首先考虑的是当前类，然后考虑的是线性化中的头部类。

② 译者注：在函数式编程语言中，列表也是如此切分头部和尾部的。无论列表中有多少项，都首先将第一项切分为头部，然后对尾部进一步迭代切分，从而实现逐一处置。

如果头部类不在任何正在合并的线性化列表的尾部，则将其添加到新的线性化列表中，并从其他位置删除。由于 Pizza 类没有出现在任何线性化列表的尾部，因此将其添加到新的线性化列表中。

接下来，Python 检查新的最左边的头部类，这是需要合并的线性化列表的头部类：

```
L[Pizza] = Pizza + merge({Food, object})
```

Food 类没有出现在任何尾部中，所以被添加到 Pizza 类的线性化列表中，并将其从正在合并的线性化列表中移除：

```
L[Pizza] = Pizza + Food + merge({object})
```

这意味着 object 是被合并的线性化列表的新头部。Python 现在考虑这个新头部。由于 object 没有出现在任何尾部中——显然，唯一被合并的线性化列表已经不再有尾部——因此可以被添加到新的线性化列表中：

```
L[Pizza] = Pizza + Food + object
```

现在没什么可以合并的了。Pizza 类的线性化列表就是“Pizza, Food, object”。Sandwich 类的计算结果几乎相同：

```
L[Sandwich]: Sandwich + Food + object
```

对于多继承，这变得有些复杂。考虑一下 Calzone 类：你需要按照特定顺序合并 Pizza 类和 Sandwich 类的线性化列表，以匹配 Calzone 继承列表中类的顺序（见清单 13-5）。

```
L[Calzone] = merge(
    Calzone,
    {Pizza, Food, object},
    {Sandwich, Food, object}
)
```

C3 MRO 首先检查最左边的头部类 Calzone：

```
L[Calzone] = merge(
    Calzone,
    {Pizza, Food, object},
    {Sandwich, Food, object}
)
```

Calzone 类由于没有出现在任何尾部中，因此可以被添加到新的线性化列表中：

```
L[Calzone] = Calzone + merge(
    {Pizza, Food, object},
    {Sandwich, Food, object}
)
```

新的头部类 Pizza 也没有出现在任何尾部中，因此也被添加到新的线性化列表中。

```
L[Calzone] = Calzone + Pizza + merge(
    {Food, object},
    {Sandwich, Food, object}
)
```

当把 Pizza 类从正在合并的线性化列表中移除时，Food 类成为第一个线性化列表的新头部。Food 类因为是新的头部类，所以被认为是下一个要考虑的类。然而，Food 类也出现在以 Sandwich 类为首的线性化列表的尾部，因此还不能将其添加到线性化列表中。

13

下一个头部类则被视为替代者：

```
L[Calzone] = Calzone + Pizza + merge(
    {Food, object},
    {Sandwich, Food, object}
)
```

Sandwich 类没有出现在任何尾部中，因此可以被添加到新的线性化列表中，并将其从正在合并的线性化列表中移除。C3 MRO 回过头来考虑最左边的头部类，即 Food 类：

```
L[Calzone] = Calzone + Pizza + Sandwich + merge(
   {Food, object},
   {Food, object}
)
```

Food 类出现在要合并的两个线性化列表的头部，但是又不在任何尾部中，因此可以被添加到新的线性化列表中。将 Food 类从所有要合并的线性化列表中移除。

```
L[Calzone] = Calzone + Pizza + Sandwich + Food + merge(
   {object},
   {object}
)
```

现在只留下 object 作为每个线性化列表的头部进行合并。object 由于只出现在头部，而没有出现在尾部，因此可以被添加到新的线性化列表中。

```
L[Calzone] = Calzone + Pizza + Sandwich + Food + object
```

以上就是 Colzone 类的超类线性化列表。

换句话说，线性化过程将始终寻求正在考虑的类的下一个最近的祖先，只要该祖先没有被任何尚未考虑的祖先继承即可。对于 Calzone 类，下一个最近的祖先是 Pizza 类，Pizza 类没有被 Sandwich 类或 Food 类继承。接下来是 Sandwich 类，只有当 Pizza 类和 Sandwich 类都被计算在内后，才能添加共同的祖先 Food 类。

牢记这一点，并重新思考清单 13-6 中的歧义问题，如下代码调用了哪个版本的__str__()？

```
calzone = Calzone()
print(calzone)  # What gets printed??
```

为了确定由哪个基类提供将要被调用的__str__()方法，请参考 Calzone 类的超类线性化列表。根据方法解析顺序，Python 先检查 Calzone 类是否有__str__()方法，没有找到，接着检查 Pizza 类，找到了。果然，运行这段代码后，输出如下：

```
Piiiizzaaaaaa
```

13.3.2　确保方法解析顺序一致

使用多继承时，指定基类的顺序很重要。创建一个 PizzaSandwich 类，它表示一种使用比萨饼来代替面包的三明治，如清单 13-7 所示。

清单 13-7　calzone.py:3a

```
class PizzaSandwich(Sandwich, Pizza):
   pass
```

```
class CalzonePizzaSandwich(Calzone, PizzaSandwich):
    pass
```

PizzaSandwich 类派生自(Sandwich, Pizza)。回想一下，Calzone 类派生自(Pizza, Sandwich)。PizzaSandwich 和 Calzone 都有相同的基类，但以不同的顺序继承。这意味着 PizzaSandwich 类和 Calzone 类的线性化列表略有不同：

```
L[PizzaSandwich] = PizzaSandwich + Sandwich + Pizza + Food + object
```

如果我们在两片比萨中夹一个馅饼，就能获得一个 CalzonePizzaSandwich，它派生自(Calzone, PizzaSandwich)。

Calzone 类和 PizzaSandwich 类以不同的顺序继承自相同的基类，思考一下当尝试解析 CalzonePizzaSandwich 类的__str__()方法时会发生什么。以下是 C3 MRO 试图解决该问题的方法：

```
L[CalzonePizzaSandwich] = merge(
    CalzonePizzaSandwich,
    {Calzone, Pizza, Sandwich, Food, object},
    {PizzaSandwich, Sandwich, Pizza, Food, object}
)
```

最左边的头部 CalzonePizzaSandwich 类首先被考虑并添加，因为它没有出现在任何尾部：

```
L[CalzonePizzaSandwich] = CalzonePizzaSandwich + merge(
    {Calzone, Pizza, Sandwich, Food, object},
    {PizzaSandwich, Sandwich, Pizza, Food, object}
)
```

然后新的头部 Calzone 类被考虑并添加：

```
L[CalzonePizzaSandwich] = CalzonePizzaSandwich + Calzone + merge(
    {Pizza, Sandwich, Food, object},
    {PizzaSandwich, Sandwich, Pizza, Food, object}
)
```

接下来，C3 MRO 考虑最新的最左头部 Pizza 类。Pizza 类会被跳过，因为它现在处于其中一个列表的尾部。

考虑下一个头部 PizzaSandwich 类：

```
L[CalzonePizzaSandwich] = CalzonePizzaSandwich + Calzone + merge(
    {Pizza, Sandwich, Food, object},
    {PizzaSandwich, Sandwich, Pizza, Food, object}
)
```

PizzaSandwich 类可以被添加，因为它只存在于列表的头部。在将 PizzaSandwich 类添加到新的线性化列表中，并将其从要合并的线性化列表中移除后，重新考虑最左边的头部：

```
L[CalzonePizzaSandwich] = CalzonePizzaSandwich + Calzone + PizzaSandwich + merge(
    {Pizza, Sandwich, Food, object},
    {Sandwich, Pizza, Food, object}
)
```

Pizza 类还是没有资格被添加，因为它仍然处在第二次线性化列表的尾部。接下来要考虑的头部是 Sandwizh 类：

```
L[CalzonePizzaSandwich] = CalzonePizzaSandwich + Calzone + PizzaSandwich + merge(
```

```
    {Pizza, Sandwich, Food, object},
    {Sandwich, Pizza, Food, object}
)
```

没办法，Sandwich 类出现在第一个要被合并的线性化列表的尾部。Python 无法确定这里的方法解析顺序，因为最后一步中的两个头部 Pizza 类和 Sandwich 类都出现在另一个线性化列表的尾部。CalzonePizzaSandwich 类会导致 Python 触发以下异常：

```
TypeError: Cannot create a consistent method resolution
```

这种特殊情况的解决方法很简单，只需要为 PizzaSandwich 类切换基类的顺序即可，如清单 13-8 所示。

清单 13-8 calzone.py:3b

```
class PizzaSandwich(Pizza, Sandwich):
    pass


class CalzonePizzaSandwich(Calzone, PizzaSandwich):
    pass
```

如此一来，便可执行 CalzonePizzaSandwich 类的线性化了：

```
L[CalzonePizzaSandwich] = merge(
    CalzonePizzaSandwich,
    {Calzone, Pizza, Sandwich, Food, object},
    {PizzaSandwich, Pizza, Sandwich, Food, object}
)

L[CalzonePizzaSandwich] = CalzonePizzaSandwich + merge(
    {Calzone, Pizza, Sandwich, Food, object},
    {PizzaSandwich, Pizza, Sandwich, Food, object}
)

L[CalzonePizzaSandwich] = CalzonePizzaSandwich + Calzone + merge(
    {Pizza, Sandwich, Food, object},
    {PizzaSandwich, Pizza, Sandwich, Food, object}
)

L[CalzonePizzaSandwich] = CalzonePizzaSandwich + Calzone + merge(
    {Pizza, Sandwich, Food, object},
    {PizzaSandwich, Pizza, Sandwich, Food, object}
)

L[CalzonePizzaSandwich] = CalzonePizzaSandwich + Calzone + PizzaSandwich + merge(
    {Pizza, Sandwich, Food, object},
    {Pizza, Sandwich, Food, object}
)

L[CalzonePizzaSandwich] = CalzonePizzaSandwich + Calzone + PizzaSandwich + Pizza + merge(
    {Sandwich, Food, object},
    {Sandwich, Food, object}
)

L[CalzonePizzaSandwich] = CalzonePizzaSandwich + Calzone + PizzaSandwich + Pizza + Sandwich + merge(
    {Food, object},
    {Food, object}
)

L[CalzonePizzaSandwich] = CalzonePizzaSandwich + Calzone + PizzaSandwich + Pizza + Sandwich + Food
    + merge(
    {object},
```

```
    {object}
)

L[CalzonePizzaSandwich] = CalzonePizzaSandwich + Calzone + PizzaSandwich + Pizza + Sandwich + Food
+ object
```

使用多继承时，请密切注意基类的顺序是如何指定的。

另请注意，修复并不总是简单的。可以想象，当继承自 3 个或更多的类时，问题将变得更加糟糕。此处不再深入探讨这些问题，但是你需要知道理解 C3 MRO 是解决这些问题的基础。Raymond Hettinger 在他的文章"Python's super() considered super!"中概述了其他一些技术和注意事项。

有关 C3 MRO 的更多信息，推荐阅读 Python 官网的文章"The Python 2.3 Method Resolution Order"。

有趣的是，除了 Python，只有少数相对晦涩的语言默认使用 C3 MRO，比如 Perl 5。这也是 Python 相对独特的优势之一。

13.3.3 显式地指定解析顺序

要运行代码，就必须始终确保正确的继承顺序，但是你也可以在所需的基类上显式地调用方法，如清单 13-9 所示。

清单 13-9 calzone.py:3c

```
class PizzaSandwich(Pizza, Sandwich):
    pass


class CalzonePizzaSandwich(Calzone, PizzaSandwich):
    def __str__(self):
        return Calzone.__str__(self)
```

这将确保 CalzonePizzaSandwich.__str__()调用 Calzone.__str__()，而不管方法解析顺序如何。你会注意到必须显式地传递 self，因为这里是在 Calzone 类上而不是在实例上调用__str__()。

13

13.3.4 解析多继承中的基类

多继承的一个挑战是需要确保调用所有基类的初始化器，并将正确的参数传递给每个基类。默认情况下，如果一个类没有声明自己的初始化器，Python 将使用方法解析顺序为其寻求一个初始化器。如果派生类声明了构造器，就不会隐式地调用基类的构造器，而必须显式地进行。

你的第一个想法可能是为此使用 super()。确实，这可以奏效，但前提是事先计划好！super() 函数的作用其实就是查看超类线性化列表中的下一个类（而不是当前类）。如果你没有预料到这一点，则可能会导致一些异常、意外的行为以及错误。

为了演示应该如何处理，在前面创建的 3 个类中添加初始化器，如清单 13-10 所示。

清单 13-10 make_calzone.py:1a

```
class Food:
    def __init__(self, ❶ name):
```

```
        self.name = name


class Pizza(Food):
    def __init__(self, toppings):
        super().__init__("Pizza")
        self.toppings = toppings


class Sandwich(Food):
    def __init__(self, bread, fillings):
        super().__init__("Sandwich")
        self.bread = bread
        self.fillings = fillings
```

因为 Pizza 类和 Sandwich 类都继承自 Food，所以都需要通过 supper().__init__()调用 Food 类的初始化器，并传递所需的参数 name❶。一切都按预期工作。

但是 Calzone 类比较棘手，因为需要在 Pizza 类和 Sandwich 类上调用__init__()。调用 super()仅能提供对方法解析顺序中第一个基类的访问，因而仍然会调用 Pizza 类的初始化器，如清单 13-11 所示。

清单 13-11　make_calzone.py:2a

```
class Calzone(Pizza, Sandwich):
    def __init__(self, toppings):
        super().__init__(toppings)
        # what about Sandwich.__init__??


# The usage...
pizza = Pizza(toppings="pepperoni")
sandwich = Sandwich(bread="rye", fillings="swiss")
calzone = Calzone("sausage") # TypeError: __init__() missing 1 required positional argument: 'fillings'
```

Calzone 类的方法解析顺序意味着 super().__init__()调用了 Pizza 类的初始化器。但是 Pizza.__init__()中对 super().__init__()的调用（见清单 13-10）却尝试在 Calzone 实例的超类线性化列表中的下一个类上调用__init__()。也就是说，Pizza 类的初始化器现在将调用 Sandwich.__init__()。遗憾的是，这将传递错误的参数，并且代码会抛出一个相当误导人的 TypeError 异常，提示缺少参数。

处理具有多继承的初始化器的最简单方法似乎是直接显式地调用 Pizza 类和 Sandwich 类的初始化器，如清单 13-12 所示。

清单 13-12　make_calzone.py:2b

```
class Calzone(Pizza, Sandwich):
    def __init__(self, toppings):
        Pizza.__init__(self, toppings)
        Sandwich.__init__(self, 'pizza crust', toppings)

# The usage...
pizza = Pizza(toppings="pepperoni")
sandwich = Sandwich(bread="rye", fillings="swiss")
calzone = Calzone("sausage")
```

这并不能解决问题，因为在基类中使用 super()仍然不能很好地处理多继承。此外，如果要修改基类，甚至仅仅更改有关名称，就必须重写 Calzone 类的初始化器。

首选的方法是，仍然使用 super()并编写 Sandwich 类和 Pizza 类的基类以配合使用。这意味着所有初始化器或任何其他旨在和 super()一起使用的实例方法，都可以单独工作或在多继承的上下文中工作。

为了让初始化器协同工作，就不能假设什么类将被 super()引用。如果自行初始化 Pizza 类，那么 super()将引用 Food 类，但是当通过 super()从 Calzone 实例访问 pizza.__init__()时，又将引用 Sandwich 类。这完全取决于实例（而不是类）的方法解析顺序。

重构 Pizza 类和 Sandwich 类，以使它们的初始化器能协同工作，如清单 13-13 所示。

清单 13-13 make_calzone.py:1b

```
class Food:
    def __init__(self, name):
        self.name = name


class Pizza(Food):
    def __init__(self, toppings, name="Pizza", **kwargs):
        super().__init__(name=name, **kwargs)
        self.toppings = toppings


class Sandwich(Food):
    def __init__(self, bread, fillings, name="Sandwich", **kwargs):
        super().__init__(name=name, **kwargs)
        self.bread = bread
        self.fillings = fillings
```

两个初始化器都将接收关键字参数，而且还必须接收可变参数**kwargs 中的任何其他未知关键字参数。这一点很重要，因为不可能事先知道可能通过 super().__init__()传递的所有参数。

每个初始化器显式地接收需要的参数，然后通过 super().__init__()将其余参数发送给方法解析顺序。然而，在这两种情况下，当 Pizza 类或 Sandwich 类被直接实例化时，也都为 name 参数提供了默认值。将 name 参数和**kwargs 中的所有剩余参数（如果有的话）传递给下一个初始化器。

为了协同使用这些初始化器，新的 Calzone 类如清单 13-14 所示。

清单 13-14 make_calzone.py:2c

```
class Calzone(Pizza, Sandwich):
    def __init__(self, toppings):
        super().__init__(
            toppings=toppings,
            bread='pizza crust',
            fillings=toppings,
            name='Calzone'
        )

# The usage...
pizza = Pizza(toppings="pepperoni")
sandwich = Sandwich(bread="rye", fillings="swiss")
calzone = Calzone("sausage")
```

由于方法解析顺序，只需要调用一次 super().__init__()，这将指向 Pizza.__init__()。但是我们已经在超类线性化列表中传递了所有初始化器的所有参数。只使用关键字参数，每个关键字参数都有唯一的名称，以确保每个初始化器都能获得需要的参数，而不管方法解析顺序如何。

Pizza.__init__()使用 toppings 关键字参数，并传递其余参数。Sandwich.__init__()在方法解析顺序中处在下一位，它在将名称传递给下一个类 Food 之前获得了参数 bread 和 fillings。更重要的是，即便在 Calzone 类的继承列表中调换 Pizza 类和 Sandwich 类的顺序，代码也依然有效。

从这个简单的示例中可以看出，设计协作基类时需要仔细规划。

13.4　混入

多继承的一个特殊好处是可以使用混入（mixin）。混入是一种特殊类型的不完整（甚至是无效）类，其中包含你可能想要添加到多个其他类的功能。

混入常用来共享日志记录、数据库连接、网络、身份验证等。当需要在多个类中复用相同的方法（而不仅仅是函数）时，混入是实现这一目标的最佳方案之一。

混入确实使用了继承，但这是继承决策应基于数据这一规则的例外。混入本质上依赖于一种恰好利用了继承机制的组合形式。混入很少有自己的属性，相反，混入通常依赖于对使用它的类属性和方法的期望。

假设你正在创建一个依赖于可以随时更新的实时设置文件的应用程序。你将编写多个需要从此设置文件中获取信息的类。（实际上，下面只是为这个例子编写了一个这样的类。你可以想象剩余部分。）

首先创建文件 livesettings.ini，将其存储在与要编写的模块相同的目录中。清单 13-15 所示为该 .ini 文件的内容。

清单 13-15　livesettings.ini

```
[MAGIC]
UserName = Jason
MagicNumber = 42
```

接下来编写混入，它只包含与使用此设置文件相关的功能，如清单 13-16 所示。

清单 13-16　mixins.py:1

```
import configparser
from pathlib import Path


class SettingsFileMixin:

    settings_path = Path('livesettings.ini')
    config = configparser.ConfigParser()

    def read_setting(self, key):
        self.config.read(self.settings_path)
        try:
            return self.config[self.settings_section][key]
        except KeyError:
            raise KeyError("Invalid section in settings file.")
```

类 SettingsFileMixin 本身并不是一个完备的类，它缺少初始化器，甚至引用了一个不存在的实例属性 self.settings_section。但这些都没关系，因为混入永远不会被自身使用。这个属性将由任何使用混入的类提供。

混入确实有几个类属性，比如 settings_path 和 config。但最重要的是，混入有一个 read_setting()方法，用于从 .ini 文件中读取设置。此方法使用 configparser 模块从特定部分读取并返回由键指定的设置：类属性 setting_path 指向的 .ini 文件中的 self.settings_section。如果这一部分、键或文件不存在，该方法将引发 KeyError。

Greeter 是一个向用户输出问候语的类。我希望此类从 livesettings.ini 文件中获得用户名。为此，将这个类通过继承混入 SettingsFileMixin，如清单 13-17 所示。

清单 13-17 mixins.py:2

```
class Greeter(SettingsFileMixin):

    def __init__(self, greeting):
        self.settings_section = 'MAGIC'
        self.greeting = greeting

    def __str__(self):
        try:
            name = self.read_setting('UserName')
        except KeyError:
            name = "user"
        return f"{self.greeting} {name}!"
```

Greeter 类使用作为问候语的字符串进行初始化。在它的初始化器中，定义 SettingsFileMixin 所依赖的 self.settings_section 实例属性。（在生产级混入中，你将记录此属性的必要性。）

__str__()实例方法调用了混入的 self.read_setting()方法，就好像它已经被定义为此类的一部分。

13

如果添加另一个类，比如使用 livesettings.ini 中的 MagicNumber 值的一个类，如清单 13-18 所示，混入的用处就更明显了。

清单 13-18 mixins.py:3

```
class MagicNumberPrinter(SettingsFileMixin):

    def __init__(self, greeting):
        self.settings_section = 'MAGIC'

    def __str__(self):
        try:
            magic_number = self.read_setting('MagicNumber')
        except KeyError:
            magic_number = "unknown"
        return f"The magic number is {magic_number}!"
```

通过让它们继承 SettingsFileMixin，就可以从 livesettings.ini 中读取任意数量的类。混入在项目中提供了此功能的单一规范来源，因此对混入所做的任何改进或错误修复都将被所有使用混入的类自动采用。

清单 13-19 所示为 Greeter 类的用法示例。

清单 13-19 mixins.py:4

```
greeter = Greeter("Salutations,")
for i in range(100000):
    print(greeter)
```

以上代码在循环中运行 print()语句来演示实时更改 livesettings.ini 文件的效果。

如果想要尝试运行这个示例，请在启动 minxins.py 模块之前打开 livesettings.ini 文件，并将用户名更改为你的名字，但不要保存所做的更改。启动 minxins.py 模块。启动后，将更改保存到 livesettings.ini 文件中并观察变化。

```
# --snip--
Salutations, Jason!
Salutations, Jason!
Salutations, Jason!
Salutations, Bob!
Salutations, Bob!
Salutations, Bob!
# --snip--
```

13.5 本章小结

继承提供了扩展类和强制接口的机制，从而在原本会导致混乱的情况下，使程序员能编写出简洁且结构良好的代码。

由于 C3 方法解析顺序能避开通常由菱形继承问题带来的大部分问题，多继承在 Python 中运行良好。这使得使用混入向类中添加方法成为可能。

有了这些闪闪发光、好用的工具后，重要的是要记住，多继承很容易失控。在采用本章提及的任何策略之前，你应该完全确定所要解决的问题。归根结底，你的目标是创建可读、可维护的代码。尽管继承在使用不当时可能会带来麻烦，但是如果使用得当，这些技术可以让你的代码更易于阅读和维护。

第 14 章

元类和抽象基类

Python 开发者非常熟悉“一切皆对象”的格言。然而，当查看 Python 中的类系统时，这就变成了一个悖论：如果一切都是对象，那么什么是类呢？一个看似神秘的答案解锁了 Python 工具箱中的另一个强大工具——抽象基类，这是在使用鸭子类型时概述类型预期行为的一种方式。

本章将深入介绍元类、抽象基类，以及如何使用它们来编写更易于维护的类。

14.1 元类

类是元类（metaclass）的实例，就像对象是类的实例一样。更准确地说，每个类都是类型的一个实例，而类型是一个元类。元类允许你重写类的创建方式。

以第 13 章的比喻为基础，就像可以根据蓝图建造房屋一样，蓝图也可以根据模板制作。元类就是那个模板。一个模板可以用来制作许多不同的蓝图，这些蓝图中的任何一张又可以用来建造许多不同的房子。

在继续讲解之前，免责声明还是必要的：在你的整个职业生涯中，你可能永远都不需要直接使用元类。就其本身而言，元类很可能不能独立解决你的任何问题。Tim Peters 非常好地总结了这种情况：

> 元类比 99% 的用户所担心的更加神奇。如果你想知道是否需要它们，那就说明你实际上并不需要。（真正需要的人肯定知道他们需要，而不需要解释为什么。）

然而，理解元类确实有助于理解其他 Python 功能，包含抽象基类。Django 是一个 Python 网络应用框架，其内部也经常使用元类。与其试图为元类设计有点可信的用法，不如通过最基本的示例说明元类是如何工作的。

14.1.1 用类型创建类

过去你可能使用 type()可调用函数来返回值或对象的类型，如清单 14-1 所示。

清单 14-1 types.py

```
print(type("Hello"))     # prints "<class 'str'>"
```

```
print(type(123))        # prints "<class 'int'>"

class Thing: pass
print(type(Thing))      # prints "<class 'type'>"

something = Thing()
print(type(something))  # prints "<class '__main__.Thing'>"

print(type(type))       # prints "<class 'type'>"
```

type()可调用函数实际上还是一个元类，而不仅仅是函数，这意味着它可以用来创建类，就像使用类创建实例一样。清单 14-2 所示为从 type()创建类的实例。

清单 14-2　classes_from_type.py:1

```
Food = type('Food', (), {})
```

以上代码创建了一个类 Food。它不继承自任何类，也没有方法或属性。这实际上是在实例化元类，与下面的代码等效：

```
class Food: pass
```

在生产级代码中，我们永远不会定义一个空的基类，但是在此这样做有助于演示。接下来，再次实例化 type()元类，以创建另一个类 Pizza，它继承自 Food 类，如清单 14-3 所示。

清单 14-3　classes_from_type.py:2

```
def __init__(obj, toppings):
    obj.toppings = toppings

Pizza = type(❶ 'Pizza', ❷ (Food,), ❸ {'name':'pizza', '__init__':__init__})
```

以上代码定义了__init__()函数作为即将创建的 Pizza 类的初始化器。将第一个参数命名为 obj，因为它实际上还不是类的成员。

接下来通过调用 type()并传递类名称❶、基类元组❷以及方法和类属性字典❸来创建 Pizza 类。以下是传递之前编写的__init__()函数的入口：

```
class Pizza(Food):
    name = pizza

    def __init__(self):
        self.toppings = toppings
```

如你所见，创建类的常规语法更具可读性和实用性。type()元类的好处是允许你在运行程序时动态地创建类，尽管很少有理由这样做。

我们所熟悉的使用 class 关键字创建类的方式，实际上只是用来实例化 type()元类的简化方式。但无论哪种方式，最终结果都是相同的，如清单 14-4 所示。

清单 14-4　classes_from_type.py:2

```
print(Pizza.name)                       # 'name' is a class attribute
pizza = Pizza(['sausage', 'garlic'])    # instantiate like normal
print(pizza.toppings)                   # prints "['sausage', 'garlic']"
```

14.1.2 自定义元类

也可以自定义元类，用作类的蓝图。通过这种方式，元类实际上仅在修改语言条款和类的使用方式等深层内部行为时有用。

元类通常会重写__new__()方法，这是管理类如何创建的构造函数。创建一个毫无意义的元类 Gadget，如清单 14-5 所示。

清单 14-5 metaclass.py:1

```
class Gadget(type):

    def __new__(self, name, bases, namespace):
        print(f"Creating a {name} gadget!")
        return super().__new__(self, name, bases, namespace)
```

特殊方法__new__()是调用 type()或任何其他元类时在幕后调用的方法，如清单 14-2 所示。此处的__new__()方法输出一条正在创建类的消息，然后从 type()元类调用__new__()方法。此方法接收 4 个参数，这里的第一个参数是 self。__new__()方法可以被编写为元类的实例方法，因为它应该是元类的任意实例的类方法。如果你对此感到迷茫，请多读几次，让代码深入内心，记住类只是元类的实例。

另一个经常由元类实现的特殊方法是__prepare__()，此方法用于创建一个字典来存储正在创建的类的所有方法和类属性（参见第 15 章）。清单 14-6 所示为 Gadget 元类的__prepare__()方法。

清单 14-6 metaclass.py:2

```
    @classmethod
    def __prepare__(cls, name, bases):
        return {'color': 'white'}
```

@classmethod 装饰器表示__prepare__()方法属于 Gadget 元类本身，而不属于从 Gadget 元类实例化的类。__prepare__()方法还必须接收另外两个参数，通常名为 name 和 bases。

__prepare__()方法返回类中存储所有属性和方法的字典。在这种情况下，由于返回了一个已经有值的字典，因此从 Gadget 元类创建的所有类都将有一个 color 类属性，并且值为'white'。否则，返回一个每个类都可以填充的空字典。事实上，在这种情况下，可以省略__prepare__()方法，因为 type()元类已经通过继承提供了这个方法，且 Python 解释器很聪明地处理了缺少__prepare__()方法的问题。

这就是 Gadget 元类！使用 Gadget 元类创建一个普通类，如清单 14-7 所示。

清单 14-7 metaclass.py:3

```
class Thingamajig(metaclass=Gadget):
    def __init__(self, widget):
        self.widget = widget

    def frob(self):
        print(f"Frobbing {self.widget}.")
```

这里的有趣之处在于使用 metaclass=Gadget 在继承列表中指定了元类。这样便可以获得来自 Gadget 元类的添加行为，如清单 14-8 所示。

清单 14-8　metaclass.py:4

```
thing = Thingamajig("button")  # also prints "Creating Thingamajig gadget!"
thing.frob()                   # prints "Frobbing button."

print(Thingamajig.color)       # prints "white"
print(thing.__class__)         # prints "<class '__main__.Thingamajig'>"
```

Thingamajig 类已经实例化，你可以用同样的方式使用它，这和其他类一样，除了如下关键差异：实例化该类会输出一条消息，而 Thingamajig 具有默认值为"white"的 color 类属性。

陷阱警告： 当涉及元类时，多继承将变得棘手。如果类C继承自类A和B，则C的元类要么和A以及B的元类相同，要么是其子类。

以上是创建和使用元类的基本原则。

你可能已经注意到，可以通过普通继承使用 Gadget 和 Thingamajig 实现相同的操作，而没必要自定义元类。你是正确的！这个例子只是为了演示元类是如何工作的。

我曾经用元类来实现__getattr__()（第 15 章有所提及），它能在未定义类属性时提供回退行为。不可否认，元类是解决该问题的正确方法。

元类也是在 Python 中实现单例模式的最佳方式，在单例模式下，你只有一个对象的一个实例。但是单例在 Python 中几乎没有用，因为可以使用静态方法完成相同的事情。

几十年来，Python 开发者一直在努力为元类提出可行的示例。这是因为，元类是你很少直接使用的东西，除非在极少数情况下，你本能地知道元类是完成工作的正确工具。

14.2　用鸭子类型进行类型推导

在 Python 中，元类确实可以实现抽象基类的强大概念。元类使得我们能够根据某种类型自身的行为来整理对该类型的期待。然而，在解释抽象基类之前，下面先介绍 Python 中鸭子类型的一些重要原则。

在 Python 中，不需要使用继承来编写一个接收不同类型的对象作为参数的函数。Python 使用鸭子类型，这意味着 Python 其实并不关心对象的类型，而只期望对象提供所需的接口。使用鸭子类型时，可以通过 3 种方式确保特定参数具有必要的功能：捕获异常、检查属性或检查特定接口。本节将具体介绍如何捕获异常和检查属性，检查特定接口的相关内容不作展开。

14.2.1　EAFP：捕获异常

第 8 章介绍了 EAFP（Easier to Ask Forgiveness than Permission，请求宽恕比请求许可更容易）的哲学，提倡在参数缺少功能时引发异常。这在你为自己的代码提供参数的情况下是理想的，因为未处理的异常会提醒你代码需要改进的地方。

然而，在可能存在未处理异常逃脱检测，且直到用户以预期之外或未经测试的方式使用程序时才可能发现异常的情况下，使用 EAFP 是不明智的。这种考量被称为“快速失败”：处于错误状态的程序应该在调用堆栈中尽早失败，以降低异常逃脱检测的概率。

14.2.2　LBYL：检查属性

对于更复杂或更脆弱的代码，最好遵循 LBYL（Look Before You Leap，先看后跳）的原则，即在继续执行程序之前检查参数或值所需要的功能。有两种方法可以做到这一点。首先，在依赖一个对象的一两个方法的情况下，可以使用 hasattr()函数来检验需要的方法甚至属性。

然而，使用 hasattr()并不一定像我们希望的那样简单明了。清单 14-9 所示为一个示例函数，该函数将传入的集合中顺序为 3 的倍数的元素相乘。

清单 14-9　product_of_thirds.py:1a

```
def product_of_thirds(sequence):
    if not ❶ hasattr(sequence, '__iter__'):
        raise ValueError("Argument must be iterable.")
    r = 1
    for i in sequence[2::3]:
        r *= i
    return r

print(product_of_thirds(range(1, 10)))  # prints '162'
print(product_of_thirds(False))         # raises TypeError
```

在 product_of_thirds()函数的顶部，使用 hasattr()函数来检查参数序列是否具有名为__iter__的属性❶。这是可行的，因为所有方法在技术上都是属性。如果参数没有该属性，就会引发一个错误。

然而，这种技术可能会导致微妙的错误。一方面，并非所有可迭代对象都是可订阅的，而清单 14-9 中的代码错误地假设可迭代对象是可订阅的。另一方面，考虑一下将以下类的实例传递给 product_of_thirds()会发生什么。

```
class Nonsense:
    def __init__(self):
        self.__iter__ = self
```

虽然这个例子是人为设计的，但是没有什么能阻止开发者胡乱改用一个其认为有其他含义的名称—— 是的，像这样令人讨厌的事情总是会出现在实际代码中。这将导致 hasattr()测试无论如何都能通过。hasattr()函数只检查对象是否具有同名的属性，而不关心属性的类型或接口。

其次，在对任何一个函数实际执行的操作做出假设时，必须谨慎再谨慎。基于清单 14-9 中的示例，可以添加清单 14-10 所示的逻辑来尝试检查实参序列中是否包含可以相乘的值。

清单 14-10　product_of_thirds.py:1b

```
def product_of_thirds(sequence):
    if (
        not hasattr(sequence, '__iter__')
        or not hasattr(sequence, '__getitem__'
    ):
        raise TypeError("Argument must be iterable.")
    elif not hasattr(sequence[0], '__mul__'):
```

14

```
        raise TypeError("Sequence elements must support multiplication.")

    r = 1
    for i in sequence[2::3]:
        r *= i
    return r

# --snip--

print(product_of_thirds(range(1, 10)))  # prints '162'
print(product_of_thirds("Foobarbaz"))  # raises WRONG TypeError
```

通过检查__getitem__()和__iter__()，可知该对象必定是可订阅的。

还有一个问题是，字符串对象确实实现了__mul__()，但是没有按预期使用它。尝试运行此版本的代码，你会发现在将字符串传递给 product_of_thirds()时引发了 TypeError 并显示了一条错误消息：

```
TypeError: can't multiply sequence by non-int of type 'str'
```

测试未能确定函数逻辑，即集合项之间的乘法对字符串没有意义。

有时候，继承本身也会造成 hasattr()测试结果出现细微错误。例如，如果想确保一个对象实现了特殊方法__ge__（对应 >= 运算符），你可能希望这样做：

```
if not hasattr(some_obj, '__ge__'):
    raise TypeError
```

遗憾的是，对于这个测试，__ge__是在所有类继承的基类 object 上实现的，所以这个测试实际上永远不会失败。

也就是说，虽然 hasattr()适用于极其简单的场景，但是一旦你对参数类型的期望变得复杂，你就需要用一种更好的方式来查看，然后使用鸭子类型。

14.3　抽象基类

抽象基类（Abstract Base Class，ABC）允许指定必须由继承自抽象基类的类实现的特定接口。如果派生类没有提供预期的接口，类的实例化就会失败。这样就提供了一种更加稳健的方法来检查对象是否具有指定的特征，例如可迭代或可订阅。在某种意义上，可以将抽象基类视为一种接口契约：该类同意实现由抽象基类指定的方法。

抽象基类不能直接实例化，它们只能被另一个类继承。通常，抽象基类仅定义预期的方法，并将这些方法的实际实现留给派生类。在某些情况下，抽象基类可能会提供某些方法的实现。

可以使用抽象基类来检查对象是否实际实现了对应的接口。这种技术可以避免在某个遥远的基类中定义方法时可能出现的微妙错误。如果一个抽象基类要求实现__str__()，那么任何继承自该抽象基类的类都应该自行实现__str__()，否则将无法实例化该类，而 object.__str__()是否有效并不重要。

提醒一句：Python 中的抽象基类概念不应和 C++、Java 或其他面向对象编程语言中的虚继承和抽象继承相提并论。尽管有一些相似之处，但是它们的工作方式截然不同。它们应当被视为不同的概念。

14.3.1 内置抽象基类

Python 为迭代器和其他一些通用接口提供了抽象基类，你不需要从特定的基类继承来使对象成为迭代器。抽象基类和普通继承的区别在于：抽象基类很少提供实际的功能，相反，从抽象基类继承意味着类需要实现预期的方法。

collections.abc 和 numbers 模块包含几乎所有的内置抽象基类，还有一些其他的抽象基类分散在 contextlib（用于 with 语句）、selectors 和 asyncio 模块中。

为了演示抽象基类如何适应 LBYL 策略，重写清单 14-10 中的示例。可以使用两个抽象基类来确保参数 sequence 具有 product_of_thirds()函数所期待的接口，如清单 14-11 所示。

清单 14-11 product_of_thirds.py:1c

```
from collections.abc import Sequence
from numbers import Complex


def product_of_thirds(sequence):
    if not isinstance(sequence, Sequence):
        raise TypeError("Argument must be a sequence.")
    if not isinstance(sequence[0], Complex):
        raise TypeError("Sequence elements must support multiplication.")

    r = 1
    for i in sequence[2::3]:
        r *= i
    return r


print(product_of_thirds(range(1, 10)))  # prints '162'
print(product_of_thirds("Foobarbaz"))   # raises TypeError
```

product_of_thirds()函数的实现期望参数 sequence 是一个序列，因此 sequence 必须是可迭代对象（否则不能和 for 循环一起工作），并且其元素必须支持乘法运算。

使用 isinstance()检查预期的接口，以确定给定对象是类的实例还是其子类的实例。确保 sequence 本身派生自 collections.abc.Sequence，这意味着它实现了__iter__()实例方法。

另外，检查序列中的第一个元素，以确保它是从 numeric.Complex 派生的，这意味着它支持基本的数学运算，包括乘法。尽管字符串实现了特殊方法__mul__()，但它并不是从 numeric.Complex 派生的。这里无法合理地这么做，因为这样就不支持其他预期的数学运算符和方法了。因此，这里没有通过测试。

14.3.2 从抽象基类派生

抽象基类对于识别哪些类实现了特定接口很有用，因此考虑你自己的类应该继承自哪些抽象基类是有益的，尤其是在你编写供其他 Python 开发者使用的库时。

为了证明这一点，重写第 9 章末尾的示例，使用自定义可迭代对象和迭代器类来使用抽象基类，从而允许使用 isinstance()进行接口检查。

首先，从 collections.abc 模块导入一些抽象基类，如清单 14-12 所示。后面实际使用它们时再解释为什么要导入这些抽象基类。

清单 14-12　c.afe_queue_abc.py:1a

```
from collections.abc import Container, Sized, Iterable, Iterator
```

然后修改 CafeQueue 类，如清单 14-13 所示。

清单 14-13　cafe_queue_abc.py:2a

```
class CafeQueue(Container, Sized, Iterable):

    def __init__(self):
        self._queue = []
        self._orders = {}
        self._togo = {}

    def __iter__(self):
        return CafeQueueIterator(self)

    def __len__(self):
        return len(self._queue)

    def __contains__(self, customer):
        return (customer in self._queue)

    def add_customer(self, customer, *orders, to_go=True):
        self._queue.append(customer)
        self._orders[customer] = tuple(orders)
        self._togo[customer] = to_go
```

这里没有对这个类的实现做任何更改，而只是继承了 3 个不同的抽象基类，它们都来自 collections.abc 模块。这些特定的抽象基类是根据在类上实施的方法来选择的。CafeQueue 类实现了__iter__()来处理迭代，所以它需要继承自 Iterable 抽象基类。Container 抽象基类则需要__contains__()，以使 CafeQueue 对象能使用 in 运算符。Sized 抽象基类需要__len__()，这意味着 CafeQueue 对象能使用 len()函数。清单 14-13 中 CafeQueue 类的功能和第 9 章中的相同，但是现在有一种可靠的方法可以测试该类是否支持迭代、in 运算符和 len()函数。

因为抽象基类在底层使用元类，所以它们在多继承方面存在和元类相同的问题。但这里没有问题，因为 type(Container)、type(Sized)和 type(Iterable)都是 abc.ABCMeta 元类的实例，但是我们无法同时继承自一个抽象基类或使用元类完全不同的类。

可以通过使用继承自 Container、Sized 和 Iterable 的 Collection 抽象基类，以更清晰、更简洁的方式实现相同的效果，且导入行也更简短了，如清单 14-14 所示。

清单 14-14　cafe_queue_abc.py:1b

```
from collections.abc import Collection, Iterator
```

更重要的是，这还清理了 CafeQueue 类的继承列表，如清单 14-15 所示。

清单 14-15 cafe_queue_abc.py:2b

```
class CafeQueue(Collection):

    def __init__(self):
        self._queue = []
        self._orders = {}
        self._togo = {}

    def __iter__(self):
        return CafeQueueIterator(self)

    def __len__(self):
        return len(self._queue)

    def __contains__(self, customer):
        return (customer in self._queue)

    def add_customer(self, customer, *orders, to_go=True):
        self._queue.append(customer)
        self._orders[customer] = tuple(orders)
        self._togo[customer] = to_go
```

这个版本其实和清单 14-13 中的版本相同。接下来，将第 9 章中的 CafeQueueIterator 类调整为使用 Iterator 抽象基类，如清单 14-16 所示。

清单 14-16 cafe_queue_abc.py:3

```
class CafeQueueIterator(Iterator):

    def __init__(self, iterable):
        self._iterable = iterable
        self._position = 0

    def __next__(self):
        if self._position >= len(self._iterable):
            raise StopIteration

        customer = self._iterable._queue[self._position]
        orders = self._iterable._orders[customer]
        togo = self._iterable._togo[customer]

        self._position += 1

        return (customer, orders, togo)

    def __iter__(self):
        return self
```

14

再次说明，我们没有更改第 9 章版本的实现，只是继承了 Iterator。抽象基类需要__next__()方法并从 Iterator 继承，因此也需要__iter__()方法。清单 14-17 所示为修改后的 CafeQueue 类方法，用来演示抽象基类的工作原理。

清单 14-17 cafe_queue_abc.py:4a

```
def serve_customers(queue):
❶ if not isinstance(queue, Collection):
        raise TypeError("serve_next() requires a collection.")
```

```
    if not len(queue):
        print("Queue is empty.")
        return

    def brew(order):
        print(f"(Making {order}...)")

    for customer, orders, to_go in queue:
        for order in orders: brew(order)
        if to_go:
            print(f"Order for {customer}!")
        else:
            print(f"(Takes order to {customer})")


queue = CafeQueue()
queue.add_customer('Raquel', 'double macchiato', to_go=False)
queue.add_customer('Naomi', 'large mocha, skim')
queue.add_customer('Anmol', 'mango lassi')

serve_customers(queue)
```

在 serve_customers()函数中，在继续执行程序之前检查参数 queue 是否为继承自 Collection 抽象基类的类的实例❶，因为函数逻辑依赖于 len()和迭代。

运行这段代码后将产生期望的结果：

```
(Making double macchiato...)
(Takes order to Raquel)
(Making large mocha, skim...)
Order for Naomi!
(Making mango lassi...)
Order for Anmol!
```

尽管示例没有功能上的变化，但是抽象基类有两个优点。首先，任何使用这些类的用户都可以通过抽象基类检查这些类包含的功能。其次（也许更加重要），这是一种保险策略，可以防止代码所依赖的这些特殊方法被意外地从类中删除。

14.3.3　实现自定义抽象基类

通常不存在能够满足所有需求的抽象基类，因此你可能需要编写自己的抽象基类。可以通过让一个类继承自 abc.ABC 或另外一个抽象基类，并给它至少一个标有 @abstractmethod 装饰器的方法，使其成为一个抽象基类。

对于 CafeQueue 示例，我们可以创建一个自定义抽象基类来定义客户队列。我们期望客户队列具有特定的方法和行为，为此，可以使用抽象基类预先将这些期望编码化，如清单 14-18 所示。

清单 14-18　cafe_queue_abc.py:1c

```
from collections.abc import Collection, Iterator
from abc import abstractmethod
```

```
class CustomerQueue(Collection):

    @abstractmethod
    def add_customer(self, customer): pass

    @property
    @abstractmethod
    def first(self): pass
```

首先让 CustomerQueue 类继承自 Collection，这样一来，CustomerQueue 自己的派生类就必须实现__iter__()、__len__()和__contains__()，CustomerQueue 通过 Collection 间接继承了抽象基类。然后添加两个额外的抽象方法——add_customer()和特性 first()，二者都标有从抽象基类导入的 @abstractmethod 装饰器。现在，任何继承自 CustomerQueue 的类都必须实现上述方法和特性。

在 Python 3.3 之前，如果想在抽象类中要求某些类型的方法，则必须使用特殊的装饰器，如@abstractproperty、@abstractclassmethod 和@abstractstaticmethod。现在你仍然会看到这样的代码，但这已经不再是必需的了。只要@abstractmethod 是最内层的装饰器，就可以使用常见的方法装饰器，如@property。

虽然可以追加抽象方法来要求派生类具有特定的实例方法、类方法、静态方法甚至特性，但是不能要求派生类具有特定的实例属性。抽象基类旨在指定接口而不是数据。

更新 CafeQueue 类，使其继承自这个新的 CustomerQueue 抽象基类，如清单 14-19 所示。

清单 14-19 cafe_queue_abc.py:2c

```
class CafeQueue(CustomerQueue):

    def __init__(self):
        self._queue = []
        self._orders = {}
        self._togo = {}

    def __iter__(self):
        return CafeQueueIterator(self)

    def __len__(self):
        return len(self._queue)

    def __contains__(self, customer):
        return (customer in self._queue)

    def add_customer(self, customer, *orders, to_go=True):
        self._queue.append(customer)
        self._orders[customer] = tuple(orders)
        self._togo[customer] = to_go

    @property
    def first(self):
        return self._queue[0]
```

追加特性 first()，以查看队列中第一个人的名字。如果没有添加此特性，运行代码后将产生以下错误：

```
TypeError: Can't instantiate abstract class CafeQueue with abstract method first
```

由于已经实现了 first()，我们不必担心会触发以上错误。

更新 serve_customers()函数，使其使用 CustomerQueue 而非 Collection。我们可以这么做是

因为 CustomerQueue 继承自 Collection，任何继承自 CustomerQueue 的类也会满足 Collection 的接口，如清单 14-20 所示。

清单 14-20　cafe_queue_abc.py:4b

```
def serve_customers(queue):
    if not isinstance(queue, CustomerQueue):
        raise TypeError("serve_next() requires a customer queue.")

    if not len(queue):
        print("Queue is empty.")
        return

    def brew(order):
        print(f"(Making {order}...)")

    for customer, orders, to_go in queue:
        for order in orders: brew(order)
        if to_go:
            print(f"Order for {customer}!")
        else:
            print(f"(Takes order to {customer})")


queue = CafeQueue()
queue.add_customer('Raquel', 'double macchiato', to_go=False)
queue.add_customer('Naomi', 'large mocha, skim')
queue.add_customer('Anmol', 'mango lassi')

print(f"The first person in line is {queue.first}.")
serve_customers(queue)
```

除了测试 queue 是不是继承自 CustomerQueue 的类实例，还可以使用 queue.first 特性进行测试。

运行以上代码会产生预期的输出：

```
The first person in line is Raquel.
(Making double macchiato...)
(Takes order to Raquel)
(Making large mocha, skim...)
Order for Naomi!
(Making mango lassi...)
Order for Anmol!
```

除了能检查谁排在第一位之外，此版本代码的功能和先前版本相比没有什么变化。和以前一样，在这里使用抽象基类可确保 CafeQueue 实现其余代码所依赖的所有功能。如果缺少任何预期的接口，代码将立即执行失败，而不是在未来执行时失败。

14.4　虚拟子类

当开始依赖自定义抽象基类时，你可能会遇到一个难题：你可能希望一个参数是从自定义抽象基类派生出的类实例，并且希望允许使用某些预先存在的类实例。例如，不能仅仅为了报告内置 list 类满足你在自定义抽象基类中指定的某些接口就修改该类。

虚拟子类允许你让抽象基类报告某些类是派生的，即便实际上不是。这使得你可以将特定的内置类和第三方类指定为实现自定义抽象基类所需的接口。

这是可行的，因为在调用 isinstance(Derived, Base)或 issubclass(Derived, Base)时，首先就要分别检查并调用方法 Base.__instancecheck__(Derived) 或 Base._subclasscheck__(Derived)，不然就会调用 Derived.__isinstance__(Base) 或 Derived.__issubclass__(Base)。

虚拟子类的一个关键限制是，你需要绕过接口强制执行，并报告你已经验证了特定类满足接口条件。你可以使任何类变成抽象基类的虚拟子类，但确保其具有预期的接口则完全是你的责任。

14.4.1 设置示例

首先创建一个不使用虚拟子类的自定义抽象基类，但在这里使用虚拟子类会更好。假设你正在构建一个超级有用的函数库，里面的函数都和回文[①]有关，而且你想确保正在处理的对象能够实现__reversed__()、__iter__()和__str__()。编写一个自定义类来处理回文句子，这比处理回文单词更加复杂。遗憾的是，没有内置的抽象基类支持且仅支持这 3 个方法。

因为有不同形式的回文，所以你希望能以相同的方式和它们交互。这就是创建自定义抽象基类 Palindromable（见清单 14-21）的原因。

清单 14-21　palindrome_check.py:1

```
from abc import ABC, abstractmethod


class Palindromable(ABC):

    @abstractmethod
    def __reversed__(self): pass

    @abstractmethod
    def __iter__(self): pass

    @abstractmethod
    def __str__(self): pass
```

Palindromable 抽象基类不会在任何其他抽象基类上扩展，因此它只继承自 abc.ABC。对于这个抽象基类，要求其支持前面提及的 3 个方法。

接下来创建一个特殊的 LetterPalindrome 类，用于将字符串解释为基于字母的回文单词或回文句子。该类继承自 Palindromable 抽象基类，如清单 14-22 所示。

清单 14-22　palindrome_check.py:2

```
class LetterPalindrome(Palindromable):

    def __init__(self, string):
        self._raw = string
        self._stripped = ''.join(filter(str.isalpha, string.lower()))

    def __str__(self):
        return self._raw
```

① 译者注：回文是指一个字符串无论正序读还是反序读都是相同的，比如 soros。

```
    def __iter__(self):
        return self._stripped.__iter__()

    def __reversed__(self):
        return reversed(self._stripped)
```

LetterPalindrome 的初始化器接收一个字符串，清除其中所有非字母字符，并将字母全部转换为小写，以便能够通过反转字符串并将结果和原始字符串进行比较来检验字符串是否为回文。

也可以创建一个 WordPalindrome 类，它同样接收一个字符串，并逐单词而不是逐字母地进行反转。

接下来实现 3 个必需的方法。请记住，因为抽象基类要求使用__str__()方法，所以必须在此实现它。基类 object 是否实现了__str__()并不重要，因为必须将其重写。

陷阱警告： 一旦涉及多继承，事情就会变得棘手，因此请注意方法解析顺序。如果类X(ABC)有一个抽象方法foo() 而类Y提供了方法foo()，那么虽然类Z(X,Y) 需要重新实现foo()，但是类Z(Y,X)不需要！

清单 14-23 所示为检查某个字符串是否为回文的一个函数。这个函数不关心回文的形式，只是将可迭代对象和其反转后的序列作比较，若逐一匹配，则返回 True。

清单 14-23　palindrome_check.py:3

```
def check_palindrome(sequence):

    if not isinstance(sequence, Palindromable):
        raise TypeError("Cannot check for palindrome on that type.")

    for c, r in zip(sequence, reversed(sequence)):
        if c != r:
            print(f"NON-PALINDROME: {sequence}")
            return False
    print(f"PALINDROME: {sequence}")
    return True
```

在做任何事情之前，检查 sequence 是否为从 Palindromable 派生的类实例。如果是，就迭代地比较序列及其反转序列，这间接依赖于 sequence.__iter__()和 sequence.__reversed__()。此外，间接地使用 sequence.__str__()将结果输出到屏幕上。

如果将此函数传递给任何缺少这 3 个方法的类实例，则此代码将毫无意义，并且会快速失败并抛出异常。抽象基类的特殊优势就在于它有助于我们安全有效地使用鸭子类型。一个类只要能够以某种方式使用，就满足了抽象基类的要求，其他的都不重要。

下面通过创建两个LetterPalindrome实例，并将它们传递给check_palindrome()来试用回文检查器，如清单 14-24 所示。

清单 14-24　palindrome_check.py:4

```
canal = LetterPalindrome("A man, a plan, a canal - Panama!")
print(check_palindrome(canal))  # prints 'True'

bolton = LetterPalindrome("Bolton")
print(check_palindrome(bolton)) # prints 'False'
```

运行代码即可得到期望的输出：

```
PALINDROME: A man, a plan, a canal - Panama!
True
NON-PALINDROME: Bolton
False
```

14.4.2 使用虚拟子类

因为 check_palindrome()函数需要一个继承自抽象基类 Palindromable 的类，所以该函数无法和某些内置类（如 list 类）一起使用，即便这些类的实例本身就是回文。尝试将列表传递给 check_palindrome()将失败并引发 TypeError，如清单 14-25 所示。

清单 14-25 palindrome_check.py:5a

```
print(check_palindrome([1, 2, 3, 2, 1])) # raises TypeError
```

以上代码运行失败是因为 list 类不是从 Palindromable 派生的。虽然我们无法（也不应该尝试）编辑 Python 内置的 list 类，但我们可以使 list 类成为 Palindromable 的虚拟子类。

有两种方法可以完成这一任务。最简单的方法是使用 register()方法向抽象基类注册任意类，如清单 14-26 所示。

清单 14-26 palindrome_check.py:5b

```
Palindromable.register(list)
print(check_palindrome([1, 2, 3, 2, 1])) # prints 'True'
```

现在修订版可以使用了，因为 list 类现在是 Palindromable 的虚拟子类。这里没有将 list 类修改为实际继承自 Palindromable 抽象基类，而是让抽象基类声明 list 类是其派生类之一。

然而，这仅仅适用于列表。尝试将元组传递给 check_palindrome()，想来应该有效，事实上却同样失败了。当然，也可以像注册 list 类一样注册 tuple 类，但是将每个可能的兼容类都注册为 Palindromable 的虚拟子类是一件很痛苦的事。

任何类都可以被认为是 Palindromable 的有效虚拟子类，只要对应实现了所需的方法且是有序的（以使元素可靠地反转）和有限的。仔细想想，任何有序的类可能也可以通过__getitem__()进行索引访问，如果还是有限的，则应该有一个__len__()方法。内置的抽象基类 collections.abc.Sequence 不仅要求有这两个方法，还要求有__iter__()和__reversed__()。

可以使 Sequence 成为 Palindromable 的虚拟子类，从而使任何继承自 Sequence 的类也成为 Palindromable 的虚拟子类，如清单 14-27 所示。

清单 14-27 palindrome_check.py:5c

```
from collections.abc import Sequence # This should be at the top of the file

# --snip--

Palindromable.register(Sequence)
print(check_palindrome([1, 2, 3, 2, 1])) # prints 'True'
```

这样就可以使用 list 类、tuple 类和任何其他继承自 collections.abc.Sequence 的类来用

check_palindrome()进行检验了。

如果用于判断是否为回文的规则变得更加复杂，就像现实生活中经常发生的那样，则可以根据需要添加更多对 Palindromable.register()的调用，或采用另一种技术。为了处理这些潜在的复杂情况，可以在抽象基类中实现一个名为__subclasshook__()的特殊类方法，由__subclasscheck__()调用并增强子类检查行为，如清单 14-28 所示。

清单 14-28　palindrome_check.py:1d

```
from abc import ABC, abstractmethod
from collections.abc import Sequence

class Palindromable(ABC):

    @abstractmethod
    def __reversed__(self): pass

    @abstractmethod
    def __iter__(self): pass

    @abstractmethod
    def __str__(self): pass

    @classmethod
    def __subclasshook__(cls, C):
        if issubclass(C, Sequence):
            return True
        return NotImplemented
```

__subclasshook__()类方法的逻辑可以很简单，也可以很复杂。在任何情况下，如果 C 应该被视为抽象基类 Palindromable 的子类，则__subclasshook__()必须返回 True；如果明确不是，则应该返回 False；其他情况则应该返回 NotImplemented。最后一点非常重要！当__subclasshook__()返回 NotImplemented 时，将导致__subclasscheck__()检查 C 是否为实际子类而非虚拟子类。如果在检查结束时返回 False，将导致 LetterPalindrome 类不再被视为 Palindromable 的子类。

和大多数特殊方法不同，Python 不需要直接实现__subclasscheck__()，否则意味着必须重新实现所有复杂的子类检查逻辑。

修改代码后，就不再需要将 list 类和 Sequence 类注册为虚拟子类了，如清单 14-29 所示。

清单 14-29　palindrome_check.py:5d

```
print(check_palindrome([1, 2, 3, 2, 1]))          # prints 'True'
print(check_palindrome((1, 2, 3, 2, 1)))          # prints 'True'

print(check_palindrome('racecar'))                # prints 'True'
print(check_palindrome('race car'))               # prints 'False'
print(check_palindrome(LetterPalindrome('race car')))  # prints 'True'

print(check_palindrome({1, 2, 3, 2, 1}))          # raises TypeError
```

如你所见，除了 LetterPalindrome，check_palindrome()现在还可以用于列表、元组和字符串。

将可变集合（set）传递给 check_palindrome()也会失败。这是因为可变集合是无序的，无法可靠地反转。

这就是将抽象基类用于鸭子类型的美妙之处！我们可以使用 LBYL 策略编写快速失败的代

码，而不必指定每个可以和该代码一起使用的类。相反，通过创建一个名为 Palindromable 的抽象基类并将 collections.abc.Sequence 注册为它的虚拟子类，便可以使 check_palindrome()函数几乎适用于任何实现了所需接口的类。

14.5　本章小结

元类是用于实例化类的神秘“蓝图”，就像类是对象的蓝图一样。尽管很少单独使用，但元类允许你重写或扩展类的创建方法。

可以使用抽象基类来规定并检查类的特定接口。但这并不意味着不应该使用第 6 章提及的类型提示。当涉及从用户角度强制执行特定接口时，非常有必要通过注解阐明代码应该如何使用。抽象基类和子类检查的目的是使代码在不可能成功的情况下快速失败，尤其是当代码可能以微妙或不可预测的方式失败时。鸭子类型、继承和类型提示是互补的，它们如何在代码中交融完全取决于你。

第 15 章

自省和泛型

自省是代码在运行时访问有关自身的信息并相应做出响应的能力。作为一种解释型语言，Python 擅长自省。通过了解 Python 如何检查对象，你可以发现许多改进和优化代码的模式。

本章将介绍使这种内省成为可能的特殊属性。通过使用这些特殊属性，继而介绍通用函数、描述符和 slots，甚至还会构建一个（有效的）不可变类。最后在谈到代码本身运行的主题时，讨论任意执行的危险。

15.1 特殊属性

Python 主要通过将重要信息存储在所使用的不同对象的特殊属性中来实现自省。这些特殊属性在 Python 运行时提供有关名称、项目结构、对象间关系等方面的信息。

和特殊方法一样，所有特殊属性都以双下画线（__）开头和结尾。

你其实已经在前文中看到了几个特殊属性，例如__name__，其包含当前正在执行的模块的名称，但是入口模块除外，其值为特殊的"__main__"：

```
if __name__ == "__main__":
    main()
```

还有一个特殊属性__file__，其包含当前模块的绝对路径，可以用来在包中查找文件：

```
from pathlib import Path

path = Path(__file__) / Path("../resources/about.txt")
with path.open() as file:
    about = file.read()
```

在这两种情况下，Python 都能在运行时访问有关项目的结构信息。这是工作中的自省。

本章将根据需要介绍各种特殊属性。为方便参考，附录 A 列出了 Python 中的所有特殊属性。

15.2 内部对象属性访问：__dict__特殊属性

要编写自省代码，就必须了解 Python 如何存储属性的名称和值。每个类和每个对象都有一个特殊属性__dict__的实例，这是一个存储属性和方法的字典。许多和对象属性访问相关的行为取决于哪个字典（字典类或字典实例）包含特定的属性或方法。这实际上比你想象的要复杂。

考虑清单 15-1 所示的将羊驼定义为四足动物的简单类结构。

清单 15-1　llama.py:1

```
class Quadruped:
    leg_count = 4

    def __init__(self, species):
        self.species = species

class Llama(Quadruped):
    """A quadruped that lives in large rivers."""
    dangerous = True

    def __init__(self):
        self.swimming = False
        super().__init__("llama")

    def warn(self):
        if self.swimming:
            print("Cuidado, llamas!")

    @classmethod
    def feed(cls):
        print("Eats honey with beak.")
```

Quadruped 和 Llama 类是专为演示属性访问而设计的，所以请忽略这里违反面向对象设计原则的地方。

检查实例和所创建的两个类的__dict__特殊属性，以了解 Python 存储所有信息的位置，如清单 15-2 所示。

清单 15-2　llama.py:2a

```
llama = Llama()

from pprint import pprint

print("Instance __dict__:")
pprint(llama.__dict__)

print("\nLlama class __dict__:")
pprint(Llama.__dict__)

print("\nQuadruped class __dict__")
pprint(Quadruped.__dict__)
```

以上代码使用 pprint 模块和函数来漂亮地输出字典，这意味着你在字典中看到的每个键值对都在对应行上。这种美化输出的方法能以更具可读性的方式显示复杂的集合。这段代码的输出揭示了__dict__特殊属性的内容：

```
Instance __dict__:
{ ❶ 'species': 'llama', 'swimming': False}

Llama class __dict__:
mappingproxy({'__doc__': 'A quadruped that lives in large rivers.',
              '__init__': <function Llama.__init__ at 0x7f191b6170d0>,
              '__module__': '__main__',
```

15

```
            'dangerous': True,
            'feed': <classmethod object at 0x7f191b619d60>,
          ❷ 'warn': <function Llama.warn at 0x7f191b617160>})

Quadruped class __dict__
mappingproxy({'__dict__': <attribute '__dict__' of 'Quadruped' objects>,
              '__doc__': None,
              '__init__': <function Quadruped.__init__ at 0x7f191b617040>,
              '__module__': '__main__',
              '__weakref__': <attribute '__weakref__' of 'Quadruped' objects>,
            ❸ 'leg_count': 4})
```

你可能对某些东西所在的位置感到惊讶。species 和 swimming 的实例属性位于实例本身❶，但是所有实例方法以及类属性和自定义类方法都存储在类（而不是实例）❷中。比如 Quadruped.__dict__存储了 Quadruped 类属性 leg_count❸。

探究笔记： 几乎所有继承的特殊方法都存储在通用基类object的__dict__中，但是对应的输出太长，因此不得不在此省略。如果你对此好奇的话，可以通过pprint(object.__dict__)自行观察。

另一个让人感到奇怪的地方是，类属性__dict__其实是 mappingproxy 类型——一个定义在 types.MappingProxyType 中的特殊类。抛开技术细节，这实际上是一种字典的只读视图。类的__dict__属性是一种 MappingProxyType，但是实例的__dict__属性又只是一个普通的字典。不过，正因为如此，不能直接修改类的__dict__特殊属性。

最后，虽然在此描述不切实际，但是类本身的所有特殊属性和方法都定义在元类的__dict__属性中。在大多数情况下，包括此处，可以使用 pprint(type.__dict__)来查看。

你可以看到，任何给定属性或方法的存储位置都有一些复杂的规则。虽然可以通过正确的__dict__特殊属性直接访问任何类或实例的属性和方法，但实际上想要正确执行这种查找并非易事。Python 提供了一种更好的方法。

15.2.1　列出属性

有两个函数专门用于检查任何类或实例的__dict__属性：vars()和 dir()。

vars()函数输出给定对象或类的__dict__属性，如清单 15-3 所示。

清单 15-3　llama.py:2b

```
llama = Llama()

from pprint import pprint

print("Instance __dict__:")
pprint(vars(llama))

print("\nLlama class __dict__:")
pprint(vars(Llama))

print("\nQuadruped class __dict__")
pprint(vars(Quadruped))
```

这段代码的输出应该和清单 15-2 的输出相同。在类、对象或函数中运行不带任何参数的 vars()会输出当前作用域的__dict__；而在对象、函数和类的作用域之外，则输出一个表示局部符号表的字典。如果想把局部或全局符号表作为字典，也可以分别运行 locals()或 globals()。注意，永远不要尝试使用从这些函数返回的字典来修改局部或全局值。

dir()内置函数返回当前作用域、给定对象或类对应作用域中所有变量的名称（但不包含值）的列表。默认情况下，dir()使用__dict__属性编译该列表，其中还将包括来自基类的名称。你可以通过编写自己的__dir__()方法来覆盖此行为。如果你以其他方式修改了类，则可能需要这么做，以处理实际上不是属性的名称。

在实践中，vars()、locals()、globals()和 dir()函数通常仅在交互式提示环境中工作，或仅在调试期间有用。

15.2.2 获取属性

要访问一个属性，比如 leg_count 或 swimming，可以使用点运算符（.），如清单 15-4 所示。

清单 15-4 llama.py:3a

```
print(llama.swimming)   # prints 'False'
print(Llama.leg_count)  # prints '4'
```

对类或对象使用点运算符是内置函数 getattr()的一种简化写法。清单 15-5 所示为等效的函数调用。

清单 15-5 llama.py:3b

```
print(getattr(llama, 'swimming'))    # prints 'False'
print(getattr(Llama, 'leg_count'))  # prints '4'
```

在这两种情况下，都会将两个参数传递给 getattr()：想要搜索的对象，以及字符串形式的想要搜索的名称。

在幕后，getattr()函数使用了两个特殊方法：__getattribute__()，用于处理复杂的查找逻辑；以及用户可以选择性实现的__getattr__()，用于进一步扩展类的 getattr()函数行为。

最终，object.__getattribute__()或 type.__getattribute__()分别参与搜索实例或类。即便此特殊方法由派生类或元类重新实现，也必须显式调用 object.__getattribute__()或 type.__getattribute__()以避免无限递归。这其实还好，毕竟正确地重新实现__getattribute__()的所有行为并不是一件小事。

__getattribute__()特殊方法的工作原理是按照方法解析顺序搜索实例和类的__dict__对象。如果没有找到正在搜索的属性，就会引发 AttributeError。从那里开始，getattr()将检查是否定义了特殊方法__getattr__()——这是一个特殊的用户定义方法，当__getattribute__()失败时用作属性查找的回退方法。如果定义了__getattr__()，则 getattr()会在最后一步调用它。

在此，直接调用__getattribute__()，如清单 15-6 所示。

清单 15-6 llama.py:3c

```
print(object.__getattribute__(llama, 'swimming')) # prints 'False'
print(type.__getattribute__(Llama, 'leg_count'))  # prints '4'
```

对象和元类都有一个__dict__特殊属性，用于按名称存储所有其他属性。这就是为什么你可以任意地为向对象或类追加属性，甚至可以在类定义之外追加属性。（还有另一种存储属性的方法，稍后介绍。）

下面粗略地重新实现 getattr()函数，展示__getattribute__()和__gettattr__()在属性查找中的实际使用方法，如清单 15-7 所示。

清单 15-7　llama.py:3d

```
llama = Llama()

try:
    print(object.__getattribute__(llama, 'swimming'))
except AttributeError as e:
    try:
        __getattr__ = object.__getattribute__(llama, '__getattr__')
    except AttributeError:
        raise e
    else:
        print(__getattr__(llama, 'swimming'))

try:
    print(type.__getattribute__(Llama, 'leg_count'))
except AttributeError as e:
    try:
        __getattr__ = type.__getattribute__(Llama, '__getattr__')
    except AttributeError:
        raise e
    print(__getattr__(Llama, 'leg_count'))
```

虽然这和 getattr()中实际发生的情况并不完全相同，但已经很接近且足以让人明白正在发生的事情。在第一个代码块中，尝试访问 llama.swimming；在第二个代码块中，尝试访问 llama.leg_count。在这两种情况下，都首先在 try 子句中调用适当的__getattribute__()特殊方法。如果引发 AttributeError，就检查__getattr__()是否已被执行，这也是通过__getattribute__()完成的。如果__getattr__()的确存在，则调用它来执行回退属性检查；反之，再次引发 AttributeError。

这虽然涉及很多工作。值得庆幸的是，Python 向我们隐藏了所有这些复杂性。在访问属性或方法时，如果事先知道所要查找的名称，请使用点运算符，或在运行时使用 getattr()执行查找并将名称以字符串形式传递，如清单 15-8 所示。

清单 15-8　llama.py:3e

```
# Either of these works!
print(llama.swimming)              # prints 'False'
print(getattr(Llama, 'leg_count')  # prints '4'
```

至于覆盖正常行为，__getattr__()通常是你应该实现的。__getattr__()常见的一个用途是为不存在的属性提供默认值。通常不应该改动__getattribute__()。

15.2.3　检查属性

要检查一个属性是否存在，请使用 hasattr()函数，如清单 15-9 所示。

清单 15-9 llama.py:4a

```
if hasattr(llama, 'larger_than_frogs'):
    print("¡Las llamas son más grandes que las ranas!")
```

在幕后，hasattr()在 try 语句中调用了 getattr()，如清单 15-10 所示[①]。

清单 15-10 llama.py:4b

```
try:
    getattr(llama, 'larger_than_frogs')
except AttributeError:
    pass
else:
    print("¡Las llamas son más grandes que las ranas!")
```

15.2.4 设置属性

设置属性不像访问属性那么复杂。setattr()函数依赖__setattr__()特殊方法。默认情况下，为属性设置一个值应该总是可以成功的。将 llama 上的实例属性 larger_than_frogs 设置为 True，如清单 15-11 所示。

清单 15-11 llama.py:5a

```
setattr(llama, 'larger_than_frogs', True)
print(llama.larger_than_frogs)  # prints 'True'

setattr(Llama, 'leg_count', 3)
print(Llama.leg_count)          # prints '3'
```

以上代码将 3 个参数传递给了 settattr()：要变更属性的对象或类、字符串形式的属性名，以及新的值。setattr()完全不考虑继承和方法解析顺序，而只关心修改指定对象或类的__dict__。如果该属性存在于__dict__中，就修改它；否则，就在__dict__中创建一个新属性。

在幕后，setattr()依赖于特殊方法__setattr__()，清单 15-11 中的代码有效地执行了清单 15-12 所示的操作。

清单 15-12 llama.py:5b

```
object.__setattr__(llama, 'larger_than_frogs', True)
print(llama.larger_than_frogs) # prints 'True'

type.__setattr__(Llama, 'leg_count', 3)
print(Llama.leg_count)         # prints '3'
```

这反过来又分别修改了 llama.__dict__和 Llama.__dict__。这里有个有趣的细节：虽然可以手动修改 llama.__dict__，但 llama.__dict__只是一个 mappingproxy，这意味着它对除了 type.__setattr__()之外的每个访问和所有操作都是只读的，只有 type.__setattr__()知道如何修改中对应的数据。

陷阱警告：访问属性遵循方法解析顺序，设置属性则不遵循。误解这种行为将导致许多错误。

① 译者注：这只是示例，具体代码可以在官方代码仓库中查看。Python 解释器为了提高开发者的体验，在运行时环境中提供了大量的工具类、函数来减少开发者的重复劳动。

15

通过 setattr()或点运算符设置属性时，请特别注意你是在修改现有的类属性，还是仅使用实例属性对其进行覆盖。正如你之前所看到的，意外的覆盖会造成各种糟糕的意外，如清单 15-13 所示。

清单 15-13　llama.py:6a

```
setattr(llama, 'dangerous', False)  # uh oh, shadowing!
print(llama.dangerous)              # prints 'False', looks OK?
print(Llama.dangerous)              # prints 'True', still dangerous!!
```

以上代码在调用 setattr()时，将键'dangerous'添加到了实例的特殊属性 llama.__dict__中，而完全忽略了类的特殊属性 Llama.__dict__中存在相同的键。输出语句说明已经形成了覆盖。

意外覆盖不是 setattr()特有的问题，而是存在于对属性的任何赋值中，如清单 15-14 所示。

清单 15-14　llama.py:6b

```
llama.dangerous = False  # same problem
print(llama.dangerous)   # prints 'False', looks OK?
print(Llama.dangerous)   # prints 'True', still dangerous!!
```

为确保不使用实例属性覆盖类属性，就必须注意只修改类的类属性，而不要修改其实例，如清单 15-15 所示。

清单 15-15　llama.py:6c

```
Llama.dangerous = False  # this is better
print(llama.dangerous)   # prints 'False', looks OK?
print(Llama.dangerous)   # prints 'False', we are safe now
```

为了控制对象如何处理对其属性的分配，可以重新实现__setattr__()特殊方法。在此也要小心。如果__setattr__()的实现从不修改__dict__特殊属性且从不调用 object.__setattr__()（或在处理类属性时从不调用 type.__setattr__()），则实际上完全可以阻止属性工作。

15.2.5　删除属性

delattr()用于删除属性，它依赖于__delattr__()特殊方法，并以和 setattr()相同的方式工作，只是在请求删除的属性不存在时会引发 AttributeError。通常，你会为此目的使用 del 关键字，如清单 15-16 所示。

清单 15-16　llama.py:7a

```
print(llama.larger_than_frogs)  # prints 'True'
del llama.larger_than_frogs
print(llama.larger_than_frogs)  # raises AttributeError
```

这和直接调用 delattr()的效果相同，如清单 15-17 所示。

清单 15-17　llama.py:7b

```
print(llama.larger_than_frogs)  # prints 'True'
delattr(llama, 'larger_than_frogs')
print(llama.larger_than_frogs)  # raises AttributeError
```

delattr()调用__delattr__()的方式也和 setattr()调用__setattr__()的方式相同。如果想要控制属性的删除，也可以重新实现__delattr__()，不过在修改这个特殊方法时，你应该像修改__setattr__()一样谨慎[①]。

15.3 函数属性

既然所有对象都可以有属性，而函数是对象，因此函数当然也可以有属性。事实上也确实如此，但是函数属性并不是你想象的那样。

实际上，你很少需要直接使用函数属性。它们主要用来使其他模式和技巧发挥作用。这些任务和"深层魔法"有关联，其中包含元类（见第 14 章）。

有趣的是，函数属性最初被添加到 Python 中纯粹是因为它们看起来应该存在。各种库已经在滥用__docstring__来破解函数属性的行为。同时，其他开发者试图通过创建纯粹由类属性和__call__()方法组成的类来模拟构造函数属性，和具有属性的普通函数相比，这种技术具有相当大的性能开销。

因此，Python 开发者认为：既然人们无论如何都要这样做，不妨为其提供一种正式且明显的机制。

15.3.1 函数属性的错误使用方式

为了演示函数属性及其缺陷，请思考以下示例，该例最初错误地使用了函数属性。定义一个进行乘法运算的函数 multiplier()，将其中一个操作数存储在函数属性中。使用 multiplier()将参数 n 与 factor 相乘并输出结果，如清单 15-18 所示。

清单 15-18 function_attribute.py:1a

```
def multiplier(n):
    factor = 0
    print(n * factor)


❶ multiplier.factor = 3
❷ multiplier(2)              # prints 0
print(multiplier.factor)    # prints 3
```

以上代码错误地尝试通过将值分配给函数属性❶来将 factor 的值更改为 3。如你所见，函数调用的输出为 0，说明代码没能按预期工作❷，因为局部作用域变量仍然为 0。检查 multiplier.factor，这个函数属性的值又的确是 3，究竟发生了什么？

问题在于函数属性和局部作用域变量并不相同，函数属性存在于 multiplier()函数的__dict__属性中。如果输出这个__dict__属性，如清单 15-19 所示，你就能发现其中包含 multiplier.factor 属性。

---

① 译者注：这就是 Python 以及其他开源语言一致的态度，即总是将尽可能多的内部信息和控制公开出来，从而使开发者可以更快、更好地实现自己的作品。先贤们总是先假设开发者知道自己在做什么，且总是认为开发者在创造一些好的作品，所以开发者也应该尽可能让自己的行为符合这些先贤们友好的期待。

清单 15-19 function_attribute.py:1b

```
def multiplier(n):
    factor = 0
    print(n * factor)


print(multiplier.__dict__)  # prints {}
multiplier.factor = 3
print(multiplier.__dict__)  # prints {'factor': 3}
```

更重要的是，我们无法仅通过名称访问函数中的函数属性，就像我尝试在 multiplier()函数内的 print 语句中使用 factor 一样。访问函数属性的正确方法是直接通过 getattr()或使用点运算符，如清单 15-20 所示。

清单 15-20 function_attribute.py:1c

```
def multiplier(n):
    print(n * multiplier.factor)


print(multiplier.__dict__)  # prints {}
multiplier.factor = 3
print(multiplier.__dict__)  # prints {'factor': 3}
multiplier(2)               # prints 6
```

如你所想，乘法运算现在成功了。

这段代码还有另外一个技术问题：如果没能给 multiplier.factor 分配初始值，则清单 15-20 中对 multiplier()的调用将失败。可以通过让 multiplier()函数为该函数属性定义一个默认值（如果还没有定义的话）来解决这个问题。

清单 15-21 是最终可工作的版本。

清单 15-21 function_attribute.py:1d

```
def multiplier(n):
    if not hasattr(multiplier, 'factor'):
        multiplier.factor = 0
    print(n * multiplier.factor)


multiplier(2)               # prints 0
print(multiplier.__dict__)  # prints {'factor': 0}
❶ multiplier.factor = 3
print(multiplier.__dict__)  # prints {'factor': 3}
multiplier(2)               # prints 6
```

在 multiplier()函数的顶部，检查是否定义了函数属性 factor，如果没有，将其设置为默认值 0。然后通过从外部更改函数属性❶，就可以更改函数的行为。

不过，这只是一个演示函数属性如何工作的简单示例。函数属性的这种用法一点都不 Pythonic！

15.3.2 可变性和函数属性

第 6 章提到过，函数应该是无状态的。考虑到 multiplier()函数的设计目的，人们可能会期待 multiplier(2)每次都返回相同的值。这个期待其实已被打破，因为 multiplier()将状态存储在函数属性中。更改 multiplier.factor 将改变 multiplier(2)返回的值。

换句话说，函数属性是可变对象的属性。这是一种危害代码的逻辑错误！清单 15-22 所示的简单示例尝试更改一个函数的函数属性，但是该函数属性在其他地方也被修改了。

清单 15-22 bad_function_attribute.py

```
def skit():
    print(skit.actor)

skit.actor = "John Cleese"
skit()    # prints "John Cleese"

sketch = skit
sketch()  # prints "John Cleese"
sketch.actor = "Eric Idle"
sketch()  # prints "Eric Idle"

skit()    # prints "Eric Idle"...yikes!
```

以上代码在将 sketch 分配给 skit 时，又将 sketch 绑定到了和 skit 同名的可变函数对象。为函数属性 sketch.actor 分配新值的效果和将新值分配给函数属性 skit.actor 的效果是一样的，因为它们是同一个函数对象的函数属性。如果你熟悉可变对象存在的问题，例如作为参数传递的列表，那么这种行为可能看起来并不令人惊讶。然而想象一下，如果这种行为分散在一个数千行的生产代码库中呢？尝试定位和解决这种问题就很可怕了。

至于 multiplier()函数（见清单 15-21），如果真的需要以某种方式提供 factor 而不是作为参数，则建议将其写成一个闭包。这样每个可调用对象本身就是无状态的。（有关该主题的更多信息，请回顾第 6 章。）

如果需要使用函数属性，就应该只以清晰、可预测和易于调试的方式修改它们。函数属性的一种可行的用法是使用装饰器为可调用对象预先提供一个默认值，并在程序执行期间的任何时候都不修改这个值。虽然使用闭包可以获得类似的效果，但是使用装饰器可以将拓展行为放在函数定义之前。这使得属性可以被检查，而这对闭包中的参数来说完全是不可能的。

15.4 描述符

描述符是具有绑定行为的对象，用于控制对象如何用作属性。你可以将描述符视为一个特性，其 getter、setter 和 deleter 方法被封装在一个类中，该类包含这些方法所使用的数据。

例如，假设有一个 Book 描述符，其中包含书名、作者、出版商和出版年份。当描述符用作属性时，所有这些信息都可以通过字符串直接分配，并且描述符可以从字符串中解析出信息。

所有方法，包括静态方法、类方法以及 super()函数（见第 13 章），实际上都是描述符。特性也是描述符。特性仅在使用它们的类中定义，而描述符可以在类的外部定义并复用。这类似于 lambda 表达式和函数之间的区别：lambda 表达式在使用它们的地方定义，而函数则与使用它们的代码分开定义。

15.4.1 描述符协议

描述符协议中有 3 个特殊方法：__get__()、__set__()和__delete__()。一个对象如果实现了其中至少一个方法，那么该对象就是一个描述符：如果仅实现了__get__()，则是非数据描述符，通常用于幕后的方法；如果还实现了__set__()和/或__delete__()，则是数据描述符，也就是特性。

这对 object.__getattribute__()和 type.__getattribute__()使用的查找链很重要。查找链决定 Python 搜索属性的位置和顺序。数据描述符具有最高优先级，其次是存储在对象的__dict__中的普通属性，然后是非数据描述符，最后是类及其基类中的任何属性。这意味着名为 foo 的数据描述符将覆盖甚至阻止创建同名属性。同理，名为 update 的属性将覆盖名为 update()的方法（非数据描述符）。

只读数据描述符仍将定义__set__()方法，但是该方法只会引发 AttributeError。这对于将该描述符视为查找链中的数据描述符很重要。

探究笔记：也可以只使用__set__()和__delete__()编写一个有效的描述符，甚至可以只使用这两个方法之一。然而这方面的实际用途很少（如果存在的话）。

描述符还有一个__set_name__()方法，当绑定描述符到一个名称时该方法将被调用。

15.4.2 编写描述符类（有点问题的方式）

虽然可以将描述符类编写成类的特性，但是我们通常会编写一个单独的描述符类以减少代码重复。如果想在多个不相关的类中使用描述符，或者想在同一个实例中使用同一个描述符的多个实例，这将很有用。

例如，假设要编写一个描述符类来存储一本书的详细信息。你可以按照 APA 7 引用格式从字符串中解析这些细节，这是该描述符类的第一部分，如清单 15-23 所示。请注意，这段代码中存在逻辑错误，稍后分析。

清单 15-23　book_club.py:1a

```
import re


class Book:
    pattern = re.compile(r'(.+)\((\d+)\)\. (.+)\. (.+)\..*')

    def __set__(self, instance, value):
        matches = self.pattern.match(value)
        if not matches:
            raise ValueError("Book data must be specified in APA 7 format.")
        self.author = matches.group(1)
        self.year = matches.group(2)
        self.title = matches.group(3)
```

```
        self.publisher = matches.group(4)
```

Book 类是一个数据描述符，因为其中定义了__set__()。（将在清单 15-24 中定义__get__()。）当描述符是另一个类的属性时，可以直接为该属性赋值，并调用__set__()方法。此方法只接收 3 个参数：self、要访问的对象（instance），以及分配给描述符的描述（value）。

在__set__()中，使用预编译并存储在类属性描述中的正则表达式，从传递给 value 参数的字符串中提取作者、书名、出版年份和出版商。这些提取的值存储在实例属性中。如果 value 不是和正则表达式的期望相匹配的字符串，就会引发 ValueError。

要使其成为描述符，还必须在 Book 类中定义一个__get__()方法，如清单 15-24 所示。

清单 15-24 book_club.py:2a

```
    def __get__(self, instance, owner=None):
        try:
            return f"'{self.title}' by {self.author}"
        except AttributeError:
            return "nothing right now"
```

当描述符作为一个属性被访问时，__get__()方法被调用，并返回一个包含书名和作者的新字符串。如果没有定义预期的属性，就返回字符串"nothing right now"，而不是引发 AttributeError。

__get__()方法必须接收参数 self 和 instance（就像__set__()方法一样），可选参数 owner 则指定描述符属于哪个类。当 owner 设置为默认值 None 时，拥有的类被认为和类型（实例）相同。

你会注意到 Book 类没有__init__()方法，尽管如果需要，描述符类可以有初始化器，但是你不应该像使用普通类那样使用这个初始化器来初始化实例属性。这是因为只有一个描述符的实例在所有使用它的类之间是共享的，所以所有实例属性也将被共享。事实上，这种意外行为已经让我在构造示例中遇到了麻烦。细节马上就讲。

15.4.3 使用描述符

描述符仅在用作另一个类的属性时才表现出绑定行为。为了演示这一点，定义一个 BookClub 类，这个类使用 Book 描述符类来跟踪读书俱乐部里当前正在阅读的图书，如清单 15-25 所示。

15

清单 15-25 book_club.py:3a

```
class BookClub:
    reading = Book()

    def __init__(self, name):
        self.name = name
        self.members = []

    def new_member(self, member):
        self.members.append(member)
        print(
            "===== - - - - - - - - - =====",
            f"Welcome to the {self.name} Book Club, {member}!",
```

```
            f"We are reading {self.reading}",
            "===== - - - - - - - - - - =====",
            sep='\n'
        )
```

以上代码通过将 Book 类的实例绑定到类属性 reading 来使 Book 描述符起作用。此外还定义了一个 new_member()方法，用于将新成员添加到读书俱乐部，并用俱乐部里当前正在阅读的图书信息欢迎他们。

这里有一个重要的细节：描述符必须是类属性！否则，所有的描述符行为都将被忽略，赋值操作只会将属性重新绑定到其被分配的值。思考一下描述符还会在哪些地方出现就不足为奇了：所有方法和特性都声明在类作用域内，而不是在 self（实例属性）上进行声明。

因为描述符是一个具有自身属性的类属性，所以在使用 BookClub 类时会出现问题。下面通过创建两个新的读书俱乐部 mystery_lovers 和 lattes_and_lit 来进行演示，如清单 15-26 所示。

清单 15-26　book_club.py:4

```
mystery_lovers = BookClub("Mystery Lovers")
lattes_and_lit = BookClub("Lattes and Lit")

mystery_lovers.reading = (
    "McDonald, J. C. (2019). "
    "Noah Clue, P.I. AJ Charleson Publishing."
)
lattes_and_lit.reading = (
    "Christie, A. (1926). "
    "The Murder of Roger Ackroyd. William Collins & Sons."
)

print(mystery_lovers.reading)  # prints "'The Murder of Roger Ackroyd..."
print(lattes_and_lit.reading)  # prints "'The Murder of Roger Ackroyd..."
```

mystery_lovers 俱乐部的人正在阅读一些神秘小说，所以我们将一个包含适当格式的图书信息字符串分配给 mystery_lovers 的 reading 属性。这个赋值操作其实调用了绑定到 reading 的 Book 数据描述符对象的__set__()方法。

与此同时，lattes_and_lit 俱乐部的人正在阅读一本经典的由阿加莎·克里斯蒂（Agatha Christie）写的侦探小说，所以我们将适当的图书信息分配给 lattes_and_lit.reading。

然而，由于 reading 是一个类属性，第二次赋值改变了两个俱乐部的人正在阅读的内容，正如你从 print()语句中看到的那样。应该如何解决这个问题呢？

15.4.4　以正确方式编写描述符类

虽然 reading 描述符必须是 BookClub 上的类属性，但是也可以通过将属性存储在其所在的类实例中来修改描述符类，如清单 15-27 所示。

清单 15-27　book_club.py:1b

```
class Book:
    pattern = re.compile(r'(.+)\((\d+)\)\. (.+)\. (.+)\..*')
```

```
    def __set__(self, instance, value):
        matches = self.pattern.match(value)
        if not matches:
            raise ValueError("Book data must be specified in APA 7 format.")
        instance.author = matches.group(1)
        instance.year = matches.group(2)
        instance.title = matches.group(3)
        instance.publisher = matches.group(4)
```

与其让 Book 描述符存储自己的属性，不如将数据存储在对应所属的实例中，通过 instance 参数进行访问。

因为在实例中定义了属性，所以还需要提供一个__delete_()方法。通过 BookClub 实例中的 reading 属性删除 Book 描述符的代码将正常工作，如清单 15-28 所示。

清单 15-28　book_club.py:2b

```
    def __get__(self, instance, owner=None):
        try:
            return f"'{instance.title}' by {instance.author}"
        except AttributeError:
            return "nothing right now"

    def __delete__(self, instance):
        del instance.author
        del instance.year
        del instance.title
        del instance.publisher
```

如果没有定义这种行为，在 reading 属性上调用 del 将引发异常。

将描述符的数据安全地存储在适当的实例中之后，你会发现之前的代码现在可以按预期工作了，如清单 15-29 所示。

清单 15-29　book_club.py:4

```
mystery_lovers = BookClub("Mystery Lovers")
lattes_and_lit = BookClub("Lattes and Lit")

mystery_lovers.reading = (
    "McDonald, J. C. (2019). "
    "Noah Clue, P.I. AJ Charleson Publishing."
)
lattes_and_lit.reading = (
    "Christie, A. (1926). "
    "The Murder of Roger Ackroyd. William Collins & Sons."
)

print(mystery_lovers.reading)  # prints "'Noah Clue, P.I...."
print(lattes_and_lit.reading)  # prints "'The Murder of Roger Ackroyd..."
```

清单 15-30 所示为这个 BookClub 类的更多用法，演示了如何对描述符调用 del 并添加一个新成员。

清单 15-30　book_club.py:5

```
del lattes_and_lit.reading

lattes_and_lit.new_member("Jaime")

lattes_and_lit.reading = (
    "Hillerman, T. (1973). "
    "Dance Hall Of The Dead. Harper and Row."
    )

lattes_and_lit.new_member("Danny")
```

通过调用 reading.__del__()方法清除读书俱乐部当前正在读的书，此时 lattes_and_lit 俱乐部没有读任何书。然后添加一个新成员 Jaime，new_member()方法将输出一条欢迎消息，宣布读书俱乐部正在读的书，当然，目前没有输出任何内容。

接下来，通过为 reading 属性分配一个字符串来选择读书俱乐部要读的一本书，这里实际调用了 reading.__set__()。

最后，通过调用 new_member()继续添加一位成员，程序再次输出欢迎消息和当前读的书（这次有内容输出了）。

上述代码的完整输出如下：

```
===== - - - - - - - - - - =====
Welcome to the Lattes and Lit Book Club, Jaime!
We are reading nothing right now.
===== - - - - - - - - - - =====
Welcome to the Lattes and Lit Book Club, Danny!
We are reading 'Dance Hall Of The Dead' by Hillerman, T.
```

15.4.5　在同一个类中使用多个描述符

这里的设计还存在一个问题：描述符会在实例中查找书名、作者等属性，因此同一个 BookClub 实例中的多个 Book 描述符会重复改变这些相同的值。

假设读书俱乐部想要同时跟踪当前的选择和接下来计划阅读的书，如清单 15-31 所示。

清单 15-31　book_club.py:3b

```
class BookClub:
    reading = Book()
    reading_next = Book()

    # --snip--
```

为了演示，将不同的书分配给 reading 和 reading_next 描述符，如清单 15-32 所示。从逻辑上讲，这两个描述符应该分开运行，但事实并非如此。

清单 15-32　book_club.py:6

```
mystery_lovers.reading = (
    "McDonald, J. C. (2019). "
    "Noah Clue, P.I. AJ Charleson Publishing."
)
```

```
mystery_lovers.reading_next = (
    "Chesterton, G.K. (1911). The Innocence of Father Brown. "
    "Cassell and Company, Ltd."
)
print(f"Now: {mystery_lovers.reading}")
print(f"Next: {mystery_lovers.reading_next}")
```

输出如下：

```
Now: 'The Innocence of Father Brown' by Chesterton, G.K.
Next: 'The Innocence of Father Brown' by Chesterton, G.K.
```

这是错误的，读书俱乐部应该正在阅读 *Noah Clue, P.I.*，稍后才阅读 *The Innocence of Father Brown*。问题出在 reading 和 reading_next 描述符都将它们的数据存储在 mystery_lovers 对象的实例属性中。

要解决这个问题，就应该将所需的属性存储在与其相关的描述符命名空间中，创建诸如 reading.author 和 reading_later.title 之类的名称。首先，这需要在描述符上追加几个额外的方法，如清单 15-33 所示。

清单 15-33 book_club.py:1c

```
import re

class Book:
    pattern = re.compile(r'(.+)\((\d+)\)\. (.+)\. (.+)\..*')

    def __set_name__(self, owner, name):
        self.name = name

    def attr(self, attr):
        return f"{self.name}.{attr}"

    def __set__(self, instance, value):
        matches = self.pattern.match(value)
        if not matches:
            raise ValueError("Book data must be specified in APA 7 format.")
        setattr(instance, self.attr('author'), matches.group(1))
        setattr(instance, self.attr('year'), matches.group(2))
        setattr(instance, self.attr('title'), matches.group(3))
        setattr(instance, self.attr('publisher'), matches.group(4))
```

__set_name__()特殊方法在首次绑定描述符到所属类的名称时被调用。在本例中，它用来存储描述符绑定到的名称。

然后定义另一个名为 attr()的方法，在其中将描述符命名空间附加到所请求名称的开头。因此在绑定到 reading 的描述符上调用 attr('title') 将返回 reading.title。

通过使用 setattr()函数在整个__set__()方法中实现此行为，从而为实例中的给定属性赋值。

还必须类似地修改__get__()和__delete__()，如清单 15-34 所示。

清单 15-34 book_club.py:2c

```
def __get__(self, instance, owner=None):
    try:
        title = getattr(instance, self.attr('title'))
        author = getattr(instance, self.attr('author'))
    except AttributeError:
```

15

```
        return "nothing right now"
    return f"{title} by {author}"

def __delete__(self, instance):
    delattr(instance, self.attr('author'))
    delattr(instance, self.attr('year'))
    delattr(instance, self.attr('title'))
    delattr(instance, self.attr('publisher'))
```

此处使用 getattr()和 delattr()分别访问和删除由 self.attr()组成的给定属性。

重新运行清单 15-32 中的代码，输出如下：

```
Now: 'Noah Clue, P.I.' by McDonald, J.C.
Next: 'The Innocence of Father Brown' by Chesterton, G.K.
```

这两个描述符分别存储了对应的属性，可以通过输出 mystery_lovers 对象的所有属性名称来确认，如清单 15-35 所示。

清单 15-35　book_club.py:7

```
import pprint
pprint.pprint(dir(mystery_lovers))
```

输出如下：

```
['__class__',
# --snip--
'reading',
'reading.author',
'reading.publisher',
'reading.title',
'reading.year',
'reading_next',
'reading_next.author',
'reading_next.publisher',
'reading_next.title',
'reading_next.year']
```

15.5　slots

在字典中存储和访问所有属性有个缺点：字典具有较大的性能和内存开销。通常，这是一个合理的权衡结果，毕竟这种方法可以实现很多功能。

如果需要提高类的性能，则可以通过 slots 来预先声明想要的属性。访问 slots 中的属性比访问字典中的更快，而且减少了属性占用的内存。

将类切换为使用 slots 而不是实例属性__dict__就像添加__slots__类属性一样简单，__slots__类属性是一个包含有效属性名称的元组。此元组应该包含实例属性而不是方法或类属性（存储在类属性__dict__中）的名称。

例如，清单 15-36 所示为一个用来存储化学元素数据的类。

清单 15-36　element.py:1a

```
class Element:
    __slots__ = (
        'name',
```

```
        'number',
        'symbol',
        'family',
        'iupac_num',
    )
```

__slots__元组包含 5 个名称，这些都是 Element 实例中唯一有效的实例属性名称，使用这些属性将比使用__dict__更快。请注意，所有方法都不必在__slots__中列出，__slots__中只应包含实例属性名。更加重要的是，slots 中的名称绝对不能和类中其他地方的任何名称冲突（有两个例外，稍后会提及）。

15.5.1 将属性名绑定到值

尽管属性名是在__slots__中声明的，但是它们并没有值（甚至连 None 也不是），直至以通常的方式（例如通过__init__()）绑定到值，如清单 15-37 所示。

清单 15-37 element.py:2

```
    def __init__(self, symbol, number, name, family, numeration):
        self.symbol = symbol.title()
        self.number = number
        self.name = name.lower()
        self.family = family.lower()
        self.iupac_num = numeration

    def __str__(self):
        return f"{self.symbol} ({self.name}): {self.number}"
```

以上代码添加了初始化器，以及一个将实例转换为字符串的函数。

从外部来看，该类的行为似乎和典型的类相同，但是如果对比性能，就会发现该类已有所改进，如清单 15-38 所示。

清单 15-38 element.py:3a

```
oxygen = Element('O', 8, 'oxygen', 'non-metals', 16)
iron = Element('Fe', 26, 'iron', 'transition metal', 8)

print(oxygen)  # prints 'O (Oxygen): 8'
print(iron)    # prints 'Fe (Iron): 26'
```

15

15.5.2 通过 slots 使用任意属性

__slots__属性完全接管了__dict__的属性存储，甚至阻止了__dict__的创建，如清单 15-39 所示。

清单 15-39 element.py:4a

```
iron.atomic_mass = 55.845  # raises AttributeError
```

但是如果既想要__slots__对主属性的好处，又想仍然允许稍后定义其他属性，那么只需要将__dict__追加到__slots__中即可，如清单 15-40 所示。

清单 15-40　element.py:1b

```
class Element:
    __slots__ = (
        'name',
        'number',
        'symbol',
        'family',
        'iupac_num',
        '__dict__',
        '__weakref__',
    )
```

__dict__特殊属性是 slots 不得和类属性名称冲突的规则的两个例外之一。另一个例外是__weakref__，如果你希望 slots 支持弱引用，或在其生命周期内不增加引用计数，抑或阻止垃圾回收的值引用，则可以将其追加到__slots__中。这里希望 Element 实例既具有任意属性又支持弱引用，因此将__weakref__追加到__slots__中。

进行这一更改后，清单 15-39 中的代码就可以正常工作了，而不会引发 AttributeError。这种技术会减少通常由 slots 提供的空间节省，但是你仍然可以在所有 slots 名称上获得性能提升。

15.5.3　slots 和继承

slots 对继承有两个重要的影响。首先，你应该只在继承树中声明任何给定的 slots 一次。如果想要从 Element 派生一个类，就不应该重新声明任何 slots，否则会导致派生类的大小膨胀，因为 slots 将在每个实例中声明，即便基类的一些 slots 被派生类的 slots 覆盖。

其次，你不能从多个具有非空 slots 的父类继承。如果需要在多继承下使用 slots，最好的办法是确保基类只有一个空元组分配给__slots__。这样就可以让派生类使用__dict__和__slots__了。

15.6　不可变类

从技术上讲，没有用以创建不可变类的正式机制。遗憾的是，这一事实使得实现可哈希类变得棘手，因为根据文档，__hash__()方法必须生成一个在实例生命周期内永远不会改变的哈希值。

虽然不可能创建一个真正不可变的类，但是可以足够接近，以至于技术上可变的事实并不重要。考虑不可变对象的核心特点：它的属性一旦被设置，就永远不能以任何方式修改，也不能增加额外的属性。这就是为什么所有不可变对象都是可哈希的。模拟不可变类最明显的方法（至少在我看来），也是给你最多控制权的方法，就是通过 slots 来模拟。

要想将之前的 Element 类变成一个不可变且可哈希的类，需要执行以下操作。

- 将所有属性以__slots__实现。
- 通过在__slots__中省略__dict__来限制添加更多属性。
- 通过在__slots__中添加__weakref__来支持弱引用（并非绝对必要，但在某些用例中足以成为良好实践）。
- 实现__setattr__()和__delattr__()以防修改或删除现有属性。
- 实现__hash__()，从而使实例可哈希。

❑ 实现__eq__()与__gt__()，从而使实例具有可比性。

和以前一样，让我们从定义__slots__开始，如清单 15-41 所示。

清单 15-41 element_immutable.py:1

```
class Element:
    __slots__ = (
        'name',
        'number',
        'symbol',
        '__weakref__',
    )

    def __init__(self, symbol, number, name):
        self.symbol = symbol.title()
        self.number = number
        self.name = name.lower()
```

如果想存储有关元素的附加属性，则可以使用字典将一些其他可变对象的实例关联起来，作为包含其余数据的值。为简洁起见，不建议这么做。

添加用来转换至字符串、进行哈希操作以及在 Element 实例之间进行比较的特殊方法，如清单 15-42 所示。

清单 15-42 element_immutable.py:2

```
    def __repr__(self):
        return f"{self.symbol} ({self.name}): {self.number}"

    def __str__(self):
        return self.symbol

    def __hash__(self):
        return hash(self.symbol)

    def __eq__(self, other):
        return self.symbol == other.symbol

    def __lt__(self, other):
        return self.symbol < other.symbol

    def __le__(self, other):
        return self.symbol <= other.symbol
```

在所有这些情况下，使用 self.symbol 作为关键属性。请记住，__eq__()、__lt__()和__le__()分别对应运算符等于（==）、小于（<）和小于或等于（<=）。不等于（!=）、大于（>）和大于或等于（>=）分别是以上三者的镜像，因此通常只需要在每一对中实现一个特殊方法即可。

为了使此类对象不可变，就必须防止对其属性进行任何修改。但是也不能让__setattr__()什么都不做，因为初始赋值也需要它。编写一个只允许对未初始化的属性进行赋值的方法，如清单 15-43 所示。

清单 15-43 element_immutable.py:3

```
    def __setattr__(self, name, value):
        if hasattr(self, name):
            raise AttributeError(
```

```
            f"'{type(self)}' object attribute '{name}' is read-only"
        )
    object.__setattr__(self, name, value)
```

如果该属性已存在于实例中，则引发 AttributeError。此处的消息与修改任何真正不可变类的属性所抛出的消息完全匹配。

因为正在使用 slots，所以只要__dict__没在__slots__中指定过，就无须担心添加新属性的问题。

如果该属性尚不存在，就使用 object.__setattr__()将值分配给对应属性。不能只调用 setattr()函数，否则将会出现无限递归。

还必须定义__delattr__()以防止属性被删除，如清单 15-44 所示。

清单 15-44　element_immutable.py:4

```
    def __delattr__(self, name):
        raise AttributeError(
            f"'{type(self)}' object attribute '{name}' is read-only"
        )
```

__delattr__()方法更容易实现，因为这里不想允许从不可变类的实例中删除属性。对此类属性使用 del 将引发 AttributeError。

这个类现在表现得像是不可变的，如清单 15-45 所示。

清单 15-45　element_immutable.py:5

```
oxygen = Element('O', 8, 'oxygen')
iron = Element('Fe', 26, 'iron')

print(oxygen)              # prints O
print(f"{iron!r}")         # prints Fe (Iron): 26

iron.atomic_mass = 55.845  # raises AttributeError
iron.symbol = "Ir"         # raises AttributeError
del iron.symbol            # raises AttributeError
```

一些 Python 开发者会高兴地指出，可以通过直接在对象上调用__setattr__()来绕过 Element 类的模拟不可变性的限制：

```
object.__setattr__(iron, 'symbol', 'Ir')
```

虽然这的确修改了 iron.symbol 属性，但是这个恶劣的技巧是稻草人式的反模式。要知道，类本身之外的任何代码都不应该调用__setattr__()，Python 及其标准库肯定不允许这种行为。

Python 并非冒充 Java！虽然绕过安全屏障是可能的——就像 Python 中大多数事情一样——但如果有人使用这种不合理且“肮脏”的技巧，出现 bug 就是罪有应得。防止此类蓄意滥用的希望并不能证明其他不可变性技术的复杂性和脆弱性是合理的，例如从元组继承、使用命名元组模拟对象等。如果想要一个不可变对象，请使用__slots__和__setattr__()。

也可以使用@dataclasses.dataclass(frozen=True)类装饰器来实现功能上类似的行为，这个类装饰器是由 Python 标准库中的 dataclasses 模块提供的。数据类和普通类有一些不同，因此如果想使用它们，请先参阅 Python 官方文档的“dataclasses——数据类”部分。

15.7 单分派泛型函数

到目前为止，你可能已经习惯了鸭子类型的概念及其对函数设计的影响。然而时不时地，你需要一个函数来向不同类型的参数提供不同的响应。在 Python 中，和大多数语言一样，你可以编写泛型函数来适应参数类型。

泛型函数在 Python 中是由 functools 模块中的两个装饰器实现的：@singledispatch 和 @singledispatchmethod。这两个装饰器创建了一个单分派泛型函数（single dispatch generic function），该函数可以根据第一个参数的类型（使用@singledispatch 时）或者第一个非 self 或 cls 参数（使用@singledispatchmethod 时）在多个函数实现间切换。

例如，扩展之前的 Element 类。我们希望能够将 Element 实例相互比较，以及和包含元素符号的字符串或表示元素编号的整数进行比较。为此，可以使用单分派泛型函数而不是 if 语句编写一个大函数来检查参数是否和 isinstance()匹配。

首先在 Element 类定义之前添加两个 import 语句以加载@singledispatchmethod 和@overload 装饰器，如清单 15-46 所示。

清单 15-46 element_generic.py:1

```
from functools import singledispatchmethod
from typing import overload

class Element:
    # --snip--
```

可以通过 3 种略有不同的方法来编写单分派泛型函数，稍后将逐一介绍。无论使用的是 @singledispatchmethod 还是@overload，这些方法都适用，只不过第二个装饰器允许将 self 或 cls 作为第一个参数，这就是我在这里使用它的原因。

无论使用哪种方法，都必须先声明__eq__()方法，如清单 15-47 所示。该方法的第一个版本应该是类型最动态的版本，因为我将用其进行回退。

清单 15-47 element_generic.py:2

```
    @singledispatchmethod
    def __eq__(self, other):
        return self.symbol == other.symbol
```

此方法使用@singledispatchmethod 装饰器声明，但是在其他方面和__eq__()实例方法的普通实现相同。

@singledispatchmethod 装饰器必须是最外层（第一个）装饰器，这样它才能和其他装饰器（比如@classmethod）一起工作。而@singledispatch 装饰器通常可以处在装饰器堆栈中的任何位置，尽管最好将其置于首位，以避免出现意外，毕竟保持一致性永远是有帮助的。

15.7.1 用类型提示注册单分派泛型函数

前述单分派方法__eq__()仍然能接收任何类型。假设要根据第一个参数的类型添加版本。一种方法是使用自动创建的@__eq__.register 装饰器进行注册。在本例中，创建该函数的另外两

15

个版本：一个使用字符串参数，另一个使用整数或浮点数参数，如清单 15-48 所示。

清单 15-48　element_generic.py:3

```
    @__eq__.register
    def _(self, other: str):
        return self.symbol == other

    @overload
    def _(self, other: float):
        ...
    @__eq__.register
    def _(self, other: int):
        return self.number == other
```

第一个方法接收字符串参数。第一个参数用预期类型的类型提示进行注释，在第一种情况下就是字符串（str）。

第二个方法接收整数或浮点数参数，并可以通过 @typing.overload 装饰器实现。在进行类型提示时，可以用@overload 标记一个或多个函数标头，以表示它们重载了即将到来的具有相关名称的函数或方法。省略号（...）用来代替所重载方法的函数体，因此可以修改为共享其下方的方法或函数的函数体。没有用 @overload 修饰的函数或方法必须紧跟在其所重载的版本之后。

每个单分派方法的名称中几乎都有下画线（_），以避免不必要的覆盖。但就算它们相互覆盖也没关系，因为它们都被封装和注册，所以并不需要自己绑定到名称。

调用__eq__()方法时，会检查第一个参数的类型。如果和任何已注册方法的类型匹配，则使用该方法；否则，将调用回退方法，即标有 @singledispatchmethod 装饰器的方法。

15.7.2　用显式类型注册单分派泛型函数

也可以在没有类型注解的情况下获得相同的效果。在本例中，将第一个非 self 参数的预期类型而不是类型提示传递给 register()装饰器。用这种技术定义__lt__()方法，如清单 15-49 所示。

清单 15-49　element_generic.py:4

```
    @singledispatchmethod
    def __lt__(self, other):
        return self.symbol < other.symbol

    @__lt__.register(str)
    def _(self, other):
        return self.symbol < other

    @__lt__.register(int)
    @__lt__.register(float)
    def _(self, other):
        return self.number < other
```

和之前一样，第一个版本是最动态的，第二个版本接收字符串，第三个版本接收整数或浮点数。

虽然在这个例子中没有看到，但是单分派函数可以接收所需要的任意多个参数，甚至可以在不同的函数中接收不同的参数，不过只能根据第一个参数的数据类型切换方法定义。

15.7.3 用 register()方法注册单分派泛型函数

注册单分派函数的第三种方法是将 register()作为方法而不是装饰器调用，并直接将任何可调用对象传递给它。下面在__le__()方法的实现中使用这种技术，如清单 15-50 所示。

清单 15-50 element_generic.py:5

```
    @singledispatchmethod
    def __le__(self, other):
        return self.symbol <= other.symbol

    __le__.register(str, lambda self, other: self.symbol <= other)

    __le__.register(int, lambda self, other: self.number <= other)
    __le__.register(float, lambda self, other: self.number <= other)
```

以上代码首先定义了通用的单分派方法，然后直接注册了用来处理字符串、整数和浮点数的 lambda 表达式。你可以传递任何可调用对象来替代该 lambda 表达式，如先前定义的函数、可调用对象或接收适当参数的任何其他对象。

在这 3 种方法中，我最喜欢使用 lambda 表达式来处理这些基本运算符特殊方法，因为样板代码最少。如果涉及更多函数，则建议使用类型注解。

15.8 使用元素类

我们对 Element 类投入了大量工作，以使其不可变，并允许对实例和字符串以及数字进行比较。所有这些工作的好处在 Element 类的使用中是显而易见的，下面通过编写一个表示化合物的 Compound 类来证明这一点，如清单 15-51 所示。

清单 15-51 element_generic.py:6

```
class Compound:

    def __init__(self, name):
        self.name = name.title()
        self.components = {}

    def add_element(self, element, count):
        try:
            self.components[element] += count
        except KeyError:
            self.components[element] = count

    def __str__(self):
        s = ""
        formula = self.components.copy()
        # Hill system
        if 'C' in formula.keys():
            s += f"C{formula['C']}"
            del formula['C']
            if 1 in formula.keys():
                s += f"H{formula['H']}"
```

```
            del formula['H']
        for element, count in sorted(formula.items()):
            s += f"{element.symbol}{count if count > 1 else ''}"
        # substitute subscript digits for normal digits
        s = s.translate(str.maketrans("0123456789", "₀₁₂₃₄₅₆₇₈₉"))
        return s

    def __repr__(self):
        return f"{self.name}: {self}"
```

我敢打赌，你肯定可以通读代码并理解所发生的一切。简而言之，Compound 类允许你实例化一个具有名称的化合物并为其添加化学元素。因为 Element 是可哈希且不可变的，所以我们可以安全地使用 Element 实例作为字典键。

因为可以对 Element 实例中表示元素符号的字符串或表示元素编码的整数进行比较，所以我们可以相当容易地实现 Hill 系统来输出化合物的经验化学式。

清单 15-52 所示为 Compund 类的使用方法。

清单 15-52　element_generic.py:7

```
hydrogen = Element('H', 1, 'hydrogen')
carbon = Element('C', 6, 'carbon')
oxygen = Element('O', 8, 'oxygen')
iron = Element('Fe', 26, 'iron')

rust = Compound("iron oxide")
rust.add_element(oxygen, count=3)
rust.add_element(iron, count=2)
print(f"{rust!r}")     # prints 'Iron Oxide: Fe₂O₃'

aspirin = Compound("acetylsalicylic acid")
aspirin.add_element(hydrogen, 8)
aspirin.add_element(oxygen, 4)
aspirin.add_element(carbon, 9)
print(f"{aspirin!r}")  # prints 'Acetylsalicylic Acid: C₉H₈O₄'

water = Compound("water")
water.add_element(hydrogen, 2)
water.add_element(oxygen, 1)
print(f"{water!r}")    # prints 'Water: H₂O'
```

以上代码定义了 4 种化学元素：hydrogen（氢）、carbon（碳）、oxygen（氧）和 iron（铁）。然后运用它们构建了 3 个 Compound（化合物）实例：rust（铁锈）、aspirin（阿司匹林）和 water（水）。可通过 !r 格式化标志使用规范字符串表示（来自__repr__()）输出每种化合物。

如你所见，Compound 类及其用法简单明了，这都是因为设计了带有 slots、__setattr__()和单分派泛型函数的 Element 类。

15.9　任意执行

自省还支持任意执行，即字符串可以直接作为 Python 代码执行。因此，你迟早会遇到一些内置函数——eval()、compile()和 exec()——它们可能会激起你内心的黑客欲望[1]。然而，其中隐

[1] 译者注：可以学习黑客（hacker）的方法，但千万不要像骇客（cracker）一样搞破坏。

藏着危险。

清单 15-53 所示的小示例用于展示这些内置函数可能带来的危害。

清单 15-53 arbitrary.py

```
with open('input.dat', 'r') as file:
    nums = [value.strip() for value in file if value]

for num in nums:
    expression = f"{num} // 2 + 2"
    try:
        answer = eval(expression)
    except (NameError, ValueError, TypeError, SyntaxError) as e:
        print(e)
    finally:
        code = "print('The answer is', answer)"
        obj = compile(code, '<string>', mode='exec')
        exec(obj)
```

以上代码从文件 input.dat 中读取了所有行，并假设其中只包含数学表达式。

对于从 input.dat 文件中读取的每一行，编写一个包含 Python 表达式的字符串，将其绑定到 expression。然后将该字符串传递给 eval()内置函数，该函数将其作为 Python 表达式求值，并将这一结果绑定到 answer。

为了演示，编写一个字符串，其中包含一行 Python 代码，并被绑定到 code。通过将字符串传递给 exec()内置函数，可以立即将其作为 Python 代码执行。但我们没有这样做，而是使用 compile()将其编译为 Python 代码对象，然后使用 exec()运行该代码对象。这种方法在单次使用时速度较慢，但是在重复调用代码时速度就很快了。同样，此处只是为了演示该技术。

这里的问题是，任意执行是一个主要的安全风险，尤其当涉及由外部源提供的数据（如文件或用户输入）时。我们希望 input.dat 文件的内容看起来如清单 15-54 所示。

清单 15-54 input.dat:1a

```
40
(30 + 7)
9 * 3
0xAA & 0xBB
80
```

这些值将生成一些简洁、安全的输出：

```
The answer is 22
The answer is 20
The answer is 15
The answer is 10
The answer is 42
```

这里存在潜在的安全威胁。如果攻击者以某种方式将 input.dat 修改为清单 15-55 所示，会发生什么？

清单 15-55 input.dat:1b

```
40
(30 + 7)
9 * 3
```

```
0xAA & 0xBB
80
exec('import os') or os.system('echo \"`whoami` is DOOMED\"') == 0 or 1
```

如果在 POSIX 系统（例如 Linux 系统）中运行代码，会发生什么？

```
The answer is 22
The answer is 20
The answer is 15
The answer is 10
The answer is 42
jason is DOOMED
The answer is True
```

那行“jason is DOOMED”消息会让你毛骨悚然，因为那不是来自 print 语句的声明，而是由直接在操作系统中执行的 shell 指令生成的。这种攻击被称为代码注入，将导致一些非常可怕的安全问题。（第 19 章将重新讨论安全性。）

有许多巧妙而深奥的方法可以将代码注入到传递给 eval()、compile()或 exec()的字符串中。因此尽管这些函数看起来像是某些真正出色的 Python 代码的关键，但是最好不要使用它们。如果你真的需要使用像 eval()这样的东西，则应该使用 ast.literal_eval()来代替，尽管它不能使用运算符求值（因此不能用 input.dat 来工作）。有一些罕见的高级技术可以安全地使用 eval()、compile()或 exec()，但是涉及确保这些函数只能接收信任的数据，而非不受信任的外部数据。

要了解更多关于 eval()（或 exec()）有多危险的信息，请查阅 Ned Batchelder 的文章“Eval really is dangerous”，这篇文章的评论中的讨论也很有见地。

一些聪明的读者可能会注意到 os.system()可用来执行 shell 命令，这也应该少用。请改为使用 subprocess 模块，详见 Python 官方文档的“subprocess——子进程管理”部分。

15.10 本章小结

类和类实例将它们的属性存储在特殊的字典中，这一细节使得 Python 能够在运行时了解很多有关对象内部组成的信息。

描述符——特性、方法和许多其他技巧背后的魔法——可以用来使代码更易于维护。slots 可以提高代码性能并让你有效地编写不可变类。单分派泛型函数可将重载函数的多功能性带入动态类型中。

Python 乍一看确实很神奇，它可以自由地打开后台的大门，让我们了解所有的奥秘。通过了解这些技巧是如何工作的，就可以编写出优雅的类和库，并让它们使用起来更加简单。

第 16 章

异步和并发

16

假设你必须在一天之内为你的老板完成事务处理系统（Transaction Processing System，TPS）报告，修复一个已经交付到生产环境的错误，并找出是哪个同事借走了你的订书机（又是 Jeff，不是吗？）。你将如何完成这一切？你无法“复制”自己——即使可以，复印机的队伍也已经排出门外了——所以你必须并发地处理这些任务。

在 Python 中也是如此。如果程序需要等待用户输入、通过网络发送数据以及处理数字，同时又要更新用户界面，则可以同时处理这些任务，从而提高程序的响应能力。

在 Python 中实现并发有两种选择：线程（见第 17 章）——由操作系统管理多任务处理，或者异步——由 Python 处理。本章重点关注后者。

理论回顾：并发

并发（concurrency）是编程中的多任务处理：在多个任务之间快速分配程序的注意力。并发不同于并行（parallelism），并行是指多个任务同时发生（见第 17 章）。使用并发的程序仅限于一个系统进程，并且在大多数 Python 实现中，一个进程一次只能做一件事。

重温繁忙工作日的示例，你可以编写 TPS 报告并追问 Jeff 是否借走了订书机，但是这两项工作无法同时进行。即使你在填写 TPS 报告时将 Jeff 叫到你的隔间和他对质，你也不得不将注意力分散在两项任务上，无论专注时间有多短。虽然旁边的观察者可能会得出结论——你正在同时做两件事，但实际上你只是在不同的任务间切换。

这有一个重要的含义：并发实际上并没有缩短执行时间。总而言之，你总是需要 10 分钟填写 TPS 报告，并另外询问 Jeff 5 分钟。这两项任务总共需要 15 分钟，无论你是在和 Jeff 交谈之前完成 TPS 报告，还是将注意力分散在两者之间。事实上，由于在任务间切换还需要付出额外的努力，因此在使用并发时，很可能需要更长的时间。在编程中也是如此。这些任务实际上是受 CPU 限制的，就像人类处理任务的速度受到大脑能力的限制。并发对 CPU 密集型任务没有帮助。

并发主要在处理 I/O 绑定任务时有用，例如通过网络接收文件或等待用户单击按钮。假设出于只有管理层才知道的原因，你必须对几份会议议程进行覆膜。覆膜每一页都需要几分钟，其间，你会坐着聆听覆膜机的嗡嗡声。其实这个过程不需要你的努力和关注，所以这并不算很好地利用时间。这就是一项 I/O 绑定任务，因为处理速度主要受限于等待纸页的覆膜完成（输出）。现在假设你使用并发，在覆膜机中启动一个页面任务后走开，在办公室找你的订书机。每隔几分钟，你检查一下覆膜机，可能再送入另一页，然后继续找我订书机。当你在 Martha 的抽屉里找到自己心爱的订书机时（对不起，Jeff！误解你了），你可能已经完成了会议议程的覆膜任务。

并发对于提高程序的感知响应能力很有用：即便程序在执行特别繁重的任务（例如复杂的数据分析），也可以响应用户输入或更新进度条。实际上，没有任何一项任务比之前完成得更快，但是程序并没被挂起。

最后，并发对于定期任务非常有用。例如，每 5 分钟保存一个临时文件，而不管程序的其余部分正在做什么。

16.1 Python 中的异步

如前所述，有两种方法可以在 Python 中实现并发。线程，也称为抢占式多任务处理，涉及让操作系统通过在称为线程的单一执行流中运行每个任务来管理多任务处理。多个线程仍然共享同一个系统进程，而进程是一个正在运行的计算机程序实例。如果你打开计算机上的系统监视器，就可以看到计算机上正在运行的进程的列表。这些进程中的任何一个都可以有多个线程。

传统的线程处理有很多缺陷，这就是为什么第 17 章要回过头来重新讨论线程。替代方法就是异步，也称为协作式多任务处理。这是在 Python 中实现并发最简单的方法——但是这并不容易！操作系统只会将代码视为在单个进程中运行，并具有单一线程。Python 本身管理多任务处理，从而回避了线程处理中出现的一些问题。不过，想要用 Python 编写好的异步代码，仍然需要做一些深入思考和规划。

重要的是得记住异步不是并行。在 Python 中，一种称为全局解释器锁（Global Interpreter Lock，GIL）的机制可以确保单个 Python 进程被限制在单个 CPU 内核上，而不管系统有多少个内核可用。出于这个原因，并行无法通过异步或线程来实现。这听起来像是个设计缺陷，但是事实证明，从 CPython 中消除 GIL 的努力在技术上比想象的更具有挑战，而且迄今为止各种结果的表现都不理想。截至本书完稿时，这些努力的进展几乎停滞，其中最突出的是 Larry Hastings 的 GIL 切除术。事实上，GIL 使 Python 中的任务运行得更顺畅了。

探究笔记： 围绕GIL还有一些其他方向，例如Python扩展，因为它们是用C语言编写的，并运行编译后的机器码。每当你的逻辑离开Python解释器时，它也就超出了GIL的管辖范围，并且能够并行运行了。第21章将提及一些可以执行此类操作的Python扩展，此外本书不再进一步讨论这个问题。

在 Python 中，最初可以通过第三方库（如 Twisted）实现异步。后来，Python 3.5 增加了原生实现异步的语法和功能，这些语法和功能直到 Python 3.7 才变得稳定，因此许多关于异步的文章以及在线讨论都已经过时。最好的信息来源始终是官方文档。本书已尽最大努力和

Python 3.10 保持同步[1]。

Python 借用了 C# 语言中的两个关键字 async 和 await，以及一种特殊类型的协程，使得异步执行成为可能。（许多其他语言也实现了类似的语法，如 JavaScript、Dart 以及 Scala。）异步执行由负责多任务处理的事件循环管理和运行。为此，Python 在标准库中提供了 asyncio 模块，我将在本章示例中使用它。

值得注意的是，asyncio 模块在基本用法之外已经复杂得令人生畏，即便对于一些 Python 专家也是如此。出于这个原因，本书坚持介绍通用的异步基础概念，而避免解释或使用 asyncio 模块，除非万不得已。你将看到的大部分内容只是简单的异步技术，同时本书也会指出意外情况。

当你准备好深入探讨异步这个主题时，可以选择 Trio 或 Curio 库。两者都是以用户友好为目标而编写的，且都有很好的文档记录。考虑到初学者，它们还向 asyncio 开发者定期提供设计提示。掌握了本章的知识后，你便能够从它们的文档中学习其中任何一个库。

Curio 由 Python 和并发方面的专家 David Beazley 开发，其目标是让 Python 中的异步更容易理解。Curio 的官方文档中有许多关于 Python 异步编程的优秀演讲链接，包括指导你编写自己的异步模块的系列演讲（尽管你可能永远不需要这样做，但还是值得一看）。

Trio 以 Curio 为基础，进一步提高了库的简单性和可用性。截至本书完稿时，Trio 还被认为有点儿实验性，但是已经足够稳定，可以在生产中使用。Python 开发人员通常推荐使用的就是 Trio。请参阅 Trio 官方文档“Trio: a friendly Python library for async concurrency and I/O”以了解更多信息。

Twisted 库在 Python 将异步功能添加到语言核心的十多年前就支持异步行为。Twisted 使用了很多过时的模式，而没有使用现代的异步工作流模型，但 Twisted 仍然是一个具有许多用例的、活跃且可行的库。许多流行的库在背后还在使用 Twisted[2]。可通过 Twisted 官方网站来了解更多信息。

asyncio 官方文档见 Python 官方文档的“asyncio——异步 I/O”部分。建议在掌握通过 Trio 或 Curio 进行异步编程，以及类似的线程概念（见第 17 章）之后，再更加详细地研究 asyncio。掌握异步和并发的概念以及模型有助于你理解 asyncio 文档。

请记住，无论是在 Python 还是整个计算机科学领域，异步仍处于相对初级阶段。异步工作流模型在 2007 年首次出现在 F# 语言中，基于 1999 年左右在 Haskell 系统中引入的概念，以及 20 世纪 90 年代初的几篇论文。相比之下，线程的相关概念可以追溯到 20 世纪 60 年代后期。异步中的许多问题仍然没有明确或既定的解决方案。

---

① 译者注：Python 之父 Guido“退休”后，Python 技术委员会成立，CPython 以更加积极的节奏高速变化，如 CPython 3.11 又引入了一些新语法和内建模块，所以官方文档才是最应该首先研究的基础资料。

② 译者注：Twisted 的最大优势可能就是兼容 Python 2，如果你的项目中有大量遗留代码还无法立即升级到 Python 3，那么 Twisted 是很好的选择。

16.2 示例场景：Collatz 游戏同步版本

为了帮助你更好地理解这些概念，下面构建一个可以从并发中获益的小应用。由于当前问题比较复杂，本章和第 17 章将专注于讲解这个示例，从而使你更好地了解工作细节。

让我们从一个同步工作版本开始，这样你就会对我们在探索什么有一个清晰的认识。这个例子的复杂性将展示出并发涉及的一些常见问题。对于这些概念，简单是有效性的敌人[①]。

本例将研究数字中的一个奇怪现象，称为 Collatz 猜想，具体过程如下。

1. 从任意正整数 n 开始。
2. 如果 n 是偶数，则序列中的下一项为 $n/2$。
3. 如果 n 是奇数，则序列中的下一项为 $3n+1$。
4. 如果 n 为 1，则终止。

即便从一个非常大的数字开始，也总能在相对较少的步骤后以 1 结束。例如，从 942 488 749 153 153 开始，Collatz 序列仅用 1 863 步就能到达 1。

可以用 Collatz 猜想做各种各样的事情。在本例中，我们将创建一个简单的游戏，让用户猜测有多少个 Collatz 序列具有指定的长度（即序列中的数字个数为某个定值）。这里将 Collatz 序列的起始数字限定为 2 和 100,000 之间的某个整数。

例如，有 782 个起始数字能产生长度为 42 的 Collatz 序列。在示例游戏中，用户将输入 42（Collatz 序列的目标长度），然后猜测有多少个起始数字能产生目标长度的 Collatz 序列。如果用户猜到 782，就赢了。

在模块的顶部，定义一个常量 BOUND 作为最大起始数。在常量中计算 0 的个数会导致错误，因此将 100,000 定义为 10 的幂形式，如清单 16-1 所示。

清单 16-1 collatz_sync.py:1

```
BOUND = 10**5
```

接下来定义查找 Collatz 序列的计算步数的函数，如清单 16-2 所示。

清单 16-2 collatz_sync.py:2

```
def collatz(n):
    steps = 0
    while n > 1:
        if n % 2:
            n = n * 3+ 1
        else:
            n = n / 2
        steps += 1
    return steps
```

collatz()函数遵循计算 Collatz 序列的规则，并返回达到 1 所需要的步数。定义另外一个函数来跟踪满足目标长度的 Collatz 序列的数量，如清单 16-3 所示。

---

① 译者注：并发/并行以及其他高级概念都是针对复杂场景提出的优化方案，如果示例过于简单，那么采用同步方法是最优解。

清单 16-3　collatz_sync.py:3

```
def length_counter(target):
    count = 0
    for i in range(2, BOUND):
        if collatz(i) == target:
            count += 1
    return count
```

length_counter()函数对从 2 到 BOUND 的每个可能的起始数字运行 collatz()，并计算有多少 Collatz 序列的计算步数为目标值 target，最后返回这个计数。

接下来创建一个从用户那里获得正整数的函数，程序在运行过程中需要多次执行它：首先获取 Collatz 序列的目标长度，然后获取用户对满足要求的起始数字有多少个的猜测，如清单 16-4 所示。

清单 16-4　collatz_sync.py:4

```
def get_input(prompt):
    while True:
        n = input(prompt)
        try:
            n = int(n)
        except ValueError:
            print("Value must be an integer.")
            continue
        if n <= 0:
            print("Value must be positive.")
        else:
            return n
```

以上代码使用 input()从用户那里获取一个字符串，尝试将其转换为整数，并确保该整数不为负数。如果出现任何问题，就向用户显示一条消息并让他们重试。

将所有代码组合为 main()函数，如清单 16-5 所示。

清单 16-5　collatz_sync.py:5

```
def main():
    print("Collatz Sequence Counter")

    target = get_input("Collatz sequence length to search for: ")
    print(f"Searching in range 1-{BOUND}...")
    count = length_counter(target)
    guess = get_input("How many times do you think it will appear? ")

    if guess == count:
        print("Exactly right! I'm amazed.")
    elif abs(guess - count) < 100:
        print(f"You're close! It was {count}.")
    else:
        print(f"Nope. It was {count}.")
```

首先显示程序名称，并要求用户输入要搜索的目标序列长度。然后使用 length_counter()搜索该序列长度所对应的起始数字的数量，并将结果绑定到 count。接下来获得用户的猜测，将其绑定到 guess，并和 count 比较，为用户提供一些有关他们的猜测与真实值的接近程度的反馈。

最后调用 main()函数，如清单 16-6 所示。

清单 16-6　collatz_sync.py:6

```
if __name__ == "__main__":
    main()
```

总而言之，坚持使用你现在应该熟悉的语法和模式。但是运行这个模块可以展示为什么程序需要处理并发：

```
Collatz Sequence Counter
Collatz sequence length to search for: 42
Searching in range 1-100000...
```

运行到此，程序挂起几秒，然后才能继续：

```
How many times do you think it will appear? 456
Nope. It was 782.
```

程序能工作，但响应速度不是很快。更加重要的是，如果将 BOUND 的值增加一个指数级，比如仅仅增加到 10**6，延迟就会急剧增加——在我的系统中，从 7s 变成了 63s！

值得庆幸的是，有很多方法可以让这个程序响应得更快。接下来将向你介绍这些技巧并实施改进。

16.3　异步

让我们看看异步如何帮助 Collatz 程序。首先，请注意运行 length_counter()时的那几秒延迟是受 CPU 限制的，因为这和 CPU 执行数学运算所需的时间相关。这种延迟将一直存在，直至应用并行（见第 17 章）来解决。

但是这个程序还有另外一个延迟源：用户。程序必须无限期地等待，直至用户输入有效数字。这部分代码是受 I/O 限制的，因为程序受限于外部事务的响应时间，例如用户输入、网络响应或其他程序，而不是 CPU 的工作速度。

通过在等待用户输入的同时进行数学运算，可以提高程序的可感知响应能力，即用户认为程序有多快。计算本身实际上不会更快，但是用户可能不会意识到这一点：他们专注于输入猜测，而 Python 正在进行繁重的数学运算。

为了使用内置的 asyncio 模块来处理 Python 中的异步操作，需要在程序的开头导入该模块，如清单 16-7 所示。

清单 16-7　collatz_async.py:1a

```
import asyncio

BOUND = 10**5
```

和清单 16-1 一样，我们定义了 BOUND 常量。现在可以重写代码，使之变成异步操作。

16.3.1　原生协程

第 10 章介绍了基于生成器的简单协程。简单协程持续运行，直至遇见 yield 语句，然后等待使用 send()方法将数据发送给协程对象。

可通过将程序的一些函数转换为原生协程，来使游戏代码异步化。原生协程又称协程函数，建立在简单协程的思想之上：无须等待数据发送，可以在特定位置暂停并恢复，以实现多任务处理。后文将交替使用协程函数和原生协程这两个术语。请注意，当大多数 Python 开发者提到协程时，他们几乎总是指原生协程。

可通过将 async 关键字放在函数定义之前来声明原生协程，如下所示：

```
async def some_function():
    # ...
```

但是不要以为将 async 关键字放在所有函数定义之前即可实现异步，这只是使代码异步化的许多步骤中的第一步。

当被调用时，协程函数返回一个原生协程对象，这是一种特殊的对象，称为可等待对象，可等待对象是可以在执行过程中暂停和恢复的可调用对象。必须使用 await 关键字调用可等待对象，其作用和从 yield 调用非常相似。此处使用 await 关键字来调用可等待协程函数 some_function()：

```
await some_function()
```

还有一个问题：await 关键字只能在可等待对象中使用。当原生协程到达 await 时，就会暂停执行，直至调用的可等待协程函数完成。

探究笔记：虽然你不会在这些示例中看到，但是你可以将原生协程传递给稍后调用的函数，也就是在其他任务完成之后。以这种方式使用时，传递的原生协程称为回调。

只有当函数调用另外一个可等待对象、执行 I/O 绑定任务或专门用来和另外一个可等待对象并发运行时，才应该将其转换为协程函数。在 Collatz 游戏中，需要做出一些决策，例如哪些函数要变成协程函数，哪些函数保留为普通函数等。

先分析同步函数 collatz()，如清单 16-8 所示。

清单 16-8　collatz_async.py:2

```
def collatz(start):
    steps = 0
    n = start
    while n > 1:
        if n % 2:
            n=n * 3 + 1
        else:
            n=n / 2
        steps += 1
    return steps
```

这个函数总是立即返回，所以它既不需要调用一个可等待对象，也不需要和另外一个可等待对象同时运行。它可以保持为正常函数。

同时，length_counter()是计算密集型函数，并受 CPU 限制。由于希望它能和等待用户输入猜测的代码同时运行，因此它很适合转换为协程函数。对清单 16-3 中的同步版本代码进行重写，如清单 16-9 所示。

16

清单 16-9　collatz_async.py:3

```
async def length_counter(target):
    count = 0
    for i in range(2, BOUND):
        if collatz(i) == target:
            count += 1
        await asyncio.sleep(0)
    return count
```

以上代码将 length_counter()函数转换成了带有 async 的协程函数，并使用 await asyncio.sleep(0) 告诉 Python 该协程函数可以在何处暂停，并让其他功能工作。如果不在协程函数中等待某些东西，它就永远不会被暂停，这违背将其转换为协程函数的初衷。（Trio、Curio 和 asyncio 都提供可等待的 sleep()函数。）

接下来将受 I/O 限制的 get_input()函数转换成协程函数（见清单 16-10），因为等待用户输入的本质涉及暂停和恢复执行的能力。这个协程函数的第一个版本还没有等待任何其他事务，稍后将重新讨论这个话题。

清单 16-10　collatz_async.py:4a

```
async def get_input(prompt):
    while True:
        n = input(prompt)
        try:
            n = int(n)
        except ValueError:
            print("Value must be an integer.")
            continue
        if n <= 0:
            print("Value must be positive.")
        else:
            return n
```

await 有一个关键限制：只能从可等待对象（如协程函数）中调用。因为要从 main()调用 get_input()，所以 main()也必须是协程函数。

在幕后，原生协程的使用方式仍然和简单协程惊人地相似。因为 length_counter()是协程函数，所以我们可以强制手动（同步）执行它，就像执行简单协程一样。下面是一个同步运行协程函数的例子：

```
f = length_counter(100)
while True:
    try:
        f.send(None)
    except StopIteration as e:
        print(e)  # prints '255'
        break
```

永远不要在生产中使用这种方法，因为协程函数只有在以特殊的方式运行时才能发挥作用。

16.3.2　任务

现在 get_input()和 length_counter()都是协程函数，必须使用 await 关键字来调用。有两种不同的方法可以调用它们，具体取决于你希望它们如何运行：直接等待它们，或者将它们调度为任务。任务是一种特殊的对象，可以运行协程函数而不会产生阻塞。

这两种方法都需要将Collatz示例的main()函数转换为协程函数，为此我们将使用清单16-11所示的代码。

清单 16-11 collatz_async.py:5a

```
async def main():
    print("Collatz Sequence Counter")

    target = await get_input("Collatz sequence length to search for: ")
    print(f"Searching in range 1-{BOUND}")

    length_counter_task = asyncio.create_task(length_counter(target))
    guess_task = asyncio.create_task(
        get_input("How many times do you think it will appear? ")
    )

    count = await length_counter_task
    guess = await guess_task

    if guess == count:
        print("Exactly right! I'm amazed.")
    elif abs(guess-count) < 100:
        print(f"You're close! It was {count}.")
    else:
        print(f"Nope. It was {count}.")
```

在决定如何调用每个可等待对象时需要进行一些思考。首先，在做任何其他事情之前，你需要知道用户想要搜索的Collatz序列长度。使用await关键字调用get_input()协程函数。像这样调用协程函数将在等待用户输入时阻塞程序。这种阻塞在此是可以接受的，因为如果没有用户输入初始值，就不能进行任何数学运算（实际上也不能执行任何其他操作）。

一旦获得用户输入，就可以在length_counter()中开始计算，在计算的同时，你可以再一次调用get_input()以获取用户猜测。为此，将原生协程调度为任务。应始终调度任务对象而不是直接实例化。这里使用asyncio.create_task()来调度任务。

这两个原生协程现在计划在空闲时（当main()正在等待某些东西时）立即运行。可通过在一个任务上调用await放弃main()协程函数对执行的控制——是哪个任务并不重要——从而允许另外一个任务执行。因为两个任务都已经安排好了，所以它们会轮流执行，直至length_counter_task()返回由length_counter()协程函数返回的值。然后程序将等待另外一个任务guess_task，直至这个任务也返回一个值。根据用户输入的速度，guess_task可能一直在等待返回值，即便length_counter_task()仍在运行。

Trio和Curio库也都有任务，就像asyncio一样，尽管它们的创建方式略有不同。请参阅这些库的官方文档，以了解更多信息。

16.3.3 事件循环

我们似乎走进了一个死胡同：协程函数和其他可等待对象必须通过await来调用，但是又只有协程函数可以包含await关键字。那么，到底怎样才能开始这个程序？

事件循环是异步的核心，它可以管理可等待对象之间的多任务处理，并提供调用堆栈中第一个可等待对象的方法。每个异步模块都提供了事件循环。如果你有勇气，你甚至可以自行构造事件循环。在此例中，我们将使用 asyncio 提供的默认事件循环，如清单 16-12 所示。

清单 16-12　collatz_async.py:6a

```
if __name__ == "__main__":
    loop = ❶ asyncio.get_event_loop()
  ❷ loop.run_until_complete(main())
```

以上代码获得了一个事件循环❶并将其绑定到名称 loop。事件循环对象有很多控制执行的方法，在当前场景中，我们使用 loop.run_until_complete()来调度和运行 main()协程函数❷。

由于这是启动事件循环的最常见方法，因此 asyncio 提供一种使用默认事件循环的等效简短方式，见清单 16-13。

清单 16-13　collatz_async.py:6b

```
if __name__ == "__main__":
    asyncio.run(main())
```

接下来就能运行模块，并且模块也能工作了。

陷阱警告： 根据asyncio维护者Andrew Svetlov的说法，开发团队正在改进asyncio的缺陷设计，包括事件循环的使用方式。当你将来再次阅读本书时，你可能已经在使用Python 3.12或更高版本，届时上面的示例方法很可能不再是推荐的方法。请参阅官方文档！

可选的异步模块提供了一些重要的附加机制来处理多个任务：Curio 有 TaskGroup，而 Trio 有（并且需要使用）Nursery。请参阅这些库的官方文档以了解更多信息。asyncio 模块还没有类似的结构，实现它们绝对不是一件容易的事情。

如果运行这段代码，你就会注意到一个遗留问题：collatz_async.py 仍然挂在之前挂起的地方！这就不够实用了。

16.3.4　令其（实际上）异步

由于清单 16-10 中的 get_input()这一行，代码还没能并发运行，正如之前所提醒过的：

```
        n = input(prompt)
```

无论如何编写程序的其余部分，input()都是一个受 I/O 限制的阻塞函数，因此这会占用进程直至用户输入某些内容，例如他们的猜测。而函数本身是不知道如何返回的。

要异步获取用户输入，就必须使用等同于 input()的协程函数。Python 标准库没有提供此类功能，但是第三方库 aioconsole 提供了 input()的异步版本及其他一些功能。不过，你需要先将这个包安装到对应的虚拟环境中。

陷阱警告： 如何从stdin标准输入流获得用户输入是一个比看起来要难得多的问题，而且至今也没能完全解决。创建统一流式API非常困难！如果使用不同的异步编程库，比如Trio或Curio，那么还将面临更大的挑战。这是我们在示例中使用asyncio的唯一原因：aioconsole为该问题提供了有限但有效的解决方案，但是它仅和asyncio兼容。

安装好之后，导入需要的 ainput()协程函数，如清单 16-14 所示。

清单 16-14 collatz_async.py:1b

```
import asyncio
from aioconsole import ainput

BOUND = 10**5
```

ainput()协程函数的工作方式和内建函数 input()相似，只不过前者是一个可等待函数，因此能定期放弃对进程的控制，允许其他可等待对象运行。

按照惯例，标准函数和模块的异步等价物的前面要加上 a（表示 asynchronization，即异步）。了解这一点很有帮助，因为有关 aioconsole 的文档并不多。对于任何此类库，除非文档另有说明，否则都假定此命名约定和标准库使用等效用法。

调整 get_input()协程函数以使用 ainput()，如清单 16-15 所示。

清单 16-15 collatz_async.py:4b

```
async def get_input(prompt):
    while True:
        n = await ainput(prompt)
        try:
            n = int(n)
        except ValueError:
            print("Value must be an integer.")
            continue

        if n <= 0:
            print("Value must be positive.")
        else:
            return n
```

现在，如果运行该模块，该模块就能异步工作了。如果你花了超过两秒的时间来输入一个有效猜测，结果会在你按下 Enter 键后立即输出。相反，如果你立即输入一个有效猜测，则仍然可以观察到 CPU 绑定型任务的延迟现象。如前所述，并发仅提高程序的感知响应能力，而提高不了执行速度。

16.4 调度和异步执行流程

当你习惯了普通同步代码的执行流程时，就可能需要更多的时间来适应异步。为了帮助你理解此处介绍的原则，下面分解完整的 collatz_async.py 文件的调用堆栈。

当执行开始时，先启动事件循环：

```
asyncio.run(main())
```

以上代码会将 main()协程函数调度为任务，这里称为 main 任务。因为这是唯一调度的任务，事件循环会立即运行它。

接下来，代码需要一些用户输入才能在逻辑上执行任何操作，因此等待协程函数 get_input()的返回值：

```
target = await get_input("Collatz sequence length to search for: ")
```

await 语句导致 main 任务放弃对事件循环的控制，从而使其他任务可以运行。协程函数 get_input()被调度为后台事件，它还在运行，直至返回值并将其分配给 target，完成后，main 任务继续运行。

接下来，将 get_input()协程函数调度为任务以获得用户猜测：

```
guess_task = asyncio.create_task(
    get_input("How many times do you think it will appear? ")
)
```

绑定到 guess_task 的任务已被调度，但是不会立即启动。main 任务仍然有控制权，而且还没放弃。

以相同的方式调度 length_counter()协程函数：

```
length_counter_task = asyncio.create_task(length_counter(target))
```

现在，length_counter_task 已被安排在未来的某个时间点运行。接下来，在 main 任务中执行如下代码：

```
count = await length_counter_task
```

以上代码导致 main 任务放弃对事件循环的控制，即暂停并等待 length_counter_task 返回值。事件循环现在有了控制权。

队列中的下一个调度任务是 guess_task，因此它接下来开始执行。get_input()协程函数在下一行运行：

```
    n = await ainput(prompt)
```

现在，get_input()正在等待另外一个可等待并已经调度的 ainput()函数。控制权交还给事件循环，运行下一个调度任务 length_counter_task。length_counter()协程函数启动，并在将控制权交给事件循环之前运行到 await 命令。

也许用户还没有输入任何东西——毕竟只过去了几毫秒——所以事件循环检查 main 任务和 guess_task 任务，它们都在等待。事件循环再次检查 length_counter_task，它在再次被暂停前做了很多工作。然后事件循环再次检查 ainput()，看看用户是否已经输入了什么东西。

以这种方式继续执行，直至完成某些事情。

请记住，await 并不是一个神奇的关键字，它只会将控制权交给事件循环。相反，一些重要代码逻辑才决定了接下来运行哪个任务，但是为了节省时间和篇幅，此处不再深入介绍。

一旦 length_counter_task 完成并准备好返回一个值，main 任务中的 await 任务也就完成了，返回的值被分配给 count。接下来运行 main()协程函数中的下一行：

```
guess = await guess_task
```

在本例中，假设 guess_task 尚未完成。main 任务必须再等待一段时间，所以又将控制权交还给事件循环，事件循环现在检查 guess_task——该任务仍然在等待——然后再次检查输入。请注意，这里不再需要检查 length_counter_task，因为该任务已经完成。

一旦用户输入了一些东西，ainput()就会返回一个值。事件循环检查仍然在等待的 main 任务，然后允许 guess_task 将其 await 返回的值存储在 n 中并继续执行。至此 get_input()协程函数中不再有 await 语句，因此除了事件循环还在检查等待的 main 任务，guess_task 还能返回一个值。由于其 await 任务已经完成，而且队列中已经没有其他任务，main 任务再次获得优先权，并全部完成。

这里有一条重要的经验：并发任务完成的顺序永远无法保证！正如你将在第 17 章中看到的，这会导致一些有趣的问题。

简化代码

可以使用 asyncio.gather()协程函数替代之前的方法，同时运行两个任务，如清单 16-16 所示。这不会改变已经实现的程序功能，但是能使代码更加清晰。

清单 16-16　collatz_async.py:5b

```
async def main():
    print("Collatz Sequence Counter")

    target = await get_input("Collatz sequence length to search for: ")
    print(f"Searching in range 1-{BOUND}")

    (guess, count) = await asyncio.gather(
        get_input("How many times do you think it will appear? "),
        length_counter(target)
    )

    if guess == count:
        print("Exactly right! I'm amazed.")
    elif abs(guess-count) < 100:
        print(f"You're close! It was {count}.")
    else:
        print(f"Nope. It was {count}.")
```

以上代码按照希望的返回值顺序将要运行的可等待对象传递给了 asyncio.gather()。虽然 asyncio.gather()将为传递进来的所有原生协程创建和调度任务，但是切记不要依赖任务启动和运行的顺序。来自原生协程的返回值被打包到一个列表中，然后从 asyncio.gather()返回。在本例中，列表中的两个值解包为 guess 和 count，结果和清单 16-11 的输出结果相同。

16.5　异步迭代

迭代器和函数一样，也能进行异步处理，但只有标记为异步的迭代器才支持暂停和恢复行为。默认情况下，在迭代器中进行的循环是阻塞的，除非代码块的某处有显式的等待。异步的这一特殊功能在 Python 的最近几个版本中已经有很大的发展，并且在 Python 3.7 中实现了一些稳定的 API，因此你可能会发现较旧的代码使用了过时的技术。

为了演示这种行为，修改 Collatz 示例以使用异步可迭代类而不是协程函数。此技术对当前用例而言过于强大，在生产代码中，应坚持使用更简单的原生协程，并为更复杂的逻辑保留异步迭代器类。

下面所有的新概念都是核心 Python 语言的一部分，而非来自 asyncio。创建一个 Collatz 类，并像以前一样先设置边界值和起始值，如清单 16-17 所示。

清单 16-17　collatz_aiter.py:1

```
import asyncio
from aioconsole import ainput

BOUND = 10**5


class Collatz:

    def __init__(self):
        self.start = 2
```

然后编写一个新的协程函数，其中包含用来计算 Collatz 序列的计算步数的所有逻辑，如清单 16-18 所示。这其实还不算协程函数，因为缺少 yield，但是这种方法对这个示例而言很方便。

清单 16-18　collatz_aiter.py:2

```
    async def count_steps(self, start_value):
        steps = 0
        n = start_value
        while n > 1:
            if n % 2:
                n = n * 3 + 1
            else:
                n = n // 2
            steps += 1
        return steps
```

一个对象要想成为普通的同步迭代器，就需要实现特殊方法__iter__()与__next__()。同样，一个对象要想成为异步迭代器，就必须实现对应的特殊方法__aiter__()和__anext__()。可以通过实现__aiter__()以相同的方式定义异步可迭代对象。

接下来定义使 Collatz 成为异步迭代器所需的两个特殊方法，如清单 16-19 所示。

清单 16-19　collatz_aiter.py:3

```
    def __aiter__(self):
        return self

    async def __anext__(self):
        steps = await self.count_steps(self.start)
        self.start += 1
        if self.start == BOUND:
            raise StopAsyncIteration
        return steps
```

__aiter__()特殊方法必须返回一个异步迭代器对象，在本例中就是 self。你可能注意到了此方法并不是可等待异步对象，它必须是可直接调用的。

__anext__()特殊方法和__next__()有两个不同之处。首先也是最重要的，它被标记为 async，这使其可等待，否则遍历迭代器对象时将会被阻塞；其次，当没有更多值可以迭代时，会引发 StopAsyncIteration，而不像普通迭代器那样引发 StopIteration。

在__anext__()协程函数中，添加一个 await 语句，这将允许协程函数在必要时暂停并将控制权交还给事件循环。（在这里，这样做只是为了证明这是可行的，当异步迭代器在某个迭代步骤耗时较长时，这特别有用。但是协程函数的执行时间在这个示例中非常短暂，原本可以省略，毕竟仅使用异步迭代器就涉及底层的 await。）

在 length_counter()协程函数中，必须使用 async for 复合语句来迭代异步迭代器，如清单 16-20 所示。

清单 16-20 collatz_aiter.py:4

```
async def length_counter(target):
    count = 0
    async for steps in ❶ Collatz():
        if steps == target:
            count += 1
    return count
```

async for 复合语句专门用于迭代异步迭代器，在本例中也就是 Collatz 实例❶。

如果想了解此处的幕后情况，请看 length_counter()函数中 async for 循环的如下等效逻辑：

```
async def length_counter(target):
    count = 0
    iter = Collatz().__aiter__()
    running = True
    while running:
        try:
            steps = await iter.__anext__()
        except StopAsyncIteration:
            running = False
        else:
            if steps == target:
                count += 1
    return count
```

注意，在迭代器上调用__anext__()时需要使用 await 关键字。async for 循环将在每次迭代时把控制权还给事件循环，但是如果单次迭代需要很长时间，则需要在__anext()协程函数中添加额外的 await 语句以防止发生阻塞。

至于此版本的其余部分，可以复用清单 16-16 和清单 16-13。输出和行为与之前相同。

异步迭代器对 Collatz 示例来说绝对是强大的。大多数时候，异步迭代器仅在迭代是 I/O 阻塞的、计算量大到需要某种进度指示器，以及可能和另外一个 I/O 阻塞任务并发时才有用。

16.6 异步上下文管理器

16

在异步环境下，上下文管理器也必须以特定方式编写才能正常工作。异步上下文管理器具有特殊协程函数__aenter__()和__aexit__()，而不是通常的__enter__()和__exit__()特殊方法。通常只有在需要等待__aenter__()或__aexit__()中的某些内容（如网络连接）时，才会编写异步上下文管理器。

异步上下文管理器需要和 async with 而不是普通的 with 一起使用，但是具体使用方法和常规上下文管理器相同。

16.7 异步生成器

还可以创建异步生成器，除了和异步兼容之外，它们在所有方面都和普通生成器（第 10

章介绍过）相同，且都是通过 PEP 525 在 Python 3.6 中引入的。

可以使用 async def 定义一个异步生成器，但是需要和常规生成器一样使用 yield 语句。由于这些生成器是异步的，因此可以根据需要在它们的代码中使用 await、async for 和 async with。当异步生成器被正常调用（没用 await）时，会生成一个异步生成器迭代器，它可以像异步迭代器一样使用。

16.8　其他异步概念

异步工具包中还有相当多的其他工具：锁、池、事件、futures 等。这些概念中的大多数都是从更早的、有更好文档记录的线程技术中借用过来的，详见第 17 章。本章跳过这些概念的主要原因是，每个概念的确切用法在不同的异步模块中都有变化。如果你之前做过并发方面的工作，就能注意到本章略过了一些重要的问题，包括条件竞争以及死锁。第 17 章将深入讨论这些问题。

你还应该了解的另外一个和异步相关的高级概念是上下文变量 contextvars。它允许你根据上下文在变量中存储不同的值，这意味着两个不同的任务可以使用相同的表面变量，但实际上获取的是完全不同的值。如果想了解有关上下文变量的更多信息，请参阅 Python 官方文档的"contextvars——上下文变量"部分。

任何想要深入研究异步的读者都应该继续阅读第 17 章，因为你在线程中和传统并发中遇到的相同问题也可能出现在异步编程中。确切的解决方案因不同的异步库而不同，甚至可能需要做一些开拓性的尝试。如果想在异步方面表现出色，那就要熟悉线程，即便你从未打算在生产中使用线程。

16.9　本章小结

并发和异步的区别起初可能令人困惑，所以在此快速回顾一下。并发允许代码在等待 I/O 绑定进程时去做其他事情，从而提高程序的响应能力。但是这并不会使代码运行得更快，因此在受 CPU 限制的进程中，并发对代码本身造成的延迟不起作用。异步是一种完全在代码内部实现并发的相对较新的方法，无须求助于更复杂的技术。

在 Python 中，异步编程是基于 async/await 模型实现的。粗略地说，async 的意思是"这个结构可以异步使用"，而 await 的意思是"我正在等待一个值，所以如果你愿意，你现在可以做其他事情"。await 关键字只能在原生协程（又称协程函数）内部使用，协程函数是一种使用 async def 声明的函数。

异步编程主要包括编写原生协程并用 await 声明等待或将其作为任务进行调度。当前任务完成的顺序永远无法保证。

最终，异步依赖于事件循环来管理原生协程和并发任务的执行。为此，Python 标准库提供了 asyncio 模块，尽管这个模块有时被认为非常复杂和迟钝。还有一些更直观的替代方案，尤其是 Trio 库。或者，如果你有勇气，也可以编写符合特定要求的自定义事件循环。

第 17 章 线程和并行

在 Python 支持异步编程之前，只有两种选择来提高程序的响应能力：线程和多进程。虽然这两个概念经常被视为相关的，甚至在某些语言中可以互换，但它们在 Python 中是截然不同的。

线程是实现并发的一种方法，在完成 I/O 阻塞型任务时很有用，在这类任务中，代码运行速度受到外部事物（例如用户输入、网络或其他程序）的限制。线程本身对于完成 CPU 阻塞型任务没什么作用，在这种场景中，处理量过大才是代码运行速度变慢的原因。

并行是一种用于处理 CPU 阻塞型任务的技术，通过在不同的 CPU 核心上同时运行不同的任务来完成。多进程是我们在 Python 中实现并行的方式，这是从 Python 2.6 开始引入的概念。

在对用户界面进行编程、调度事件、使用网络以及在代码中执行计算密集型任务时，并发和并行通常是必不可少的。

不用意外，线程和多进程的内容很多，远远超出了本书的讨论范围。本章将引导你了解 Python 中并发和并行的核心概念，更多信息可以查阅 Python 官方文档的“并发执行”部分。另外，本章假设你已经阅读了第 16 章，并将持续修改第 16 章介绍的 Collatz 示例。

17.1 线程

程序中的单个指令序列称为执行线程，通常简称线程。任何不使用并发或多进程编写的 Python 程序都包含在单一线程中。多线程通过在同一进程中同时运行多个线程来实现并发，进程是当前运行的计算程序的一个实例。

在 Python 中，单一进程内部一次只能运行一个线程，因此多线程必须轮流运行。线程又称“抢占式多任务处理”，因为操作系统总是在抢占或夺取一个正在运行的线程的控制权，以运行另外一个线程。这和异步形成对照，异步一般称为“协作式多任务处理”，其中特定的任务自愿放弃控制权。

虽然线程由操作系统调节，但是代码负责启动线程并管理它们共享的数据。这不是一个简单的任务，本章将着重介绍在线程间共享数据的难点。

17.1.1 并发 vs 并行

虽然并发和并行经常被混淆，但它们并不是同一种事物！根据 Go 语言联合创始人 Rob Pike

的说法，并发是多个任务的组合，而并行涉及同时运行多个任务。并行可以作为并发解决方案的一部分引入，但是在引入多进程之前，你应该首先了解代码的并发设计。强烈推荐观看 Pike 在 Heroku Waza 大会上的演讲“Concurrency is not parallelism”。

在很多编程语言中，由于语言和系统架构的影响，线程也能实现并行。这是许多人混淆并发和并行的部分原因。然而，Python 的 GIL 阻止了这种隐含的并行，因为任何 Python 进程都被限制在单一 CPU 内核上运行。

17.1.2 基本线程

在 Python 中，threading、concurrent.futures 和 queue 模块提供了使用线程所需的所有类、函数以及工具，本章将综合应用这 3 个模块。

探究笔记：threading模块实际上使用的是_thread模块，它为threading模块提供了低级支撑。虽然通常应该使用简单易用的threading和concurrent.futures模块，但是如果正在做一些比较高端的事情，_thread模块可能更加有用。详情请参阅Python官方文档的“_thread——底层多线程API”部分。

要想有效使用线程，首先就要确认代码中的 I/O 绑定任务，并将每个此类任务隔离在单一函数调用之后。这种设计将使之后对单一任务进行线程化变得更容易。

在第 16 章的 Collatz 示例中，函数 get_input()是 I/O 绑定的，因为它在等待来自用户的输入。其余代码不受 I/O 限制，因此可以同步运行。我想在一个单独的线程上运行 get_input()，这样它就可以和程序的其余部分同时运行。

如果你跟着我一起编程，请在代码编辑器中打开 collatz_sync.py（见清单 16-1～清单 16-6）的新副本。清单 17-1 给出了 collatz()和 length_counter()方法的原始同步版本，先在代码的顶部导入 threading 模块，因为我们将在整个程序中使用该模块的函数。

清单 17-1　collatz_threaded.py:1

```
import threading

BOUND = 10**5


def collatz(n):
    steps = 0
    while n > 1:
        if n % 2:
            n=n * 3 + 1
        else:
            n = n // 2
        steps += 1
    return steps


def length_counter(target):
    count = 0
    for i in range(2, BOUND):
        if collatz(i) == target:
            count += 1
    return count
```

在引入线程之前，需要先解决之前代码设计中的一个小问题：运行在单独线程中的函数无法向调用者返回值，但是所有原始函数都有返回值。因此，需要一个不同的解决方案来传递这些信息。

原生解决方案是创建某种中央区域，线程函数可以在其中存储数据，而要达到此目的，最快的方式是使用全局名称，如清单 17-2 所示。

清单 17-2 collatz_threaded.py:2a

```
guess = None


def get_input(prompt):
    global guess
    while True:
        n = input(prompt)
        try:
            n = int(n)
        except ValueError:
            print("Value must be an integer.")
            continue
        if n <= 0:
            print("Value must be positive.")
        else:
            guess = n
            return n
```

get_input()函数将返回值存储在新的全局名称 guess 中，然后直接返回。

对于这个示例来说，这种设计是令人反感的非 Pythonic 方案，稍后将构建一个更整洁的方案，但是目前这个方案暂时够用了。不过，当前版本类似于现实中的一种 Pythonic 模式：你可能需要允许线程将数据存储在中央共享区域，如数据库中。

接下来是有趣的部分，线程化希望同时执行的函数调用，即 get_input()调用，如清单 17-3 所示。

清单 17-3 collatz_threaded.py:3a

```
def main():
    print("Collatz Sequence Counter")

    target = get_input("Collatz sequence length to search for: ")
    print(f"Searching in range 1-{BOUND}...")

    t_guess = threading.Thread(
        target=get_input,
        args=("How many times do you think it will appear? ",)
    )
    t_guess.start()

    count = length_counter(target)

    t_guess.join()

    if guess == count:
        print("Exactly right! I'm amazed.")
    elif abs(guess - count) < 100:
        print(f"You're close! It was {count}.")
    else:
        print(f"Nope. It was {count}.")
```

```
if __name__ == "__main__":
    main()
```

在从用户那里获得目标值之前，程序无法执行任何操作，因此我们第一次以普通（同步）方式调用 get_input()。

我们希望对 get_input()的第二次调用（用户输入猜测）和 CPU 密集型 Collatz 计算同时进行，为此，使用 threading.Thread()创建一个线程。将需要在线程中运行的函数传递给 Thread()的 target 参数。需要传递给线程化的函数的所有参数都必须作为元组传递给 arg 参数。（注意上述代码中尾部的逗号！）当线程启动时，调用 get_input()并将 arg 指定的参数传递过去。在这种情况下，调用线程化的 get_input()并将输入的提示消息作为字符串传入。

将创建的线程对象绑定到 t_guess，然后使用 t_guess.start()在后台启动，这样代码就可以正常继续，而无须等待 get_input()函数返回。

接下来就可以同步执行 length_counter()的 CPU 密集型步骤了。虽然也可以对此进行线程化，但这没有什么意义，因为在 length_counter()返回结果之前，程序实际上无法执行任何其他操作。就创建线程的性能开销而言，线程比异步任务要昂贵得多，因此应该只在线程能为程序的性能或感知响应能力提供直接好处时才创建线程。

一旦 length_counter()完成，在 get_input()的线程完成工作并将返回值存储到 guess 之前，程序无法做任何事情。使用 t_guess.join()加入线程，这意味着代码将等待线程完成其工作，然后继续执行。如果线程已经完成，对 t_guess.join()的调用将立即返回。

从那里开始，程序照常运行。如果运行这个完整的程序，你会发现它和第 16 章中的异步版本具有相同的行为：在程序等待用户输入猜测时进行计算。

17.1.3 超时

请注意，程序在等待线程完成时是挂起的。对于清单 17-3，这是百分百安全的，因为这种情况下的任何延迟都可能是用户输入数值的速度太慢造成的。但是你有理由对这种无限暂停保持警惕。如果线程因为使用网络连接或其他系统进程而受到 I/O 限制，则意外错误可能导致线程永远不会返回！程序也将被无限期挂起，没有任何解释或错误消息，直至操作系统向困惑的用户报告“程序已停止响应”。

为解决此类问题，可以引入超时机制，指定程序放弃等待线程合入的最长时间，超过这个时间后无论是否有响应，程序都可以继续。

为了演示这个方法，我们不得不让程序变得有点令人厌烦，这将令 Collatz 游戏用户感到恼火，如清单 17-4 所示。

清单 17-4 collatz_threaded.py:3b

```
def main():
    # --snip--

    t_guess = threading.Thread(
        target=get_input,
        args=("How many times do you think it will appear? ",),
        daemon=True
    )
```

```
    t_guess.start()

    count = length_counter(target)

    t_guess.join(timeout=1.5)
    if t_guess.is_alive():
        print("\nYou took too long to respond!")
        return

    # --snip--

if __name__ == "__main__":
    main()
```

以上代码将 timeout=1.5 传递给 join()来指定超时，一旦到达 join()语句，程序将只等待 1.5s 就继续运行，而无论线程是否已经完成。实际上，这意味着用户只有 1.5s 的时间来输入他们的答案。

请记住，join()即便超时，实际上也根本不会影响线程。它仍然在后台运行，只是主程序不再等待它。

为了确定是否发生超时，可以检查线程是否仍然存在。如果存在，就向用户反馈并退出程序。

17.1.4　守护线程

退出主线程不会终止其他线程。在清单 17-4 中，如果等待的 t_guess 线程超时，则即使到达 return 语句或结束主线程，t_guess 线程也仍将无限期地在后台运行。这明显是个问题，尤其是当用户希望程序完全退出时。

Python 有意不提供明显的终止线程的方法，因为如果提供可能导致一些可怕的后果，包括完全破坏程序状态。但是如果没有办法终止线程，线程就会被挂起，再输入数据也不会有任何行为。再次提醒，如果挂起的线程是网络错误等导致的，则要么程序不响应，要么等待线程在主程序关闭很长时间后仍继续在后台运行。

为了缓解此类情况，可以将线程设为守护线程，这意味着将其生命周期和进程（主程序）的生命周期关联起来。当主线程结束时，所有关联的守护线程也将同时被终止。

可通过在创建线程时指定 daemon=True 将其定义为守护线程，就像清单 17-4 中那样。现在，当退出主程序时，线程也被终止。

陷阱警告： 必须非常小心守护线程！它们因为会在程序异常终止时突然终止，所以并不会完成任务或自行清理。这可能会使文件和数据库连接处于打开状态，从而导致部分写入发生更改以及各种令人讨厌的事情。只有在确定随时突然终止线程是安全的情况下，才应该让线程变成守护线程。

17.1.5　futures 和执行器

在这个示例中，使用快速而粗糙的全局名称技巧来传递数据并不理想，这主要是因为全局名称很容易被覆盖[①]或不正确地更改。另一方面，我们不想通过传递一些可变集合来传递数据，

① 译者注："覆盖"是指被意外的同名变量替换，任何时候，一旦执行路径上有和全局名称相同的名称被意外定义或使用，全局名称保存的线程数据也就被意外"覆盖"了。

因为这会在 get_input()函数中引入副作用。我们需要用一种更有弹性的方法从线程中返回数值。

这当然是可以的，多亏了 futures 功能，这个功能在其他语言中有时被称为 promises 或 delays。future 是一个对象，它承诺在未来的某个时刻包含一个值，但它可以像普通对象一样传递，甚至在值被包含之前传递。

导入提供 futures 功能的 concurrent.futures 模块，如清单 17-5 所示。因为 futures 还提供了一种直接创建线程的方法，所以不再需要导入原先的 threading 模块。

清单 17-5　collatz_threaded.py:1b

```
import concurrent.futures

BOUND = 10**5

def collatz(n):
    # --snip--
```

在这个版本中，由于不需要用全局名称 guess 来存储 get_input()的返回值，因此删除了使用 guess 的那两行代码，如清单 17-6 所示。

清单 17-6　collatz_threaded.py:2b

```
def get_input(prompt):
    while True:
        n = input(prompt)
        try:
            n = int(n)
        except ValueError:
            print("Value must be an integer.")
            continue
        if n <= 0:
            print("Value must be positive.")
        else:
            return n
```

现在 get_input()函数看起来与同步版本相似，尽管仍然可以通过 futures 使用线程。在 main()方法中，使用 ThreadPoolExecutor 对象启动线程，如清单 17-7 所示。这是一种执行器（executor），用于创建和管理线程。

清单 17-7　collatz_threaded.py:3c

```
def main():
    print("Collatz Sequence Counter")

    # --snip--

    executor = concurrent.futures.ThreadPoolExecutor()
    future_guess = executor.submit(
        get_input,
        "How many times do you think it will appear? "
    )

    count = length_counter(target)
    guess = future_guess.result()
    executor.shutdown()

    # --snip--
```

```
if __name__ == "__main__":
    main()
```

以上代码创建了一个新的 ThreadPoolExecutor 对象并将其绑定到名称 executor。此名称是线程池和其他执行器的常规名称。然后使用 executor.submit()在该线程池中创建一个新线程，传递要线程化的函数及其所有参数。和从 threading.Thread 对象实例化线程不同，这里不需要将参数封装在元组中。

调用 executor.submit()将返回一个 future 对象，将其绑定到名称 future_guess。future 对象最终将包含 get_input()的返回值，但这目前还只是一个承诺。

从这里开始，继续像往常一样通过 length_counter()进行那些繁重的计算。

一旦完成，就使用 future_guess.result()获得 future 的最终数值。就像加入线程时一样，这个操作将被挂起，直至线程返回一个值。

在执行器管理的所有线程都完成后，可通过调用 executor.shutdown()告诉执行器自行清理。这种调用是安全的，即便在线程完成之前，因为它能在所有线程完成后关闭执行器。在执行器上调用 shutdown()后，再次尝试使用它启动新线程将引发 RuntimeError。

with 语句也可以自动关闭执行器，就像它可以自动关闭文件一样，如清单 17-8 所示。这在你忘记关闭执行器时很有用。

清单 17-8 collatz_threaded.py:3d

```
def main():
    print("Collatz Sequence Counter")

    # --snip--

    with concurrent.futures.ThreadPoolExecutor() as executor:
        future_guess = executor.submit(
            get_input,
            "How many times do you think it will appear? "
        )

        count = length_counter(target)

    guess = future_guess.result()

    # --snip--

if __name__ == "__main__":
    main()
```

对 executor.shutdown()的调用自动发生在 with 语句的末尾。任何应该和线程并发运行的语句都必须在 with 套件内，因为在所有线程完成之前，主控流程不可能离开 with 语句。

本例选择在线程池关闭后，才在 with 语句之外检索 future 的结果。这个顺序不是必须的，但也没有坏处，因为线程池之前的关闭也意味着线程已经完成，所以不会等待从 future 中检索结果。

17.1.6 futures 的超时

future 对象的 result()方法接收 timeout 参数，就像 join()对 Thread 对象所做的那样。与 Thread

对象不同的是，可以通过捕获 concurrent.futures.TimeoutError 异常来确定是否发生了超时。然而，这并不像看起来那么简单。虽然可以等待超时，但是仍然存在停止挂起线程的问题。

这里有一个示例，尽管你可能不应该运行它，因为这将导致线程永远被挂起：

```
count = length_counter(target)
try:
    guess = future_guess.result(timeout=1.5)
except concurrent.futures.TimeoutError:
    print("\nYou took too long to respond!")
  ❶ executor.shutdown(wait=False, cancel_futures=True)
    return  # hangs forever!
else:
    executor.shutdown()
```

问题在于执行器没有正确支持守护线程，并且从 Python 3.9 开始就已经根本不支持了。执行器也不提供任何机制来取消已经运行的线程。在处理 TimeoutError 异常时，以上代码取消了所有尚未启动的线程❶，但是一旦执行器启动了一个线程，这个线程就无法从外部停止，除非使用一些可怕且不可原谅的黑客技巧。

如果由执行器启动的线程在某些情况下需要终止，则需要提前计划并为线程编写自定义代码，以便线程在内部处理自己的超时。这说起来容易做起来难，在 get_input()中，这非常重要，但几乎不可能实现。要为用户输入创建超时控制，就必须坚持使用基于线程的技巧。

理论回顾：线程安全

根据开发者 Eiríkr Åsheim 的说法："有些人在遇到问题时会想 '我知道，我会使用多线程'。Nothhw tpe yawrve o oblems。[①]"

在线程中，永远无法预测线程将以什么顺序完成。你必须为此作好准备。当代码可以保证和线程一起正确工作时，就可以说代码是线程安全的。在类似 Collatz 这种小型、封装良好的示例中，线程安全代码可以非常简单，但是较大的系统通常包含一些隐秘的线程安全问题，这些问题调试起来简直是噩梦。

第 16 章介绍的异步不太容易出现本节所描述的问题，但是也不能大意！无论使用的是 async/await、线程还是多进程，都请注意并发可能出现的问题。

如你所见，线程在执行期间需要彼此之间传递返回值和其他数据。实际上只有 3 种方法可以在线程间可靠地传递数据：状态共享、future 或消息传递。

消息传递被认为是三者中最安全的技术，但是需要仔细规划并可能涉及一些巨大的系统开销。future 是特定情况下的另一种可靠选择。future 有一些陷阱，后文将进行分析。

状态共享（清单 17-2 中的全局名称就是一个示例）是最简单的技术，并有很多用例。状态共享可能涉及全局名称、可变值、数据库、流和文件。虽然看起来很容易实现，但是共享状态是 3 种方法中最危险的，因为很容易触发条件竞争。如果你是线程新手，可能特别难以理解条件竞争，这里有一个相当可靠的真实示例。

考虑办公室里的共享数据源，例如白板上的所需物品列表。任何人都可以向这个列表

① 译者注：这个"梗"的意思是"Now they have two problems"通过多线程传送后字母的顺序被打乱了。

中添加新物品。为了节省秘书的时间，办公室有一个传统：如果有人出去吃饭，他可以在回来的路上用公司的信用卡捎些东西回来。为了确保物品不被遗忘，有一条规则：在带着物品返回之前，不能从白板上擦除该物品。

Jess 要去她最喜欢的寿司店吃午饭，这家店刚好就在办公用品店旁边，所以她做了个记号来提醒自己去买 Peter 需要的 5 盒回形针。几分钟后，Vaidehi 离开办公室去买三明治并决定顺便买点东西：5 盒回形针。与此同时，Ben 在体验新快餐时做了同样的事情，Lisa 在出去喝咖啡时也做了相同的事情。当每个人都吃完午饭回来时，困惑的 Peter 在办公桌上看到了 20 盒回形针！

问题出在 Jess、Vaidehi、Ben 和 Lisa 都在同时操作（实际上是并行操作），并且由于读取和更新白板上的数据之间存在延迟，所以他们都不知道其他人也在采购回形针。更糟糕的是，如果不进行一番调查，我们很难知道 Peter 为什么在制作 1 km 长的回形针链，并思考如何更好地管理那块讨厌的白板。

条件竞争总是在你最意想不到的时候突然出现。在这个场景中，混淆产生的原因是存在两个不可分割的步骤需要按顺序发生：读取白板和更新白板上的信息。

团队可以采用两种不同的锁定策略来防止条件竞争。第一种策略是粗粒度锁定：当 Jess 决定去采购某样东西时，她得在白板的边上写下自己的名字，从而获得白板锁。只要有她的名字存在，就只有她一个人可以编辑白板，无一例外！Jess 暂时“拥有”白板。当她吃完午饭回来时，也许带着 Jacob 需要的一瓶修正液，她从白板上擦掉了自己的名字，从而让其他人可以锁定白板。粗粒度锁定通常会对性能产生负面影响，因为没有其他人可以在午餐期间拿到白板上的任何物品。

第二种策略是细粒度锁定：Jess 在白板上的“修正液”项目旁边写下自己姓名的缩写，这意味着该特定项目已锁定。其他项目仍然可以被人认领和锁定，更多的项目也可以追加到白板上。但是只有 Jess 可以采购修正液或更新该项目。当她回到办公室时，她就可以擦掉该项目，而且必须先通过从白板上擦除她的姓名缩写来解除锁定。

和线程安全主题密切相关的是可重入性。可重入函数可以在执行过程中暂停，同时能再次被并发调用，且没有任何奇怪的副作用。如果一个函数依赖于一个共享资源在整个操作过程中保持不变，则可重用性可能会无效。

17.2 条件竞争

条件竞争特别难以检测，因为一行代码可能隐藏着很多步骤。例如，考虑递增绑定到全局名称的整数，如清单 17-9 所示。

清单 17-9 increment.py:1a

```
count = 0

def increment():
    global count
    count += 1
```

自增加法运算符 += 不是原子的，这意味着它由多条指令组成。你可以通过使用 dis 模块的反汇编函数 increment()观察到这一点，如清单 17-10 所示。

清单 17-10　increment.py:1b

```
import dis

count = 0

def increment():
    global count
    count += 1

dis.dis(increment)
```

运行清单 17-10 将产生以下输出：

```
  7           0 LOAD_GLOBAL        0 (count)
              2 LOAD_CONST         1 (1)
              4 INPLACE_ADD
              6 STORE_GLOBAL       0 (count)
              8 LOAD_CONST         0 (None)
             10 RETURN_VALUE
```

最左一列的 7 告诉我们，这里的字节码对应 Python 代码中的第 7 行，即 count += 1。这组 Python 字节码指令，除了最后两条，都将在这一行代码中执行！读取 count 的值，将其加 1，然后存储新值，这 3 个步骤（跨越 5 条指令）必须连续不间断地进行。但是，考虑一下两个线程同时调用 increment()会发生什么，如表 17-1 所示。

表 17-1　两个线程的条件竞争模型

计数（线程 A）	线程 A	计数（全局）	线程 B	计数（线程 B）
0	←读取	0	（等待）	
1	递增	0	（等待）	
1	（等待）	0	读取→	0
1	写入→	1	（等待）	0
	（完成）	1	递增	1
		1	←写入	1
		1	（完成）	

虽然应该有两个单独的线程来增加全局计数值，但是在线程 A 有机会写入其更新值之前，线程 B 已经从全局计数中读取到值 0。

条件竞争最糟糕的事情就是没有类似 RaceConditionError 的异常能被触发。没有错误消息，也没有 linter 错误[①]。没有什么可以告诉你条件竞争正在发生——你只能通过进行一些深入的探查工作来确认。由于无法预测线程何时暂停和恢复，因此条件竞争可能隐藏在众目睽睽之下很多年，直至被完美条件触发。这导致数量惊人的“无法重现”的错误报告。

① 译者注：linter 工具一般是用来检验语法问题的静态代码分析工具，也就是说，条件竞争问题不在语法或代码层面上。

17.2.1 条件竞争示例

为了演示线程安全技术，下面对 Collatz 计算进行实际上无用的线程化。如前所述，并发实际上会进一步减慢 CPU 密集型任务的执行速度。但是如果所涉及的函数只是 I/O 绑定的，我们将要应用的线程模型就会很有用。这里还将使用此场景来演示多种并发技术，尽管其中一些并不适合这个场景（仅用以演示）。

为了可靠地演示条件竞争，我们需要创建一个类作为计数器，我们将使用这个计数器而不是普通整数来存储处理 Collatz 计算的不同线程之间的全局共享状态，如清单 17-11 所示。同样，这在现实生活中是无意义的，但是可以确保我们能可靠地重现条件竞争以完成演示。

清单 17-11 collatz_pool.py:1a

```
import concurrent.futures
import functools
import time

BOUND = 10**5

class Counter:
    count = 0

    @classmethod
    def increment(cls):
        new = cls.count + 1
      ❶ time.sleep(0.1) # forces the problem
        cls.count = new

    @classmethod
    def get(cls):
        return cls.count

    @classmethod
    def reset(cls):
        cls.count = 0
```

一个进程中连续步骤之间（比如读取和更新数据之间）需要的时间越多，条件竞争发生的可能性就越大。通过将 time.sleep()调用添加到 increment()类方法中❶，我们刻意增加了计算和存储新计数值之间的时间，从而实际上保证了条件竞争一定能触发。

接下来线程化 collatz()函数，并让该函数接收一个目标数字作为参数。每当生成的 Collatz 序列具有目标数量的值时，就对 Counter 进行递增而不是返回值，如清单 17-12 所示。

清单 17-12 collatz_pool.py:2a

```
def collatz(target, n):
    steps = 0
    while n > 1:
        if n % 2:
            n = n * 3 + 1
        else:
            n = n // 2
        steps += 1
    if steps == target:
        Counter.increment()
```

现在就是触发条件竞争的最佳时机，只需要分派多个线程即可。

在 17.2.2 小节中，将对代码进行进一步调整，但只是为了创建用于演示的条件竞争。问题不在线程技术本身。17.2.2 小节中的代码是有效的。清单 17-11 和清单 17-12 中的代码存在问题，稍后进行修复。

17.2.2 用 ThreadPoolExecutor 创建多线程

为了演示条件竞争，删除原始 length_counter()方法中的 for 循环，并将其替换为 ThreadPoolExecutor。这将允许我们为每个单独的 Collatz 序列计算分配一个新线程，如清单 17-13 所示。

清单 17-13 collatz_pool.py:3a

```
def length_counter(target):
  ❶ Counter.reset()
    with concurrent.futures.ThreadPoolExecutor(❷ max_workers=5) as executor:
      func = ❸ functools.partial(collatz, target)
    ❹ executor.map(func, range(2, BOUND))
    return Counter.get()
```

首先将计数器重置为 0❶。以上代码在 with 语句中定义了一个 ThreadPoolExecutor，并指定它一次最多可以运行 5 个线程（又称工作线程）❷。

此例随意设置了最多 5 个工作线程。你所允许的最大工作线程数量会对程序的性能产生重大影响：工作线程数量太少无法充分提高程序的响应能力，但是太多又会增加开销。使用线程时，值得进行一些实验以找到最佳平衡点！

需要将两个参数传递给函数 collatz()：目标步数（target）和序列起始值（n）。目标步数永远不会改变，但是 n 的每个值都来自一个可迭代的 range(2, BOUND)对象。

executor.map()方法可以迭代地分配多个线程，但是只能将可迭代对象提供的某个值传递给指定函数。由于正在尝试分派 collatz()函数，该函数接收两个参数，因此需要使用另一种方法来处理第一个参数。为了实现这一点，使用 functools.partial()生成可调用对象，并预先传递目标参数❸。最后将此可调用对象绑定到 func。

executor.map()方法使用 range()可迭代对象通过 func 为剩余的 collatz()参数提供值❹。每个生成的函数调用都将在单独的工作线程中进行。程序的其余部分和清单 17-6 以及清单 17-8 中的相同。

如果按照原样运行这段代码，让人讨厌的条件竞争就会被触发：

```
Collatz Sequence Counter
Collatz sequence length to search for: 123
Searching in range 1-100000...
How many times do you think it will appear? 210
Nope. It was 43.
```

我猜测的数字 210 应该完全正确，但是条件竞争如此严重，导致计算结果很不准确。如果你在自己的计算机上运行这段代码，或变更 time.sleep()持续时间，则可能得到一个完全不同的数字，有时甚至可能恰好是正确数字。这种不可预测性就是条件竞争如此难以调试的原因。

我们已经完成了问题场景的构建，接下来可以开始修复了。

17.3 锁

锁可以通过确保一次只有一个线程能够访问共享资源或执行操作来防止条件竞争。任何想要访问资源的线程都必须先完成对资源的锁定。如果资源上已经有锁，就必须等待锁被释放。

可以通过向 Counter.increment()追加锁来解决 Collatz 示例中的条件竞争问题，如清单 17-14 所示。

清单 17-14 collatz_pool.py:1b

```
import concurrent.futures
import threading
import functools
import time

BOUND = 10**5


class Counter:
    count = 0
    _lock = ❶ threading.Lock()

    @classmethod
    def increment(cls):
      ❷ cls._lock.acquire()
        new = cls.count + 1
        time.sleep(0.1)
        cls.count = new
      ❸ cls._lock.release()

    # --snip--
```

以上代码创建了一个新的 Lock 对象并将其绑定到_lock 类属性❶。每次调用 Counter.increment()时，线程都会尝试使用锁的 acquire()方法获取锁的所有权❷。如果另外一个线程已经拥有锁的所有权，则对 acquire()的任何其他调用都将被挂起，直至拥有权限的线程释放锁。一旦某个线程获得了锁，它就可以像以前一样继续。

线程还必须通过锁的 release()方法在完成对受保护资源的操作后尽快释放锁，以便其他线程可以继续❸。每个锁最终都必须释放。

由于这个要求，锁其实也是上下文管理器。无须在 Lock 对象上手动调用 acquire()和 release()，而是可以通过 with 语句隐式地处理，如清单 17-15 所示。

清单 17-15 collatz_pool.py:1c

```
    # --snip--

    @classmethod
    def increment(cls):
        with cls._lock:
            new = cls.count + 1
```

```
            time.sleep(0.1)
            cls.count = new

    # --snip--
```

with 语句将自动获取和释放锁。

锁本身并没有什么神奇之处，只不过是一个美化了的布尔值。任何线程都可以获得一个无主锁，并且任何线程都可以释放一个锁，而无论所有者是谁。必须确保任何容易出现竞争条件的代码都受到锁的获取和释放的限制。没有什么能阻止你违规，但是调试此类违规行为可能充满危险，至少会带来相当大的麻烦。

17.4 死锁、活锁和饥锁

当所有锁的状态组合起来导致所有线程都在等待，没有前进可能时，就会触发死锁。可以将死锁形象化为两辆汽车相向而行并相互阻挡，导致双方都无法通过单行道桥。

当线程不断重复相同的交互，而非仅仅等待时，会发生类似的活锁情况，这也会导致事情没有真正的进展。你有没有和朋友聊过“你想去哪里吃饭？”这种话题？如果得到过回答“我随便，你想去哪儿吃？”，那么你已经体验过活锁的真实案例了。两个线程都在执行涉及等待或推迟彼此的工作，但是两个线程谁都没办法推进到任何地方。

死锁和活锁通常会导致程序无响应，一般没有任何消息或错误来说明原因。无论何时使用锁，都必须格外小心地预防死锁和活锁情况。

为了防止死锁和活锁，必须注意潜在的循环等待条件，在这种情况下，两个或多个线程都在等待对方释放资源。因为这些很难在代码示例中清晰地说明，所以我们在图 17-1 中展示了一个常见的循环等待场景。

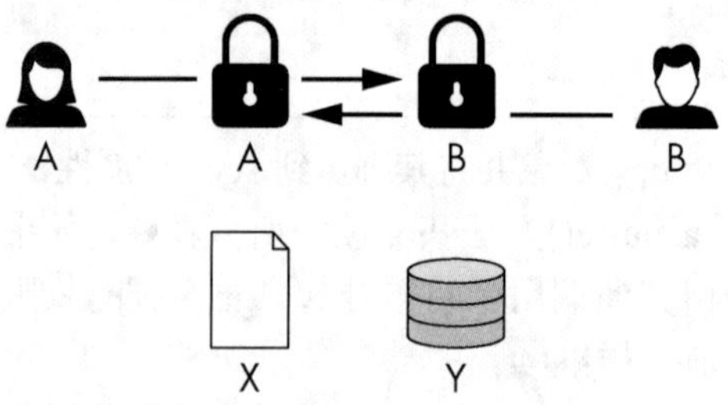

图 17-1 两个进程之间的死锁

线程 A 和 B 都需要同时访问共享资源 X 和 Y。线程 A 获得了资源 X 的锁，而线程 B 获得了资源 Y 的锁。现在，线程 A 正在等待锁 B，而线程 B 也在等待锁 A。这时就处于死锁状态。

解决死锁或活锁的正确方法始终取决于具体情况，但有几个工具可以使用。首先，可以在锁的 acquire()方法上指定一个 timeout，如果调用超时，则返回 False。在图 17-1 所示的场景中，只要其中任何一个线程超时，就可以释放其所持有的所有锁，从而允许另外一个线程继续执行。

其次，任何线程都可以释放锁，所以必要时可以强行打破死锁。如果线程 A 发现有死锁产生，可以释放线程 B 对资源 Y 的锁定并继续执行，从而打破死锁。这种方法的困难之处在于即便没有陷入死锁，也有可能破坏锁，这又制造了条件竞争。

在死锁或活锁场景中，锁并不是唯一的罪魁祸首。当线程因为等待 future 或加入其他线程而卡住，特别是为了获得所需要的一些数据或资源，但由于某些原因永远不会返回时，饥锁（starvation）就会发生。如果两个或多个 future 以及线程结束时在等待彼此先完成，也会触发饥锁。

一个线程甚至可以将自身死锁！一个线程如果试图连续两次获得锁而不先释放它，那么就会卡住：等待自己释放自身正在等待的锁！如果存在触发这种情况的风险，则可以使用 threading.RLock 而不是 threading.Lock。使用 RLock，单个线程可以多次获取同一个锁而不会发生死锁，并且只有获得锁的线程可以释放它。虽然仍然必须像获得锁一样多次释放锁，但是线程不能直接使用 RLock 将自身死锁。

还有一个问题：因为 RLock 只能由拥有该锁的线程释放，所以在使用 RLock 后，打破多线程死锁比使用普通锁要困难得多。

17.5 用队列传递消息

可以通过传递消息来规避条件竞争和死锁，但代价是会增加一些内存开销。这比使用 future 或共享数据更加安全。每当 future 不适用时，与多个线程交换和整理数据的默认策略就应该是让这些线程传递消息。

我们通常使用队列在线程之间传递消息。一个或多个线程可以将数据推送到队列，而一个或多个其他线程可以从队列中获取数据。这类似于服务员将纸质订单传递给餐厅厨房。

Python 标准库包含 queue 模块，这个模块提供的集合已经实现了线程安全和适当的锁定，从而消除了死锁的风险。也可以用相同的方式使用 collections.deque 集合来传递消息，因为该集合支持原子操作，例如 append()和 popleft()，这使得锁定变得不再必要。

探究笔记：从技术上讲，队列仍然需要一个共享对象，但是这个共享对象和其他共享对象不同。队列是用来传递数据片段的单向专用管道，而不是用来让所有线程更新相同的共享规范数据的对象。

更新 collatz_pool.py 示例，通过队列将工作线程的结果传回主线程，而不是使用共享对象，如清单 17-16 所示。

17

清单 17-16 collatz_pool.py:1d

```
import concurrent.futures
import functools
import queue

BOUND = 10**5
```

首先导入 queue 模块，并删除让人讨厌的计数器。然后修改 collatz()函数，将结果推送到队列中，如清单 17-17 所示。

清单 17-17　collatz_pool.py:2b

```
def collatz(results, n):
    steps = 0
    while n > 1:
        if n % 2:
            n = n * 3 + 1
        else:
            n = n // 2
        steps += 1
    results.put(steps)
```

以上代码在 results 参数中接收一个 queue.Queue 对象（一个集合），并通过 results.put()向该集合中添加一个项目。

这里的设计决定是经过深思熟虑的。数据应该只通过队列向一个方向流动，要么输入工作线程，要么从工作线程输出。大多数涉及队列的统计模式只对为空、非空或已满的队列做出反应，而不对数据的内容做出反应。如果尝试创建一个队列来移动多种类型的数据，则很容易造成饥锁或无限循环。

在这种情况下，运行 collatz()的工作线程将把它们的输出数据推送到队列，而 length_counter()将从队列中提取数据。如果需要双向通信，则实现第二个队列来处理另外一个方向的数据流。

每个运行 collatz()的工作线程还必须有一个专用队列来存储结果，以免并发调用混淆最终结果。

将队列作为参数传递，而不是将其绑定到全局名称。尽管这在技术上违反了“无副作用”原则，但这是可以接受的，因为队列纯粹是作为数据传输媒介使用的。清单 17-18 所示为更新后的 length_counter()。

清单 17-18　collatz_pool.py:3b

```
def length_counter(target):
    results = queue.Queue()
    with concurrent.futures.ThreadPoolExecutor(max_workers=5) as executor:
        func = functools.partial(collatz, ❶ results)
        executor.map(func, range(2, BOUND))
    results = list(results.queue)
    return results.count(target)
```

创建队列对象并将其传递给每个工作线程❶，就像在清单 17-13 中传递 target 一样。工作线程会将每个生成的 Collatz 序列的长度添加到队列中。全部完成后，将结果队列转换为列表并返回目标在列表中出现的次数。

17.6　多工作线程的 future

如前所述，还可以使用 future 来解决死锁问题。事实上，在多线程示例 Collatz 中，这是避免死锁的最佳选择。future 几乎没有死锁的风险，只需要注意避免多个线程相互等待 future 即可。

下面进一步修改死锁示例以实现 future。只需要导入 concurrent.futures 模块即可使用此技术，如清单 17-19 所示。

清单 17-19 collatz_pool.py:1e

```
import concurrent.futures

BOUND = 10**5
```

我们还可以将 collatz()恢复成原来的形式，现在它只返回一个值，如清单 17-20 所示。

清单 17-20 collatz_pool.py:2c

```
def collatz(n):
    steps = 0
    while n > 1:
        if n % 2:
            n = n * 3 + 1
        else:
            n = n // 2
        steps += 1
    return steps
```

executor.map()方法返回一个可迭代的 future，它可以用来收集工作线程的返回值，如清单 17-21 所示。

清单 17-21 collatz_pool.py:3c

```
def length_counter(target):
    count = 0
    with concurrent.futures.ThreadPoolExecutor(max_workers=5) as executor:
        for result in executor.map(collatz, range(2, BOUND)):
            if result == target:
                count += 1
    return count
```

遍历 executor.map()返回的每个值，并计算这些值中有多少和目标匹配。executor.map()方法本质上是内置 map()函数的线程替代版本，虽然不能保证输入处理顺序，但是可以保证输出顺序。对于大多数其他技术，则不能依赖于返回值的顺序。

这是所有方法中最简捷的方法，开销也最小。

理论回顾：并行

并行是真正的多任务处理，其中多个任务同时执行。并行在高性能计算（High-Performance Computing，HPC）领域得到大量应用，在该领域，处理异常密集的任务被分解，以便所有任务可以在合理的时间跨度内完成。在并行场景中，当主进程繁忙时，任务被转移到一个单独的进程中，这个进程运行在一个单独的 CPU 核心上，从而让主进程和 CPU 核心空闲下来做其他工作。当然，这仅仅在有多个 CPU 内核时才有效，因为任何一个 CPU 内核一次只能处理一项任务。

举个现实生活中的例子，假设你需要复印备忘录，并将其在办公室各处分发。复印机（类似 CPU 的角色）很慢，因此等待使用复印机的员工（进程）的队伍很长。你有其他事情要做，所以你请同事 Sangarshanan 来协助处理，因为他正好有空。任务（制作备忘录的副本）被转移到一个单独的进程（Sangarshanan），这使得主进程（你）可以自由地做其他工作。你的同事

17

Sangarshanan 完成复印后，会将成果放到你的办公桌上，以便你有空时取走。

并行对于 CPU 密集型任务很有用，因为这些任务主要受 CPU 工作速度的限制。就像现实生活中排队的员工受限于复印机的复印速度一样，CPU 绑定任务受限于 CPU 的速度。

并行的一个重要限制是进程不应该共享资源！虽然有一些技术可以让你绕过这个限制，但是都充满了危险。相反，每个资源一次只能由一个进程访问和使用，并且进程来回传递消息以按照自己的时间周期进行通信。这样，无论进程以什么顺序运行，或哪些进程同时运行，都无关紧要，因为无论如何这些事情在并行过程中都是不可预测的。

并行是一种相当复杂的技术，有很多难以调试的隐秘陷阱。因此，并行应该留给适合的项目，也就是具有足够重要的 CPU 绑定任务且为此增加的复杂性是合理的项目。如果想要防止用户界面冻结，并发（可能需要通过异步来实现）是更好的选择。

17.7 多进程实现并行

从 Python 2.6 开始，可以通过多进程实现并行，其中并行任务由完全独立的系统进程处理，每个进程都有自己专用的 Python 解释器。多进程绕过了 Python 的 GIL 施加的限制，每个进程因为都有自己的 Python 解释器，所以也有自己的 GIL。这允许 Python 程序并行地运行。计算机可以通过将这些进程分配到不同的 CPU 内核中来同时运行它们。如何在 CPU 内核之间划分进程是操作系统的特权[①]。

请记住，多进程有其自身的性能成本，因此仅将其添加到代码中并不会自动使一切变得更快。和线程以及异步一样，在实现多进程时必须仔细考虑代码的设计。你很快就将看到这些原则的具体应用。

多进程在 Python 中遵循和线程非常相似的结构。Process 对象的使用和 Thread 对象完全一致。multiprocessing 模块还提供类似 Queue 和 Event 的类，和基于线程的类很相似，却是专门为多进程设计的。concurrent.futures 模块提供了 ProcessPoolExecutor，形式和行为与 ThreadPoolExecutor 非常相似，并且可以使用 future。

陷阱警告： 多进程很少工作在交互式解释器中，因为__main__必须由subprocesses导入。你需要从模块或包中运行代码。

17.7.1 序列化数据

一些 Python 开发者一想到要使用 multiprocessing 就退缩了，原因之一就是它在背后使用了 pickle。回顾第 12 章，pickle 作为一种数据序列化格式非常缓慢且不安全，以至于 Python 爱好者就像躲避瘟疫一样躲避使用 multiprocessing，这是有充分理由的。

即便如此，pickle 在 multiprocessing 上下文中仍然工作得相当好。首先，我们不需要担心 pickle 是否安全，因为它仅用于在代码启动和管理的活动进程间直接传输数据，因此数据被认

① 译者注：通常非常高效，也足够可靠，因为这是固化在硬件层面的操作。

为是可信的。其次，得益于并行处理所带来的明显性能提升，以及被序列化的数据永远不会被写入文件这一事实（写入文件是一项 CPU 密集型任务）pickle 的很多性能问题得到了优化。

pickle 是用在 multiprocessing 中的，所以还在积极维护和改进，Python 3.8 实现了 pickle 协议 5。使用 multiprocessing 时通常不需要担心 pickle，大多数时候它只是一个实现细节。

重要的是记住数据必须是可序列化的，即可以通过 pickle 协议完成序列化，以在进程之间传递。根据官方文档，可以序列化以下数据类型。

- None
- True 和 False
- 整数
- 浮点数
- 复数
- 字符串
- 类字节对象
- 仅包含可序列化对象的元组、列表、集合和字典
- 全局作用域中的函数（但不能是 lambda 表达式）
- 全局作用域中的类，但有额外要求

对于可序列化的类，其所有实例属性都必须是可序列化的并存储在实例属性__dict__中。当一个类被序列化时，其方法、类属性以及类属性__dict__中的任何其他内容都会被省略。或者，如果一个类使用 slots 或其他方式仍不能满足这个条件，则可以通过实现特殊的实例方法__getstate__()令其成为可序列化的类，这样应该能返回一个可序列化的对象。通常，这将是一个可序列化属性的字典。如果该实例方法返回 False，则表明该类是不可序列化的。

还可以实现特殊的实例方法__setstate__(state)，它接收一个无法序列化的对象，你可以根据需要将其解包到实例属性中。这是一种更加耗时的方法，但却是能绕过限制的好方法。如果没有定义此方法，将自动创建一个接收字典并将其直接分配给实例属性__dict__的方法。如果需要处理大量可序列化数据，尤其是在多线程环境中，则查看 Python 官方文档的“pickle——Python 对象序列化”部分可能会有所帮助。

17.7.2 加速注意事项和 ProcessPoolExecutor

多进程绕过了 GIL，以允许代码使用多个进程，因此你可能会认为这样能加速原先受到 CPU 限制的 Collatz 序列的计算。让我们检验一下这个想法。

继续之前的示例，可以通过将 ThreadPoolExecutor 替换为 ProcessPoolExecutor 来使用多进程。复用清单 17-19 和清单 17-20，并修改清单 17-21 得到清单 17-22 所示的代码。

清单 17-22 collatz_multi.py:3a

```
def length_counter(target):
    count = 0
    with concurrent.futures.ProcessPoolExecutor() as executor:
        for result in executor.map(collatz, range(2, BOUND)):
            if result == target:
```

```
            count += 1
    return count
```

我们需要做的就是用 ProcessPoolExecutor 代替 ThreadPoolExecutor。这里没有在 ProcessPoolExecutor 上指定 max_workers，因此默认计算机上的每个处理器核心即一个工作进程。我恰好使用的是一台 8 核计算机，所以当我在本地计算机上运行这段代码时，ProcessPoolExecutor 默认 max_workers 的值为 8。你的计算机可能与此不同。

对于程序的其余部分，则仍然使用清单 17-6 和清单 17-8 中的代码，通过线程处理获得用户输入的 I/O 绑定任务。使用多进程来处理 I/O 绑定任务是没有意义的。

然而，这个程序实际上是最慢的版本！我的计算机配备的是一个 8 核的 Intel i7 处理器，但是花费了惊人的时长——21s 才获得结果。要知道使用 ThreadPoolExecutor 和 future 的版本（见清单 17-18）只用了 8s，而根本没有线程计算的版本（见清单 17-1）用了不到 3s。

先请放心，以上代码确实创建了多个子进程——链接到主进程的独立进程——并绕过了 GIL。问题在于子进程本身的创建和管理成本非常高！多进程的开销超过了可能获得的任何性能提升。

也可以放弃 I/O 绑定任务中的线程，而将 CPU 绑定任务移到某个子进程。然而，这样做的性能和单独使用线程的性能大致相同，因而失去了在本例中使用多进程的意义。

不能简单地将并行用于一个问题，并期望代码运行得更快。有效的多进程处理需要规划。为了充分利用多进程，需要为每个子进程分配合理的工作量。如你所见，如果创建的子进程过多，则多进程的开销将抵消掉性能提升；而如果创建得太少，则又和在单进程上运行几乎没有区别。

我不想像以前那样为每次调用 collatz()都创建一个新的子进程——10 万个子进程对系统资源来说是巨大的压力！相反，我将把它们分为 4 个独立的子进程，每个子进程完成四分之一的工作。可以通过分块来做到这一点：定义要把多少工作分配给哪个单一子进程。修改后的代码如清单 17-23 所示。

清单 17-23　collatz_multi.py:3b

```
def length_counter(target):
    count = 0
    with concurrent.futures.ProcessPoolExecutor() as executor:
        for result in executor.map(
            collatz,
            range(2, BOUND),
            chunksize=BOUND//4
        ):
            if result == target:
                count += 1
    return count
```

在 executor.map()方法中，使用关键字参数 chunksize 来指定大约四分之一的值应该输送给每个子进程。

运行代码时，你会发现这个版本是最快的！当 BOUND = 10**5 时，这个版本几乎可以瞬间完成。当 BOUND = 10**6 时，这个版本需要 5s，而 collatz_threaded.py 的最终版需要 16s。

可以通过调整块的大小来找到理想值，当前的理想值的确是 4[①]。在这种情况下，任何更大的值都不会使程序运行时间短于 5s，而小于 4 的值则导致程序运行更慢。

至此，通过仔细应用并行，便可以绕过 GIL 并加快 CPU 密集型任务的执行速度。

17.8 生产者/消费者问题

在并行和并发场景中，人们通常将线程或进程分类为提供数据的生产者和接收并处理数据的消费者。线程或进程可能既是生产者又是消费者。生产者/消费者问题十分常见，其中一个或多个生产者提供数据，然后由一个或多个消费者处理。生产者和消费者可能以不同的速度彼此独立工作。生产者产生数据的速度可能快过消费者处理数据的速度，或者消费者处理数据的速度可能快过数据产生的速度。挑战就在于防止正在处理的数据队列变得太满，以免消费者因为无法知道生产者是慢了还是完成了而永远等待。

下面使用 Collatz 示例就生产者/消费者问题进行建模，而不再另外构建一个全新的示例[②]。让一个生产者为 Collatz 提供起始值，另外让 4 个消费者并行工作，从这个起始值开始生成一组序列，并确定有多少具有目标步数。

乍一看，这个程序似乎很容易编写：创建一个队列，用起始值填充好，然后在执行器上启动 4 个子进程并让它们从该队列中取出值。但是在实践中，有 3 个问题需要先解决。

首先，不能等到生产者生成所有值后才进行处理。如果试图一次性将所有值打包到队列中，比如将 BOUND 设置为 10**7，我们将面对高达 3.8MB 的数据，而真实案例中的生产者/消费者问题甚至可能涉及 GB 或 TB 量级的数据。生产者应该仅当队列中有空间时才提供更多值。

其次，消费者需要知道队列因值耗尽为空，与队列因为生产者正在添加更多值而为空之间的区别[③]。如果出现阻止添加值的错误——或相反，如果某些事情阻止消费者处理值——则代码应该能优雅地处理错误，而不是永远等待某事发生。同样，当程序准备结束时，每个线程或子进程都应该自行清理——例如关闭文件和流——而不是突然终止。

最后也是最难实现的，生产者和消费者必须是可重入的。换句话说，如果一个消费者在执行过程中暂停，而另一个消费者在第一个消费者恢复之前启动，那么这两个消费者不应该相互干扰。否则，它们可能以微妙和意外的方式处于死锁（或活锁）的危险中。

17.8.1 导入模块

这个程序需要相当多的模块才能完成，如清单 17-24 所示。

① 译者注：这个值与具体的芯片型号和操作系统有关，并不是说为当前程序分配 CPU 内核总数的一半就最好，还是要通过实验才知道。

② 译者注：通过在一个熟悉的小工程上进行改造、重构来检验思路，远比重构一个工程要轻松，这也是我们平常进行调试时的常用技巧。永远要将精力放在高速检验想法上，而不是反复构建同类事物。

③ 译者注：对应执行流程的话，队列因值耗尽为空时任务可结束，队列因生产者正在添加更多值而为空时任务须继续等待。

清单 17-24 collatz_producer_consumer.py:1

```
import concurrent.futures
import multiprocessing
import queue
import itertools
import signal
import time

BOUND = 10**5
```

和以前一样，concurrent.futures 模块允许我们同时使用线程和进程。multiprocessing 模块提供并发类的并行特定版本支持，包含 multiprocessing.Queue 和 multiprocessing.Event。queue 模块提供了和队列相关的异常。在对消费者进行调度时，还需要从 itertools 模块中获得 repeat()。

而 signal 模块对你来说可能是全新的，它允许你异步监视和响应来自操作系统的过程控制信号，这对于确保所有子进程干净地关闭很重要。稍后将重新讲解这个问题。

17.8.2 监视队列

我们需要来自 multiprocessing 模块的两个共享对象，这样才能使生产者/消费者模型工作。队列存储从生产者向消费者传递的数据，当生产者不再向队列中添加数据时，则发出事件信号，见清单 17-25。

清单 17-25 collatz_producer_consumer.py:2

```
in_queue = multiprocessing.Queue(100)
exit_event = multiprocessing.Event()
```

以上代码使用全局名称来表示这两个共享对象，毕竟和线程不同，在分派子进程时，无法通过参数共享对象。

生产者子进程将用起始值填充队列，消费者子进程将从队列中读取值。multiprocessing.Queue 类具有原子方法 put()和 get()，例如 queue.Queue，因此不容易触发条件竞争。将参数 100 传递给队列初始化器，这将使队列最多容纳 100 个条目。这个最大值有些随意，你应该针对自己的用例进行优化。

exit_event 对象是一个事件，也是一个进程可以监视和响应的特殊标志。在本例中，该事件表明生产者将不再向队列中添加任何值，或程序本身已经终止。threading 模块为并发提供了一个类似的 Event 对象。

17.8.3 子进程清理

每个子进程都有责任自行清理并正确关闭。当生产者完成数据生产后，消费者需要处理队列中剩余的数据，然后清理自身。相似地，如果主程序终止，则必须通知所有子进程，使它们自行关闭。

为了处理这两种情况，编写消费者和生产者函数来监视和响应 exit_event，如清单 17-26 所示。

清单 17-26 collatz_producer_consumer.py:3

```
def exit_handler(signum, frame):
  ❶ exit_event.set()


signal.signal(❷ signal.SIGINT, exit_handler)
signal.signal(❸ signal.SIGTERM, exit_handler)
```

以上代码定义了一个事件处理函数 exit_handler()，用于响应操作系统事件。事件处理函数必须接收两个参数：与特定系统事件对应的信号编号，以及当前堆栈帧。当前堆栈帧大致表示代码的当前位置和范围。这两个值都会自动提供，因此无须担心它们具体应该是什么。

exit_handler()函数将设置 exit_event❶。稍后将编写响应 exit_event 进行清理和关闭的进程。

将事件处理函数附加到想要监视的两个信号 signal.SIGTERM 和 signal.SIGINT 上。signal.SIGTERM 在主进程终止时出现❷；而 signal.SIGINT 在主进程中断时出现，比如当你在 POSIX 系统中按 Ctrl+C 组合键时❸。

17.8.4 消费者

清单 17-27 给出了常用的 collatz()函数和消费者函数。

清单 17-27 collatz_producer_consumer.py:4

```
def collatz(n):
    steps = 0
    while n > 1:
        if n % 2:
            n = n * 3 + 1
        else:
            n = n // 2
        steps += 1
    return steps


def collatz_consumer(target):
    count = 0
    while True:
        if not in_queue.empty():
            try:
                n = in_queue.get(❶ timeout=1)
            except queue.Empty:
                return count

            if collatz(n) == target:
                count += 1

        if exit_event.is_set():
            return count
```

collatz_consumer()函数接收一个参数：正在寻找的 target。它会无限循环，直至用 return 语句显式地退出。

在每次迭代中，消费者函数检查共享队列 in_queue 中是否有任何东西。如果有，该函数将尝试使用 in_queue.get()从队列中获取下一个条目，并且将一直等待，直至队列中有一个条目。

17

以上代码设置 timeout 为 1s❶，这对于防止死锁以及为子进程提供检查和响应事件的机会很重要。1s 对于生产者进程将新条目放入队列来说绰绰有余。如果 in_queue()超时，则会引发异常 queue.Empty，并立即退出子进程。

如果消费者能从队列中获取值，就运行 collatz()，根据 target 检查返回值，并相应地更新计数。

最后检查是否设置了 exit_event。如果设置了，就返回计数，干净地结束子进程。

17.8.5　检查空队列

如果查看 multiprocessing.Queue.empty()（见清单 17-27 中的 queue.empty()）和其他类似方法的文档，就会发现一则相当不祥的声明：

对于多线程/多进程场景，这是不可靠的。

但这并不意味着不能使用 empty()方法。“不可靠”和前文描述的并发过程中的动态性有关。当子进程通过 empty()方法确定队列为空时，队列可能不再为空，因为生产者正在并行操作。不过这没关系，如果时机不对，再进行一次迭代也没什么问题。

如果依赖 empty()来确保可以将新条目放入队列中，则动态性真的就会变得危险。即便下一个语句就是 put()，队列也仍然可能在子进程运行到此处之前就被填满。在调用 get()之前检查 full()也一样无法避免这种情况。这就是我们反转逻辑并检查队列是否非空，同时仍然将 get()包含在 try 子句中的原因。

17.8.6　生产者

消费者已经准备充分，现在是时候将一些值放入队列中了。Collatz 示例的生产者函数在队列中有空位时会将值推送进去，如清单 17-28 所示。

清单 17-28　collatz_producer_consumer.py:5

```
def range_producer():
    for n in range(2, BOUND):
      ❶ if exit_event.is_set():
            return
        try:
          ❷ in_queue.put(n, timeout=1)
        except queue.Full:
          ❸ exit_event.set()
            return

    while True:
        time.sleep(0.05)
        if in_queue.empty():
            exit_event.set()
            return
```

除了在队列未满时将值推送进去，生产者函数还能始终检查 exit_event 是否已被设置，以尽快干净地退出❶。

接下来尝试使用 put()❷向队列中放入一个值。在这个特定示例中，如果该操作花费的时间超过 1s，则希望它超时并表明消费者已经死锁或以某种方式崩溃。如果超时，就会引发 queue.Full 异常，设置 exit_event❸并结束子进程。请记住，每种情况都有其理想的超时时长，你必须自己弄清楚。最好有一个过长的超时，而不是一个过短的超时[①]。

假设循环在没有超时的情况下到达终点，我们不想立即设置 exit_event，因为这可能导致消费者过早退出而没能处理掉一些等待的条目。相反，我们通过无限循环检查队列是否为空。可以依靠此处的 empty()方法在消费者真正完成所有数据处理后通知我们，因为这是唯一向队列中添加值的生产者。在每次迭代中，由于要休眠几毫秒，因此生产者在等待时不会消耗处理能力。一旦队列为空，就设置 exit_event。然后退出函数，结束子进程。

17.8.7 启动进程

我们已经完成了生产者和消费者函数的编写，是时候分派它们了。将生产者和 4 个消费者作为子进程运行起来，从 ProcessPoolExecutor 开始，如清单 17-29 所示。

清单 17-29 collatz_producer_consumer.py:6

```
def length_counter(target):
    with concurrent.futures.ProcessPoolExecutor() as executor:
        executor.submit(❶ range_producer)
        results = ❷ executor.map(
            collatz_consumer,
          ❸ itertools.repeat(target, 4)
        )

    return ❹ sum(results)
```

以上代码将清单 17-28 中的生产者函数 range_producer()提交给了某个子进程❶。

可以使用 executor.map()作为分派多个消费者子进程的便捷方式❷，但是不需要迭代地提供任何数据，这通常是 map()的用武之地。由于该函数需要一个可迭代对象作为其第二个参数，因此使用 itertools.repeat()创建一个迭代器，该迭代器正好提供 4 个值作为目标副本❸。此可迭代对象中的值将分别被映射到 4 个独立的子进程。

最后，通过 results 收集并汇总已完成的消费者子进程返回的所有计数❹。这个语句因为在 with 语句的套件之外，所以只会在生产者子进程和 4 个消费者子进程退出后才运行。

上面设计的代码架构是和一个生产者一起工作的。如果想要多个生产者子进程，就需要重构代码。和以前一样，程序的其余部分复用了清单 17-6 和清单 17-8，这些仍然是线程化的。

17.8.8 性能结果

清单 17-29 的代码运行速度比清单 17-23 中的版本要慢一些——当 BOUND 设置为 10**5 时，在我的计算机上运行了 5s，而之前的版本几乎立即就能返回——但是你可以看到程序按照预期完成了工作：

① 译者注：超时设置过短的话，其实就是在人为制造假超时意外来中断健康的进程。

```
Collatz Sequence Counter
Collatz sequence length to search for: 128
Searching in range 1-100000...
How many times do you think it will appear? 608
Exactly right! I'm amazed.
```

我们选择序列长度为 128 作为测试目标，因为这是起始值为 10**5 的 Collatz 序列的长度，而 10**5 是所提供的最后一个值。这使我们能够确认消费者子进程在队列为空之前没有退出。几秒后报告的内容显示，最终有 608 个 Collatz 序列，长度为 128 步。

请注意，此特定代码的设计不一定适用于你的生产者/消费者场景。你需要仔细考虑消息和数据的传递方式、事件的设置和检查方法，以及子进程（或线程）如何自行清理。强烈推荐阅读 Pamela McA'Nulty 的文章"Things I Wish They Told Me About Multiprocessing in Python"。

17.8.9　多进程日志

通常在处理多进程时，我们会使用一个包含时间戳和进程唯一标识符的日志系统。这在调试并行化代码时非常有用，尤其当大多数其他调试工具无法跨进程工作时。日志记录允许你随时查看不同进程的状态，这样你就可以分辨出哪些正在工作，哪些正在等待，哪些已经崩溃。第 19 章将介绍通用日志记录，你可以根据自己的目标对它进行调整。

17.9　本章小结

还有很多有用的线程和多进程工具，此处无法逐一介绍。你现在已经掌握了 Python 中并发和并行的基础知识，强烈建议你浏览一下本章使用过的模块，以及本章跳过的两个模块的官方文档：

- Python 官方文档的"concurrent.futures——启动并行任务"部分；
- Python 官方文档的"queue——一个同步的队列类"部分；
- Python 官方文档的"multiprocessing ——基于进程的并行"部分；
- Python 官方文档的"sched——事件调度器"部分；
- Python 官方文档的"subprocess——子进程管理"部分；
- Python 官方文档的"_thread——底层多线程 API"部分；
- Python 官方文档的"threading——基于线程的并行"部分。

请记住，threading 库中的几乎所有内容在 asynchrony 库中有类似的结构和模式，包括锁、软件、进程池和 future。大多数时候，如果你能线程化，你就能异步编写它们。

总之，Python 中存在 3 种主要的多任务处理方式：异步（见第 16 章）、线程和多进程。异步和线程都用来处理 I/O 绑定任务，而多进程用来加速 CPU 绑定任务的执行。

即便如此，也请记住并发和并行并不是灵丹妙药！它们可以提高程序的响应能力，至少在多进程情况下可以缩短执行时间，但代价是增加了复杂性和触发一些严重错误的风险。在应用它们之前，需要仔细地规划代码架构，而且它们很容易使用不当。我花了相当多的时间来编写、测试、调试 Collatz 游戏的示例代码，直至把它们都弄对——付出的精力比本书中的任何其他示例都要多！即便现在，你也可能发现其中的设计缺陷。

在编写用户界面代码、调度事件和执行计算密集型任务时，并发和并行是必不可少的。即便如此，旧的同步代码通常也没什么问题。如果不需要额外的功能，请尽量避免引入额外的复杂性。

为了更深入地理解并发和并行，你可能希望了解其他并发和并行模式，例如 subprocess 模块、作业队列（如 celery），甚至外部操作系统实用程序（如 xargs -P 和 systemd）。这些内容远远超出本章的讨论范畴。总之，请始终仔细研究，以确认适合自己情况的方案。

Part 5

第五部分

超越代码

本部分内容

第 18 章

打包和分发

如果你从不发布代码，那么即便你有世界上最好的代码也毫无意义。一旦你的项目是功能性的，你就应该在开发之前，先弄明白你将如何打包和分发项目。问题在于，用 Python 打包，有时感觉就像将一根特别柔软的棉线穿过不太大的针眼。

通常，困难并不来自对代码进行打包——这通常很容易——而来自处理代码的依赖项，尤其是非 Python 依赖项。即使对经验丰富的程序员来说，分发照样是个棘手的问题，部分原因在于 Python 的使用场景多种多样。尽管如此，如果能够理解事务最终是如何落实的，便可为克服挫折并交付工作代码打下良好的基础。

本章将分解说明打包和分发 Python 项目的要点：通过 Python Package Index（PyPI）安装和使用各种软件包。为此，本章将引导你打包一个名为 Timecard 的项目。这个项目非常适合作为示例来讲解，因为它同时具有 Python 依赖项和系统依赖项，以及一些非代码资源，所有这些都需要在打包时予以考虑。该项目的代码仓库可在 GitHub 的 CodeMouse92/Timecard 中找到。其中的 packaging_example 分支已设置为只包含项目本身，而不包含任何打包文件，因此可以直接拿来练习。

本章的目标是介绍一般的打包过程，无论你打算使用哪种工具。然而，为了避免你在无数打包工具的烦琐解释中迷失，我们将使用流行的 setuptools 包来对 Timecard 项目进行打包，在这个过程中，你将理解大多数现代打包工具的通常模式。

本章还将介绍许多其他常用工具，包括一些流行的第三方替代工具，但是不会详细介绍其中的大部分工具。如果你想进一步了解有关这些工具的信息，请参阅它们的官方文档。此外，如果你想更加深入地了解如何打包，最好的参考资源就是 Python 官方社区维护的“Python Packaging User Guide”，其中涵盖许多更高级的主题，例如打包 CPython 二进制扩展。

18.1 规划打包

在开始打包之前，你需要了解要完成什么、为什么以及如何完成。遗憾的是，很少有开发者意识到规划打包的必要性，而是一头扎进打包脚本的编写中，却没有真正的方向。这些临时打包方案可能存在脆弱性、不必要的复杂性、在不同系统之间的可移植性差以及依赖项安装不佳或缺失等问题。

18.1.1 货物崇拜式编程的危险

为了鼓励使用良好的打包工具以及实践，许多好心人会为文件 setup.py、setup.cfg 以及其他打包中要使用的文件提供模板，并建议对模板先复制再修改。这种被称为货物崇拜式编程（Cargo Cult Programming）[①]的做法已广泛应用于 Python 打包事务中，对项目和 Python 生态系统都造成了损害。因为配置文件是盲目复制的，所以错误、黑客攻击和反模式会像瘟疫一样传播。

打包中的错误并不总是表现为安装失败或给出有用的错误信息。例如，打包库时出现的错误可能会在该库用作依赖项时才显现。分发在这方面尤其令人讨厌，因为许多相关的错误和特定平台有关。有时，你可以安装包，但是程序会以令人惊讶的方式失败！问题追踪器充斥着这类提案，其中许多都标记为“无法重现”而无益地关闭，这可能是因为该错误仅发生在使用特定版本系统库的特定 Linux 版本中。

也就是说，要抵制货物崇拜式编程的诱惑！虽然从经过验证的模板开始是合理的，但你要努力理解其中的每一行代码。通读文档，确信你没有遗漏模板可能忽略的所有参数，也没有使用一些已经弃用的选项，更没有交换正确的行序（最后这一点很重要）。

值得庆幸的是，PyPA（Python Packaging Authority）工作组已经做了很多工作来让社区远离这个问题。PyPA 是一个由 Python 社区成员组成的准官方团体，旨在改善 Python 打包体验，并且成员资格对任何项目的维护人员开放。他们已经详细解释了打包模板以及他们所维护的“Python Packaging User Guide”的每一部分的原因和目的。

18.1.2 关于打包的观点

你将发现有很多方法可以对 Python 项目进行打包和分发。本章主要关注 PyPA 建议的技术，但其实还是有很多替代方法的。

无论你最终采用哪种封装技术，它们都必须产生可移植性较好、稳定、“能工作”的包。你的最终用户应该能在任何支持的系统中执行一组可预测的步骤，并成功运行代码。虽然不同平台上的安装过程有所不同的现象并不少见，但是我们希望尽量减少最终用户需要遵循的步骤的数量。步骤越多，出错的概率就越大！保持简单，并尽量尊重每个平台推荐的打包和分发实践。如果你的最终用户在安装项目时一直不断报告问题或提出困惑，请修复打包。

18.1.3 确定打包目标

最终，任何打包工具的目标都是创建一个单一的工件，通常是一个文件，它可以安装在最终用户的环境中，无论是个人计算机、服务器、虚拟主机还是其他类型的硬件。有很多方法可以对 Python 项目进行分发。选择什么方式完全取决于你的项目是什么，以及谁将使用它。

---

① 译者注：货物崇拜式编程是计算机程序设计中的一种反模式，其特征为不明就里地、仪式性地使用代码或程序架构。货物崇拜式编程通常是程序员既没理解要解决的 bug，也没理解表面上的解决方案的典型表现。同样，还有货物崇拜式软件工程，即盲目模仿成功的软件开发团体的表象，例如机械套用软件开发过程却不理解其中的缘由，或者因为一些成功的软件项目的开发团体出于热忱和激情而有较多无报酬的加班，就将无报酬加班当作成功的原因。

在 PyBay 2017 大会上，Mahmoud Hashemi 发表了题为“The Packaging Gradient”的演讲，他阐明了很多有关 Python 打包生态的概念。在那次演讲中，他介绍了“打包梯度”的概念，对 Python 打包和分发的选项进行了可视化，就像洋葱的层次一般。

1. Python 模块

打包梯度的最内层是 Python 模块，它可以自行分发。如果你的整个项目只包含一个 Python 模块，比如一些实用脚本，则可以简单地完成分发。然而，正如你现在可能已经注意到的，当项目涉及多个模块时，这就难以实现了。

遗憾的是，很多 Python 开发者在这里选择了退缩，只是将他们的整个项目压缩为一个文件（可能带有 README 文件），让倒霉的最终用户自行想办法在他们的特定系统中运行这个“包”。千万不要对你的用户这么做，这并不是一个很好的体验。

2. Python 分发包

到目前为止，在你的 Python 之旅中，你已经使用 pip 安装过大量的包。这些包都由一个 Python 包的在线存储库 PyPI 提供。PyPI 中的每个包都采用以下两种格式中的至少一种：**源代码分发**和**构建分发**。

源代码分发（sdist）包含一个或多个捆绑到压缩文件中的 Python 包，例如 .tar.gz 文件。只要项目代码仅使用 Python 且仅依赖于 Python 包，使用源代码分发就是可以的。这是打包梯度中的第二层。

打包梯度中的第三层是构建分发（bdist），其中包含预编译的 Python 字节码，以及包运行所需要的二进制文件。内建发行版比源发行版安装速度更快，并且可包含非 Python 编写的组件。

构建分发的包被打包为 wheel，这是 PEP 427 中定义的一种标准化格式。wheel 指的是轮状奶酪，这是对“奶酪店”（cheese shop）的引用，也就是 PyPI 的原始代号。在 2012 年采用 wheel 标准之前，Python 非正式地使用过另一种称为 eggs 的格式。相较于其前任，wheel 克服了很多技术限制。

源代码分发以及相关联的构建分发一旦绑定在一起并进行了版本控制，就称为分发包。

PyPI 支持 wheel 和 sdist，所以上传两者都很简单（因此推荐这种分发）。如果必须选择其一，请选择 sdist。如果只上传一种平台版本 wheel——为特定系统构建的 wheel——并省略 sdist，则使用其他系统的用户将无法安装你的包。某些公司会强制审核源代码，仅发布 wheel 会被此类公司排除在外。不过，wheel 的安装速度比 sdist 要快，所以只要条件允许，请同时上传两者。

3. 应用程序分发

到目前为止，还剩下最后一个问题：PyPI 旨在分发给开发人员而不是最终用户。虽然可以利用 PyPI 发布应用程序，但是这并不适合部署到最终用户或生产环境，因为 pip 太脆弱了，不那么可靠！

本章的示例项目 Timecard 无疑是一个很好的例子。虽然为应用程序提供 Python 分发包并没有什么坏处，但如果只是告诉人们可以从 pip 安装，多数最终用户会不知所措。稍后我们需要在有的包之上额外追加一层。

为应用程序选择哪种分发方法其实在很大程度上取决于项目依赖项、目标环境和最终用户的需求。后文将介绍几个分发应用程序的好办法。

18.2　项目结构：src 或 src-less

在开始打包之前，必须决定是否使用 src 目录。到目前为止，本书的所有示例都使用了所谓的“无源”（src-less）项目结构，其中主要的项目包直接位于代码仓库中。前面的章节选择了这种技术，因为通过命令 python3 -m packagenamehere 运行包很容易，不需要事先安装。

另一种项目结构则需要将所有项目模块和脚本放在专用的 src 目录中。Python 开发人员 Ionel Cristian Mărieș 是这种方式的主要倡导者之一，他详细介绍了使用 src 目录的几个优点，具体如下。

- 简化了打包脚本的维护。
- 清晰地将打包脚本和项目源代码分离。
- 可以防止几种常见的打包错误。
- 可以防止对当前工作目录进行假设。
- 要测试或运行你的包，你必须先安装包，这通常在虚拟环境中进行。

上面的最后一点似乎是种特殊的好处。

在生产级开发中，强迫自己安装自己的包是非常有益的。因为这样能立即暴露出打包过程中的缺陷、有关当前工作目录的假设，以及许多相关问题和反模式。

这种方式的另外一个好处是，可以让你避免将打包问题推迟到项目的最后一步。我可以根据个人经验负责地说，再没有什么比构建完整个项目，然后发现只能在自己的计算机上打包更令人沮丧的事情了！请在开发过程中尽早解决打包问题。在后续章节中，尤其是在 Timecard 项目中，我们将使用 src 目录方式。即便你没有使用专用的 src 目录，当你想测试时，你也应该在虚拟环境中安装你的包。别担心，到 18.3 节结束时，你将能够做到这一点。

18.3　用 setuptools 打包和分发

有很多有趣的 Python 打包工具，且每种工具都有支持者，所以初学者很容易感到不知所措。如果你对此也有困惑，建议从 setuptools 开始，它是 Python 打包的事实标准工具。即便你以后决定使用其他打包工具，大多数其他工具也借鉴了 setuptools 中的许多概念。

setuptools 库是 Python 标准库 distutils 的分支。在其鼎盛时期，distutils 就是官方标准打包工具（因此，它默认包含在 Python 发行版中）。但是从 Python 3.10 开始，distutils 已被弃用，取而代之的就是 setuptools。

为了将 Timecard 项目打包为分发包，需要使用 setuptools 和 wheel 模块，后者在默认情况下并没有安装。最好确保它们在你的环境中都是最新版，连同 pip 本身也是。可以在虚拟环境中使用以下终端指令完成此操作：

```
pip install --upgrade pip setuptools wheel
```

请记得在对应的虚拟环境中运行这条指令，可以通过先激活虚拟环境，也可以直接调用其专属的 pip 二进制文件（例如 venv/bin/pip）。

18.3.1　项目文件和结构

以下是为该项目创建的文件。

- README.md 是带有项目信息的 Markdown 文件。
- LICENSE.md 包含项目许可证。
- pyproject.toml 指定如何构建后端，并列出包的构建要求。
- setup.cfg 包含分发包的元数据、选项和依赖项声明。
- setup.py 曾经包含打包说明和依赖项，如今则只是将源代码分发包中的东西关联在一起。
- MANIFEST.in 列出所有应该包含在分发包中的非代码文件。
- requirements.txt 列出依赖项（和 setup.cfg 的使用方式不同，因此建议同时维护它们两者）。

后文将逐一介绍这些文件。此处的建议部分基于 PyPA 示例项目，你可以在 GitHub 网站上看到 pypa/sampleproject 项目。其余信息来自 Jeremiah Paige 在 PyCon 2021 上的演讲“Packaging Python in 2021”。PyPA 成员 Bernát Gábor 还慷慨地帮忙审阅了本章。

18.3.2　元数据归属

如今，Python 打包生态系统发展迅猛，而标准化进程却面临版本兼容性（历史版本、当前版本与未来版本）的挑战。

过去，项目的所有元数据（标题、描述等）都属于一个名为 setup.py 的文件。该文件还包含其他构建说明，例如要安装的依赖项。即便在今天，大多数 Python 项目仍然遵循这个约定。

当前推荐将所有这些数据迁移到一个名为 setup.cfg 的文件中，基于声明性的优点，该文件更易于维护，这意味着它将侧重于数据而不是实现。setup.py 文件仍将偶尔发挥作用，但主要用于对遗留项目进行构建。

而在不久的将来，一些打包数据（尤其是元数据）将被迁移到文件 pyproject.toml 中。这将使得所有打包工具使用的项目元数据、选项与 setup.cfg 中特定 setuptools 的配置之间形成明确分离。在撰写本书之时，这一新约定尚未由某些 Python 打包工具实现，但是预计很快就能实现。与此同时，pyproject.toml 仍然扮演着指定使用什么打包工具的珍贵角色。

18.3.3　README.md 和 LICENSE 文档

每个项目都应该有一个 README 文件，它描述了项目、作者信息以及基本用法。如今，这些通常被编写为 Markdown 文件（扩展名通常为 .md），大多数版本控制平台（例如 GitHub、GitLab、Bitbucket 和 Phorge）能以良好的格式呈现这些文件。

忽略 README 文件会是一个重大打包错误！我喜欢花些心思和时间编写 README 文件，并至少在其中添加以下内容：

- 项目描述，用来向潜在用户“推销”；

- ❑ 作者和贡献者列表；
- ❑ 基本安装说明；
- ❑ 基本使用说明，例如如何启动程序；
- ❑ 所使用的技术栈；
- ❑ 如何贡献代码或报告问题。

此外，无论你的代码是否开源，都应该包含一个 LICENSE 文档。对于自由和开源软件，此文档应包含许可证的完整文本[①]。对于项目选择哪种开源许可证，如果你需要帮助，建议查看 Choose an open source license 网站以及 tldrlegal 网站；否则，请包含版权信息。

如果愿意，还可以包含 .txt 文件扩展名（LICENSE.txt）或使用 Markdown 格式（LICENSE.md）。

有时，可能还需要提供 BUILDING.md 或 INSTALL.md 等文件，以详细描述项目的构建（用于开发）或安装。是否使用这些文件取决于项目的具体情况。

18.3.4 setup.cfg 文件

创建最终用于生产的分发包时，首先创建的文件之一就是 setup.cfg，它位于代码仓库的根目录中。setup.cfg 文件包含所有项目元数据、依赖项和 setuptools 选项，此文件也可以被其他打包工具使用。

获取并使用简明的 setup.cfg 模板可能很诱人，但是我和 Mahmoud Hashemi 一样，强烈建议你不要到了项目的最后阶段才开始打包。使用 src 目录可以迫使你尽早考虑如何打包。

一旦开始处理项目，就创建 setup.cfg 文件。本小节将逐一分解说明 Timecard 项目使用的 setup.cfg 文件。这是打包脚本中最重要的文件，因此我们将在这个文件上花费大量时间。

如果你想了解此文件的格式，请参阅 setuptools 官方文档的“Configuring setuptools using setup.cfg files”部分。

1. 项目元数据

在为 Timecard 项目编写 setup.cfg 文件时，将从基本元数据开始。setup.cfg 文件分为多个部分，分别表示工具或选项集需要遵循的参数。每个部分都有方括号标出对应名称。例如，所有元数据都属于[metadata]部分，如清单 18-1 所示。

清单 18-1 setup.cfg:1

```
[metadata]
name = timecard-app
```

setup.cfg 文件中的所有数据都是键值对形式。这里的第一个键名为 name，向其传递字符串值 timecard-app。请注意，不需要将字符串值用引号括起来。（官方文档概述了 setup.cfg 可理解的各种类型，以及每种键期待的值类型。）

尽管程序名为 Timecard，但这里将分发包命名为 Timecard-App，以避免和我们在 PyPI 上发布的无关库 Timecard 混淆。这是我们将在 pip install 指令中使用的包名称。PyPI 进一步限制

① 译者注：许可证一般是英文文本，不过现在已经有了合法的中文许可证——木兰许可证。

了名称：必须仅包含 ASCII 字母和数字，但是你可以在名称中添加句点、下画线以及连字符，只要这些字符不出现在名称的开头或结尾即可。

版本号必须是遵循 PEP 440 中阐述的格式的字符串，如清单 18-2 所示。

清单 18-2　setup.cfg:2

```
version = 2.1.0
```

简而言之，版本号必须由 2 个或 3 个整数组成，并由点号分隔，格式为"主.次"（major.minor，例如 3.0）或"主.次.微"（major.minor.micro，例如 3.2.4）。强烈建议采用语义化版本控制。在本例中，Timecard 的版本号构成为主版本号 2、次版本号 0，以及微版本号（或补丁版本号）5。

如果需要在版本号中指明更多内容，例如发布候选版本、测试版本、发布后版本或开发版本等，则允许使用后缀，例如 3.1rc2 表示"3.1 的候选版本之 2"。有关这类约定的更详细信息，请参阅 PEP 440。

像 setuptools-scm 这样的工具可以为你自动处理版本号事务，如果需要经常更新版本的话，使用它们将会很有帮助，更多信息请参考 PyPI 网站的"setuptools-scm 8.0.4"部分。不过，本书将坚持使用手动方式[①]。

description 是对包的单行说明，在本例中如清单 18-3 所示。

清单 18-3　setup.cfg:3

```
description = Track time beautifully.
long_description = file: README.md
long_description_content_type = text/markdown; charset=UTF-8
```

long_description 是个大型多行描述，这里直接从 README.md 文件内容中导入。file: 前缀表示要从后面指定的文件中读取。该文件必须和 setup.cfg 文件在同一个目录中，因为此处不支持路径声明。

又由于 README.md 是 Markdown 格式的文件，因此还需要另外注明，可通过 long_description_content_type 关键字参数表明要以 UTF-8 编码的 Markdown 格式文本来处理。如果 README 文件是用 reStructuredText（另一种结构化语言）编写的，则用参数 text/x-rst 来表示。否则，如果省略这一关键字参数，则默认为 text/plain。如果在 PyPI 上查阅这个项目（Timecard-App 3.0.0），你将看到 README.md 被用作页面主体内容。

我们还需要添加许可证信息，一般有 3 种方式可以实现：明确地通过许可证密钥的字符串值来声明，通过带有 license_file 的单一文件来声明，或通过带有 license_files 的多个文件来声明。因为整个项目只有一个许可证，并且都在 LICENSE 文档中，所以使用第二种方式来声明，如清单 18-4 所示。

清单 18-4　setup.cfg:4

```
license_file = LICENSE
```

① 译者注：工具自动化生成主要用在持续集成/持续交付（Continuous Integration/Continuous Delivery，CI/CD）过程中，特别是每天都有几万次自动升级的复杂系统中，因为人工操作很难确保严密。

接下来添加有关项目作者身份的更多信息，如清单 18-5 所示。

清单 18-5　setup.cfg:5

```
author = Jason C. McDonald
author_email = codemouse92@outlook.com
url = https://github.com/codemouse92/timecard
project_urls =
    Bug Reports = https://github.com/codemouse92/timecard/issues
    Funding = https://github.com/sponsors/CodeMouse92
    Source = https://github.com/codemouse92/timecard
```

以上代码不仅表明了作者的身份，还添加了作者的联系邮箱 author_email。在这个项目中，我也是项目维护者。如果其他成员负责打包，他们的信息将包含在 maintainer 以及 maintainer_email 关键字参数中。

这里还添加了有关该项目的更多信息的 URL，也可以通过将字典传递给 project_urls 关键字参数来添加任何其他链接。键都是链接名称的字符串，因为它们都将显示在 PyPI 项目页面上。值则是实际 URL 的显示文本。

为了更容易地从 PyPI 中搜索到这个分发包，可以追加一个以空格分隔的关键字列表，如清单 18-6 所示。

清单 18-6　setup.cfg:6

```
keywords = time tracking office clock tool utility
```

如果你发现需要将 setup.py 转换为 setup.cfg，请注意 setup.py 中是用逗号对列表值进行分隔的。在将 setup.py 转换为 setup.cfg 时，一定要对应修改好。

2. 分类器

PyPI 使用分类器，这是一种标准化字符，用于辅助在索引上组织和搜索包。你可以在 PyPI 官网找到完整的分类器列表（https://pypi.org/classifiers/）。

在 setup.cfg 中添加 Timecard 项目的相关分类器，如清单 18-7 所示。

清单 18-7　setup.cfg:7

```
classifiers =
    Development Status :: 5 - Production/Stable
    Environment :: X11 Applications :: Qt
    Natural Language :: English
    Operating System :: OS Independent
    Intended Audience :: End Users/Desktop
    Topic :: Office/Business
    License :: OSI Approved :: BSD License
    Programming Language :: Python
    Programming Language :: Python :: 3
    Programming Language :: Python :: 3.6
    Programming Language :: Python :: 3.7
    Programming Language :: Python :: 3.8
    Programming Language :: Python :: 3 :: Only
    Programming Language :: Python :: Implementation :: CPython
```

我已经将 Timecard 项目的所有相关分类器以字符串列表形式添加到了 setup.cfg 中。不同项目的分类器列表可能有所不同。请在 PyPI 官网浏览完整的分类器列表并找到和实际项目相关的

18

分类器。建议最好在分类器列表的每个类别（即每个分类器在第一个双冒号之前的部分）中至少选择一个分类器。（如果这个任务让你感到无所适从，可以先跳过，直至你准备好分发。）

3. 包含指定包

现在需要指定哪些文件属于我们的包。这就是构建代码仓库时使用 src 目录的好处。在标记为[options]的部分添加清单 18-8 所示的键和值。

清单 18-8　setup.cfg:8a

```
[options]
package_dir =
    = src
packages = ❶ find:
```

package_dir 键通知 setuptools 在哪里可以找到所有的包。它接收一个字典，这在 setup.cfg 中表示为一个缩进的、以逗号分隔的键值对列表。

因为使用的是 src 目录方法，所以只需要告诉 setuptools 所有包（键为空字符串）都在目录 src 中即可。这是递归的，所以所有嵌套的包也都能找到[①]。

这个键声明其实并没有告诉 setuptools 能找到什么包。对于这部分，需要提供 packages 键。可以通过传递值 find:❶（注意结尾的冒号！）告诉 setuptools 使用其特殊的 find_packages()函数来搜寻，而不用手动列出所有包。当你的项目包含多个顶级包时，此技巧特别有用。

find: 函数可以找到给定目录中的所有包，但是它必须知道先去哪里找。可在单独的配置项中提供该信息，如清单 18-9 所示。

清单 18-9　setup.cfg:9

```
[options.packages.find]
where = src
```

对于 where 键，以上代码提供了要在其中搜索包的目录名，即 src。这样和之前的对应起来，setuptools 就可以正确找到所有包了。

4. 数据包含断定

包中的所有东西并非都是代码。我们还需要包含一些非代码文件。回到之前的[options]部分，进一步指出 setuptools 须包含一些非代码文件，如清单 18-10 所示。

清单 18-10　setup.cfg:8b

```
[options]
package_dir =
    = src
packages = find:
include_package_data = True
```

在 setup.cfg 中，True 和 False 被解析为布尔值而不是字符串。

有两种方式可以指定要包含哪些非代码文件。这个项目采用的方式是使用 MANIFEST.in

① 译者注：此例中的“= src”被解析为 {"":"src"}，即键名为空字符串；详细信息请参阅 setuptools 官方文档中对“Using a src/ layout”的介绍。

文件列出想要包含在项目中的所有非代码文件。

另一种包含非代码文件的方式是使用[options.package_data]声明部分。这使你可以更精细地控制想要包含和不包含的内容，但对一般项目来说，这可能是多余的。setuptools 官方文档的"Configuring setuptools using setup.cfg files"部分有一个很好的关于这一方式的示例。

5. 依赖关系

接下来在[options]部分定义项目的依赖项，如清单 18-11 所示。

清单 18-11 setup.cfg:8c

```
[options]
package_dir =
    = src
packages = find:
include_package_data = True
python_requires = >=3.6, <4
```

可以通过使用 python_requires 代替包名来指定项目所需要的 Python 版本。请注意，键和值仍然由等号分隔，但值可能以等号、大于号或小于号开头。像 python_requires = ==3.8 这样的形式是完全有效的，因为"==3.8"只是一个字符串。

这里不仅指定了 Timecard 项目需要 Python 3.6 或更高版本，还指定了它不适用于理论上的 Python 4，因为不能保证 Python 的主要版本向后兼容①。

列出项目的依赖项，如清单 18-12 所示。

清单 18-12 setup.cfg:8d

```
[options]
package_dir =
    = src
packages = find:
include_package_data = True
python_requires = >=3.6, <4
install_requires =
    PySide2>=5.15.0
    appdirs>=1.4.4
```

键 install_requires 需要一个缩进的值列表，该列表中的每个值都指定一个 Python 包依赖项。Timecard 项目依赖于 PySide2 库，并使用了其 5.15.0 版本中引入的功能。从技术上讲，可以省略版本而只列出 PySide2，但这通常是个坏主意。最好测试不同的版本并确定代码可以使用的最旧版本。始终可以将其设置为你当前使用的版本并在以后更改②。

也可以只为特定版本的 Python 要求某些包。在这个例子中不需要这样做，但如果你只想为 Python 3.7 及更早的版本安装 PySide2，则声明形式可能如下：

```
install_requires =
    PySide2>=5.15.0; python_requires <= "3.7"
```

18

① 译者注：Python 1.0 和 Python 2.0 是向后兼容的，但由于这意味着不得不维护越来越复杂且可能不必要的兼容处理部分，因此 Python 3000 先验项目（也就是后来的 Python 3.0）决定不再向后兼容。

② 译者注：问题一般就发生在这个"以后"的时机上，因为我们并不能及时知晓项目依赖的包何时升级，以及升级后是否兼容当前版本的项目代码，所以一般思路是尽可能要求发行版本运行在和开发时一样的环境中。

```
    appdirs>=1.4.4
```

在想要限制的依赖项末尾的分号之后，添加 python_requires、比较运算符和包含在引号中的版本号。引号是必要的，否则会收到神秘的 Expected stringEnd 错误。

实际上，很少需要只为特定版本的 Python 安装包。

也可以使用[options.extras_require]部分来指定用于某些可选功能的附加包。例如，如果想允许安装带有测试组件的分发包，则需要添加清单 18-13 所示的声明。

清单 18-13　setup.cfg:10

```
[options.extras_require]
test =
    pytest
```

这样一来，当通过 pip install Timecard-App[test]指令安装 Timecard 程序时，也将同时安装 Timecard 分发包以及列在 test 键后的所有内容。可以使用字母、数字和下画线随意命名键，还可以添加任意数量的键。

6. 指定入口点

最后，需要指定入口点，即用户启动程序的方式。没必要编写自定义的可执行 Python 脚本作为入口点，而是可以让 setuptools 为我们做这件事。它甚至会在 Windows 系统中将这些脚本编译为 .exe 文件。

入口点在 [options.entry_points] 部分指定，如清单 18-14 所示。

清单 18-14　setup.cfg:11

```
[options.entry_points]
gui_scripts =
    Timecard-App = timecard.__main__:main
```

这里有两个可能的键：gui_scripts 用来启动程序的 GUI 可视化界面，console_scripts 用来启动程序的命令行版本。每个键的值都是包含赋值语句的字符串列表，这些语句将特定函数分配给一个名称，该名称将成为可执行文件或脚本的名称。在本例中，Timecard 项目需要一个名为 Timecard-App 的 GUI 脚本，而且将调用模块 timecard/__main__.py 中的 main()函数。

18.3.5　setup.py 文件

在 setup.cfg 成为惯例之前，大多数项目使用 setup.py 来存储项目元数据和构建声明。现在提供给 setup.cfg 的所有信息都可以作为关键字参数传递给 setuptools.setup()函数。

setup.py 文件和其他模块一样，也是一个 Python 模块，因此可以拿来进行打包配置且不可或缺，它专注于打包的方式。这和使用 srtup.cfg 的以数据为中心（并更加关注防错）的声明式方法形成了对比。

这种形式的一个问题是人们倾向于将他们的配置设定变得更加智能。各种不相关的功能悄悄注入：从文件中提供版本号、创建 Git 标签、发布到 PyPI 等。这会增加在打包过程中引入令人困惑的错误的风险，打包本身就特别难以调试，并且可能完全阻碍其他人的正常打包工作。

值得庆幸的是，在许多现代项目中，根本不再需要 setup.py，setup.cfg 可以进行所有 setuptools 配置。

但是如果项目需要良好的向后兼容性、使用 C 语言扩展或需要依赖于 setup.py 的工具，则需要包含清单 18-15 所示的最小 setup.py 文件。

清单 18-15 setup.py

```
from setuptools import setup
setup()
```

该文件仅从 setuptools 模块导入 setup()函数并调用它。过去，所有打包数据都将作为关键字参数被传递给 setup()，但是现在它们都存在于 setup.cfg 中。

此文件中不需要 shebang 行声明，构建工具可以自行找到它们需要使用的解释器[①]。

18.3.6 MANIFEST.in 文件

清单模板 MANIFEST.in 提供了应该包含在分发包中的所有非代码文件的列表。这些文件可以来自代码仓库中的任意位置。

在这里，因为安装文件使用的是 README.md 和 LICENSE 文档，所以必须将它们添加到 MANIFEST.in 文件中，见清单 18-16。

清单 18-16 MANIFEST.in:1

```
include LICENSE *.md
```

可以在 include 指令后列出任意数量的文件，每个文件用空格分隔。清单模板还支持 glob 模式，其中可以使用星号（*）作为通配符。例如，*.md 匹配所有 Markdown 文件，因此代码仓库根目录中的任何 Markdown 文件（包含 README.md 文件）都将自动包含在内。

要想添加目录 src/timecard/resources/ 和 distribution_resources/ 中的所有文件，可以添加清单 18-17 所示的声明。

清单 18-17 MANIFEST.in:2

```
graft src/timecard/resources
graft distribution_resources
```

graft 关键字包括指定目录及其子目录中的所有文件。distribution_resources 目录是为这个特定项目保存特定操作系统的安装文件的地方。

还有一些更重要的指令，我没有将它们用在 Timecard 项目中。下面是一个更复杂的例子，它有一个不同的 MANIFEST.in 文件（不属于 Timecard 项目）：

```
recursive-include stuff *.ini
graft data
prune data/temp
recursive-exclude data/important *.scary
```

在这个例子中，首先添加 stuff 目录中所有扩展名为 .ini 的文件，接下来将整个 data 目录

① 译者注：也就是类似于#!/usr/bin/env python 的 shell 环境声明行。

添加到 graft 指令中。prune 指令则排除 data/temp/子目录中的所有文件并返回。这里还排除了 data/important/目录中所有扩展名为 .scary 的文件。排除的文件没有被删除，但它们都被排除在包之外。

清单模板中的行序很重要。每个后续指令都是在之前编译的文件列表的基础上添加或排除的。如果将 prune 指令移动到 graft 指令之上，则最终不会排除 data/temp/子目录中的文件！

setuptools 将使用清单模板来编译 MANIFEST 文件，其中包含分发包中的所有非代码文件的完整列表。虽然理论上可以自行编写 MANIFEST 文件，每行列出一个文件，但是强烈建议你不要这样做，因为相较于 MANIFEST.in 文件，MANIFEST 文件更容易弄乱。相信 setuptools 会遵循你在清单模板中提供的指令就好[①]。

你可以在 MANIFEST.in 文件中使用更多的指令和模式。请查阅 setuptools 官方文档以了解更多关于 MANIFEST.in 文件的信息。

18.3.7　requirements.txt 文件

你可能还记得第 2 章提到过的 requirements.txt 文件，其中包含项目依赖的 Python 包列表。这可能听起来像是从 setup.cfg 复制 install_requires 的内容，但是通常建议你同时使用它们，原因稍后阐述。

Timecard 项目的 requirements.txt 文件内容如清单 18-18 所示。

清单 18-18　requirements.txt

```
PySide2 >= 5.11.0
pytest
```

你可能想知道是否有办法在 setup.cfg 中使用 requirements.txt 文件的内容，但实际上最好将两者分开，因为现实中它们的用途略有不同。

setup.cfg 中列出的是安装分发包所需要的一切，而 requirements.txt 文件则最好包含重构完备开发环境所需要的一切——参与项目开发所需的所有可选包和开发工具。

在某些情况下，如果将所有开发依赖项列为可选依赖项，则可以省略 requirements.txt 文件。然而，使用 requirements.txt 文件的另一个好处是能够使用特定版本的库或工具（称为 pinning）进行开发，同时通过 setup.cfg 为用户实施更宽松的版本要求。例如，你的应用程序可能需要 click ≥7.0，但是你正在基于 click==8.0.1 开发新版本。pinning 主要用于应用程序开发。如果你正在开发一个库，最好避免使用 pinning，因为你并不能真正对库用户安装的包版本进行很好的限定。

使用 requirements.txt 文件的另一个主要好处是，可以一键快速安装开发所需要的一切，如下所示：

```
pip install -r requirements.txt
```

建议你仍然将 requirements.txt 保留为项目真正需要的内容，尤其是在版本很重要的情况下。

---

① 译者注：这其实就是软件存在的意义，即帮助我们完成烦琐的事务，人工维护 MANIFEST 文件并不是绝对不行，只是没必要。随着项目规模的增长，每次需要核查的文件清单越来越长，也越来越容易出错，让 setuptools 根据 MANIFEST.in 文件自动维护是最合理的安排。

我们通常不会包含类似 black 或 flack8 这样的工具，它们可以被其他工具替代而不会破坏任何东西。有时，我们也会创建一个单独的 dev-requirements.txt 文件（如果你愿意的话，也可以是 requirements.dev.txt 文件），并向其中添加开发所需要的所有工具。然后，要在虚拟环境中设置完整的环境，只需要运行以下指令即可：

```
pip install -r requirements.txt -r dev-requirements.txt
```

如果在虚拟环境中安装了相当多的包，那么尝试将其转换为 requirements.txt 文件可能会让你感到很痛苦。为了帮助你完成这一操作，可以使用 pip freeze 生成一个完整的列表，其中包含虚拟环境中安装的所有包以及版本，然后可以将内容重定向到一个文件中：

```
venv/bin/pip freeze > requirements.txt
```

该指令在 Windows、macOS 和 Linux 平台上的工作方式相同，都是将 even 目录中安装的软件包的完整列表、依赖项等所有内容导出到 requirements.txt 文件中。请务必检查文件是否有错误，并从中删除你自己的包——让包依赖于自身是没有意义的。

如果同时需要 requirements.txt 和 dev-requirements.txt 文件，则需要在两个独立的虚拟环境中执行 pip freeze 命令：一个运行你的包，另一个包含你的完整开发环境。在这两种情况下，都要检查输出文件，并从中删除你自己的包！

18.3.8 pyproject.toml 文件

pyproject.toml 文件有很多的用途，但其中最重要的用途是指定用于打包项目的构建系统，见清单 18-19，这是 PEP 517 和 PEP 518 中引入的标准。

清单 18-19 pyproject.toml

```
[build-system]
requires = ["setuptools>=40.8.0", "wheel"]
build-backend = "setuptools.build_meta"
```

[build-system]部分包含有关构建分发包所需要的包信息，在本例中为 setuptools 和 wheel。这些要求可通过将字符串列表分配给 requires 键来指定，每个字符串都遵循和 setup.py 中的 install_requires 相同的配置约定。这里可以使用任何版本的 wheel，但是必须使用 40.8.0 或更高版本的 setuptools。后者是必需的，因为这是第一个支持 PEP 517 和 PEP 518 的 setuptools 版本。

build-backend 特性指定用于构建项目的方案，在本例中为 setuptools.build_meta。如果使用不同的构建工具（例如 Poetry 或 Flit），则需要根据对应工具的文档在此进行指定。

pyproject.toml 文件也是存储 Python 工具配置的常见文件之一。许多主流的代码检查工具、自动化格式工具以及测试工具（虽然不是全部）也支持将它们的配置存储在这个文件中。

PEP 518 引入了用于项目配置的 pyproject.toml 文件，但是它也越来越多地用来存储工具配置，从而减少项目中的文件数量。关于是否向 Flake8 等一些著名工具追加对 pyproject.toml 文件的支持，业界还存在激烈的争论。这并不像看起来那么简单。如果你希望将 Flake8 和 pyproject.toml 配合使用，请查阅 Flake9，这是 Flake8 的一个分支版本，它已经实现了这一点。

18.3.9 测试配置的设置

如果一切都已经正确配置，就可以在虚拟环境中安装项目了。尝试执行原来的操作（假设有一个名为 venv 的全新虚拟环境）：

```
venv/bin/pip install .
```

首次尝试时，特别建议在一个全新的虚拟环境中对此进行测试。尾部的那个点（.）将尝试安装当前目录中的 setup.cfg 文件声明的任何包。

安装时观察输出并修复任何警告或错误。一旦你的包安装成功，尝试使用你在 setup.cfg 中指定的入口点运行项目，这应该作为可执行文件安装在虚拟环境的 bin 目录中。直接运行以下指令：

```
venv/bin/Timecard-App
```

如果你的项目是库而不是应用程序，请在虚拟环境（venv/bin/python）中打开 Python shell 并导入库。

1. 故障排除

现在花些时间测试你的项目。一切都能按预期工作吗？大多数打包和分发工具依赖于此实例的正常运行！如果你遇到任何新的错误或问题，请返回并修复它们。在虚拟环境中安装项目时出现问题的常见原因包括：

- 缺少需要追加到 setup.cfg 的依赖项；
- 数据文件未通过 MANIFEST.in 或 setup.cfg 正确包含进来；
- 代码中存在关于当前工作目录的错误假设。

一旦在虚拟环境中成功安装并运行了分发包，就可以进行下一步了。

2. 以可编辑模式安装项目

在某些情况下，以可编辑模式安装项目会很有用，这样虚拟环境将直接使用 src 目录中的源代码文件。对代码所做的任何更改将立即反映到测试安装的实例中。

如果确认要以可编辑模式安装项目，请向 pip 提供-e 标志，如下所示：

```
venv/bin/pip install -e .
```

以可编辑模式安装项目使得测试和开发更容易，因为不必每次都重新安装包。然而，这种模式并非没有缺点。在可编辑模式下安装项目可能导致虚拟环境找到 setup.cfg 中没有明确要求的外部包和模块，从而掩盖打包问题。所以只应该使用-e 标志来测试代码，而不是打包。

18.4 构建你的包

一旦确定 setup.cfg 和相关文件都配置正确，就可以构建源代码分发包和 wheel 工件了。在终端从项目代码仓库的根目录运行以下指令：

```
python3 -m pip install --upgrade setuptools wheel build
python3 -m build
```

第一条指令确保在当前环境中安装了 setuptools、wheel 和 build 的最新版本。

第二条指令根据 pyproject.toml 中指定的任何构建工具构建项目。本例将使用 seuptools 构建项目，并应用当前目录中 setup.cfg 文件的配置。此指令构建了源代码分发包 sdist，以及构建分发包 wheel。

探究笔记： 如果需要为Python 2或早期的Python 3版本（如Python 3.4等）构建项目，假设使用的是不支持PEP 517以及PEP 518的旧版setuptools或已弃用的distutils，则需要使用seup.py并运行python -m setup.py sdist bdist_wheel指令来调用。

两个构建成果工件保存在新创建的 dist 目录中：.tar.gz 是源代码分发包，.whl 是构建分发包（wheel 格式）。

还有一些其他指令可以用来构建项目，你可以在 build 1.0.3 的官方文档中找到这些指令。

或者，如果只使用默认的构建调用，那么也可以只运行 pyprojrct-build。

18.5 发布到 pip

现在终于可以发布分发包了！本节将用 Timecard 来演示如何发布项目。

18.5.1 上传到 TestPyPI

在将项目上传到官方 PyPI 之前，最好使用 TestPyPI 再测试一次所有内容，这是一个完全独立的索引，专门用于测试工具。程序包和用户账号会定期清理，所以即便留下了一些不成熟的东西，也不用担心。

要将项目上传到 PyPI，就必须先在 PyPI 官网创建一个账户。如果你之前有一个账户，但是现在不起作用了，请不用担心，作为定期清理事务的一部分，旧账户也是要删除的。你可以放心注册一个新的账户。

登录后，转到账户设置页面，向下滚动并选择添加 API token。你可以随意命名此 token，但是为了上传新项目，请确保将范围设置为整个账户。

完成创建 API token 之后，你必须在离开项目之前保存整个 token（包括前缀 pypi-），因为 token 内容将永远不会再次显示，而你在下一步中需要此 token。

顺便说一句，你始终可以通过“账户设置”（Account seetings）页面删除 token。每当你不记得或不再需要 token 时，请及时执行此操作。

下面将 Timecard-App 分发包上传到 TestPyPI。（你需要尝试上传一个不同名称的包，Timecard-App 仅在你阅读本书时使用。）在这一步，我们使用了一个名为 twine 的包，先将其安装到用户环境中：

```
python3 -m pip install --upgrade twine
```

使用 twine 从项目的 dist 目录上传工件：

```
twine upload --repository testpypi dist/*
```

请注意，这里明确指定要上传的是 testpypi 仓库，虽然 twine 知道并默认使用这个目标仓库。出现提示时，输入用户名（在__token__处），并使用之前保存的 API token 作为密码：

```
Enter your username: __token__
Enter your password: (your API token here)
```

仔细观察终端输出是否有任何错误或警告。如果需要对项目或其打包文件进行任何更正，请务必先删除 dist 目录，并在尝试再次上传之前，重建 sdist 和 bdist_wheel 工件。

如果一切顺利，你将获得一个 URL，你可以在对应网址查阅你发布到 TestPyPI 的分发包。确保该页面上的所有内容看起来都是正确的。

探究笔记： 你可能已经注意到，pip并不仅仅适用于默认的PyPI。如果需要，你可以使用devpi来运行自己的Python包仓库，或使用Bandersnatch发布自己的PyPI镜像。

18.5.2 安装你上传的包

接下来，确保你可以在全新的虚拟环境中从 TestPyPI 安装分发包。下面使用 Timecard-App 分发包来进行检验。

为了进行下一步，需要手动安装包的依赖项。这就是我们要有一个单独的 requirements.txt 文件的原因之一：

```
venv/bin/pip install -r requirements.txt
```

现在就可以自行安装包了。因为这是一个特别长的指令，所以我们将其分解为 UNIX 风格，即使用反斜线字符（\）对其进行拆分：

```
venv/bin/pip install \
    --index-url https://test.pypi.org/simple/ \
    --no-deps/ \
    Timecard-App
```

因为正在测试上传到 TestPyPI 而不是普通 PyPI 的分发包，所以必须明确告诉 pip 使用哪个源仓库，可通过--index-url 参数来完成此操作。但是我们又不想安装来自 test.pypi.org 的任何依赖项——毕竟测试仓库可能丢失、损坏、被恶意仿制或发生其他错误——所以又传递了--no-deps 标志。最后，指定目标分发包 Timecard-App。

陷阱警告： 不要自以为可以使用从某处看到的 --extra-index-url参数以某种方式从普通PyPI获得依赖项。如果一个包同时出现在主索引和你指定的额外索引中，则无法始终正确预测Python最终选择了哪个索引。

如果一切顺利，则应该能在该虚拟环境中调用 Timecard-App：

```
venv/bin/Timecard-App
```

像往常一样进行尝试，以确保一切都按预期工作。在这里，我想在其他计算机上试用它，以进一步确保它能按预期工作。我们可以使用刚才的 pip install 指令在任何连接到互联网的计算机上安装这个分发包[①]。

18.5.3 上传到 PyPI

一旦明确 Timecard-App 已经准备就绪，就可以在 PyPI 官网重复整个提交过程：创建用户账号（若有必要）、登录、创建 API token，最后上传：

```
twine upload dist/*
```

官方 PyPI 是 twine 的默认目标，因此一旦上传完成，就将获得一个新的 URL：你上传到 PyPI 的项目的 URL。恭喜！你现在可以尽情分享此链接。你已经完成了软件发布！

18.6 其他打包工具

如你所见，pip、setuptools、wheel 以及 twine 等工具工作良好，不过使用它们有很多步骤和细节。你可以自行探索一些替代工具并从中获益。

18.6.1 Poetry

如果只想学习替代工具中的一种，那么应该选择 Poetry！

相较于使用 4 种不同的工具，一些 Python 开发者更喜欢使用 Poetry。Poetry 能处理从依赖管理到构建和发布分发包的所有事情，而且将所有打包配置，从依赖项到元数据，都放在 pyproject.toml 中。

学习如何使用 Poetry 很容易，因为它有优秀、简洁的文档。如果你已经对 setuptools 有所了解，这种感受将尤其明显。相关信息、安装以及使用说明文档都可以在 Poetry 官网找到。

18.6.2 Flit

Flit 是一种用于简化打包场景的工具，专注于构建和发布纯 Python 分发包，并将困难的事情留给其他更复杂的工具来处理。它使用一些简单的指令来构建和发布分发包。Flit 的许多想法也已经渗透到其他工具和工作流程中。

请查阅 Flit 官方文档以了解更多信息。

18.7 分发给最终用户

在你能将软件分发给最终用户之前，还有一段征程。通过 pip 安装并不是将软件分发给最终用户的最佳方式，原因有二。首先，大多数用户对 pip 一无所知；其次，pip 也从来没打算以这种方式部署软件。从 PyPI 安装有太多可能出错的地方，所有这些问题都需要精通 pip 的 Python 开发者来解决。为了将软件交付给非开发人员，你需要一个更加稳健、面向用户的解决方案。Mahmoud Hashemi 描述了分发给最终用户的打包梯度层级，如下所示。

① 译者注：要在 TestPyPI 有效期内安装，否则其被定期清理后是无法下载的。

1. PEX：复用系统级 Python。
2. Freezers：包含 Python。
3. 镜像和容器：包含大部分或全部系统依赖项。
4. 虚拟机：包含操作系统的内核。
5. 硬件：包含一切。

接下来逐一深入探索前 3 个选项，并考虑如何将它们应用于 Timecard 项目。

18.7.1 PEX

分发独立工件的最低级别选项（不需要从 pip 安装）是一种称为 PEX（Python 可执行文件）的格式文件，其允许你将整个虚拟环境打包为一个独立文件，即一个结构整齐的 .zip 文件。PEX 文件依赖于运行它的系统所提供的 Python 解释器。一旦有了 PEX，你就可以将其分发给任何在 macOS 或 Linux 平台上安装了 Python 的用户①。

就使用而言，PEX 远非直观。将虚拟环境变成 PEX 很容易，但编写要在执行时运行的脚本还需要做很多工作。此外，PEX 只能在 macOS 或 Linux 平台上运行，因此如果你需要在 Windows 平台上分发，这就不是一个可行的选项了。

PEX 由于面向开发者，因此不适合用来分发 Timecard 程序。请查阅 PEX 官网以了解更多信息。Alex Leonhardt 发表了一篇有关 PEX 的优秀文章“pex—python executables”，这篇文章比官方文档更容易理解。

18.7.2 冻结器

到目前为止，打包和分发 Python 应用程序的最便捷工具是冻结器（freezer），它将编译后的 Python 代码（字节码）、Python 解释器和所有依赖项都捆绑在一个工件中，一些冻结器还会将系统依赖项也包括在内。所有这一切的好处是最终可以获得目标系统首选格式的单一可执行文件，不过代价是工件大小激增（通常大约增加 2～12MB）。

毫无疑问，这是分发 Python 应用程序的最常见方式，已被 Dropbox 和 Eve Online 等程序采用②。

当前存在很多冻结器，不过最常见的 3 种是 PyInstaller、cx_Freeze 和 py2app。如果你正在使用 Qt 5 工具包来构建基于 GUI 的应用程序，fman 构建系统是另一个不错的选择。另外，你还可以选择 Nuitka 和 PyOxidizer。

1. PyInstaller

我个人最喜欢的冻结器是 PyInstaller，其具有能够在所有主流操作系统中工作的特殊优势。尽管你需要在每个目标环境中分别运行 PyInstaller，但是你很少需要进行多次专门配置。

关于 PyInstaller 的确有很多东西需要学习。你可以在 PyInstaller 官方文档中找到丰富的使

① 译者注：macOS 和 Linux 平台的很多系统工具就是使用 Python 开发的，所以都预安装有 Python，一般不需要用户手动安装。

② 译者注：Dropbox 是“Python 之父”Guido 曾经长期就职的企业，专注于提供同步文件空间；Eve Online 是著名大型多人在线游戏厂商，使用 Stackless Python 作为主力开发语言。

用指南，以及如何处理各种错误和棘手情况的说明。

2. cx_Freeze

冻结项目的另一选择是 cx_Freeze，这是一个用于在 Windows、macOS 和 Linux 平台上进行构建的跨平台工具，虽然比 PyInstaller 旧一些，但是仍然运行良好。如果你在使用 PyInstaller 或 py2app 时遇到问题，请尝试一下这个冻结器。相关信息和文档可以在 cx_Freeze 官网找到。

3. py2app

如果只想为 macOS 平台对项目进行打包，py2app 是一个不错的选择。它使用项目的 setup.py 文件，并将整个项目冻结为一个.app 文件。

请参阅 py2app 官方文档以了解更多信息。

4. fman 构建系统

如果正在使用 Qt 5 工具包构建一个基于 GUI 的应用程序——Timecard 正是一个这样的应用程序——则可以使用 fman 构建系统为所有操作系统一次性构建和打包项目。和其他工具不同，fman 构建系统甚至能在 Windows 平台上创建一个可执行安装程序，在 macOS 平台上创建一个.dmg 包，在基于 Debain 的 Linux 平台上创建一个.deb 包，在基于 Fedora 的 Linux 平台上创建一个.rpm 包，并为其他场景创建一个.tar.xz 文件。

fman 构建系统要求你以特定方式设置项目，因此如果你想使用它，最好从项目一开始就使用，以获得最佳结果。否则，你需要根据 fman 构建系统的需求对项目进行重构（这也是我们在 Timecard 项目中不使用它的原因）。你可以在 fman 官网找到更多信息、精彩教程以及完整文档。

5. Nuitka

Nuitka 允许你将 Python 代码转换为 C 和 C++代码，并将其汇编为机器码。Nuitka 实际上是一个单独的实现，最终获得的可执行文件运行起来比 CPython 快两倍左右①。

截至本书完稿时，Nuitka 已经实现了 Python 3.8 的功能。开发团队正在努力添加 Python 3.9 及以上版本的功能并进一步优化 Nuitka。无论如何，Nuitka 都是一个值得关注且令人激动的项目。

如果你想要真正“编译过”的 Python 代码，Nuitka 正是你苦苦寻找的工具。更多信息可以查阅 Nuitka 官网。

6. PyOxidizer

PyOxidizer 是一款前途无量的跨平台工具，它可以将你的项目转换为和 Python 解释器捆绑在一起的单一可执行文件，重点是依然能确保可以轻松打包、分发以及安装最终产品②。

可以在 PyOxidizer 官网找到完整的文档，以及 PyOxidizer 相较于其他工具的优势的细节。

18.7.3 镜像和容器

到目前为止，所介绍的所有打包选项都受到一个共同因素的限制：用户计算机上安装的那

① 译者注：Nuitka 不仅可以作为分发工具使用，也可以作为优化工具使用。

② 译者注：PyOxidizer 的一个优势在于它主要是用 Rust 语言开发的，这使得它的稳定性和安全性从语言级别得到较大保证。

些系统库。例如 PyInstaller 可以捆绑其中一部分，但是仍然受制于各种系统原生依赖项，其中一些无法绑定进来。当你开始进入更复杂的应用程序时，这可能会成为一个棘手的问题。

在 Linux 平台上分发 Python 应用程序时，这方面尤其困难。面对如此多的基于 Linux 的操作系统（而且每个操作系统又都有多个版本）以及无数软件包组合，想一劳永逸地构建可能是一件非常痛苦的事情。解决方案是在容器思想中找到的，容器是一种自我包含的环境，自带所有依赖项。系统中可以安装多个应用程序，每个应用程序都在自己的容器中，即使它们的依赖关系不同甚至冲突也没有问题。

使用容器的另一个优势是沙箱隔离机制，该机制限制了容器化应用程序对系统的访问。这为用户提供了透明性以及控制权：他们知道任意给定的容器都有什么特权，并且在很多情况下，用户可以控制这些特权。

目前容器主要有 4 种——Flatpak、Snapcraft、Appimage 和 Docker，每一种都有其独特的优势。

1. Flatpak

Flatpak 允许你将应用程序打包为独立单元，这些独立单元可以安装在几乎任何 Linux 环境以及 Chrome OS 中。它是高度向下兼容的，这意味着即使对应的操作系统还没有发布支持 Flatpak 的版本，你的包也能继续工作。其实 Flatpak 并不算最严格意义上的容器，但是功能的确类似。即便如此，安装好的 Flatpak 实例之间也仍然可以共享一些可能共有的依赖项。

我特别喜欢 Flatpak 的原因之一就是可以选择或构建需要的每个依赖项或组件。可以确定的是，如果 Flatpak 能在本地计算机上运行，那么它也一定能在其他计算机上运行。Flatpak 提供的额外控制和可预测性使得在 Python 中处理复杂的打包场景变得更容易。

Flatpak 也有自己的应用商店 Flathub，这使得最终用户可以轻松地在他们的 Linux 计算机上浏览和安装应用程序。有关 Flatpak 的更多信息和完整文档，请访问 Flatpak 官网。

你可以在 GitHub 的 codemouse92.timecard 项目中查看我是如何使用 Flatpak 打包 Timecard 程序的。

2. Snapcraft

Snapcraft 由 Canonical（Ubuntu 操作系统的开发公司）维护，它能将你的应用程序打包到一个具有自己的文件系统的专用容器中，同时和系统的其余部分隔离开来，以尽可能减少访问和共享。由于其结构，你可以从任何开发环境（包括 Windows 和 macOS 环境）构建 snap 包，尽管不能在这些环境中安装 snap。Snapcraft 也有自己的关联应用商店：Snap Store。

遗憾的是，安装好的 snap 占用的空间可能非常大，因为它给每个容器分配了一切，不仅仅是内核和一些核心依赖项，而且不共享 snap 之间的依赖关系。让一个 snap 获得许多用户程序正常运行所需的权限也可能很困难。由于这些原因以及其他批评，一些 Linux 环境已经放弃了对 Snapcraft 的官方支持[①]。

尽管如此，Snapcraft 仍然不失为一种可行的容器格式，拥有相当多忠诚的追随者。可以在

① 译者注：在 StackOverflow 等技术问答网站上，有很多高赞问题是关于如何从系统中完全删除 snap 的，相较于传统格式的软件仓库，snap 的中国镜像也不够积极。

Snapcraft 官网找到有关这种容器格式的更多信息以及完整的文档。

3. AppImage

AppImage 提供独立的可执行文件，不需要安装任何东西，包括 AppImage 自身。在很多方面，AppImage 的行为都类似于 macOS 应用程序。和 Flatpak 以及 Snapcraft 不同，AppImage 不需要目标系统中的基础设施，尽管用户可以选择使用 appimaged 自动向系统注册 AppImage 格式。

AppImage 旨在去中心化，以允许你向最终用户提供自己的下载。你甚至可以通过集成 AppImageUpdate 发布包的更新。从技术上说，AppImage 确实也有一个应用商店：AppImageHub。你可以从中看到很多以 AppImage 格式打包的应用程序。新的应用程序是通过对 GitHub 上的应用商店进行 pull request 添加的。

AppImage 唯一的缺点就是需要针对计划支持的每个 Linux 发行版测试你的包。你的包可以依赖现有的系统库，但事实上必须依赖一组基本要素，例如 libc（C 语言标准库）。AppImage 可能隐式依赖于系统库，然后在缺少该库的另一个 Linux 系统中运行时就可能失败。

为了实现相同的目标，建议在要支持的最旧的版本环境中构建 AppImage，因为它会从当前环境本身收集和绑定库。另外，AppImage 能相当不错地向下兼容，但是不向上兼容。

不过，如果不介意使用一些额外环境，AppImage 是将软件分发到任何 Linux 计算机的绝佳方案，而且不需要任何其他基础设施。要想了解有关 AppImage 格式和完整文档的更多信息，请访问 AppImage 官网。

4. Docker

在现代软件开发语境中，Docker 通常是人们听到“容器”时首先想到的。它允许你构建一个自定义环境，并将所有东西（内核除外）都带上。这是本小节介绍的 4 种格式中唯一一种在 Windows 和 macOS 平台上都能使用的格式（Linux 平台除外）。

Docker 主要用于在服务器上进行部署，而不是面向用户的应用程序，因为需要在目标计算机上进行大量的设置。当然，配置好 Docker 后，启动镜像就相对简单了。这使其成为分发服务器应用的理想选择。

又因为 Docker 镜像是一个完全独立的环境，所以很容易为项目创建一个镜像。你可以先定义一个 Dockerfile，其中描述了构建镜像的步骤，然后安装需要的所有包和依赖项。你甚至可以在 Dockerfile 的上下文中使用 pip 来进行安装。Docker 将 Dockerfile 转换为镜像，镜像可以被上传到 Docker Hub 等仓库，最后下载到客户计算机上运行。

可以在 Docker 官网找到完整的信息和文档。

18.7.4 原生 Linux 包注意事项

Linux 用户可能注意到这里根本没有触及原生 Debain 或 Fedora 软件包。这些打包格式依然很有意义，但是随着越来越多的可移植格式（比如前述的那些方案）被采用，它们越来越不被关注。Debain 或 Fedora 打包可能特别困难，和其他可移植格式相比几乎没有优势。

我其实很晚才考虑将 Flatpak、Snapcraft 和 AppImage 作为 Debian 软件包的可行替代品。在这些新潮的可移植格式中，最终的用户体验略有改善，但更重要的是开发者体验明显更佳。这三者都以类似于虚拟环境的方式不同程度地利用沙箱隔离机制，和传统打包格式形成鲜明对比。要知道在原生打包格式中，必须关注每个最终用户计算机上的所有依赖项的确切版本。更重要的是，虽然可移植打包格式通常可以很好地和虚拟环境以及 PyPI 配合使用，但是原生打包格式很少能做到这一点，尤其是在要完全符合发行包仓库的标准和策略的情况下。

如果想使用 Debain 和 Fedora 打包方式对 Python 项目进行打包，你当然可以这样做。dh-virtualenv 之类的工具可以提供帮助！尽管如此，如果你的项目有任何重要的依赖关系，请作好战斗准备。在尝试以任何原生打包格式分发项目之前，仅确定可移植打包格式其实是不够的。当然，最终这是只有你才能做的决定。

18.8　文档

每个项目都需要文档。如果最终用户不知道如何安装和使用程序，那么即便世界上最好的代码也毫无意义！

对于特别小的项目，一个 README.md 文件可能就足够了，只要能被用户轻松查阅即可。要获得更强有力的支持，你需要更好的解决方案。

Python 文档生成的传统解决方案是 Python 内置模块 pydoc，但是在过去的几年，它已被 Sphinx 彻底取代。在 Python 世界中，几乎所有文档（包含 Python 本身的官方文档）都是用 Sphinx 构建的。事实上，虽然当初 Sphinx 是为 Python 项目构建的，但是 Sphinx 强大的功能和易用性使其在整个编程行业得到广泛采用。

Sphinx 使用一种称为 reStructuredText（reST）的标记语言构建文档。虽然 reST 比 Markdown 更复杂、更严格，但是它具有强大的功能，即便是最复杂的技术写作也能胜任[①]。最终结果可以导出为 HTML、PDF、ePUB、Linux 手册及许多其他格式。

项目文档应该放在代码仓库的一个独立目录中，通常命名为 docs。如果环境（通常指开发虚拟环境）中安装了 sphinx 包，则可以通过运行以下指令来构建基本文档结构和配置：

```
venv/bin/sphinx-quickstart
```

你将被引导回答几个问题。对于大多数情况，建议先统一使用默认值，即每次提示时显示在方括号中的值，在都能了解清楚后，再自行修改。

对于大部分文档，手动编写自己的新结构化文本（reStructuredText 文件的扩展名一般为.rst）

---

① 译者注：Sphinx-reStructuredText 体系的创建就是为了简化技术文档从构思到撰写，再到最终日常更新、发布、修订等的流程，并且事实上也做到了。很多 Python 相关的技术图书本身也是使用 Sphinx-reStructuredText 体系完成撰写和出版的，甚至其他编程语言或技术社区也大规模使用了 Sphinx-reStructuredText 体系。在 Markdown 体系没有出现之前，Shpinx 几乎就是技术文档的标准，可惜 reStructuredText 过于强大，为了支持图书撰写中的各种特殊表述，设计了远比 Markdown 多得多的标签规范，导致其他编程语言中没有几个完成了自身的 reStructuredText 工具链，所以其他技术社区要想使用就只能学习安装 Python 环境，抑或注册 ReadtheDocs。所以更简洁、日常够用的 Markdown 出现后，海量 Markdown 工具发布。对应 ReadtheDocs 的服务最早是 GitBook，后来 GitHub 内置的 pages 服务已经可以完全取代 ReadtheDocs，而且还不用学习 Python，于是文档构建方案逐步以 Markdown 格式为主。不过，即便如此，基于 Sphinx-reStructuredText 体系创建的技术文档实在太多，因此 Sphinx-reStructuredText 体系还是值得学习、体验的。

文件，并将它们保存在 docs 目录中。手写文档无可替代！期望用户纯粹通过 API 文档来学习软件，就像期望通过解释加热元件的电气规格来教人使用吐司机那样离谱。

同时，在某些项目中，尤其在库项目中，从代码中提取文档字符串很有用。通过 Sphinx 的 autodoc 功能就可以做到这一点。

开始正确使用 Sphinx 和 reStructuredText（包含 autodoc 等功能）的最佳方法是阅读 GitHub 网站上的 sphinx-doc 项目。

当准备好发布项目时，你几乎肯定希望在线发布文档。对于开源项目，最简单的方法就是在 Read the Docs 上注册一个免费账户。该服务特别适用于 Sphinx 和 reStructuredText，其可以自动从你的代码仓库更新文档。如果需要了解更多信息并注册，请访问 readthedocs 官网。

18.9 本章小结

当准备开始一个项目时，请考虑你希望如何处理打包。有很多用于打包和分发 Python 应用程序的工具，所以问题在于选择哪种工具。作为你自己项目的核心开发者，你是唯一决策者，你需要最终确定适合实际情况的最佳打包方案。如果你完全迷失了方向，以下是我的建议。

首先，强烈建议你使用 src 目录管理代码，这会使其他一切变得更容易。然后，设置项目，以便使用 pip 在虚拟环境中安装它。就个人而言，我使用 setuptools，尽管 Poetry 和 Flit 也是很好的选择。请大胆使用你更喜欢的那一个。

如果你正在开发供其他 Python 开发者使用的库或命令行工具，建议将其发布到 PyPI。如果你的项目是一个用户程序或命令行程序，建议使用 PyInstaller 等工具将其打包为独立工件。对于 Linux 发行版，强烈建议创建一个 Flatpak 包。而如果你正在构建服务器应用程序，建议将其打包到 Docker 镜像中[①]。

打包梯度的最后一个层级是将项目部署到硬件上。有无数种方法可以做到这一点，但是有些单片机更受欢迎，如 Arduino 和 Raspberry Pi。这是一个足够深的主题，值得用一本书专门讨论。第 21 章将介绍一些资源，以帮助你在这个领域进行进一步的探索。

再次强调，这些都是我的个人意见，基于本人在 Python 打包方面的经历。无论如何请记住，所有这些工具的存在都是有原因的，对我的项目有效的可能并不适合你的项目。正如本章开头所讲，无论最终使用哪种打包方案，都应该产生一个可移植性较好、稳定且能工作的包。

① 译者注：因为一系列安全事件，PyPI 官方进一步加强了 pip 包发布时的安全检验，也就是说，发布 Python 模块变得更加复杂。不过，PDM、uv 等综合管理工具的出现，又在很大程度上封装了这种复杂性，可以更加一致和简洁地发布 Python 模块。

第 19 章

调试和日志

代码中的错误是不可避免的。你会遇到各种错误，从拼写错误到逻辑错误，从用法误解到那些源自技术栈深处的错误，等等。当代码中出现可怕的错误时，就需要用工具来查找和解决问题。在本章中，你将全面了解这些工具。

本章将首先介绍 Python 语言的 3 个功能，你可以将它们添加到代码中以便稍后调试：警告、日志和断言。这些都是出于调试目的而对 print 语句做的改进，因为你可能会忘记“调试”输出语句在哪里，或可能想将它们保留在生产环境中。

然后，本章将指导你使用 Python 调试器（pdb）和 faulthandler，前者可以帮助你逐步完善 Python 程序中的逻辑，后者支持你调查 Python 背后的 C 语言代码中未定义的行为。最后，本章将介绍如何使用 Bandit 检查代码中的安全问题。

19.1 警告

可以使用警告来告知用户程序正在解决的问题，或提醒开发者库的更高版本将发生的重大变化。和第 8 章中讨论的异常不同，警告不会使程序崩溃。对于不会干扰程序正常运行的问题，这样做更可取。

此外，警告相比输出语句更方便，因为它们默认输出到错误信息流。而在 print("My warning message", file=sys.stderr)这样的输出语句中，则必须明确地指定要输出到错误信息流。

Python 提供了一个包含大量附加功能和行为的 warnings 模块。要发出警告，请使用 warnings.warn()函数。例如，下面这个相当戏剧化（或愚蠢）的程序旨在将一些文本写入文件。如果 thumbs 的值是"pricking"，就发出警告，表示有问题将发生。警告后，打开文件 locks.txt，并向其中写入一些文本，如清单 19-1 所示。

清单 19-1　basic_warning.py:1a

```
import warnings

thumbs = "pricking"

if thumbs == "pricking":
    warnings.warn("Something wicked this way comes.")
```

```
with open('locks.txt', 'w') as file:
    file.write("Whoever knocks")
```

运行后将看到以下输出：

```
basic_warning.py:6: UserWarning: Something wicked this way comes.
    warnings.warn("Something wicked this way comes.")
```

警告通过标准错误流输出到终端，但重要的是，这样程序就不会崩溃了。文件 locks.txt 则仍然使用指定的文本来创建，如清单 19-2 所示。

清单 19-2 locks.txt

```
Whoever knocks
```

19.1.1 警告的类型

警告有不同的类型，可以根据需要对每种警告进行不同的处理。例如，如果程序在系统中找不到文件，你可能应该让你的用户知道这件事，但是你可能不想用代码中关于奇怪语法的警告来打扰他们，此类警告只是开发者需要知道的事情。Warning 类允许你以适合项目的方式处理这些不同的情况。

表 19-1 列出了警告的类型，它们都继承自 Warning 基类。正如可以创建自定义异常一样，也可以通过继承表 19-1 中任何警告类的子类来创建自己的警告类。

表 19-1 警告的类型

类	用法	默认忽略
UserWarning	warn()中未指定类别时的默认值	
DeprecationWarning	针对开发人员已弃用功能的警告	√
PendingDeprecationWarning	关于未来将要弃用的功能的警告	√
FutureWarning	针对用户的已弃用功能的警告（在 Python 3.7 之前，这指的是功能的行为被更改）	
SyntaxWarning	关于可能有问题的语法的警告	
RuntimeWarning	关于可疑运行时行为的警告	
ImportWarning	与导入模块相关的警告	√
UnicodeWarning	与 Unicode 相关的警告	
BytesWarning	与类字节对象相关的警告	
ResourceWarning	与硬件资源使用相关的警告	√

表 19-1 适用于 Python 3.7～Python 3.10。默认情况下，早期版本的 Python 会忽略不同的警告，这意味着必须明确启用这些警告，然后才能在运行程序时看到它们。

要发出特定类型的警告，请将所需的警告类作为 warn()的第二个参数传入。修改之前的示例，以发出 FutureWarning，如清单 19-3 所示。

清单 19-3　basic_warning.py:1b

```
import warnings

thumbs = "pricking"

if thumbs == "pricking":
    warnings.warn("Something wicked this way comes.", FutureWarning)

with open('locks.txt', 'w') as file:
    file.write("Whoever knocks")
```

运行这段代码后，除了创建和之前相同的 locks.txt 文件，还将在终端产生以下输出：

```
basic_warning.py:6: FutureWarning: Something wicked this way comes.
    warnings.warn("Something wicked this way comes.", FutureWarning)
```

19.1.2　过滤警告

警告过滤器控制警告的显示方式，可以在运行模块或包时将其作为参数传递给 Python 解释器。例如，可以显示警告一次或多次、完全隐藏警告，甚至通过警告使程序崩溃（19.1.3 小节将向你解释为什么要这么做）。

警告过滤器由 5 个可选字段组成，以冒号分隔：

```
action:message:category:module:lineno
```

表 19-2 解释了这些字段的含义。

表 19-2　警告过滤器字段

字段	含义
action	应该如何显示警告。该字段有 6 个选项：ignore、once、module、default、always、error（见表 19-3）
message	警告消息必须匹配才能通过的一个正则表达式
category	过滤的警告类别
module	必须过滤的模块警告（不要和 action 字段的模块选项混淆）
lineno	必须过滤的警告行号

可以省略任何字段，但是仍然需要在字段之间添加适当数量的分隔冒号。比如，若想指定 action 和 category 字段并忽略 message 字段，则需要用冒号分隔它们：

```
action::category
```

但是请注意，不需要为省略的 module 和 lineno 字段追加任何尾随冒号，因为它们出现在指定的最后一个字段 category 之后。

通过使用 message 字段，我们可以过滤具有指定消息的警告。module 字段则用于仅在特定模块中过滤警告。

1. 隐藏重复警告

多次引发警告的情况并不少见，例如出现在多次调用的函数中。action 字段可用于控制这种行为。表 19-3 列出了可以传递给 action 字段的选项。

表 19-3 可以传递给 action 字段的选项

选项	含义
ignore	永远不显示警告
once	在整个程序运行期间只显示一次警告
module	每个模块只显示一次警告
default	每次都显示模块与行号
always	始终显示警告，无论发生频率如何
error	将警告转换为异常

例如，如果只想查看模块中任何特定警告的第一个实例，可以将 module 字符串传递给 action 字段，就像下面这样：

```
python3 -Wmodule basic_warning.py
```

以上代码通过警告过滤器标志-W 将警告过滤器传递进来，并紧跟警告过滤器本身（标志和过滤器之间没有空格）。此标志必须位于运行的模块之前，因为它是 Python 自身的参数。如果出现在最后，它会被错误地作为参数传递给 basic_warning.py 模块。

同样，也可以使用-Wonce 只输出整个程序运行期间第一次出现的警告。

2. 忽略警告

可以使用警告过滤器，通过 ignore 操作向最终用户隐藏整个类别的警告。以下代码假设你不希望用户看到你计划在程序的下一版本中再解决的弃用类警告：

```
python3 -Wignore::DeprecationWarning basic_warning.py
```

ignore 操作隐藏了警告，category 字段中的 DeprecationWarning 会在 Python 模块运行时隐藏弃用类别警告。

19.1.3 将警告转换为异常

通过 error 操作，可以将警告转换为严重异常，从而令程序崩溃。这是可行的，因为基类 Warning 继承自 Exception 类。以下示例在运行特定模块时会将所有警告转换为错误：

```
python3 -Werror basic_warning.py
```

由于过滤器中没有提供其他字段，因此 error 操作将影响所有警告。这可能对持续集成系统有帮助，如果有警告，拉取请求应该自动被拒。

将警告作为异常发出的另一个原因可能是为了确保程序没有使用任何已弃用的代码。可以使用 -Werror::DeprecationWarning 将所有 DeprecationWarning 转换为错误，然后逐一解决，直到程序可以运行为止。

然而，将错误转换为异常可能产生一些负面影响，因为这会将依赖项或标准库中的任何警告转换为错误。为了解决这个问题，需要限制警告过滤器，如下所示：

```
python3 -Werror:::__main__ basic_warning.py
```

这样警告过滤器就只会将直接执行的模块中的警告转换为错误，并根据默认规则处理来自其他地方的各种警告。

要将整个包（例如当前的 timecard）的警告转换为错误，而不从依赖项和标准库中获取警告，可以这样使用过滤器：

```
python3 -Werror:::timecard[.*] basic_warning.py
```

正则表达式 timecard[.*] 匹配 timecard 包及其子包中的所有模块。

除了本节提到的，警告过滤器还有很多。建议进一步阅读 Python 官方文档的“warnings——警告信息的控制”部分。

19.2 日志记录

在第 8 章中，你学习了如何进行异常日志记录，而非仅仅将它们传递给 print()。这种技术不仅使你可以控制将消息发送到标准输出还是文件，而且使你能根据消息的严重性对消息进行筛选。严重级别按照严重程度递增的顺序如下：DEBUG、INFO、WARNING、ERROR 和 CRITICAL。

第 9 章介绍的模式足以让你走到这一步，但是记录生产级项目日志需要做更多的考量。你必须考虑哪些消息在哪些情况下才应该可见，以及如何记录不同类型的消息。一个关键的警告可能需要显示在终端并同时存储在文件中，而有关正常操作的信息型消息可能会被隐藏，除非用户要求程序以 verbose（详情）模式运行。

为了处理所有日志记录，Python 提供了 logging 模块，该模块定义了 4 个组件：Logger（记录器）、Handler（处理器）、Filter（过滤器）和 Formatter（格式化程序）。

19.2.1 Logger 对象

Logger 用于处理日志消息。它接收要记录为 LogRecord 对象的消息，并根据日志报告的严重程度将其传递给一个或多个 Handler 对象。

一个典型项目的每个模块都有一个 Logger。切勿自行实例化这些 Logger 对象。你必须使用 logger.getLogger()来获得 Logger 对象，而不能直接实例化它们。这样可以确保永远不会创建多个具有相同名称的 Logger：

```
import logging
logger = logging.getLogger(__name__)
```

__name__属性是当前模块及其父包（如果有的话）的名称。如果尚不存在具有该名称的 Logger 对象，则在后台创建该对象。在任何情况下，Logger 对象都将被绑定到对应的 Logger

并可供使用。

此模式在大多数情况下很有效。但是在包的入口模块中，必须使用包的名称显式地声明 Logger 的名称。在这里使用__name__属性是不切实际的，因为所在模块的名称始终会被报告为__main__。此 Logger 必须具有包名称，以用作属于该包的所有模块的主 Logger。所有其他 Logger 都会将消息传递给主 Logger。

为了说明 Logger 的用法，创建一个 letter_counter 包，用于确定给定文本段落中最常见的字母。该包将使用日志记录来处理警告和信息型消息。清单 19-4 显示了__main__.py 模块的开头。

清单 19-4 letter_counter/__main__.py:1

```
import pathlib
import argparse
import logging

from letter_counter.common import scrub_string
from letter_counter.letters import most_common_consonant, most_common_vowel

logger = ❶ logging.getLogger('letter_counter')
```

以上代码通过将包的名称显式地传递给 logging.getLogger()函数来获取 Logger 对象❶，然后将该对象绑定到 Logger。

此 Logger 的名称必须和包名称匹配，这非常重要，因为只有这样它才能用作 letter_counter 包的主 Logger。

还必须为此包中需要执行日志记录的每个模块和子包获取一个 Logger 对象。这样 letter.py 模块就获得了一个 Logger，如清单 19-5 所示。

清单 19-5 letter_counter/letters.py:1

```
import logging
from collections import defaultdict

logger = logging.getLogger(__name__)
```

因为这个__name__表达式将解析为 letter_counter.letters，所以我们在清单 19-4 中创建的 letter_counter 会自动成为这个 Logger 的一部分。letters.py 中传递给 Logger 的所有消息将依次传递到 letter_counter。

同样，也可以将 Logger 添加到 letter_counter 包的另一个文件 common.py 中，如清单 19-6 所示。

清单 19-6 letter_counter/common.py:1

```
import logging

logger = logging.getLogger(__name__)
```

19

19.2.2 Handler 对象

Handler 用于将 LogRecord 对象发送到正确的位置，无论是标准输出、标准错误、文件、网络还是其他位置。日志记录模块包含许多内置的 Handler 对象，所有这些对象都在 Python 官方文档的“logging.handlers——日志处理程序”部分有详尽的描述。本章不会过多介绍这些有用的 Handler，因此相应的官方文档非常值得快速通读一下。在大多数情况下，你总是会使用以下 Handler 之一。

- StreamHandler 将日志记录发送到流，尤其是标准输出流和标准错误流。你可以将需要的输出流传递给 logging.StreamHandler 的类初始化器，否则默认情况下将使用 sys.stderr。尽管可以使用此 Handler 记录消息到文件中，但是 FileHandler 将为此场景提供更好的结果。
- FileHandler 将日志记录发送到文件。必须将目标输出文件的文件名或路径传递给 logging.FileHandler 的类初始化器。（还有许多其他专用的 Handler 用于处理轮转和系统日志文件。）
- SocketHandler 通过 TCP 将日志记录发送到网络。可以将主机和端口作为参数传递给 logging.handlers.SocketHandler 的类初始化器。
- SMTPHandler 通过 SMTP 将日志记录发送到电子邮件地址。邮件主机、发件人的电子邮件地址、收件人的电子邮件地址、邮件主题和登录凭证都必须传递给 logging.handlers.SMTPHandler 的类初始化器。
- NullHandler 会将日志记录发送到“受控黑星的核心黑洞”中，再也不能听到或看到记录。无须将任何参数传递给 logging.NullHandler 的类初始化器。

陷阱警告： 如果你的项目是一个库，请使用NullHandler作为唯一的日志记录处理程序，以免混淆或干扰最终开发者使用的日志记录系统。这将显式禁止库中的所有日志记录。如果需要，最终开发者可以将不同的处理程序附加到库的Logger上。

继续前面的例子，将 letter_counter 包中的所有 LogRecord 对象输出到带有 logging.StreamHandler()的终端。StreamHandler()会将日志记录发送到标准输出流或标准错误流。将此 Handler 添加到顶级 Logger 对象中，如清单 19-7 所示。

清单 19-7　letter_counter/__main__.py:2

```
stream_handler = logging.StreamHandler()
logger.addHandler(stream_handler)
```

因为没有使用 StreamHandler()构造函数来指定流，所以 stream_handler 会将消息传递给 sys.stderr 流。

请注意，只需要将 Handler 添加到 letter_counter 即可。由于 letter_counter.letters 和 letter_counter.common 是子 Logger，因此它们会将所有的 LogRecord 对象传递给其父 Logger。

可以将任意数量的 Handler 附加到任何 Logger。子 Logger 仍会将 LogRecord 对象传递给其父 Logger，以使用它们自己的 Handler，除非将子 Logger 的 propagate 属性标记为 False：

```
logger.propagate = False
```

在这个示例中，不需要向子 Logger 添加任何 Handler。我们可以让子 Logger 将 LogRecord 对象传递给其父 Logger，父 Logger 只附加了一个 StreamHandler。

19.2.3 日志记录级别

前面的日志记录示例仍不完整，因为它不包含每条消息的严重级别，严重级别表示消息的相对重要性。

使用级别进行日志记录意味着允许将日志记录系统配置为仅显示达到或高于给定严重程度级别的消息。例如，你可能希望在开发时看到所有 DEBUG 消息，但是最终用户应该只看到警告消息及更高级别的消息。

一共有 6 种内置严重级别，如表 19-4 所示。

表 19-4 日志记录严重级别

级别	数值	说明
CRITICAL	50	可怕的、严重的、不好的、很糟糕的、一切和崩溃相关的消息
ERROR	40	与有可能恢复的错误相关的消息（意味着至少所有信息不会丢失）
WARNING	30	尚未出现错误但可能需要关注的消息
INFO	20	和实际问题无关的消息型及有用的信息
DEBUG	10	只有开发者有兴趣的消息，尤其是在查找问题时
NOTSET	0	仅用来指定应显示所有消息（从不用于标识严重级别）

要在记录消息时为其分配级别，请使用和消息级别对应的 Logger 实例方法，就像我们在 letter_counter/common.py 的函数中所做的那样，如清单 19-8 所示。

清单 19-8 letter_counter/common.py:2

```
def scrub_string(string):
    string = string.lower()
    string = ''.join(filter(str.isalpha, string))
    logger.debug(f"{len(string)} letters detected.")
    return string
```

scrub_string()函数将字符串全部转换为小写，并将其筛选为只包含字母。此示例中最重要的部分是对 logger.debug()的调用，它将 LogRecord 传递给了模块的 Logger 对象（见清单 19-6），级别为 DEBUG。

另外，letter_counter/letters.py 中包含了一些在某些情况下需要输出的 INFO 级别消息，如清单 19-9 所示。

清单 19-9 letter_counter/letters.py:1

```
consonants = 'bcdfghjklmnpqrstvwxyz'
vowels = 'aeiou'


def count_letters(string, letter_set):
    counts = defaultdict(lambda: 0)
    for ch in string:
        if ch in letter_set:
            counts[ch] += 1
    return counts
```

19

```
def most_common_consonant(string):
    if not len(string):
      ❶ logger.info("No consonants in empty string.")
        return ""
    counts = count_letters(string, consonants)
    return max(counts, key=counts.get).upper()


def most_common_vowel(string):
    if not len(string):
      ❷ logger.info("No vowels in empty string.")
        return ""
    counts = count_letters(string, vowels)
    return max(counts, key=counts.get).upper()
```

以上这些函数计算给定字符串中元音和辅音的数量，并返回最常出现的元音或辅音。这里最重要的部分就是对 logger.info() 的两处调用❶❷。请注意，仅当空字符串被传递给 most_common_consonant()或 most_common_vowel()时，才会记录这些消息。

19.2.4 控制日志级别

使用 setLevel()方法可以将任何给定的 Logger 对象设置为获取具有指定级别或更高级别的 LogRecord 对象。和添加 Handler 对象类似，只需要在顶级 Logger 上进行相应的设置即可。虽然也可以在子 Logger 上设置，但是它们不再把 LogRecord 对象委托给其父 Logger。默认情况下，Logger 对象具有 NOTSET 级别，这导致其 LogRecord 对象会被委托到上级层次结构中。一旦在上级层次结构中遇到不是 NOTSET 级别的 Logger，委托链就会终止。

继续前面的例子，将顶级 Logger 的日志记录级别设置为 WARNING，并允许用户在调用包时传递一个-v 参数，而不是将级别设置为 INFO。可以使用内置的 argparse 模块来处理这种命令行参数，如清单 19-10 所示。

清单 19-10　letter_counter/__main__.py:3

```
parser = argparse.ArgumentParser(description="Find which letters appear most.")
parser.add_argument("-v", help="Show all messages.", action="store_true") ❶
parser.add_argument("raw_path", metavar="P", type=str, help="The file to read.") ❷

def main():
    args = parser.parse_args()
    if args.v:
      ❸ logger.setLevel(logging.INFO)
    else:
        logger.setLevel(logging.WARNING)
```

我不会在这里详细介绍 argparse 模块的用法，因为这与讨论的主题无关，Python 官方文档的“argparse 教程”部分有很好的介绍。简单来说，以上代码定义了两个参数：用于切换详情模式的 -v 标志❶，以及程序需要提取的文件路径❷。-v 标志是本例最重要的部分。如果该标志是在包调用中传递的，就将 Logger 的级别设置为 logging.INFO❸；否则设置为 logging.WARNING，以忽略使用 logger.info()记录的所有消息。

清单 19-11 显示了__main__.py 模块的其余部分，它们的作用是进行文件读取、调用函数来计算字母的数量并显示输出。

清单 19-11 letter_counter/__main__.py:4

```
    path = pathlib.Path(args.raw_path).resolve()
  ❶ logger.info(f"Opening {path}")

    if not path.exists():
      ❷ logger.warning("File does not exist.")
        return

    with path.open('r') as file:
        string = scrub_string(file.read())
        print(f"Most common vowel: {most_common_vowel(string)}")
        print(f"Most common consonant: {most_common_consonant(string)}")


if __name__ == "__main__":
    main()
```

关于日志记录，这里没什么可讲的，只不过多了两条日志消息：一条为 INFO 级别❶，另一条为 WARNING 级别❷。

19.2.5 运行示例程序

为了演示工作中的日志系统，下面从命令行调用 letter_counter 包，并将包含“The Zen of Python”（Python 之禅）文本的文件的路径传递给它：

```
python3 -m letter_counter zen.txt
```

因为省略了-v 标志，所以日志记录级别为 WARNING，这意味着只会记录 WARNING、ERROR 或 CRITICAL 级别的消息。由于 zen.txt 是有效路径，因此你将看到以下输出：

```
Most common vowel: E
Most common consonant: T
```

将-v 标志追加到调用指令中，根据清单 19-10 中的逻辑更改日志级别：

```
python3 -m letter_counter -v zen.txt
```

这将导致输出发生变化：

```
Opening /home/jason/Documents/DeadSimplePython/Code/ch19/zen.txt
Most common vowel: E
Most common consonant: T
```

你现在可以看到来自 letter_counter/__main__.py 文件的 INFO 级别消息。但是由于该文件存在且不为空，因此你没有看到来自其他模块的任何 INFO 级别消息。为了让你看到这些，下面特意传入一个空文件的路径：

```
python3 -m letter_counter -v empty.txt
```

然后输出就包含其他消息了：

```
Opening /home/jason/Documents/DeadSimplePython/Code/ch19/empty.txt
No vowels in empty string.
Most common vowel:
No consonants in empty string.
Most common consonant:
```

你会注意到另一条缺失消息：来自 letter_counter/common.py（见清单 19-8）的字母计数消息。因为这是在 DEBUG 级别记录的，所以它仍然被忽略，毕竟当前日志为 INFO 级别。必须修改代码才能看到这种日志记录。

删除-v 标志，以便在 Logger 上使用 WARNING 级别，并且在调用中传递一个无效的文件名：

```
python3 -m letter_counter invalid.txt
```

这次你将看到以下输出：

```
File does not exist.
```

在这种情况下，无论是否使用了-v 标志，输出都是相同的，因为 WARNING 的级别高于 INFO。

19.2.6　过滤器、格式化程序和配置文件

可以向日志系统追加另外两种组件：过滤器（Filter）和格式化程序（Formatter）。

Filter 对象进一步定义了可以从哪里获得 LogRecord 对象。可以使用 addFilter()方法将 Filter 对象应用于 Logger 或 Handler 对象。任何可调用对象都可以作为过滤器使用。

Formatter 对象用于将 LogRecord 对象转换为字符串。一般通过将特殊格式的字符串传递给 logging.Formatter()方法来定义 Formatter 对象。还可以使用 setFormatter()方法将某个 Formatter 追加到 Handler 对象中。

也可以使用专门的配置文件对 Logger 进行配置。

要想了解有关日志记录的更多信息，建议阅读 Python 官方文档的“日志指南”部分和“logging——Python 的日志记录工具”部分。

也可以使用第三方日志库，比如 eliot 或 loguru。这些库都有自己的模式和技巧，你可以查阅它们的官方文档以了解更多信息。

19.3　断言语句

在编程过程中，你有时可能会意识到代码的逻辑有问题。此时，可以使用断言（assert）语句来检查这些条件，如果表达式失败，assert 语句将引发 AssertionError。

虽然这些检查在开发或调试期间很有用，但是在最终用户正常操作期间，它们通常是多余的。如果在调用包或模块时将-O 标志（用于优化）传递给 Python 解释器，Python 解释器将从代码中删除所有断言语句。

出于这一原因，切勿将 assert 语句用于数据验证，也不要用于响应用户错误，因为用户永远不能禁止使用数据和输入验证。对于这些场景，应使用异常和警告。

我们可以使用断言来调试代码中特别脆弱的部分，即对代码进行微小或看似无关紧要的更改就可能产生意想不到的副作用的地方。下面的简单示例将说明 assert 语句应该在哪里使用或不使用。

19.3.1　正确使用断言

在这个示例程序中，计算在任意给定的书架上可以存放多少张黑胶唱片。程序中有一个关

键常量——一张黑胶唱片的厚度，如清单 19-12 所示。

清单 19-12 vinyl_collector.py:1a

```
THICKNESS = 0.125  # must be a positive number
```

使用常量有助于使代码易于维护。设想一下，你以后可能需要更新这个厚度（可能是因为采取了一些复杂的统计方法来找到了更加精确的平均值），因此需要确保更新后的值仍然有效。假设事先知道需要在之后的一些数学计算中使用这个常量作为除数，这意味着此常量绝对不能为零。它应该是正数，因为黑胶唱片的厚度不可能为负。因此，注释在此有些帮助。但话又说回来，注释并不能阻止你给常量分配一个无意义的值！

错误的值会导致代码本身出现重大问题，并且由于该值并非来自外部数据，也不是用户输入，因此可以做出断言。综上所述，断言语句如清单 19-13 所示。

清单 19-13 vinyl_collector.py:1b

```
THICKNESS = 0.125
if __debug__:
    if not THICKNESS > 0:
        raise AssertionError("Vinyl must have a positive thickness!")
```

__debug__常量由解释器定义并默认设置为 True。如果-O 标志已传递给解释器，则设置该常量为 False。我们不能直接给__debug__赋值，所以只要-O 标志没有传递给解释器，断言条件就会被评估。在本例中，如果 THICKNESS 不大于 0，就引发 AssertionError。

assert 语句将所有这些逻辑包含在了一行中，如清单 19-14 所示。

清单 19-14 vinyl_collector.py:1c

```
THICKNESS = 0.125
assert THICKNESS > 0, "Vinyl must have a positive thickness!"
```

注意，这里没有括号，因为 assert 是一个关键字，而不是一个函数。条件 THICKNESS > 0 如果失败，将引发 AssertionError，逗号后面的字符串将作为错误消息显示。

鉴于代码接下来的部分将使用 THICKNESS 进行一些操作，将断言放在这里的原因也就更清晰了，如清单 19-15 所示。

清单 19-15 vinyl_collector.py:2

```
def fit_records(width, shelves):
    records_per_shelf = width / THICKNESS
    records = records_per_shelf * shelves
    return int(records)
```

如果 THICKNESS 为 0，以上代码中的除法操作将引发 ZeroDivisionError。这个错误可能会在调试时为你指明正确的方向，但存在 3 个问题。首先，实际问题在于定义 THICKNESS 的位置，它（理论上）可能和 fit_records()函数有一定距离。其次，错误只会在调用 fit_records()函数后才出现，这意味着如果在测试中碰巧没有调用 fit_records()函数，你可能就会完全忽略这一错误。最后，THICKNESS 中的负值会产生无意义的输出，但其在数学上仍然有效，因此这个错误也会被忽略。

将断言放在常量定义的附近是为了在执行过程中尽早提醒你注意错误的源头。

19.3.2 错误使用断言

如前所述，assert 语句不应该用于数据或输入验证。相反，应使用异常和警告。比如，清单 19-16 所示的函数提示用户输入一个值，然后尝试将其转换为整数，但你不能使用 assert 语句来确保这个数字为正。

清单 19-16　vinyl_collector.py:3a

```
def get_number(prompt):
    while True:
        value = input(prompt)
        try:
            assert value.isnumeric(), "You must enter a whole number"
            value = int(value)
            assert value > 0, "You must enter a positive number."
        except AssertionError as e:
            print(e)
            continue
        value = int(value)
        return value
```

你也许能理解这是怎么回事，运行程序的其余部分（见清单 19-17），这样就可以看到实际问题了。

清单 19-17　vinyl_collector.py:4

```
def main():
    width = get_number("What is the bookcase shelf width (in inches)? ")
    print("How many shelves are...")
    shelves_lp = get_number("    12+ inches high? ")
    shelves_78 = get_number("    10-11.5 inches high? ")
    shelves_single = get_number("    7-9.5 inches high? ")

    records_lp = fit_records(width, shelves_lp)
    records_single = fit_records(width, shelves_single)
    records_78 = fit_records(width, shelves_78)

    print(f"You can fit {records_lp} LPs, "
          f"{records_single} singles, and "
          f"{records_78} 78s.")


if __name__ == "__main__":
    main()
```

正常运行程序，程序看起来工作得很好。但是如果将-O 标志传递给解释器，就会发现输入验证消失了：

```
$ python3 -O vinyl_collector.py
What is the bookcase shelf width (in inches)? -4
How many shelves are...
    12+ inches high? 0
    10-11.5 inches high? 4
    7-9.5 inches high? -4
You can fit 0 LPs, 128 singles, and -128 78s.
```

输入验证如果可以关闭，就意味着这并不能保证什么。这就是断言不应该用于验证外部数据或用户输入的原因。但我们可以使用其他技术来保证，并将断言替换掉。替换后的代码如清单 19-18 所示。

清单 19-18 vinyl_collector.py:3b

```
def get_number(prompt):
    while True:
        value = input(prompt)
        try:
            value = int(value)
        except ValueError:
            print("You must enter a whole number.")
            continue

        if value <= 0:
            print("You must enter a positive number.")
            continue

        return value
```

现在，即便使用-O 标志运行程序，数据验证也能按预期工作了。

19.3.3 实战中的断言

最终程序仅使用 assert 语句来捕获代码中分配给常量 THICKNESS 的无意义值，除此之外别无其他。为了检验示例，将 THICKNESS 更改为负值，如清单 19-19 所示，以展示 assert 语句不太理想的一面。

清单 19-19 vinyl_collector.py:1d

```
THICKNESS = -0.125  # HACK: this value is now wrong, for test purposes
assert THICKNESS > 0, "Vinyl must have a positive thickness!"
```

以通常方式调用程序：

```
python3 vinyl_collector.py
```

这将输出预期的 AssertionError，因为 THICKNESS 的值当前为负：

```
Traceback (most recent call last):
  File "./vinyl_collector.py", line 2, in <module>
    assert THICKNESS > 0, "Vinyl must have a positive thickness!"
AssertionError: Vinyl must have a positive thickness!
```

你可以直接跳转到代码的第 2 行，它紧挨着问题根源。我们可以解决这个问题，但为了举例，我们现在不会这样做。如果改为将-O 标志传递给解释器，那将启动优化，从而抑制断言：

```
python3 -O vinyl_collector.py
```

此时，即便 THICKNESS 的值是错误的，程序也会尝试使用它，就好像 assert 语句根本不存在一样：

```
What is the bookcase shelf width (in inches)? 1
How many shelves are at least...
    12 inches high? 1
```

```
    10 inches high? 2
    7 inches high? 3
You can fit -8 LPs, -24 singles, or -16 78s.
```

以上代码产生了毫无意义的输出，当然，这种问题可以事先预料到，因为主动使用-O 标志运行了程序，而且没有修复断言错误。实际上，只有当你非常确定程序中没有断言错误时，才应该使用-O 模式调用程序。这是一个只应该在生产中使用的标志，而不是在开发中使用。

19.4　inspect 模块

调试工具箱中的另一个有用的工具是 inspect 模块，它提供了很多函数来返回有关 Python 中对象和模块的数据，以及代码和回溯信息。此类数据可以用于记录更有洞察力的调试消息。

我很喜欢的另一个调试技巧是通过网络将 Python 函数的源代码发送到远程主机。这使我可以在这些计算机上执行自动化测试，而不需要事先安装任何特殊的东西。

Python 官方文档的“inspect——检查对象”部分清晰地介绍了这一模块的功能。

19.5　使用 pdb

警告、日志和断言语句让相当多的手动调试成为可能，而且无须使用外部工具。虽然这在很多情况下很有用，但是还有许多其他工具可以帮助你快速解决代码中的问题。当出错的位置和错误的源头有一定距离，抑或问题涉及多个组件时，第三方工具就能起重要作用了。

Python Debugger（pdb）是一个功能齐全的 Python 调试器。它的工作流程类似于其他命令行调试器，比如 gdb（用于 C++）或 jdb（用于 Java）。可以通过设置断点来使用 pdb，断点是程序中控制权被移交给调试器的地方，这将允许你逐行单步执行代码以便观察发生了什么。

如果使用的是 IDE，IDE 可能包含和 pdb 集成的功能，或提供替代的调试器。虽然你应该熟悉 IDE 的调试工具，但是了解如何在命令行上使用 pdb 也很有帮助，尤其是在你无法访问所选开发环境的情况下①。

19.5.1　调试案例

要学习如何使用调试器，最好的方法就是尝试一下。清单 19-20 所示为一个完整的模块，其中有相当令人讨厌的错误。如果你花时间阅读一下，就可能会发现问题所在，但生产代码很少是线性的。因此，即便已经确定了问题所在，也请按原样将此代码输入文件中。后文将大量使用这段代码。

清单 19-20　train_timetable.py

```
from datetime import time

def get_timetable(train):
```

① 译者注：无法访问所选开发环境的情况通常发生在生产环境中正进行紧急修复时，有点儿像在一架正在飞行的航天器里快速完成关键故障解除及临时处置。

```
    # Pretend this gets data from a server.
    return [
        {"station": "target_field", "arrives": time(hour=16, minute=27)},
        {"station": "fridley", "arrives": time(hour=16, minute=41)},
        {"station": "coon_rapids_fridley", "arrives": time(hour=16, minute=50)},
        {"station": "anoka", "arrives": time(hour=16, minute=54)},
        {"station": "ramsey", "arrives": time(hour=16, minute=59)},
        {"station": "elk_river", "arrives": time(hour=17, minute=4)},
        {"station": "big_lake", "arrives": time(hour=17, minute=17)},
    ]

def next_station(now, timetable):
    """Return the name of the next station."""
    station = None
    for stop in timetable:
        if stop['arrives'] > now:
            station = stop
            break
    station['station'] = station['station'].replace('_', ' ').title()
    return station

def arrives_at(station, timetable):
    for stop in timetable:
        if station == stop['station']:
            return stop

timetable = get_timetable('nstar_northbound')
station = next_station(time(hour=16, minute=43), timetable)
print(f"Next station is {station['station']}.")

stop = arrives_at('coon_rapids_fridley', timetable)
print(f"Arrives at {stop['arrives']}.")
```

该模块模拟抓取特定列车的实时数据，它们可能来自 API 数据传输。然后处理数据以查找指定信息。（更现实的例子可能会处理广泛使用的通用传输信息规范格式的数据，当前这个虚构的 API 仅提供字典列表。）

如果运行这段代码，程序将崩溃并出现异常，这似乎表明代码中存在一个简单的错误：

```
Traceback (most recent call last):
  File "./train_timetable.py", line 40, in <module>
    stop = arrives_at('coon_rapids_fridley', timetable)
TypeError: 'NoneType' object is not subscriptable
```

“哦，当然，”你可能会对自己说，“我一定是忘记了 return 语句。”但是当你检查 arrives_at() 函数时，逻辑是成立的。此外，站点 id “coon_rapids_fridley” 就在测试数据中！

进入调试器，开始调试。

19.5.2 启动调试器

我们通常希望直接在代码上运行调试器。一种办法是在运行程序时，从命令行调用 pdb。例如，如果想在 train_timetable.py 模块上调用调试器，可以这样做：

```
python3 -m pdb train_timetable.py
```

19

从 Python 3.7 开始，pdb 模块也可以使用-m 标志以和解释器相同的方式运行包。如果想在调试器中运行 timecard 包，可以这样做：

```
python3 -m pdb -m timecard
```

但无论使用哪种方式，模块或包都将在 pdb shell 中启动。调试器将立即停止程序，并等待调试指令：

```
>./train_timetable.py(1)<module>()
-> from datetime import time
(Pdb)
```

在“(Pdb)”提示符下，可以输入调试器的 shell 指令。

启动调试器的另一种方式是直接在代码中设置断点。当代码正常运行时，调试器将感知到此断点，并将控制权移交给 pdb。

从 Python 3.7 开始，可以使用以下内置函数在代码中的任意位置设置断点：

```
breakpoint()
```

在 Python 3.7 之前，则可以使用如下代码完成相同的操作：

```
import pdb; pdb.set_trace()
```

只要知道错误可能源自何处，或者至少知道有问题的技术堆栈从何处开始，就能快速解决问题，断点能为你节省大量时间。如果代码中设置了断点，只需要正常执行程序即可：

```
python3 the_module_being_debugged.py
```

这一指令将正常启动程序，只不过一旦遇到断点，Python 解释器就会自动将控制权交给 pdb。

19.5.3　调试器 shell 指令

pdb 工具有很多指令，可以在“(Pdb)”提示符下输入指令，以控制和监视代码的执行。

附录 B 中列出了重要的 pdb 指令。这些指令详尽地记录在 Python 官方文档的“pdb——Python 调试器”部分，尽管当你寻找特定内容时，该页面可能有点儿难以查找。

这里不准备演示许多 pdb 指令，但我们将引导你调试清单 19-20 所示的特定示例。

19.5.4　单步穿行代码

可通过直接调用 pdb 来对代码进行调试，如下所示：

```
python3 -m pdb train_timetable.py
```

调试过程如下。强烈建议你跟着操作。pdb 会话从模块顶部开始，但是问题在更下方。使用 next（或 n）指令向下移动到模块使用部分的开始位置。

```
> ./train_timetable.py(1)<module>()
-> from datetime import time
(Pdb) next
> ./train_timetable.py(4)<module>()
```

```
-> def get_timetable(train):
(Pdb) n
> ./train_timetable.py(17)<module>()
-> def next_station(now, timetable):
(Pdb) n
> ./train_timetable.py(28)<module>()
-> def arrives_at(station, timetable):
(Pdb) n
> ./train_timetable.py(34)<module>()
❶ -> timetable = get_timetable('nstar_northbound')
(Pdb) list
29          for stop in timetable:
30              if station == stop['station']:
31                  return stop
32
33
34  -> timetable = get_timetable('nstar_northbound')
35
36      station = next_station(time(hour=16, minute=43), timetable)
37      print(f"Next station is {station['station']}.")
38
39      stop = arrives_at('coon_rapids_fridley', timetable)
```

当到达第一个函数调用位置❶时，使用 list（或 l）指令查阅附近的代码。程序目前停在第 34 行，即用"->"标记出的代码。

19.5.5　设置断点并单步执行函数

我们知道程序的第 39 行附近有一个问题，所以我们在那里设置了一个断点：

```
(Pdb) break 39
Breakpoint 1 at ./train_timetable.py:39
(Pdb) continue
Next station is Coon Rapids Fridley.
> ./train_timetable.py(39)<module>()
-> stop = arrives_at('coon_rapids_fridley', timetable)
```

指令 break 39 在程序的第 39 行设置了断点。然后，因为断点在执行流中比当前位置更靠后，所以需要使用 continue 指令前进到该断点。

接下来，使用 step（或 s）指令进入 arrives_at()函数。在检查代码之前，先使用 args 指令观察传递给函数的值：

```
(Pdb) step
--Call--
> ./train_timetable.py(28)arrives_at()
-> def arrives_at(station, timetable):
(Pdb) s
> ./train_timetable.py(29)arrives_at()
-> for stop in timetable:
(Pdb) args
❶ station = 'coon_rapids_fridley'
timetable = (
    {'station': 'target_field', 'arrives': datetime.time(16, 27)},
    {'station': 'fridley', 'arrives': datetime.time(16, 41)},
❷   {'station': 'Coon Rapids Fridley', 'arrives': datetime.time(16, 50)},
    {'station': 'anoka', 'arrives': datetime.time(16, 54)},
```

```
    {'station': 'ramsey', 'arrives': datetime.time(16, 59)},
    {'station': 'elk_river', 'arrives': datetime.time(17, 4)},
    {'station': 'big_lake', 'arrives': datetime.time(17, 17)}
)
```

Coon Rapids Fridley 的站点 id❷看起来有点儿奇怪，而且肯定和我们所要查找的站点 id❶不匹配。timetable 中的数据发生了变化，这可能就是代码返回 None 的部分原因。不过，我们需要证实这一点。

19.5.6　遍历执行栈

由于没有在这部分代码中修改站点 id，因此问题一定出在这部分代码的前面。我们可以开始一个新的调试会话，这样就可以在执行栈中更早停止，但是在一个大型、真实世界的程序中进行调试时，这可能是一种巨大的痛苦。值得庆幸的是，pdb 为我们提供了另一种选择。

首先，我们需要知道当前处在执行栈中的什么位置。where 指令显示了当前的执行栈跟踪，它由 4 个可以使用 up 指令向上移动的帧组成：

```
(Pdb) where
  /usr/local/lib/python3.9/bdb.py(580)run()
-> exec(cmd, globals, locals)
  <string>(1)<module>()
  ./train_timetable.py(39)<module>()
  -> stop = arrives_at('coon_rapids_fridley', timetable)
❶ > ./train_timetable.py(29)arrives_at()
  -> for stop in timetable:
(Pdb) up
> ./train_timetable.py(39)<module>()
-> stop = arrives_at('coon_rapids_fridley', timetable)
```

目前处于最底部的帧，由字符 > ❶标识。可以使用 up 指令向上移动一帧，将注意力转移到这一行：

```
stop = arrives_at('coon_rapids_fridley', timetable)
```

接下来检查附近的代码：

```
(Pdb) l
 34     timetable = get_timetable('nstar_northbound')
 35
 36     station = next_station(time(hour=16, minute=43), timetable)
 37     print(f"Next station is {station['station']}.")
 38
 39 B-> stop = arrives_at('coon_rapids_fridley', timetable)
 40     print(f"Arrives at {stop['arrives']}.")
[EOF]
(Pdb) b 36
Breakpoint 2 at ./train_timetable.py:36
```

使用 l 指令检查周围的代码。你可以看到第 39 行有一个断点，由 B 表示。-> 则标识当前所处的位置。

前面我们已经知道 timetable 在某个地方出乎意料地发生了变化。第一个有问题的地方可能是第 36 行的 next_station()函数调用，所以我们在那里使用 b 36 追加了一个断点（效果和 break 36

相同）。

必须在执行栈中向后移动，这是 pdb 的一项很酷的功能。有两种方法可以做到这一点：可以从这个断点开始使用 restart 指令，然后前进到新的断点；或者使用 jump 指令。

使用 jump 指令的挑战在于不能从最新帧以外的任何位置跳转，而且我们已经从那里向上移动了一层。可以在外部作用域的后一行设置一个断点，然后继续。目前的情况很简单，所以我们可以使用 next 指令从当前位置跳出函数调用：

```
(Pdb) next
> ./train_timetable.py(40)<module>()
-> print(f"Arrives at {stop['arrives']}.")
```

现在可以使用 jump 指令了。然而，restart 和 jump 指令之间有一个重要区别，前者是重新启动，而后者是在当前状态保持不变的情况下执行。这意味着如果想准确了解正在发生的事情，则需要在不更改任何其他内容的情况下获得 timetable 的最新数据。在这段代码中，最简单的方法是跳转到第 34 行：

```
(Pdb) jump 34
> ./train_timetable.py(36)<module>()
-> timetable = get_timetable('nstar_northbound')
(Pdb) n
> ./train_timetable.py(36)<module>()
-> station = next_station(time(hour=16, minute=43), timetable)
(Pdb) pp timetable
({'arrives': datetime.time(16, 27), 'station': 'target_field'},
 {'arrives': datetime.time(16, 41), 'station': 'fridley'},
 {'arrives': datetime.time(16, 50), 'station': 'coon_rapids_fridley'},
 {'arrives': datetime.time(16, 54), 'station': 'anoka'},
 {'arrives': datetime.time(16, 59), 'station': 'ramsey'},
 {'arrives': datetime.time(17, 4), 'station': 'elk_river'},
 {'arrives': datetime.time(17, 17), 'station': 'big_lake'})
```

跳转后，pdb 立即保持暂停状态，等待进一步的指令。用 n 指令运行这行代码，然后通过用 pp 对 timetable 进行漂亮的输出（pretty-printing），来确认 timetable 是否恢复到正常状态。

19.5.7 探查源代码

下面我们来看看 timetable 到底是怎么弄乱的。我们不需要在这一点上继续，因为当前已经位于第 36 行，这正是我们接下来想检查的地方。timetable 中的数据正在发生变化，所以我们使用 source next_station 指令来检查 next_station()函数的代码：

```
(Pdb) source next_station
17      def next_station(now, timetable):
18      """Return the name of the next station."""
19      station = None
20      for stop in timetable:
21          if stop['arrives'] > now:
22              station = stop
23              break
24      station['station'] = station['station'].replace('_', ' ').title()
25      return station
(Pdb) b 24
Breakpoint 2 at ./train_timetable.py:24
```

```
(Pdb) c
> ./train_timetable.py(22)next_station()
-> station = stop
```

第 24 行很有趣，不是吗？这就是从所谓的 lower_snake_case 变更为 Title Case 的逻辑。由于不想浪费时间单步执行那个 for 循环，因此我们直接在可疑行上用 b 24 设置一个断点，然后用 c 继续执行。现在可以检查 station 的前后状态了：

```
(Pdb) p station
{'station': 'coon_rapids_fridley', 'arrives': datetime.time(16, 50)}
(Pdb) n
> ./ch19/train_timetable.py(25)next_station()
-> return station
(Pdb) p station
{'station': 'Coon Rapids Fridley', 'arrives': datetime.time(16, 50)}
(Pdb) pp timetable
({'arrives': datetime.time(16, 27), 'station': 'target_field'},
 {'arrives': datetime.time(16, 41), 'station': 'fridley'},
 {'arrives': datetime.time(16, 50), 'station': 'Coon Rapids Fridley'},
 {'arrives': datetime.time(16, 54), 'station': 'anoka'},
 {'arrives': datetime.time(16, 59), 'station': 'ramsey'},
 {'arrives': datetime.time(17, 4), 'station': 'elk_river'},
 {'arrives': datetime.time(17, 17), 'station': 'big_lake'})
```

第一次使用 p 检查 station 时，它还保有正确的站点 id。在使用 n 运行可疑行后，再次检查时发现它已经发生了改变。这本身并没有那么糟糕，但是如果用 pp timetable 查阅 timetable 中的数据，就会发现那里发生了变化。

尽管元组本身是不可变的，但是其中的项并不一定如此，而且字典肯定是可变的。如果将元组中的项绑定到 station，然后对其进行更改，则更改就会在元组中体现出来。

next_station()函数有副作用。arrives_at()函数找不到具有预期 id 的 station，因为 id 已经被更改。

19.5.8　检验解决方案

一旦发现问题，就可以退出调试器并修复问题。但是如果方向错了，就必须从头开始，那样会很痛苦！因为已经定位到了错误点，所以我们可以尝试将字典改回正确的状态。

在当前位置执行 Python 语句，实际上是在停止行的前一行执行，这里使用"!"指令：

```
(Pdb) !station['station'] = 'coon_rapids_fridley'
(Pdb) pp timetable
({'arrives': datetime.time(16, 27), 'station': 'target_field'},
 {'arrives': datetime.time(16, 41), 'station': 'fridley'},
 {'arrives': datetime.time(16, 50), 'station': 'coon_rapids_fridley'},
 {'arrives': datetime.time(16, 54), 'station': 'anoka'},
 {'arrives': datetime.time(16, 59), 'station': 'ramsey'},
 {'arrives': datetime.time(17, 4), 'station': 'elk_river'},
 {'arrives': datetime.time(17, 17), 'station': 'big_lake'})
(Pdb) n
--Return--
> ./train_timetable.py(25)next_station()->{'arrives': datetime.time(16, 50), 'station':
   'coon_rapids_fridley'}
-> return station
```

运行修复 station 的值的语句后，确认这种修复适用于 pp timetable。果然，coon_rapids_fridley 变成了它应该的样子。然后使用 n 指令前进到下一行代码。

解决了代码中的一个问题并不意味着解决了代码的问题。我们需要让程序完成运行，然后才能确认问题已彻底解决。用不带参数的 b（或 break）列出所有断点。对于此示例，清除断点 1 和 2，因为它们会妨碍程序的运行：

```
(Pdb) b
Num Type         Disp Enb  Where
1   breakpoint   keep yes  at ./train_timetable.py:39
        breakpoint already hit 1 time
2   breakpoint   keep yes  at ./train_timetable.py:36
        breakpoint already hit 1 time
3   breakpoint   keep yes  at ./train_timetable.py:24
        breakpoint already hit 1 time
(Pdb) clear 1 2
Deleted breakpoint 1 at ./train_timetable.py:39
Deleted breakpoint 2 at ./train_timetable.py:36
```

以上代码删除了不需要的断点。（也可以使用 clear 清除所有断点。）

使用 continue 指令继续：

```
(Pdb) continue
Next station is coon_rapids_fridley.
Arrives at 16:50:00.
The program finished and will be restarted
> ./train_timetable.py(1)<module>()
-> from datetime import time
(Pdb) q
```

之前“Next station is . . .”的输出不是我们想要的，必须为此制定一个解决方案，以使其余代码可以正常运行而不会崩溃。而这个问题已经解决了！最后，使用 q 退出 pdb shell，然后根据发现的问题修改代码。

19.5.9　事后调试

到目前为止，你已经看到可以从程序顶部或预设断点运行调试器。运行调试器的第三种方法是事后分析，即在发生致命崩溃之后分析。最好将其视为崩溃时刻的快照。不能在代码中移动 / 设置断点、进入函数调用或跳转。但是可以从崩溃点检查任何东西。

有几种方法可以启动事后调试。最简单的方法是在交互式 Python shell 中启动模块并允许其崩溃，然后使用 import pdb; pdb.pm()调用事后调试器：

```
$ python3 -i train_timetable.py
Next station is Coon Rapids Fridley.
Traceback (most recent call last):
  File "/home/jason/IBP Nextcloud/Documents/NoStarchPress/DeadSimplePython/
Code/ch19/train_timetable.py", line 40, in <module>
    print(f"Arrives at {stop['arrives']}.")
TypeError: 'NoneType' object is not subscriptable
> import pdb; pdb.pm()
> /home/jason/IBP Nextcloud/Documents/NoStarchPress/DeadSimplePython/Code/ ch19/train_timetable.py
(40)<module>()
```

```
-> print(f"Arrives at {stop['arrives']}.")
(Pdb)
```

除了进行检查之外，我们在这里无能为力，这意味着这种技术在这种特定情况下并不是很有用。也就是说，仍然可以检查绑定到 timetable 和 station 的值，以便进行一些初步分析：

```
(Pdb) pp timetable
({'arrives': datetime.time(16, 27), 'station': 'target_field'},
 {'arrives': datetime.time(16, 41), 'station': 'fridley'},
 {'arrives': datetime.time(16, 50), 'station': 'Coon Rapids Fridley'},
 {'arrives': datetime.time(16, 54), 'station': 'anoka'},
 {'arrives': datetime.time(16, 59), 'station': 'ramsey'},
 {'arrives': datetime.time(17, 4), 'station': 'elk_river'},
 {'arrives': datetime.time(17, 17), 'station': 'big_lake'})
(Pdb) p station
{'station': 'Coon Rapids Fridley', 'arrives': datetime.time(16, 50)}
```

这和使用 print 语句进行调试非常相似，至少从失败的角度来看是这样。由此，我们可以确信 timetable 本身可能已经意外地发生了变化，这是一个有用的见解。从这里开始，我们可以在常规调试模式下重新启动模块并按照该想法进行操作，就像你之前看到的那样。

19.6　使用 faulthandler

如果你使用过 C 或 C++语言，则可能熟悉未定义行为的概念，或代码中没有正式定义应如何处理的情况。具有未定义行为的代码可能会做任何事情：它们可能看起来可以工作，也可能会因错误而失败，甚至可能做一些奇怪的事情。

你可能听到过很多 Python 开发者说："Python 没有未定义行为！"这个观点仅部分正确。Python 自己的语言规范中没有任何内容被标记为"未定义行为"。一切都应该以定义的方式工作或因特定错误而失败。

这可能是真的，CPython（默认解释器）和许多常见的 Python 扩展和库仍然是用 C 语言构建的，并且在 C 语言中可能存在未定义行为。如果在 Python 文档中搜索术语 undefined behavior，就会发现一些可能出现未定义行为的高级情况。

当你认为遇到了未定义行为，尤其是段错误（程序试图访问其无权访问的计算机内存而导致的致命系统错误）时，faulthandler 是调试工具箱中最有用的工具之一。

为了演示此工具的使用方法，请考虑清单 19-21 所示的具有未定义行为的简短 Python 代码片段。

清单 19-21　segfault.py:1a

```
import ctypes

ctypes.memset(0, 254, 1)
```

这里的未定义行为来自底层 C 语言代码：试图将地址 0 处的内存（空指针）设置为值 254。在空指针处访问或修改内存的行为是未定义的。虽然任何事情都可能发生，但是这个特定的操作几乎总是会导致分段错误：

```
Segmentation fault (core dumped)
```

在一个简单的两行程序中很容易发现这种问题，但是请想象一下，如果这个错误发生在一个有数百行代码的项目中呢？

这正是 faulthandler 的用武之地。它允许你快速定位代码中包含未定义行为的行。有两种方法可以在项目中使用此工具。第一种方法是在运行解释器时使用-X faulthandler 来调用 faulthandler：

```
python3 -X faulthandler segfault.py
```

也可以直接在代码中启用 faulthandler，如清单 19-22 所示。

清单 19-22 segfault.py:1b

```
import ctypes

import faulthandler; faulthandler.enable()

ctypes.memset(0, 254, 1)
```

因为启用 faulthandler 的行在发现问题后会被删除，所以将导入语句和调用 enable()的语句合并为一行是可以接受的。

无论如何启用 faulthandler，输出本质上都是相同的。一旦遇到段错误或类似的致命系统错误，你就会看到完整的栈追踪信息：

```
Fatal Python error: Segmentation fault

Current thread 0x00007f7af346a280 (most recent call first):
  File "/home/jason/DeadSimplePython/segfault.py", line 5 in <module>
Segmentation fault (core dumped)
```

基于这种回溯，可以看到问题出现在 segfault.py（来自清单 19-22）的第 5 行，其中包含对 ctypes.memset 的无效调用。

19.7 用 Bandit 评估程序安全性

使用哪些模块和库以及如何使用它们的决策，可能会给代码带来许多安全问题。虽然我们应该尝试随时了解漏洞，但是想记住每一个可能的潜在问题是不切实际的。值得庆幸的是，可以使用一种工具来帮助监控代码的安全性。

Bandit 是一个以安全为中心的静态代码分析器。它通过将代码作为抽象语法树（Abstract Syntax Tree，AST）来构建和测试，从而检查代码是否存在安全问题。AST 是一种表示代码整体结构的树结构。可以通过 pip 安装 bandit 包，Bandit 的使用方法与大多数其他静态代码分析器类似。

考虑清单 19-23 所示的程序，其中存在一个重大的安全问题：

清单 19-23 magic_calculator.py:1a

```
equation = input("Enter an equation: ")
result = eval(equation)
print(f"{equation} = {result}")
```

下面通过运行 Bandit 来看看具体是什么问题：

```
python3 -m bandit magic_calculator.py
```

以下是输出：

```
[main]  INFO    profile include tests: None
[main]  INFO    profile exclude tests: None
[main]  INFO    cli include tests: None
[main]  INFO    cli exclude tests: None
[main]  INFO    running on Python 3.9.0
[node_visitor]  INFO   Unable to find qualified name for module: super_calculator.py
Run started:2022-05-29 22:25:37.497963

Test results:
Issue: [B322:blacklist] The input method in Python 2 will read from standard input, evaluate, and run
the resulting string as python source code. This is similar to, though in many ways worse than, using
eval. On Python 2, use raw_input instead. Input is safe in Python 3. ❶
   Severity: High  Confidence: High
   Location: super_calculator.py:1
   More Info: https://bandit.readthedocs.io/en/latest/blacklists/blacklist_calls.html#b322-input
1       equation = input("Enter an equation: ")
2       result = eval(equation)
3       print(f"{equation} = {result}")

--------------------------------------------------
Issue: [B307:blacklist] Use of possibly insecure function - consider using safer ast.literal_ eval. ❷
   Severity: Medium  Confidence: High
   Location: super_calculator.py:2
   More Info: https://bandit.readthedocs.io/en/latest/blacklists/blacklist_calls.html#b307-eval
1       equation = input("Enter an equation: ")
2       result = eval(equation)
3       print(f"{equation} = {result}")
--------------------------------------------------

Code scanned:
        Total lines of code: 3
        Total lines skipped (#nosec): 0

Run metrics:
    Total issues (by severity):
            Undefined: 0.0
            Low: 0.0
            Medium: 1.0
            High: 1.0
    Total issues (by confidence):
            Undefined: 0.0
            Low: 0.0
            Medium: 0.0
            High: 2.0
Files skipped (0):
```

Bandit 的第一个警告❶抱怨 Python 2 中的 input()内置函数不安全。在看到该警告时，开发者可能会说："哦，Bandit 一定错了。它在抱怨 Python 2，而我正在使用 Python 3！"其实，这里没有错。虽然假设代码将在 Python 3 中运行，但是它可能会意外地由 Python 2 执行，input()实际上是不安全的。

为了解决这个问题，需要在模块的顶部追加一个声明（shebang），以确保代码由 Python 3 执行，如清单 19-24 所示。

清单 19-24 magic_calculator.py:1b

```
#!/usr/bin/env python3

equation = input("Enter an equation: ")
result = eval(equation)
print(f"{equation} = {result}")
```

Bandit 的第二个警告❷提出了一个建议：用 ast.literal_eval()替代 eval()，因为后者容易受到代码注入攻击。修改后的代码如清单 19-25 所示。

清单 19-25 magic_calculator.py:1c

```
#!/bin/env/python3
import ast

equation = input("Enter an equation: ")
result = ast.literal_eval(equation)
print(f"{equation} = {result}")
```

在修改后的代码上重新运行 Bandit 将不再显示警告。可以在 Bandit 官网找到该工具的完整文档。

安全问题可能在你的项目中看似无关紧要，但是你必须记住，安全问题不一定只和程序所处理的数据有关！许多安全问题在于攻击者使用你的代码作为攻击其他目标的载体或工具。安全漏洞就像银行金库上的纱门，它是如何到达那里的，谁打算使用它，或它对授权用户有多大帮助，这些不是重点，重点在于迟早会有人出于非法或未经授权的目的而滥用它们。

陷阱警告： 所有关于程序安全性的声明在经过测试之前都是虚构的。来自Bandit的清晰分析报告并不能保证代码是安全的。及时了解最新的安全漏洞（包括任何第三方依赖项的漏洞）是值得的。当代码甚至远程系统涉及数据安全问题时，请准备好进行一些相当严格的测试。

19.8 向 Python 开发团队汇报问题

有时，代码中的问题并不是你的错！Python 和所有代码一样，时不时也会出现错误。一旦确定错误不是来自你自己的代码或第三方模块和包，强烈建议你向 Python 开发团队报告错误。

第一步应该是检查对应错误是否已经有人报告过。在任何问题追踪器中，这都可能很棘手，因此，对此步骤请保持耐心。Python 的所有问题都可在 Python bugs tracker 官网进行追踪。尝试在这个网站上搜索不同的关键词，重点关注你正在使用的部分，以及你收到的错误消息中的关键字。请忽略你的代码所独有的词，因为它们可能不会出现在其他错误报告中。另外，不要忽视以前正确的部分。回顾问题是怎么发生的，如果你在该网站中发现有和你的情况相匹配的问题，请根据你所掌握的信息发表评论。

如果找不到匹配的问题，请创建一个新的错误报告。准备好投入一些时间和精力。由于你是直接面对问题的人，因此你比任何其他人都更有能力找出问题所在。提供尽可能多的信息以帮助 Python 开发团队重现此问题。请准备好回答更多的问题，因为你可能需要做一些事情来证明你的代码没有问题。

Python 官方文档的“处理错误”部分介绍了如何有效地报告错误。在报告错误之前，请阅读该内容。

安全问题和正常错误要分开处理，因为前者需要保密，以尽可能降低现有代码的风险。如果你在 Python 中遇到安全漏洞，请按照 Python 官网中 Python Security 部分的说明，通过电子邮件将报告发送至 security@python.org。

19.9　本章小结

在和 bug 作斗争时，最好的防御就是进攻。编写充分利用异常、警告、断言和日志记录的代码将极大节省后续调试所需的时间。

当问题切实发生时，不要局限于将 print()语句塞进代码的每个部分。日志记录和断言语句有助于在开发过程中进行手动调试和捕获问题。

此外，Python 调试器（pdb）是调试工具箱中最有用的工具之一，非常值得学习使用，无论 IDE 中的调试器有多么高级。

Python 的默认实现 CPython 和许多其他扩展都是用 C 语言构建的，这意味着未定义行为和其他与 C 语言相关的错误很可能潜入你的 Python 代码中。发生这种情况时，faulthandler 就是你最好的朋友。

最后，准备好在任何人利用安全漏洞之前，在代码中检查并解决它们。Bandit 可以帮助你着手进行此操作，但是真正的安全测试往往超出了该工具的能力范围。

bug 也许是不可避免的，但是 Python 生态系统提供了优秀的工具来捕获、检查和修复它们！

第 20 章

测试和剖析

关于代码有两个重要原则：未经测试的代码是有问题的；所有关于性能的声明在获得证实前都是虚构的。值得庆幸的是，Python 生态系统提供了各种各样的工具来测试和剖析代码。

测试是质量保证（Quality Assurance，QA）的组成部分，在软件开发中旨在提高代码的整体稳定性和可维护性。虽然许多公司都有专门的QA团队，但是测试应该是项目中每位开发者的共同责任。即便某些统计模式或算法在纸面上看起来更快，剖析代码也可以确保你的实现比某些替代方案具有更好的性能。本章将介绍在 Python 中对代码进行测试和剖析的要点，主要使用 pytest 测试框架并着眼于生产代码。

大多数有经验的开发者认为在编程过程中测试程序，比在事后测试整个程序效率更高。这种方法使开发者能灵活地及早发现和纠正问题，也能更容易地识别问题和完成修复。本章将遵循这个过程，介绍一个完备的多文件项目（虽然很小）的开发，并在继续开发之前为每个部分编写代码，然后进行拓展测试。你将学习如何运行基本单元测试、有条件地运行测试和纠正易碎测试。你还将学习如何使用夹具、模拟和参数化技术。本章还将介绍代码覆盖率测试、自动化测试、基准代码测试以及剖析等内容。

20.1 什么是 TDD？

测试的实践不应该和测试驱动开发（Test-Driven Development，TDD）的特定方法混淆。在 TDD 中，需要在编写代码之前编写测试，然后构建代码以使测试通过。TDD 不是强制性的，因为也完全可以在编写代码之后编写测试。

当然，如果你已经是 TDD 实践者，我们鼓励你在本章中继续应用 TDD，先编写测试。如果你更喜欢在测试之前编写代码，你也可以坚持下去。重要的是要编写测试，而且越早越好。

20.2 测试框架

在 Python 中进行测试时有几个框架可以使用，其中的每个框架都具有许多特殊的功能和用途。最流行的 Python 测试框架是 pytest——一个基于单元测试框架的简化替代方案，样板代码极少。如果不知道该使用哪个框架，请选择此框架。你可以从 pytest 官方文档中找到更多信息，并通过 pip 从 PyPI 中安装 pytest 包。

测试框架 tox 则确保打包过程在不同的 Python 运行时环境中都能正常进行，并在每个环境中自动运行测试套件。你可以在 tox - automation project 官方网站上找到对应的文档，并通过 pip 从 PyPI 中安装 tox 包。

在开始深入测试之前，先简单介绍一下 Python 项目中经常使用的一些其他测试框架。

Python 标准库包含 unittest 模块，它的使用历史最久。Python 2 既有 unittest 又有 unittest2，后者在 Python 3 中变成了 unittest（详见 Python 官方文档的“unittest——单元测试框架”部分）。Python 标准库中还有 doctest 模块，它允许你在文档字符串中编写简单的测试（详见 Python 官方文档的“doctest——测试交互式的 Python 示例”部分）。当你需要在不安装任何包的情况下编写测试时，这两种方法都很有用。

unittest 模块由现已停用的 nose 框架进一步扩展和改进，增加了对插件的支持。而 nose2 在很大程度上也被认为是过时的，所以如果可能的话，通常最好将使用 nose2 的测试重写为 pytest 或其他现代测试框架的用例，详见 pytest 官方文档的“How to run tests written for nose”部分。

当然还有很多新的测试库，其中应用了很多创新想法并提供了更简单的接口。Hypothesis 就是其中一个，用户只需要编写描述代码应该做什么的断言，它就能自动发现你可能忽略的边界情况。更多信息可以在 Hypothesis 的官方文档中找到。

我个人最喜欢的测试库是 Ward，它具有改进的测试组织以及更清晰的输出，且适用于 Hypothesis，并完全兼容 asynchrony。你可以在 Ward 官方网站上了解更多信息。

最后，RobotFramework 是一个和其他工具集成起来的自动化测试框架。它更加适合难以测试的大型复杂系统，而非小巧紧凑型的独立项目。你可以在 RobotFramework 官方网站上了解更多信息。

20.3　示例项目

为了演示真实的 Python 测试，下面构建一个完备（但很小）的命令行程序，用于对纯文本执行校对检验。该程序接收文件路径作为输入，然后使用免费的 API 检验文件的内容是否存在拼写或语法错误。最后提示用户通过选择多个修订建议完成对错误的更正，更正后的文本则被写入另外一个文件中。

这个项目的完整源代码可以在 GitHub 的 codemouse92/textproof 代码仓库中找到。不过，本章将通过程序编写过程中的测试程序来展示良好的测试习惯。以上代码仓库中的 example_starter 分支包含此示例的初始文件夹结构和打包脚本。

为了进行实际的拼写和语法检验，我们将使用 LanguageTool 提供的免费 Web API，这是一种开源校对工具和服务。

除了第三方模块 requests、click 和 LanguageTool API，这个示例仅使用了你在本书其他章节中学过的内容。

为了使用 LanguageTool API，你需要通过 requests 发出 POST 请求，传递一个明文字符串和一些包含在字典中的其他必要信息，这些信息将在服务后台转换为 JSON。LanguageTool 服务将反馈一个非常大的 JSON 对象，其中包含检测到的所有语法和拼写错误，以及对应的更正建议。requests 模块则将其返回为一个 Python 字典。从这个对象中，代码将挑选出其所需要的所有信息。

可以在 LanguageTool 官网找到有关接口的更多信息以及试用界面。

和第 19 章中使用的 argparse 模块相比，click 模块提供了一种更直观的方式来设计命令行界面。我们只使用 3 个装饰器：@click.command()、@click.argument()以及@click.option()。

可以通过 pip 指令在虚拟环境中安装 requests 和 click 模块。尽管只使用 requests.post()方法以及 requests.Response 返回对象，但是通读一下 requests 模块的官方文档（Requests: HTTP for Humans）还是很有必要的。click 模块的官方文档也可供参考。

如果 LanguageTool API 处于脱机状态，抑或暂时无法访问，不用担心，几乎所有测试都可在没有访问 API 的情况下运行。因此，即使没有互联网连接，你也应该能完成大部分示例，并最终证明代码可以正常运行。这就是测试的美妙之处。

20.4 测试和项目结构

在开始测试之前，正确的项目结构至关重要。第 18 章介绍过 Python 项目的推荐布局，包括最重要的 setup.cfg 文件。为这个示例拓展一个类似的结构，如清单 20-1 所示。

清单 20-1 textproof 项目的目录树

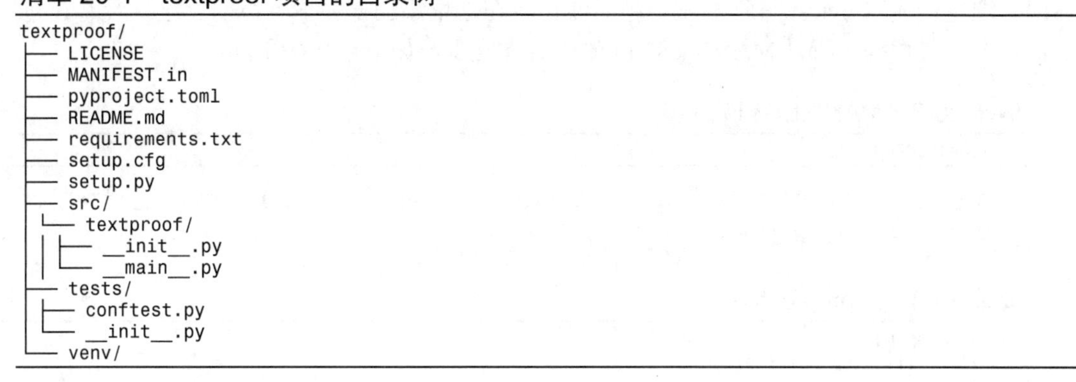

```
textproof/
├── LICENSE
├── MANIFEST.in
├── pyproject.toml
├── README.md
├── requirements.txt
├── setup.cfg
├── setup.py
├── src/
│ └── textproof/
│   ├── __init__.py
│   └── __main__.py
├── tests/
│ ├── conftest.py
│ └── __init__.py
└── venv/
```

textproof 包的源代码在 src/textproof 目录中。

是否使用 src 目录是可选的，但强烈建议使用。因为它不仅可使打包更容易，而且可简化测试工具的配置。更重要的是，这会迫使你在测试之前直接安装你的包，从而暴露出打包缺陷以及对代码当前工作目录的任何错误的假设。

在这种结构中，测试本身将放在 tests 目录中，这称为异地测试。

下面简要回顾和设置文件相关的信息，主要关注它们对测试配置的影响。详细信息请参考第 18 章。

前文介绍过 LICENSE 文档和 README.md，所以这里不再重复解释。同理，setup.py 与第 18 章中的相同，此处也省略相关介绍。

setup.cfg 文件和第 10 章中 Timecard 项目的配置基本相同，只是元数据和依赖关系不同。

这里省略了元数据以节省空间，如清单 20-2 所示。

清单 20-2 setup.cfg:1a

```
[options]
package_dir =
    = src
packages = find:
include_package_data = True
install_requires =
    requests
    click
python_version = >=3.6, <4

[options.packages.find]
where = src
exclude = tests

[options.extras_require]
test =
    pytest

[options.entry_points]
console_scripts =
    textproof = textproof.__main__:main

[flake8]
max-line-length = 120
```

这个项目使用了两个模块：requests 和 click。requests 用于调用 API，click 用于创建命令行界面。这里也使用 pytest 进行测试，稍后我们将在这里添加一些工具声明。这次没有在包中添加任何非代码数据，所以 MANIFEST.in 的内容非常少，如清单 20-3 所示。

清单 20-3 MANIFEST.in

```
include LICENSE *.md
```

当前示例中最有趣的相关设置文件就是 pyproject.toml，如清单 20-4 所示，它最终将存储我们正在使用的一些测试工具的对应设置。

清单 20-4 pyproject.toml:1a

```
[build-system]
requires = ["setuptools>40.8.0", "wheel"]
build-backend = "setuptools.build_meta"
```

源代码在 src/textproof 目录中，测试则在 tests 目录中。

20.5 基础测试

在基础测试部分，我们可以编写一些初始代码和一些基本的测试，而且可以在完整程序形成之前就运行它们。

20.5.1 启动示例

代码需要做的第一件事是加载文本文件并将其再次保存。我们将在项目中使用 FileIO 类来实现这一点，在处理文件内容时，可使用该类来存储文件内容，如清单 20-5 所示。

清单 20-5　src/textproof/fileio.py:1a

```
import pathlib


class FileIO:

    def __init__(self, in_file, out_file=None):
        self.in_file = pathlib.Path(in_file)

        if out_file is None:
            out_file = in_file
        self.out_file = pathlib.Path(out_file)
        self.out_file_tmp = pathlib.Path(out_file + '.tmp')

        self.data = None

    def load(self):
        if not self.data:
            with self.in_file.open('r') as file:
                self.data = file.read()

        return self.data

    def save(self):
        if not self.data:
            raise RuntimeError("Nothing to save.")

        with self.out_file_tmp.open('w') as file:
            file.write(self.data)
        self.out_file_tmp.rename(self.out_file)
```

FileIO 类的初始化器接收准备读取的文件的路径，以及一个可选的回写路径。如果没有指定 out_file 路径，它将写入读取的文件。load()实例方法将指定文件读入 data 实例属性，save()实例方法则将数据写入文件。

20.5.2　单元测试

到目前为止，我们一直使用单元测试来测试代码的各种行为，之所以如此命名，是因为每个测试都测试一个单元，比如一个函数，或在本例中，测试一个函数的特定条件路径。

在开始编写更多代码之前，我们想先测试这个类到目前为止的所有行为。首先在 tests 目录中创建 test_fileio.py。默认情况下，在 pytest 中，所有测试模块都必须以 test_ 开头才能被框架检测到。如果将文件命名为 tests/fileio.py，这些测试都不会运行。

将每个测试都写成一个包含一个或多个断言语句的函数，如清单 20-6 所示。

清单 20-6　tests/test_fileio.py:1a

```
import pathlib
import pytest
from textproof.fileio import FileIO

class TestFileIO:
```

20

```
    def test_in_path(self):
        file = FileIO('tests/to_be.txt')
        assert file.in_file == pathlib.Path('tests/to_be.txt')

    def test_out_path(self):
        file = FileIO('tests/to_be.txt', 'tests/out.txt')
        assert file.out_file == pathlib.Path('tests/out.txt')

    def test_no_out_path(self):
        file = FileIO('tests/to_be.txt')
        assert file.in_file == file.out_file
```

因为所有这些测试都和代码的同一部分相关，所以将它们组合在一个类中对组织测试目的很有用。

以上代码中的前两个测试检查传递给 FileIO 初始化器的路径字符串是否能合理转换为分别绑定到 in_file 和 out_file 属性的 pathlib.Path 对象。第三个测试则检验如果只提供一个路径字符串，该路径是否可以同时用于 in_file 和 out_file 属性。

尽管这些看起来似乎是没必要的检验，但是随着代码变得越来越复杂，这些单元测试将变得非常有用。如果对代码的任何更改导致代码不再以这些测试所期望的方式运行，就会立即收到对应测试失败的警报，而不是某些必须调试的意外行为。

良好的测试实践要求每个单元测试只检查一种行为，这就是为什么我们编写了 3 个独立的测试，而不是仅编写一个测试来检验 3 种行为。这使得我们可以为某个不起作用的特定行置零，而不必通过多个断言来定位问题所在。

我们没有创建常量来保存不断重复的字符串。虽然这和“不要重复自己”（DRY）的编程原则相反，但它通常被认为是 Python 测试中的良好实践，因为这样可以确保在测试过程中，如果函数以奇怪的方式对变量进行重新绑定、修改或其他操作，测试不会误报为正常。此外，还要避免对输入和输出使用相同的变量。

最后，请注意 pytest 要求测试函数以 test_开头，并且要求测试类以 Test 开头，就像模块必须以 test_开头一样。如果只将第一个测试命名为 in_path()，它将不会被当成测试运行。可以在 pytest 的配置中更改此自动行为（见 pytest 官网的“Changing standard (Python) test discovery”页面）。其他一些测试框架，比如 Ward，则没有这个默认约定。

20.5.3　用 pytest 执行测试

要执行这些测试，就必须首先在虚拟环境中安装对应的包。在以下示例中，我们已经创建了一个虚拟环境。可通过在项目根目录的命令行中运行以下指令来安装对应的包及可选的测试依赖项：

```
venv/bin/pip install -e '.[test]'
```

以上代码会根据 setup.cfg 中的配置安装本地包，包括你在 [options.extras_require] 部分指定的测试所需要的所有包（见清单 20-2）。你会注意到，这里将 .[test] 用单引号包裹了起来，以防止命令行将这些方括号误解为 glob 模式。

还可以通过-e 参数以可编辑模式安装包，这意味着安装程序将直接使用 src/textproof 目录中的文件，而不是将它们复制到虚拟环境中。如果需要通过调试器运行代码，这将非常有用！

要想使用 pytest 执行测试，可以运行以下指令：

```
venv/bin/pytest
```

这将自动扫描整个当前目录，以查找任何以 test_开头的模块、任何以 Test 开头的类以及任何以 test_开头的函数。当 pytest 找到这些测试函数时，就会运行它们，并在终端显示细节丰富的结果，就像下面这样：

```
===================== test session starts ======================
platform linux --
rootdir: /home/jason/Code/Repositories/textproof
collected 3 items

tests/test_fileio.py ...                                  [100%]

====================== 3 passed in 0.02s =======================
```

pytest 在模块 tests/test_fileio.py 中找到了 3 个测试，而且这 3 个测试都通过了，这对应模块名后的那 3 个点。

20.5.4 测试异常

测试时的一个重要危险就是收到误报，也就是说，测试是因为代码中存在 bug 或逻辑错误才得以通过。例如，你是否注意到那些通过测试的代码有一些奇怪？它们都引用了一个名为 tests/to_be.txt 的文件，可该文件并不存在于项目目录中。如果 FileIO 被传递了一个并不存在的文件路径，它应该引发 FileNotFoundError，而不是安静地继续执行。

将这种期望转换为对应的测试，如清单 20-7 所示。

清单 20-7 tests/test_fileio.py:2a

```
    def test_invalid_in_path(self):
            with pytest.raises(FileNotFoundError):
                FileIO('tests/idonotexist.txt')
```

为了测试是否引发异常，可以使用上下文管理器 pytest.raises()而不是普通的断言语句。在 with 语句中，运行应该引发预期异常的代码。

重新运行 pytest，果然显示测试失败：

```
===================== test session starts ======================
platform linux --
rootdir: /home/jason/Code/Repositories/textproof
collected 4 items

tests/test_fileio.py ... ❶ F                              [100%]

========================== FAILURES ============================
_______________ TestFileIO.test_invalid_in_path ________________

self = <tests.test_fileio.TestFileIO object at 0x7f9945d29580>

    def test_invalid_in_path(self):
        with pytest.raises(FileNotFoundError):
```

```
>           FileIO('tests/idonotexist.txt')
E       ❷   Failed: DID NOT RAISE <class 'FileNotFoundError'>

tests/test_fileio.py:21: Failed
==================== short test summary info =====================
FAILED tests/test_fileio.py::TestFileIO::test_invalid_in_path
================== 1 failed, 3 passed in 0.03s ===================
```

模块名后的 F 表示测试失败❶，原因是未引发预期的异常❷。

请记住，在这种情况下，失败是一件好事！这意味着测试已经检测到预期和代码行为之间有不匹配之处。

现在可以着手让测试通过，在这种情况下，这就像在 FileIO 的初始化器中追加一些逻辑一样简单，如清单 20-8 所示。

清单 20-8　src/textproof/fileio.py:1b

```
import pathlib


class FileIO:

    def __init__(self, in_file, out_file=None):
        self.in_file = pathlib.Path(in_file)
        if not self.in_file.exists():
            raise FileNotFoundError(f"Invalid input file: {self.in_file}")

        if out_file is None:
            out_file = in_file
        # --snip--
```

因为已经将本地包安装为可编辑的，所以再次运行 pytest 之前不必重新安装本地包——虚拟环境直接使用源代码，因为我们对源代码所做的修订在该上下文中立即可见。

运行测试后，结果显示前 3 个测试都失败，而第 4 个测试则通过。熟悉测试实践的读者会意识到这向前推进了一步，而不是倒退：这说明以往的前 3 个测试其实是错误地通过的。

20.6　测试夹具

那些测试失败并不是因为代码中有缺陷，而是因为代码本身的逻辑。这 3 个测试都错误地假设存在一个特定的文件 tests/to_be.txt。你当然可以自行创建该文件，但是最好使用测试框架来确保该文件总是提前准备好。可以通过创建一个软件测试夹具（fixture）来做到这一点。软件测试夹具是一种可以设置测试可能需要的任何东西的函数或方法，尤其是多个测试将要共享的东西。夹具还能执行拆除任务——关闭流或数据库连接，以及删除临时文件等。使用夹具可以减少编写测试时的错误，并节省时间。

在当前的 TestFileIO 测试类中追加一个夹具，以创建测试所期待的演示文件，如清单 20-9 所示。

清单 20-9　tests/test_fileio.py:1c

```
import pytest
import pathlib
```

```
from textproof.fileio import FileIO


class TestFileIO:

    demo_data = "To be, or not to be, that is the question!"

    @pytest.fixture

    def demo_in_file(self, tmp_path):
        test_in_file = pathlib.Path(tmp_path) / 'to_be.txt'
        with test_in_file.open('w') as file:
            file.write(self.demo_data)
        return str(test_in_file)

    @pytest.fixture
    def demo_out_file(self, tmp_path):
        test_out_file = pathlib.Path(tmp_path) / 'out.txt'
        return str(test_out_file)

    # --snip--
```

以上代码在类属性 demo_data 中定义了演示文件的内容。这对使用示例数据填充夹具来说是可以接受的，只要不在测试中将这个类属性用作断言的一部分即可。

demo_in_file()和 demo_out_file()函数可通过 @pytest.fixture 装饰器转换为夹具。这两种夹具都有两个重要参数。tmp_path 参数实际上是 pytest 通过依赖注入的方式自动提供的一种夹具，其中一个对象被创建或调用时接收其需要的其他对象。在这种情况下，仅仅“神奇地”命名参数 tmp_path 将导致 pytest 自动将 tmp_path 夹具对象提供给该夹具。tmp_path 将在文件系统中创建一个临时目录，当夹具被拆除时，则自动删除该目录及其内容文件。

demo_in_file()夹具本身将 demo_data 写入文件，然后返回该文件的路径。夹具返回的任何内容都将直接提供给使用该夹具的任何测试。如果需要在该语句之后追加拆除逻辑，例如关闭数据库连接，则可以在夹具中使用 yield 语句来替代 return 语句。

demo_out_file()夹具返回 tmp_path 指向的临时目录中的 out.txt 文件（当时还不存在）的路径。测试中的夹具声明如清单 20-10 所示。

清单 20-10　tests/test_fileio.py:2c

```
    # --snip--
    def test_in_path(self, demo_in_file):
        file = FileIO(demo_in_file)
        assert file.in_file == pathlib.Path(demo_in_file)

    def test_out_path(self, demo_in_file, demo_out_file):
        file = FileIO(demo_in_file, demo_out_file)
        assert file.out_file == pathlib.Path(demo_out_file)

    def test_no_out_path(self, demo_in_file):
        file = FileIO(demo_in_file)
        assert file.in_file == file.out_file
```

和之前一样，将夹具通过依赖注入添加到测试中。只需要追加一个带有夹具名称（demo_in_file）的参数，pytest 就会将夹具注入。在测试的上下文中，demo_in_file 将引用夹具返回或产生的任何值，在本例中，夹具创建的演示文件路径以字符串形式返回。

再次运行 pytest，你会发现 4 个测试都通过了。

这里还有一些单元测试，用于检查 FileIO 类的读写逻辑，如清单 20-11 所示。

清单 20-11 tests/test_fileio.py:3

```
def test_load(self, demo_in_file):
        file = FileIO(demo_in_file)
        file.load()
        assert file.data == self.demo_data

def test_save(self, demo_in_file, demo_out_file):
    file = FileIO(demo_in_file, demo_out_file)
    file.data = self.demo_data
    file.save()
    with pathlib.Path(demo_out_file).open('r') as check_file:
        assert check_file.read() == self.demo_data

def test_save__no_load(self, demo_in_file, demo_out_file):
    file = FileIO(demo_in_file, demo_out_file)
    with pytest.raises(RuntimeError):
        file.save()
```

以上代码测试了加载文件、保存文件，并确保在加载之前保存文件会引发 RuntimeError。这些测试在第一次尝试时就通过了。

需要注意的是名称 test_save__no_load。一些开发者喜欢使用命名约定 test_subject__scenario，旨在通过双下画线将主测试和子测试场景描述区分开来。

20.6.1 继续之前的示例：使用 API

我们已经构建好基本的文件读取和写入功能，现在可以添加下一部分：与 LanguageTool API 通信。代码如清单 20-12 所示。

清单 20-12 src/textproof/api.py

```
import requests


def api_query(text):
    lang = "en-US"
    response = requests.post(
        "https://languagetool.org/api/v2/check",
        headers={"Content-Type": "application/json"},
        data={"text": text, "language": lang},
    )

    if response.status_code != 200:
        raise RuntimeError(f"API error: [{response}] {response.text}")

    software = response.json()["software"]
    print(f"{software['name']} v{software['version']}")
    print(response.json()['language']['name'])
    return response.json()["matches"]
```

使用 requests 模块向位于 https://languagetool.org/api/v2/check 的公共接口发送 POST 请求。

API 将返回 JSON 数据，requests 模块能将其转换为 Python 字典对象并从 requests.post()返回，将这个字典对象绑定到 response。

检查 POST 请求的状态码，如果不是 200，则表示在和 API 通信或使用 API 时出现了问题，此时可以抛出一个包含详细信息的 RuntimeError 异常。

当然，如果已经成功获得响应，则在控制台输出 API 的名称、版本，以及正在检查的语言。最后，返回 LanguageTool 检测到的错误列表。（可通过在 https:// languagetool.org/http-api/swagger-ui/#!/default/post_check 中试用来了解字典的键和结构）。

这个任务要么有效要么无效，所以我们不会直接测试这个功能本身——尽管有人可能认为对其进行测试是合理的。稍后我们将测试代码对 API 响应的假设。

20.6.2 在测试模块间共享数据

出于两个原因，需要大部分测试可以在没有互联网的情况下工作。首先，我们希望在网络连接断开，或正在使用的 API 暂时不可用时，测试也能正常工作。其次，我们不想为了测试代码而发送不必要的 API 请求。相反，我们希望大部分测试使用预定的本地数据。这意味着需要所有测试都可以访问这组数据。

我们还需要确保对 API 所做的假设是正确的，这是我们的代码和测试能够工作的基础。当然，这看起来就像是测试目的！

在 tests 目录中创建一个特殊的 conftest.py 模块，如清单 20-13 所示。pytest 使用这个模块来执行初始配置，并在测试模块之间共享夹具等。在这里，定义我们希望测试使用的数据。

清单 20-13 tests/conftest.py:1a

```
import pytest

example_text = "He and me went too the stor."

example_output = "He and I went to the store."

example_api_response = [
    {
        'context': {
            'length': 2,
            'offset': 7,
            'text': 'He and me went too the stor.'
        },
        'length': 2,
        'message': 'Did you mean "I"?', 'offset': 7,
        'replacements': [{'value': 'I'}],
    },
    {
        'context': {
            'length': 7,
            'offset': 15,
            'text': 'He and me went too the stor.'
        },
        'length': 7,
        'message': 'Did you mean "to the"?',
        'offset': 15,
```

20

```
            'replacements': [{'value': 'to the'}],
        },
        {
            'context': {
                'length': 4,
                'offset': 23,
                'text': 'He and me went too the stor.'
            },
            'length': 4,
            'message': 'Possible spelling mistake found.',
            'offset': 23,
            'replacements': [{'value': 'story'},
                             {'value': 'stop'},
                             {'value': 'store'},
                             {'value': 'storm'}]
        }
    ]


def pytest_configure(config):
    pytest.example_text = example_text
    pytest.example_output = example_output
    pytest.example_api_response = example_api_response
```

绑定到 example_api_response 的值来自 example_text，它们实际上是 LanguageTool API 响应数据中的 ["matches"] 值，但删除了代码中不使用的其他字段。在采取 LanguageTool 的更正建议后，绑定到 example_output 的字符串字面量便是 example_text 的正确语法形式。

为了使这些名称可以用于 tests 目录中的所有测试模块，重写 pytest_configure()函数，并将它们作为属性追加到 pytest 命名空间中。这样一来，你就可以在 tests 目录下的任何测试模块中以 pytest 的属性形式访问它们了。

20.7 不稳定测试和有条件忽略测试

有时，在某些情况下你可能希望跳过测试，而不是让测试失败。pytest 框架为此提供了一个函数。

例如，API 测试是唯一依赖于互联网连接和 LanguageTool API 可用性的测试。如果不注意编写测试的方式，它很容易就变成一种不稳定的测试，这种测试可能会意外或定期地失败，而且并不是因为测试代码本身包含缺陷。一旦发现不稳定的测试，就要立即处理，以免习惯性地忽略它们。pytest 官方文档的“Flaky tests”部分有关于不稳定测试以及如何降低其影响的完整介绍。

在当前场景中，每当公共 API 服务不可用或发生其他问题时，就需要跳过 API 测试。可使用 pytest.skip()函数来完成此操作，如清单 20-14 所示。

清单 20-14 tests/test_api.py

```
import pytest
import requests
```

```
def test_api_layout():
    response = requests.post(
        "https://languagetool.org/api/v2/check",
        headers={"Content-Type": "application/json"},
        data={"text": pytest.example_text, "language": "en-US"},
    )
    if response.status_code != 200:
        pytest.skip("Server unavailable")

    matches = response.json()["matches"]
    for from_api, expected in zip(matches, pytest.example_api_response):
        from_api = set(from_api.keys())
        expected = set(expected.keys())
        assert expected.issubset(from_api)
```

以上测试的第一部分几乎和textproof.api.api_query()函数相同，都发送带有example_tex的POST请求，并存储响应数据。

接下来跳过对response.status_code为200之外的任何值的测试，从而表明API本身存在某些问题。

可以使用pytest.skip()函数来跳过测试。pytest的结果显示此测试已被跳过，而不是失败。

如果API请求成功，则遍历字典中绑定到["matches"]键的列表中的值，这些值是API的响应数据，并在pytest.example_api_response中遍历相同的值，正如tests/conftest.py中定义的那样。从每个列表中创建一个集合，然后确保在API的响应数据中也能找到所有预期的键，恰如pytest.example_api_response中所述。

探究笔记： 当然，编写测试来检查API调用或依赖其他外部资源的访问也是可以的，但是应该尽量避免在测试中这么做。关键是要避免意外使用太多请求去访问外部API或资源。整个测试套件中仅有一两个请求才是合理的。

20.8 高级夹具：模拟和参数化

测试中更具有挑战性的部分之一就是替代外部输入，例如用户输入或网络响应。模拟（mock）使你能在测试期间临时替换部分代码，以模拟输入或其他场景。

而参数化则能将一个测试拓展为多个测试，每个测试都具有相同的逻辑，但数据不同。这对于测试代码如何处理不同的输入数据特别有帮助。

20.8.1 继续之前的示例：表达拼写错误

模拟和参数化对于测试代码如何处理不同的用户输入特别有用。对于textproof程序，我们将使用这些技巧来测试命令行用户界面。

在textproof程序中，将LanguageTool发现的每个错误表示为一个对象，如清单20-15所示。

清单 20-15 src/textproof/typo.py:1

```
class Typo:
    def __init__(self, typo):
```

```
        context = typo["context"]
        self.text = context["text"]
        self.hint_offset = int(context["offset"])
        self.offset = int(typo["offset"])
        self.length = int(typo["length"])
        self.message = typo["message"]
        self.suggestions = typo["replacements"]

    def __str__(self):
        underline = "".join((" " * self.hint_offset, "^" * self.length))
        return "\n".join((self.text, underline, self.message))
```

在 Typo 类的初始化器中，使用 API 响应数据填充实例属性。在__str__()特殊实例方法中，通过显示原始语句，在拼写错误的字母下方添加字符"^"，并在下一行描述拼写错误，将拼写错误转换为字符串形式。结果看起来就像下面这样：

```
He and me went too the stor.
       ^^
Did you mean "I"?
```

除非用户可以通过某种方式修改它，否则显示拼写错误并没有什么好处。LanguageTool 提供了一些建议，用户可以在这些建议之间做出选择。

清单 20-16 所示为获取用户选择的实例方法，其中 LanguageTool 给的每个建议都从 1 开始编号，0 表示“跳过”。

清单 20-16 src/textproof/typo.py:2

```
    def get_choice(self):
        while True:
            raw = input("Select an option: ")
            try:
                choice = int(raw)
            except ValueError:
                print("Please enter a valid integer.")
                continue

            if choice < 0 or choice > len(self.suggestions):
                print("Invalid choice.")
                continue

            return choice
```

清单 20-17 所示为显示所有建议的实例方法，它将调用 get_choice()并根据用户的选择采取相应的行动。

清单 20-17 src/textproof/typo.py:3

```
    def select_fix(self):
        print('')
        print(self)

        for num, suggestion in enumerate(self.suggestions, 1):
            if "shortDescription" in suggestion:
                print(
                    f"{num}: {suggestion['value']} "
                    f"({suggestion['shortDescription']})"
```

```
    )
else:
    print(f"{num}: {suggestion['value']}")
print("0: (Skip)")

choice = self.get_choice()
if choice > 0:
    suggestion = self.suggestions[choice - 1]["value"]
    length_change = len(suggestion) - self.length
    return (suggestion, self.offset, self.length, length_change)
else:
    return (None, 0, 0, 0)
```

有了这些代码，就可以继续进行测试了！

20.8.2 参数化

下面测试 Typo 类的初始化器是否能将值以合理的形式存储在期望的位置。毕竟，弄乱字典的访问太容易了！我准备测试多个场景，即之前在 conftest.py 模块中有示例数据的 3 个拼写错误。

参数化允许你用同一个测试函数生成多个场景。这比在一次测试中对所有场景进行硬编码要好得多，并且可以隔离那些特定的会失败的场景。在 pytest 中，这是通过@pytest.mark.parametrize()装饰器来完成的，代码如清单 20-18 所示。

清单 20-18 tests/test_typo.py:1a

```
import pytest
from textproof.typo import Typo


class TestTypo:

    @pytest.mark.parametrize("index", range(3))
    def test_create_typo(self, index):
        example_response = pytest.example_api_response[index]
        example_typo = Typo(example_response)
        assert example_typo.offset == example_response['offset']
        assert example_typo.length == example_response['length']
        assert example_typo.message == example_response['message']
        assert example_typo.suggestions == example_response['replacements']
```

在当前情况下，运行 test_create_typo()函数 3 次：对 pytest.example_api_response（定义在清单 20-14 中）中的 3 个有效索引各运行一次。

@pytest.mark.parametrize 装饰器接收两个参数。第一个参数是字符串形式的，旨在传递值的参数名，在本例中为"index"。第二个参数则是要传递给命名参数的可迭代值。

测试本身必须有一个同名的参数，此处为索引，它将通过参数化接收值。这里用它来访问列表 pytest.example_api_response 中的特定项。如果用 pytest 运行，将看到以下内容：

```
====================== test session starts =======================
platform linux -- Python 3.8.10, pytest-7.1.2, pluggy-1.0.0
rootdir: /home/jason/Code/Repositories/textproof
collected 11 items
```

```
tests/test_api.py .                                              [  9%]
tests/test_fileio.py .......                                     [ 72%]
tests/test_typo.py ...                                           [100%]
======================= 11 passed in 0.58s =======================
```

你可能注意到 tests/test_typo.py 的后面有 3 个点，这表示运行了 3 个测试。这些是参数化生成的 test_create_typo()中包含的 3 个场景。如果其中一个失败，你会看到传递给参数的值，如下所示：

```
FAILED tests/test_typo.py::TestTypo::test_create_typo[1] - ...
```

测试名称后面的[1]表示参数化的值，从中我们就能知道问题发生在 index 值为 1 的场景中。

20.8.3　间接参数化夹具

考虑到稍后还要编写其他测试，所以我不想每次都直接访问 pytest.example_api_response 列表中的项，因为这是重复行为。相反，我想提供一个返回部分示例 API 响应的夹具。这个夹具可以用于所有测试，而非仅仅用于那些定义在 tests/test_typo.py 模块中的测试，因此它应该属于 conftest.py。

为了让这个新夹具工作，我们需要让它来处理测试的参数化。这可以通过间接参数化来实现，其中参数化的值将被传递给夹具。

探究笔记： 以下许多测试都有更灵活的写法。也就是说，这样写只是为了演示pytest的一些较难的功能。它们都是经过精心调整的示例，而不是最佳实践。你需要根据自己的情况来决定如何更好地构建测试和夹具。

新夹具如清单 20-19 所示。

清单 20-19　tests/conftest.py:2a

```
@pytest.fixture
def example_response(request):
    return example_api_response[request.param]
```

要使用参数化技术，这个夹具必须有一个名为 request 的参数，它与 pytest 的 request 夹具相关联。不要将它和前面一直用来处理 API 的 requests 模块混淆（从这个细节你应该可以看出来 pytest 对命名非常挑剔）。这将用于接收间接参数化的值，可通过 request.param 访问该值。

添加一个类似的夹具来生成 Typo 对象，如清单 20-20 所示。

清单 20-20　tests/conftest.py:3a

```
@pytest.fixture
def example_typo(request):
    from textproof.typo import Typo
    return Typo(example_api_response[request.param])
```

测试和夹具不需要将导入语句放在模块的顶部。可以等到使用夹具时才执行导入，而且导入的名称将只允许在夹具的上下文中使用。这样一来，这些导入就不会泄漏到其他夹具中。如果需要从不同夹具导入有冲突的名称，这种做法就非常有用。

重写测试以使用这些夹具，如清单 20-21 所示。

清单 20-21 tests/test_typo.py:1b

```
import pytest
from textproof.typo import Typo


class TestTypo:

    @pytest.mark.parametrize(
        ("example_typo", "example_response"),
        [(0, 0), (1, 1), (2, 2)],
        indirect=("example_typo", "example_response")
    )
    def test_create_typo(self, example_typo, example_response):
        assert example_typo.offset == example_response['offset']
        assert example_typo.length == example_response['length']
        assert example_typo.message == example_response['message']
        assert example_typo.suggestions == example_response['replacements']
```

测试本身并不需要进行太多的改变，因为已经在测试函数的套件中使用了名称 example_typo 和 example_response。(这看起来和计划的几乎一样!)将新的夹具 example_typo 和 example_response 添加到测试函数的参数列表中，这些参数由特殊的 conftest.py 模块提供，名称则局部绑定到那些夹具返回的值。

因为要对夹具进行参数化，所以需要再次使用@pytest.mark.parametrize 装饰器。它的第一个参数就是我们想要参数化的名称元组（字符串形式）。第二个参数是可迭代的元组列表，其中的每个元组表示传递给每个名称的值。第三个参数 indirect 是一个元组（或其他可迭代对象），其中包含实际接收值的夹具的名称。在当前场景中，两个名称刚好都是夹具，尽管实际情况并不一定如此。

再次运行 pytest，结果显示 test_typo.py 中的 3 个测试都通过了。

陷阱警告： 应该说参数化似乎起作用了！一旦测试通过，最好养成通过临时输出一些值并使用-s标志运行pytest来检验假设的习惯，以允许输出语句到达标准输出（后文将详细介绍）。我在早期尝试编写类似的测试时，无意中将同一场景运行了3次，而完全跳过了另外两个场景。

20.8.4 动态替换模拟输入

为了弄清楚 typo.get_choice()方法是否工作正常，我们可以为其提供一些用户输入。当需要运行测试时，不要在键盘上随机敲一些内容，而要创建一个模拟（mock）来临时替换 Python 的内置函数 input()，从而为测试提供一些输入。在 pytest 中，这个模拟是由一个名为 monkeypatch 的工具完成的。

在 conftest.py 中添加一个夹具用于动态替换 input()，如清单 20-22 所示。

清单 20-22 tests/conftest.py:4

```
@pytest.fixture
def fake_inputs(request, monkeypatch):
```

```
    def fake():
        value = iter(request.param)

        def input(_):
            return next(value)

        return input

    monkeypatch.setattr('builtins.input', fake())
```

该夹具使用了另外两个夹具：request 和 monkeypatch。我们打算让这个夹具通过参数化接收一个可迭代对象。为此，我们将使用一个由 fake()提供的闭包，并在每次后续调用时返回该可迭代对象中的每个值。

然后通过 monkeypatch.setattr()暂时使用这个闭包替代内置函数 input()。请注意，这里实际上调用了 fake()，因为我们想用 monkeypatch 的闭包替代 input()。

注意，这个夹具不会返回任何数据！它的唯一目的就是在使用夹具进行测试的生命周期内模拟 input()。monkeypatch 夹具将在测试拆除阶段自动被拆除。

清单 20-23 所示为使用 typo.get_choice()单元测试的第一个版本。

清单 20-23　tests/test_typo.py:2a

```
    @pytest.mark.parametrize(
        "fake_inputs",
        [('-1', '20', '3'), ('3',), ('fish', '1.1', '3')],
        indirect=True
    )
    def test_choice(self, fake_inputs):
        example_response = pytest.example_api_response[2]
        example_typo = Typo(example_response)
        assert example_typo.get_choice() == 3
```

以上代码对 fake_inputs 夹具进行了参数化，创建了 3 个独立场景。第一个场景是用户输入-1、20 和 3，用户输入前两个数字后将提示用户重试。第二个场景是用户在第一次尝试时输入了 3。第三个场景涉及两个无意义的输入——fish 和 1.1，然后才是有效输入 3。indirect=True 表示其他参数应该传递给 fake_inputs 夹具。

由于这些输入设计为仅用于第三个场景，因此我们明确地捕获到了 pytest.example_api_response[2]。

20.8.5　标记

假设你希望使用 example_typo 夹具，而不是在测试中手动访问 pytest.example_api_response 列表，但是每次将相同的值参数化到 example_response 夹具中是相当麻烦的。你可以传递带有标记的单一参数，以便将元数据应用于测试和夹具。（参数化就是一种标记。）

我们可以使用名为 typo_id 的自定义标记来指定场景编号。假设你希望在 example_response 和 example_typo 夹具上使用相同的标记。清单 20-24 所示为调整后的 example_response 夹具。

清单 20-24　tests/conftest:2b

```
@pytest.fixture
```

```
def example_response(request):
    marker = request.node.get_closest_marker("typo_id")
    if marker:
        index = marker.args[0]
    else:
        index = request.param
    return example_api_response[index]
```

简而言之，以上代码尝试获取传递给 typo_id 标记的值，但是如果没有提供该值，就默认使用参数化的值。如果未通过任何一种方式向夹具提供值，那么在尝试访问当时还没有定义的 request.param 时就会引发 AttributeError。

以相同的方式修改 example_typo 夹具，如清单 20-25 所示。

清单 20-25 tests/conftest:3b

```
@pytest.fixture
def example_typo(request):
    marker = request.node.get_closest_marker("typo_id")
    if marker:
        index = marker.args[0]
    else:
        index = request.param

    from textproof.typo import Typo
    return Typo(example_api_response[index])
```

重写 test_choice()测试，以使用带有标记的 example_typo 夹具，如清单 20-26 所示。

清单 20-26 tests/test_typo.py:2b

```
    @pytest.mark.typo_id(2)
    @pytest.mark.parametrize(
        "fake_inputs",
        [('-1', '20', '3'), '3', ('fish', '1.1', '3')],
        indirect=True
    )
    def test_choice(self, example_typo, fake_inputs):
        assert example_typo.get_choice() == 3
```

使用@pytest.mark.typo_id 装饰器将值传递给 typo_id 标记，由 example_typo 夹具使用。

再次运行 pytest，测试通过了，但有一个小问题：出现了一个关于使用未知标记的警告。

```
==================== test session starts =====================
platform linux --
rootdir: /home/jason/Code/Repositories/textproof
collected 14 items

tests/test_api.py .                                        [  7%]
tests/test_fileio.py .......                               [ 57%]
tests/test_typo.py ......                                  [100%]

====================== warnings summary ======================
tests/test_typo.py:38
  /home/jason/Code/Repositories/textproof/tests/test_typo.py:38:
PytestUnknownMarkWarning: Unknown pytest.mark.typo_id - is this a typo?  You
can register custom marks to avoid this warning - for details, see https://
docs.pytest.org/en/stable/mark.html
```

```
    @pytest.mark.typo_id(2)

-- Docs: https://docs.pytest.org/en/stable/warnings.html
================ 14 passed, 1 warning in 0.89s =================
```

要解决这个问题，需要使用 pytest 注册标记，这可以通过两种方式来实现。第一种方式是使用名为 pytest.ini 的配置文件；第二种方式是（基于稍微不同的语法）将设置添加到 pyproject.toml 中。在这两种方式中，后者是首选，因为它允许将各种 Python 工具的几乎所有设置的配置都放在同一个 pyproject.toml 文件中。本例使用第二种方式，如清单 20-27 所示。

清单 20-27　pyproject.toml:1b

```
[build-system]
requires = ["setuptools>40.8.0", "wheel"]
build-backend = "setuptools.build_meta"

[tool.pytest.ini_options]
markers = [
    "typo_id: the example scenario number"
]
```

在[tool.pytest.ini_options]的下方，将所有自定义标记以字符串形式添加到 markers 列表中。冒号后的字符串部分是标记的可选描述，而不是标记名称的一部分。也可以使用 conftest.py 的 pytest_configure()函数来注册标记，如下所示：

```
def pytest_configure(config):
    pytest.example_text = example_text
    pytest.example_output = example_output
    pytest.example_api_response = example_api_response

    config.addinivalue_line(
        "markers", "typo_id: the example scenario number"
    )
```

这里坚持使用清单 20-27 中的 pyproject.toml 方式。无论你以哪种方式注册标记，再次运行 pytest 都会显示警告已经被解决。

20.8.6　从标准流中捕获

如果想测试 Typo.select_fix()，则不仅需要提供输入，还需要验证输出。默认情况下，pytest 会捕获发送到标准输出流和标准错误流的所有内容，包括从 print 语句发出的所有内容。这就是不能在测试中直接使用 print()以及在运行期间查看标准输出的原因，除非使用-s 参数调用 pytest 以关闭对标准输出和标准错误的捕获。因为 pytest 捕获输出流，所以可以使用 capsys 夹具直接访问输出流。

在继续之前，必须将预期的输出添加到 conftest.py 中，如清单 20-28 所示。

清单 20-28　tests/conftest.py:1b

```
# --snip--

example_prompts = [
"""
```

```
He and me went too the stor.
   ^^
Did you mean "I"?
1: I
0: (Skip)
""",
"""
He and me went too the stor.
               ^^^^^^^
Did you mean "to the"?
1: to the
0: (Skip)
""",
"""
He and me went too the stor.
                       ^^^^
Possible spelling mistake found.
1: story
2: stop
3: store
4: storm
0: (Skip)
"""
]


def pytest_configure(config):
    pytest.example_text = example_text
    pytest.example_output = example_output
    pytest.example_api_response = example_api_response
    pytest.example_prompts = example_prompts
```

继续添加一个夹具，用于通过参数化或 typo_id 标记访问这些提示，如清单 20-29 所示。

清单 20-29 tests/conftest.py:5

```
@pytest.fixture
def example_prompt(request):
    marker = request.node.get_closest_marker("typo_id")
    if marker:
        index = marker.args[0]
    else:
        index = request.param

    return example_prompts[index]
```

清单 20-30 所示为对 typo.select_fix()所做的测试。

清单 20-30 tests/test_typo.py:3

```
    @pytest.mark.parametrize(
        ("example_typo, example_prompt"),
        [(n, n) for n in range(3)],
        indirect=["example_typo", "example_prompt"]
    )
    def test_prompt(self, example_typo, example_prompt, capsys, monkeypatch):
        monkeypatch.setattr('builtins.input', lambda _: '0')
        example_typo.select_fix()
        captured = capsys.readouterr()
        assert captured.out == example_prompt
```

以上代码间接地对夹具 example_typo 和 example_prompt 进行了参数化。用 monkeypatch 夹具替换的 input()总是模拟用户在选择提示时输入 0。运行 example_typo.select_fix()，检索捕获到的输出，并确保和 conftest.py 中的 example_prompts 定义的预期输出相匹配。

20.8.7　GUI 测试

模拟 input()以及从标准输出流中捕获对命令行应用程序来说都很好，但是对基于 GUI 和基于 Web 的应用程序呢？虽然测试用户界面要复杂得多，但还是有很多库可以简化这类测试。

PyAutoGUI 就是这样一种工具，支持通过 Python 控制鼠标和键盘。它和任何 Python 测试框架都兼容，并且适用于 Windows、macOS 和 Linux 平台（但不适用于移动设备）。PyAutoGUI 官方文档提供了更多信息。

如果你使用的是 Qt GUI 框架（PyQt5、PyQt6、PySide2 或 PySide6），请考虑专门为测试 Qt 5 应用程序而设计的 pytest-qt。顾名思义，这是 pytest 框架的插件。在 pytest-qt 官方网站可以查阅对应文档。

如果你从事 Web 开发，你可能已经熟悉 Selenium，这是一种用于测试 Web 应用程序的浏览器自动化工具。Selenium 有官方的 Python 绑定，可以通过 pip 简单地安装 Selenium 并加以使用。你可以通过 Selenium 官网了解更多信息，或阅读 Baiju Muthukadan 撰写的非官方文档“Selenium with Python”。

对于移动开发，Appium 是领先的测试自动化框架之一。顾名思义，它借鉴了 Selenium 的一些概念和规范。Appium-Python-Client 是 Appium 官方的 Python 客户端，可通过 pip 获得。有关 Appium 的更多信息，请参阅其官网和 GitHub 中的 appium/python-client 代码仓库。

20.8.8　继续之前的示例：将 API 连接到 Typo

现在需要将 API 请求逻辑和 Typo 连接起来。下面构建一个 CheckedText 类来存储正在编辑的文本，以及从中检测到的拼写错误。CheckedText 类如清单 20-31 所示。

清单 20-31　src/textproof/checked_text.py

```
from textproof.typo import Typo
from textproof.api import api_query


class CheckedText:
    def __init__(self, text):
        self.text = text
        self.revised = text
        self.length_change = 0
        self.typos = [Typo(typo) for typo in api_query(text)]

    def __str__(self):
        return self.revised

    def fix_typos(self):
        for typo in self.typos:
```

```
        suggestion, offset, length, change = typo.select_fix()
        if not suggestion:
            continue
        offset += self.length_change
        self.revised = "".join(
            (
                self.revised[:offset],
                suggestion,
                self.revised[offset + length:]
            )
        )
        self.length_change += change
```

简而言之，初始化器通过 API 运行返回的纯文本字符串并创建 CheckedText 对象，然后为 API 报告的每个拼写错误初始化 Typo 对象。

fix_typos()实例方法将遍历每个 Typo 对象，提示用户通过 Typo.select_fix()实例方法选择对每个 Typo 对象要执行的操作。然后直接在文本的副本中根据用户选择的操作进行更正，并绑定到 self.revised。按照这种逻辑，我们必须解决纠正后的文本与被替换的原始文本长度不一致的问题。我们即将进行的一项测试将确认此逻辑是否有效。

20.8.9 自动夹具

到目前为止，几乎所有的测试都能回避 API 的调用。为了将 textproof 程序中的所有逻辑结合在一起，我们即将进行的测试需要对 API 调用行为进行动态替换。在测试中，我们总是希望调用 textproof.api.api_query()以返回 example_api_response，而不是真正地向公开 API 发送请求。问题在于，我们不想将其保留在内存中（这种方案非常糟糕），从而使每个可能有这种调用的测试都包含对应的夹具。为此，需要构建一个自动夹具，它会自动应用在所有测试中。

首先追加清单 20-32 所示的夹具声明到 conftest.py 中。

清单 20-32 tests/conftest.py:6a

```
@pytest.fixture(autouse=True)
def fake_api_query(monkeypatch):
    def mock_api_query(_):
        print("FAKING IT")
        return example_api_response

    monkeypatch.setattr('textproof.api.api_query', mock_api_query)
```

将 autouse=True 传递给 @pytest.fixture 装饰器会导致所有测试都使用该夹具。

该夹具中有一个可调用函数，其调用方式和 textproof.api.api_query()相同，都接收一个参数，这里忽略了这个参数。这个可调用函数将返回 example_api_response。将"FAKING IT"输出到屏幕上，而不再显示 textproof.api.api_query()输出的公共 API 信息。这通常是不可见的，因为 pytest 会捕获所有输出流，但是如果使用 pytest -s 的形式调用测试，就可以确认正在使用动态替换函数而不是真实的函数。

这个夹具当前还有一个令人惊讶的问题：它实际上不会在 src/textproof/checked_text.py 模块

的上下文中模拟替代 api_query()函数。这是因为存在如下导入语句：

```
from textproof.api import api_query
```

动态替换在模块执行完所有导入后才发生，因此替换 textproof.api.api_query 并不能隐藏已经作为 api_query 导入到该模块中的函数。换句话说，导入语句将相关函数绑定到了另一个完全限定名称：textproof.checked_text.api_query。

相反，我们需要函数可以绑定到每个完全限定名称以完成动态替换，如清单 20-33 所示。

清单 20-33 tests/conftest.py:6b

```
@pytest.fixture(autouse=True)
def fake_api_query(monkeypatch):
    def mock_api_query(_):
        print("FAKING IT")
        return example_api_response

    monkeypatch.setattr('textproof.api.api_query', mock_api_query)
    monkeypatch.setattr('textproof.checked_text.api_query', mock_api_query)
```

如果想在程序的其他地方导入 api_query，则需要向这个夹具添加对应的完全限制名称。

一旦这个夹具就位，不需要再做任何其他事情就可以使用它。因为这是一个自动应用的夹具，所以这个项目中的所有测试都会自动使用它。我们现在可以安全地继续测试 src/textproof/checked_text.py，因为在这个过程中不会发生实际的 API 请求，如清单 20-34 所示。

清单 20-34 tests/test_checked_text.py:1

```
import pytest
from textproof.checked_text import CheckedText


class TestCheckedText:

    @pytest.fixture
    def example_checked(self, monkeypatch):
        return CheckedText(pytest.example_text)

    def test_checked_text__init(self, example_checked):
        assert example_checked.text == pytest.example_text
        assert len(example_checked.typos) == 3
```

陷阱警告： 动态替换不能用来替换根本不存在的函数、类或模块。如果需要pytest在缺少模块的情况下工作，则需要使用和所缺少模块相同的接口编写一个模块。然后在conftest.py中，使用字典sys.modules将该模块追加到环境中，对应键就是缺少的模块名称。

20.8.10 混合参数化

可以在同一测试中混合直接和间接参数化。例如，要使用 CheckedText 对象测试不同的结果，就需要在直接提供预期结果的同时，使用 fake_inputs 夹具，如清单 20-35 所示。

清单 20-35 tests/test_checked_text.py:2

```
    @pytest.mark.parametrize(
        ("fake_inputs", "expected"),
        [
            ((0, 0, 0), pytest.example_text),
            ((1, 1, 3), pytest.example_output)
        ],
        indirect=["fake_inputs"]
    )
    def test_fix_typo(self, example_checked, fake_inputs, expected):
        example_checked.fix_typos()
        assert example_checked.revised == expected
```

虽然指定了两个参数，但是这里只将其中一个——fake_inputs——设为间接的。然后就可以运行 example_checked.fix_typos()方法了，该方法将使用 fake_inputs 夹具提供的已动态替换的 input()，对 example_checked.revised 和间接参数化的预期结果进行比较。

必须指出的是，虽然这个测试对应一个单元 CheckedText.fix_typos()，但它也是一个集成测试，因为它演示了其他几个单元如何正确地协同工作。集成测试和单元测试一样重要，因为很可能存在多个无法正确交互的单元。

20.8.11 模糊测试

在本章构建的程序中，我们为所有测试都提供了明确的输入值。但是通过的测试也可能掩盖很多错误，因为很容易忽略边界情况。模糊测试就是一种可以帮助我们捕获这些边界情况的技术，它可以在测试中生成随机输入以找出可能引发失败的、令人意想不到的输入方式。

目前由 GitLab 维护的 pythonfuzz 工具旨在对 Python 进行模糊测试。它独立于任何其他测试框架。要了解更多信息，请查阅 GitLab 的官方代码仓库 pythonfuzz 中的质量标准文件及示例。

20.8.12 完成示例

你有没有注意到，我们还没有直接运行过 textproof 包？到目前为止，它还不是一个完整或有效的程序，但你知道所有部分都会按照预期工作。这就是一边编写代码一边测试的美妙之处。

但是，如果这个例子没有形成一个完整的程序，就总是让人感觉哪里不对，清单 20-36 所示的就是最后一个需要的模块：src/textproof/__main__.py。

清单 20-36 src/textproof/__main__.py:1a

```
#!/usr/bin/env python3

import click
from textproof.fileio import FileIO
from textproof.checked_text import CheckedText

@click.command()
@click.argument('path')
```

20

```
    @click.option('--output', default=None, help="the path to write to")
    def main(path, output):
        file = FileIO(path, output)
        try:
            file.load()
        except FileNotFoundError:
            print(f"Could not open file {path}")
            return

        check = CheckedText(file.data)
        check.fix_typos()
        file.data = str(check)

        file.save()


if __name__ == "__main__":
    main()
```

这个模块使用流行的 click 包定义了程序的命令行界面。click 包比类似的 argparse 模块更容易使用。在命令行上接收一个必需的路径参数，它表示要从中读取文本的路径。可选的--output 标志也接收一个路径参数，它表示要将修改后的文本写入的文件路径。

用这些路径定义 FileIO 对象，读取文本并从该文本实例化一个 CheckedText 对象。在实例化 CheckedText 对象的过程中，向 LanguageTool 公共 API 发送请求并返回建议的修订。

对 check.fix_typos()的调用将引导用户浏览每个建议，并提示他们选择一个想立即应用的建议。将修改后的文本返回给 FileIO 对象，并最终保存到文件中。

万事俱备！现在可以尝试使用这个工具了。首先创建一个包含所要修改的文本的文件，如清单 20-37 所示，在本例中，将其保存在 textproof/project 目录的根目录中，与 setup.cfg 在同一目录。

清单 20-37　fixme.txt

```
He and me went too the stor.
We gott three bags of chips for the prty.
the cola was too much so we gott lemon lime insted.
```

最后在虚拟环境中调用 textproof 程序，就像下面这样：

```
venv/bin/textproof fixme.txt --output fixmeout.txt
```

假设有一个可以访问 LanguageTool 公共 API 的互联网连接，程序将显示第一个错误，并提示你选择修复方案。这里省略了完整的输出，因为输出非常长，但是如果你一直在和我一起构建，那么鼓励你自行尝试运行程序。

20.9　代码覆盖率

当你和开发人员谈论测试时，你可能经常听到代码覆盖率这个词。代码覆盖率是指项目中测试执行或覆盖的代码行所占百分比。良好的代码覆盖率很重要，因为没有覆盖的代码就是未经过测试的代码，其中很可能包含错误或导致其他不良行为。

Python 提供了两个内建模块来跟踪执行了哪些语句：trace 和 ctrace。大多数 Python 开发者并不直接使用它们，而是使用第三方工具 coverage.py（pip 中的 coverage），coverage.py 在幕后使用 trace 和 ctrace 来生成代码覆盖率报告。

下面测试代码覆盖率。如果你正在使用 pytest，则可以使用 pytest-cov，这是一个允许你从 pytest 调用 coverage.py 的插件。这里不使用该插件，以使该测试尽可能与框架无关。作为替代，我改良并拓展了开发者 Will Price 分享的一项技术（见 Will Price 的文章"Python code coverage"）。

首先在 setup.cfg 中将 coverage 包添加到测试依赖项中，如清单 20-38 所示。

清单 20-38 setup.cfg:1b

```
# --snip--
[options.extras_require]
test =
    pytest
    coverage
# --snip--
```

接下来通过在命令行中执行以下指令来确保该包已经安装到了环境中：

```
venv/bin/pip install -e '.[test]'
```

无论你是否将该包安装为可编辑的（使用 -e 标志），代码覆盖率的评估都是一样的。

我们还需要告诉 coverage.py 要扫描哪些文件，并告诉它这些文件的重复情况。这对基于 src 的项目配置尤其重要，其中的测试可能需要运行安装在虚拟环境中的代码。为了告知 coverage.py 要扫描哪些内容，在 pyproject.toml 文件中追加两个新部分，如清单 20-39 所示。

清单 20-39 pyproject.toml:2

```
[tool.coverage.run]
source = [
    "textproof",
]

[tool.coverage.paths]
source = [
    "src/textproof",
    "**/site-packages/textproof"
]
```

在第一部分[tool.coverage.run]中，指定要测试的包的列表。在第二部分[tool.coverage. paths]中，指定源代码的路径，以及源代码在虚拟环境中的位置。就 coverage.py 而言，这些路径将被视为等效路径，根据结果，该工具将会把 src/textproof/api.py 和 venv/lib64/python3.9/ site-packages/textproof/api.py 识别为同一模块。

最后，从命令行调用 coverage.py，如下所示：

```
venv/bin/coverage run -m pytest
venv/bin/coverage combine
venv/bin/coverage report
```

第一个指令在 coverage.py 的上下文中调用 pytest。虽然我在这里并没有向 pytest 传递任何参数，但是你可以。如果你使用不同的测试套件，则可以在此处调用它们。

探究笔记： 你还可以在程序本身上调用coverage.py，以便在手动测试期间找到潜在的“死”代码（程序从未使用过的代码）。但是请注意你得出的结论，因为有很多代码的存在是为了处理通常不会出现的边缘和角落情况。

接下来按照 pyproject.toml 中 [tool.coverage.paths] 部分提供的配置，合并不同位置的相同报告文件。根据你的情况，此指令可能没有任何可组合的内容，但是检查一下也无妨。

覆盖率报告如下：

```
Name                                                  Stmts   Miss  Cover
-------------------------------------------------------------------------
venv/lib/python3.10/site-packages/textproof/__init__.py      0      0   100%
venv/lib/python3.10/site-packages/textproof/__main__.py     19     19     0%
venv/lib/python3.10/site-packages/textproof/api.py          10      8    20%
venv/lib/python3.10/site-packages/textproof/checked_text.py 17      1    94%
venv/lib/python3.10/site-packages/textproof/fileio.py       22      0   100%
venv/lib/python3.10/site-packages/textproof/typo.py         37      1    97%
-------------------------------------------------------------------------
TOTAL                                                   105     29    72%
```

72%的覆盖率对于第一次尝试来说还不错！如果愿意，你可以添加更多的测试，使这个数字接近 100%。代码覆盖率是一个很有用的指标，但 coverage.py 开发人员 Ned Batchelder 的文章“Flaws in coverage measurement”指出，100% 的覆盖率会让人产生一种错误的安全感觉：

> 你的代码或测试仍然可以通过多种方式被破坏掉，可是现在你没能得到任何提示。准确来说，coverage.py 提供的覆盖率是语句覆盖率，因为它告诉你执行了哪些语句。语句覆盖测试已经把你带到了道路的尽头，坏消息是你其实并没有到达目的地，但你已经无路可走。

类似的，Brian Marick 在论文“How to Misuse Code Coverage”中提出了以下观点：

> 如果你的测试套件的一部分在覆盖率可以检测到的方面很薄弱，那么它在覆盖率无法检测到的方面同样也会很薄弱。

72%的代码覆盖率说明至少还有 28% 的代码没有经过测试，但是未经测试的代码所占的真实百分比通常会更高。代码覆盖率可以指出需要进行额外测试的区域，但是并不能保证其他区域不需要进行额外的测试。你可以从 coverage.py 的官方文档中了解更多信息。

20.10　用 tox 进行自动化测试

到目前为止，我们一直在一个虚拟环境中进行测试，并且运行的是 Python 3.9。我也愿意相信该虚拟环境中只安装了 setup.cfg 明确要求的包，但是我们可能忘记了手动安装的内容，或之前指定要求安装可后来放弃并忘记卸载的内容。

tox 工具是测试系统中相当重要的部分，因为它能自动在新的虚拟环境中为多个版本的 Python 安装和测试你的包。本节将演示此工具在 Timecard 项目中的使用情况。

首先将 tox 追加到 setup.cfg 中，如清单 20-40 所示。

清单 20-40 setup.cfg:1c

```
# --snip--
[options.extras_require]
test =
    pytest
    coverage
    tox
# --snip--
```

以前，tox 的所有配置都应该在 tox.ini 文件中，但最近业界倾向于尽可能多地使用 pyproject.toml 来代替以往的各种配置文件。然而，截至本书完稿时，对 pyproject.toml 语法的原生支持还在开发中。你需要将 tox.ini 文件的内容直接添加到 pyproject.toml 中，如清单 20-41 所示。

清单 20-41 pyproject.toml:3

```
[tool.tox]
legacy_tox_ini = """
[tox]
isolated_build = True
envlist = py38, py39, py310

[testenv]
deps = pytest
commands = pytest
"""
```

无论你在 tox.ini 中保存了什么，这些内容现在都属于分配给 legacy_tox_ini 的多行字符串，并放在[tool.tox]部分。

在 tox.ini 风格的配置中，我们设定了两个部分。在[tox]部分，我们使用 isolated_build 指定 tox 应该为其测试创建新的、隔离的虚拟环境。以逗号分隔值的字段 envlist 指定了要测试的 Python 版本列表。tox 支持 Python 2.7（py27）、Python 3.4（py34）、Pypy（pypy27 和 pypy35），以及 Jython（jython）。（请参阅第 21 章以了解有关 Pypy 和 Jython 的更多信息）

陷阱警告：tox工具并不是万能的。你需要在基本系统中安装每个要测试的Python解释器。

在[testenv]部分，我们列出了 deps 测试依赖项。你会注意到这里省略了 coverage，这是因为我们不需要在所有这些不同的环境中测试覆盖率。你可以通过将 command 设置为所要使用的指令来调用测试：在这种情况下，就只有 pytest。这个指令会在每个虚拟环境中直接运行，所以不用担心 venv/bin/前缀，程序总是会报警。

像往常一样，可通过以下指令来确保主要虚拟环境中都安装有 tox：

```
venv/bin/pip install '.[test]'
```

最后，我们可以这样调用 tox：

```
venv/bin/tox
```

运行测试可能需要几分钟。在运行过程中，你可能注意到每个虚拟环境中都安装了 textproof 包及其依赖项（而不是可选的[test]依赖项）。一切运行完成后，你将看到一份摘要报告：

```
___________________________________ summary ___________________________________
  py38: commands succeeded
  py39: commands succeeded
  py310: commands succeeded
  congratulations :)
```

此时，我们的包在 Python 3.8、Python 3.9 和 Python 3.10 上都能安装成功，且测试也都能正常运行，所以我们有理由相信 textproof 也可以在其他任何计算机的这些环境中运行。

你可以通过官方文档了解有关 tox 的更多信息。

20.11 基准测试和性能分析

作为程序员，通常会对如何让代码运行得更快感兴趣。你可能对自己的代码做出过很多决定，主要基于一种技术是否比另一种技术运行得更快。正如本章开头提及的，所有关于性能的声明在获得证实之前都是虚构的。

基准测试可以确定一段代码是否比另一段代码运行得更快。与之密切相关的性能分析技术通过定位性能瓶颈和常见的低效率代码，来找到现有代码中可以优化的区域。

Python 提供了 4 个对完成这类任务有帮助的内建工具：timeit、cProfile、profile 和 tracemalloc。

20.11.1 用 timeit 进行基准测试

当需要快速检验一段代码是否比另一段代码运行得更快时，timeit 是一个表现十分出色的工具。例如，你可能听到过这样一种说法：Python 中的多重赋值相比本书使用的普通单一赋值更快。你可以使用 timeit 验证这个说法，如清单 20-42 所示。

清单 20-42 profiling_with_timeit.py

```python
from timeit import timeit

count = 10_000_000

def multiple_assign():
    x, y, z = 'foo', 'bar', 'baz'

time_multiple_assign = timeit(multiple_assign)

def single_assign():
    x = 'foo'
    y = 'bar'
    z = 'baz'

time_single_assign = timeit(single_assign)

print("Multiple assignment:", time_multiple_assign, sep='\t')
print("Individual assignment:", time_single_assign, sep='\t')
```

测量的每个语句都应该包含在函数或其他可调用对象中。此外，还必须确定评估和运行每个语句的次数，一般需要运行很多次才有意义，次数越多结果越精确。将值 10_000_000（1000 万）绑定到 count 并传递给 timeit 的可选关键字参数 number，而不是冒险在两次函数调用中输入不同的数字，因为这可能扭曲结果。

重复运行语句所花费的时间由 timeit 返回。将结果绑定到 time_multiple_assign 和 time_single_assign。最后输出结果，并在 print 语句中使用制表符对齐两个数字。

运行代码后，结果如下：

```
Multiple assignment:    0.21586943799957226
Individual assignment:  0.18725779700071143
```

每次都会得到不同的结果，因为计算机基于抢先式多任务策略管理进程（可以参考第 16 章），这意味着 Python 进程可能随时暂停以允许另一个进程工作几毫秒。一次分析的结果并不具有决定性，你应该从大量结果样本中寻找趋势。

两者并没有太大的区别，但是很明显多重赋值并不快，甚至还稍微慢一点，至少在 Python 3.10 中是这样。

也可以通过传递一个包含要计时的代码的字符串字面量来对语句进行测量。在这种情况下，代码必须能自行执行，其不依赖于其他模块中的内容。如果需要进行一些设置，则可以将任意数量的代码作为字符串传递给 timeit 的关键字参数 setup。

timeit 模块也可以在命令行中使用。在 UNIX 终端对清单 20-42 中的代码进行相同的基准测试。响应结果将是内联的：

```
$ python3 -m timeit -n 10000000 'x, y, z = "foo", "bar", "baz"'
10000000 loops, best of 5: 20.8 nsec per loop
$ python3 -m timeit -n 10000000 'x = "foo"; y = "bar"; z = "baz"'
10000000 loops, best of 5: 19.1 nsec per loop
```

-n 参数用于指定代码执行的次数。最后一个参数是必需的，用于指定要运行的字符串形式的 Python 代码。（如果使用的是 Bash，请记住将字符串用单引号而不是双引号引起来，以防止 Bash 尝试解释 Python 代码中的任何内容。）

20.11.2 用 cProfile 或 profile 进行性能分析

基准测试会为测量的每个代码片段生成一个测量值，而性能分析则生成一个测量表，让你可以查看代码的哪些部分运行时间最长。

Python 提供了两个用于深入分析代码的工具：cProfile 和 profile。它们具有完全相同的接口，cProfile 是作为 C 语言扩展编写的，从而最大限度地减少了开销并绕过了 GIL，而 profile 则完全是用 Python 编写的，因此开销大得多。出于这个原因，应尽可能使用 cProfile，并仅在 cProfile 不可用时才使用 profile，例如当使用 Python 替代实现时。

不同于 timeit，cProfile 和 profile 了解它们自己的环境，且可以调用当前命名空间中所有可用的函数或方法。

可以使用 cProfile 和 profile 执行基准测试，只需要在单独调用 run()时运行两个对比语句或函数调用即可。然而，timeit 通常更适合执行基准测试。我打算将 cProfile 用于它最擅长的事情：识别可能的性能瓶颈。

从 textproof 包的默认入口点通过 cProfile 调用 main()函数，如清单 20-43 所示。

清单 20-43　src/textproof/__main__.py:1b

```
# --snip–

if __name__ == "__main__":
    # main()
    import cProfile
    cProfile.run('main()')
```

由于这只是临时代码，因此我们在这里而不是在文件的顶部导入 cProfile。cProfile 和 profile 提供的方法相同，包括 run()。

将包含 Python 语句的字符串传递给 profile。在这种情况下，可通过调用 main()函数来分析整个程序。

现在就可以安装并调用程序了。你不能使用 textproof 提供的通常入口调用点，因为这将绕过整个 if __name__子句。相反，需要直接执行包：

```
venv/bin/pip install -e .
venv/bin/python3 -m textproof fixme.txt --output fixmeout.txt
```

程序将正常启动，你可以与之交互。

探究笔记：这就是我仍然喜欢通过if __name__ == "__main__" 来获得默认包入口点的原因。它为我提供了一个临时更改程序运行方式的标准入口，用于实验、调试和测试，但又不会影响setup.cfg提供的主要入口点。

在使用完程序并退出后，cProfile 会在终端显示一份报告。然而，这份报告非常庞大，难以浏览，且按名称排序（这对我们毫无帮助）。

cProfile.Profile()提供了更多的控制。通常，它可以像清单 20-44 那样使用，尽管这将引发一个特殊问题，这个问题我们稍后讨论。

清单 20-44　src/textproof/__main__.py:1c

```
if __name__ == "__main__":
    # main()
    import cProfile, pstats
    pr = cProfile.Profile()
    pr.enable()
    main()
    pr.disable()
    stats = pstats.Stats(pr)
    stats.strip_dirs()
    stats.sort_stats(pstats.SortKey.CUMULATIVE)
    stats.print_stats(10)
```

以上代码创建了一个新的 cProfile.Profile()对象并将其绑定到名称 pr。可通过 pr.enable()启用它，然后调用想要分析的代码。完成后，以相同的方式使用 pr.disable()禁用分析器。

为了对分析结果进行排序，创建一个 pstats.Stats()对象。先用 strip_dirs()删除路径信息，这样就只能看到模块名。然后使用 sort_stats()按每个函数的累计运行时间排序，即程序运行过程中函数所花费的总时长。

最后，使用 print_stats()输出统计结果，并限定只显示前 10 行的输出，而非显示所有行。也可以在这里传递一个浮点数，表示要显示的行数百分比。

从 Python 3.8 开始，cProfile.Profile()也是一个上下文管理器，因此我们可以使用清单 20-45 所示的语法来代替手动启用和禁用。

清单 20-45 src/textproof/__main__.py:1d

```
if __name__ == "__main__":
    # main()
    import cProfile, pstats
    with cProfile.Profile() as pr:
        main()
    stats = pstats.Stats(pr)
    stats.strip_dirs()
    stats.sort_stats(pstats.SortKey.CUMULATIVE)
    stats.print_stats(10)
```

如果你尝试运行清单 20-44 或清单 20-45 中的代码，就会发现没有输出。我花了大约半小时反复尝试，终于意识到这是因为使用了@click.command()来修饰 main()，而 Click 导致程序在 main()结束时立即退出，而不是回到这里才结束。此类问题并非 Click 独有。在实际应用中，有很多情况会导致程序并没有从 main()或其他函数正确地返回而终止。比如，用户可能会关闭一个窗口或单击“退出”按钮。

在这种情况下，可以通过将逻辑直接迁移到 main()函数中来获得最佳结果，如清单 20-46 所示。

清单 20-46 src/textproof/__main__.py:1e

```
#!/usr/bin/env python3

import click
from textproof.fileio import FileIO
from textproof.checked_text import CheckedText

@click.command()
@click.argument('path')
@click.option('--output', default=None, help="the path to write to")
def main(path, output):
    import cProfile, pstats
    with cProfile.Profile() as pr:
        file = FileIO(path, output)
        # --snip--

        file.save()
    stats = pstats.Stats(pr)
    stats.strip_dirs()
    stats.sort_stats(pstats.SortKey.CUMULATIVE)
    stats.print_stats(10)

if __name__ == "__main__":
    main()
```

最终执行后，便可获得一些有用的输出：

```
      7146 function calls (7110 primitive calls) in 3.521 seconds
```

```
Ordered by: cumulative time
List reduced from 652 to 10 due to restriction <10>

ncalls  tottime  percall  cumtime  percall filename:lineno(function)
     1    0.000    0.000    2.693    2.693 checked_text.py:15(fix_typos)
     9    0.000    0.000    2.693    0.299 typo.py:30(select_fix)
     9    0.000    0.000    2.692    0.299 typo.py:15(get_choice)
     9    2.691    0.299    2.691    0.299 {built-in method builtins.input}
     1    0.000    0.000    0.827    0.827 checked_text.py:6(__init__)
     1    0.000    0.000    0.827    0.827 api.py:4(api_query)
     1    0.000    0.000    0.825    0.825 api.py:107(post)
     1    0.000    0.000    0.825    0.825 api.py:16(request)
     1    0.000    0.000    0.824    0.824 sessions.py:463(request)
     1    0.000    0.000    0.820    0.820 sessions.py:614(send)
```

这里的列分别是调用次数（ncalls）、函数本身花费的总时间（tottime）、函数花费的平均时间（percall）、函数自身及其内部调用花费的总时间（cumtime）及平均值（percall）。其中最有用的是 cumtime，我们对其进行了排序。

你可能期望 API 调用花费的时间最长，但实际上，它在以上列表中排名第 6，累计运行时长为 0.827s。checked_text.py 中的 fix_typos()是赢家，耗时 2.693s，但仔细检查后，你会发现几乎所有时间花在了 input()函数上。该程序的运行时受 I/O 限制，但是由于响应似乎很完美，因此无须进一步关注。

可以增加显示的结果数量并继续分析，以寻找可能的瓶颈，相信你已经明白了整个性能分析的思路。

还可以在命令行中调用 cProfile 和 profile。就其本身而言，这并不能提供一种只显示部分结果的方法，查阅结果变得很重要。对应的，可以使用 SnakeViz 工具以图形方式查看结果，该工具可以作为 snakeviz 用 pip 安装。然后，你可以像下面这样使用它：

```
venv/bin/python3 -m cProfile ❶ -o profile_out venv/bin/textproof fixme.txt --output fixmeout.
txt
venv/bin/snakeviz profile_out
```

以上代码直接在命令行中调用 cProfile❶，并指定将分析结果保存到文件 profile_out 中。然后用 snakeviz 打开 profile_out 文件，这将在默认的网络浏览器中打开结果的交互式图表。

你可以从 GitHub 的 jiffyclub/snakeviz 代码仓库中了解有关 SnakeViz 的更多信息。另外，还有很多工具可以用来在 Python 中进行分析，Python 官方文档的“Python 性能分析器”部分详细地介绍了如何进行有效的分析以及相关的注意事项。

20.11.3 tracemalloc

cProfile 或 profile 提供了代码时间复杂度的切片，那么空间复杂度呢？如果使用的是 CPython，则可以使用 tracemalloc 检查系统中的内存分配方式，并查阅代码的哪些部分使用了最多的内存。

请牢记前文在介绍 cProfile 时提及的效能问题，Python 官方文档的“tracemalloc——跟踪内存分配”部分清晰地解释了其工作原理。

20.12 本章小结

测试是任何生产级项目的关键组成部分。Python 生态系统提供了许多用来测试代码的工具，以及许多用来检查代码覆盖率和在不同环境中进行自动化测试的工具。实际上，要让所有这些组件无缝地协同工作，仍需要花费一些时间，尽管使用基于 src 的项目结构会有所帮助。一旦测试系统运行顺畅，就可以更轻松地持续验证你对代码所做的每一次更改是否朝着正确方向前进。

本章演示的项目结构也适用于持续集成工具，例如 GitHub Actions、Travis CI、CircleCI 以及 Jenkins，它们在代码仓库提交或拉取时自动运行测试。

此外，还可以通过使用 timeit 进行基准测试、使用 cProfile 或 profile 进行分析，以及使用 tracemalloc 来检查内存分配以深入了解代码性能。

我有一个令人难以置信的消息要告诉你：如果你从第 1 章开始阅读，那么你现在已经看到、学习和实践了 Python 语言核心的几乎每一个基本组件、标准库的大部分内容，以及整个 Python 生态系统的大部分内容。现在，我们的旅行只剩下最后一站了。

第21章 前路迢迢

终于，你在编程之旅中来到了这一重要里程碑：你了解了 Python!

你熟悉了语法和模式，学习了如何利用 Python 组织、设计以及构建生产级软件。掌握这些基础知识后，你已经能读懂官方文档，甚至可以参与 Python 开发者间的争论。

然而，了解一门语言和掌握一门语言之间有着很大的区别。只有通过编写现实世界代码，才能真正开始在 Python 中思考。如果在阅读本书时，你一直在开发一个真实项目，那么你可能已经达到这一境界。否则，你的下一步将既简单又复杂：构建自己的作品!

“是的，但是构建什么呢？”你可能马上会问，“我现在知道 Python 是如何工作的，但是我应该真正开发什么呢？”

这是个关键的十字路口。从这里，你可以探索很多方向。在本章中，无论如何，我将尽力指出一些最佳路径，并为你的下一段旅程提供一些资源和建议。最后，我将向你展示如何融入 Python 社区。

21.1 关于未来

Python 处于持续开发中。它的每个版本都带来了新功能，每个新功能通常都以 PEP 的形式作为开端，PEP 可能源于 Python 社区中进行的任何对话。PEP 从创建开始，可能被辩论、调整、重新设计，并最终被接受或拒绝。

缘于软件开发的本质，并非对语言的所有改进都是顺利的。当一个包被考虑添加到标准库中时，它可能首先被标记为临时包或临时 API，这意味着它可能随时被更改，而且不考虑向后兼容。根据 PEP 411 提出的规则，包文档将警告你正在使用临时包。

有时，当计划在更高版本的 Python 中发布一个新功能，而核心开发人员又希望允许 Python 用户提前在预览版本中测试该功能时，则可以将其添加到一个名为__future__的特殊模块中。即将推出的功能可以通过此模块导入，并像已经成为语言的一部分那样使用。

如果你想像 Python 内部人士一样及时了解这门语言可能出现的新功能及其未来的发展，请加入 Python 官方论坛（Discussions on Python），并在 Mailman 3 Info 网站订阅 python-dev 邮件列表，这样你就可以随时接收消息了。

21.2 你想出发去哪儿？

Python 仍然是最流行的编程语言之一的关键原因，就是其多功能性。然而，重要的是应该记住：你并不能学习一切，也不应该去尝试一切！编程不像骑自行车，即便掌握了也必须定期练习，否则就会丧失编程感觉。

更好的办法是找到一个你关注的还未解决的问题，尝试为之建立解决方案，并真正逐步落实。本章的目的就是为你提供在 Python 中通常用来解决各种问题的范本。

未来一直在你手中，关键在于你想构建什么。

21.2.1 Python 应用程序开发

无论是桌面设备还是移动设备，Python 都是应用开发的绝佳语言，因为它具有直观的语法和丰富的框架。

即便在互联网时代，桌面和移动应用程序也仍然在市场上占有一席之地。Spotify 和 Dropbox 等服务都提供客户端应用程序（都是用 Python 编写的），并且具备额外的设备集成。从图形统计到数据可视化，桌面应用程序在很多领域和工作流程中依然是可靠的主力。应用软件总是能以更加具有挑战性的方式充分挖掘系统和硬件资源，这是浏览器难以达到的。

有很多 GUI 框架可以为 Python 所用，Tkiner 就是 Tk 框架的 Python 绑定版本。虽然其默认图形风格明显过时，但 Tk 是最易用的 GUI 框架之一。

陷阱警告： 如果想在macOS 10.6及以上版本中使用Tkiner，则必须安装比系统内置Python更高的版本。macOS发行版附带的Python发行版中包含的Tkiner版本存在严重问题。

最流行的 GUI 框架之一就是 Qt（官方发音为“cute”），它为创建简洁、现代、能跨平台和跨设备运行的应用程序提供了所有需要的东西。Qt 框架有如下 Python 绑定：PySide2（Qt 5）和 PySide6（Qt 6），这是 Qt 公司维护的官方绑定；以及 PyQt5 和 PyQt6，这是 Riverbank 公司维护的另外两种绑定。

另一个流行的 GUI 框架是 GTK，作为一个成熟且稳健的框架，它在 Linux 系统中的表现特别突出。PyGObject 是 GTK3 和 GTK4 的 Python 绑定。

Kivy 是一个主要用在桌面和移动操作系统中的 GUI 工具包。它特别适用于触摸屏设备（尽管也支持键盘和鼠标），并特别适合进行游戏开发。在我撰写本书时，为 Linux 打包 Kivy 应用特别困难（并且还没完备支持）。Kivy 2.0 有望在这方面做出改进，但我依然强烈建议你在开始构建应用包之前彻底解决打包问题。

还有相当多的 GUI 框架可供选择，例如 wxPython 和 Flexx，这里不再逐一列举。你可以在 GuiProgramming-Python Wiki 网站上找到最新的列表。

如果不知道从哪个框架开始进行 GUI 应用开发，建议从 Qt 开始。如果想要得到更详细的指导，请查阅 Martin Fitzpatrick 撰写的图书 *Create GUI Applications with Python & Qt 5*。Martin 先后写了两个版本，内容分别涵盖 PySide2 和 PyQt5。访问 Martin Fitzpatrick 的个人网站可以获得更多信息，包含教程和示例。

21.2.2　Python 游戏开发

虽然不如许多游戏引擎那般强大，但是使用 Python 有助于简化游戏开发。Civilization IV、EVE Online、Frets on Fire 以及 Toontown Online 等著名游戏都是用 Python 构建的。根据游戏的不同，可以选择不同的 GUI 框架，但是为了获得最佳效果，通常需要选择专用游戏开发库。

PyGame 是最早且最常被推荐的 Python 游戏开发库之一。它主要围绕 Simple DirectMedia Layer（SDL2）进行封装，提供了对硬件的跨平台访问支持，以便处理图形、声音和设备。它也提供了其他图形 API，比如 OpenGL、Direct3D 和 Vulkan。

除了 PyGame，还有其他选择，具体取决于所要构建的游戏类型。Wasabi2D 和 pyglet 都可以同 OpenGL 配套使用，而 OpenGL 是大多数主要游戏引擎的基础库。Panda3D 和 Ogre 则是创建实时 3D 游戏的两个流行选择。此外还有很多库可以选择。

无论想使用哪种游戏开发框架，其官方文档总是最好的起点。当然，如果喜欢带有大量指导示例的、学习曲线更加容易的资源，推荐 Al Sweigart 的 *Invent Your Own Computer Games with Python, 4th Edition*，这本书将带领你适应 PyGame，更加重要的是，它可以使你熟悉游戏开发相关的各种概念。

21.2.3　Python Web 开发

Python 作为服务端编程语言表现出众，特别是在快速开发 Web 应用程序和 API 方面。当前有 3 个库是焦点所在：Django、Flask 以及 FastAPI。

Django 的特点是“电池内置”[①]。它采用 MVT（Model View Template）架构，包含数据库集成、对象关系映射器（Object-Relational Mapper，ORM），以及使用 Python 构建 Web 应用程序或 API 所需要的一切[②]。Django 已被 BitBucket（商用仓库托管服务，类似于 GutHub）、Instagram、美国公共广播服务（Public Broadcasting Service，PBS）等使用。要学习使用 Django，请访问其官方网站。Django 还有一个特别优秀的技术社区 Django Girls 会发布教程[③]。

相比之下，Flask 是极简主义者的选择。Flask 提供了最小限制的框架，并允许开发者选择需要的工具和组件。Flask 社区提供了各种各样的扩展，从而使开发者可以在 Flask 中添加与 Django 对应的功能，所有这些扩展都是独立配置和安装的。Flask 强调要尽可能多地将控制权保留在开发人员手中。Pinterest、LinkedIn 等网站都是基于 Flask 构建的。要学习使用 Flask，请查看其官方文档以了解配置、入门和框架使用的详细信息。

FastAPI 则是一个专门针对 Web API 设计而开发的框架。它专注于提高性能和稳定性，完全符合 OpenAPI（Swagger）和 JSON 模式。详细信息请参阅 FastAPI 官网。

① 译者注：即所谓的 ALL-in-ONE，一切都准备好了，不用再另外安装第三方支持软件。

② 译者注：这一切都是 Django 自行从零构建的，这导致在 Django 中一切都有自己的规矩。

③ 译者注：Django Girls 是被 Python 创始人大加称赞的公益技术社区，其通过组织免费培训活动来鼓励女性成为软件工程师。

21.2.4　客户端 Python

你可能想知道 Python 是否可以在客户端及浏览器中运行。当前，有一些 Python 的实现正在进行这方面的尝试。这里列出的只是其中一部分。

Brython 是 Browser Python 的缩写，是相对成熟的一种方案。它的工作原理是将 Python 代码转换为 JavaScript。Brython 被设计为和文档对象模型（Document Object Model，DOM）配合使用。更多信息和完整文档参见 Brython 官网以及 GitHub 上的 brython-dev/brython 项目。

Skulpt 是一种较新的解决方案，旨在成为 JavaScript 中完备的 Python 实现，而不是代码转译器。截至本书完稿时，Skulpt 仍然缺少许多核心语言功能①。更多信息见 Skulpt 官网。

Pyodide 是 CPython 向 WebAssembly 以及 Emscripten 的移植，支持很多 C 语言扩展。更多信息可以在 Pyodide 的官方文档中找到。

21.2.5　Python 数据科学

Python 是数据科学领域的领先语言之一，专注于通过聚合和分析数据来获得有价值的结论以及提取信息。数据科学被认为是一种应用统计学，与计算机科学相关但又不完全相同。从数据集中提取信息有时也称“数据挖掘”，而“大数据”这一术语则专指与特别大的数据集相关的工作。

Python 已经形成一个庞大的、专门面向数据科学的生态体系。当然，其中很多工具在普通软件开发中也很有用。

1.　数据科学环境

Jupyter Notebook 可能是数据科学生态系统中最重要的工具。它是一个完备的交互式开发环境，尤其适用于数据科学和科学计算，因为它能够将可执行的 Python 代码和 Markdown 格式的文本、数学公式、实时图表和图形以及其他多媒体都结合在一起。笔记文档是一种单独的 Jupyter Notebook 文件，文件扩展名为 .ipynb（对应 IPython Notebook，这是 Jupyter Notebook 之前的名称）。除了支持 Python，Jupyter 还能和数据科学领域的另外两种流行的语言——Julia 和 R 语言——一起工作。你可以在 Jupyter 官网了解有关 Jupyter Notebook 及其相关项目的更多信息。

Anaconda 则是另一个独特的 Python 发行版本，专门面向数据科学和科学计算。它预装了超过 250 种常用的数据科学库和工具，包括 Jupyter Notebook。Anaconda 有自己的集成开发环境 Anaconda Navigator 以及专用的包管理器 conda②。除此之外，Anaconda 还提供面向数据科学的云服务，包含免费和付费计划。可从 Anaconda 官网获得更多信息。

2.　数据科学包

Python 中有数百个与数据科学相关的软件包，有一些特别值得关注，其中许多甚至一直处

① 译者注：Skulpt 的野心和方向都没错，问题是 JavaScript 的历史包袱太大了。

② 译者注：conda 软件库和 Python 官方的 PyPI 库是分离的，旨在专门为各种芯片架构的操作系统进行预编译检验和打包，通过 conda 指令安装 OpenCV 等包含 C 语言代码的计算密集型模块和库会更快、更稳定。此外，mamba 软件库在 conda 的基础上对模块仓库进一步加速，可以更快捷地下载和安装指定模块，因此可以使用 mamba 软件库代替 conda 软件库。

于领先地位，具体如下。

- Pandas 是处理数据库必不可少的包。它提供了 dataframes 对象，允许从数据库、电子表格、表单、CSV 文件等数据源中选择、合并、重塑和处理数据，提供的操作类似于 R 语言。在 Pandas 官网可获得更多信息。
- NumPy 是处理数值计算的领先软件包，涵盖从数学到统计分析，甚至执行列表和数组的高级处理。在 NumPy 官网可获得更多信息。
- SciPy（库）对 NumPy 进行了扩展，为科学计算提供了额外的数值计算例程，包含线性代数和数值优化等支持。这个生态系统中还包括 NumPy、Pandas 以及其他组件。在 SciPy 官网可获得更多信息。
- Matplotlib 是用于生成绘图、图表、图形和其他数据可视化效果的流行的库。在 Matplotlib 官网可获得更多信息。
- Seaborn 扩展了 Matplotlib 并和 Pandas 集成，以提供更高级的数据可视化工具（包含所有漂亮的颜色!）。在 Seaborn 官网可获得更多信息。
- Bokeh 是另一个流行的可视化库，它独立于 Matplotlib，允许创建可嵌入网页和 Jupyter Notebook 中的交互式数据可视化效果。在 Bokeh 官网可获得更多信息。
- Dask 是一个 Python 并行库，专为处理数据科学领域和其他相关领域的工具而构建。它可以加快执行速度，尤其是在处理大型数据集或进行 CPU 密集型分析时。在 Dask 官网可获得更多信息。
- kedro 相对于其他包比较新，但它在数据科学中发挥着重要作用，可以保护数据管道的可扩展性、可维护性和生产就绪。在 kedro 官网可获得更多信息。

数据科学领域还有很多其他子领域，包括地理信息系统（Geographic Information System，GIS）以及科学计算的很多分支。这些子领域通常都有通用库和工具。

另外值得一提的是 Numba，它是 Python 和 NumPy 的即时（Just-In-Time，JIT）编译器，可以将 Python 程序的指定部分编译为机器码。

如果想了解有关 Anaconda 生态系统（包括此处列出的各种库）的更多信息，可以阅读 Lee Vaughan 撰写的图书 *Doing Science with Python*（No Starch 出版社，2022）。

21.2.6 Python 机器学习

Python 中的另一个热门话题是机器学习，这是人工智能的核心。机器学习可以根据所提供的数据和反馈，令算法随着时间的推移自动改进，这一过程称为训练。例如，你的智能手机在你输入时利用机器学习来改善输入建议。你使用智能手机的次数越多，该算法就能越好地对你输入的内容提出建议。

机器学习使用神经网络进行工作，神经网络是一种模仿生物神经网络（例如人脑）的结构和行为的数据结构。当你将神经网络分层时，就进入了深度学习主题。

神经网络的结构并不是特别难以理解，但是其中涉及相当多的高等数学知识，如线性代数、多元微积分和概率论的知识。如果你对机器学习感兴趣，请花一些时间来理解相关数学概念。

不要担心计算，只需要掌握概念，让计算机为你完成计算就好。

机器学习通常与数据科学密切相关。因此，你会发现这两个领域使用了很多相同的包。

以下是 5 个受欢迎的机器学习包。

- ❑ TensorFlow 是一个 C++ 和 Python 符号数学库，支持着现今一些大型机器学习项目，包括 Google 的人工智能项目。它比其他同类包更难学习，但同时它又是使用最为广泛的机器学习包，这主要是由于它的运算速度很快。在 TensorFlow 官网可以获得更多信息。
- ❑ Keras 是在 TensorFlow 基础上扩展的深度学习 API，而且通常被认为更易于使用。如果你刚开始接触机器学习，这是个很好的选择。在 Keras 官网可以获得更多信息。
- ❑ scikit-learn 是一个基于 NumPy 构建的更加简单的机器学习库。它对于预测数据分析和构建其他数据科学应用特别有用。在 scikit-learn 官网可以获得更多信息。
- ❑ PyTorch 则是基于 Facebook 的 Torch 框架。它独立提供了和 NumPy、SciPy 以及 scikit-learn 相同的功能。PyTorch 通过 GPU 提供加速，可以与深度神经网络一起工作。在 PyTorch 官网可以获得更多信息[①]。
- ❑ Aesera 是一个纯 Python 机器学习库，它和 NumPy 紧密集成，主要关注一些涉及数学的演算。Aesera 虽然可以独立使用，但通常是和其他方案（比如 Keras）一起工作。Aesera 其实是 Theano 库的延续。Aesera 官方文档提供了更多信息。

机器学习领域还有很多其他主题，包括自然语言处理和计算机视觉。一旦掌握了机器学习的基础知识，就可以继续拓展到你感兴趣的任何子主题。

如果你对这个领域有兴趣，这里推荐两本可以帮助你入门的图书：Andrew Glassner 撰写的 *Deep Learning: A Visual Approach*（No Starch 出版社，2021）以及 Ronald T. Kneusel 撰写的 *Practical Deep Learning*（No Starch 出版社，2021）。

21.2.7 安全

Python 在信息安全（或 infosec）领域越来越受欢迎，它可以确保数据、软件和计算机系统的安全。

这里有必要提醒一下，用于发现需要改善的安全漏洞的技术和利用（制造）这些漏洞的技术相同。信息安全领域整体都在一种向善的法律和道德路线上运行，以便将道德黑客（“白帽”黑客）与犯罪黑客（“黑帽”黑客）区分开来。双方都知道如何构建和部署恶意软件、逆向工程软件以及入侵系统，不同之处在于道德黑客使用这些技术来发现并报告或关闭安全漏洞，以防止犯罪黑客利用它们。例如，臭名昭著的 Heartbleed 和 Spectre 漏洞在被犯罪黑客利用之前就被道德黑客发现并报告了。

Python 信息安全领域有两本好书：Justin Seitz 和 Tim Arnold 合著的《Python 黑帽子：黑客与渗透测试编程之道（第 2 版）》，以及 Justin Seitz 撰写的《Python 灰帽子——黑客与逆向工程

① 译者注：Torch 使用 C 语言完成核心，但选择 Lua 作为接口及开发语言，这导致其多年来发展不力。因为 Python 有完备的 C 语言拓展能力，所以 Python 能快速替代 Lua 且不失 Torch 的任何原有功能。

师的 Python 编程之道》。如果对这一领域有兴趣，这两本书是你开始学习的最佳起点。

不过，再次提醒你：如何运用你的力量永远是你的责任。使用计算机犯罪或故意制造麻烦是绝对不行的。请确保你的黑客行为合乎道义[①]。

21.2.8 Python 嵌入式开发

如果你喜欢创客文化，则可能会高兴于 Python 是当前嵌入式开发中发展最快的语言，代码也早已可以直接在控制的硬件上发布。这意味着可以将 Python 用于机器人、物联网设备及其他很多硬件项目。

Python 可以和预装了 Thonny Python IDE 的 Raspberry Pi 一起工作。如果想要了解更多信息，请查看 Raspberry Pi 官方文档。

Python 也可以通过 pySerial 对 Arduino 微控制器进行编程，详见 pySerial 官方文档。

MicroPython 则是 Python 专门面向嵌入式开发的方案。它和 pyboard 微控制器配合起来最流畅。可以在 MicroPython 官网获得有关 MicroPython 和 pyboard 的更多信息。

CircuitPython 是另一个 Python 实现。它基于 MicroPython，但主要面向 Adafruit 微控制器。它还可以用于各种 Raspberry Pi、Ardunio 微控制器，以及其他品牌的硬件。在 CircuitPython 官网可以找到支持特定设备的下载链接、文档、教程和指南。

21.2.9 脚本

在了解了 Python 广泛而令人印象深刻的用途后，我们很容易忘记这种语言被创造出来的原因之一是促进自动化和脚本编写。有不计其数的库可以支持 Python 和各种软件、操作系统、硬件进行交互。如果需要为重复性的任务构建一个简洁的解决方案，那么 Python 很可能可以帮助你解决这个问题。

有两本书可以帮助你了解如何使用 Python 完成自动化：《Python 极客编程：用代码探索世界》和《Python 编程快速上手——让繁琐工作自动化（第 2 版）》。

21.3 Python 特色

正如你已经发现的，Python 的默认实现（正式名称为 CPython）并不是 Python 唯一的实现。Python 还有不少其他的实现，其中多数有其特殊应用领域。

下面首先介绍一个高度专业化的 Python 实现——RPython[②]，其旨在构建一种解释型语言。RPython 是 Python 的一种受限子集语言，带有 JIT 编译器，这意味着代码在执行前能实时编译为机器码，而不是在执行期间由解释器进行解释。RPython 官方文档提供了大量资料。

---

① 译者注：有关什么是黑客（Hacker），推荐阅读 Eric Steven Raymond 的文章“How To Become A Hacker”（“如何成为一名黑客”）；有关人类信息安全开端的故事，推荐阅读图书《杜鹃蛋：电脑间谍案曝光录》，其中记录了 20 世纪 70 年代初互联网早期人类首次信息安全对抗的故事，可以说后来互联网安全领域所有行为原型都在故事中出现过了，非常有源头意义。

② 译者注：RPython 中的 R 指的是 Realtime（实时），而不是指 R 语言。

PyPy 是 Python 的另一种实现，值得注意的是它比 CPython 快很多。PyPy 是在 RPython 而非 CPython 的基础上实现的。它的快速归功于 JIT 编译而非解释执行，这使其能达到和 C++或 Java 相当的性能。PyPy 总是落后于 CPython 几个版本——在我撰写本书时，它对应 Python 3.6——好在对于性能很重要的项目，这是可接受的折中方案。此外，由于 PyPy 不依赖于 C 语言，因此除了 C 语言外部函数接口（C Foreign Function Interface，CFFI）等少数专门配套构建的几个扩展之外，它并不适用于开发二进制扩展。

Stackless Python 是 Python 的又一种特殊实现，它提供了一些独特的工具来改进并发性和代码结构。Stackless Python 在很多方面都有自己独特的设计，因此必须学习它。学习 Stackless Python 最好从它的 wiki 开始，其中包含更详细的阅读材料和资源的链接。

之前提及的 Brython、Skulpt 和 Pyodide 都是 Python 面向 Web 开发的浏览器实现，MicroPython 和 CircuitPython 则是 Python 面向嵌入式开发的专用实现。

除此之外，还有一些用不同语言构建的 Python 解释器实现。其中最著名的如下：用 Rust 实现的 RustPython；IronPython 和 Python.NET，两者都和 .NET 框架紧密集成；以及 Jython，它是用 Java 编写的，用于在 Java 虚拟机（Java Virtual Machine，JVM）中集成。在我撰写本书时，RustPython 最高支持 Python 3.9，Python.NET 最高支持 Python 3.8，而 IronPython 仅支持到 Python 3.4，Jython 仍与 Python 2.7 保持一致。无论你使用哪种 Python 实现，都请记住官方实现 CPython 是所有其他实现的基础。即便你打算将大部分时间花在另一个 Python 实现上，了解如何更好地使用 CPython 也很重要。

21.4 开发 Python 本身

Python 生态系统本身由全球数以千计的开发人员共同维护。其中一部分开发人员编写库来满足特定需求，而另一部分开发人员则在各种不同实现中扩展和改进 Python 语言。

如果你想参与 Python 本身的开发，有其他领域的开发经验将会很有帮助，这样你就能了解存在什么需求以及解决这些问题的更好方案。很少有开发者从一开始就使用 Python，相反，他们大多是在工作中意识到存在某个具体领域的需求后，才开始使用 Python 并从此沉迷于 Python。正因为如此，当能够为 Python 生态系统做出贡献时，你会非常有成就感。

21.4.1 开发 Python 包和工具

你从本书中学习到的技术已经足够让你构建和发布生产质量的包、库和开发工具。也许你已经有了一些想法，或者仍在思考可以构建什么。

无论哪种情况，都强烈建议你定期了解所使用的工具和软件包的信息。大多数项目是由少数志愿者维护的，通常这是种吃力又不讨好的任务，有时问题出现的速度比志愿者解决问题的速度还要快①。

在开始着手尝试构建一个全新事物之前，请考虑是否可以为改进现有问题提供解决方案。

① 译者注：其实大多数成功的开源项目的状态就是这样的，毕竟用的人越多，发现的问题也就越多。

为开源项目做贡献是提升编程技能以及建立全新专业人脉的一种不可思议的方式，你的贡献甚至不必很大。你可以对积压的拉取请求（pull request，在基于 GitHub 的生态中进行分布式协作时常用的一种贡献提交形式，详细信息可以在 GitHub 中找到）执行代码审核、修复小的错误、执行“家务”型的小任务、整理文档或改进包的发行，这一切都对社区有切实帮助。

还有一些项目被放弃或已经无人维护，需要新的维护者来接手。当你采用一个已经被放弃的项目时，你其实受益于可工作的代码仓库（基于“工作”的某些定义）以及现有用户群。通常，项目被放弃只是因为它们需要移植到 Python 3。此外，使用遗留代码可能也是一种非常有收获的体验。

Python 包索引（PyPI）中的几乎所有包都拥有指向官方网站、源代码仓库和问题追踪器的链接。其他软件包则至少列出了当前维护者的电子邮箱地址。当你找到一个经常使用的包时，你应该认真考虑是否参与它的开发和维护。

至于新项目，如果你发现自己正在构建一个工具或库，请尝试去解决你在开发工作中遇到的真实问题，并考虑将其发布给全世界！

21.4.2　开发 Python 扩展

二进制扩展模块通常简称扩展模块或扩展，其为 CPython 解释器添加新功能，并允许将 CPython 代码与 C/C++代码集成起来。

封装器模块将 C 语言库暴露给 Python。PyGObject 就是一个例子，因为它封装了 GTK 的 C 语言库和其他几个库，并且使它们可以用于 Python 代码。扩展还可以封装 C++和 FORTRAN 库等。

扩展的另一个常见用途就是提供对操作系统、硬件或 CPython 运行时的低级访问。

加速器模块提供和纯 Python 模块相同的行为，但它们实际上是用 C 语言编写的。加速器模块的一个特殊优点就在于可以绕过 GIL，因为它们是以编译为机器码的形式运行的。这些模块能为纯 Python 模块可能无法工作的场景提供后备方案。

还有很多方法可以开发扩展。传统上，可以在 C 语言代码工程中通过引入 Python.h 头文件来构建扩展。可在 Python 官方文档的“扩展和嵌入 Python 解释器”部分找到有关此内容的详细信息。

然而，直接引入 Python.h 已经不被认为是最好的方法。这种形式非常笨重且容易出错之外，以这种方式构建的扩展通常很难与 PyPy 和 Python 的其他实现一起工作。已经有很多专门用于构建扩展的第三方工具，它们的使用相对更加简单和明确。

CFFI 是比较流行的方案之一。与其他一些工具不同，CFFI 不需要你学习额外的专业语言。相反，它使用纯 C 语言和 Python。它适用于 CPython 和 PyPy。可以从 CFFI 官方文档中了解更多信息。

CFFI 并不适用于 C++，所以如果需要 C++和 Python 相互操作，请查阅 cppyy 官方文档。

Cython 则是一种独立的编程语言，它是 Python 的超集，提供对 C 和 C++ 的直接访问。可以像使用 C 语言一样预先编译 Cython 代码。更多信息和官方文档可以在 Cython 官网找到。

SWIG（Simplified Wrapper and Interface Generator，简化封装和接口生成器）则是一种用于在十多种编程语言之间提供互操作性的工具，包括 Python、C、C++、Java、C#、Perl、JavaScript

和 Ruby。它可用于创建 Python 二进制扩展。相关信息、文档和教程可以在 SWIG 官网找到。

Python 二进制扩展的开发是一个特别深奥的主题，并且涉及 C 语言。Python Packaging User Guide 网站上有一份出色的指南，其中探讨了二进制扩展的开发，特别是从打包的角度来看。

21.4.3　为 Python 做各种贡献

Python 是一个开源项目，拥有丰富的社区和维护良好的开发渠道。如果你对 Python 充满热情，那么 Python 总是欢迎新的贡献者！你做的贡献可以是修复问题、测试补丁、实施新功能和更新文档等。即便你没有高超的 C 语言编程技能，也可以做很多事情。如果你想为 Python 做贡献，请先阅读官方网站上的“Python 开发者指南”（Python Developer's Guide）。

如果 Java 或 .NET 更加适合你，或你正着迷于 RPython，你也可以为 Jython、RustPython、Python.NET、IronPython 或 PyPy 做出贡献。这些都被认为是 Python 生态系统中的重要项目，而且也都有很多工作值得你做。

1. 改变语言

由于 Python 是由社区构建的，因此你可以提议对 Python 或其标准库进行更改，这将涉及大量工作，以及相当多的讨论、辩论和测试。在此过程中，你需要先创建一个 PEP，明确阐述你提出的变更建议以及到目前为止的所有相关讨论。

所以不要轻易提出更改建议！即便你的想法对你来说似乎很明显，你也可能低估了其他观点的深度或价值。我们都希望 Python 越来越好，这意味着要考虑到多样化用户群中不同的需求和观点。这就是为什么提出 PEP 是一项重大的时间投资。

当然，如果你确定自己已经准备好迎接挑战，请参阅 Python 开发者指南中的“Changing the Python language”部分以了解语言变更，并参阅“Adding to the stdlib”部分以了解标准库的变更过程。

2. 成为核心开发者

一旦为 CPython 做出了一段时间的高质量贡献，你就可以申请成为核心开发者，这会给你带来额外的权限和责任。核心开发者深度领导 Python 的开发，并且对语言改进方向和提出的修订意见具有重要的影响力。

如果你想成为 Python 核心开发人员，请先向 CPython 贡献补丁，补丁包含修复错误的代码或实现已批准的功能。保持这个状态，直到核心开发者为你提供提交权限。之后，他们会密切关注你的工作，并在 Python 开发过程中持续帮助和指导你。最终，如果你足够好，你可能成为核心开发者。

Python 开发者指南中的“How to become a core developer”部分概述了整个过程以及涉及的所有职责和步骤，该指南本身基于 PEP 13 中阐述的 Python 语言治理政策[①]。

---

① 译者注：凡是能用自己将自己编译出来的语言，称为“自举的”编程语言，其困难程度就像你站在地面上在不借助外力的情况下用手将自己拉离地面；而 PEP 13 则确立了一个完备的机制，令 Python 可以在离开创始人之后，依然健康地自我成长下去，相当于 Python 开源社区是“自举的”。

21.5 和 Python 共同成长

强烈建议你加入 Python 社区！你不仅将从 Python 开发者那里学到很多东西，而且可以从帮助和指导他人中受益。互联网上有很多官方和非官方社区，具体包括以下这些。

- DEV 社区的 Python 板块。
- Python Discord 社区。
- Python 官方社区。
- Libera 在线聊天室（官方）。
- 官方邮件列表/新闻组。
- Reddit 网站的 r/learnpython 板块。
- PySlackers 网站。

其中，我个人最喜欢的是 DEV 社区，本书就是从那里开始的；我还喜欢 Libera 在线聊天室，我在那里遇到了本书的大部分技术审校团队成员。

21.5.1 提出问题

开发者加入社区的主要原因就是提出问题。无论你在哪个平台上，一开始都会感觉害怕！以下是在 Python 社区中提出问题和寻求帮助的一些准则。这些准则在大多数编程社区中也是适用的。

首先，你自己应该做些研究和实验。通读文档，尝试一些可能的解决方案，并注意哪些不起作用。Python 社区很乐意为你提供帮助，但也希望看到你为此付出努力[①]。

其次，所提的问题要具体。你提供的信息越多，社区就越能为你提供更好的帮助。如果可能，请向社区提供可以检验和运行的代码、错误消息或错误输出的确切文本、有关你的环境的详细信息（操作系统、Python 版本和库版本），以及你对实验结果的解释。在提供所有这些信息时，请注意遵守社区有关规则。许多平台（包括 Libera 在线聊天室）都要求使用 bpaste.net 等粘贴板共享工具，而不是将内容直接复制到聊天中，以免堵塞信息流。切勿将多行代码或终端输出直接复制到聊天中！

再次，要为意料之外的反馈做好准备。如果错误是由糟糕的设计、错误的假设或非惯用做法引起的，社区更愿意帮助你修复设计而不是错误。社区对工作代码不感兴趣，而对惯用代码更有热情。你可能会被询问“你的目的是什么？你为什么要这样做？你是否有理由不做某件事……”当遇到这种场景时，请保持冷静并持续和社区协作[②]。

陷阱警告： 请期待社区挑战你的实践和目标！社区并不是对你或你的技能发表评论，只是对你的代码进行点评。好斗等于自毁前程，且会最大限度地减少你现在或以后获得帮助的机会。

① 译者注：在这个阶段，最关键的技巧其实就是做好笔记，将自己探索、思考、实验的过程都详细记录下来，这种真实操作的过程非常宝贵，可以转化出各种资源，最关键的是可以证明你对这一系列问题是认真的。

② 译者注：在技术社区中对事不对人是基本原则，但是也不排除真的有人性格不好，在文字上习惯有攻击性。此时，不要被带入情绪，毕竟开源社区中所有服务都是免费的，对方并没有职责取悦于你。

最后，要有礼貌和耐心。我管理过的所有在线社区都由志愿者组成，他们免费付出时间和精力来帮助他人。你可能需要一些时间才能得到答案。请在公共场合提出你的问题，然后等待有人回应——不要只是问“有人能回答我的问题吗？”而不直接给出问题，因为这只会浪费志愿者的时间。如果是在 Libera 在线聊天室中，请保持登录状态，否则你可能会错过志愿者的回复！在任何基于聊天的媒体中，如果你的消息完全被其余消息（通常是指 3 个或更多的屏幕页面）淹没，请冷静地重新发布它。在类似论坛的平台上，请抵制“轰炸式顶帖”。

当你收到回复时，请仔细阅读并深思熟虑后再回答。当社区尝试寻找解决方案时，可能会有很多问题要问你。

21.5.2 回答问题

在学完本书之后，你对 Python 已经了解了很多！因此，你会遇到来自社区其他成员的提问，你可能已经知道怎么回答这些问题。这是回馈社区并和其他开发者建立关系的好方式。在这一过程中，你也能学会很多东西。即便如此，刚开始时，你一样会感觉害怕。这里有一些应对提示。

首先，不要害怕犯错误。如果你感觉自己可以回答问题，请尽力而为。而在社区中回答问题的好处其实是如果你说错了什么，其他人通常会立即纠正你。Python 开发者喜欢“学究式”的正确！（说真的，你应该看看本书的技术审校团队成员给我的评论。）在最坏的情况下，你也能学习到一些东西。我保证，没人会因此看轻你。

其次，在回答问题的过程中，其实大部分时间是在提出更多的问题。就像“Python 之禅”中所说的：面对太多可能，不要尝试猜测。最终，你的目标应该是引导提问者走向解决问题的最 Pythonic 方案。

最后，善良很重要。唯一需要批评的是代码和实践，而不应该是人。永远不要说出羞辱或贬低别人的话。

关于这一点，请谨慎发出“请阅读文档”之类的告诫。要知道官方文档可能很难理解，特别是对于初学者。此时可以分享指向对应页面或部分章节的链接，或者分享其他任何有用的资源链接，但永远不应该因为之前没有阅读或正确理解文档或其他材料而羞辱任何人。建议别人搜索网络时也是如此——有时需要真正的技巧来明确哪些关键字是最好的，或哪些结果才是相关的。无论如何，请做好准备，以防他们说链接不能解决他们的问题。你可能需要提出更多的问题，才能更好地理解他们所遇到的问题。

21.5.3 用户组

在线社区是极好的资源，但没有什么比一对一的在线协作更好的了！全球有超过 1600 个 Python 用户组，为各种背景和技术水平的开发者、学习者提供了交流知识的机会，特别是通过社交会议、演讲、在线调试甚至本地线下会议等活动。Python 用户组的完整列表参见官方 Python Wiki 的 LocalUserGroups 页面。请考虑联系一个你所在地区的用户组。如果你附近没有用户组，可以考虑自己创建一个！详见 LocalUserGroups 页面的 StartingYourUserGroup 部分。

21.5.4 PyLadies

特别值得关注的是 PyLadies，这是一个由 Python 软件基金会组织的社区，专注于支持和指导 Python 社区中的女性开发人员。

PyLadies 组织各种聚会和其他活动，并提供相应资源。除了国际在线社区，世界各地还有许多当地的 PyLadies 团队。如果你附近没有，也许你可以组织一个。可以访问 PyLadies 官网以获得更多信息。

21.5.5 参加各种会议

参加会议是种令人难以置信的学习和成长方式，同时还可以与更大的 Python 社区建立联系。Python 世界中有很多很棒的会议，包括 PyCon US（官方会议）、Pyjamas、SciPy、Python Pizza 以及 PyData。此外，许多国家也有当地的 PyCon[①]。

当你想到会议时，首先可能想到的大概就是各种讲座。讲座当然是亮点之一，尤其是 Python 社区重要人物的主题演讲，但它们并不是唯一发生的事情。研讨会为你提供了亲身体验全新议题的机会。闪电演讲也很有趣：允许任何人进行 5～10 分钟的演讲，有时就是当场即兴创作的。有些演讲非常有见地，而另外一些则十分有趣。许多会议还设有冲刺和协同编程会议（类似于“hackathon”，即“黑客马拉松”），与会者可以自由加入团队来构建或改进代码。

虽然参加会议已经很有趣，但是参与其中可能更加令人兴奋！如果你想在会议上发表演讲，请留意提案征集（Call for Proposals，CFP），届时你可以提交演讲或研讨会议提案。如果你是演讲新手，可以考虑向当地的 Python 用户组展示或做闪电演讲。你还可以提交项目参与冲刺，这可能是你在改进代码的同时获得新贡献者以及用户的绝佳机会。

大多数会议非常依赖志愿者，因此也可以考虑联系你准备参加的会议，然后看看你可以提供什么帮助。这样你会遇到很多很棒的人，志愿者服务真的很有趣。

如果你想参加会议却一时负担不起费用，特别是当你正好又是志愿者时，可以查看是否有奖学金或其他经济援助。如果你是一位程序员，你的雇主也可能愿意帮助你支付一部分会议费用。毕竟，当你变得能力更强时，他们也会因此受益！

Python 相关会议的列表详见 Python 官网的 Conferences and Workshops 页面。

21.5.6 加入 Python 软件基金会

Python 软件基金会（Python Software Foundation，PSF）是正式管理 Python 的官方非营利组织。PSF 负责所有重大决策，并帮助全球社区持续发展。

PSF 是一个开放的会员组织，这意味着任何人都可以免费加入。基本成员只需要注册并同意 PSF 行为准则即可，这是整个 Python 社区运营的一套准则。所有会员都会自动订阅 PSF 的新闻通知。

有 3 种特殊类型的成员可以在 PSF 董事会选举中投票。支持成员每年向 PSF 捐款。管理成

① 译者注：中国的 Python 大会 PyCon China 从 2011 年起持续举办至今。

员每月至少要在 Python 社区志愿服务 5 小时，包括帮助组织活动和用户组或志愿参与 Python 软件基金会项目。贡献成员每月至少志愿服务 5 小时，并参与免费的、公开可用的开源项目，以推进 PSF 的使命。你可以在 PSF 官网了解更多信息。

21.6 在这条路上一直走下去

亲爱的读者，这是本书结束的地方。你从此处走向何方取决于你！我敢肯定，你面前有很多挑战。我将带着最后的 3 条建议，引导你进入勇敢者的疆野。如果你已经进行了一段时间的编程，你可能已经知道这些东西，但它们总是值得反复提及。

第一，一个人走下去很危险。炫目的新解决方案总是从阴影中召唤你，诱使你偏离经过时间考验的常规道路。聪明的解决方案也会诱使你离开道路，因为它们总是能从你未来的自己和同事那里偷走时间和理智。错误潜伏在代码的幽暗深处，等待在周末午夜暴露着牙齿、带着莫名其妙的日志向你扑来。而同为 Python 开发者的同事情谊是抵抗这些以及更多危险的最可靠防御！如果没有 Python 社区的所有支持、见解、辩论和鼓励，我永远不可能写出本书。我们需要彼此才能茁壮成长。

第二，拥抱冒险和错误！你总是会从解决错误、解决难题或犯错中学习到更多，而不是从抄写或阅读世界上最好的代码中学到这些。我很赞同我的同事 Wilfrantz Dede 在开始一项新任务时声明的观点："我将会写出一些错误。"错误是学习过程中不可避免的一部分。学会期待错误，拥抱错误，征服错误，嘲笑错误！和同事分享你的错误代码。我向你保证，大多数人会因此更看重你，而不是相反。任何看轻你的人，其实都只是在掩盖他们自己的严重错误。

第三，也是最后一点，你是一名真正的程序员。永远不要再质疑这一点！无论你在这个行业工作了多久，总是有更多的东西值得去学习，甚至已经编程了十几年的专家级开发人员也能照样感应到知识在强烈地召唤着自己。

这一征程永远不会真正结束。前方总是有一个又一个的山峰，一个又一个的弯道，以及一片又一片的广阔平原！拥抱冒险中的每一步，冒险永不过时。

附录 A

特殊方法和特殊属性

本附录是 Python 所有特殊方法和特殊属性的分类列表。完整的文档可以在 Python 官方文档的“数据模型”部分找到。

A.1 特殊方法

表 A-1～表 A-6 列举了 Python 中的特殊方法。这些方法在类中声明，以添加对各种 Python 运算符、内置函数和复合语句的支持。除非另有说明，否则这些方法通常被声明为实例方法。

表 A-1 转换和强制

方法	典型用途	调用示例
obj.__bool__(self)	返回一个布尔值：True 或 False	bool(obj)、if obj: pass
obj.__int__(self)	返回一个整数	int(obj)
obj.__trunc__(self)	通过截断小数部分返回一个整数	trunc(obj)
obj.__floor__(self)	通过向下舍入返回一个整数	floor(obj)
obj.__ceil__(self)	通过向上舍入返回一个整数	ceil(obj)
obj.__index__(self)	返回一个整数，无损转换（不遗漏部分数据）表示 obj 是整型	operator.index(obj)
obj.__float__(self)	返回一个浮点数	float(obj)
obj.__complex__(self)	返回一个复数	complex(obj)
obj.__round__(self, ndigits=None)	返回一个浮点数，四舍五入到 ndigits 精度。如果 ndigits 为 None，则通过四舍五入返回一个整数	float(obj)、float(obj, ndigits)
obj.__bytes__(self)	返回一个字节对象	bytes(obj)
obj.__repr__(self)	以字符串形式返回规范表示	repr(obj)、f"{obj!r}"
obj.__str__(self)	返回一个字符串	str(obj)
obj.__format__(self, format_spec="")	返回一个根据 format_spec 格式化后的字符串	format(obj, format_spec)

表 A-2 能力和特征

方法	典型用途	调用示例
obj.__index__(self)	返回一个无损创建的整数	operator.index(obj)

续表

方法	典型用途	调用示例
obj.__call__(self)	实现使 obj 可调用	obj()
obj.__iter__(self)	返回与 obj 对应的迭代器	iter(obj)
obj.__next__(self)	根据迭代器 obj 返回下一个值	next(obj)
obj.__enter__(self)	进入与上下文管理器 obj 相关的运行时上下文	with obj: pass
obj.__exit__(self)	退出与上下文管理器 obj 相关的运行时上下文	with obj: pass
obj.__len__(self)	返回 obj 的长度，例如集合中的条目数	len(obj)
obj.__length_hint__(self)	以非负整数形式返回 obj 的估计长度，可选	operator.length_hint(obj)
obj.__getitem__(self, key)	返回 obj 中 key 处的条目。理想情况下，将切片传递给 key 应该是有效的	obj[key]
obj.__setitem__(self, key, value)	将 key 的 obj 中的值设置为 value	obj[key] = value
obj.__delitem__(self, key)	删除 key 的 obj 中的值	del obj[key]
obj.__missing__(self)	当 key 不在字典中时，由 dict 子类的 getitem()方法调用	
obj.__reversed__(self)	返回一个新的迭代器对象，该对象以相反的顺序迭代容器中的对象。仅当实现速度快于使用 len()和 getitem()进行反向迭代时才应提供	reversed(obj)
obj.__contains__(self, item)	检查 item 是否包含在 obj 中，然后返回一个布尔值	item in obj
obj.__hash__(self)	返回 obj 的哈希值	hash(obj)
obj.__get__(self, instance)	描述符的 getter 方法	
obj.__set__(self, instance, value)	描述符的 setter 方法	
obj.__delete__(self, instance)	描述符的删除器	
obj.__set_name__(self, owner, name)	描述符的初始化器。创建所属类 owner 时调用	
obj.__await__(self)	使 obj 可等待。返回一个迭代器对象	await obj
obj.__aiter__(self)	返回一个异步迭代器对象	async for i in obj: pass
obj.__anext__(self)	返回一个可等待对象，该可等待对象产生异步迭代器的下一个值	async for i in obj: pass
obj.__aenter__(self)	与 enter()相同，但返回一个可等待对象	async with obj: pass
obj.__aexit__(self)	与 exit()相同，但返回一个可等待对象	async with obj: pass

表 A-3 比较操作

方法	典型用途	调用示例
obj.__lt__(self, other)	如果 self < other，返回 True；否则，返回 False	
obj.__le__(self, other)	如果 self ≤ other，返回 True；否则，返回 False	self < other
obj.__eq__(self, other)	如果 self == other，返回 True；否则，返回 False	self <= other
obj.__ne__(self, other)	如果 self != other，返回 True；否则，返回 False	self == other
obj.__gt__(self, other)	如果 self > other，返回 True；否则，返回 False	self > other
obj.__ge__(self, other)	如果 self ≥ other，返回 True；否则，返回 False	self >= other

表 A-4 算术运算

方法	典型用途	调用示例
obj.__add__(self, other)	返回 obj 和 other 的总和或连接 obj 和 other	obj + other、operator.add(obj, other)
obj.__sub__(self, other)	返回 obj 和 other 的差	obj – other、operator.sub(obj, other)
obj.__mul__(self, other)	返回 obj 和 other 的乘积	obj * other、operator.mul(obj, other)
obj.__matmul__(self, other)	执行 obj 和 other 的矩阵乘法运算	obj @ other、operator.matmul(obj, other)
obj.__truediv__(self, other)	执行 obj 和 other 的真除法运算	obj / other、operator.truediv(obj, other)
obj.__floordiv__(self, other)	执行 obj 和 other 的向下取整除法运算	obj // other、operator.floordiv(obj, other)
obj.__mod__(self, other)	返回 obj 和 other 相除的余数	obj % other、operator.mod(obj, other)
obj.__divmod__(self, other)	执行取整除法和取模运算，然后以元组形式返回结果。与执行(obj // other, obj % other)的效果相同	divmod(obj, other)
obj.__pow__(self, other, mod=None)	求 obj 的 other 次方。如果提供了 mod，效果相当于执行 pow(obj, other) % mod，但计算效率更高	obj ** other、pow(obj, other)、pow(obj, other, mod)、operator.pow(obj, other)
obj.__neg__(self)	否定	-obj、operator.neg(obj)
obj.__pos__(self)	通常只返回 self	+obj、operator.pos(obj, other)
obj.__abs__(self, other)	求绝对值	abs(obj)、operator.abs(obj, other)
obj.__radd__(self, other)	返回 other 和 obj 的总和。仅当其他运算符不支持该操作时才会调用反射运算符	other + obj、operator.pos(other, obj)
obj.__rsub__(self, other)	返回 other 和 obj 的差值（可反射）	other – obj、operator.sub(other, obj)
obj.__rmul__(self, other)	返回 other 和 obj 的乘积（可反射）	other * obj、operator.mul(other, obj)
obj.__rmatmul__(self, other)	返回 other 和 obj 的矩阵乘法结果（可反射）	other @ obj、operator.matmul(other, obj)
obj.__rtruediv__(self, other)	返回 other 和 obj 的真除法的商（可反射）	other / obj、operator.truediv(other, obj)
obj.__rfloordiv__(self, other)	返回 other 和 obj 的向下取整除法的商（可反射）	other // obj、operator.floordiv(other, obj)
obj.__rmod__(self, other)	返回 other 和 obj 的除法的余数（可反射）	other % obj、operator.mod(other, obj)
obj.__rdivmod__(self, other)	执行整除和取模运算，然后以元组形式返回结果。与执行(other // obj, other % obj)的效果相同（可反射）	divmod(other, obj)
obj.__rpow__(self, other, mod=None)	求 other 的 obj 次方。如果提供 mod，效果相当于执行 pow(other, obj)% mod，但计算效率更高	other ** obj、pow(other, obj)、pow(other, obj, mod)、operator.pow(other, obj)
obj.__iadd__(self, other)	将 obj 和 other 的和存储在 obj 中	obj += other
obj.__isub__(self, other)	将 obj 和 other 的差存储在 obj 中	obj -= other
obj.__imul__(self, other)	将 obj 和 other 的乘积存储在 obj 中	obj *= other

表 A-5 按位运算

方法	典型用途	调用示例
obj.__invert__(self)	返回 obj 的按位取反的结果	~obj、operator.invert(obj)
obj.__and__(self, other)	返回 obj 和 other 的按位与的结果	obj & other、operator.and(obj, other)
obj.__or__(self, other)	返回 obj 和 other 的按位或的结果	obj | other、operator.or(obj, other)
obj.__xor__(self, other)	返回 obj 和 other 的按位异或的结果	obj ^ other、operator.xor(obj, other)
obj.__lshift__(self, other)	返回 obj 和 other 的按位左移的结果	obj << other、operator.lshift(obj, other)
obj.__rshift__(self, other)	返回 obj 和 other 的按位右移的结果	obj >> other、operator.rshift(obj, other)
obj.__rand__(self, other)	返回 other 和 obj 的按位与的结果。仅当其他运算符不支持该操作时才会调用反射运算符	other & obj、operator.and(other, obj)

续表

方法	典型用途	调用示例
obj.__ror__(self, other)	返回 other 和 obj 的按位或的结果（可反射）	other | obj、operator.or(other, obj)
obj.__rxor__(self, other)	返回 other 和 obj 的按位异或的结果（可反射）	other ^ obj、operator.xor(other, obj)
obj.__rlshift__(self, other)	返回 other 和 obj 的按位左移的结果（可反射）	other <<= obj、operator.lshift(other, obj)
obj.__rrshift__(self, other)	返回 other 和 obj 的按位右移的结果（可反射）	other >> obj、operator.rshift(other, obj)
obj.__iand__(self, other)	将 obj 和 other 的按位与的结果存储在 obj 中	obj &= other
obj.__ior__(self, other)	将 obj 和 other 的按位或的结果存储在 obj 中	obj |= other
obj.__ixor__(self, other)	将 obj 和 other 的按位异或的结果存储在 obj 中	obj ^= other
obj.__ilshift__(self, other)	将 obj 和 other 的按位左移的结果存储在 obj 中	obj <<= other
obj.__irshift__(self, other)	将 obj 和 other 的按位右移的结果存储在 obj 中	obj >>= other

表 A-6 对象、类和元类

方法	典型用途	调用示例
obj.__new__(cls, ...)	返回 cls 的新实例	obj = cls()
obj.__init__(self, ...)	返回 obj 的初始化器	obj = cls()
obj.__del__(self)	返回 obj 的终结器	del obj # 仅直接调用时
obj.__import__(self, ...)	不要实施！	
obj.__getattr__(self, name)	返回 obj 的属性名称	obj.name
obj.__setattr__(self, name, value)	将 value 分配给 obj 的属性名称	obj.name = value
obj.__delattr__(self, name)	删除 obj 的属性名称	del obj.name
obj.__dir__(self)	返回 obj 的有效属性列表	dir(obj)
@classmethod obj.__init_subclass__(cls)	当 cls 被子类化时调用，什么也不返回	
cls.__instancecheck__(self, instance)	如果 instance 是 cls 的实例或其子类之一的实例，返回 True；否则，返回 False	isinstance(instance, cls)
cls.__subclasscheck__(self, subclass)	如果 subclass 是 cls 的子类或其子类之一，返回 True；否则，返回 False	issubclass(instance, subclass)
@classmethod obj.__subclasshook__(cls, subclass)	如果 subclass 应被视为 cls 的子类，返回 True；否则，返回 False	issubclass(instance, subclass)
@classmethod obj.__class_getitem__(cls, key)	返回一个对象，该对象是泛型类 cls 的特殊化实例，主要与泛型类一起使用，参见 PEP 484 和 PEP 560	
meta.__new__(self, name, bases, namespace)	返回从元类 meta 实例化的新类	cls = meta()
@classmethod meta.__prepare__(cls, name, bases, ...)	创建并返回存储所创建类的所有方法和类属性的字典	

A.2 特殊属性

表 A-7～表 A-10 列举了 Python 中的特殊属性，其中省略了一些仅对 Python 语言内部有用的特殊属性。

表 A-7 模块的特殊属性

方法	典型用途
__doc__	模块中的文档字符串。如果未定义文档字符串，则其值为 None
__name__	模块的名称
__loader__	加载模块的加载器。仅由导入系统使用
__package__	包含模块的包。如果模块是一个包，则与__name__相同。仅由导入系统使用
__file__	模块文件的路径。在某些情况下可能是 None。仅由导入系统使用
__path__	包的路径。仅在包上定义。仅由导入系统使用
__cached__	模块的已编译 Python 字节码表示形式的路径
__spec__	模块对应的 ModuleSpec 对象。这是导入系统使用的技术细节。该对象包含许多与模块中其他特殊属性相同的数据
__builtins__	该模块包含所有 Python 内置函数、对象和属性（用户无须导入的所有内容）

表 A-8 函数的特殊属性

方法	典型用途
func.__annotations__	参数类型注解的字典。键"return"与返回值的类型注解相关联
func.__closure__	只读单元元组，包含与内存中的值绑定的特殊对象，适用于所有闭包变量
func.__code__	函数编译代码的字符串表示形式（如果想要函数代码的字符串表示形式，请使用 inspect.getsource()）
func.__default__	包含默认参数的元组。如果没有默认参数，则其值为 None
func.__dict__	包含所有函数属性的字典
func.__doc__	函数的文档字符串。如果未定义文档字符串，则其值为 None
func.__globals__	对全局变量字典的只读引用
func.__kwdefaults__	仅关键字参数的默认参数字典
func.__module__	定义函数的模块的名称，如果不适用则为 None
func.__name__	模块、可调用对象或类的名称
func.__qualname__	对象的完全限定名称

表 A-9 实例（对象）的特殊属性

方法	典型用途
obj.__class__	实例的类
obj.__dict__	实例属性的字典
obj.__doc__	实例的文档字符串
obj.__module__	定义实例的模块的名称，如果不适用则为 None

表 A-10 类的特殊属性

方法	典型用途
cls.__bases__	类的基类元组，其中的基类按照定义类时继承列表中指定的顺序排列

续表

方法	典型用途
cls.__dict__	包含类属性和实例方法的字典
cls.__doc__	模块中的文档字符串。如果未定义文档字符串，则其值为 None
cls.__module__	定义类的模块的名称，如果不适用则为 None
cls.__mro__	类的方法解析顺序，表示为类的元组
cls.__name__	类的名称
cls.__qualname__	类的完全限定名称
cls.__slots__	应保留的作为字符串的变量名称序列。定义后，这会阻止自动创建__dict__和__weakref__属性，除非在__slots__中指定这些名称
cls.__weakref__	引用当前对象的所有弱引用的对象。永远不要直接使用此属性，但在使用 cls.__slots__时，你最好了解一下 cls.__weakref__的用途

附录 B pdb指令

Python 调试器（pdb）有很多指令，可以在“(Pdb)”提示符下输入指令以控制和监视代码的执行。表 B-1～表 B-5 介绍常用的、重要的 pdb 指令。如果需要了解更多信息，可以阅读 Python 官方文档的“pdb——Python 调试器”部分。

表 B-1　通用

指令	含义
h *command* help *command*	显示命令的帮助信息。如果省略命令名称，则会列出所有可用命令。由于 *command* 参数必须是标识符，因此如果想获取关于使用'!'前缀来执行外部命令的帮助，则需要输入 help exec
q quit	退出当前的 pdb 会话，执行的程序将被终止

表 B-2　移动

指令	含义
w where	输出当前位置的堆栈跟踪信息
u *count* up *count*	在堆栈回溯中，将当前堆栈跟踪中的焦点向上移动 *count* 级（默认为 1 级，移向更旧的帧）
d *count* down *count*	在堆栈回溯中，将当前堆栈跟踪中的焦点向下移动 *count* 级（默认为 1 级，移向更新的帧）
s step	执行当前行，如果当前行是一个函数调用，进入被调用函数的内部，并在函数的第一行停止；如果当前行不是函数调用，则执行当前行并在下一行停止
n next	执行当前行，但不会进入被调用函数的内部，而是将整个函数调用视为一步执行完毕，并在当前函数的下一行停止
r return	执行当前函数的其余部分，直至当前函数返回
c cont continue	继续执行，直至遇到另一个断点
unt *lineno* until *lineno*	继续执行，直至到达第 *lineno* 行或任何大于当前行号的行。Python 3.2 及以上版本允许明确给定行号

续表

指令	含义
j *lineno* jump *lineno*	在当前行之后，执行第 *lineno* 行的代码。只能在最底部的框架上执行此操作，并且在某些情况下无法这样做。如果想暂时跳过一些你认为可能会导致问题的代码，可以这样做[①]
run restart	从程序的开头重新开始调试，同时保留选项、断点和历史记录。这仅在直接调用 pdb 时才有效

表 B-3　检查

指令	含义
p *expression*	运行 print(*expression*)[②]
pp *expression*	运行 pprint(*expression*)（即使用 pprint 模块进行漂亮输出）
whatis *expression*	运行 type(*expression*)
a args	输出当前函数的参数列表
retval	输出当前函数的最后一个返回值
display *expression*	监视 *expression* 的值，每当调试器在当前帧停止时输出它
undisplay *expression*	停止监视 *expression*。如果省略 *expression*，则会停止监视所有表达式
l *lineno* list *lineno*	显示第 *lineno* 行周围的 11 行源代码，如果省略 *lineno*，则显示当前行周围的 11 行源代码
l *from to* list *from to*	显示从行号 *from* 到行号 *to* 的源代码
source *name*	显示给定代码对象（如函数、方法、类或模块）的源代码

表 B-4　互动

指令	含义
! *statement*	在当前上下文中执行给定的单行语句，就好像它是下一行代码一样。在当前堆栈帧的上下文中执行单行语句时，如果给定语句的第一个单词与调试器命令不重名，可以省略'!'
interact	在当前上下文中切换到交互式 Python shell，以运行其他代码
debug *code*	启动另一个 pdb 会话来调试语句 *code*。当退出该会话时，你将回到运行此命令的那个会话

表 B-5　断点管理

指令	含义
b break	列出文件中的所有断点，包括每个断点被击中的次数
b *lineno* break *lineno* b *file:lineno* break *file:lineno*	在当前文件或文件名为 *file* 的文件的第 *lineno* 行设置断点

① 译者注：并不是所有的跳转都是允许的，例如，不能跳转到 for 循环的中间或跳出 finally 子句。

② 译者注：也可以在 pdb 中直接输入 print(*expression*)，但这不是一个 pdb 指令，因而执行的是 Python print()函数。

续表

指令	含义
b *function* break *function*	在函数 *function* 的顶部设置断点
tbreak *where*	在 *where* 处设置临时断点（遵循与 break 命令相同的语法）。第一次到达临时断点后，该断点将被删除
cl clear	清除所有断点。请在清除所有断点之前做好确认
cl *file:lineno* clear *file:lineno*	清除文件名为 *file* 的文件中第 *lineno* 行的断点
cl *number* clear *number*	清除断点 *number*。可指定多个数字（以空格分隔）以清除多个断点

附录 C

Guido van Rossum的国王节演讲

在 2019 年的荷兰国王节，“Python 之父” Guido van Rossum 发表了一次国王节演讲（King's Day Speech）。在这次演讲中，Guido 不仅分享了他对编程语言发展的深刻见解，还回顾了 Python 从一个个人项目成长为全球流行的编程语言的历程。他的演讲充满了对开源精神的赞美和对未来技术发展的乐观展望。通过这次演讲，Guido 强调了社区的力量，并鼓励所有开发者继续贡献自己的力量，共同推动技术的进步。

国王节演讲

今天是荷兰的国王节。为了庆祝这一传统节日，荷兰驻旧金山大使馆邀请我进行 TED 演讲。以下是我的演讲稿，其中一部分是我的自传，另一部分分享了编程语言的重要性，还有一部分分享了 Python 的关键思想。

Python：由社区创造的编程语言

请原谅我的“胡言乱语”。但是我最终会表达出我的想法。

自我介绍一下。我是个“书呆子”，也是个“极客”（geek）。我可能在某种程度上有一点孤独症。我也是一个大器晚成的人。我 26 岁时大学毕业，45 岁结婚，现在我 60 岁了，有一个 14 岁的儿子。也许我只是很难做出决定：我在美国生活了 20 多年，但我仍然只是一名永久居民（我没有加入美国国籍）。

我不是史蒂夫 · 乔布斯或马克 · 扎克伯格。但在 35 岁时，我创造了一种编程语言，有了一些追随者。接下来发生的事情非常惊人，我会在后面讲到。

在我 10 岁时，父母给了我一个用于教学的电子套件。该套件由飞利浦制造，非常棒。起初我只是按照指示进行操作，一切正常，后来我想出了如何设计自己的电路。套件中的 3 个晶体管是我的珍贵财产。

小学五年级时我有了第一个电子模型——一个闪烁的灯，我用它来展示和讲述。这完全是“哑弹”——没有人关心或理解它的重要性。我想这是我发现自己其实是个极客的最早记忆之一：在那之前，我只是一个安静的快速学习者。

高中时，我进一步发展了我的书呆子气。我和其他几个对电子感兴趣的孩子混在一起，在物理课上，我们坐在教室后面讨论与非门电路，而班上的其他人还在学习欧姆定律。

幸运的是，物理老师发现了我们。他让我们制作了一个数字计时器，用来向班上的其他人演示万有引力定律。这是一个伟大的项目，让我们知道了我们的技能是有用的。但其他孩子还是觉得我们很奇怪：那是 20 世纪 70 年代，很多人混沌度日，而另一些人则在为成功的职业生涯（如医生、律师或技术经理）做准备。他们不和我玩儿，我也就不和他们玩儿。毕业时，我成为那一届最好的学生之一。

高中毕业后，我去了阿姆斯特丹大学，离家很近。对于一个在荷兰长大的青少年来说，阿姆斯特丹是最酷的城市。令我高中物理老师惊讶和失望的是，我选择了数学专业，而不是物理。但回想起来，我觉得这并不重要。

科学大楼的地下室里有一台大型计算机，我对它一见钟情。打孔卡！行式打印机！批量操作！更重要的是，我很快就学会了用 ALGOL、FORTRAN 和 Pascal 等语言编程。这些现在被大多数人遗忘的名字，在当时极具影响力。很快，我又坐在教室后面，无视讲座，专注于我的计算机程序。这是为什么呢？

在那个地下室里，在大型机周围，发生了一些惊人的事情。有一群志趣相投的学生和教职工，我们交换交易技巧、共享子程序和代码。我们团结起来反对大型机员工，特别是反对在磁盘空间上无休止地进行猫捉老鼠的游戏。（磁盘空间是宝贵的，今天的你可能无法理解这一点。）

但我学到的最重要的一课是关于共享的。虽然我在那时学到的大多数编程技巧和大型机时代一起消亡了，但软件需要共享的想法比以往任何时候都更加强烈。今天我们称之为开源，这是一场运动。请抱紧这个思想！

当时，我对技巧和交易的直接了解似乎是很重要的。大型机的操作系统小组雇用了一些兼职学生，当他们发布职位空缺时，我申请并得到了这份工作。这是改变我人生的事件！突然之间，我可以无限制地访问大型机——不再需要为空间或终端而战——还可以访问其操作系统的源代码，有几十位同事向我展示了所有这些东西是如何工作的。

我拥有了自己梦寐以求的工作，整天编程，和真正的客户在一起：其他程序员，大型机的用户。我为此耽误了学业，甚至快从大学辍学了——如果没有我开明的经理和一位没有放弃我的教授，我无法毕业。他们催促我完成一些课程，并调用了一些资源。最终，在延期很久之后，我毕业了！

毕业后，我几乎立即找到了一份梦寐以求的新工作，如果没有学位，我就不会有这个机会。我从未失去对编程语言的兴趣，我加入了一个构建新编程语言（一种不常见的编程语言）的团队。设计师希望他们的语言能够接管世界、取代 BASIC。

20 世纪 80 年代，BASIC 是新一代业余程序员的首选语言，支持在 Apple II 和 Commodore 64 等微型计算机上编码。我们的团队认为 BASIC 语言是世界应该摆脱的害虫。我们正在构建的语言——ABC——将实现我们的座右铭“消灭 BASIC”。

可惜的是，由于各种原因，我们的市场营销（也可能是我们的时机）很糟糕。4 年后，ABC 被放弃了。从那以后，我花了很多时间试图理解为什么这个项目失败了，尽管它的核心是如此清晰地走在正确的方向上。除了有些过度设计之外，我认为最佳答案是，ABC

的消亡是因为当时没有互联网，因此语言的创造者和用户之间无法形成一个健康的反馈循环。ABC 的设计本质上是一条单行道。

仅仅 5 年后，当我在 ABC 的灰烬中寻找构建我自己的语言的想法时，缺失的反馈循环是我决定改进的事情之一。“早点发布，经常发布”成为我的座右铭。1990 年的互联网尽管又小又慢，但也使之成为可能。

回顾这 25 年，互联网和开源运动（又名自由软件运动）确实改变了一切，再加上摩尔定律，计算机每年都运行得更快了。总之，这些东西完全改变了计算机软件制造商和用户之间的交流方式。我相信，这些发展（以及我对它们的充分利用）对“我的”编程语言的贡献，大于我的编程技能和经验（无论多么出色）所做出的贡献。

我把我的语言命名为 Python。就此而言，我有点儿歪打正着的营销天赋。我的本意是向 Monty Python 的飞行马戏团中优秀的喜剧天才们致敬。在 1990 年，我认为这没有什么。如今，我相信“品牌研究”公司很乐意向用户收取高昂的费用，以告诉用户这个名字在典型客户的潜意识中究竟能引发什么复杂的联想。但我当时只是轻率地做了这个决定。

我不会在此次演讲中对不同编程语言的优点进行技术讨论。但我想说几件事，关于编程语言对使用它们的人——程序员——意味着什么。通常，当你要求程序员向外行人解释编程语言是什么时，他们会说这是你告诉计算机该做什么的方式。但是如果仅此而已，为什么他们在彼此交谈时会对编程语言如此热情呢？

实际上，编程语言是程序员表达和交流想法的方式——这些想法的受众是其他程序员，而不是计算机。原因是计算机可以独立工作，但程序员总是与其他程序员一起工作，沟通不畅会导致失败。事实上，用编程语言表达的想法也经常会传达给程序的最终用户——那些永远不会阅读甚至不知道该程序的人，但他们仍然受到代码的影响。

想想类似 Google 或 Facebook 这样的公司取得的令人难以置信的成功。这些成功的核心是想法——关于计算机可以为人们做什么的想法。为了生效，一个想法必须通过编程语言转换为计算机程序。最能清晰表达想法的语言将为使用该语言的团队带来关键优势，因为它能帮助团队成员（人）清楚地理解这些想法。Google 或 Facebook 背后的想法大相径庭，事实上，这些公司最喜欢的编程语言在编程语言设计方面处于相反的两端。这正是我的观点。

一个真实的故事是，Google 搜索引擎的第一个版本是用 Python 编写的。这是因为 Python 是表达 Larry Page 和 Sergey Brin 的原始想法——关于如何索引 Web 和组织搜索结果——的正确语言。同时，他们也可以在计算机上实现他们的想法！

所以在 1990 年，早在 Google 和 Facebook 之前，我就创造了自己的编程语言，并命名为 Python。但是 Python 的想法是什么？为什么它如此成功？Python 如何与其他编程语言区分开来？

我有很多答案，有些是技术性的，有些来自我当时的特定技能和经验，有些则只是在正确的时间出现在了正确的地点。但我认为最重要的想法是，Python 是在互联网上开发的，完全开放，由一群志愿者（但并非业余人士！）开发，他们对这门语言充满了激情和主人翁精神。

这就是科学大楼地下室里那群极客的全部意义。

就像任何好的鼓舞人心的演讲一样，这次演讲的重点是关于幸福！

每当我感到自己是 Python 社区的一员时，我都感到非常幸福。我很幸运自己可以在日常工作中感受到这种幸福。（我的主职工作是 Dropbox 的首席工程师。）如果我感觉不到幸福，我就感觉不到活着的意义。Python 社区的其他成员也是如此。这种感受是有感染力的，这使 Python 社区的成员遍布世界各地。

Python 用户社区由数百万有意识地使用 Python 并喜欢使用它的人组成。有活跃的成员在世界各地组织 Python 会议，并将其亲切地称为 PyCons，会议甚至开在遥远的纳米比亚、伊朗、伊拉克等地！

我最喜欢的故事是，2015 年，我花了 20 分钟与伊拉克南部巴比伦大学的一整个教室的教职工进行视频电话会议，回答有关 Python 的问题。多谢一位大胆的女士在一个饱受战争蹂躏的国家组织了这次活动，巴比伦大学的学生现在正在学习 Python 的入门编程课程。当我回想起那段经历时，我仍然会流泪。在我最疯狂的梦想中，我也从未想过我能影响到如此遥远、与我自己的生活如此不同的地方。

因此，我想告诉你：由社区创造的编程语言可以为世界各地的用户带来幸福。

Guido van Rossum

2016 年 4 月 27 日

译者后记

相信大家看到这里时一定发现了，作者将书名定为*Dead Simple Python*（Python超简单）只是为了消除读者的戒备，引导读者进入一段绝对不轻松的旅程。当然，“无限风光在险峰”，好东西一定只能通过艰辛的努力才能获得。只有当你感到“世界如此简单，用Python可以轻松做出一切”时，才不枉费你读完本书。

只是，作者是如何独立达到“感觉Python超简单”这个境界的呢？这是我在翻译本书的过程中不断问自己的问题，毕竟所有知识都是公开罗列在官方文档中的，只是不像本书呈现得这般简单、清晰、有条理。

希望广大读者（包括我自己）在反复研读本书后，可以发现作者自学的结构路径，并将其用在其他技术的自学过程中。

下面和大家分享一下我在翻译本书过程中的一些感受。

细节狂

作者几乎将当前Python的所有细节讲了一遍，只要是有利于提高日常开发效能的内容，作者都在不厌其烦地介绍。比如11.9.2小节提及的斜线运算符（/），在我的记忆中一直只能当成除法运算符使用，没想到还可以用于进行路径连接运算：

```
path = PosixPath.home() / '.bash_history'
```

每每此时，我都不由地感叹，作为一名Python开发者实在是太幸福了！

感动点

作者从真实经验出发，将以往其他Python图书中有意略过的细节认真阐述了一遍，比如11.9节专门分享了在不同系统中对各种常见路径进行处理的思路、工具、办法、代码……可以说，这又是一个紧扣本书主题的坚持——Python真的很简单，但前提是要对相关领域的问题有足够的了解，否则无论别人怎么说Python简单，自己上手还是感觉困难重重。

宝藏点

我使用Python超过21年了，但是依然从本书中看到了很多令人叹为观止的实用技巧，比如在with语句中可以用逗号隔开多个流声明，还能通过with语句在退出时完成清理——虽然这种用法在语法定义范围内，但却是我从来没见过、也没想到过的用法。果然还是只有在海量实战开发中才能遇到问题、解决问题，并最终找到最优雅的形式——作者对Python是真爱！

吐槽爱好者

本书充满了作者的“吐槽”。

“这里没有更优雅的解决方案。”

类似这样的吐槽在书中比比皆是……

“对于一些长期使用 Python 的开发者而言，使用 os 模块也只是一种习惯。”

这句话也是作者与同行的一种共情……

“很多初学者教程掩盖了这一主题的复杂性。”

这是一种对同行（或其他行业人员）的……鼓励？

“这样做的好处是消除了许多中间步骤，但缺点也是消除了许多中间步骤。”

无论是变量命名、案例设计，还是对各种关键思考的陈述，书中都充满了“梗”。想来都是在孤独的调试过程中和小黄鸭一起创作出来的吧[①]，没有其他地方可以发表了……

Pythonic 专家

虽然全书都在各种方向上探索 Python 生态的能力边界，但每每达到最高潮时，作者都要好心劝一声，代码的可读性及可维护性比什么都重要——这是将“Python 之禅”真正融入灵魂的反应！

“虽然这是本书迄今为止最简洁的车牌号生成方法，但是不应在生产中使用上述代码，因为这已经触达到了生成器表达式可读性的实际边界。当事情变得太复杂时，应该只使用普通的生成器函数。”

① 译者注：不理解的读者可以去搜索“小黄鸭调试法”。